U0271794

中国海洋生态红线区划
理论与方法

黄　伟　陈全震 等　编著

科 学 出 版 社
北　京

内 容 简 介

本书基于生态系统生态学理论，科学界定了海洋生态红线的定义，提出了海洋生态红线区划的原则和理论依据。在此基础上结合作者的研究成果，介绍了海洋生态红线划定技术体系和海洋生态红线管控制度体系，并分别以天津市、洞头区和南澳县为实证研究对象，进行了划定方法和管控制度的应用示范。

本书是较为系统和完整地研究海洋生态红线区划理论与方法的专著，可为海洋生态环境保护和海洋资源可持续利用研究提供参考，也可供从事海洋生态学、海洋管理学和海洋经济学等专业的科研人员使用。

图书在版编目（CIP）数据

中国海洋生态红线区划理论与方法/黄伟，陈全震等编著. —北京：科学出版社, 2019.9

ISBN 978-7-03-058665-0

Ⅰ. ①中… Ⅱ. ①黄… ②陈… Ⅲ. ①海洋生态学–研究–中国 Ⅳ. ①Q178.53

中国版本图书馆 CIP 数据核字(2018)第 205203 号

责任编辑：朱 瑾 陈 倩 / 责任校对：郑金红
责任印制：肖 兴 / 封面设计：无极书装

科 学 出 版 社 出版
北京东黄城根北街 16 号
邮政编码: 100717
http://www.sciencep.com

北京汇瑞嘉合文化发展有限公司 印刷
科学出版社发行 各地新华书店经销
*
2019 年 9 月第 一 版 开本：787×1092 1/16
2019 年 9 月第一次印刷 印张：24 1/4
字数：554 000

定价：298.00 元

《中国海洋生态红线区划理论与方法》委员会

主　编　黄　伟　陈全震

副主编　陈　彬　樊景凤　谢　健　杨　辉　张文亮

编　委（按姓氏拼音排序）

柴云潮　陈绵润　杜　萍　杜军兰　胡文佳
黄华梅　厉丞烜　林　勇　刘述锡　刘文华
路文海　罗先香　马志远　孙永光　谭勇华
王金华　王睿睿　向芸芸　杨　潇　俞炜炜
赵　蓓　曾江宁　郑淑娴

前　　言

改革开放以来，我国对海洋开发利用的规模日益扩大，海洋资源长期的无序、过度开发已引发诸多海洋生态安全与环境污染问题。如何平衡海洋生态保护与资源开发的矛盾，切实贯彻国务院“保住生态底线，兼顾发展需求”的原则，是关系到国家安全的战略问题。海洋公益性行业科研专项“海洋生态红线区划管理技术集成研究与应用（201405007）”，在海洋生态敏感性评价及其压力响应研究基础上，进行海洋生态适宜性评价技术方法研究，进而开展海洋生态红线区划技术方法研究，同时进行海洋生态管控制度研究，并在全国海洋生态文明示范区开展应用示范。项目的实施能有效建立海洋生态红线区划与管理的理论及方法、解决海洋生态评价制度中的关键技术难题。项目成果对于保障我国海洋生态安全、建设海洋生态文明、优化沿海产业布局等具有重要的现实意义。

本书系统介绍了海洋生态红线制度的来源、内涵，科学界定了海洋生态红线的定义，并提出了海洋生态红线区划的原则和理论基础。在充分分析我国海洋生态环境基本状况和海洋开发利用现状的前提下，结合典型案例区实践，构建了海洋生态敏感性/脆弱性评价技术体系、海洋生态重要性评价技术体系、海洋生态适宜性评价技术体系、海洋生态红线划定技术体系，进而构建了海洋生态红线管控制度，提出了海洋生态评价制度与政策建议。最后，介绍了海洋生态红线区划技术方法体系和海洋生态红线区管控制度体系在天津市、洞头区及南澳县 3 个国家级海洋生态文明示范区的应用示范情况。本书可为引导我国海洋产业的合理布局，保障我国海洋生态安全与海洋经济可持续发展提供理论和方法支撑。

本书各章节编写人员如下。

第 1 章　海洋生态红线制度的来源和发展：黄伟、陈全震、林勇。

第 2 章　中国海洋生态环境特征及海洋开发保护现状：胡文佳、马志远、俞炜炜、陈彬、黄伟、陈全震。

第 3 章　中国海洋区划概况：黄伟、曾江宁、陈全震、周孔霖、徐晓群。

第 4 章　海洋生态敏感性：陈彬、胡文佳、俞炜炜、党二莎、刘文华。

第 5 章　海洋生态脆弱性：孙永光、齐玥、林勇、刘述锡。

第 6 章　海洋生态重要性：林勇、刘述锡、孙永光、顾炎斌、王睿睿。

第 7 章　海洋生态适宜性：向芸芸、杨辉、罗先香、赵蓓、张龙军、张华国、周鑫、孙丽。

第 8 章　海洋生态红线区划定方法：樊景凤、林勇、孙永光、刘述锡、顾炎斌、王睿睿。

第 9 章　海洋生态红线区管控制度：黄华梅、郑淑娴、贾后磊、杨潇、谢健、苏文、张翠萍、陈绵润、李双建、魏晋。

第 10 章 海洋生态红线区划定方法应用示范。

10.1 李军、柴云潮、张文亮、李晖、路文海、杜军兰、程长阔、向先全、付瑞全、樊景凤、顾炎斌。

10.2 黄伟、吕兑安、杜萍、厉冬玲、谭勇华、莫微、寿鹿、蔡小霞、陈悦、刘小涯、汤雁滨、徐旭丹。

10.3 陈绵润、王金华、魏虎进、黄华梅、贾后磊、韩留玉、杨君怡、李雪瑞、谢健。

第 11 章 展望：黄伟、陈全震、胡文佳、林勇、向芸芸、黄华梅。

全书由黄伟和陈全震统稿。

特别感谢国家海洋局第三海洋研究所暨卫东研究员，环境保护部南京环境科学研究所高吉喜研究员，厦门大学杨圣云教授，国家海洋环境监测中心温泉研究员、郭皓研究员、刘长安研究员，浙江大学丁平教授，国家海洋局第一海洋研究所陈尚研究员，国家海洋局东海分局叶属峰研究员，宁波市海洋与渔业研究院尤仲杰研究员和浙江省海洋与渔业局陈畅副局长在本书编写过程中给予的悉心指导和帮助，感谢科学出版社朱瑾在编写规范、体例和格式上的耐心帮助。国家海洋局第二海洋研究所陈建芳、潘建明、胡锡钢、高爱根、廖一波、江志兵、刘晶晶、周青松、楼琇林、许雪峰和高月鑫在补充调查、资料收集整理、图表绘制等方面付出了大量心血，在此一并感谢！

由于作者水平有限，书中难免存在不足之处，敬请广大读者批评指正！

编著者

2018 年 6 月于杭州

目　录

第 1 章 海洋生态红线制度的来源和发展

1.1 海洋生态红线的内涵与特征

1.1.1 红线的来源

“红线”一词应源于英文“red line”的字面直译，根据《牛津高阶英语词典》的词源解释，特指一种标注在飞行器速度指示器上的红色标识，以便警示飞行员最大安全飞行速度，或者为标注出其他危险基数的红色线条。“红线”在早期多用于城市规划领域，指各种用地的限制性边界线。例如，建筑红线即建筑物外立面所不能超出的界限，故“红线”含“不可逾越的界限”或“禁止进入的范围”之意，具法律强制效力。在 2006 年开始的我国“十一五”规划中，为确保我国粮食安全，国务院制定了 18 亿亩[①]的耕地红线，这是我国首次以“红线”正式命名的管理政策。随后，红线概念被逐渐引入资源环境领域，并衍生出水资源红线、林业红线等相关概念，红线的内涵也随之从空间约束向数量约束拓展（饶胜等，2012）。

“红线”首次用于生态领域是 2000 年高吉喜在浙江安吉做生态规划时提出的“红线控制”方案；2005 年广东省颁布实施的《珠江三角洲环境保护规划纲要（2004～2020 年）》提出了“红线调控、绿线提升、蓝线建设”的三线调控总体战略，规划将自然保护区的核心区、重点水源涵养区、海岸带、水土流失及敏感区、原生生态系统、生态公益林等区域划定为红线区域，实施严格保护和禁止开发措施，这是生态红线在生态规划中的成功应用。2011 年《国务院关于加强环境保护重点工作的意见》首次以规范性文件形式确定了“生态红线”的地位。2012 年国家海洋局（现自然资源部）印发了《关于建立渤海海洋生态红线制度的若干意见》，启动了我国海洋生态红线划定工作，沿海各省、市相继开展管辖海域海洋生态红线划定工作。2013 年十八届三中全会通过的《中共中央关于全面深化改革若干重大问题的决定》明确将“划定生态保护红线”作为社会主义生态文明制度建设的重要内容。2015 年《中共中央 国务院关于加快推进生态文明建设的意见》将“严守资源环境生态红线”列为“健全生态文明制度体系”的重要内容。2017 年中共中央办公厅、国务院办公厅联合印发《关于划定并严守生态保护红线的若干意见》，提出 2017 年年底前，京津冀区域、长江经济带沿线各省（直辖市）划定生态保护红线；2018 年年底前，其他省（自治区、直辖市）划定生态保护红线；2020 年年底前，全面完成全国生态保护红线划定；到 2030 年，生态保护红线布局进一步优化。至此，生态红线制度已经上升至国家战略高度，并成为全面指导我国社会经济发展的一项全新制度体系。

---

① 1 亩≈666.7m^2

1.1.2 生态红线的概念和内涵

生态红线是我国在区域生态保护和管理中的一项创新举措，国外并没有相同概念。作为新事物，生态红线的定义、内涵、划分标准尚未统一，例如，风景名胜区是否应划入生态红线区在不同的划分标准中即存在明显分歧。关于生态红线的定义，目前受到较广泛认可的是《国家生态保护红线—生态功能基线划定技术指南（试行）》中提出的“生态红线指对维护国家和区域生态安全及经济社会可持续发展，保障人民群众健康具有关键作用，在提升生态功能、改善环境质量、促进资源高效利用等方面必须严格保护的最小空间范围与最高或最低数量限值，具体包括生态功能保障基线、环境质量安全底线和自然资源利用上线，可简称为生态功能红线、环境质量红线和资源利用红线”。

生态红线应是一个由空间红线、面积红线和管理红线共同构成的综合管理体系。空间红线是指生态红线的空间范围，应包括保证生态系统完整性和连通性的关键区域。面积红线则属于结构指标，类似于土地红线和水资源红线的数量界限。管理红线是基于生态系统功能保护需求和生态系统综合管理方式的政策红线，对于空间红线内的人为活动强度、产业发展环境准入及生态系统状况等方面制定严格且定量的标准。

根据生态服务功能需求、保护生态系统完整性和生态过程可持续性的需要，确定不同类型重要生态区和脆弱区的空间范围与最小保护面积，是生态红线划分技术研究中的重要内容。面积红线的确定和空间红线的划分需要有机结合、综合考虑。在根据评价单元的自然、社会和经济属性划定空间红线时需要考虑面积红线的数量要求，空间红线划分的标准要因面积红线变化而变化，不可一概而论。面积红线也需要根据区域生态功能服务需求和生态环境问题的类型与严重程度因地制宜地进行设定。空间红线和面积红线确定后，加强红线管理以确保红线区域内的人类活动类型和强度不影响生态系统的完整性，不对生态系统关键过程产生不利影响，是保证生态红线划分成果的科学性关键。生态红线区并不是绝对不可开发利用的，只要能保证红线区的保护性质不变、生态功能不降低、面积不减少则可以适当开发利用，一些规划指南中将生态红线区进一步划分为禁止开发区和限制开发区，即体现了这一思想（曾维华，2014）。

传统保护区的保护对象主要是生物多样性、自然遗迹和文化遗产，生态红线划分的依据是重要生态功能区和生态脆弱区/敏感区。除生物多样性保护外，其他生态功能，如淡水和产品供给、土壤保持、防风固沙、水体净化、气候调节、水源涵养也是进行生态红线划分时需要考虑的因素，从这个意义上讲，生态红线的内涵相对更广。评价对象的生态功能重要性和生态脆弱性/敏感性取决于规划区域生态环境问题的类型与严重程度，以及该区域对生态服务功能需求的紧迫性，而不仅仅是评价对象自身的生态属性。生态功能重要性和生态脆弱性/敏感性需要结合区域生态环境状况进行评价。另外，评价对象的生态功能重要性除取决于其自身生态属性外，还取决于它在所处景观或者区域中的空间位置，以及它在维护景观或者区域安全格局中的作用。鉴于生态红线划分和管理的目的是维护国家或者区域的生态安全，保护生态系统的完整性和连续性，区域水平上的空间背景因素和评价对象在区域安全格局中的作用需要重点考虑（林勇等，2016）。

1.1.3　生态红线与耕地红线的联系及区别

耕地红线是另一项上升至基本国策高度的红线制度。基于我国耕地面积逐年减少的趋势，2008 年《全国土地利用总体规划纲要（2006～2020 年）》提出要坚守 18 亿亩的耕地红线，到 2020 年全国耕地应保持在 18.05 亿亩。耕地红线和生态红线都是维护国家安全和经济社会持续发展的底线，具有高度严肃性，划定后在一段时期内不可更改。但二者也存在一定区别：耕地红线强调的是数量，即维持 18 亿亩的最低土地耕种面积，若某一块耕地被占用，还可通过村庄搬迁、矿山整治等方法保障总量；生态红线则是数量、空间和质量的复合体，且其在空间上具有不可替代性，如文昌鱼栖息地，一旦被破坏就无法恢复。

1.1.4　海洋生态红线的定义

《海洋生态红线划定技术指南》中对海洋生态红线的定义是：海洋生态红线是指依法在重要海洋生态功能区、海洋生态敏感区和海洋生态脆弱区等区域划定的边界线以及管理指标控制线，是海洋生态安全的底线。该定义明确了海洋生态红线划定的对象是重要海洋生态功能区、海洋生态敏感区和脆弱区，海洋生态红线包括空间上的边界线和管理上的控制线两条线。在此基础上，结合生态红线的定义，本书将海洋生态红线定义为：依据海洋自然属性及资源、环境特点，划定对维护国家和区域生态安全与经济社会可持续发展具有关键作用的重要海洋生态功能区、海洋生态敏感区和脆弱区并实施严格保护，旨在为区域海洋生态保护与生态建设、优化区域开发与产业布局提供合理边界，实现人口、经济、资源、环境协调发展的海洋管理制度（黄伟等，2016）。

1.2　海洋生态红线区划的目标和意义

1.2.1　海洋生态红线区划的目标

在全国范围内实施海洋生态红线区划制度，需要在全面掌握我国不同区域海洋生态特点、存在问题及经济社会发展需求的基础上，在海洋环境敏感区、脆弱区和重要生态功能区划定生态红线区，并制定科学、高效的海洋生态红线区管控措施和生态监测措施，最终使我国海洋生态环境明显改善、海洋生态系统维持平衡，达到区域海洋资源开发和环境保护协调、健康、持续发展的目的。

1.2.2　海洋生态红线区划的意义

国家海洋局发布的《2016 年中国海洋经济统计公报》指出我国 2016 年海洋生产总值为 70 507 亿元，比上年增长 6.8%，海洋生产总值占国内生产总值的 9.5%。与此形成鲜明对比的是，因对海洋资源的长期过度开发再加上不合理的产业布局引起的海洋环境污染状况未能得到根本改善，由此引发了一系列严重的生态危机：如海水水质与底质环境恶化；海岸侵蚀与河口淤积；沿海自然滩涂湿地、红树林面积锐减，质量退化；珊瑚礁被大量破坏，某些地区甚至濒临绝迹；海洋生物资源衰退，珍稀物种消失；赤潮、绿潮、水母等海洋灾害频发等。以上问题严重制约了沿海地区社会经济的健康发展。如何平衡海洋生态保护与资源开发的矛盾，切实贯彻国务院“保住生态底线，兼顾发展需求”的要求，是关系到国家安全的战略问题。全面实施海洋生态红线制度，推进海洋生态评价制度建设，积极探索沿海地区海洋生态环境与社会经济相协调的科学发展模式，促进海洋经济发展方式转变，提高海洋资源开发、环境保护、综合管理的管控能力，是落实“十三五”海洋事业发展规划目标，形成人口、经济、资源环境相协调的海洋空间开发格局的重要举措，对实现我国海洋经济的可持续发展具有深远意义。

《国家中长期科学和技术发展规划纲要（2006～2020 年）》明确提出将“海洋生态与环境保护——重点开发海洋生态与环境监测技术和设备，加强海洋生态与环境保护技术研究，发展近海海域生态与环境保护、修复及海上突发事件应急处理技术，开发高精度海洋动态环境数值预报技术”作为环境领域的优先主题。《全国生态保护“十三五”规划纲要》提出按照自上而下和自下而上相结合的原则，各省（区、市）在科学评估的基础上划定生态保护红线，并落地到水流、森林、山岭、草原、湿地、滩涂、海洋、荒漠、冰川等生态空间。到 2020 年，基本建立生态保护红线制度。推动将生态保护红线作为建立国土空间规划体系的基础。

与此同时，新修订的环境保护法律法规也都及时将生态红线纳入其中，进一步体现了“划定生态保护红线并实施严格保护”的国家意志。例如，《中华人民共和国环境保护法》第三章第二十九条明确规定：“国家在重点生态功能区、生态环境敏感区和脆弱区等区域划定生态保护红线，实行严格保护。”同时指出红线范围包括：具有代表性的各种类型的自然生态系统区域，珍稀、濒危的野生动植物自然分布区域，重要的水源涵养区域，具有重大科学文化价值的地质构造、著名溶洞和化石分布区、冰川、火山、温泉等自然遗迹，以及人文遗迹、古树名木。《中华人民共和国海洋环境保护法》第一章第三条规定：“国家在重点海洋生态功能区、生态环境敏感区和脆弱区等海域划定生态保护红线，实行严格保护。”十八大以来，党中央、国务院先后出台了一系列重要文件推进生态文明建设，生态保护红线的划定能使国土空间开发、利用和保护边界更为清晰，明确哪里该保护，哪里能开发，对于落实主体功能区制度，加快建立国土空间开发保护和用途管制制度等一系列生态文明制度建设具有重要作用。

1.3 海洋生态红线区划的原则

1.3.1 区域共轭原则

海洋生态红线区划所划分的生态红线区应具有相对稀缺性（独特性），在空间上必须是一个相对完整的自然区域。即任何一个海洋生态红线区必须是相对完整的、稀缺（独特）的自然地理单元，其范围应包括维持生态系统完整性和连通性的关键区域，以保证生态系统物质、能量和信息的流动与传输。

1.3.2　生态导向原则

海洋生态红线以保护具重要生态功能或生态环境敏感、脆弱的区域为目的。故应利用生态系统及其动态的科学知识引导海洋生态红线区划，重点在于具体的生态系统及各种活动的影响范围。

1.3.3　海陆统筹原则

海洋生态红线区划应具有海陆整体发展战略思维，必须充分考虑海洋与陆地资源、环境、生态的内在联系，正确处理海洋和陆地生态保护的关系，充分发挥海陆互动和协同作用，以促进区域社会健康、和谐、快速发展。

1.3.4　协调性原则

海洋生态红线区划应尽可能与陆域生态红线区划相衔接，并与海洋功能区划、海洋主体功能区规划、海域利用规划、海岛保护规划、海岸线保护与利用规划等区划、规划，以及已建各类海洋生态保护地边界相协调，与经济社会发展需求和当前监管能力相适应，并预留适当的发展空间和环境容量空间，合理确定海洋生态红线区面积。

1.3.5　动态性原则

海洋生态红线区划应具有前瞻性，且划定后红线区应随生态保护能力增强和海域空间优化不断调整与完善，面积上应确保只增不减。当生态红线边界和阈值受外界环境的变迁而发生变化时，应及时调整以确保其基本生态过程和功能的连续性。

1.4　海洋生态红线理论基础

1.4.1　群落演替理论

（1）海洋生物群落演替

生态演替是指在一定区域内，生物群落随时间发生有规律的变化，由一种类型转变为另一种类型的过程。通常观察到的生物群落变化与发展大多属于季节变化，包括种群数量的变化和物种组成的变化两方面。这些变化主要受环境因素，尤其是温度周期性变化所制约，同时又与物种的生活周期相联系。生物群落组成物种和种群数量的变化又进而引发环境因素的改变与生物群落的发展。海洋中的自然程序（从混合到稳定）与复杂的生物种群发展，非常调和地交织，成为生物群落演替的基础（李冠国和范振刚，2004）。

（2）海洋生态系统发育过程中不同阶段的特点

1）群落组成物种的多样性不断增大，生态位出现分化，食物联系从初期结构简单并呈现直线状的食物链变为结构复杂并呈现网状的食物网，这一食物结构使其对来自外界干扰的抵御能力增强。

2）组成物种由个体小、生命周期短、繁殖率高但竞争力弱的种类（r 对策种）向个体大、生命周期长、繁殖率低但竞争力强的种类（k 对策种）过渡。

3）群落代谢种 P/R（总生产量与群落呼吸量之间的比率）由大于或小于 1 到接近 1，P/B（总生产量与现存量之间的比率）呈现出由高逐渐降低的趋势。

4）营养物质由以外源为主导转变为以内源为主导。生态系统发育过程中的主要物质（N、P、K 等）生物地球化学循环由开放式逐渐向封闭式转换。

5）系统稳定性不断增加，抵御外来干扰的能力增强，由发育阶段逐渐走向成熟阶段，不同阶段的特征见表 1-1。

表 1-1　海洋生态系统发育过程中不同阶段的群落演替特征

生态系统特征		发育阶段	成熟阶段
群落能量学	总生产量/群落呼吸量（P/R）	大于或小于 1	接近 1
	总生产量/现存量（P/B）	高	低
	生物量/单位能量流（B/E）	低	高
	净群落生产量（产量）	高	低
	食物链	直线的，牧食食物链为主	网状的，碎屑食物链为主
群落结构	总有机物质	少	多
	无机营养物	外源的	内源的
	物种多样性（种类多样性）	低	高
	物质多样性（均匀性）	低	高
	生化多样性	低	高
	分层和空间异质性（结构多样性）	组织较差	组织较好
生活史	生态位范围	宽	窄
	生物体大小	小	大
	生命周期	短、简单	长、复杂
	无机物循环	开放的	封闭的
	生物与环境之间营养物交换的速度	快	慢
	碎屑在营养物再生中的作用	不重要	重要
选择压力	生长类型	快速生长（r 选择）	反馈控制（k 选择）
	生产	数量	质量
综合稳态	内部共生	不发达	发达
	营养物保存	差	好
	稳定性（对外来干扰的抵抗）	差	好
	熵	高	低
	信息量	低	高

（3）理论借鉴

群落演替理论阐明了群落在不同阶段的特征，并能明确不同演替阶段生态系统结构与功能的完整性，在生态红线划定中既需要考虑生态基本单元的结构，也要考虑其功能是否完善，并以不同演替阶段特征作为结构与功能指标选取的依据，生态环境要素阈值的界定需以不同演替阶段的特征为依据。

1.4.2 社会-经济-自然复合生态系统理论

（1）理论内涵

社会-经济-自然复合生态系统是人类赖以生存和发展的复杂系统，它是社会子系统、经济子系统和自然子系统通过人耦合而成的复合系统（赵景柱，1995）。社会系统受人口、政策和社会结构的制约，文化、科学水平和传统习惯都是分析社会组织和人类活动相互关系必须考虑的因素。价值高低通常是衡量经济系统结构与功能适宜与否的指标。自然系统为人类生产提供的资源随科学技术的进步在量与质方面，将不断有所扩大，但也是有限度的。生态学的基本规律要求系统在结构上要协调，功能方面则要在平衡基础上进行循环不已的代谢与再生（马世骏和王如松，1984）。复合生态系统理论的核心是生态整合，通过结构整合和功能整合，协调三个子系统及其内部组分的关系，使三个子系统的耦合关系和谐有序，实现人类社会、经济与环境间复合生态关系的可持续发展（王如松和欧阳志云，2012）（图 1-1）。

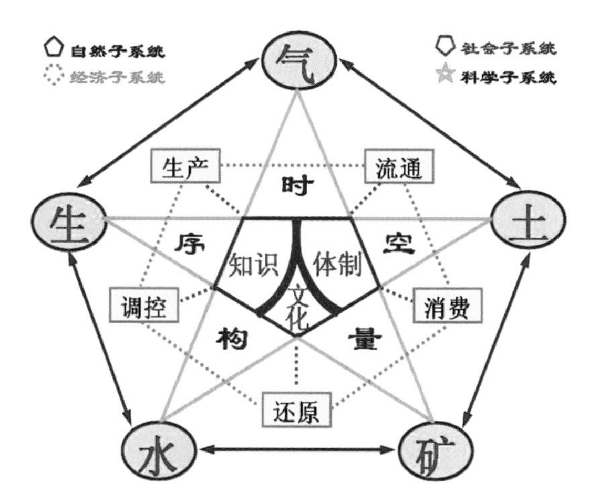

图 1-1 社会-经济-自然复合生态系统示意图（王如松和欧阳志云，2012）

（2）衡量复合系统的标准

衡量社会-经济-自然复合生态系统研究是一个多维决策的过程，是对系统组织性、相关性、有序性、目的性的综合评判、规划和协调。其目标集由三个亚系统的指标结合衡量。

1）自然系统是否合理：看其是否合乎自然界物质循环利用、相互补偿的规律，能否达到自然资源供给永续不断，以及人类生活和工作环境是否适宜与稳定。

2）经济系统是否有利：看其是消耗抑或发展，是亏损抑或盈利，是平衡发展抑或失调，是否达到了预定的效益。

3）社会系统是否有效：考虑各种社会职能机构的社会效益，看其是否行之有效，并有利于全社会的繁荣。从现有的物质条件、科技水平及社会需求进行衡量，看政策、管理、社会公益和道德风尚是否为社会所满意。

（3）理论借鉴

海洋生态红线划定的对象是社会-经济-自然复合生态系统，三个子系统之间在时间、空间、数量、结构和秩序等方面的生态耦合关系及相互作用机制决定了复合生态系统的发展与演替方向。复合生态系统理论体现于海洋生态红线区划工作中是通过生态规划、生态工程和生态管理，将海洋生态系统中单一的物理、生物、经济和社会环节组构成具有强生命力的生态经济系统，运用系统生态学原理调节系统的主导性与多样性、开放性与自主性、灵活性与稳定性、发展的力度与稳度，促进竞争、共生、再生和自身能力的综合；生产、消费与还原功能的协调；社会、经济与环境目标的耦合，促进人与海洋和谐共生。

1.4.3 可持续发展理论

（1）理论内涵

“可持续发展”（sustainable development）一词最初是由世界保护战略委员会于1980年提出的，1987年世界环境与发展委员会在《我们共同的未来》一书中给出了确切定义：“可持续发展是既能满足当代人的需要，又不对后代人满足其需求的能力构成危害的发展。”可持续发展理论经历了三个发展阶段：一是以单纯经济增长为核心的发展理论，以阿瑟·刘易斯（1955）的《经济增长理论》和沃尔特·罗斯托（1958）的《经济增长的阶段》等综合性著作为代表；二是以经济、社会协调发展为核心的发展理论，这一阶段的典型代表是1972年罗马俱乐部公开发表的《增长的极限》；三是以可持续发展为主题的发展理论，该阶段代表人物和成果较多，其中尤以勃兰特、帕尔梅和布伦特兰最具代表，他们分别发表了《共同的危机》《共同的安全》《共同的未来》三个纲领性文件，共同得出了世界各国必须组织实施新的可持续发展战略的结论（吕忠梅，2005）。时至今日，可持续发展理论已完全被世界所接受。

可持续发展是指既能满足当代人的需要，又不能损害后代人满足需求能力的发展。换句话说，就是经济、社会、资源和环境协调发展，把它们看作一个密不可分的系统，既要达到发展经济的目的，又要保护好人类赖以生存的大气、淡水、海洋、土地和森林等自然资源与环境，使子孙后代能够永续发展和安居乐业。可持续发展的核心是发展，但要求在严格控制人口、提高人口素质和保护环境、资源永续利用的前提下进行经济与社会的发展（李干杰，2011）。

（2）理论支撑

海洋生态红线区划就是保证海洋资源、生态环境与社会经济的可持续发展，保证资源的永续利用、良好的生态环境与社会的全面发展。可持续发展理论指导下的社会经济发展，应坚持正确的资源环境观。目前，在地方政府多以牺牲生态环境为代价谋求经济快速发展的形势下，必须树立科学发展观，坚持以可持续发展理论为指导，进行海洋空间规划和管理，最终使蓝色经济健康、可持续发展。

1.4.4　生态平衡理论

（1）理论内涵

生态平衡（ecological equilibrium）是指在一定时间内生态系统中的生物和环境之间、生物的各个种群之间，通过能量流动、物质循环和信息传递，使它们相互之间达到高度适应、协调和统一的状态。具体而言，就是当生态系统处于平衡状态时，系统内各组成成分之间保持一定的比例关系，能量、物质的输入与输出在较长时间内趋于平衡，结构和功能处于相对稳定状态，当受到外来干扰时，系统可通过自我调节恢复到初始的稳定状态。在生态系统内部，生产者、消费者、分解者和非生物环境之间，在一定时间内保持能量与物质输入、输出动态的相对稳定状态（图 1-2）。

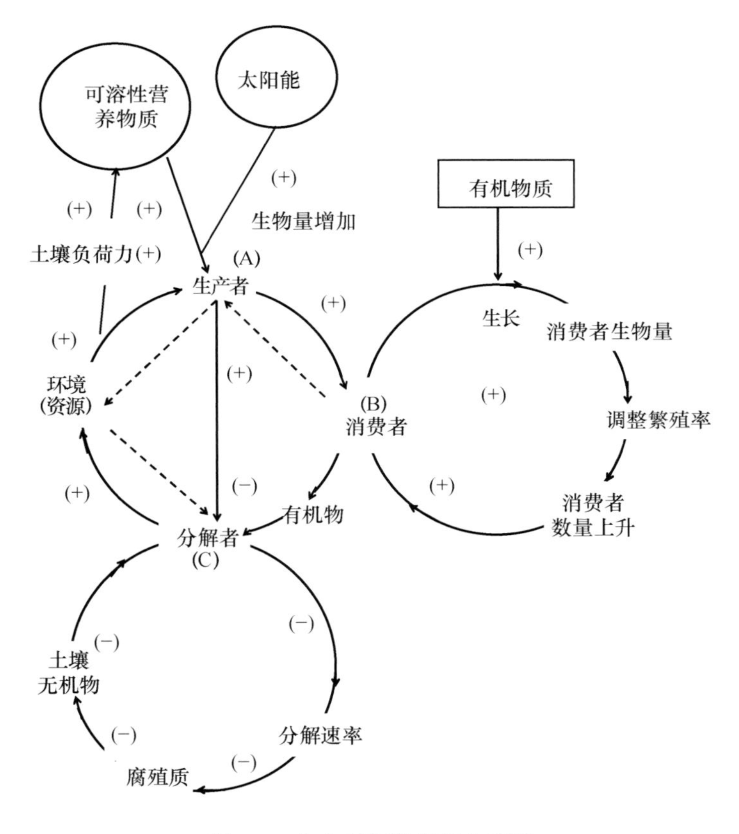

图 1-2　生态平衡调节基本流程

（2）生态平衡理论基本观点

1）生态平衡是相对平衡和动态平衡。

2）生态系统具有弹性和可塑性，生态系统的自我调节能力依赖于正反馈和负反馈机制的相互联系与作用。

3）生态系统内任何一个环节在允许限度内的变化都可以通过系统的自我调控能力

进行适当调节，使其保持原有的相对稳定与平衡。

4）生物在不断利用环境资源的同时，必须对环境资源进行补偿，使环境资源保持在一定的良性状态。

（3）生态平衡的失调与破坏

1）即使是对外来压力具有较强抵御能力的演替顶极，生态系统的耐受和抵御能力也是有限的。

2）生态系统自我调节能力的局限性和人类活动的外界压力，造成了生态系统失调和破坏。

3）生态系统具备耗散结构所必需的三个条件：系统的开放性、系统处于远离平衡态的非线性区域、系统各要素之间存在着非线性相关机制。

4）远离平衡态的区域不再局限于要素间单一的线性组合，因为系统内各要素之间存在着复杂的联系和作用。

5）在平衡态、近平衡态区域要素间呈一定的规律性变化，是确定性或线性关系。与平衡、近平衡态有本质不同的远离平衡态，呈非线性关系，这是因为在系统内各要素间存在着复杂的联系与作用，即生态系统有可能发生突变，由原来的状态转到一个新状态。

（4）理论借鉴

海洋生态红线划定的对象绝非静态的系统，海洋生态系统始终处于自我调节而趋于动态平衡的稳态，当系统受自然和人类活动干扰后，生态平衡是一个动态发展过程。因此，在前一状态被划定为海洋生态红线区，随着系统的动态发展，红线的界定也应当进行相应调整。鉴于此，海洋生态红线划定需要考虑生态系统平衡的发展与变化。

1.4.5 生态承载力理论

（1）理论内涵

生态承载力是指生态系统的自我维持、自我调节能力，资源与环境子系统的供容能力及其可维持的社会经济活动强度和具有一定生活水平的人口数量。主要包含两层含义：第一层含义是指生态系统的自我维持与自我调节能力，以及资源与环境子系统的供容能力，为生态承载力的支持部分；第二层含义是指生态系统内社会子系统的发展能力，为生态承载力的压力部分。海洋生态、资源、环境在理想状态下，具有一定的承载力，并能维持自身系统的正常运行，一旦稳定被破坏，超过海洋系统能够承受的“阈值”，会使系统的自我修复与恢复力失效，生态系统结构与功能丧失，生态承载力下降。

（2）生态承载力特征

1）客观性，生态承载力是生态系统固有属性之一，这种生态系统固有的功能既是抵御外来干扰的基础，也为生态系统向更高层面演替奠定了基础。

2）可变性，正如生态平衡理论所言，生态系统稳定是相对的稳定，并非一成不变，因此，生态承载力也是动态的，随着生态系统不断地向前发展，其生态承载力也随之发生变化。

3）层次性，生态系统稳定性表现在多层次水平上，不仅包括小单元的生态单元，还包括景观水平、区域水平、地区水平、生物圈各个层面；同样，生态承载力也表现在各个层面上，不同层面水平的生态承载力有所不同。

（3）理论借鉴

根据承载力的理论内涵及特征，海洋生态红线划定既要考虑到生态承载力的动态性，也要考虑到生态承载力的层次性。首先海洋生态红线“阈值”的界定要考虑海洋生态承载力的动态性，“阈值”并不是一成不变的，而是随着生态环境、资源动态变化而变化的；红线界定也要分为区域空间资源红线、环境要素控制红线、生态保护红线等层面。因此，生态承载力理论为生态红线“阈值”界定与生态红线划定提供了基础理论支撑。

1.4.6　生态安全理论

（1）理论内涵

生态安全是指生态系统完整性和健康的整体水平，尤其是指生存与发展的不良风险最小及不受威胁的状态，是人类在生产、生活和健康方面不受生态破坏与环境污染等影响的保障程度。生态安全是指在人的生活、健康、安乐、基本权利、生活保障来源、必要资源、适应环境变化的能力及社会秩序等方面不受威胁的状态，包括自然生态安全、经济生态安全和社会生态安全等方面的内容，组成一个复合人工生态安全系统。狭义的生态安全专指人类生态系统的安全，即以人类赖以生存的环境安全为对象。生态安全概念是在生态问题直接且较普遍、较大规模威胁到人类自身的生存与安全之后才提出的。因此，从一定意义上说，生态安全指的就是人类生态安全。生态安全是人类生存环境处于健康可持续发展的状态。

（2）生态安全构成

生态安全的内涵十分丰富，主要集中在人类生存安全与可持续发展两方面。借鉴美国国际应用系统分析研究所和国内专家对生态安全的定义，可将生态安全定义为：在一定时空范围内，在自然和人类活动的干扰下，某区域内部生态环境条件及所面临的生态环境问题对人类生存和持续发展不造成威胁，生态系统是持续、稳定、具有抵抗力并不断完善的，其主要构成要素包括生态健康和生态风险（图 1-3）。

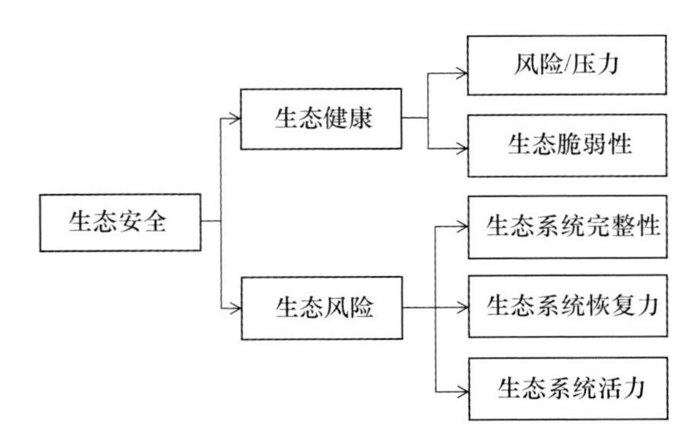

图 1-3　生态安全理论基本框架

生态风险与生态健康，相互交融、相互依赖，共同组成生态安全的核心，利用生态风险或者生态健康的任何一方面都可以表征系统的安全性；二者又相互区别，生态风险强调了生态系统或某一环境状态的外界影响和潜在的胁迫程度，而生态健康则反映了系统内在结构、功能等的完整程度和所具有的活力与恢复力状态，健康的生态系统并不一定是安全的，需要与生态系统所处的风险状态相联系。

（3）理论借鉴

海洋生态红线区划是为了保证国土、海洋资源的生态安全，识别海洋生态敏感区/脆弱区、重要海洋生态功能区，并确定环境要素红线“阈值”和生态红线。鉴于此，生态安全中的生态脆弱性、生态完整性、生态恢复力和生态系统活力等理论是划定海洋生态红线的重要依据。

1.4.7 人-海关系理论

（1）理论内涵

人-地关系是自人类起源以来就客观存在的关系。人类的生存和活动，都受到一定地理环境的影响。人-地关系是指人类社会向前发展过程中，人类为了生存需要，不断地扩大和加深对地理环境的改造和利用，增强适应地理环境的能力，改变地理环境的面貌；同时，地理环境也会影响人类活动，产生地域特征和地域差异。人-地关系的地域性或地域组合，是人文地理学研究的特殊对象。

据此，人-海关系则可狭义地定义为，人类社会为了生存和发展，不断地扩大和加深对海洋环境的改造和利用，增强适应海洋环境的能力，改变海洋环境的面貌；海洋环境也反过来影响人类活动，产生海域差异。两者之间形成既矛盾又统一的整体（图 1-4）。

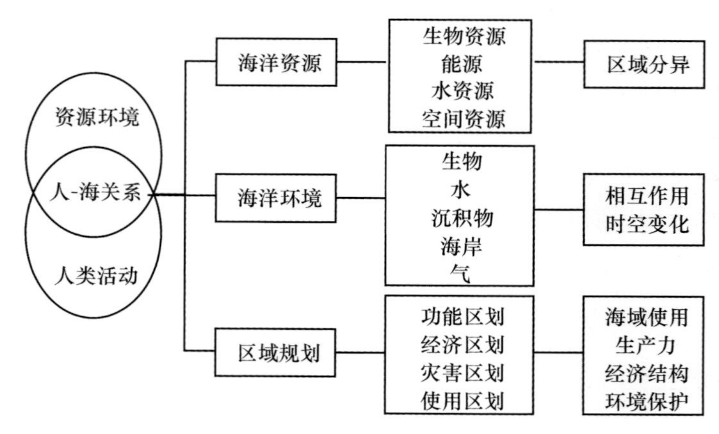

图 1-4 人-海关系调控对象

（2）人-海关系响应特征

人-海相互作用的响应特征可用响应的敏感性和系统的响应恢复能力来表征（表 1-2）。当系统区域对外界响应的敏感性低而恢复性强时，该系统处于最稳定状态。

表 1-2　人-海关系响应特征

恢复性	敏感性	
	低	高
高	只有在很差的管理之下，生存环境才可能恶化	生存环境易恶化，在好的管理之下易恢复
低	有一定抵御能力，但超过一定阈值后，难以恢复	易恶化，环境管理措施无效，人类不宜干预

生态环境脆弱，若想保持现有状态，最好不要对自然过程进行干预，因为自然过程存在于所有的时空尺度，其具有复杂的内部耦合作用，难以完全理解并更加难以驾驭。

对于敏感性强且恢复性高的地区，需要进行合适的规划管理。

1）恢复性高的系统具有负反馈的特性，在受到外界扰动后，能较快地自动恢复原状。

2）恢复性低的系统具有正反馈机制，受到外界扰动后，常偏离原态而难以恢复原状，从而对人类或环境造成较大的影响，并且这种影响变异可被继承，在时间维上不断累积，从而表现为系统状态的不断演进（图 1-5）。

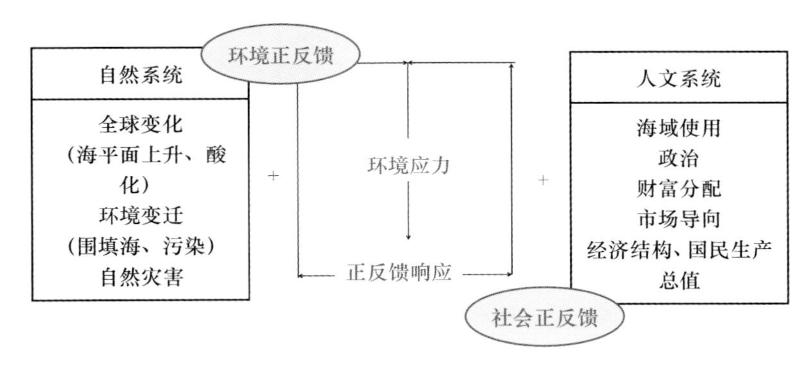

图 1-5　人-海相互作用正反馈过程（仿王劲峰等，1995）

（3）人-海关系理论的借鉴意义

海洋生态红线划定以红线区生态准入制度、生态管控制度的形式落地。管控制度的制定既要考虑到人类活动、海洋资源环境的协调发展，同时要考虑到二者之间的相互作用，实现资源环境和人类活动的正向反馈，促进人-海关系良性循环。因此，在海洋生态红线划定中既要考虑空间资源控制红线，同时要考虑人类社会、经济、生产生活的良性发展。

1.4.8　生态系统控制理论

（1）理论内涵

生态系统控制理论是指用控制论的原理方法研究生态系统，它是调节生态系统不合理的行为，提高其自我调节能力，改善生态空间内部结构和功能，确保生态平衡和资源可持续利用的基础理论。

（2）理论借鉴

控制论是对操作或管理进行控制的理论机制，其在经济控制管理领域应用较多。近年来，随着生态环境问题日益突出，许多学者也将控制论的思想应用于人类与资源、环境的关系，环境规划，生态空间管控领域。海洋生态红线划定则是政府通过行政手段调控人类活动对资源、生态环境的影响，维持生态基本功能，实现资源、生态环境与人类社会的有序发展的管理制度。因此，控制论是海洋生态红线区划与管控研究的理论基础。

1.4.9 海洋生态红线基础支撑理论体系与范式

（1）海洋生态红线基础支撑理论体系

海洋生态红线区划是一项复杂的系统工作，其对象是一个“人-海”复合系统，不仅包括自然系统，同时包含各种复杂的人类活动及其与自然系统之间的关系；生态红线区划还包含不同尺度问题：包括空间尺度问题、环境要素“阈值”问题，以及复合生态问题（黄伟等，2016）。因此，海洋生态红线区划既要有生态保护的理论，也要有人与自然关系理论作为支撑，此外，还需要管理学、经济学和社会学理论作为基础。群落演替理论、生态平衡理论、生态承载力理论、生态安全理论可为生态基本功能单元划分与资源、环境、生态现状评价提供理论基础；而人-海关系理论、可持续发展理论可为识别海洋资源环境与人类活动之间的动态平衡关系提供依据；生态系统控制理论则可为生态红线划定后的生态准入和生态管控提供理论支撑。

（2）海洋生态红线划定理论范式

在以上基础理论支撑下，海洋生态红线划定的理论范式可以从以下几个方面考虑。海洋生态红线划定应以海洋资源、环境的生态完整性为评判依据，将自然干扰与人为干扰作为外来干预，当稳定系统受到干扰压力后其生态完整性随之下降，当脆弱区干扰压力上升至一定水平时，系统处于安全阈值范围内，系统仍处于安全期；当干扰压力继续上升，介于系统安全阈值与红线阈值之间时，系统表现为脆弱性升高，但仍处于可控期；而当干扰压力超过红线阈值时，生态完整性急剧下降，超过系统承载能力，此时即为干扰红线与系统红线阈值，干扰压力若继续上升，系统则会逐渐走向灭亡（图1-6）。

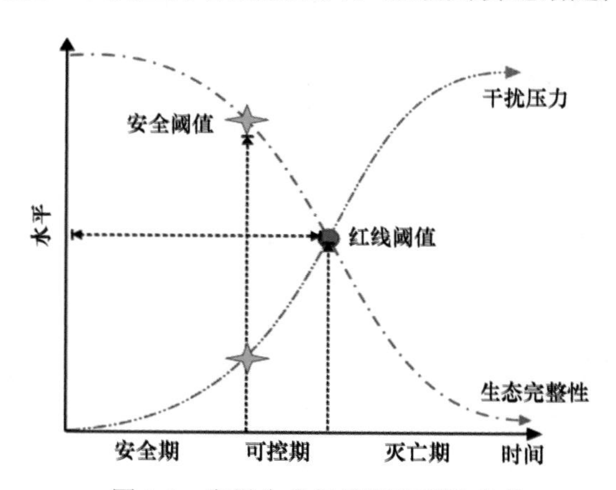

图1-6 海洋生态红线划定理论范式

鉴于以上理论范式，海洋生态红线划定无论在空间资源红线划定层面、环境要素阈值界定层面、生态保护红线阈值界定层面，均应以找到系统发展过程中干扰压力与生态完整性之间的阈值点为出发点，制定空间资源红线阈值、环境要素阈值和生态保护红线阈值。

1.5　海洋生态红线划定方法研究概述

由于生态红线内涵的丰富性，生态红线的划定方法多样，目前尚未形成统一的划分标准。2014 年初环境保护部（现生态环境部）出台的《生态保护红线划定技术指南》是探究性划分标准，现有的划分生态红线的方法中：高吉喜（2014）、饶胜等（2012）、刘雪华等（2010）、许妍等（2013）、左志莉（2010）等均采用在生态功能重要性和生态脆弱性的基础上，运用地理信息系统（geographic information system，GIS）进行空间分析处理，将多个单要素的生态保护空间叠加，最终形成生态红线区；而在已出台的生态红线规划文件中，多利用现有的生态功能区划，如自然保护区、重要生态功能区、主体功能区等，将相关生态区域进行分析分类整理，在行政区域的范围内对需要施行严格生态保护的红线区域进行框定及分类。

广东省颁布实施的《珠江三角洲环境保护规划纲要（2004～2020 年）》，第一次提出分区调控，差别化管理的策略；将重要生态功能区、自然保护区、水源涵养区和生态脆弱敏感区等划归为红线控制的策略，进而又划分出了蓝线区和绿线区，以区别于红线区的方法进行调控，这是环境规划领域首次提出完整意义上的生态红线（广东省人民政府，2005）。珠江三角洲的分区调控实践取得了一定成效后，生态红线划分逐步得到认可；深圳市结合政府规划、保护区规划等划分出生态功能基线，第一次在城市范围内划分出生态控制线（深圳市人民政府，2005）。《中共中央关于全面深化改革若干重大问题的决定》和《国务院关于加强环境保护重点工作的意见》中明确了生态红线的概念，将其上升为国家战略后，开始在内蒙古、江西、广西和湖北四省区及几个试点城市探索生态红线的划分，目前，江苏、湖北、辽宁、山东等省已对红线进行探索性划分。2013 年，江苏省率先在省域范围内以地市为基本管理单位明确划出生态红线的范围，在红线区划中取得阶段性成果，其将生态红线划分成风景名胜区、饮用水源保护区、特殊物种保护区等共十五大类型，以市县为基础进行分级分控管理（江苏省人民政府，2013）。山东、辽宁等省则进行了环渤海海洋生态红线区的划分。2011 年，《福州市城市总体规划》提出完整的生态红线体系，完善了城市范围内进行生态红线划分的体系。2014 年，天津市将红线区域划分成山、河、湖、湿地、公园、林带六大类，确定了不同分区所占比例，其中生态红线区总面积约为 1800km^2，占该市面积的 15%，进而对相应生态区域进行严格的控制。至此，城市生态红线体系基本形成以生态、水、大气等环境要素系统结构解析为基础，基于污染形成、传输过程等所影响区域的敏感性、脆弱性及保护区域的重要性差异，确定各区域环境保护强度等级，并以分级管控的措施进行管理。

在生态红线划定技术方面，多数文章为新闻报道形式，而关于生态红线划定技术和理论的研究较少。冯文利（2007）通过宏观分析中国的土地利用/覆盖变化与生态安全的相互作用关系，强调了建立土地利用生态安全格局的重要性；并以北京市海淀区为案例，以海拔、坡度、归一化植被指数（normalized differential vegetation index，NDVI）、水体可及性、绿地可及性、人口密度、城市热岛强度为指标，进行基于像元的生态安全评价，确定了生态红线区。符娜（2008）以生态脆弱性和生态系统服务功能作为划定依据，基于云南省土地利用规划划定了生态红线区。刘雪华等（2010）以环渤海区为例，综合考虑了生态系统敏感性、生态系统服务功能和自然生态风险等因子，划定了产业布局的生态红线区、生态黄线区和可开发利用区。饶胜等（2012）系统梳理了生态红线的概念与内涵，对生态红线的划定与管理进行了讨论并提出初步建议。许妍等（2013）则在分析渤海生态环境特征的基础上，从“生态功能重要性、生态环境敏感性、环境灾害危险性”三方面建立了渤海生态红线划定指标体系，并在此基础上确定了渤海生态红线区的空间范围。冯宇（2013）则对呼伦贝尔草原区生态红线划定方法做了探索。值得一提的是，政府部门为了规范管理需要印发了一些生态红线划定的指南，例如，2014 年 2 月环境保护部印发了《国家生态保护红线—生态功能基线划定技术指南（试行）》，而国家海洋局分别在 2012 年 9 月和 2016 年 6 月发布了《渤海海洋生态红线划定技术指南》和《海洋生态红线划定技术指南》。这些指南对于我国生态红线理论、划定技术的发展和实践均具有很好的指导作用。

国外尽管没有生态红线的概念，但是在生态脆弱性/敏感性（Ebenman and Jonsson，2005；de Lange et al.，2010；Bergengren et al.，2011；Kappel et al.，2012）、自然保护区设计和选址方面（Douvere and Ehler，2007；Santi et al.，2010；Halpern et al.，2010；Mora and Sale，2011）做的大量工作可为中国生态红线划定技术研究提供参考。美国国家生态学分析与综合研究中心（The National Center for Ecological Analysis and Synthesis，NCEAS）在生态区划基础上，根据不同生态系统类型对干扰/压力的敏感性差异分析，对全球人类活动对近海生态系统的影响程度进行了空间分析（Halpern et al.，2008）。澳大利亚根据生态系统的脆弱性、生态重要性和保护程度，将大堡礁保护区进一步划分为一般使用区（general use zone）、生境保护区（habitat protection zone）、保护公园区（conservation park zone）、缓冲区（buffer zone）、国家公园区（national park zone）和保护区（preservation zone），并对各区内人类活动的强度和类型都有所限定（Day，2002）。生态系统完整性是生态红线划定的主要依据和目标，但该概念和生态健康一样，是模糊的（ill-defined）概念。在渔业生态系统管理中，Link（2002）提出了用生态状态可持续性（ecosystem state sustainability）代替生态完整性的观点。综合管理和生态系统管理是生物多样性保护、资源可持续利用和开发的重要理念，但在实践中缺乏可操作性。海洋学家推出的海洋空间规划（marines spatial planning，MSP）技术和理论为解决这一难题提供了方案（Douvere and Ehler，2007）。MSP 强调空间异质性，突出高多样性、高特有性和高生产力的区域，以及产卵地、育苗场、洄游路线中转站在海洋生物多样性保护和生态系统综合管理中的重要地位。MSP 通过海洋生态系统制图和海域使用区划，协调海域使用冲突，通过管理人类活动来减少人类对海洋生态系统的负面影响，从而保证生态系统完整性（Crowder and Norse，2008）。

1.6　海洋生态红线面临的问题

目前，生态红线的理论基础、分类体系、监测与评价指标、划定技术方法等理论方法体系尚处于探索研究阶段。例如，现有生态红线区划方法大多直接将现有的重要功能区、自然保护区、风景区、名胜古迹等直接作为生态红线划分依据。但是，由于现有的一些自然保护区和重要生态功能区在前期选划时存在较强的随意性与主观性，再加上当时与现有时空尺度不一致等问题，上述方案并不恰当。目前，生态红线划定主要基于线性适宜性指数模型，模型结构过于简单，难以反映评价单元生态属性和生态红线区划之间的复杂关系，在某些情形下非线性模型可能更为适合（欧阳志云等，1996；陈守煜等，2007；秦建成等，2008）。生态影响评价是生态脆弱区/敏感区划定的重要基础，也是国外海岸带综合管理中的重要工具（Iyalomhe et al.，2013；Portman et al.，2015），但基于系统动力学的生态影响评价在国内的研究案例极其少见。可见，海洋生态红线的理论体系、划定技术及红线区管控制度等一系列问题亟待进一步研究和完善。

本书在前人研究基础上，基于海洋资源、生态和环境特征系统梳理了海洋生态红线划定的理论基础，开展了海洋生态敏感性、海洋生态脆弱性、海洋生态重要性和海洋生态适宜性评价指标体系与技术方法的研究，并据此确立了海洋生态红线划定方法。同时，研究和设计了海洋生态红线区的管理制度体系，从顶层设计至各项配套制度，满足了海洋生态红线制度从提出、划定、发布到实施各个阶段的需求，包括海洋生态红线划定的技术标准体系、生态红线区主要的管理制度及保障生态红线顺利实施的各项配套制度。最后，编写组将本书的红线划定方法和管控制度在天津市、洞头区[①]、南澳县 3 个国家级海洋生态文明示范区进行了应用示范。本书研究成果对于建立健全我国海洋生态评价制度与政策建议，引导我国海洋产业的合理布局，保障我国海洋生态安全与海洋经济可持续发展具有重要意义。

参 考 文 献

陈守煜, 柴春岭, 苏艳娜. 2007. 可变模糊集方法及其在土地适宜性评价中的应用. 农业工程学报, 23(3): 95-97.

范学忠, 李玉辉, 角媛梅. 2008. 昆明市生态红线区非生态用地转变前后生态效益分析. 水土保持研究, 15(4): 179-188.

冯文利. 2007. 生态安全条件下的土地利用规划研究——区域生态红线区的引入与土地资源管理//2007 年中国土地学会学术年会论文集. 长沙: 2007 年中国土地学会学术年会.

冯宇. 2013. 呼伦贝尔草原生态红线区划定的方法研究. 北京: 中国环境科学研究院硕士学位论文.

符娜. 2008. 土地利用规划的生态红线区的划分方法研究——以云南省为例. 北京: 北京师范大学硕士学位论文.

高吉喜. 2014. 生态保护红线: 维护国家生态安全的"生命线"——国家生态保护红线体系建设构想. 环境保护, 42(2): 17-21.

① 2015 年国务院批复洞头区撤县设区，原洞头区和龙湾区灵昆街道行政区域为洞头区行政区域，然而本书多处涉及 2015 年以前的数据，为叙述方便，统一用洞头区，特此说明

广东省人民政府. 2005. 珠江三角洲环境保护规划纲要(2004～2020 年). 广州: 广东省人民政府.
黄伟, 陈全震, 曾江宁, 等. 2016. 海洋生态红线区划方法初探——以海南省为例. 生态学报, 36(1): 268-276.
霍恩比. 2016. 牛津高阶英语词典(第 9 版). 北京: 商务印书馆.
江苏省人民政府. 2013. 江苏省生态红线区域保护规划. 南京: 江苏省人民政府.
李干杰. 2011. 坚持陆海统筹, 实现海洋可持续发展. 环境保护, (10): 24.
李冠国, 范振刚. 2004. 海洋生态学. 北京: 高等教育出版社.
林勇, 樊景凤, 温泉, 等. 2016. 生态红线划分的理论和技术. 生态学报, 36(5): 1244-1252.
刘雪华, 程迁, 刘琳, 等. 2010. 区域产业布局的生态红线区划定方法研究——以环渤海地区重点产业发展生态评价为例//中国环境科学学会. 中国环境科学学会学术年会论文集(2010)(第一卷). 北京: 中国环境科学出版社.
吕忠梅. 2005. 论可持续发展与环境法的更新. 科技与法律. 58(2): 111-118.
马世骏, 王如松. 1984. 社会-经济-自然复合生态系统. 生态学报, 4(1): 1-8.
欧阳志云, 王如松, 符贵南. 1996. 生态位适宜度模型及其在土地利用适宜性评价中的应用. 生态学报, 16(2): 113-120.
秦建成, 王子芳, 张贞. 2008. 基于径向基函数神经网络的植烟土地适宜性评价. 西南大学学报(自然科学版), 30(5): 121-128.
饶胜, 张强, 牟雪洁. 2012. 划定生态红线, 创新生态系统管理. 环境经济, (6): 57-60.
深圳市人民政府. 2005. 深圳市基本生态控制线管理规定. 深圳: 深圳市人民政府.
王劲峰, 等. 1995. 人地关系演进及其调控——全球变化、自然灾害、人类活动中国典型区研究. 北京: 科学出版社.
王如松, 欧阳志云. 2012. 社会-经济-自然复合生态系统与可持续发展. 中国科学院院刊, 27(3): 337-345.
许妍, 梁斌, 鲍晨光, 等. 2013. 渤海生态红线划定的指标体系与技术方法研究. 海洋通报, 32(4): 361-367.
曾维华. 2014. 环境承载力理论、方法及应用. 北京: 化学工业出版社.
赵景柱. 1995. 社会-经济-自然复合生态系统持续发展评价指标的理论研究. 生态学报, 15(3): 327-330.
左志莉. 2010. 基于生态红线区划分的土地利用布局研究. 南宁: 广西师范学院硕士学位论文.
Bergengren J C, Waliser D E, Yung Y L. 2011. Ecological sensitivity: a biospheric view of climate change. Climatic Change, 107(3/4): 433-457.
Crowder L, Norse E. 2008. Essential ecological insights for marine ecosystem-based management and marine spatial planning. Marine Policy, 32(5): 772-778.
Day J C. 2002. Zoning—lessons from the Great Barrier Reef marine park. Ocean & Coastal Management, 45(2): 139-156.
de Lange H J, Sala S, Vighi M, et al. 2010. Ecological vulnerability in risk assessment—a review and perspectives. Science of the Total Environment, 408(18): 3871-3879.
Douvere F, Ehler C. 2007. Making ecosystem-based management a reality: marine protected area management in the context of marine spatial management. Copenhagen: Presentation at the Nordic workshop on marine spatial planning.
Ebenman B, Jonsson T. 2005. Using community viability analysis to identify fragile systems and keystone species. Trends in Ecology & Evolution, 20(10): 568-575.
Halpern B S, Lester S E, McLeod K L. 2010. Placing marine protected areas onto the ecosystem-based management seascape. Proceedings of the NationalAcademy of Sciences of the United States of America, 107(43): 18312-18317.
Halpern B S, Walbridge S, Selkoe K A, et al. 2008. A global map of human impact on marine ecosystems. Science, 319(5865): 948-952.
Iyalomhe F, Rizzi J, Torresan S, et al. 2013. Inventory of GIS-based decision support systems addressing

climate change impacts on coastal waters and related inland watersheds. *In*: SirIgh B R. Climate Change—Realities, Impacts over Ice Cap, Sea Level and Risks. Italy. Rijeka: In Tech.

Kappel C V, Halpem B S, Napoli N. 2012. Mapping cumulative impacts of human activities on marine ecosystems. Boston: Sea Plan.

Link J S. 2002. What does ecosystem-based fisheries management mean? Fisheries, 27(4): 18-21.

Mora C, Sale P F. 2011. Ongoing global biodiversity loss and the need to move beyond protected areas: a review of the technical and practical shortcomings of protected areas on land and sea. Marine Ecology Progress Series, 434: 251-266.

Portman M E, Dalton T M, Wiggin J. 2015. Revisiting integrated coastal zone management: is it past its prime? Environment: Science and Policy for Sustainable Development, 57(2): 28-37.

Santi E, Maceherini S, Rocchini D, et al. 2010. Simple to sample: vascular plants as surrogate group in a nature reserve. Journal for Nature Conservation, 18(1): 2-11.

第 2 章　中国海洋生态环境特征及海洋开发保护现状

2.1　我国海洋生态环境特征及分析

2.1.1　自然环境概况

我国是世界海洋大国之一，岸线漫长、海域辽阔、河口广布、岛屿众多、资源丰富，具有丰富的海洋生物多样性。我国海域濒临西北太平洋，大陆岸线北起中朝交界的鸭绿江口，南抵中越交界的北仑河口，全长约 1.8 万 km，面积大于 500m^2 的海岛有 6961 个，海岛岸线长约 1.4 万 km。我国海域拥有河口、海湾、海岛、盐沼、滩涂、潟湖和海草床、红树林、珊瑚礁等众多类型的海洋生态系统，记录有多达 28 000 多种的海洋生物物种（黄宗国和林茂，2012）。

我国海域位于亚洲大陆东侧的中纬度和低纬度带，跨越热带、亚热带和温带三个气候带，除台湾东岸濒临西太平洋外，其他各海与大洋之间均有大陆边缘的半岛或群岛断续间隔，基本属封闭性海区，海洋生态区系及物种分布因之受到一定程度的影响。黄、渤海属暖温带海区，东海西部、东北部和南海北部近岸水域属亚热带海区，南海南部、东海东南部和台湾东岸水域属热带海区。黄、渤海地处温带，冬季受大陆气候和沿岸流的影响，近岸水温低，北部冬季有海冰分布。黄海南部较深的水域终年水温较低，近底层存在着强大的冷水团，但相当多的温带生物能够在此生存和发展；东海北部沿岸水域，受大陆气候和沿岸流的影响，生物区系中有一定的温带成分；东海远岸部分和台湾东岸水域主要受起源于北太平洋西部热带区、流经台湾东岸附近海域黑潮暖流及其分支的影响，冬季水温较高，热带和亚热带生物区系占主导地位，同南海北部基本相同。南海诸岛多位于南海的南部，由于南海西南部通过马六甲海峡和新加坡海峡与印度洋相通，东北部以巴士海峡和巴林塘海峡与太平洋相通，终年受热带季风和暖流的影响，表层水温较高，因此分布于南海诸岛海域的生物绝大多数是分布于印度洋和太平洋的热带及亚热带水域的暖水性种类。我国近海没有受到强大寒流的影响，只有较弱的由北向南的沿岸流，水文条件在很大程度上受到了强大的暖流-黑潮及其支流和低纬度季风漂流的支配，因此，在海域生物区系中，暖水性成分较强，多数种类起源于印度洋和西太平洋的热带海域。至于黄、渤海，生物区系中虽然有一定数量的暖水成分，但仍以温带种占优势。

我国各主要海域在生物资源的分布方面具有各自的特点：渤海是我国的内海，也是黄、渤海海洋经济鱼类的产卵场。黄海的初级生产力丰富，经济鱼类产量很高，黄海与渤海共同构成了黄海大海洋生态系统。东海面积广阔，受黑潮暖流和入海河流的影响，具有丰富的渔业资源。台湾海峡居于东海和南海之间的过渡海域，无论是珊瑚礁还是红树林，都以台湾海峡为其自然北部分布界限，台湾浅滩上升流渔场是我国诸多渔场中资源补充量较好的渔场。南海的经济鱼类、浮游生物、微生物和底栖生物等在种类与数量上都居我国海域之首，特有的珊瑚礁生态系统和红树林生态系统，都是生产力极高的典型海洋生态系统（国家海洋局，2002b）。

2.1.2　海洋生物多样性特点

（1）生态系统多样性

我国海域从辽东湾的双台河口（41°N）至赤道附近的曾母暗沙（3°57′44″～3°59′00″N），跨越 38 个纬度带，长达 18 000km 的海岸线涵盖了岩石岸、砂岸、泥岸、生物岸等众多类型的海岸（陈清潮，1997；李新正，2000）。

我国海域包括渤海、黄海、东海、南海和台湾以东部分海域，呈北东-南西向的弧形，环绕着大陆，具有丰富的海洋和海岸生态系统，拥有 4 个大海洋生态系统，即黄海、东海、南海和黑潮大海洋生态系统。我国海域生态系统类型主要包括河口、海湾、海岛、盐沼、滩涂、潟湖和海草床、红树林、珊瑚礁等（马程琳和邹记兴，2003；王斌，2000；黄宗国和林茂，2012）。以下对我国部分典型生态系统进行总结和介绍。

我国面积大于 500m^2 的海岛有 6961 个（港澳台及海南岛除外，海南岛本岛和台湾、香港、澳门所属有 410 个海岛）（彭超，2006）。我国有近 1500 条大小河流注入大海，如长江、珠江、黄河、鸭江、辽河和台湾岛的淡水河、海南岛的南渡河等，众多的河口生态系拥有丰富的生物多样性，同时具备若干淡水类型、海洋类型及河口区特有的物种（马程琳和邹记兴，2003）。

我国珊瑚礁主要分布于南沙群岛、西沙群岛、中沙群岛、台湾岛、海南岛周边及香港、广东、广西、福建沿岸（赵美霞等，2006）。2012 年西沙群岛活珊瑚礁覆盖率为 4%、海南东海岸为 20%、涠洲岛为 58%、雷州半岛西南海岸为 19%（国家海洋局，2013a）。我国造礁石珊瑚物种丰富，占印度-太平洋造礁石珊瑚物种数的 1/3（邹仁林，1994），南海诸岛和海南岛是主要的分布区，广东广西大陆沿岸 21 属 45 种、香港水域 21 属 49 种、海南岛 34 属 110 种和亚种、西沙群岛 38 属 127 种和亚种、黄岩岛 19 属 46 种、中沙群岛 34 属 101 种、台湾海域 58 属 230 种、太平岛 56 属 163 种等（李元超等，2008）。珊瑚礁生态系统栖息着丰富多样的生物，例如，中沙群岛、西沙群岛和中沙群岛、南沙群岛记录到的鱼类分别达 514 种、632 种、548 种（李永振，2010）。

我国红树林自然分布于海南、广西、广东、福建、台湾等省区，2002 年全国红树林分布面积约为 220km^2（国家海洋局，2011a；何斌源等，2007）。我国分布的红树植物有 12 科 15 属 27 种（含 1 变种），占全球红树林总科数的 60%、总属数的 56%、总种数的 37%，在地理分布上红树植物的种类分布随纬度的增加而逐渐减少，即海南 25 种、广东 13 种、广西 11 种，台湾和福建分别为 10 种与 8 种（林益明和林鹏，2001；张乔民等，2001）。此外，我国分布有 11 种半红树植物（国家海洋局，2013a）。红树林湿地、树干和树叶都有生物栖居，一些海岸带昆虫、两栖类、爬行类和鸟类，通常只有在红树林区才可见其分布。据统计，我国红树林湿地共记录到 2854 种生物，包括真菌 136 种、放线菌 7 种、小型藻类 441 种、大型藻类 55 种、维管束植物 37 种、浮游动物 109 种、底栖动物 873 种、游泳动物 258 种、昆虫 434 种、蜘蛛 31 种、两栖类 13 种、爬行类 39 种、鸟类 421 种、兽类 28 种（何斌源等，2007）。

迄今为止，我国发现的海草有 2 科（眼子菜科和水鳖科）10 属（眼子菜科 7 属、水鳖科 3 属）20 种（2 亚种）（郭栋等，2010）。华南（广东、广西和海南）沿海是我国海草的主要分布区，2002 年 9～10 月和 2003 年 7 月调查到海草 8 种，分布面积约为 24km^2（黄小平等，2006）。海南岛及周边海域共记录到海草 14 种，其中 2004～2009 年调查到 6 属 10 种，面积约为 55km^2（王道儒等，2012）。山东近岸海域历史上记录到的海草有 5 种，其中 2008 年 7 月调查到 4 种（郭栋等，2010）。海菖蒲、海黾草、海神草场多见于热带的西沙群岛和海南岛；喜盐草、二药草场多见于广东和广西沿海；大叶藻、虾形藻场属温带类型，广布于辽宁、河北及山东沿海（杨宗岱和吴宝玲，1981）。

（2）物种多样性

中国海是西太平洋低、中纬度的边缘海（刘瑞玉，2011），跨越 38 个纬度带、3 个温度带，受到黑潮等洋流和沿岸流及河口径流的影响，复杂的生境中栖息着多种多样的物种（黄宗国，1994a）。我国海域南北水温相差大，分布有冷温种、暖温种、亚热带种和热带种等各种温度性质的物种与区系，其中，我国海域的物种以暖水种（热带种和亚热带种）居多，也有些广布种和暖温种，以及少数冷温种（黄宗国，1994a）。东海、南海由于受黑潮暖流、南海暖流、台湾暖流等的影响，海洋生物区系以热带、亚热带成分占优势，属于印度-西太平洋暖水区系；黄海水浅，基本不超过 100m，夏季 30～35m 水深有温跃层出现，其下底层保存了冬季的黄海冷水团，底层水常年保持低温，北部 6～8℃，南部 8～10.5℃，整个海域保护和保存了较繁盛的北温带及寒带冷水性生物区系成分，且占绝对优势；渤海平均水深只有 18m，水温季节变化幅度极大，少数广温种得以生存发展，生物区系种类是黄海的简化，多样性很低（刘瑞玉，2011）。

20 世纪 50 年代以前，我国只有少数科学家对鱼类、贝类、甲壳类和其他经济或有害无脊椎动物及藻类等进行分类研究，众多科研工作者经过半个多世纪的努力，近年来已基本掌握了我国近海生物主要门类组成、分布、数量及其多样性特点（刘瑞玉，2011）。1994 年，我国记录的海洋生物为 20 278 种（黄宗国，1994b），2008 年为 22 561 种（黄宗国，2008）和 22 629 种（刘瑞玉，2008）；根据最新报道，我国已记录到海洋生物约 24 100 种（刘瑞玉，2011）和 28 000 多种（黄宗国和林茂，2012）。根据五界分类系统，我国已记录到的 28 000 余种海洋生物分属于 5 界 59 门，其中原核生物界（Monera）9 门 574 种、原生生物界（Protista）15 门 4894 种、真菌界（Fungi）5 门 371 种、植物界（Plant）6 门 1496 种、动物界（Animalia）24 门 21 398 种（黄宗国和林茂，2012）。根据 2010 年世界海洋生物普查的结果，全球海洋生物物种数量达到 25 万种，我国海洋生物物种数量约占全球总数的 11%（刘瑞玉，2011）。由此可见，我国是世界海洋物种多样性十分丰富的国家之一。

此外，根据 2006～2007 年开展的“我国近海海洋综合调查与评价专项”（以下简称 908 专项）调查的不完全统计，我国海域共鉴定出近海海洋生物 9822 种（国家海洋局，2012a），其中，浮游植物 1042 种、大型浮游动物 1349 种、浅海大型底栖生物 2731 种、潮间带底栖动物1087种、游泳动物937种（王春生等，2012）。在空间分布上，各生物群落的物种数大体呈现出从南至北递减的趋势。

2.1.3 近岸典型海洋生态系统特点

我国主要近岸典型海洋生态系统包括滨海湿地、珊瑚礁、红树林、海草床等。各典型海洋生态系统概况介绍如下。

（1）滨海湿地生态系统

湿地与人类生存、繁衍和发展息息相关，是自然界最富生物多样性的生态景观和人类最重要的生存环境之一，不仅可以提供多种资源，还具有巨大的环境功能和效益。我国滨海湿地的分布总体上以杭州湾为界，杭州湾以北的滨海湿地多为砂质和淤泥质海滩，而杭州湾以南的滨海湿地以基岩性海滩为主，在河口及海湾的淤泥质海滩上分布有红树林，在三沙市及台湾、海南沿岸海滩分布有珊瑚礁（国家林业局，2000）。908专项调查结果表明，我国滨海湿地面积为6.93万hm^2（海岸线至−6m等深线），其中自然滨海湿地的面积为6.69万km^2，人工滨海湿地的面积为0.24万km^2。自然滨海湿地中，浅海水域的面积为4.99万km^2、滩涂面积为0.46万km^2、滨海沼泽面积为0.05万km^2、河口水域和河口三角洲湿地面积为1.19万km^2。人工滨海湿地中，养殖池塘面积0.14万km^2、盐田0.08万km^2、水库0.02万km^2。

然而，由于全球气候变化、人口增加和经济发展，我国滨海湿地正以惊人的速度消失。1949年以来，我国累计丧失的滨海湿地面积约为2.19万km^2，约占滨海湿地总面积的50%。与20世纪70年代相比，滨海湿地总面积减少了10%。滨海湿地景观破碎化加剧，直接影响到物种的繁殖、扩散、迁移和保护。

（2）珊瑚礁生态系统

根据2012年908专项公布的调查资料，与20世纪50年代相比，我国珊瑚礁面积累计丧失80%[①]，而在离大陆更远的中国南海，珊瑚平均覆盖率从>60%下降至20%左右（Hughes et al.，2013）。根据《2015年中国海洋环境状况公报》（国家海洋局，2016a），我国珊瑚礁生态系统均呈亚健康状态。近5年来，珊瑚礁生态系统呈现较为明显的退化趋势，造礁珊瑚覆盖率维持在较低水平并不断下降，由2011年的20.5%下降为2015年的16.8%；硬珊瑚补充量较低。海南东海岸造礁珊瑚种类由2011年的52种下降为2015年的36种。

根据广西涠洲岛、雷州半岛西南沿岸、海南东海岸和西沙珊瑚礁生态监控区的监测（国家海洋局，2006a，2007a，2008a，2009a，2010a，2012a，2013a，2014a，2015a），海南东海岸生态系统呈健康状态，而雷州半岛西南沿岸、广西涠洲岛和西沙珊瑚礁生态系统呈亚健康状态。造礁珊瑚覆盖率总体呈下降态势，雷州半岛西南沿岸和广西涠洲岛周边海域造礁珊瑚覆盖率下降较为明显，西沙造礁珊瑚覆盖率偏低（图2-1，图2-2）。

---

① http://www.chinadaily.com.cn/hqgj/jryw/2012-10-26/content_7350218.html

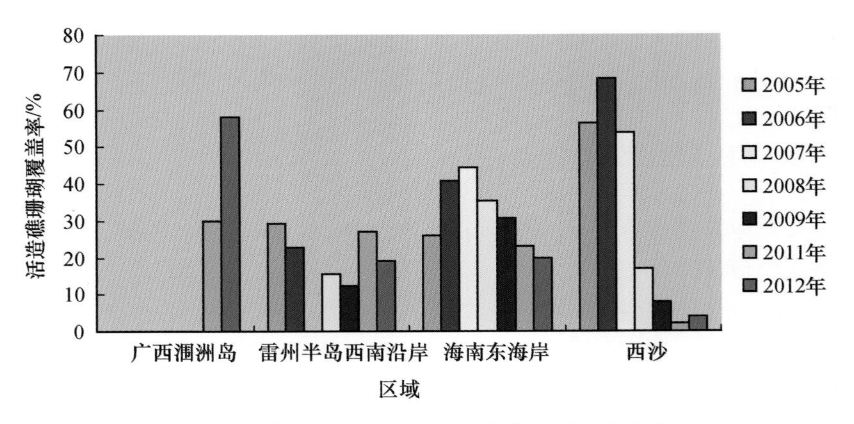

图 2-1 我国珊瑚礁区域活造礁珊瑚覆盖率变化

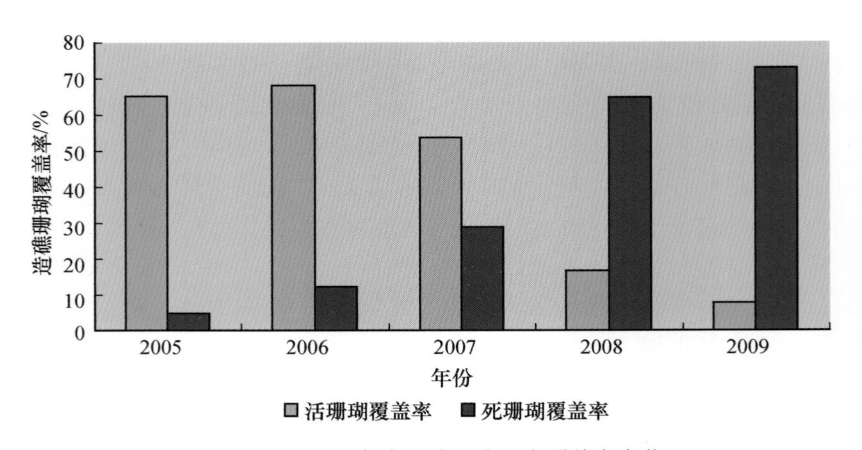

图 2-2 西沙珊瑚礁区域造礁珊瑚覆盖率变化

我国珊瑚礁主要分布区集中在海南岛、广西涠洲岛和西沙海域，珊瑚礁生态系统生物群落总体呈退化趋势，部分海域存在珊瑚礁白化现象，硬珊瑚补充量较低，造礁石珊瑚种类明显减少。近 20 多年来，涠洲岛活珊瑚覆盖率呈快速下降趋势，北部活珊瑚覆盖率由 2005 年的 63.7%下降到 2010 年的 12.10%，东南部由 1991 年的 60.00%下降到 2010 年的 17.58%，西南部由 1991 年的 80.00%下降到 2010 年的 8.45%（王文欢等，2016）。2008～2012 年，海南岛东部海岸造礁珊瑚覆盖率总体呈下降趋势，至 2012 年造礁珊瑚的平均覆盖率仅有 17.9%。而 2005～2012 年西沙珊瑚礁区活造礁珊瑚覆盖率呈下降趋势、死珊瑚礁覆盖率迅速增加，造礁珊瑚的覆盖率平均值仅有 2.37%。珊瑚礁鱼类密度总体呈明显下降的趋势，珊瑚补充量持续下降，造礁石珊瑚种类也由 2006 年的 87 种降至 2012 年的 52 种（国家海洋局，2006b，2007b，2008b，2009b，2010b，2012a，2013a）（图 2-3～图 2-5）。《2015 年海南海洋环境状况公报》显示，海南东海岸珊瑚礁生态系统处于亚健康状态，珊瑚礁监测海域共鉴定珊瑚 59 种，其中造礁石珊瑚 13 科 49 种，软珊瑚 10 种，造礁石珊瑚覆盖率平均值为 16.2%（图 2-6），2010～2015 年造礁石珊瑚覆盖率基本保持稳定，珊瑚补充量有回升的趋势；西沙群岛珊瑚礁生态系统处于亚健康状态，珊瑚礁监测海域共鉴定出造礁石珊瑚 9 科 18 属 35 种，造礁石珊瑚覆盖率平均值为

2.7%，2011～2015 年西沙群岛监测海域的珊瑚覆盖率呈起伏状态，2013 年较高。

综上，我国珊瑚礁生态系统正面临着生境退化和丧失的严峻形势，亟须加强保护力度，增大保护投入。

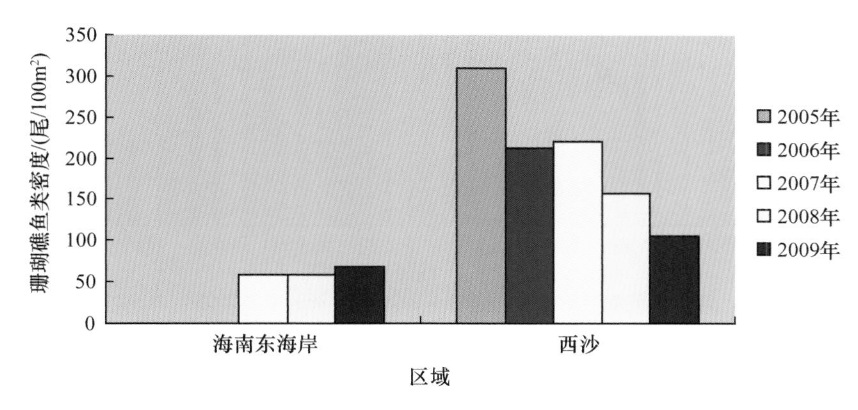

图 2-3　我国珊瑚礁区域珊瑚礁鱼类密度变化

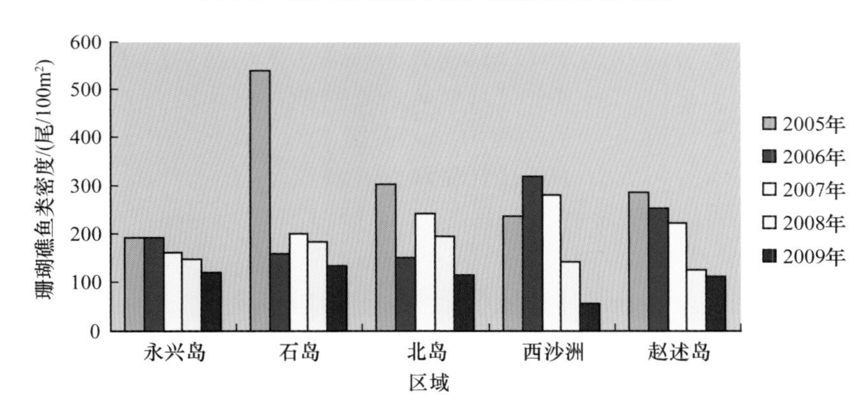

图 2-4　西沙珊瑚礁区域珊瑚礁鱼类密度变化

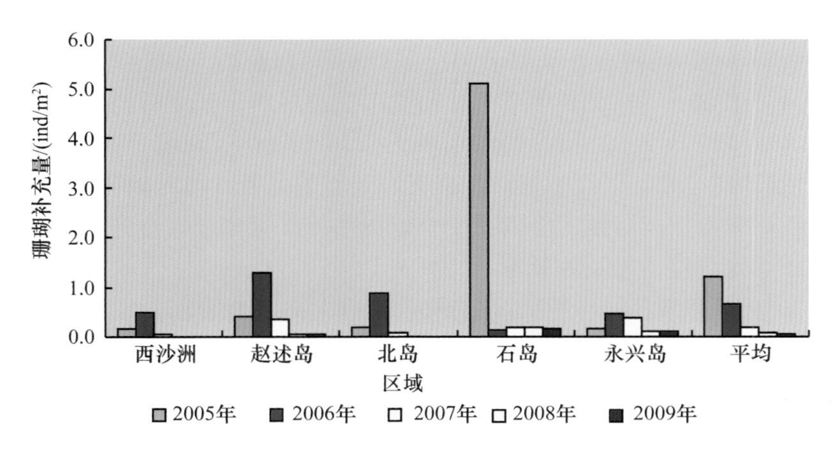

图 2-5　西沙珊瑚礁区域珊瑚补充量变化

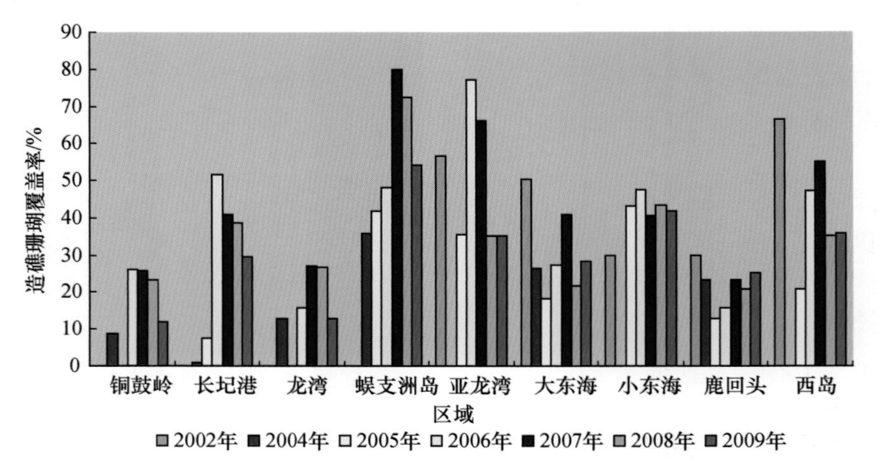

图 2-6 海南东海岸珊瑚礁区造礁石珊瑚覆盖率变化

（3）红树林生态系统

根据 2012 年 908 专项公布的调查资料，与 20 世纪 50 年代相比，我国红树林面积累计丧失 73%。历史上我国红树林自然分布在海南、广西、广东、福建、台湾、香港、澳门沿海潮间带。浙南曾引种过红树植物秋茄，但不能完成生活史。我国红树林的面积曾有 0.25 万 km^2（吕彩霞，2003；国家海洋局，2013a），20 世纪 50 年代锐减至 0.055 万 km^2，八九十年代红树林面积减至 0.023 万 km^2（国家海洋局，2013a）。根据沿海各地红树林面积统计，与 20 世纪 50 年代相比，90 年代海南红树林面积减少 52%，广西减少 43%，广东减少 82%，福建减少 50%，总共减少 65%（国家海洋局，2002b）。此外，除分布区域缩小、分布面积减少外，多数红树林主要分布区结构趋于简化，原生林不断遭受毁坏，仅剩次生林和灌木丛林，真红树植物红榄李、海南海桑和卵叶海桑在自然环境下个体数量极少，处于极度濒危状态，保护前景不容乐观。

20 世纪 90 年代末以来，我国陆续建立了各级红树林保护区 31 个（含海洋特别保护区）（国家海洋局，2013a），并采取了一些保护和修复措施，红树林面积略有回升。据报道，1990 年、2000 年和 2010 年三个时期我国红树林面积在不断增加，平均增加速率达到每年 4.1%，其中 2002 年红树林面积为 220.25km^2，2008 年的调查结果显示为 230.82km^2，预计到 2020 年红树林面积将有进一步的回升（傅秀梅等，2009）。综上所述，近年来红树林保护和修复工作取得了一定成效，红树林丧失得到了有效控制，红树林面积得到了一定程度的维持和恢复。

根据《2015 年中国海洋环境状况公报》，广西北海、北仑河口红树林生态系统均呈健康状态，监测区域的红树面积和群落基本稳定，红树林底栖生物密度和生物量保持较高水平。2015 年 9 月，广西山口和北仑河红树林区发生了较大面积的柚木驼蛾虫害，受害树种为白骨壤，经防治已得到较好恢复（国家海洋局，2016a）。2001 年、2007 年、2010 年，北仑河口红树林面积分别为 0.943km^2、0.881km^2、0.924km^2，2001～2007 年及 2007～2010 年红树林面积分别减少了 6.57%和增加了 4.88%，北仑河口的红树林面积呈现先持续减少后小幅增加的趋势。此外，监测区共监测到 69 种栖息鸟类，较 2009 年有所增加，但其底栖动物生物量和密度较 2006 年分别下降 52%及 33%（国家海洋局，2011a）。

（4）海草床生态系统

我国现有海草 22 种，隶属于 10 属 4 科，约占全球海草种类数的 30%。现有海草场的总面积约为 87.65km^2，其中海南、广东和广西分别占 64%、11%及 10%（郑凤英等，2013）。

中国海草场退化严重，海南、广东、广西及胶东半岛等历史上海草场分布较多的区域已出现不同程度的破坏和减退，严重的已在区域内消失。例如，1995～2007 年，海南陵水黎族自治县黎安港湾内有一半的水面被用于养殖异枝麒麟菜，该藻与海草竞争激烈，严重影响了海草的正常生长（黄小平等，2007）；海南陵水黎族自治县新村港南岸的 3 个海草分布点在 1991～2006 年退化迅速，其中位于西部的两个分布点是由一个大的海草场退化、面积逐渐缩小为两个完全独立的分布点而形成的，而位于东部的分布点却在这 16 年里逐渐退化直至消失（Yang and Yang，2009）；广东湛江市流沙湾从 20 世纪 90 年代初开始直接损毁海草场开挖虾池，大力发展养虾业，导致养殖范围内海草已绝迹（黄小平等，2007）；位于广西北海市合浦英罗港附近的海草床，面积由 1994 年的 2.67km^2 减少到 2000 年的 0.32km^2、再到 2001 年的 0.0001km^2，面临完全消失的危险（邓超冰，2002）。胶东半岛的特色民居“海草房”是大叶藻、虾海藻等海草种类曾广布于胶东半岛近海的最好证据（刘志刚，2008），但目前在该海域只有零星分布的海草场。有走访调查显示，威海全市海域超过 90%的海草场在近 20 年内消失，消失速率远大于 1879～2006 年的 128 年间全球海草场的总消失率（29%）（Waycott et al.，2009）。青岛近海区域历史上曾分布有较广的海草场（杨宗岱和吴宝玲，1984），现只在汇泉湾、青岛湾等几处海域零星分布（郭栋等，2010）；青岛近海的大叶藻在 1992 年多见于水下 1～2m 处，2002 年只能于水下 4～5m 处发现（叶春江和赵可夫，2002）。1982 年胶州湾荚蓉岛附近大约 13km^2 的大叶藻群落在 2000 年已基本消失（叶春江和赵可夫，2002）。

近年来国家海洋局持续对生态监控区内的海草床健康状态进行监控，根据《2015 年中国海洋环境状况公报》，2014 年海南东海岸监控区海草种类和数量稳定，生长茂盛，呈健康状态；广西北海海草床生态系统呈亚健康状态。2011～2015 年，海南东海岸海草状况基本稳定，海草密度明显增加，由 2011 年的 647 株/m^2 增加至 2015 年的 1033 株/m^2。广西北海海草床处于退化状态，海草密度明显下降，由 2011 年的 278 株/m^2 下降为 2015 年的 181 株/m^2（国家海洋局，2016a）。2012 年，海南东海岸海草床平均覆盖率为 24%，广西北海海草床平均覆盖率为 2%，长期来看两处海草床平均覆盖率均呈明显下降的趋势（图 2-7，图 2-8）（国家海洋局，2007b；2012a；2013a）。一般认为，人为干扰是导致我国沿岸海草床退化的主要原因，突出表现为在海草床海域破坏性的挖捕和养殖活动，以及在海草生境和周边的围填海活动。

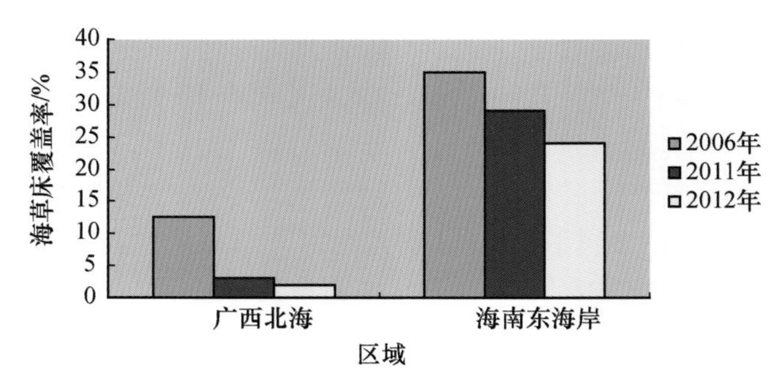

图 2-7 广西北海和海南东海岸海草床覆盖率变化

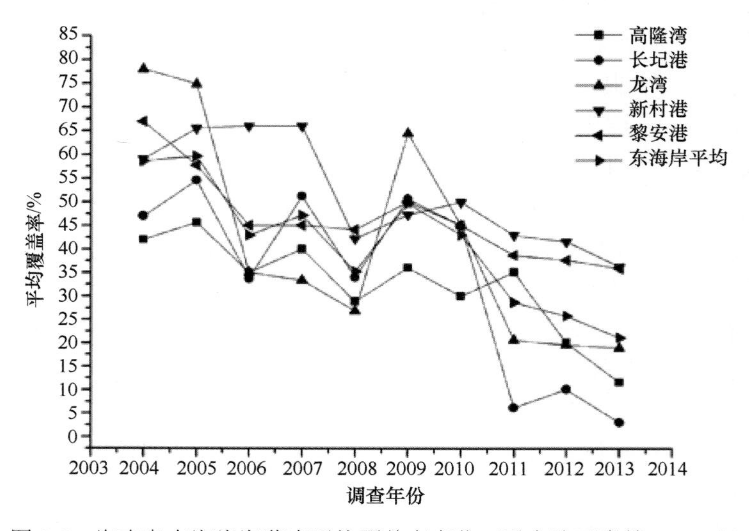

图 2-8 海南岛东海岸海草床平均覆盖率变化（引自陈石泉等，2015）

2.2 我国海洋开发与生态环境保护

2.2.1 我国海洋开发历史和现状

我国是世界上利用海洋资源意识萌芽较早的国家，海洋捕捞业和海水制盐业都有约5000年的历史（周世锋和秦诗立，2009）。例如，在吴兴钱山漾新石器时代遗址出土的文物中，还有长约2m的木桨和陶、石网坠、木浮标、竹鱼篓等，表明当时已有渔船到开阔的水面进行较大规模的捕捞。同时，沿海地区除采捕蛤、蚶、蛏、牡蛎等贝类外，也能捕获鲨鱼等大型鱼类。由于中华文明是典型的农业文明，属大陆文明范畴，其产生和发展与所依赖的黄土及以黄河为主的陆地环境密切相关。源于江河、兴于黄土、远离海洋的自然地理因素在文化形成初期起主导作用，直接或间接地导致我国“以农为本、以地为生”的传统观念根深蒂固。

在我国早期传统意识中沿海区域为蛮夷之地，尽管也有零星的海洋文化萌芽，但未得到鼓励更未曾占据我国传统文化主导地位。自唐代以来，随我国经济和文化逐渐向东南扩张传播，沿海地区对外贸易也随之发达，海洋开始逐渐进入我国历史发展的视野，海洋贸易在一定程度上得到重视。在宋朝，造船技术、航海技术的进步使海外贸易得到了很大发展，但由于“海外贸易之利，关税之征権，”往往很容易成为割据地方政权的重要财权，为了维护皇权统治，宋代海洋发展止步于此。至明代，郑和下西洋被认为是我国古代海权意识兴起的佐证，客观上极大地推动了我国与世界其他国家的经济文化联系，但主观上并非为了拓展海外市场，只是为了昭示国力强大。此后，清政府更是放弃了海洋开发，直至鸦片战争后才被迫结束海禁政策。

我国近代海洋渔业发端于 19 世纪 80 年代，在左宗棠等洋务大臣的建议下，清政府在各省筹办渔业。1904 年，张謇奏请清政府设立海洋渔业公司、购置新式渔轮，可视为我国近代机轮渔业的发端。辛亥革命后，中央政府设立渔业管理机构，公布《渔轮护航缉盗奖励条例》《公海渔业奖励条例》等渔业法规，鼓励发展海洋渔业；制定发展海洋水产规划，包括设立中央示范水产试验场、设置渔业保护局、开办渔业技术传习所和鱼种场等。至 1936 年，全国海水产品产量约为 100 万 t。

我国近代海洋运输业始于 19 世纪中后期。1865 年，李鸿章创办江南机器制造总局开始制造轮船和机器，此后各地官方和私营轮船公司陆续创办，揭开了我国近代海洋运输业的序幕。据统计，1916 年全国各轮船公司共有海轮 135 艘，总吨位为 6.7 万 t；外国各轮船公司在我国沿海航行的船舶共 150 艘，总吨位为 21.3 万 t。抗战胜利后，多数海运公司业务得以恢复，1949 年全国轮船公司共有 116 家，船舶 3830 艘，总吨位约为 116 万 t（周世锋和秦诗立，2009）。

改革开放以来，全国海洋开发进入高速发展期，海洋经济产值常年保持高增长率。据统计，1980 年全国海洋经济总产值约为 80 亿元，1990 年为 482 亿元，2000 年为 4134 亿元，到 2010 年达 38 439 亿元，增长速度举世瞩目。近年来，人们逐渐认识到海洋资源过度开发带来的后果，愈发关注海洋开发与环境保护间的关系。“十五”以来我国海洋经济产业结构逐步调整优化，海洋三次产业结构由“十五”初期的 7∶44∶49 转变为 2016 年的 5∶40∶55，第一产业比重明显下降。2016 年全国海洋生产总值为 70 507 亿元（表 2-1），占全国生产总值的 9.5%，海洋第一、第二、第三产业增加值占海洋生产总值的比重分别为 5.1%、40.4%和 54.5%；据测算，2016 年全国涉海就业人员共 3624 万人（国家海洋局，2017）。可见，海洋经济已成为我国经济新的增长点和重要组成部分。与此同时，公众的海洋环境保护意识得到提高，海洋环境的治理力度加大，成效较显著。

2.2.2 我国主要海洋生态环境问题分析

在我国海洋经济快速发展的同时，也产生了海洋环境污染、生物多样性降低、生态系统破坏和海洋灾害频发等诸多生态环境问题。

（1）海洋环境污染状况仍未根本扭转

海洋环境污染是我国最主要的海洋环境问题之一，直接或间接地对海洋生态系统乃至人类健康带来负面影响。海洋污染在一定程度上恶化了海洋环境质量，使得海水和沉积物环境中的营养盐及重金属等化学因子含量发生改变，对海洋生物的正常栖息、觅食、

表 2-1　2016 年全国海洋生产总值

	总量/亿元	增速/%
海洋生产总值	70 507	6.8
海洋产业	43 283	8.8
主要海洋产业	28 646	6.9
海洋渔业	4 641	3.8
海洋油气业	869	−7.3
海洋矿业	69	7.7
海洋盐业	39	0.4
海洋化工业	1 017	8.5
海洋生物医药业	336	13.2
海洋电力业	126	10.7
海水利用业	14	6.8
海洋船舶工业	1 312	−1.9
海洋工程建筑业	2 172	5.8
海洋交通运输业	6 004	7.8
滨海旅游业	12 047	9.9
海洋科研教育管理服务业	14 637	12.8
海洋相关产业	27 224	—

繁衍、生存等造成影响。海水中营养盐含量的不断升高会引发水体富营养化，进而导致赤潮的发生。重金属和持久性有机污染物等有毒有害物质在海域环境中累积，使得海洋生物受到伤害或中毒而死，直接影响其生长繁殖或导致基因突变，此外通过海洋生物的富集作用，对海洋中其他动物造成危害，同时对人类健康也造成安全隐患。

根据我国多年的海洋环境状况公报（国家海洋局，2001；2002a；2003a；2004a；2005b；2006b；2007a；2008a；2009a；2010a；2011a；2012a；2013a），2001～2015 年十余年间，我国全海域未达到清洁海域水质标准（海水水质一类标准）的面积总体上呈先下降后稳定的趋势，2004 年降至最低，然而，随后几年里，未达到清洁水质标准的面积有所上升，但基本保持在 150 000km^2 上下的水平（图 2-9）。污染较为严重的海域一直集中在辽东湾、渤海湾南部海域、江苏近岸海域、长江口至杭州湾海域、珠江口及部分大中城市近岸局部海域，海水中的主要污染物仍然为无机氮、磷酸盐和石油类等。可见，海洋污染恶化的趋势仍未根本扭转。

总体上来看，我国海洋环境污染具有产污主体广泛、污染物类型众多、排污规律复杂等特点。海洋污染物的来源和种类越来越复杂，大陆径流、工业和生活排污、农业面源、垃圾倾倒、海水养殖、化学品泄漏、海难事故、大气沉降等都可能造成污染。随着沿海经济快速发展和人口趋海聚集，污染物入海通量近期内仍会持续增大，尤其是陆源污染物排放、海洋垃圾污染和化学品泄漏污染等仍是造成海洋环境污染的主要原因。

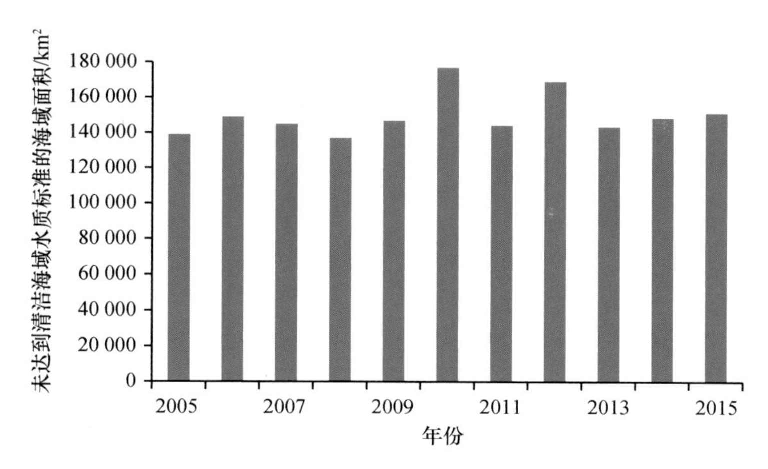

图 2-9　我国近年未达到清洁水质标准的海域面积变化

（2）外来种入侵面积扩大，海洋生物多样性危害程度加剧

进入我国的海洋外来物种涉及许多不同的门类，个体大小差别很大，包括病原生物、大型藻类、无脊椎动物、鱼类和海洋哺乳动物等。到目前为止，明确引进或者进入我国的海洋外来物种数量约有 119 种之多（唐森铭和王初生，2008）。海洋入侵种分布面积较广的有互花米草、沙饰贝、美国红鱼等，其中互花米草最为典型，也是唯一被列入《中国外来入侵物种名单》（第一批、第二批）的海洋外来入侵种。互花米草起源于美洲大西洋沿岸，于 1979 年引入我国，起初作保滩护堤和促淤造陆之用，并在我国沿海地区得到广泛推广，其繁殖力超强，2008 年在我国滨海湿地的分布面积达 344.51km^2，范围北起辽宁，南达广西，覆盖了除海南岛、台湾岛之外的全部沿海省份。互花米草的生态危害明显，侵占了我国滨海湿地土著物种（如红树林）生境，破坏了近海生物栖息环境，堵塞航道，影响海水交换，对近海生态系统和生物多样性造成了极大的威胁。

人类活动是生态入侵现象的主要促进原因，近代人为传播物种的数量和规模更是前所未有（杨圣云等，2001）。近岸海域和滨海湿地生境的改变和生态系统健康状况的下降也使得外来生物具有了更大的入侵成功概率。外来入侵物种对当地海洋生态系统的影响主要表现为：外来入侵物种争抢土著海洋生物的生产空间和食物，造成原生态系统食物链或食物网结构被破坏、生态位点均势被改变，入侵种的生物学优势造成本土物种数量减少乃至灭绝，进一步导致生态系统结构缺损，组分改变，即导致生物多样性的丧失；入侵种与亲缘关系接近的物种杂交时，独特的基因型可能从当地种群中消失，物种分类的界线变得模糊不清，从而降低了我国海洋生物的遗传多样性，水产增养殖过程中的人工放流及遗传工程物种的引入也会影响生物的遗传多样性；外来物种和当地有害种类的入侵，可能会导致关键种的退化或丧失，使片断化生境更增加了片断的脆弱性，关键种的丧失带来的连锁灭绝，或某个物种生态条件的改变对其他有机体产生的连锁性作用，可能导致整个生态系统的灾变；此外，外来种及其携带的病原生物，对我国海洋生态环境可能会造成巨大的危害（杨圣云等，2001；梁玉波和王斌，2001）。

（3）海洋渔业资源持续衰退

长期不合理的利用和海洋环境污染，造成我国渔业资源持续衰退。以海洋捕捞为例，重要渔区的渔获物种类日趋减少，渔获物种向低龄化、小型化、低质化方向演变；渔业资源面临衰竭和崩溃的危险（唐启升，2006）。在渤海，传统经济鱼类以小黄鱼、带鱼为主，但由于渔业生态系统遭到破坏，经济鱼类大量减少。至20世纪60年代被杂鱼替代，70年代大型杂鱼进一步衰退，被黄鲫鱼、青鳞鱼等小型鱼类替代。80年代以后，渔获量再度减少，以虾蟹类和小杂鱼等为主（相建海，2012）。目前，渤海湾近岸渔业资源密度仅为90年代初的1/10，沿海传统渔汛基本消失。除鱼类外，许多珍稀濒危海洋生物物种数量也正日趋减少，每年有大量中华鲎和海龟遭捕杀；中华白海豚数量剧减，已成为濒危物种；斑海豹、库氏砗磲、宽吻海豚、江豚、克氏海马、黄唇鱼等保护动物的生存也遭到威胁。

（4）海洋生态灾害频发

海洋生态灾害包括海洋溢油污染、赤潮、绿潮和水母等灾害，近年来伴随沿海地区社会经济发展，海洋生态环境灾害呈现多样、高频、规模扩大的严峻形势。我国航运能力和海上油气开采规模的扩大增加了海上溢油灾害的风险。2011年6月康菲公司蓬莱19-3油田溢油事故导致大量原油和油基泥浆入海，对渤海海洋生态环境造成严重的污染损害。蓬莱19-3油田溢油事故属于海底溢油，持续时间长，大量石油污染物进入水体和沉积物，造成蓬莱19-3油田周边及其西北部海域的海水环境和沉积物受污染。河北省秦皇岛、唐山和辽宁省绥中部分岸滩发现来自蓬莱19-3油田的油污。受溢油事故影响，污染海域的浮游生物种类和多样性降低，海洋生物幼虫、幼体及鱼卵、仔稚鱼受到损害，底栖生物体内石油烃含量明显升高，海洋生物栖息环境遭到破坏。

我国近海赤潮、绿潮、水母旺发等生态灾害的发生次数和影响面积自20世纪90年代末以来均呈增加趋势。据统计，2001～2009年赤潮发生次数和累计面积均为90年代的3.4倍，且其发生有从局部海域向全部近岸海域扩散的趋势。2015年，全海域共发现赤潮35次，累计面积为2809km^2。东海赤潮发现次数最多，达15次，累计面积为1098km^2；渤海赤潮虽仅发现赤潮7次，但累计面积最大，为1522km^2；黄海赤潮发现次数为1次，累计面积为48km^2；南海赤潮发现次数为12次，累计面积为141km^2。2015年我国赤潮发生次数与累计面积均为近5年最低值。引发赤潮的优势藻类有13种，主要有米氏凯伦藻、中肋骨条藻、原甲藻和夜光藻等（国家海洋局，2016b）。近年来，我国海洋赤潮发生的面积和次数均有所下降，但污染形势依然严峻，近岸海域生态系统健康状况恶化的趋势尚未得到有效缓解，仍处于赤潮多发期。值得注意的是，2011～2015年，有毒有害的甲藻和鞭毛藻类赤潮发生比例呈增加趋势。

绿潮是一种大型绿藻（多为石莼属和浒苔属）脱离固着基形成漂浮增殖群体导致的海洋生态异常现象。2007年之前，我国沿海曾出现零星大型绿藻聚集现象，但规模和影响范围较小。2007年在黄海沿岸首次暴发较大范围的浒苔绿潮，此后在黄海海域连年暴发绿潮灾害。根据《2015年中国海洋环境状况公报》（国家海洋局，2016a），自2008年以来，每年5～8月，我国黄海及青岛近岸海域每年均发生大规模的浒苔绿藻灾害，对当地滨海旅游和海水养殖等活动构成严重威胁。2009 年，绿潮最大分布面积为 58 000km^2，覆盖面积为 2100km^2；2010 年，绿潮最大分布面积为 29 800km^2，覆盖面积为 530km^2；2011 年，绿潮最大分布面积为 26 400km^2，覆盖面积为 560km^2；2012 年 6 月，黄海中部及近岸海域漂浮浒苔最大分布面积为 19 610km^2，覆盖面积为 267km^2；2013 年，绿潮最大分布面积为 28 000km^2，覆盖面积为 650km^2；2014 年，绿潮最大分布面积为 50 000km^2，覆盖面积为 480km^2；2015 年，绿潮最大分布面积为 52 700km^2，覆盖面积为 550km^2（图 2-10）。

此外，大型水母暴发亦是全球海洋生态系统面临的共同挑战。水母作为浮游生态系统的顶级捕食者，它们的数量变化可能导致海洋生态系统中浮游生物结构发生显著变化（丁军军和徐奎栋，2012）。自 20 世纪 90 年代中后期起，我国渤海、黄海南部及东海北部海域连年发生大型水母暴发现象，并有逐年加重的趋势。近几年，在黄海、东海区夏秋季都出现大型水母大量暴发现象，已影响到夏、秋渔汛的海洋渔业生产，发生在旅游区的水母暴发问题更是直接危害游客人身安全。

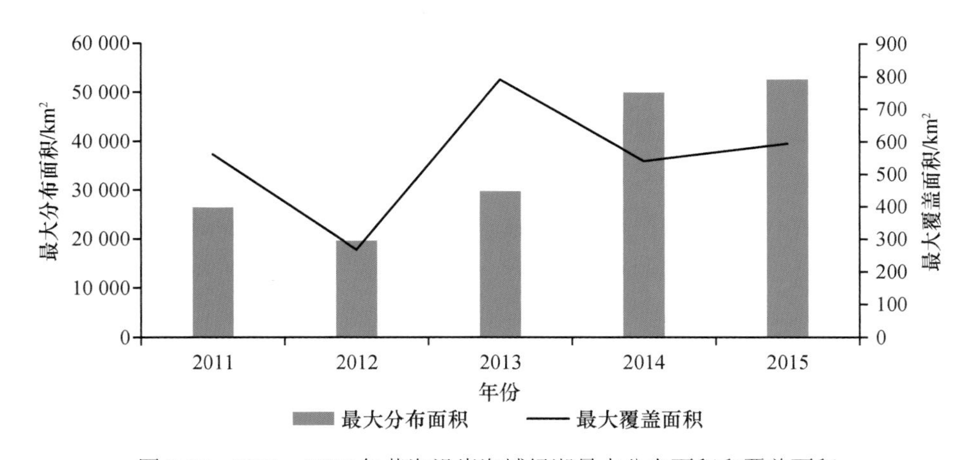

图 2-10　2011～2015 年黄海沿岸海域绿潮最大分布面积和覆盖面积

（5）海洋地质灾害日益严重

海洋地质灾害包括海洋地震、海啸、海岸侵蚀或淤积、海水入侵等。随着人类开发活动的增加，我国近年来的海洋地质灾害主要呈现出以下问题：海水入侵和土壤盐渍化日益严重，渤海滨海平原等局部地区呈加重趋势；海岸侵蚀范围扩大，接近一半的沿海省份相继出现海岸侵蚀现象，局部地区侵蚀速度呈逐步加大的趋势。

在我国渤海和黄海部分滨海平原地区，海水入侵严重，盐渍化范围大，氯离子含量和矿化度高，重度入侵（氯离子含量＞1000mg/L）一般在距岸 10km 左右，辽宁、河北、天津和山东的一些滨海平原地区盐渍化范围一般在距岸 20～30km，主要类型为氯化物型、硫酸盐-氯化物型盐土和重盐渍化土；珠江口、长江口等海域咸潮上溯导致沿海城市排污困难加大。

根据《2015 年中国海洋灾害公报》（国家海洋局，2016b），我国局部地区砂质海岸和粉砂泥质海岸侵蚀依然严重（表 2-2）。国家海洋局 2009 年公布的数据显示，我国海岸侵蚀总长度达 3708km，53%的砂质海岸受到侵蚀。2015 年与 2014 年相比，辽宁盖州砂质海岸、上海崇明东滩粉砂淤泥质海岸平均侵蚀速度均有所增大。江苏振东河闸至射阳河口粉砂淤泥质海岸侵蚀长度有所增加。

表 2-2 2015 年重点岸段海岸侵蚀监测结果

重点岸段	侵蚀海岸类型	监测海岸长度/km	侵蚀海岸长度/km	平均侵蚀速度/（m/a）
绥中	砂质	112.2	34.2	2.3
盖州	砂质	12.8	3.5	3.0
振东河闸至射阳河口	粉砂淤泥质	60.4	37.9	14.0
崇明东滩	粉砂淤泥质	48.0	2.7	7.9
雷州市赤坎村	砂质	0.7	0.6	3.7
海口市镇海村	砂质	1.2	0.6	2.6

（6）全球变化对海洋生态系统的影响日益凸显

许多研究表明，全球变化是反映在气、水、岩石、生物圈的事件性变动，形成全球性的频发与持续效应，尤其是气候变化，不但可以直接导致海洋环境的演变和自然灾害频发，影响着海洋生物生态过程和地理分布（Stenseth et al.，2002；Walther et al.，2002），更对人类生存环境可持续发展影响深刻。海岸带是位于海洋和陆地的过渡带，是全球变化最为敏感的地带。受全球变暖及人类活动的影响，过去 100 年全球海平面上升了 10～25cm，在 21 世纪，全球海平面上升量可能数倍于该值（Warrick and Oerlemans，1990）。政府间气候变化专门委员会（Intergovernmental Panel on Climate Change，IPCC）权威评估报告认为：未来海平面上升速率为 3～10mm/a（IPPCCR，1990），到 2050 年，海平面上升的最佳估计为 22cm；到 2100 年，最佳估计为 48cm。

根据《2015 年中国海平面公报》（国家海洋局，2016c），1980～2015 年，我国沿海海平面上升速率为 3.0mm/a。2015 年，我国沿海海平面较常年高 90mm，较 2014 年低 21mm，居 1980 年以来第四高位（图 2-11）。海平面上升将直接淹没沿海地区的大片潮滩湿地和滨海低地，导致沿海土地及其他多种海岸资源的损失，直接威胁港口码头、海岸工程甚至沿海地区人民的生命财产安全。此外，海平面上升将诱发风暴潮、洪涝、海岸侵蚀、环境污染、海水入侵等灾害，同时使这些灾害相互作用和叠加，使它们呈加剧发展的趋势，无疑将是全球气候变化下我国海岸带面临的重大环境问题。未来我国沿海海平面将继续上升，预计 2050 年海平面将比常年升高 145～200mm，沿海各级政府应密切关注其变化和由此带来的影响。届时，我国沿海将有 1317 个乡镇级居民点受到海平面上升的影响，约占全国的 3.0%，占沿海省的 10.0%；受影响的铁路长度约为 2134km，约占全国铁路总里程的 2.0%，占沿海省的 8.0%；受影响的公路长度约为 22 796km，约占全国公路总里程的 1.0%，占沿海省的 2.0%；受影响的内陆水域面积为 6537km^2，约占全国总面积的 4.0%；受影响的河流总长度约为 43 400km（国家海洋局，2012b）。

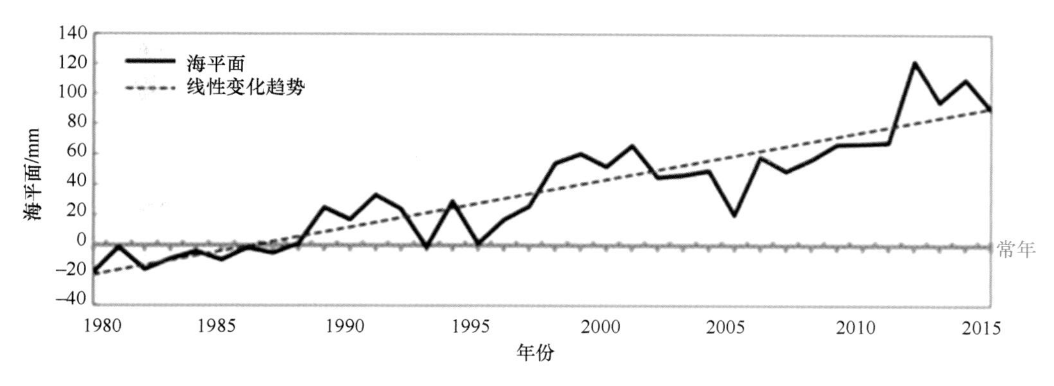

图 2-11 1980～2015 年我国沿海海平面变化

近 30 年来，我国沿海表层温度上升了约 0.9℃，最大升温区位于台湾海峡到长江口的东海，相对于 1976 年以前，该海域在 1976 年之后冬季的温度约上升 1.4℃，而夏季约上升 0.5℃（蔡榕硕等，2006；蔡榕硕和谭红建，2010）。在全球变暖和人类活动多重压力的胁迫下，我国海洋生物多样性和资源正在衰退。黄海主要冷水种类和种群密度随水温的升高正在减少，黄海冷水团成为冷水区系成员的避难所，但冷水性种群数和种数在衰退之中；例如，黄海冷水底栖生物区系多样性较半世纪前显著降低（刘瑞玉，2011）。气温升高使黄海冷水团出现了萎缩，黄海冷温性和冷水性的鱼类得不到冷水团的保护，也出现衰退的迹象（刘静和宁平，2011）。

全球变暖使浮游生物群落发生了变化，如东海近海浮游动物群落的变化主要在春季，主要表现为温水种和多数暖温种的地理分布北移（徐兆礼，2011）；与 1959 年相比，近年来的春夏之交，东海近海浮游动物温水性或暖温性群落向亚热带群落更替的时间已经提前，这对赤潮发生、鱼类产卵场饵料变化等生态事件将产生重大影响（徐兆礼，2011）。气候变化通过影响海洋浮游生物的丰度与分布，进而影响海洋鱼类的摄食和渔业产量（刘允芬，2000；方海等，2008；赵蕾，2008）。

此外，对海水温度上升较为敏感的是珊瑚礁生态系统，水温的升高会造成珊瑚的死亡和白化，例如，1998 年南沙群岛表层水温偏高，普遍出现珊瑚白化现象（陈清潮，2011）。1880～2002 年，我国南沙珊瑚礁生态系统的平均钙化速率已经下降了 12%；预计到 2065 年，珊瑚礁钙化速率将减少 26%；到 2100 年将减少 33%（张远辉和陈立奇，2006）。涠洲岛月平均最高海面温度的持续上升也使该区域的珊瑚生长处于非常敏感的边缘，加上人类活动对涠洲岛珊瑚礁的潜在不利影响，导致珊瑚礁的退化（余克服等，2004）。气候变化也会影响到红树林，温度升高 2℃，红树植物分布区可能会向北扩展，分布北界由现在的福建福鼎到达浙江嵊州附近，群落物种也会增加（陈小勇和林鹏，1999）。

2.2.3 我国海洋生态环境保护

我国近海生态环境日趋恶化的现实，促使决策者和科学家认真思考多年来海洋开发利用过度所带来的各种环境问题。我国缺少国家海洋可持续发展战略及管理协调机制，法律法规体系不完善、政策交叉、执法力不够等，都是制约我们合理应对海洋生态问题的因素。尽管我国政府高度重视海洋生态环境保护工作，采取了多种应对措施，但与陆地生态环境保护相比，海洋生态环境保护工作基础仍显薄弱。随着国家新一轮沿海发展战略的实施，海洋可持续发展面临严峻挑战。国际社会为防止陆地活动对海洋环境日益严重的影响，提出“从山顶到海洋”的海洋污染防治策略，强调将海洋综合管理与流域管理衔接和统筹，对跨区域、跨国界海洋污染问题建立区域间协调机制，值得借鉴和研究。

海洋环境保护是指采取必要的行政、法律、经济、科技和国际合作等手段，维持海洋生态环境良好状况，防止、减轻和控制海洋生态环境破坏、损害或退化的保护行为。海洋资源的开发和海洋经济的发展必须依据客观规律，应该把保护海洋环境和维护海洋生态平衡作为海洋开发的一项基本原则，使海洋开发与海洋生态环境同步规划、同步实施、协调发展，力争经济效益、社会效益和环境效益的统一。海洋生态环境保护应遵循以下原则。

（1）预防为主、防治结合、综合治理原则

通过一切措施、办法预防海洋污染和其他损害事件发生，防止环境质量下降和生态与自然平衡破坏，或基于能力（包括经济、技术）限制，也要将不可避免的环境冲击控制在维持海洋环境基本正常的范围内，特别是维持在人体健康允许的限度内。

目前，海洋环境大多受到人类活动影响，局部地区已发生生态失衡，甚至出现海洋生态灾害。因此，当前需投入更多精力进行治理，积极整治修复犹未为晚，在预防环境进一步恶化的同时，有计划地采取调控措施，努力恢复生态平衡。

预防为主、防治结合的环境工作思想，是人类利用海洋资源的实践经验总结。在过去，生存、发展的主流思想掩盖了海洋环境破坏的问题。这种掩盖既包括认识上的原因，也包括能力上的原因。应该承认，早期认识上的原因是主要的，当时人们并未意识到人类的微弱力量会给海洋环境带来怎样的灾难。近年来，尽管仍有危害海洋环境与资源的事件不时发生，但有意识的危害、能力不及或不得已而为之的情况占多数。例如，沿海废水、废液排放、城市垃圾、工业废弃物倾倒等都时常发生，但这类排放多是在了解危害情况下的活动，包括滩涂围垦也属此类情况。而能力不及而产生的海洋环境危害主要涉及经济能力和技术能力。就经济能力而言，发达国家和发展中国家皆会面临，当然发展中国家矛盾更为突出。技术能力与经济能力情况类似，与发达国家相比，发展中国家在这方面有更大的差距。因此，发展中国家即便想开展海洋环境保护，也会因技术限制难以实施。以上两种原因，尽管性质上有差异，但其环境结果皆为以牺牲海洋环境为代价获取发展条件，而此道路已被海洋环境恶化和资源衰退等一系列严重后果证明是绝对不可行的。

（2）谁开发谁保护、谁污染谁治理原则

若想实现蓝色经济的可持续发展，则必须协调处理海洋开发与保护这一矛盾综合体。无论海洋资源开发，还是环境利用，皆会干扰海洋环境甚至造成破坏，可能引发海洋生态失衡。因此，在开发利用海洋的同时必须合理实施海洋生态环境保护措施。谁开发谁保护原则即指开发海洋的一切单位与个人，既拥有开发利用海洋环境与资源的权利，也必须承担保护海洋环境与资源的义务和责任。

《中华人民共和国民法通则》明确指出，所有在中国海域进行资源开发的单位、个人必须做好海洋环境的保护工作。贯彻谁开发谁保护原则，并不降低国家和各级政府有关主管部门的管理责任。主管部门的责任体现在制定海洋环境保护的政策、规划、协调、检查与监督工作上。海洋开发可能产生的问题，在时间和空间上并不固定，开发实施单位必须及时发现并处理出现的问题，并针对性提前制定应急预案。

谁污染谁治理是各国生态环境保护实践经验的总结，并经实践证明是行之有效的手段。贯彻此原则能够明确开发利用海洋的单位和个人的责任，唤起开发利用者自觉或强制性保护海洋环境与资源的意识。如不能把“治理”的责任落实到肇事者头上，对受污染影响的民众和相关企业都有失公平，过低的处罚力度不能引起开发者的应有重视。明确了污染治理恢复的责任后，情况则会有很大改观。如前所述，污染治理是一项投资大、技术难度高的工作，一切因开发造成海洋环境污染损害的企业都会蒙受较高的经济损失，甚至还需承担法律责任。如此才能促使海洋开发者在开发过程中高度重视海洋环境问题，避免污染或环境危害事故的发生。

（3）环境有偿使用原则

Costanza 等（1997）研究指出全球生态系统每年产生的生态服务总价值为 16 万亿～54 万亿美元，平均为 33 万亿美元，相当于 1997 年全球国民生产总值的 1.8 倍。若对海洋及其环境为人类提供的丰富的生态服务功能价值进行估算，其数量亦十分巨大。因此对海洋的开发利用绝不能是无偿的，尤其是有损环境的利用方式更应付出相应的代价。在我国环境保护法律法规中也包括这方面规定。例如，《中华人民共和国水污染防治法》（2008 年修订）第二十四条规定：“直接向水体排放污染物的企业事业单位和个体工商户，应当按照排放水污染物的种类、数量和排污费征收标准缴纳排污费。”虽然该法的适用范围仅涉及陆地水域，但向所规定的水域排放污染物要缴纳费用，本质上属于环境利用的有偿性。再如，根据《中华人民共和国海洋倾废管理条例》和《中华人民共和国海洋石油勘探开发环境保护管理条例》及其实施办法制定的《关于征收海洋废弃物倾倒费和海洋石油勘探开发超标排污费的通知》的有关规定，凡在中华人民共和国内海、领海、大陆架和其他一切管辖海域倾倒各类废弃物的企业事业单位和其他经济实体，应向所在海区的海洋主管部门提出申请，办理海洋倾废许可证，并缴纳废弃物倾倒费。虽然收费数额出于各种因素通常较低，但这种费用的本质不属于一般的管理费，而是倾废对海洋环境损害的补偿。

海洋环境利用有偿原则的意义包括以下几点。

1）有偿使用海洋空间、环境是强化海洋环境保护的重要途径，也是海洋环境保护在国际上的通例措施。

2）有利于海洋环境无害或最大程度减少损害的使用，维护海洋生态健康和自然景观。如果海洋环境继续无偿使用，没有反映在经济利益上的约束机制，客观上便失去了保护海洋环境的物质动力，海洋开发利用者很难能够做到持续、自觉地保护海洋环境。如果能转为有偿、危害罚款并治理恢复，这样一切开发利用的企业事业单位或个人即便是出于自身利益的考虑，但客观上也会通过各种努力减少危害海洋环境的支出，从而达到海洋环境保护的目的。

3）积累了海洋环境保护的资金。保护海洋环境是为了更好地利用和发挥海洋对人类的价值，并不是完全限制合理的利用。因此，海洋环境的损害甚至破坏，从大范围来看是不可避免的，因此海洋生态环境治理工作是一项长期工作。治理资金需求量大，其中一部分重要来源即为企业或个人缴纳的海洋有偿使用金。将此部分经费收入用于国家管辖海域的环境损害治理中，不仅有利于海洋生态环境的保护，而且有利于创造人与自然和谐发展的新局面。

（4）全过程控制原则

由于环境管理是人类为解决环境问题而进行对自身行为的调节，因此环境管理的内容应当包括所有对环境产生影响的人类社会经济活动，全过程控制就是指对人类社会活动的全过程进行管理控制。无论是人类社会的组织行为、生产行为或是人群的生活行为，其全过程均应受到环境管理的监督控制。例如，政策的制定、制度的确立及工程项目从立项到实施等，均有它自己的全过程。又如，一个“消费”的生命，也有一个从原材料开发、加工、流通、消费到废弃的全过程。

但目前环境管理主要针对的是人类的开发建设行为和生产加工行为对环境的污染与破坏。显然，这不能从根本上解决问题。产品是联系人类生产和生活行为的纽带，也是人与环境系统中物质循环的载体，因此，对产品的生命全过程进行控制，是对人类社会行为进行环境管理的极为重要的方面。以生命周期管理思想为指导，实施以产品为龙头、面向全工程的环境管理是当务之急和大势所趋。

近年来涌现的新管理方法和思路中，以环境标志和清洁生产最为突出。

1）环境标志。是对在产品生命过程中所产生的环境影响不超过某一规定限度的产品颁发的标志，表明该产品符合环境保护要求。

2）清洁生产。是从技术管理角度对产品生命过程的每一阶段或环节提出的要求，使得在产品的整个生命周期中对环境和人类健康的影响都能达到最小。

全过程控制意味着管理方法的综合，其特点主要包括以下几个方面。

1）管理内容的综合集成要求环境管理不仅要掌握人类社会的规律，还要掌握自然环境的演变规律，尤其重要的是掌握环境变化和人类社会经济行为之间的“剂量-效应关系”。

2）管理对象的综合集成生产行为、消费行为及文化行为相互交织在一起出现或连锁式出现，从而对环境产生影响。

3）管理手段的综合集成对于“环境-经济”这个复杂的系统而言，其中许多关系呈现较大的随机性和模糊性，包含大量不确定信息，必须探索出一种能把定量信息和定性信息综合成一体的管理办法。

参考文献

蔡榕硕，陈际龙，黄荣辉. 2006. 我国近海和邻近海的海洋环境对最近全球气候变化的响应. 大气科学, 30(5): 1019-1033.

蔡榕硕，谭红建. 2010. 东亚气候的年代际变化对中国近海生态的影响. 台湾海峡, 29(2): 173-183.

陈宝红，周秋麟，杨圣云. 2009. 气候变化对海洋生物多样性的影响. 台湾海峡, 28(3): 437-444.

陈清潮. 1997. 中国海洋生物多样性的现状和展望. 生物多样性, 5(2): 142-146.
陈清潮. 2011. 南海生物多样性的保护. 生物多样性, 19(6): 834-836.
陈石泉, 王道儒, 吴钟解, 等. 2015. 海南岛东海岸海草床近 10a 变化趋势探讨. 海洋环境科学, 34(1): 48-53.
陈小勇, 林鹏. 1999. 我国红树林对全球气候变化的响应及其作用. 海洋湖沼通报, (2): 11-17.
邓超冰. 2002. 北部湾儒艮及海洋生物多样性. 南宁: 广西科学技术出版社.
丁军军, 徐奎栋. 2012. 黄海水母旺发区浮游鞭毛虫和纤毛虫群落结构分布及其与水母发生关系初探. 海洋与湖沼, 43(3): 527-538.
杜建国, 陈彬, 周秋麟, 等. 2012. 气候变化对我国海洋生物多样性的影响研究及展望. 生物多样性, 20(6): 1-11.
方海, 张衡, 刘峰, 等. 2008. 气候变化对世界主要渔业资源波动影响的研究进展. 海洋渔业, 30(4): 363-370.
傅秀梅, 王亚楠, 邵长伦, 等. 2009. 中国红树林资源状况及其药用研究调查Ⅱ. 资源现状、保护与管理. 中国海洋大学学报(自然科学版), 39(4): 705-711.
郭栋, 张沛东, 张秀梅, 等. 2010. 山东近岸海域海草种类的初步调查研究. 海洋湖沼通报, (2): 17-21.
国家海洋局. 1999. 20 世纪末中国海洋环境质量公报. 北京: 国家海洋局.
国家海洋局. 2001. 2000 年中国海洋环境状况公报. 北京: 国家海洋局.
国家海洋局. 2002a. 2001 年中国海洋环境状况公报. 北京: 国家海洋局.
国家海洋局. 2002b. 全国海洋生态调查总报告. 北京: 国家海洋局.
国家海洋局. 2003a. 2002 年中国海洋环境状况公报. 北京: 国家海洋局.
国家海洋局. 2003b. 2002 年海域使用管理公报. 北京: 国家海洋局.
国家海洋局. 2004a. 2003 年中国海洋环境状况公报. 北京: 国家海洋局.
国家海洋局. 2004b. 2003 年海域使用管理公报. 北京: 国家海洋局.
国家海洋局. 2005a. 2004 年全国近岸生态监控区生态状况报告. 北京: 国家海洋局.
国家海洋局. 2005b. 2004 年中国海洋环境状况公报. 北京: 国家海洋局.
国家海洋局. 2005c. 2004 年海域使用管理公报. 北京: 国家海洋局.
国家海洋局. 2006a. 2005 年全国近岸生态监控区生态状况报告. 北京: 国家海洋局.
国家海洋局. 2006b. 2005 年中国海洋环境状况公报. 北京: 国家海洋局.
国家海洋局. 2006c. 2005 年海域使用管理公报. 北京: 国家海洋局.
国家海洋局. 2007a. 2006 年中国海洋环境状况公报. 北京: 国家海洋局.
国家海洋局. 2007b. 2006 年全国近岸生态监控区生态状况报告. 北京: 国家海洋局.
国家海洋局. 2007c. 2006 年海域使用管理公报. 北京: 国家海洋局.
国家海洋局. 2008a. 2007 年中国海洋环境状况公报. 北京: 国家海洋局.
国家海洋局. 2008b. 2007 年全国近岸生态监控区生态状况报告. 北京: 国家海洋局.
国家海洋局. 2008c. 2007 年海域使用管理公报. 北京: 国家海洋局.
国家海洋局. 2009a. 2008 年中国海洋环境状况公报. 北京: 国家海洋局.
国家海洋局. 2009b. 2008 年全国近岸生态监控区生态状况报告. 北京: 国家海洋局.
国家海洋局. 2009c. 2008 年海域使用管理公报. 北京: 国家海洋局.
国家海洋局. 2010a. 2009 年中国海洋环境状况公报. 北京: 国家海洋局.
国家海洋局. 2010b. 2009 年全国近岸生态监控区生态状况报告. 北京: 国家海洋局.
国家海洋局. 2010c. 2009 年海域使用管理公报. 北京: 国家海洋局.
国家海洋局. 2010d. 中国海洋统计年鉴(2010).北京: 海洋出版社.
国家海洋局. 2011a. 2010 年中国海洋环境状况公报. 北京: 国家海洋局.
国家海洋局. 2011b. 2010 年海域使用管理公报. 北京: 国家海洋局.

国家海洋局. 2011c. 中国海洋统计年鉴(2011). 北京: 海洋出版社.
国家海洋局. 2012a. 2011 年中国海洋环境状况公报. 北京: 国家海洋局.
国家海洋局. 2012b. 2011 年中国海平面公报. 北京: 国家海洋局.
国家海洋局. 2012c. 2011 年海域使用管理公报. 北京: 国家海洋局.
国家海洋局. 2013a. 2012 年中国海洋环境状况公报. 北京: 国家海洋局.
国家海洋局. 2013b. 2012 年中国海洋经济统计公报. 北京: 国家海洋局.
国家海洋局. 2013c. 2012 年海域使用管理公报. 北京: 国家海洋局.
国家海洋局. 2013d. 2012 年中国海洋灾害公报. 北京: 国家海洋局.
国家海洋局. 2013e. 2012 年中国海平面公报. 北京: 国家海洋局.
国家海洋局. 2013f. 中国海洋统计年鉴(2013).北京: 海洋出版社.
国家海洋局. 2014a. 2013 年海域使用管理公报. 北京: 国家海洋局.
国家海洋局. 2014b. 2013 年中国海洋环境状况公报. 北京: 国家海洋局.
国家海洋局. 2014c. 2013 年中国海洋灾害公报. 北京: 国家海洋局.
国家海洋局. 2014d. 2013 年中国海平面公报. 北京: 国家海洋局.
国家海洋局. 2015a. 2014 年中国海洋环境状况公报. 北京: 国家海洋局.
国家海洋局. 2015b. 2014 年中国海洋经济统计公报. 北京: 国家海洋局.
国家海洋局. 2015c. 2014 年海域使用管理公报. 北京: 国家海洋局.
国家海洋局. 2015d. 2014 年中国海洋灾害公报. 北京: 国家海洋局.
国家海洋局. 2015e. 2014 年中国海平面公报. 北京: 国家海洋局.
国家海洋局. 2016a. 2015 年中国海洋环境状况公报. 北京: 国家海洋局.
国家海洋局. 2016b. 2015 年中国海洋灾害公报. 北京: 国家海洋局.
国家海洋局. 2016c. 2015 年中国海平面公报. 北京: 国家海洋局.
国家海洋局. 2017. 2016 年中国海洋经济统计公报. 北京: 国家海洋局.
国家海洋局第三海洋研究所, 国家海洋局第一海洋研究所, 中科院南京地理与湖泊研究所. 2010. 中国近海海洋综合调查与评价——滨海湿地生态系统评价与修复技术研究.
国家海洋局海洋发展战略研究所课题组. 2012. 中国海洋发展报告(2012). 北京: 海洋出版社.
国家林业局. 2000. 中国湿地保护行动计划. 北京: 中国林业出版社.
国家统计局. 2010. 2009 年国民经济和社会发展统计公报. 北京: 国家统计局.
国务院. 2012. 国务院关于印发全国海洋经济发展“十二五”规划的通知, (国发〔2012〕50 号). 北京: 国务院.
何斌源, 范航清, 王瑁, 等. 2007. 中国红树林湿地物种多样性及其形成. 生态学报, 27(11): 4859-4870.
黄小平, 黄良民, 等. 2007. 中国南海海草研究. 广州: 广东经济出版社.
黄小平, 黄良民, 李颖虹, 等. 2006. 华南沿海主要海草床及其生境威胁. 科学通报, 51(s2): 114-119.
黄宗国, 林茂. 2012. 中国海洋物种多样性. 北京: 海洋出版社.
黄宗国. 1994a. 中国海物种的一般特点. 生物多样性, 2(2): 63-67.
黄宗国. 1994b. 中国海洋生物种类与分布. 北京: 海洋出版社.
黄宗国. 2008. 中国海洋生物种类与分布(增订版). 北京: 海洋出版社.
金亮, 曾玉华, 赵晟. 2011. 海洋环境保护中的公众参与问题与对策. 环境科学与管理, 36(12): 1-4.
李新正. 2000. 浅谈我国海洋生物多样性现状及其保护. 北京: 全国生物多样性保护与持续利用研讨会.
李永振. 2010. 西沙、中沙和南沙群岛海域珊瑚礁鱼类物种多样性与生物学研究. 青岛: 中国海洋大学博士学位论文.
李元超, 黄晖, 董志军, 等. 2008. 珊瑚礁生态修复研究进展. 生态学报, 28(10): 5047-5054.
梁玉波, 王斌. 2001. 中国外来海洋生物及其影响. 生物多样性, 9(4): 458-465.
林益明, 林鹏. 2001. 中国红树林生态系统的植物种类、多样性、功能及其保护. 海洋湖沼通报, 12(3):

8-16.
刘静, 宁平. 2011. 黄海鱼类组成、区系特征及历史变迁. 生物多样性, 19(6): 764-769.
刘明. 2010. 威胁我国海洋经济可持续发展的重大问题分析. 产经评论, (3): 132-140.
刘瑞玉. 2008. 中国海洋生物名录. 北京: 科学出版社.
刘瑞玉. 2011. 中国海物种多样性研究进展. 生物多样性, 19(6): 614-626.
刘伟, 刘百桥. 2008. 我国围填海现状、问题及调控对策. 广州环境科学, 23(2): 26-30.
刘允芬. 2000. 气候变化对我国沿海渔业生产影响的评价. 中国农业气象, 21(4): 1-6.
刘志刚. 2008. 最后的海草房. 中华文化画报, 16(3): 86-95.
吕彩霞. 2003. 中国海岸带湿地保护行动计划. 北京: 海洋出版社.
马程琳, 邹记兴. 2003. 我国的海洋生物多样性及其保护. 海洋湖沼通报, (2): 41-47.
彭超. 2006. 我国海岛可持续发展初探. 青岛: 中国海洋大学博士学位论文.
饶胜, 张强, 牟雪洁. 2012. 划定生态红线, 创新生态系统管理. 环境经济, (6): 57-60.
沈瑞生, 冯砚青, 牛佳. 2005. 中国海岸带环境问题及其可持续发展对策. 地域研究与开发, 24(3): 124-128.
苏纪兰, 唐启升. 2005. 我国海洋生态系统基础研究的发展——国际趋势和国内需求. 地球科学进展, 20(2): 139-143.
唐启升, 张晓雯, 叶乃好, 等. 2010. 绿潮研究现状与问题. 中国科学基金, (1): 5-9.
唐启升. 2006. 中国专属经济区海洋生物资源与栖息环境. 北京: 科学出版社.
唐森铭, 王初生. 2008. 海洋外来种入侵及生态安全考虑. 上海: 全国生物多样性保护及外来有害物种防治交流研讨会.
王斌. 2000. 海洋特别保护区建设的理论与实践. 武汉: 全国生物多样性保护与持续利用研讨会.
王春生, 陈兴群, 刘镇盛. 2012. 中国近海海洋: 海洋生物与生态. 北京: 海洋出版社.
王道儒, 吴钟解, 陈春华, 等. 2012. 海南岛海草资源分布现状及存在威胁. 海洋环境科学, 31(1): 34-38.
王文欢, 余克服, 王英辉. 2016. 北部湾涠洲岛珊瑚礁的研究历史、现状与特色. 热带地理, 36(1): 72-79.
相建海. 2012. 中国海情. 北京: 开明出版社.
徐兆礼. 2011. 东海近海浮游动物对全球变暖的响应. 厦门: 中国甲壳动物学会年会暨学术研讨会.
许妍, 梁斌, 鲍晨光, 等. 2013. 渤海生态红线划定的指标体系与技术方法研究. 海洋通报, 32(4): 361-367.
杨圣云, 吴荔生, 陈明茹, 等. 2001. 海洋动植物引种与海洋生态保护. 应用海洋学学报, 20(2): 259-265.
杨宗岱, 吴宝铃. 1981. 中国海草场的分布、生产力及其结构与功能的初步探讨. 生态学报, 1(1): 88-93.
杨宗岱, 吴宝铃. 1984. 青岛近海的海草场及其附生生物. 海洋科学进展, 2(2): 60-71.
叶春江, 赵可夫. 2002. 高等植物大叶藻研究进展及其对海洋沉水生活的适应. 植物学报, 19(2): 184-193.
余克服, 蒋明星, 程志强, 等. 2004. 涠洲岛 42 年来海面温度变化及其对珊瑚礁的影响. 应用生态学报, 15(3): 506-510.
张乔民, 隋淑珍, 张叶春, 等. 2001. 红树林宜林海洋环境指标研究. 生态学报, 21(9): 1427-1437.
张远辉, 陈立奇. 2006. 南沙珊瑚礁对大气 CO_2 含量上升的响应. 台湾海峡, 25(1): 68-76.
张志锋, 韩庚辰, 张哲, 等. 2012. 经济发展影响下我国海洋环境污染压力变化趋势及污染减排对策分析. 海洋科学, 36(4): 24-29.
赵蕾. 2008. 全球气候变化与海洋渔业的互动关系初探. 海洋开发与管理, 25(8): 87-93.
赵美霞, 余克服, 张乔民. 2006. 珊瑚礁区的生物多样性及其生态功能. 生态学报, 26(1): 186-194.
郑凤英, 邱广龙, 范航清, 等. 2013. 中国海草的多样性、分布及保护. 生物多样性, 21(5): 517-526.
中国环境与发展国际合作委员会. 2010. 中国海洋可持续发展的生态环境问题与政策研究国合会课题组报告. 北京: 中国环境与发展国际合作委员会 2010 年年会.
周世锋, 秦诗立. 2009. 海洋开发战略研究. 杭州: 浙江大学出版社.

邹仁林. 1994. 中国珊瑚礁的现状与保护对策. 北京：首届全国生物多样性保护与持续利用研讨会.
Costanza R, d'Arge R, de Groot R, et al. 1997. The value of the world's ecosystem services and natural capital. Nature, 387(6630): 253-260.
Huang W, Zhu X Y, Zeng J N, et al. 2012. Responses in growth and succession of the phytoplankton community to different N/P ratios near Dongtou Island in the East China Sea. Journal of Experimental Marine Biology and Ecology, 434-435(6): 102-109.
Hughes T P, Huang H, Young M A L. 2013. The wicked problem of China's disappearing coral reefs. Conservation Biology, 27(2): 261-269.
Introduction to the Principles and Practice of Clinical Research(IPPCR). 1990. Strategies for Adaptation to Sea Level Rise. Geneva: Esponse Strategies Working Group.
Stenseth N C, Mysterud A, Ottersen G, et al. 2002. Ecological effects of climate fluctuation. Science, 297(5585): 1292-1296.
Walther G R, Post E K, Convey P, et al. 2002. Ecological responses to recent climate change. Nature, 416(6879): 389-395.
Waycott M, Duarte C M, Carruthers T J B, et al. 2009. Accelerating loss of seagrasses across the globe threatens coastal ecosystems. Proceedings of the National Academy of Sciences, 106(30): 12377-12381.
Yang D, Yang C. 2009. Detection of seagrass distribution changes from 1991 to 2006 in Xincun Bay, Hainan, with satellite remote sensing. Sensors, 9(2): 830-844.

第 3 章　中国海洋区划概况

海洋是我国国土资源的重要组成，是人类生存与发展的新空间，也是我国社会经济可持续发展的重要保障。党的十八大确定了我国海洋开发利用的目标和方向，即“提高海洋资源开发能力，发展海洋经济，保护海洋生态环境，坚决维护国家海洋权益，建设海洋强国”。然而，我国长期以来形成的海洋资源开发方式粗放、区域发展不平衡、海洋环境污染、生态系统受损等问题依旧存在，海洋资源开发利用与海洋生态环境保护间的矛盾严重制约着我国海洋经济与生态文明建设。如何协调海洋开发与海洋生态环境保护之间的矛盾，成为我国海洋管理部门努力探索的艰巨任务。在多年的实践中，相关部门陆续制定和执行了多种海洋区划和规划，如海洋保护区、海洋功能区划、海洋主体功能区规划、海岛保护规划等。经过近 40 年的不断发展和完善，这些海洋区划逐渐形成较为完整的体系，并成为我国政府处理各项海洋事务的重要依据。

3.1　海洋保护区

3.1.1　我国海洋保护区建设现状

海洋保护区是指通过法律或其他有效的方法予以部分或全部保护的潮间带或潮下带的任何海区，包括其上覆水体及相关的植物、动物、历史和文化特征。世界自然保护联盟（International Union for Conservation of Nature，IUCN）提出的海洋保护区的总体目标就是维护海洋生物多样性和生产力（包括生态上的生命支持系统）（IUCN，1994）。

目前，我国海洋保护区按三级类别进行划分。其中，一级类别包括海洋自然保护区和海洋特别保护区。海洋自然保护区是指以海洋自然环境和资源保护为目的，依法把包括保护对象在内的一定面积的海岸、河口、岛屿、湿地或海域划分出来，进行特殊保护和管理的区域（国家质量技术监督局，1998）。海洋特别保护区是指具有特殊地理条件、生态系统、生物与非生物资源及海洋开发利用特殊要求，需要采取有效的保护措施和科学的开发方式进行特殊管理的区域。二级类别和三级类别见表 3-1。按照此分类体系，我国对于各类型海洋保护区的选划条件、技术标准、管理要求、保护对象及功能区设置均发展出了相应的建设与管理经验（曾江宁，2013）。

我国海洋保护区经历了 40 余年的发展历程，截至 2014 年 4 月，全国共建有各种类型海洋保护区 250 处（不含港澳台地区），其中，海洋自然保护区 187 处，海洋特别保护区 63 处（表 3-2），保护海洋总面积为 137 950.80km^2，约占我国管辖海域面积的 4.6%，分属海洋、环保、农业、国土、林业及其他部门管理（图 3-1）。

表 3-1 我国的海洋保护区分类体系

一级类别	二级类别/类型	三级类别/具体内容
海洋自然保护区	海洋和海岸自然生态系统	河口生态系统、潮间带生态系统、盐沼（咸水、半咸水）生态系统、红树林生态系统、海湾生态系统、海草床生态系统、珊瑚礁生态系统、上升流生态系统、大陆架生态系统、岛屿生态系统
	海洋生物物种	海洋珍稀、濒危生物物种，海洋经济生物物种
	海洋自然遗迹和非生物资源	海洋地质遗迹、海洋古生物遗迹、海洋自然景观、海洋非生物资源
海洋特别保护区	海洋特殊地理条件保护区	具有重要海洋权益价值、特殊海洋水文动力条件的海域和海岛
	海洋生态保护区	珍稀濒危物种自然分布区、典型生态系统集中分布区及其他生态敏感脆弱区或生态修复区，以保护海洋生物多样性和生态系统服务功能
	海洋公园	特殊海洋生态景观、历史文化遗迹、独特地质地貌景观及其周边海域，以保护海洋生态与历史文化价值，发挥其生态旅游功能
	海洋资源保护区	重要海洋生物资源、矿产资源、油气资源和海洋能等资源开发预留区域、海洋生态产业区及各类海洋资源开发协调区，以促进海洋资源可持续利用

表 3-2 分省海洋保护区建设数量统计信息（截至 2014 年 4 月 22 日）

省（区、市）	归属海区	数量	海洋自然保护区		海洋特别保护区	
			国家级	地方级	国家级	地方级
辽宁省	渤海区	8	1	3	4	0
	黄海区	12	7	3	2	0
	小计	20	8	6	6	0
河北省	渤海区	6	4	2	0	0
天津市	渤海区	3	1	1	1	0
山东省	渤海区	39	11	7	13	8
	黄海区	21	13	2	6	0
	小计	60	24	9	19	8
江苏省	黄海区	8	5	0	3	0
上海市	东海区	4	2	2	0	0
浙江省	东海区	15	2	4	5	4
福建省	东海区	20	5	10	5	0
广东省	南海区	83	9	64	4	6
广西壮族自治区	南海区	8	4	2	2	0
海南省	南海区	23	5	18	0	0
	合计	250	69	118	45	18

3.1.2 我国海洋保护区面临的问题

（1）近海高强度开发冲击海洋保护区建设

我国海域已开发利用总面积约为 28 400km^2，海域使用分布不均衡，局部开发密度高、强度大（王伟伟等，2013）。从水平分布上看：海域使用集中在滩涂、海湾、河口和海岛周边海域。而滩涂、海湾、河口、海岛恰恰是生物多样性最为丰富的区域，同时也是许多海洋生物的产卵场、孵化场和索饵场。从垂直空间上看：海域开发利用活动主要集中在 20m 等深线以内的浅水区域，深水海域的开发利用活动尚处于起步阶段（王伟伟等，2013）。在我国总面积为 27 760.58km^2 的海湾海域中，使用面积为 5 827.57km^2，占全国海湾海域总面积的 20.99%（张云等，2012）。

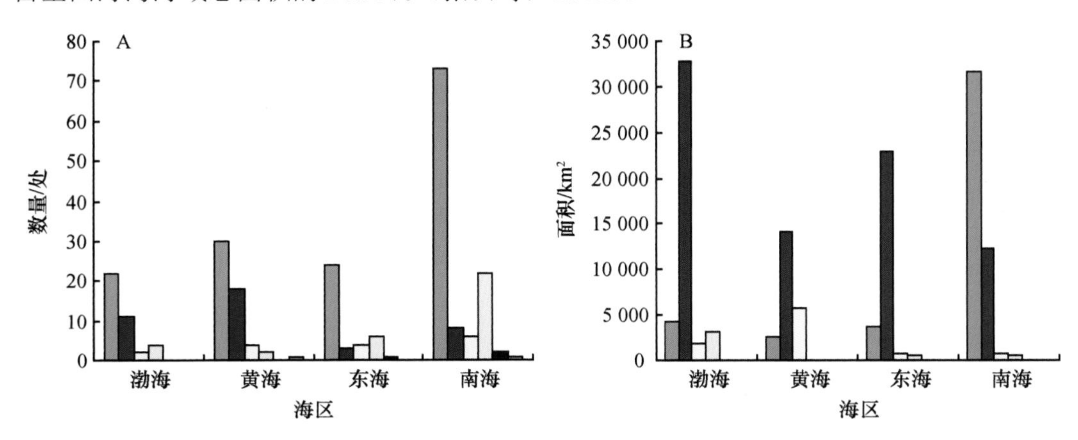

图 3-1 海洋保护区分部门管理情况数量和面积对比

我国约 18 000km 的大陆海岸线中，人工岸线长度所占比例由 1980 年的 24.0%上升到 2010 年的 56.1%，其中，淤泥质岸线占比却由 1980 年的 9.7%减少到 2010 年的 2.1%（高义等，2013）。人工岸线增加的直接后果就是新生的堤坝、桩基等水工构筑物筑成的海岸生境同质化，从而造成原有海岸生境多样化遭到破坏、生境破碎化严重。此外，因其能为水母水螅体提供附着基而可能导致水母生态灾害（Purcell et al.，2007）。

近年来，受临港工业、保护区功能衰退等诸多因素影响，出现若干处海洋保护区功能区调整或面积下调的案例。例如，江苏盐城湿地珍禽保护区面积由 284 179hm^2 调整为 247 260hm^2，辽宁丹东鸭绿江口湿地面积由 101 000hm^2 调整为 81 430hm^2。

已建的海岸类型保护区是否构成有效的保护区网络在缺乏足够数据支撑的情况下难以作出判断，但可以估计的是原有自然岸线的大量消退、滩涂连片地快速消失和浅海高强度渔业捕捞活动足以造成近海生物多样性的下降，《中国物种红色名录》中关于甲壳类物种濒危程度的评估结果已经反映出该问题的严重性（汪松和谢焱，2005）。

（2）海洋保护区与海洋经济发展之间的矛盾突出

保护与开发在经济发展中博弈已久，长期以来我国对于海洋的开发存在“重近岸开发，轻深远海域利用；重空间开发，轻海洋生态效益；重眼前利益，轻长远发展谋划”的问题（曾江宁，2013）。即使对全球而言，已建的海洋保护区中，多数都因为渔业捕捞的经济活动而不能达到有效的保护（Edgar et al.，2014）。如何在不损害可持续发展的原则下正确处理海洋保护与资源开发之间的矛盾是我国海洋保护区建设和管理面临的首要难题。在协调保护与开发的问题上，人们很容易走极端。一种思想是传统的发展观，简单地把经济增长等同于经济发展，毫无节制地向海洋索取，因而造成渔业资源枯竭、海洋环境污染、海洋生物灭绝、极端自然灾害等不断发生，人们的生活质量并没有随着经济增长得到显著提高；另一种思想则是“只保护、不开发”，禁止对海洋保护区内的自然资源进行任何形式的开发和利用。虽然这种单纯的保护在一定时期内为实现特定的保护目标是十分必要的，但一味强调以保护为主，不允许在保护区内进行适度开发，经济发展就会停滞不前，社区生活就会陷入困境。因此，保护与开发的矛盾对于我国这一人均资源匮乏、人口众多的发展中国家显得尤为突出（朱艳，2009）。

一方面，因为我国长期以来对海洋保护区的理解局限于海洋自然保护区，并将其作为“孤岛”予以严格管理，这一固定思维模式不仅阻碍了类型各异的海洋保护区建设，而且造成海洋保护区发展中“规而不建，建而不管”的现象普遍存在。同时，现有的海洋保护区类型过分强调自然属性的一面，很大程度上忽视了社会经济的协调发展，在禁止当地社区沿用传统的生产生活方式的同时，却很少考虑为当地社区寻找替代生计，致使自然保护与社区发展矛盾不断（余久华，2006）。

另一方面，由于按照传统理念建立与管理的海洋保护区在一定程度上会阻碍沿海经济的正常发展，因此，尽管国家级涉海管理部门在积极倡导海洋保护区建设，地方政府却往往以当地经济利益来衡量是否需要设立海洋保护区的现实。虽然《海洋自然保护区管理办法》中要求沿海省、自治区、直辖市海洋管理部门研究制定本行政区域毗邻海域内海洋自然保护区选划，并提出国家级海洋自然保护区选划建议，实际上，在申请建立国家级海洋自然保护区时，保护区管理机构必须向国家海洋行政主管部门提交经同级人民政府批准的建区申报书及技术论证材料，而地方政府在反复权衡利弊之后较少或基本未开展海洋保护区筹建的科学考察和总体规划工作，这在很大程度上也制约了我国海洋保护区的发展。此外，在一些已经设立海洋自然保护区的地方，因为不能摆正长远利益与当前经济发展利益之间的关系，海洋保护区管理机构往往因为得不到实权而形同虚设，甚至有些地方政府为了发展经济想撤销已设立的保护区，造成我国海洋保护区的发展处于一种尴尬局面（朱艳，2009）。

（3）部分生态系统和生物类型保护区保护对象家底不清

我国关于海洋物种多样性的调查研究远远不够，尚未取得全国海域统一的基本资料，迄今还没有全国海洋生物多样性背景值（刘瑞玉，2011）。已有的调查限于在大陆架和沿岸浅水区进行，在高多样性的南海珊瑚礁采集不够；陆坡深海只有个别点做过采样，深渊带调查还未进行；特殊生境，如海山、热泉、冷渗口、洋中脊、深渊平原等的采集都有待开展；即便是浅海区亦仍有许多生境未做过详细采集和物种分类分布研究（刘瑞玉，2011）。

早期为了保护珍稀濒危生物建立的保护区，受到多次海洋开发浪潮冲击，保护区生物资源家底清查工作在尚得不到足够资金支持时，保护区的自然生态状况便每况愈下。地方级海洋保护区自身科研能力建设相对落后，加之资金紧张，缺乏清查自身海洋生物资源家底的能力。已有的海洋保护区监测工作缺少完整的生物物种组成准确名录与分布记录，不能满足多样性全面分析比较的需要。

行政区划的变化导致地方级保护区管理与建设脱节，造成保护区划定后无人管理。例如，原来由广东省划定的位于海南岛及南海区的几处保护区，在海南作为省份独立建制以来，由于管理属地的交接，保护区工作没有较好地开展，造成保护区资源环境状况不清晰。

2006～2011 年全国近海的海洋生态基础调查，缺乏针对呈点状分散在我国沿海的保护区生物资源状况信息。海洋调查项目实施的长周期性与海岸带和海岛自然状况的快速改变难以匹配，已建保护区威胁因素多样，也造成了保护区的家底不清。

（4）海洋保护区法律法规体系不完善

我国已经初步形成了海洋保护区的法规体系（曾江宁，2013）。多部门立法是我国现有海洋保护区法规体系的具体体现。十八大以来，海洋保护区法律法规之间的协调性得到增加。特别是 2014 年 2 月，经国务院批准，国家发展改革委等 12 个部委联合印发了《全国生态保护与建设规划（2013～2020 年）》（以下简称《规划》），作为全国生态保护与建设工作的行动纲领和指南。该《规划》首次将海洋区纳入国家生态保护与建设总体格局，将海洋生态保护与建设纳入其中，确定了“一带四海十二区”的海洋生态保护与建设的总体布局，并明确了 5 项海洋生态保护与建设重点工程。全国自然岸线保有率等 4 项海洋方面指标作为控制指标被纳入该《规划》，实现了与《国家海洋事业发展“十二五”规划》《全国海洋功能区划（2011～2020 年）》的有效衔接。但从整体上看，我国海洋保护区的法律法规依然存在内容不完善、法律地位低、可操作性不强等问题。

首先，《中华人民共和国宪法》（以下简称《宪法》）中缺乏对海洋资源保护与利用的具体条款。《宪法》虽然将自然资源的合理利用纳入国家保障范畴，将珍贵动植物纳入保护范畴，但在属于国家所有的自然资源中，仅列举了矿藏、水流、森林、山岭、草原、荒地、滩涂，并没有明确将“海洋”纳入《宪法》范畴。在自然资源的产权属性方面，尽管规定所有的自然资源均归国家和集体所有，但缺乏具体的资源产权主体代表，在制度上又没有明确中央、地方、部门及个人的权利义务，导致各利益相关者都在争夺资源开发权益而不顾可持续利用的严峻局面。

其次，我国缺乏权威的海洋保护区专门法律，关于海洋保护区的专项立法主要为各部门的条例与管理办法。例如，我国现有的《海洋自然保护区管理办法》和《海洋特别保护区管理办法》仅为国家海洋局的部门规章，《中华人民共和国水生动植物自然保护区管理办法》为农业部的部门规章，均非经由人民代表大会产生的法规，在法律体系中效力较低，普及程度不高，不利于海洋保护区工作的展开。

最后，现有的海洋保护法规在面对具体环境损害事故时可操作性差。例如，防治陆源污染、海洋工程和海岸工程污染损害海洋的环境管理条例，虽然有在保护区内不得新建排污口，并对已建的排放口有超排放标准的限期治理等规定，但由于海洋的流动性，对于非保护区范围内工程设施施工或污染导致保护区受损或受害的行为还缺乏管理法规和具体的执法保障机制；并且对于违反法律法规的处罚标准过低，造成违法者违法成本过低，不利于海洋保护区的保护；对于保护区是否可以在污染受害案件中作为索赔主体的地位也没有法律规定。

3.2　海洋功能区划

海洋功能区划是依据《中华人民共和国海域使用管理法》和《中华人民共和国海洋环境保护法》建立的我国海洋管理的一项基本制度，是合理开发利用海洋资源、有效保护海洋生态环境的法定依据。我国海洋功能区划制度产生的背景是我国海洋开发利用矛盾冲突的加剧，它是在借鉴其他沿海国家的海洋管理实践经验的基础上产生的。20 世纪 60 年代末，西方发达国家已开始进行区域规划和国土规划；70 年代初，加拿大、德国相继开展了区域海洋开发战略研究；一些国家还开展了部分海洋区域的专项区划研究（崔鹏，2009）。美国夏威夷州在实施海岸带管理计划时，根据海洋环境保护和海洋经济可持续发展并重的原则，在 12 n mile 及其毗邻区内将夏威夷海域划分成 10 个海域资源区，并规定了每个区域的管理政策。如历史资源（historic resources）区，主要作用是保护历史和文化；在合适的海域划分出经济开发区作为港口等，并使其对周围海域的影响最小。我国海洋功能区划于 1988 年首次提出，1989 年由国家海洋局组织实施。至 1999 年 12 月 25 日，第九届全国人民代表大会常务委员会第十三次会议修订并通过《中华人民共和国海洋环境保护法》，首次对海洋环境功能区划制度的法律地位加以明确，对其制定机关、程序作出规定，并将之作为全国海洋环境保护规划和重点海洋区域性海洋环境保护规划的制定依据，确定了海洋功能区划在海洋环境保护制度中的基础作用。2001 年 10 月 27 日第九届全国人民代表大会常务委员会第二十四次会议制定并通过的《中华人民共和国海域使用管理法》进一步对海洋功能区划作了专章规定，对其编制机关、编制原则审批制定、修改变动、公布方式、效力等作了详细规定。海洋功能区划是《中华人民共和国海域使用管理法》建立的三项基本制度之一。至此，海洋功能区划制度已确立为我国海洋管理的基本法律制度。

3.2.1 海洋功能区划的定义

海洋功能区划是指根据不同海域的区位条件、自然环境、自然资源、开发保护现状和经济社会发展的需要，按照海洋功能标准，将海域划分为不同使用类型和不同环境质量要求的功能区，用以控制和引导海域的使用方向，保护和改善海洋生态环境，促进海洋资源的可持续利用。

3.2.2 海洋功能区划的原则

（1）自然属性为基础

根据海域的区位、自然资源和自然环境等自然属性，综合评价海域开发利用的适宜性和海洋资源的环境承载能力，科学确定海域的基本功能。

（2）科学发展为导向

根据社会经济发展的需要，统筹安排各行业用海，合理控制各类建设用海的规模，保证生产、生活和生态用海，引导海洋产业优化布局，节约集约。

（3）保护渔业为重点

渔业可持续发展的前提是传统渔业水域不被挤占、侵占，保护资源和生态环境是渔业生产的基础和渔民增收的保障，更是保证渔区稳定的基础。

（4）保护环境为前提

切实加强海洋环境保护和生态建设，统筹考虑海洋环境保护与陆源污染防治，控制污染物排海，改善海洋生态环境，防范海洋环境突发事件，维护河口、海湾、海岛、滨海湿地等海洋生态系统安全。

（5）陆海统筹为准则

根据陆地空间与海洋空间的关联性，海洋生态系统的特殊性，统筹协调陆地与海洋的开发利用和环境保护。严格保护海岸线，切实保障河口海域防洪安全。

（6）国家安全为关键

保障国防安全和军事用海需要，保障海上交通安全和海底管线安全，加强领海基点及周边海域保护，维护我国海洋权益。

3.2.3　海洋功能区划的发展历程

我国海洋功能区划已先后经历了四轮，分别为 20 世纪 80 年代末的小比例尺阶段、90 年代末的大比例尺阶段、21 世纪初《中华人民共和国海域使用管理法》颁布实施后的海洋功能区划，以及最新一轮的海洋功能区划（杨顺良和罗美雪，2008）。小比例尺区划阶段是比例尺为（1∶20 万）～（1∶300 万）的区划编制阶段，这项工作在 1989 年全面启动，国家海洋局组织了全国 11 个沿海省、自治区和直辖市政府，以及部分高校和科研机构，历时经过 6 年，到 1994 年完成了区划工作。这次区划系统地收集了我国海岸带和海洋资源综合调查资料，各部门有关海洋调查和海岸带调查的最新资料，以及各有关部门和地区的区划、规划资料。此次区划共划分出功能区 3642 个，其中开发利用区 2482 个，治理保护区 529 个，自然保护区 221 个，特殊功能区 330 个，保留区 80 个。

大比例尺区划阶段是比例尺为（1∶50 000）～（1∶5000）的区划编制阶段，1995 年，在推进已有区划成果应用的同时，启动了胶州湾、大连湾等四个地区的大比例尺海洋功能区划试点，1998 年全面开始了全国的大比例尺海洋功能区划工作。这次区划比例尺限定在 1∶5 万，不少区域为 1∶2.5 万，局部区域为 1∶1 万或 1∶5000。全国区划划分海洋功能区万余个，较第一阶段功能区增加近三倍。在大比例尺区划期间做了类别调整。原来是五类四级，是一种类属划分；调整为十类二级，是一种用途划分，与管理结合得更为紧密。十个一级类分别为：港口航运区、渔业资源利用和养护区、矿产资源利用区、旅游区、海水资源利用区、海洋功能利用区、工程用海区、海洋保护区、特殊利用区与保留区。

2002 年 9 月 10 日，国家海洋局发布了《全国海洋功能区划》。这是依据《中华人民共和国海域使用管理法》和《中华人民共和国海洋环境保护法》的规定出台的第一部全国性海洋功能区划，由国家海洋局（现自然资源部）会同国家发展计划委员会（现国家发展改革委）、国家经贸委、国土资源部、建设部等十一个部委及沿海十一个省、自治区、直辖市人民政府共同制定。此次《全国海洋功能区划》的发布，弥补了我国海洋管理工作的空白，使我国近 300 万 km^2 的海域有史以来第一次有了功能区划，从而使用海活动有了切实保障，也为加强海域使用管理和海洋环境保护提供了具有法定效力的科学依据。

自区划工作实施后，很多学者对海洋功能区划的关键技术和方法也做了大量研究。例如，栾维新和阿东（2002）对我国海洋功能区划的基本方案进行了探讨，在此方案中采用了三级分区，根据我国海域的气候、海底地形、海洋生态系统特点及人类海洋开发活动规律等特征，在不同级别的功能区分别选取不同的指标。例如，一级海洋大区主要考虑我国海洋生态、海洋环境、海洋水文和海洋开发利用地域分异及与之对应的海洋功能区域差异，同时考虑到前人的工作和人们的接受程度，沿用传统的四大海区划分方案，将一级功能区划分为渤海区、黄海区、东海区和南海区。二级海洋综合功能区是在一级区的框架之下，由于海洋生态、海洋环境、海洋水文、海岸地形及海洋开发利用等影响产生进一步的地域分异。将四大海区进一步划分为 26 个二级功能区，其中渤海 6 个、黄海 7 个、东海 6 个、南海 7 个。三级功能类型区依据《海洋功能区划技术导则》（GB 17108—2006）的指标体系，考虑海洋开发利用与保护的因素，划分为 36 个类型区。傅金龙等（2004）研究了海洋功能区划的概念、原则、技术体系等，并以浙江省为例开展了海洋功能区划研究。苗丽娟和刘娟（2004）采用层次分析法（analytic hierarchy process，AHP）确定锦州沿海各功能区的主次顺序，充分保证主导海洋产业优先用海，实现对各海区开发建设的宏观调控。杨顺良和罗美雪（2008）对第二轮海洋功能区划修编工作进行了探讨，对海洋功能区划工作的空间、时间衔接问题进行总结并给出几点建议。丰爱平和刘洋（2009）对当前海洋功能区划编制中存在的问题进行了简要回顾，指出当前海洋功能区划工作中存在着层级定位不清、管理目标不明确等问题。王江涛（2011）总结了当前海洋功能区划存在自然属性与社会属性难以统筹兼顾、海岸保护利用规划和海洋功能区划难以区分等问题，并在此基础上提出了对策建议。

基于以上问题和建议，国务院批准制定了《全国海洋功能区划（2011～2020 年）》（以下简称新《区划》），开始了新一轮海洋功能区划。新《区划》划分了 8 个一级类，23 个二级类（国家海洋局，2012）（表 3-3）。

表 3-3 《全国海洋功能区划（2011～2020 年）》中海洋功能新分类体系

一级类名称	含义	所含二级类
农渔业区	指适于拓展农业发展空间和开发海洋生物资源，可供农业围垦，渔港和育苗场等渔业基础设施建设，海水增养殖和捕捞生产，以及重要渔业品种养护的海域	农业围垦区、渔业基础设施区、养殖区、增殖区、捕捞区和水产种质资源保护区
港口航运区	指适于开发利用港口航运资源，可供港口、航道和锚地建设的海域	港口区、航道区和锚地区
工业与城镇用海区	指适于发展临海工业与滨海城镇的海域	工业用海区和城镇用海区
矿产与能源区	指适于开发利用矿产资源与海上能源，可供油气和固体矿产等勘探、开采作业，以及盐田和可再生能源等开发利用的海域	油气区、固体矿产区、盐田区和可再生能源区
旅游休闲娱乐区	指适于开发利用滨海和海上旅游资源，可供旅游景区开发和海上文体娱乐活动场所建设的海域	风景旅游区和文体休闲娱乐区
海洋保护区	指专供海洋资源、环境和生态保护的海域	海洋自然保护区和海洋特别保护区
特殊利用区	指供其他特殊用途排他使用的海域	用于海底管线铺设、路桥建设、污水达标排放、倾倒等的特殊利用区
保留区	指为保留海域后备空间资源，专门划定的在区划期限内限制开发的海域	由于经济社会因素暂时尚未开发利用或不宜明确基本功能的海域、限于科技手段等因素目前难以利用或者不能利用的海域、从长远发展角度应予以保留的海域

新一轮海洋区划与上一轮相比具有以下几点变化。①本轮区划注重保障民生和陆海统筹。②区划目标得到量化，便于实施监督。新《区划》确定了海洋生态环境保护目标：至 2020 年，海洋保护区总面积达到我国管辖海域面积的 5%以上；近岸海域海洋保护面积占到 11%以上；海水养殖功能区面积不少于 260 万 hm^2；近岸海域保留区面积比例不低于 10%，大陆自然岸线保有率不低于 35%，完成整治和修复岸线长度不少于 2000km 等。③各级区划空间、时间的衔接更加科学。④港口、工业城镇空间明显扩张，农渔业区、海洋保护区、保留区保持稳定，矿产与能源区、特殊利用区面积减少（岳奇等，2014）。

经过近三十年的发展，海洋功能区划不仅成为各级政府制定海洋管理法规、政策、规划的基础，而且成为协调部门间、地区间关系，合理布局海洋产业，进行海洋资源管理，审批海域使用项目、海洋环境保护、建设海洋自然保护区及海洋工程项目的重要依据。然而，在海洋功能区划制度实施后，部分海域海洋环境质量恶化趋势仍未得到有效控制，部分海区海洋开发秩序混乱的现象依然严重，这些问题与我国近年海洋经济快速发展有关，但同时也说明我国的海洋功能区划制度还存在一些问题，海洋功能区划制度应有的作用尚未充分发挥。

3.3　海洋主体功能区规划

3.3.1　海洋主体功能区规划的定义和类型

海洋主体功能区规划是根据海洋资源环境承载能力、已有开发强度和发展潜力，统筹考虑海洋科技创新能力、海洋经济发展水平、海洋产业结构和布局，以及相邻陆域地区的人口分布、城镇化格局、经济实力及国家战略选择等要素，确定不同海域的主导功能定位和开发方式，并按照主体功能定位完善区域政策和绩效评价体系，形成合理的开发秩序和结构（傅金龙和沈锋，2008；徐丛春，2012）。海洋主体功能区规划是指导我国海洋开发的一项基础性和约束性规划，旨在合理规划开发内容、规范开发秩序、优化海洋空间利用格局、提高利用效率及提升海洋可持续发展能力，对于加快海洋生态文明建设，构建陆海统筹、人海和谐的海洋空间开发格局，以及实施海洋强国战略等具有重要意义。

海洋主体功能区规划从行政管理角度可分为国家级和省级两个层面；按照开发内容可划分为产业和城镇建设、农渔业生产与生态环境服务三种功能区；按照开发方式可划分为优化开发、重点开发、限制开发和禁止开发四类区域（国务院，2010，2015；徐丛春，2012）。优化开发、重点开发、限制开发和禁止开发四类区域是基于不同海域的资源环境承载力、现有开发强度和外来发展潜力、是否适宜或如何进行高强度集中开发为基准而划分的（国务院，2015），其内涵和功能定位存在差异（表 3-4）。开发是指大规模、高强度的工业化和城镇化建设活动，而优化、重点、限制和禁止是开发的程度及方式（张冉等，2011）。优化开发强调经济增长的方式、质量和效益，重在优化产业结构；开发重心在于发展区域内的主导行业；限制开发是开展维护区域生态功能的保护性开发，同时约束开发的内容、方式和强度；禁止开发是禁止与区域主体功能定位不符的开发活动，适度开展与生态环境保护相关的开发活动（张冉等，2011）。

表 3-4　海洋主体功能区的内涵与功能定位

主体功能区类型	内涵	功能定位
优化开发区	海域利用程度高，或毗邻陆域城镇化与海洋产业发展对海洋生态环境的压力大，需优化海洋与毗邻陆域经济结构，实现向集约型海洋经济发展模式转变，同时改善生态环境	承担发展社会经济，支撑我国海洋经济综合竞争力提升的区域
重点开发区	海洋资源环境承载力强、毗邻陆域发展空间较大、海洋开发潜力较高、海洋地理条件优势突出，适于集中高强度开发的海域；或是在国家战略中具有重要地位，对国家经济和社会长远发展具有重大利益的海域	形成海洋产业集聚的区域，缓解优化开发和限制开发区域的环境压力
限制开发区	海洋资源环境承载力较弱并关系到较大范围内的生态安全；或环境污染、损害、破坏较严重并急需修复与恢复，不适于集中高强度开发的海域。适于开展海水农业、生态修复和养护、休闲旅游等活动	保障海洋生态安全的重要区域，人海和谐相处的示范区
禁止开发区	各类国家级自然保护区、国家级风景名胜区及军事禁区等海域。在海洋禁止开发区域允许与生态产业相关的活动，如科研考察、生态旅游等	需要保护的典型海洋生态系统、珍稀物种及栖息地等

3.3.2　海洋主体功能区规划的发展进程

2006 年，“十一五”规划纲要初步明确了主体功能区的思想（包括海洋国土空间）。2011 年，“十二五”规划纲要进一步指出“制定实施海洋主体功能区规划，优化海洋经济空间布局，推进山东、浙江、广东等沿海省市的海洋经济发展试点”。2015 年，国务院正式下发《全国海洋主体功能区规划》（国发〔2015〕42 号），成为全国海洋主体功能区布局的基本依据。2016 年，“十三五”规划强调进一步推进海洋主体功能区规划的建设，优化近岸海域空间布局，科学控制开发强度，拓展蓝色经济空间，并深入实施以海洋主体功能区规划为基础的综合管理。至此，国家从战略上确立了海洋空间规划体系，即以海洋主体功能区规划为基础统筹各类涉海空间规划，形成“多规合一”的政策局面，从而全面推进海洋经济发展和生态文明建设，实现海洋强国的伟大目标。

2016 年，国家发展改革委下发《国家发展改革委国家海洋局关于开展省级海洋主体功能区规划编制工作的通知》（发改规划〔2016〕504 号），省级海洋功能区规划编制工作正式启动。各省（区、市）根据国家战略定位要求，结合本省（区、市）海洋资源环境承载能力、已有开发密度和发展潜力制定本省（区、市）海洋主体功能区规划。2017 年 3 月，全国首个省级海洋主体功能区规划在天津市出台，随后，浙江、山东、辽宁也相继发布。目前，江苏、福建、广西的海洋主体功能区规划已经通过专家评审。《全国海洋主体功能区规划》要求全国海洋主体功能区战略格局于 2020 年基本形成，即基本达到海洋空间利用格局清晰合理、海洋空间利用效率提高及海洋可持续发展能力提升的要求，形成“一带九区多点”海洋开发格局、“一带一链多点”海洋生态安全格局、以传统渔场和海水养殖区等为主体的海洋水产品保障格局、储近用远的海洋油气资源开发格局（国务院，2015）。各省（区、市）规划的主要目标指标包括海洋开发强度，自然岸线保有率，禁止开发区占管理海域面积比重，一、二类海水水质海域面积占比（表 3-5）。

表 3-5　已发布省（区、市）海洋主体功能区规划主要目标一览表

指标	省（区、市）2020 年目标值			
	天津	浙江	山东	辽宁
海洋开发强度/%[1]	≤10（6.5）[2]	≤1.12（0.67）	＜0.61（0.36）	≤1.1（0.86）
优化开发区海洋开发强度/%	—	≤1.18（0.63）	＜0.8（0.58）	≤3.17（2.44）
重点开发区海洋开发强度/%	—	—	＜2.12（0.45）	—
限制开发区海洋开发强度/%	—	≤1.14（0.89）	＜0.35（0.22）	≤0.43（0.35）
大陆自然岸线保有率/%	≥5（12.12）	35（35）	≥40（38.57）渤海；≥45（38.88）黄海	35（36.1）
禁止开发区内海岛个数	—	—	73（73）	78（78）
禁止开发区占管理海域面积比重/%	≥0.8（0.8）	4.44（4.44）	6.55（6.55）	11.29（11.29）
一、二类海水水质海域面积占比/%	8（5.9）	26（26）	88（83）	82（81.5）

1. 海洋开发强度是指围填海面积占管理海域面积比重；2. 括号内为 2015 年统计数值

3.3.3　海洋主体功能区规划的方法

我国海洋国土空间大、种类多，不同类型的海洋空间在功能定位、资源及开发程度和难度上均存在较大差异。《全国海洋主体功能区规划》发布前，部分海岛（浙江省洞头区、玉环县等）和海岸带（上海市、福建省、广东省、海南省等）的海洋主体功能区规划试点工作已展开，并逐步形成系统的规划程序和方法（施晓亮，2008；张岩，2009；赵万忠，2010；张耀光等，2011；王光振，2012；徐小怡等，2012；李知默等，2013；颜利等，2015）。在海洋主体功能区规划编制过程中，首先，根据有关法律规定将各类自然保护区核心区等确定为禁止开发区，并可考虑将生态敏感区划为限制开发区（石洪华等，2009）。其次，对区域指标体系进行评估，进而初步划分优化开发区、重点开发区和限制开发区。不同类型的海洋国土，其主体功能区规划的原则、方法和指标体系也存在差异。目前，针对内水和领海，海岛，以及专属经济区和大陆架三类海洋国土空间形成了三套海洋主体功能区的划分评价体系（表 3-6）。

3.3.4　海洋主体功能区规划的配套机制——生态补偿机制

海洋主体功能区规划打破了传统开发时序，将海洋资源开发的重点放在优化开发区和重点开发区，有利于该区域产业优化重组和经济发展。而限制开发区和禁止开发区的重心在于海洋生态系统的保护，海洋资源开发因此受到限制，经济发展受阻。另外，由于海洋资源的稀缺性，一些产业妨碍了主导产业发展而受到一定程度的限制和禁止，从而失去发展机会和经济利益。这些利益冲突可能成为海洋主体功能区划顺利实施的阻碍。生态补偿机制能有效缓解区划过程中产生的区域间、产业间、开发者与保护者之间的利益冲突，是保障海洋主体功能区划顺利进行的重要配套机制（蔡燕如等，2013）。

起初，生态补偿是指自然生态系统受到外界干扰后的自我恢复能力（施晓亮，2008）。随着人类经济发展和对环境保护需求的增加，生态补偿逐步演变为运用政府和市场手段协调利用、建设及保护生态环境过程中各方利益的有效机制，该机制遵循“破坏者恢复”

和“受益者补偿”的原则，实现外部成本内部化，从而实现生态环境的可持续利用（蔡燕如等，2013）。作为一种有效的经济手段，生态补偿已被许多国家成功用于解决生态环境保护与经济发展之间的矛盾。

表 3-6 海洋主体功能区规划的原则、方法和指标体系

海洋空间	划分原则与方法	评价单元	指标体系
内水和领海	原则： 兼顾自然和社会属性；坚持生态优先、科学开发 方法： 矩阵判别法、 关键因素法、 划分指数综合评价模型	综合自然地理和资源、海洋经济、沿海行政区等要素进行划分	1）海洋资源环境承载力：海洋资源、环境质量、生态系统和海洋灾害 2）海洋开发强度：海域利用程度、区域经济水平、毗邻陆域经济发展水平 3）海洋开发潜力：国家战略、区位优势、海洋创新、海洋管理
海岛	原则： 国防安全优先，保护为主，适度开发；海、陆国土覆盖，海陆统筹 方法： 主导因素法、 层次分析法、 多指标综合加权评价、 主成分-聚类分析法	海岛个体	1）区位状况：战略地位、地理区位 2）生态系统状况：健康状况和重要性 3）经济发展能力：交通可达性、经济发展基础
专属经济区和大陆架	原则： 权益优先，战略性开发 方法： 空间叠置法	重要战略资源区	1）资源丰富度 2）技术成熟度 3）区位重要度

我国海洋生态补偿尚处于初级阶段。早期实践主要集中于渔业资源管理领域，如20世纪80年代开始的增殖放流、海洋渔业减船转产等政策，以及21世纪以来的人工鱼礁项目（廖一波等，2011）。20世纪90年代后期开始出现生态环境保护和建设者财政转移补偿机制（施晓亮，2008）。随着主体功能区规划工作的开展，与其配套的生态补偿长效机制显得日益重要。海洋生态系统是流动的整体，具有外部性和公共性的特性，其经济价值、补偿主客体、补偿标准和补偿方式等问题一直是海洋生态补偿的研究重点。王昱等（2009）总结了基于主体功能区的生态补偿机制的自然格局、区域外部性、结构、本地性质等地理学特征。施晓亮（2008）以宁波象山港为试点，探讨了主体功能区划下的生态补偿研究机制，提出了政府主导、社会参与、市场调节的基本框架结构，建议设立生态补偿基金解决资金不足等问题。蔡燕如等（2013）建立了基于市场价格法、成果参照法、替代市场法和专家评判法的海湾海岸带主体功能区划的生态补偿额度估算模型，并将其应用于福建省罗源湾的案例研究。工业排放配额制、碳交易机制、水资源交易机制等是市场参与生态补偿机制的有效途径（施晓亮，2008；代明等，2012）。而政府和市场共同协调有利于生态补偿长效机制的形成。

综上，海洋主体功能区规划目前仍处于探索阶段，配套的分类区域政策和保障措施细则尚未出台。综合应用行政和市场手段建立及完善海洋主体功能区规划的配套管控制度将是今后的重点工作。首先，为不同主体功能区量身定制财税政策、投资政策、产业政策、海域政策、环境政策等分类区域政策，以促进区域差异化发展。其次，进一步研究和完善海洋主体功能区配套的生态补偿机制（如工业排放配额制、碳交易机制、水资源交易机制等），有利于缓解规划过程中产生的区域间、产业间、开发者与保护者之间的利益冲突（阮成宗等，2013；马龙等，2014；黄圆中圆和温薇，2017）。再次，加强海洋主体功能区监测、评估和监管网络的建设，建立不同主体功能区的绩效评价和考核办法以推进海洋主体功能区的形成。最后，今后还需以海洋主体功能区规划为基础，统筹、协调各类涉海空间规划，构建“多规合一”的海洋空间管理体系。

3.4　海洋生态红线区划

3.4.1　海洋生态红线区划的背景

生态红线区的相关理论方法和实践研究最早体现在基于生物保护的相关概念和研究，以及生态系统服务思想和生态效益研究中。2004 年，全国第一个区域性环保规划《珠江三角洲环境保护规划纲要（2004～2020）》提出了红线调控、绿线提升、蓝线建设三大战略任务。2011 年 10 月，《国务院关于加强环境保护重点工作的意见》提出“国家编制环境功能区划，在重要生态功能区、陆地和海洋生态环境敏感区、脆弱区等区域划定生态红线，对各类主体功能区分别制定相应的环境标准和环境政策”。2013 年 1 月，《全国生态保护“十二五”规划》指出“在重要（点）生态功能区、陆地和海洋生态环境敏感区、脆弱区等区域划定生态红线，会同有关部门共同制定生态红线管制要求，将生态功能保护和恢复任务落实到地块，形成点上开发、面上保护的区域发展空间结构。研究出台生态红线划定技术规范，制定生态红线管理办法”。

生态红线区划的主体对象是生态敏感区/生态脆弱区和重要生态功能区。生态红线区划的主要功能可归纳为重要生态服务保护、人居环境保障和生物多样性保育。区划的主要目的是保护对人类持续繁衍发展及我国经济社会可持续发展具有重要作用的自然生态系统。因此，通过划定海洋生态红线，可以进一步优化生态安全格局，增强我国经济社会可持续发展的生态支持能力，保障国家安全。我国在多个领域都开展了生态红线区划工作，例如，在实施最严格的水资源管理制度中提出的开发利用总量控制红线、用水效率控制红线、水功能区限制纳污红线；以及针对土地管理红线开展土地利用规划的生态红线区划方法研究等。

3.4.2　海洋生态红线区划工作的进展

2012 年 6 月的渤海环境保护及北戴河海域环境综合整治工作会议首次提出了在渤海海域划定海洋生态红线，2013 年 1 月的全国海洋工作会议进一步明确要建立实施海洋生态红线制度。随后，全国沿海各省（区、市）相继开展了海洋生态红线区划试点工作。2013 年，山东省率先在渤海区域划定了 113 个海洋生态红线区，总面积占山东省管辖海域面积的 36.01%，主要包括河口生态系统、重要渔业海域、重要滨海湿地、特殊保护海岛等 9 类。随后，辽宁省、天津市、江苏省、福建省、海南省也相继完成管辖海域的海洋生态红线区划工作。至 2017 年 8 月，沿海各省（区、市）已全部完成海洋生态红线区划工作。

在海洋生态红线理论与方法研究方面，国内学者从海洋生态红线的定义、原则、理论基础、指标体系、红线区管理制度等方面开展了较为系统的研究。例如，黄伟等（2016）在分析生态红线内涵和起源的基础上，提出了海洋生态红线的定义和区划原则，并以海南省为例介绍了海洋生态红线区划的技术框架。曾江宁等（2016）从我国海洋保护区建设和管理经验的角度，阐述了海洋保护区绩效评估、保护区选划与评估指标对海洋生态红线区划指标体系的参考价值。林勇等（2016）在研究生态红线区划技术的基础上，指出了现行方法存在的问题，论述了生态适宜性评价、景观/区域安全格局理论、海陆统筹理论、干扰生态学理论等在海洋生态红线区划中的应用，并提出了基于生态安全格局和区域生态服务需求的海洋生态红线区划方法。李双建和杨潇（2016）提出了从过程评价和结果评价两方面构建海洋生态红线区管理成效指标体系。陈甘霖等（2017）利用海洋空间规划技术在东山县海域开展了小尺度海洋生态红线区划的尝试。向芸芸等（2015）研究了国内外生态适宜性的理论和方法，并提出了海洋生态适宜性的概念和评价方法研究方向。

海洋生态红线区划的目的是维护区域海洋生态系统的完整性和连通性，确定需要保护的重要海洋生态功能区和海洋生态敏感区/脆弱区的空间范围。任何一个生态系统都具有多种生态功能，但其功能重要程度与其所在区域或景观内的生态环境问题类型、严重程度及生态服务功能需求密切相关。此外，不同生态系统的主导生态功能类型和生态功能服务价值也不同，在进行海洋生态红线区划时需对以上方面进行充分考虑。

3.4.3 海洋空间规划对海洋生态红线区划的借鉴

海洋生态红线区划制度是我国在海洋保护和管理制度中的一项创新举措，在国外并没有相同概念，不过美国、澳大利亚、加拿大、日本和欧盟成员国等沿海经济发达国家在海洋空间规划方面的研究成果对于我们开展海洋生态红线区划方法和技术的研究具有重要借鉴意义。海洋空间规划起源于海洋保护区建设，出发点是解决用海活动与海洋环境间的冲突，如澳大利亚大堡礁海洋保护规划。大堡礁位于澳大利亚东北海岸外，面积为 62 万 km^2，由 2900 个珊瑚礁群和约 1000 个岛屿组成，是地球上珊瑚礁面积最大、发展最好的地区，也是生物多样性典型区域，每年游客数量达 200 多万人次。若不采取恰当的保护措施，这个世界上最大的珊瑚礁可能会迅速退化。1975 年澳大利亚政府宣布大堡礁为海洋公园，目的是保护整个大堡礁生态系统。大堡礁海洋公园管理局在管理该保护区时广泛使用海洋空间区划技术，将不同海域规定为不同级别的保护区并采取不同的开发利用方式。20 世纪 80 年代，大堡礁海洋公园划分为三个部分，即远北海域（Far Northern）、凯露斯和可莫朗特通道（Cairus Section and Cormorant Pass）、麦凯和卡普里康海域（Mackay and Capricorn），其中，每个海域又被划分成更小种类的海域，并对其区划目的和使用条件作了详细规定。这种区划策略是大堡礁海洋公园寻求最佳管理途径的主要手段。实际上大堡礁海洋公园的区划管理是海洋自然保护区中的区划管理，也是目前公认的管理海洋自然保护区较为有效的措施。当前，这种理念和方法已被应用于海洋空间多种用途的管理。

美国、欧盟成员国、加拿大、日本等国也陆续在区域海洋空间规划方面做了许多研究。美国夏威夷州根据海洋环境保护和海洋经济可持续发展并重的原则，在 12 n mile 及其毗邻区内把夏威夷海域划分为 10 个海域资源区，规定了每个区域的管理政策。例如，历史资源区保护历史和文化，经济开发区作为港口等，公众参与区主要开展海洋教育和让公众参与海岸带管理。此外，还划分出特别管理区实施严格的管理（未经政府主管部门的批准，在该区的一切海洋或陆地活动都被禁止）。阿拉斯加州的海岸带管理计划，则按不同的资源分布特点把海岸带划分为 32 个资源区，并规定每个海岸带资源区的管理目标和管理内容。2010 年美国海洋政策特别工作组提交了《关于加强美国海洋工作的最终建议》，该建议详细论述了“有效地开展沿海与海洋空间规划的框架”。该特别工作组为近海与海洋空间规划建立了一个基本框架，为海洋利用与其他海洋活动提出了一套全面、综合和以地区为单元的规划与管理方法。该框架把科学知识与信息置于决策的核心，用前所未有的方式让联邦政府、各州和部落共同携手制订近海与海洋空间计划。空间规划工作的目的是尽量减少海域使用者间的矛盾、提高规划与管理效率、降低工作成本、让有关群体和利益相关者积极参与有关工作，以及保护重要的生态系统功能与服务。该建议书强调，在空间规划过程中，必须十分重视利益相关者、科学界和公众广泛、积极地参与。

欧盟及其成员国于 20 世纪 90 年代起，提出了一系列加强海洋综合管理工作的建议和措施。2002 年欧盟委员会发布了《欧盟海岸带综合管理建议书》（*EU Recommendations on Integrated Coastal Zone Management*），该建议书明确提出了海洋空间规划应作为整体区域资源管理的重要组成部分。2005 年欧盟委员会发布的 *EU Thematic Strategy for the Marine Environment*（《欧盟海洋环境策略纲要》）提出了海洋空间规划支持性框架。2006 年欧盟委员会又发布了《欧洲未来海洋政策绿皮书》，提出如何面对日益增长的海洋经济冲突和生物多样性保护问题，并强调海洋空间规划是管理、解决这些问题的关键手段。2007 年 10 月欧盟委员会颁布了《海洋综合政策蓝皮书》，指出必须利用海洋空间规划手段，实现海洋可持续发展，恢复海洋环境健康状况。

欧盟各成员国在欧盟委员会上述政策的引导下，利用海洋空间规划手段，推动本国海洋开发利用管理工作。英国、德国、荷兰、比利时已初步完成其领海范围内的海域利用规划和区划工作。其中，比利时于 2003 年开始建立海域总体规划。荷兰建立了“北海 2015 海洋综合管理计划”，该计划的目标是更有效地开发利用海洋资源，关键手段是欧盟委员会倡导的海洋空间规划管理手段。英国于 2007 年发布的《海洋法案白皮书》为英国所有管辖海区引进了新的海洋空间规划体系，采取战略性计划引导方法处理海洋空间利用及各种利用之间的相互作用。英国海洋空间规划的目的在于从更高的战略高度看待整个海洋环境利用和保护资源的方法，以及对不同利用活动造成影响的相互作用。空间规划体系涵盖所有的活动，并通过促进前瞻性决策指导可持续发展。由新成立的“海洋管理组织”负责海洋计划的制定、海洋计划指导许可证申请及其他事项的决策，为海洋利用者提供更多的确定性。海洋空间规划具有判断众多活动的长期综合作用的潜力和能力，这是英国实施海洋空间规划中重点考虑的问题。

德国海洋空间规划按照《国家规划法》的框架编制。梅克伦堡州（波罗的海）和下萨克森州（北海）已将其现有空间计划从陆边延伸到海岸带海域。梅克伦堡州扩展修订了《2005 年空间发展计划》，以确保尽早对新技术需求，旅游和自然保护，与船运、渔业和国防等传统行业之间的冲突管理。2004 年 7 月德国通过了《海洋空间规划总体框架》，在此规划框架内，德国把《空间规划法》的规划管理范围扩展到了海洋专属经济区。为使海洋空间生态系统与经济社会发展对海洋空间的需求相适应、相协调，2005 年德国联邦海事和水文地理局制定了《北海和波罗的海海洋空间规划》。欧盟成员国以外的加拿大和日本等发达国家也制定并实施了类似的海洋空间管理措施。

3.4.4 海洋生态红线区划与现有海洋区划的联系及区别

海洋生态红线区划与海洋功能区划、海洋保护区和海洋主体功能区规划等海洋区划具有紧密的联系但也具有一定区别（表 3-7）。就区划性质而言，海洋主体功能区划是国家对海洋资源开发利用与保护的战略性规划，宏观把控海洋经济发展与海洋生态保护的整体布局，协调两者间的利益冲突；除考虑区域的自然属性外，还考虑社会经济和文化属性，因此它是建立在自然区划和经济区划基础上的综合性区划。海洋功能区划、海洋保护区和海洋生态红线区划则是指导具体海洋事务工作，如海洋开发利用、海洋保护的

表 3-7　我国现行几种海洋区划的区别与联系

区划类型	海洋主体功能区划	海洋功能区划	海洋生态红线区划
目的	建立合理开发秩序，优化海洋资源配置和开发利用布局，保护环境，促进可持续发展	引导海域使用方向，保护和改善海洋生态环境，促进资源可持续利用	维护区域海洋生态系统的完整性和连通性
原则	陆海统筹、尊重自然、优化结构、集约开发	自然属性、科学发展、保护渔业、保护环境、陆海统筹、维护国家安全	区域共轭、生态导向、海陆统筹、协调性和动态性
属性	战略性、综合性、基础性、前瞻性、可变性	区域性、微观性、稳定性	区域性、微观性、稳定性
资源开发与保护	优化和重点开发区以开发为主；限制和禁止开发区以生态保护为主	按照功能规划进行开发和保护	严格保护
划分依据	海洋资源环境承载力、现有开发密度和发展潜力	海域区位、自然资源、环境条件和开发利用的要求	海洋自然属性及资源、环境特点；区域生态敏感性和脆弱性、生态重要性
划分单元	行政单元为主；统筹考虑行政、自然和经济单元	具有自然属性的空间实体单元	具有自然属性的空间实体单元
规划结果	优化开发区、重点开发区、限制开发区和禁止开发区	农渔业区、港口航运区、工业与城镇用海区、矿产与能源区、旅游休闲娱乐区、海洋保护区、保留区	禁止开发区、限制开发区
管控制度	确定主体功能规划；制定配套政策（分类管理的区域政策和绩效评价等）；行政手段；市场手段	为海洋管理、相关政策制定提供技术依据；由《中华人民共和国海域使用管理法》和《中华人民共和国海洋环境保护法》确定；法律手段	禁止性制度；受《中华人民共和国海洋环境保护法》保护；法律手段

区域性区划，具有微观性（傅金龙和沈锋，2008）。就区划目的而言，海洋主体功能区划根据环境和资源承载力、现有开发密度与强度将研究区域分为优化、重点、限制及禁止开发区，以建立合理开发秩序、优化海洋资源配置和开发利用布局、保护环境、促进可持续发展为着眼点；海洋功能区划根据海域区位、自然资源、环境条件和开发利用的要求对海域进行划分，明确海域的功能，引导和规范涉海类项目，以资源开发管理为着眼点；海洋生态红线区划将重要海洋生态功能区、海洋生态敏感区/脆弱区划分为禁止开发区和限制开发区，着重保护强度、限制开发力度，以生态环境保护为着眼点（高月鑫等，2017）。

（1）海洋生态红线区划与海洋功能区划

海洋功能区划是根据海域的地理位置、自然资源状况、自然环境条件和社会需求等因素而划分的不同海洋功能类型区，用于指导、约束海洋开发利用实践活动，保证海洋开发的经济、环境和社会效益的海洋管理手段。自 1989 年启动此项工作以来，海洋功能区划已成为我国海洋空间开发、控制和综合管理的整体性、基础性、约束性文件，也是海洋环境保护的基本依据。新《区划》将我国管辖海域划分为农渔业区、港口航运区、工业与城镇用海区、矿产与能源区、旅游休闲娱乐区、海洋保护区、特殊利用区和保留区共 8 种海洋功能区（王江涛，2012）。不难看出，海洋功能区划所指各种功能皆从人类需求出发，强调的是海洋可被人类利用产生使用价值的经济属性，是人为统筹安排的海域使用定位。因此，海洋功能区划本质上是一种在开发中实施保护的管理方法。海洋生态红线作为维护国家生态安全的底线，其区划方法应借鉴海洋空间规划思路，基于海洋自然属性、生态系统功能属性、自然资源和环境条件，进行海洋生态服务功能重要性、生态敏感性和脆弱性分析，科学界定对国家和区域安全具有关键作用的海洋生态红线区，为海洋生态保护与生态建设、优化区域开发与产业布局提供合理的地理空间边界（李东旭等，2010）。可见，海洋生态红线区划是以海洋生态系统保护为核心的一种海洋管理手段（黄伟等，2016）。

（2）海洋生态红线区划与海洋保护区

海洋保护区指以海洋自然环境和自然资源保护为目的，依法划出包括保护对象在内的一定面积的海岸、河口、岛屿、湿地或海域，进行特殊保护和管理的区域。截至 2014 年 4 月，我国共建有各类海洋保护区 250 处，保护海洋面积占管辖海域面积的 4.6%。已建海洋保护区涵盖了我国海洋主要的典型生态类型，保护了大量珍稀濒危海洋生物及其栖息地，对海洋生物多样性和生态系统的保护发挥了重要作用（叶属峰和程金平，2012）。进行海洋生态红线区划时应重点考虑海洋保护区，现有各级海洋保护区应优先纳入海洋生态红线区范畴。同时，海洋保护区相对成熟的建设和管理经验也可为海洋生态红线区划方法及管理提供重要参考。例如，海洋保护区存在价值的核心因素是保护对象自身所固有的稀缺性和典型性，这一点对于海洋生态红线区同样适用。此外，对于已经取得较好成效的海洋保护区可作为生态红线区加以管理并示范，分享其经验与教训以利于提高海洋生态红线区的管理成效。通过进一步研究确定单独保护区的溢出效应及辐射范围以合理确定保护区网络节点间的空间距离和生态廊道的管理对策（曾江宁等，2016）。

（3）海洋生态红线区划与海洋主体功能区划

如前所述，海洋主体功能区划作为我国海洋空间开发的基础性和约束性规划，相比其他规划具有更广的作用范围和更强的效力。它不仅是维护自然海洋生态系统的根本保障，更通过明确区域主体功能定位，建立和完善人口转移、财政转移支付和绩效考核等多种政策手段，缩小不同区域间居民生活和公共服务等方面的差距。海洋主体功能区划对其他涉海类规划具有重要指导作用，是保障海洋生态红线区划落实的重要载体和途径，而海洋生态红线区划和海洋功能区划则是海洋主体功能区划的重要基础和依据。尤其是海洋保护区、海洋功能区划在实际管理工作中已发挥重要作用，可为海洋主体功能区划编制提供理论与方法等多方面的借鉴（傅金龙和沈锋，2008）。随着国家发展战略、海洋区域发展基础、资源环境承载力、科学技术水平等因素的变化，海洋主体功能区划也随之调整，因此具备可变性；而海洋功能区划和海洋生态红线区划主要根据自然条件出发，具有一定的稳定性（王倩和郭佩芳，2009）。

参考文献

蔡燕如, 陈伟琪, 张珞平. 2013. 海湾海岸带主体功能区划的生态补偿探讨. 生态经济(学术版), (1): 399-403.
陈甘霖, 胡文佳, 陈彬, 等. 2017. 海洋空间规划技术在小尺度海洋生态红线区划中的应用——以东山县海域为例. 应用海洋学学报, 36(1): 6-15.
崔鹏. 2009. 我国海洋功能区划制度研究. 青岛: 中国海洋大学博士学位论文.
代明, 刘燕妮, 陈向东. 2012. 主体功能区划下的新型生态补偿措施: 工业排放配额制. 生态经济, (7): 112-116.
丰爱平, 刘洋. 2009. 省级海洋功能区划修编的若干思考. 海洋开发与管理, 26(5): 17-20.
傅金龙, 苗永生, 周世锋. 2004. 海洋功能区划的理论与实践. 北京: 海洋出版社.
傅金龙, 沈锋. 2008. 海洋功能区划与主体功能区划的关系探讨. 海洋开发与管理, 25(8): 3-9.
高义, 王辉, 苏奋振, 等. 2013. 中国大陆海岸线近 30a 的时空变化分析. 海洋学报, 35(6): 31-42.
高月鑫, 曾江宁, 黄伟, 等. 2018. 海洋功能区划与海洋生态红线区划关系的探讨. 海洋开发与管理. 35(1): 33-39.
国家海洋局. 2002. 全国海洋功能区划(2002). 北京: 国家海洋局.
国家海洋局. 2011. 2010 年中国海洋环境状况公报. 北京: 国家海洋局.
国家海洋局. 2012. 全国海洋功能区划(2011～2020 年). 北京: 国家海洋局.
国家质量技术监督局. 1998. 海洋自然保护区类型与级别划分原则: GB/T 17504—1998. 北京: 中国标准出版社.
国务院. 2010. 全国主体功能区规划. 北京: 国务院.
国务院. 2015. 全国海洋主体功能区规划. 北京: 人民出版社.
何广顺, 王晓惠, 赵锐, 等. 2010. 海洋主体功能区划方法研究. 海洋通报, 29(3): 334-341.
黄伟, 陈全震, 曾江宁, 等. 2016. 海洋生态红线区划方法初探——以海南省为例. 生态学报, 36(1): 268-276.
黄圆中圆, 温薇. 2017. 基于主体功能区划下的福建省生态补偿协调机制研究. 中国市场, (16): 308, 310.
李东旭, 赵锐, 宋维玲. 2010. 近海海洋主体功能区划技术方法研究. 海洋环境科学, 29(6): 939-944.
李双建, 杨潇. 2016. 海洋生态红线管理成效评价指标体系研究. 生态经济, 32(1): 165-169.
李知默, 刘岩, 涂志刚, 等. 2013. 海南省海岸带主体功能区二级区划评价指标体系构建: 以三亚市为例. 中国矿业, 22(S1): 195-200.
廖一波, 寿鹿, 曾江宁, 等. 2011. 我国海洋生态补偿的研究现状与展望. 海洋开发与管理, 28(3): 47-51.
林勇, 樊景凤, 温泉, 等. 2016. 生态红线划分的理论和技术探讨. 生态学报, 36(5): 1244-1252.
刘瑞玉. 2011. 中国海物种多样性研究进展. 生物多样性, 19(6): 614-624.
鹿守本, 艾万铸. 2001. 海岸带综合管理: 体制和运行机制研究. 北京: 海洋出版社.
路文海, 向先全, 刘捷, 等. 2015. 加强海洋生态红线区与功能区制度建设. 宏观经济管理, (7): 22-24.
栾维新, 阿东. 2002. 中国海洋功能区的基本方案. 人文地理, 17(3): 93-95.
马龙, 路晓磊, 张丽婷, 等. 2014. 基于海洋功能区划的山东半岛蓝色经济区海洋生态补偿机制探讨. 海洋开发与管理, 31(9): 77-82.
苗丽娟, 刘娟. 2004. AHP 方法在锦州市海洋功能区划中的应用. 国土与自然资源研究, (2): 55-56.
饶胜, 张强, 牟雪洁. 2012. 划定生态红线, 创新生态系统管理. 环境经济, (6): 57-60.
阮成宗, 孔梅, 廖静, 等. 2013. 浙江省海洋生态补偿机制实践中的问题与对策建议. 海洋开发与管理, 30(3): 89-91.
施晓亮. 2008. 基于主体功能区划的生态补偿机制研究——以宁波象山港区域为例. 世界经济情况, (4): 80-85.
石洪华, 郑伟, 丁德文. 2009. 海岸带主体功能区划的指标体系与模型研究. 海洋开发与管理, 26(8): 88-92.
汪松, 谢焱. 2005. 中国物种红色名录 第三卷 无脊椎动物. 北京: 高等教育出版社.
王光振. 2012. 基于 GIS 的上海海岸带主体功能区划研究. 上海: 华东师范大学硕士学位论文.
王江涛. 2011. 海洋功能区划问题及对策探讨. 海洋湖沼通报, (3): 163-167.
王江涛. 2012. 海洋功能区划理论和方法初探. 北京: 海洋出版社.
王倩. 2008. 海洋主体功能区划与海洋功能区划的比对关系研究. 青岛: 中国海洋大学硕士学位论文.
王倩, 郭佩芳. 2009. 海洋主体功能区划与海洋功能区划关系研究. 海洋湖沼通报, (4): 188-192.
王如松, 林顺坤, 欧阳志云. 2004. 海南生态省建设的理论与实践. 北京: 化学工业出版社.
王伟伟, 蔡悦荫, 贾凯, 等. 2013. 中国沿海海域使用现状综合水平评价. 海洋开发与管理, 30(5): 9-12.
王昱, 丁四保, 王荣成. 2009. 主体功能区划及其生态补偿机制的地理学依据. 地域研究与开发. 28(1): 17-21.
向芸芸, 杨辉, 周鑫, 等. 2015. 生态适宜性研究综述. 海洋开发与管理, 32(8): 76-84.
肖燚, 陈圣宾, 张路, 等. 2011. 基于生态系统服务的海南岛自然保护区体系规划. 生态学报, 31(24): 7357-7369.
徐丛春. 2012. 海洋主体功能区划指标体系研究. 地域研究与开发, 31(1): 10-13.
徐丛春, 赵锐, 宋维玲, 等. 2011. 近海主体功能区划指标体系研究. 海洋通报, 30(6): 650-655.
徐小怡, 苏小韵, 孙省利. 2012. 海岸带主体功能区划的雷州半岛海岸带产业发展思路. 海洋信息, (1): 48-53.
许妍, 梁斌, 鲍晨光, 等. 2013. 渤海生态红线划定的指标体系与技术方法研究. 海洋通报, 32(4): 361-367.
颜利, 吴耀建, 陈凤桂, 等. 2015. 福建省海岸带主体功能区划评价指标体系构建与应用研究. 应用海洋学学报, 34(1): 87-96.
杨顺良, 罗美雪. 2008. 海洋功能区划编制的若干问题探讨. 海洋开发与管理, 25(7): 12-18.
叶属峰, 程金平. 2012. 生态长江口评价体系研究及生态建设对策. 北京: 海洋出版社.
余久华. 2006. 自然保护区——有效管理的理论与实践. 杨凌: 西北农林科技大学出版社.
岳奇, 徐伟, 赵梦, 等. 2014. 新一轮海洋功能区划的比较分析. 海洋环境科学. 33(3): 487-492.
曾江宁. 2013. 中国海洋保护区. 北京: 海洋出版社.
曾江宁, 陈全震, 黄伟, 等. 2016. 中国海洋生态保护制度的转型发展——从海洋保护区走向海洋生态红线区. 生态学报, 36(1): 1-10.

张宏生. 2003. 海洋功能区划概要. 北京: 海洋出版社.
张冉, 张珞平, 方秦华. 2011. 海洋空间规划及主体功能区划研究进展. 海洋开发与管理, 28(9): 16-20.
张岩. 2009. 海岛县主体功能区划研究. 大连: 辽宁师范大学硕士学位论文.
张耀光, 张岩, 刘桓. 2011. 海岛(县)主体功能区划分的研究——以浙江省玉环县、洞头县为例. 地理科学, 31(7): 810-816.
张云, 张英佳, 景昕蒂, 等. 2012. 我国海湾海域使用的基本状况. 海洋环境科学, 31(5): 755-757.
赵万忠. 2010. 宏观视域下海岸带主体功能区划的分区及其管理. 中国渔业经济, (4): 79-85.
周世峰, 秦诗立. 2009. 海洋开发战略研究. 杭州: 浙江大学出版社.
朱艳. 2009. 我国海洋保护区建设与管理研究. 厦门: 厦门大学硕士学位论文.
Crowder L, Norse E. 2008. Essential ecological insights for marine ecosystem-based management and marine spatial planning. Marine Policy, 32(5): 772-778.
Edgar G J, Stuart-Smith R D, Willis T J, et al. 2014. Global conservation outcomes depend on marine protected areas with five key features. Nature, 506(7487): 216-220.
Huang W, Zhu X Y, Zeng J N, et al. 2012. Responses in growth and succession of the phytoplankton community to different N/P ratios near Dongtou Island in the East China Sea. Journal of Experimental Marine Biology and Ecology, 434-435(6): 102-109.
IUCN. 1994. Guidelines for Protected Area Management Categories. IUCN, Gland, Switzerland and Cambridge, UK: IUCN Publications Services Unit.
Mu R, Zhang L P, Fang Q H. 2013. Ocean-related zoning and planning in China: a review. Ocean & Coastal Management, 82(3): 64-70.
Purcell J E, Uye S, Lo W T. 2007. Anthropogenic causes of jellyfish blooms and their direct consequences for humans: a review. Marine Ecology Progress Series, 350: 153-174.
Worm B, Barbier E B, Beaumont N, et al. 2006. Impacts of biodiversity loss on ocean ecosystem services. Science, 314(5800): 787-790.

第 4 章　海洋生态敏感性

4.1　海洋生态敏感性理论研究

4.1.1　生态敏感性的概念和内涵

敏感性的概念最早起源于医学和生物学。早在 20 世纪初期，医学领域就出现了研究动物或人体组织对药物敏感性的实验，并以此为依据发明治疗各种疾病的新药（崔胜辉等，2009）。70 年代，数学研究中将敏感性分析作为一种常用的数据分析方法，并逐步提出了一些敏感性分析和检验方法。后来，经济学家借用了数学领域关于敏感性分析的方法，用于寻找项目的敏感因素，以判断项目承担的风险（蔡毅等，2008）。根据早期各学科领域关于敏感性的定义与应用，可以认为广义的敏感性是在系统内部、系统与系统之间、复合系统之间相互作用的关系中，用来表征某个系统应对其内部或外部因素变化的响应程度。

此后，敏感性研究被逐渐纳入生物学研究的领域，主要是大气、土壤和水体污染对人类的危害，而植物在净化空气、土壤和水环境方面存在功效，因此通过实验来研究植物个体对污染物的敏感性程度（温达志等，2003；Fuentes et al.，2007）。在全球气候变化成为被公认的趋势并获得科学家的关注后，全球变暖对植被、雨林、农业等系统的影响及其生态敏感性成为世界范围内的研究热点（Lu et al.，2005；Briceño-Elizondo et al.，2006）。随着复合生态系统下敏感性与人类福祉的关系不断被深入研究和探索，生态敏感性的概念和内涵也得以不断扩展。

生态敏感性是指生态系统对人类活动干扰和自然环境变化的反映程度，说明发生区域生态环境问题的难易程度和可能性大小（欧阳志云等，2000）。生态敏感性程度的高低反映了一个区域生态系统的自我调节能力和生态环境抗干扰能力，生态敏感性越高，区域的生态系统稳定性越差，越容易出现生态环境问题，它是评价生态安全、生态系统脆弱性、生态功能区划等的重要因素和指标。生态敏感性分析的过程其实是对现有自然环境背景下潜在的发生生态环境问题的可能性进行明确的辨识，并将其落实到具体的空间地域（刘康等，2003）。

生态系统敏感性评价的实质是对于指定区域内某一或某些生态过程在自然状态下潜在变化的能力进行评价，从而用来衡量外界压力可能引起的后果。如果区域环境的生态敏感性高，则该区域发生环境问题的可能性大，应重点采取一定的保护和恢复措施，同时也应该对某些人为活动进行限制和禁止。如果区域环境的生态敏感性低，则可因地制宜地进行一定的人类开发活动，促进区域环境、经济和社会的协调发展（张成娟，2012）。

在我国已公布的政府文件中，也对生态敏感性的概念进行了一定的阐述，例如，2008年环境保护部发布的《全国生态功能区划》中定义的生态敏感性为：指一定区域发生生态问题的可能性和程度，用来反映人类活动可能造成的生态后果。

4.1.2 生态红线背景下的生态敏感性

在《国家生态保护红线—生态功能红线划定技术指南（试行）》中，对生态敏感区和脆弱区的定义为：生态敏感区指对外界干扰和环境变化反应敏感，易于发生生态退化的区域；生态脆弱区指生态系统组成结构稳定性较差，抵抗外在干扰和维持自身稳定的能力较弱，易于发生生态退化且自我修复能力较弱、恢复时间较长的区域。符合上述特征的海洋生态敏感区/脆弱区包括：海洋生物多样性敏感区、海岸侵蚀敏感区、海平面上升影响区、风暴潮增水影响区。在上述分类中，海洋生物多样性敏感区体现的是生物多样性保护意义，其他体现的是海洋生态风险。

然而，在该文件中，虽然对生态敏感区/脆弱区有分别阐述，但在具体定义敏感区/脆弱区时并不能够明确将生态敏感区和生态脆弱区进行区分。可见，生态红线背景下的敏感性/脆弱性概念在一定程度上是互相交叉的。在生态红线的背景下，生态敏感性这一概念其实是经过扩展的、一定程度上与生态脆弱性结合的概念。因此，综上所述，生态红线背景下的生态敏感性应根据红线划定的需要，结合已有的研究成果，对其内涵进行进一步的总结和诠释。

1）生态敏感性反映的不是一种状态，而是一种系统自身具备的属性，与生态系统健康评价等反映状态的评价相比，敏感性评价更倾向于考虑一种易受影响的可能性。

2）生态敏感性包括两个方面，一方面是系统内部在自然状态下的自我调节能力，取决于系统自身的结构特征，具体可能包括自然条件的优劣、系统的复杂度、种群和群落的数量与结构、优势种与关键种的分布、系统内生物多样性水平等；另一方面关注系统在外界压力下的抗干扰能力，即复合生态系统中，全球变化和人类活动带来的系统的潜在应对能力，这一部分能力不仅取决于系统自身的特性，也取决于外界压力的类型和扰动强度。

3）生态敏感性高低不仅仅取决于自然生态系统的现状，也取决于生态系统在压力下产生损失的可能性或者潜在损失程度的大小。因此在评价过程中应当将生态敏感性纳入社会-经济-自然复合系统中进行考虑，即要考虑到生态系统受损后可能造成的后果。该后果可用稀缺性或不可替代性等方面来衡量，例如，典型生境或珍稀濒危物种由于其稀缺性，一旦发生问题造成的损失极大，具有这样特点的生态系统也应被认为是敏感性高的。

因此，本书中将生态红线背景下的生态敏感性定义为：生态系统在一定驱动力/外界干扰下发生生态环境问题的可能性和程度，该区域发生生态环境问题的可能性越大，或者发生问题后可能造成的损失越大，则区域生态敏感性就越高。

4.2　海洋生态敏感性评价框架

4.2.1　非脆弱性框架下的生态敏感性评价研究

目前，我国的生态敏感性评价工作多从景观生态学角度出发，以 GIS 为主要技术手段，通过对植被类型、土地利用格局等要素的识别和变化分析进行生态敏感性评价及区划（刘康等，2003；尹海伟等，2006；万忠成等，2006；宋晓龙等，2009；黄静等，2011），研究对象多以局部地区的陆地生态系统为主。在进行具体评价时，常常采用单因子分析和多因子综合评价相结合的方法。这是由于生态环境问题的形成和发展是多个因子综合作用的结果，敏感性的出现或生态环境问题的发生概率常常取决于影响生态环境问题形成的各个因子的强度、分布状况和多个因子的组合。

另一种区域尺度的敏感性评价思路为空间敏感区叠加法，即以识别出的各类敏感性因子集中分布空间为依据，直接在研究区中进行叠加，从而识别区域敏感性分布格局。例如，李红清等（2012）选择在大尺度范围内，筛选自然保护区、风景名胜区、森林公园、地质公园、世界自然文化遗产、珍稀濒危植物分布区、重要水生生态保护区、水产种质资源保护区、鱼类关键栖息地等 9 个影响敏感度的因子，筛选、识别和构建了生态敏感性评价指标体系，揭示了长江上游生态敏感性空间格局；曹建军和刘永娟（2010）选取影响上海市生态环境的河流湖泊、文化古迹及森林公园、地质灾害、土壤污染和土地利用等 5 个敏感因子，结合层次分析技术，研究了上海市生态敏感性的空间分布。

国外的研究工作则往往将生态敏感性置于全球变化的大背景下，将敏感性与更大尺度的区域生态风险和生态安全相关联，其敏感性的压力因子多以气候变化带来的海平面上升、升温效应等为主（Bergengren et al.，2011）。

国外在敏感性评价方法上更为多样，有代表性的敏感性评价指标包括：物种相关指标，例如，通过分析单一物种表征局部区域生态敏感性（Versteeg et al.，1999），濒危物种数量也是可用的指标；生物种群相关指标，例如，通过浮游生物的种群变化动态模型（Ruzicka et al.，2011）或渔业资源长期变化状况（Planque et al.，2010）来进行评价；生物群落相关指标；景观格局指标，如基于 GIS 技术的分析评价（Kienast et al.，1996）；基于理化要素的敏感性分析（Jha et al.，2006；Ficklin et al.，2009）等。部分研究也曾将一些生物安全、食品安全相关的社会指标加入敏感性评价内。此外，近年来还出现了基于生态系统服务的敏感性评价（de Bello et al.，2010；Temperli et al.，2012）。可见，国外生态敏感性评价的出发点涵盖了生态系统的各个层次，重在对研究对象本身的敏感性进行半定量的分析和评价。

与国内的研究类似，另一种区域生态系统敏感性评价思路为基于生态区划的敏感性评价。例如，加拿大曾提出过区域生态敏感性的一些判断准则，包括重要物种保护区、自然遗产、特殊生境、生物多样性丰富区、生态价值显著区、生态缓冲区等。加拿大不列颠哥伦比亚省的敏感生态系统清单（Sensitive Ecosystem Inventory，SEI）编制项目中，敏感生态系统的特征包括：濒危物种或生境、生物多样性丰富、野生动物廊道、提供自然景观、休憩胜地、自然科学教育基地、创造特殊经济价值、后世自然遗产等 8 项。上述判断准则虽然未提出具体的评价标准，但更贴近红线背景下的区域生态敏感性概念，对评价研究具有重要参考价值，可为本书相关研究提供一定的借鉴。

4.2.2 脆弱性框架下的生态敏感性评价研究

在生态系统层面的生态敏感性研究中，敏感性常常被包括在风险评价或脆弱性评价内。例如，IPCC 及欧洲陆地生态系统分析和建模高级项目（Advanced Terrestrial Ecosystem Analysis and Modeling，ATEAM）对生态脆弱性的描述中，认为敏感性是生态脆弱性的一部分，指人类-自然复合生态系统受到环境变化影响的程度。在脆弱性的框架下，敏感性研究往往更多地被置于人类-社会-经济复合系统中，采用脆弱性框架内建立的数学模型和综合指标来进行具体的评价。在此对生态脆弱性和脆弱性框架下的敏感性评价进行总结和阐述。

十余年来，得益于 IPCC 和 ATEAM 等国际组织或国际项目的推动，全球变化背景下的生态脆弱性评价获得了广泛的重视。然而“脆弱性”概念本身的复杂性及研究尺度偏大的特点给研究工作带来了一定的难度，大量的学者就自己对脆弱性的理解提出了各种评价框架和分析方法。

Turner 等（2003）将已有的脆弱性分析框架归纳为两类：风险-灾害（risk-hazard，RH）框架（图 4-1）和压力-释放（pressure-release，PAR）框架（图 4-2）。

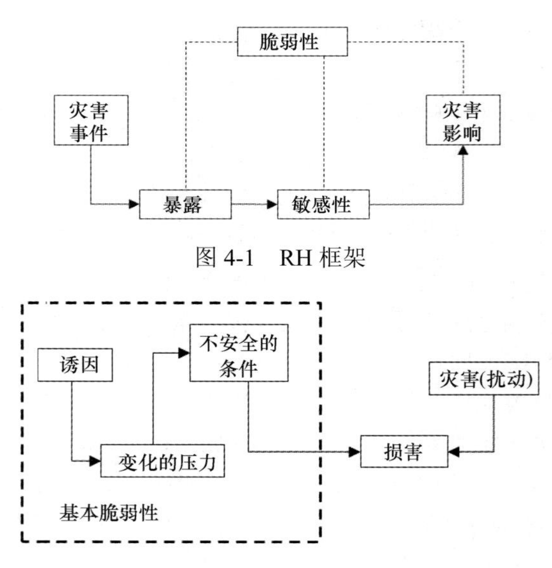

图 4-1 RH 框架

图 4-2 PAR 框架

在此基础上有学者提出了新的脆弱性分析框架，在框架内识别了脆弱性分析的 6 个基本要素：多种扰动和压力及其排序；系统与耦合系统在扰动和压力下出现暴露及其暴露方式；系统对暴露的敏感度；系统的响应和处理问题的能力（弹力）；出现问题后系统的重建能力；灾害出现的尺度和数量动态及耦合系统的响应。在该框架内，脆弱性的主要构成组分被确认为暴露性（exposure）、敏感性（sensitivity）、适应性（adaptive capacity）三部分（图 4-3），脆弱性分析应包括上述内容。

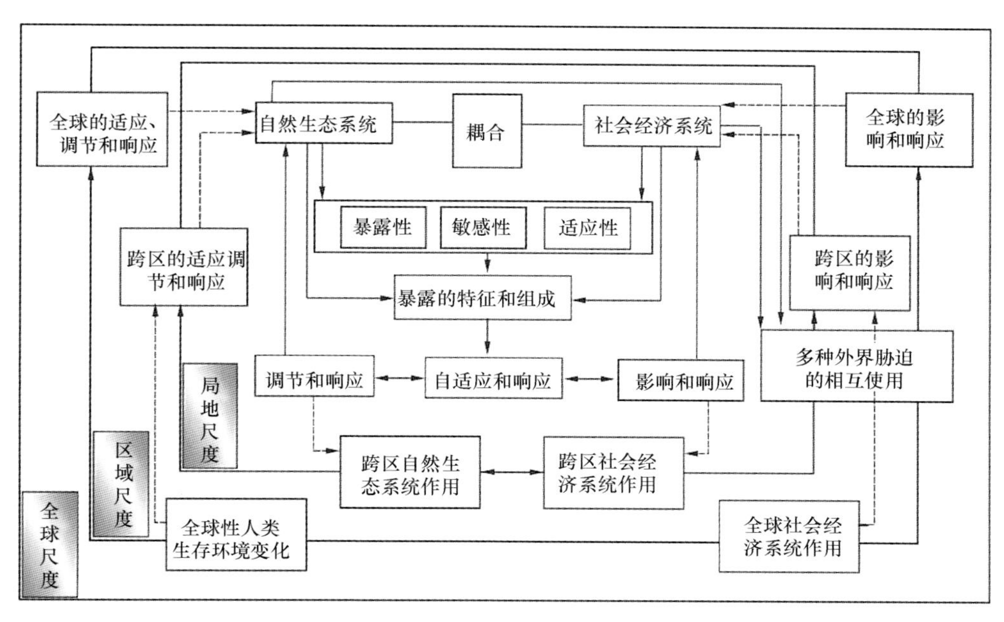

图 4-3　生态脆弱性分析框架（徐广才等，2009）

Luers 等（2003）提出了类似的框架，但是更为精细，认为脆弱度是暴露和敏感度的函数，而适应性是当前脆弱度与响应措施实施后的脆弱度之差，并将此方法运用到墨西哥亚基（Yaqui）谷的农业生态系统评估中。Luers（2005）进一步将脆弱度表征为

$$脆弱度 = f\left[\frac{敏感度，暴露}{状态/临界值}\right] \quad (4\text{-}1)$$

Metzger 等（2006）在上述研究的基础上探索了一种半定量评价的框架，即将脆弱性视为暴露、敏感度、适应性的函数，尝试采用基于土地利用影像的生态系统服务数据，对欧洲的生态系统服务脆弱性进行了趋势分析和预测。他们通过敏感性评价得到了 2080 年某一种情境下生态系统受到潜在影响的分布图，再通过与适应性分布图进行叠加，得到了对欧洲生态系统服务的脆弱性分布预测。

Ford 等（2006）提出了脆弱性评价的另一种概念模型，将脆弱性识别为两大组分，即暴露-敏感度（exposure-sensitivity）和适应性（adaptive capacity），前者包括气候变化特点和生态系统特征，后者特指社会群体的响应和措施（类似于 Turner 提出的弹力，其与 Turner 系统的区别在于暴露、敏感度、适应性三者的层次有所改变），两者之间具备双向的关联和作用。他们在此框架基础上对加拿大北极湾进行了定性的脆弱性评价，揭示了气候变化对北极湾生态系统及当地因纽特住民的影响。2010 年 Ippolito 等在进行流域脆弱性评价时提出了一种针对特定压力基于分级打分制的脆弱性评价指数，选定了敏感度、暴露、恢复力、生境改变 4 个参数，每个参数给予 0～3 的评分（四级评价），最终指数分布范围为 0～12，数值越大表示系统对该压力的脆弱性越高。

另有一些学者延续了 Luers 的观点，指出脆弱性应强调临界值，并将 Luers 的脆弱度表征形式具体化为（Adger，2006）

$$脆弱度=\frac{对压力的敏感度}{该系统的某个临界值}\times 暴露的可能性 \tag{4-2}$$

Hinkel（2011）对脆弱性中敏感性和适应性这两大层次的自然-社会意义进行了阐述，认为脆弱性评价乃是自然科学-社会政策的合集。他还讨论了现有评价方法的利弊，认为现有的评价方法可分为两类，一类是模拟分析法，一类是分级评价法。景观层次上的评价往往采用模拟分析，注重动态过程，对“状态”的分析有待加强。而分级评价指数法在体现时间动态上有所欠缺，在指数的选取上应做改进使其更能体现“潜在的可能性”。

在国内，林而达和王京华（2015）划分了我国农业系统对气候变化的 6 个敏感区，并结合各个地区适应气候变化的能力绘制了我国农业受气候变化影响的脆弱性地图。其他的一些研究包括我国各种作物对气候变化的敏感性与脆弱性、我国生态系统对气候变化的敏感性及脆弱性评价等（孙芳等，2005；杨修等，2005）。黄静等（2011）曾参考 ATEAM 的评价框架，进一步提出了脆弱性下的敏感性评价思路和步骤（图 4-4），开展了厦门市陆地生态系统的敏感性评价，通过分析生态系统服务价值与土地利用强度的相关性，建立生态敏感性指数，再对生态敏感性进行时间、空间分布表征。

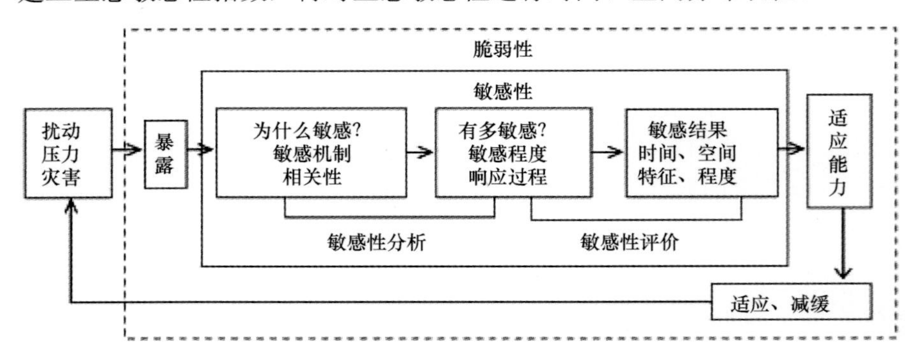

图 4-4　脆弱性下的敏感性研究框架

在海洋生态系统方面，开展的脆弱性和敏感性研究相对较少，主要研究对象集中在近岸海洋生态系统。近年出现了一些较优秀的研究案例，例如，Mujabar 和 Chandrasekar（2013）采用基于 GIS 的方法对印度某省海岸带地区的生境脆弱性进行了评价，主要关注于气候变化下海岸带侵蚀造成的影响，将脆弱性从极低到极高分为五级，对不同生境单元做出了脆弱性判断；Franca 等（2012）对葡萄牙海湾生境在人类活动影响下的脆弱性进行了评价，亦是将评价指数从 0 到 4 分为五级，采用鱼类群落的分布与生态指数来对生境丧失和退化进行衡量，与生态系统健康评价有相似之处；Cinner 等（2012）采用综合指数法对西印度洋沿岸五个国家的 29 个沿岸生物群落脆弱性进行了评价，主要目的是分析气候变化下珊瑚礁渔业所受的影响。

上述研究成果中对敏感性的构成、评价指标和分级的提出与应用对本书相关研究具有重要的参考意义。

4.2.3　生态红线背景下的海洋生态敏感性评价框架

参考上述生态敏感性和脆弱性评价的框架，根据本书相关研究建立的生态敏感性定义，可以认为生态红线背景下的生态敏感性主要包括两个重要组分：第一，生态系统面临的驱动力/外界干扰；第二，系统自身的敏感性，即系统自身易受压力干扰的可能性和程度（不仅包括发生生态环境问题的可能性，也包括发生问题后可能造成的损失程度）。此外，根据环境保护部发布的《生态保护红线划定技术指南》，生物多样性敏感区可包括生物多样性保护功能重要性和灾害敏感性（针对突发干扰源），可见该指南中的敏感性也包括了外界驱动力的干扰，所以也应当把这部分压力带来的敏感性纳入评价框架中去。

因此，在评价过程中可以将生态系统敏感性按其组分来源区分为内源敏感性（internal sensitivity，IS）和外源敏感性（external sensitivity，ES）。

内源敏感性要素主要包括自然生态系统的结构与功能现状（包括生态系统自身的群落结构特征及生物多样性保护功能重要性等方面内容）。

外源敏感性要素包括自然与人为因素带来的威胁状况及由此导致的时空变化特征（全球变化导致的自然要素时空变化引起的敏感性和人为来源压力-响应研究）（图 4-5）。

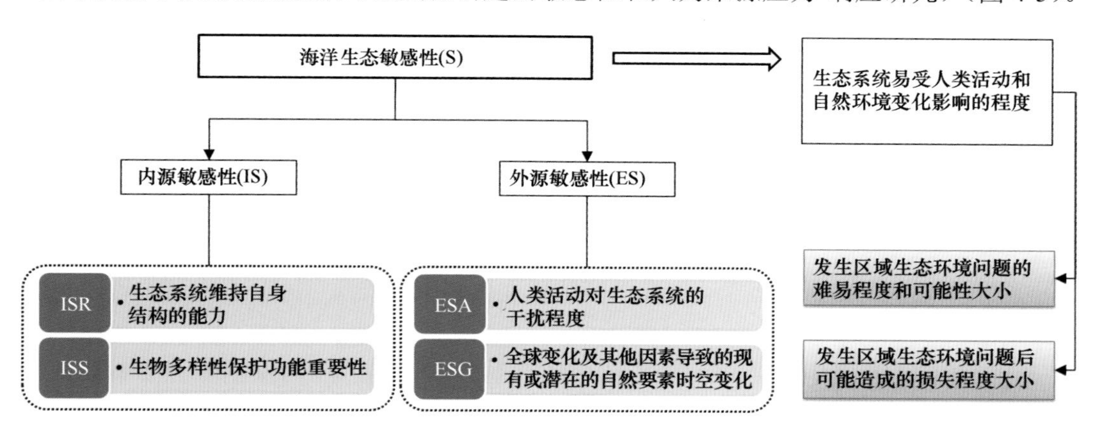

图 4-5　海洋生态敏感性概念框架和组分构成

值得注意的是，当将敏感性评价纳入生态红线背景时，其具体的评价框架应从红线区划定的需求出发，进行相应的细化与调整。

红线区划定的依据是区域自然地理和生态系统特征及其相关要素，生态红线背景下的敏感性重在关注某一区域内在的禀赋和特点，这种特性决定了该区域易发生问题的可能性及其在生态保护方面具有的重要意义，且这种意义不以短时间尺度内人类活动的影响或局部的开发利用/污染/突发事件为转移，这样才符合生态红线制度中“保住底线”“以自然属性为基准”“空间数量不减少、保护性质不改变”的原则。因此，考虑到生态红线区在长时间尺度下的持续性和一致性，以及“以自然属性为基准”的划定要求，生态红线背景下的敏感性评价应对上述概念框架进行进一步提取，仅将内源敏感性和外源敏感性中的自然要素作为生态红线中敏感区识别和划分的直接依据，排除具有短时间尺度特点或突发效应的人类活动影响对红线划定的干扰。

在进行具体评价时，结合国内外现有研究成果，从区域生态区划的背景出发，针对生态分区采用空间敏感区指标叠加和敏感数值指标评价相结合的方式来筛选与构建海洋生态敏感性评价指标体系。

4.3 海洋生态敏感性评价方法建立

4.3.1 指标选取原则

选取适当的指标，构建合理的指标体系是生态评价的基础。指标是对客观现象的某种特征进行度量，指标的功能和作用在于能够通过彼此间的相互比较，反映客观事物状况和特征的不均衡性，为管理和决策提供依据。

因此，指标最基本的特征应包括以下几方面。

1）度量性。设计指标的基本目的是用可以度量、计算、判断和比较的数据、数字、符号来反映所研究总体的特征。

2）总体性。指标是从数量方面反映总体的规模和特征，而不是对单个总体单位的反映。

3）代表性。指标并不是总体所反映现象的本身，只是某种现象的代表。

4）具体性。指标反映总体现象的一般规律时，不能含糊不清，而必须具体明确，指标的本质就在于给事物以明确的表现。

4.3.2 构建指标体系

根据本书建立的评价框架，生态系统敏感性按其组分来源可区分为内源敏感性和外源敏感性（表 4-1）。

内源敏感性指标包括结构敏感性和生物多样性保护重要性两类。前者主要表征生态系统自身结构的稳定性，通过一些群落指数来体现；后者表征海洋生物多样性保护重要意义，以评估物种/生境的代表性或重要性程度等来体现，同时可以现有海洋保护区等为参考。

外源敏感性指标主要表征生态系统在全球变化等驱动力下变化的趋势和风险，通过评估海岸侵蚀、海平面上升、生物入侵等风险来体现。

本书以层级模型构建了 3 个层次的海洋生态敏感性评价指标体系，即目标层、准则层、指标层。

1）目标层。目标层有两个目标，即内源敏感性和外源敏感性，对这两个目标的综合评价会作用到最终的敏感性评价结果。

2）准则层。准则层指影响目标实现的要素，两个目标层下共识别出 7 个准则层，包括生态系统管理、珍稀濒危物种集中分布区、重要鸟区、特殊生境或典型海洋生态系统、海洋物种多样性丰富程度、重要生境维持、海洋生态风险。

表 4-1　海洋生态敏感性评价指标

目标层 S	准则层 B	指标层 C
内源敏感性（IS）	生态系统管理 B1	国家级或地方级海洋自然保护区 C1
		国家级或地方级海洋特别保护区 C2
		国家级或地方级水产种质资源保护区 C3
		重要湿地 C4
		地质公园或湿地公园 C5
	珍稀濒危物种集中分布区 B2	易危、濒危、极度濒危物种分布区 C6
	重要鸟区 B3	重要鸟区 C7
	特殊生境或典型海洋生态系统 B4	砂质岸线 C8
		红树林生态系统 C9
		珊瑚礁生态系统 C10
		海草床生态系统 C11
		盐沼湿地 C12
	海洋物种多样性丰富程度 B5	浮游植物多样性 C13
		浮游动物多样性 C14
		底栖生物多样性 C15
	重要生境维持 B6	重要经济物种三场一通道 C16
外源敏感性（ES）	海洋生态风险 B7	平均高潮位/cm C17
		海平面上升速率/（mm/a）C18
		地面沉降速率/（mm/a）C19
		岸线变化速率/（m/a）C20
		等深线变化速率/（m/a）C21
		水下坡度（等深线距离/km）C22
		生物入侵风险 C23

3）指标层。即每一个评价准则具体由哪些指标来表达。指标层需经过简化和筛选并可以通过评价标准来衡量。本研究在 7 个准则层下初步选取 23 个指标用于衡量区域生态敏感性。在实际案例应用中可针对区域特点和数据可获得情况对指标进行进一步的筛选与采纳。

具体到指标层上，在海洋生态敏感性评价中可选用的、较具普适性的空间敏感区指标和数值指标可能包括以下几方面。

1）国家级或地方级海洋自然保护区：海洋保护区是以海洋自然环境和资源保护为目的，依法把包括保护对象在内的一定面积的海岸、河口、岛屿、湿地或海域划分出来，进行特殊保护和管理的区域。建立海洋自然保护区是保护海洋生物多样性的一项重要措施。一方面，自然保护区的建立排除了人类活动对受保护生境或生态系统的直接干扰，能有效抑制其退化趋势；另一方面，建立海洋自然保护区，对保护区内物种及其物理环境实施保护，使物种间及生物与环境之间的自然关系得以恢复，进而使退化的生境和生态系统逐渐恢复其合理的自然状态。由于其在生物多样性保护上的特殊意义，因此应将海洋自然保护区的范围优先列入生态敏感区。

2）国家级或地方级海洋特别保护区：海洋特别保护区是指对具有特殊地理条件、生态系统、生物与非生物资源及海洋开发利用特殊需要的区域采取有效的保护措施和科学的开发方式进行特殊管理的区域。海洋特别保护区的建设作为一种有效的保护途径和管理手段，可以有效防止对海洋的过度破坏，促进海洋资源的可持续利用；可以保护自然环境和自然资源，维护自然生态的动态平衡；保护濒危物种和珍稀物种，使其免遭灭绝；保护特殊、有价值的自然人文地理环境，为考证历史、评估现状、预测未来提供研究基地。鉴于其在海洋生物资源、景观和生态等方面的特殊意义，海洋特别保护区可被选为表征生态敏感性的重要指标之一。

3）国家级或地方级水产种质资源保护区：水产种质资源保护区指为保护水产种质资源及其生存环境，在具有较高经济价值和遗传育种价值的水产种质资源的主要生长繁育区域，依法划定并予以特殊保护和管理的水域、滩涂及其毗邻的岛礁、陆域（中华人民共和国农业部，2016）。它的建立是养护水产种质资源及其栖息地，保护生物多样性的重要措施，其具有重要的生态服务价值，经常被用来评价生态系统的敏感性程度。然而，由于水产种质资源保护区一般位于沿岸、滩涂或河口区域，人类活动强度大，尤其是近年来沿岸涉渔工程建设、过度捕捞及水体污染等人类活动的影响，保护区遭受到不同程度的影响。因此，将划为国家级或地方级水产种质资源保护区的海（区）域列入生态敏感区范围是有必要的。

4）重要湿地：湿地与人类的生存、繁衍、发展息息相关，是人类最重要的环境资本之一，也是自然界富有生物多样性和较高生产力的生态系统。各类湿地在提供水资源、调节气候、涵养水源、抵御洪水、降解污染物、保护生物多样性与生活资源方面发挥重要作用。然而，由于受到自然和人类活动的影响，湿地面积萎缩、湿地生态退化问题凸显并逐渐严重化。目前，国际和国家重要湿地的评定标准包括典型性、稀有性、对于物种和群落的支持意义等一系列的准则。在此准则下，可以认为重要湿地普遍具有较高的生态敏感性。

5）地质公园或湿地公园："地质公园"是由联合国教育、科学及文化组织（United Nations Educational，Scientific and Cultural Organization，UNESCO）（以下简称联合国教科文组织）在开发"地质公园计划"可行性研究中创立的新名称（方世明等，2008）。国土资源部于 2000 年正式启动了"中国国家地质公园建设计划"，并成立了国家地质公园领导小组和办公室，专门负责地质公园申报、审批、建设及地质公园法规、规划等重大政策的制定。地质公园既是为人们提供具有较高科学品味的观光游览、休闲度假、保健疗养、科普教育、文化娱乐的场所，又是地质遗迹景观、其他自然人文景观及生态环境的重点保护区。鉴于其在自然人文景观、生态系统天然本底条件等方面的保护价值，因此将地质公园列入生态敏感区的识别指标之一。

6）易危、濒危、极度濒危物种分布区：濒危物种是指在短时间内灭绝率较高的物种，种群数量已达到存活极限，其种群数量进一步减少将导致物种灭绝。各类濒危物种形成了丰富多彩的生物多样性，同时也为人类保留了宝贵的自然基因资源，具有十分重要的生态服务价值。然而，随着人口的增加，经济活动的不断加剧，生物多样性正在急剧下降，特别是生物多样性比较丰富的热带、亚热带沿岸区域，由于人口和经济的急剧发展，生态系统遭到严重破坏，大量物种已经灭绝或处于灭绝边缘（Frankham，1995）。因此将珍稀濒危物种分布作为生态敏感性的判断标准之一，可以认为珍稀濒危物种越集中分布的区域，其生态敏感性越高。

7）重要鸟区：鸟类是海洋生态系统中最为活跃的组成部分，其群落组成和多样性动态直接反映海洋生态系统的变化，并经常作为监测海湾、湿地环境变化的一项客观指标（Furness et al.，1993）。重要鸟区的确定虽然是以鸟类为判断依据的，但是由于生态系统的关联性，重点鸟区并不只对鸟类有重要意义，对于栖息在区内的野生动物和植物，以及区域所在的整个生态系统，都有重要的意义。它能够客观地反映海湾、湿地生态系统脆弱性与敏感性的高低，通常认为某区域某种全球性受胁鸟类（极度濒危、濒危或易危种群）数量越多，该区域所支持的生态系统服务越高，越应作为生态敏感区进行优先保护。

8）砂质岸线：沙滩通常由不规则的石英颗粒、贝壳类的碎壳组成，其粒度主要取决于波浪作用的程度，在波浪和海流作用下，不同粒径的颗粒缓慢地向外海运动，粗颗粒在海水中首先下沉，较细的颗粒则处于悬浮状态并被搬运到离岸较远的地方。一般情况下，沙滩面宽、岸滩长、坡度缓、沙质细柔，沙色为白色或金黄，海滨海水清洁，具有重要的滨海旅游和美学价值。然而，近年来，由于自然因素和人类活动的影响，滩面越来越窄，沙质粗硬，沙色灰暗或灰黑，海滨海水污染严重，给海滨的美观带来影响，保存完好、自然条件优越的沙滩资源成为珍贵的景观和旅游资源，为人类提供着不可替代的生态服务。因此，可以认为保存越完好的沙滩资源越易受旅游开发的影响，同时具有更高的保存价值，其生态敏感性越高。

9）红树林生态系统：红树林是热带和亚热带海岸潮间带特有的盐生木本植物群落。一般分布在江河河口与沿岸海湾内，是陆地生态系统向海洋生态系统过渡的重要生态系统，具有极高的生产力。在有机物生产、防灾减灾、造陆护堤、污染净化、生物多样性维护和生态旅游方面有着重要的生态服务功能，然而，20 世纪 60 年代以来的毁林围海造田，围塘养殖，毁林围海造地等不合理的人类开发活动，使我国红树林面积剧减。据初步估算，与 50 年代相比，我国红树林面积丧失了 73%。而随着人类活动干扰强度越来越大，红树林的数量还在继续减少，因此该类生态系统目前整体处于较敏感的状态，应纳入海洋生态敏感区范围。

10）珊瑚礁生态系统：珊瑚礁生态系统是海洋中一类极为特殊的生态系统，主要分布在南北两半球海水表层水温 20℃等温线内，具有极高的初级生产力，是周围热带海洋的 50～100 倍，因此被誉为“海洋中的热带雨林”“蓝色沙漠中的绿洲”（Costanza，2014）。作为一种生态资源，珊瑚礁还具有重要的生态服务功能，不仅向人类社会提供海产品、药物原材料、建筑材料等，而且具有显著的防岸护堤和生境维持功能。然而，近年来随着全球变化和人类活动影响的加剧，珊瑚礁生物多样性缩减、生态功能退化现象加剧。据初步估计，与 20 世纪 50 年代相比，我国珊瑚礁面积减少了 80%，而离大陆更远的南中国海，珊瑚平均覆盖率从 60%下降至 20%。鉴于它的独特性、极高的生态服务价值及亟待保护的现状，因此应将珊瑚礁生态系统的分布区列入海洋敏感生态区范围。

11）海草床生态系统：海草是生活于热带和温带海域浅水的单子叶植物，一般分布在低潮带和潮下带；大多数海草种分布在 20m 以浅海域内，最深可分布在水下 90m 处。海草具有阻止和吸附水流中悬浮颗粒的作用，能够消除污染、净化水质，改善水质环境；还能减弱海流冲击、维护海岸、保持海床稳定；同时可为多种海洋生物提供食物来源。然而，由于陆源污染、大规模水产养殖、航道、港口建设及填海造地等大型海洋开发工程，目前海草群落和海草栖息生物出现区域性灭绝，海草栖息地不断减少。因此，应将海草床生态系统的分布区列入海洋生态敏感区范围。

12）盐沼湿地：海岸盐沼（salt marsh）位于海洋与海岸线之间，是地球上生产力最高的生态系统之一，对碳的固定速率超过 1000g/（$m^2 \cdot a$）（Hines et al.，1999）。盐沼湿地主要由草本植物和低矮灌木组成，由于潮汐作用，交替地被淹没或露出水面，其在中、高纬度海岸带潮间带地区均有分布，在热带和亚热带南、北纬 25°之间为红树林所取代，我国的盐沼湿地主要分布在福建福鼎以北的海岸带。盐沼湿地的存在不仅对潮滩的发育演变和河口环境保护具有重要的生态作用，在促进生态系统的自净、传输和吸纳污染物、维持区域生态安全等方面也提供着重要的功能。盐沼湿地是世界上具有最大生产力的植物群落之一，其不仅可作为重要海洋渔业资源种的育幼场，而且可作为众多河口海岸生物的栖息地，可为河口与海岸的消费者提供食物来源并对河口海岸生物地化循环的重要成分进行调节（姜启吴等，2012）。因此，盐沼湿地具有特别重要的保护价值和不可替代性，应将盐沼湿地纳入敏感生态系统类型。

13）浮游植物多样性：海洋浮游植物是海洋生态系统的主要贡献者，其对海洋初级生产力的贡献约相当于整个陆地植物对陆地生态系统初级生产力的贡献（Field et al.，1998）。它能富集污染物，很多种类的浮游植物对水环境的变化具有耐受性或敏感性，有些种类具有指示水质状况的作用，因此浮游植物的多样性与海洋生态系统的稳定性有密切关系（孙军和刘东艳，2004）。

14）浮游动物多样性：浮游动物是海洋生态系统中次级生产力的代表，在海洋食物网中连接浮游植物和鱼类等游泳动物，是生态系统中物质循环和能量传递的枢纽，其种类组成和数量分布直接或间接地影响海洋生态系统的食物产出；其分布与渔场分布有密切关系（沈国英，2002）。因此，可以将浮游动物多样性作为标示海洋生态系统结构稳定性的指标之一。

15）底栖生物多样性：底栖生物在海洋生态系统物质循环和能量流动中起着重要作用，底栖生物群落组成结构及其变化，对环境状况和变化具有重要的指示作用，在污染监测和环境质量评价中被用作重要评价指标（Paul et al.，2001；蔡立哲等，1997）。底栖生物由于活动性较弱、生存环境相对固定而对其栖息环境有较强指示作用；且其生活史较短，能很快通过种群和群落结构的变化反映环境的变化。因此可以用底栖生物多样性来表征海洋生态敏感性。

16）重要经济物种三场一通道：重要经济物种是指对人类具有直接或间接经济价值的自然生物群体，海洋为人类提供了鱼类、虾蟹、贝类等各种具有较高经济价值的海产品。上述经济物种随产卵繁殖、索饵育肥或越冬适温等对环境条件要求的变化，在一定季节聚集成群游经或滞留于一定水域范围，从而形成在渔业生产上具有捕捞价值的相对集中的场所，包括产卵场、索饵场、越冬场及洄游通道等。这些区域为人类提供了突出的生态系统服务价值，但由于集中过度捕捞、环境变化等因素影响，我国沿海重要经济物种出现了广泛的退化现象。保护三场一通道对于经济物种资源的可持续利用具有不可替代的意义，因此应将重要经济物种三场一通道纳入海洋生态敏感区的范围。

17）平均高潮位：平均潮位是平均高潮位和平均低潮位的算术平均，因此，平均高潮位会直接影响平均潮位的高低，持续性的高潮位会加速海平面上升，引起较多生态问题。潮位增大是潮汐运动力增强的标准，海平面上升通过这种间接的方式对海岸带的作用可能要比直接作用大得多，平均海平面上升的影响往往通过陆架浅海驻波变化而表现出来，海平面上升引起的海洋深度变化是浅海潮汐驻波变化的根本原因，而潮差的变化亦是对潮波传播能量变化的响应。因此应将平均高潮位作为海洋生态敏感性的重要表征指标。

18）海平面上升速率：海平面上升是指全球气候变暖、极地冰川融化、上层海水变热膨胀等原因引起的全球性海平面上升现象。海平面上升将提高风暴潮发生频率、加速海岸侵蚀、增加低地淹没面积，对沿海地区的自然环境和社会经济发展带来重大影响（胡俊杰，2005）。Nicholls 等于 1999 年对全球海平面上升可能造成的洪涝风险及湿地损失进行了评估，预测指出全球海平面上升将造成世界湿地 22%的损失，若没有相应的措施响应，全球海平面上升将产生更严重的后果。研究表明，我国沿海海平面平均上升速率为 2.7mm/a，高于全球平均速率，1980～2011 年，我国沿海海平面总体上升了约 85mm（国家海洋局，2012）。海平面上升不仅严重威胁着海岸带生态系统和栖息地，也可以造成海岸的侵蚀和堆积，对海岸带区域生态环境的敏感性产生巨大的影响。

19）地面沉降速率：地面沉降是在自然和人为因素作用下，因地表层土体压缩而导致区域性地面标高降低的一种环境地质现象，是一种不可补偿的永久性环境和资源损失。其具有生长缓慢、持续时间长、影响范围广、成因机制复杂和预防难度大等特点，是一种对资源作用、环境保护、经济发展、城市建设和人民生活构成威胁的地质灾害。由于地面沉降，沿海地带高程资源不断损失，防潮堤抗风暴潮能力降低，风暴潮频率、强度增加。例如，天津沿海一带已出现数处低于海面的凹地，导致风暴潮灾害加剧，在 1985 年、1992 年、1997 年、2003 年发生 4 次风暴潮，天津防潮堤有十几处被冲垮，天津港码头上水，仓库被淹，浴池被冲坏等。此外，地面沉降也影响河道输水，导致城市内涝严重，尤其是汛期高潮位，船只已经难以通行。至今中国已有 90 多个城市和地区发生过不同程度的地面沉降，到 2003 年沉降面积达 93 885km^2，给社会经济的可持续发展带来了巨大的影响。

20）岸线变化速率：海岸带因其优良的资源条件已经成为人类宝贵财富。岸线的变化，特别是海岸的侵蚀，经常给沿海带来巨大损失，对生态环境造成危害。引起岸线变化的原因大体可以分为自然因素和人为因素。自然因素包括海平面变化、风暴潮作用、地震、河流输沙条件的改变。人为因素主要包括海岸建筑、海滩采砂、海岸天然屏障的破坏等。其中，海平面上升、风暴潮作用和人为因素对岸线的影响更为明显。研究证明，过去 100 年全球海平面上升了 10～20cm。海平面上升造成岸线侵蚀后退已成为一个普遍现象，尤其是 20 世纪 90 年代至今，全球海平面上升和海岸侵蚀现象更为严重。

21）等深线变化速率：水深是反映海底地形地貌的最基本要素。水下岸坡的下蚀刷深往往伴随着等深线的向岸侵蚀靠近，因此可以通过研究等深线的侵蚀后退来表征水下岸坡的侵蚀状况，从而体现海岸生态敏感性。

22）水下坡度：对于淤泥质海岸来说，若淤积，海岸剖面形态通常表现为凸型坡，并且坡度较小；而侵蚀海岸则表现为凹型坡，并且其坡度通常要比淤积海岸大（李恒鹏和杨桂山，2001）。因此，可以通过岸滩及水下坡度来表征海岸形态及其易受侵蚀影响的敏感程度。

23）生物入侵风险：生物入侵是指因某种原因非本地产的生物或本地原产但已经灭绝的生物侵入该区的过程，而此物种在自然情况下无法跨越天然地理屏障（陈兵和康乐，2003）。生物入侵会导致生态系统组成和结构的变化，影响入侵地的生物多样性，改变入侵地的生态性质和功能，从而给社会造成严重的经济损失，并会导致生态系统处于非常敏感的状态。生物入侵已被列为当今世界最为棘手的三大环境难题（生物入侵、全球气候变化和生境破坏）之一（李占鹏等，2003）。因此，生物入侵亦被列为评估生态系统脆弱性或敏感性的一项重要指标。

4.3.3 确立分级评价标准

标准参考值的选择是生态敏感性/脆弱性评价的难点之一，标准的设置是否科学合理，直接影响到评价结果的正确与否。目前，关于生态敏感性/脆弱性评价的标准仍处于探索阶段，如何建立科学合理的评价标准和参考系需要做大量工作及跨学科的协作。目前，本书相关研究关于生态敏感性评价的标准值主要依据以下几个方面。

1）国家行业和地方规定的标准及国际标准，如国家或国际组织颁布执行的环境质量标准，地方政府颁布的规划目标等。

2）行业标准或技术导则、科学研究已形成的共识，通过科学研究已判定的保障生态与环境处于理想状况的指标。

3）变化趋势，以该指标的变化趋势及其变化幅度作为标准参考值。

4）全国或区域同一指数区间范围，以全国或区域纬度相近或生境类型相近的生态系统状态平均值/高值/低值作为标准参考值。

5）参考区域内或相近地区的历史背景值，或参考保存较好地区的相似指标值进行趋势外推，确定标准参考值。

生态敏感性分级：指标计算结果得出后，需要通过分级评价来将抽象的数字转变为直观的结论表达出来，因此生态敏感性分级是生态敏感性评价的关键环节。生态敏感性等级划分通常以人为设定的阈值为基础，结合研究者经验和研究区的实际情况来进行。常用方法有以下 3 种：①等间距法，以敏感性指数为标准，在指数间等间距划分级别；②数轴法，将敏感性指数标绘在数轴上，选择点数稀少处作为等别界限；③总分频率曲线法，对敏感性指数进行频率统计，绘制频率直方图，选择频率曲线突变处作为级别界限。本书相关研究主要采取等间距法和总分频率曲线法对各敏感性指标进行分级。

对现有的一些研究工作进行总结，可以发现目前主流的生态评价分级一般为 4 或 5 级。例如，吴绍洪等（2005）以不同类型生态系统的全球长期平均值确定生态基准，将生态系统状态划分为轻微不适应（轻微脆弱）、中度不适应（中度脆弱）、严重不适应（重度脆弱）和完全不适应（系统崩溃）4 个等级；Ippolito 等（2010）则是简单地将指标得分赋值直接设立在 0～3 的范围，并按等间距法从无脆弱性到高脆弱性分为 4 级；蒙吉军等（2010）根据生态脆弱性综合指数（Ecosystem Fragility Index，EFI）从高到低将研究区分成严重脆弱区、高度脆弱区、中度脆弱区、低度脆弱区和一般脆弱区；Mujabar 和 Chandrasekar（2013）参考不同的海岸带地形和水文状况将脆弱性从极低（very low）到极高（very high）划分为 5 个级别；Toro 等（2012）将各脆弱性因子分为 4 级，并一一对应其评价中脆弱度指数的百分制评价值。杨志峰等（2002）曾用 GIS 技术对广州市城市生态系统进行敏感性区划，将生态敏感区分为极敏感区、敏感区、弱敏感区和不敏感区 4 个等级；刘康等（2003）根据甘肃省的实际情况，结合相应的现状评价标准，将敏感性分为 5 级，即极敏感、高度敏感、中度敏感、轻度敏感及不敏感。

在本书相关研究中，根据项目的整体需求和生态红线的特点，暂按 3 级制划分生态敏感性的评价结果，以配合红线区划中的禁止开发区、限制开发区和非红线区域，并建立相应的评价标准（表 4-2）。

表 4-2　海洋生态敏感性评价标准

评价指标		高	中	低
生态系统管理***	国家级或地方级海洋自然保护区 C1	划为核心区和缓冲区的海（区）域	划为实验区和外围保护地带的海（区）域	未列入
	国家级或地方级海洋特别保护区 C2	划为重点保护区和预留区的海（区）域	划为适度利用区和生态与资源恢复区的海（区）域	未列入
	国家级或地方级水产种质资源保护区 C3	划为核心区的海（区）域	划为实验区的海（区）域	未列入
	重要湿地 C4	列入国际或亚洲重要湿地名录	列入中国重要湿地名录	未列入
	地质公园或湿地公园 C5	列入世界级或国家级地质公园或湿地公园名单	列入省级或县市级地质公园或湿地公园名单	未列入
珍稀濒危物种集中分布区***	易危、濒危、极度濒危物种分布区 C6	已知或被认为经常性地生活有相当数量的极度濒危或濒危物种	已知或被认为生活有正在或即将衰退的某些特色种或者生境关键种的大部分个体	仅在区域内偶现重要物种或无重要物种
重要鸟区***	区域鸟类分布 C7	该地点已知或被认为经常性地生活有相当数量的某种全球性受胁鸟种（极度濒危、濒危或易危种群），或其他需要得到全球保育工作关注的鸟种； 或该地点已知或被认为经常性地生活有 2000 羽以上的至少一种水鸟，或 1000 对以上的至少一种海鸟； 又或该地点的候鸟数量已知或被认为超过了候鸟在迁徙瓶颈地点的数量阈值	该地点已知或被认为生活有繁殖分布范围大致或完全局限于某一特定生物群系的一组鸟类中的相当一部分个体	该地点可见繁殖分布范围大致或完全局限于某一特定生物群系的一组鸟类中的少量个体

续表

评价指标		高	中	低
特殊生境或典型海洋生态系统***	砂质岸线 C8	滩面宽，岸滩长，坡度缓，沙质细柔，沙色为白色或金黄，海滨海水清洁，具有重要滨海旅游和美学价值的砂质岸线	滩面较宽，岸滩较长，坡度较缓，沙质较细软，沙色为浅灰或土黄，海滨海水较清洁，具有较重要滨海旅游和美学价值的砂质岸线	滩面窄，岸滩短，坡度陡，沙质粗硬，沙色暗灰或黑色，海滨海水污染，具有一般滨海旅游和美学价值的砂质岸线
	红树林 C9	自然度高，郁闭度密的原生林	自然度一般，有一定人为干扰的次生林	自然度低，郁闭度疏，零散分布且不成片的林地
	珊瑚礁 C10	珊瑚种类丰富或有较显著的地域特色，覆盖率高，硬珊瑚补充量好，死亡率低，病害危害程度轻	珊瑚种类较少，有一定的硬珊瑚补充量，死亡率较低，病害危害程度较轻	珊瑚种类单一，覆盖率低或不成礁
	海草床 C11	海草种类丰富，密度高，覆盖率高，生物量高	海草种类单一，密度一般，覆盖率一般	海草密度低，覆盖率低，生物量低，分布零散
	盐沼湿地 C12	具有一定的规模，植被生物量高，密度高	具有一定的规模，植被生物量较少，密度较低	零散分布，植被生物量低，密度低
海洋物种多样性丰富程度**	浮游植物多样性 C13	采用绝对标准或相对标准（参考值的确定）	采用绝对标准或相对标准（参考值的确定）	采用绝对标准或相对标准（参考值的确定）
	浮游动物多样性 C14	采用绝对标准或相对标准（参考值的确定）	采用绝对标准或相对标准（参考值的确定）	采用绝对标准或相对标准（参考值的确定）
	底栖生物多样性 C15	采用绝对标准或相对标准（参考值的确定）	采用绝对标准或相对标准（参考值的确定）	采用绝对标准或相对标准（参考值的确定）
重要生境维持**	重要经济物种三场一通道 C16	已探明对一些关键物种（包括经济物种）生活史阶段有重大意义、已列入水产种质资源保护区	根据参考文献或历史上认定为三场一通道、重要渔场，或未经过确切探明但根据科研调查或者经验判断为具有一定重要性	其他
海洋生态风险（自然因素导致的外源敏感性）*	平均高潮位/cm C17	≥400	370～400	≤370
	海平面上升速率/（mm/a）C18	≥9	6～9	≤6
	地面沉降速率/（mm/a）C19	≥5	2～5	≤2
	岸线变化速率/（m/a）C20	<−10	−10～4	>4
	等深线变化速率/（m/a）C21	<−60	−60～−30	0～−30
	水下坡度（等深线距离/km）C22	>10	5～10	<5
	生物入侵风险 C23	存在已知明确分布的入侵物种，显著占据本地生境或对本地种造成较大影响，且不易控制	存在入侵物种，但可以控制其扩散，危害程度有限	存在入侵物种或一定规模的外来物种，但分布不明或暂未形成显著危害

***代表三星指标，**代表二星指标，*代表一星指标

针对上述评价指标体系，采用指标优先级法对区域生态敏感性进行评价。依照指标类型将生态敏感性的重要程度分为三星指标、二星指标和一星指标，三星指标对评价结果参考作用的优先级最高，一星指标对评价结果参考作用的优先级最低。分别对每个指标建立高/中/低 3 级定性或定量的评价标准，其中三星指标只要有任何一项评价结果为高/中，则综合评价结果为高/中；二星指标有两项或以上评价结果为高/中，则综合评价结果为高/中；一星指标有三项或以上评价结果为高/中，则综合评价结果为高/中（表 4-3）。

表 4-3　生态敏感性综合评价指标组合对照表

综合评价结果	三星指标数量	二星指标数量	一星指标数量
高生态敏感性	≥1 高	≥2 高	≥3 高
		1 高+2 高	
中生态敏感性	≥1 中	1 高+1 中	≥3 中
		≥2 中	
		1 中+2 中	

其中海洋物种多样性丰富程度主要根据各生物类群的海洋生物多样性指数判断。由于各海区生物生态特征有差距，故仅在此提供相对标准值确定的方法。海洋生物香农-韦弗（Shannon-Weaver）多样性指数 H'基准值的确定主要根据研究区域收集的现状与历史调查数据进行序列分析，并参考历史文献来设定。评价标准的基准值确定序列分析方法如下（Paganelli et al.，2011）：根据已有数据，建立数据序列，采用 SPSS 16.0 或 Excel 软件进行分析，去除数据序列异常值，取数据序列的第 90%位值为参考边界值，再以此边界值除以 3 依次确定各等级之间的边界值。

以此方法为依据，采用福建海区的数据对评价标准进行尝试性计算。将福建部分重要海湾 2006～2013 年春季调查数据进行序列累积百分位分布分析，得到浮游植物、浮游动物和大型底栖生物 Shannon-Weaver 多样性指数 H'的参考基准值分别为 3.5、3.2 和 4.2（表 4-4）。初步得到的福建近岸海洋物种多样性丰富程度（春季）评价标准值见表 4-4。

表 4-4　福建近岸海洋物种多样性丰富程度（春季）评价标准值参考

评价指标	指标标准值			数据统计年限	数据组
	高	中	低		
浮游植物多样性指数	≥3.5	(3.5，2.6]	(2.6，1.7]	2006～2013	232
浮游动物多样性指数	≥3.2	(3.2，2.4]	(2.4，1.6]	2006～2013	243
底栖生物多样性指数	≥4.2	(4.2，3.2]	(3.2，2.2]	2006～2013	232

4.4　案 例 研 究

在上述研究的基础上，采用建立的海洋生态敏感性评价方法，选取福建省厦门湾作为案例区域，开展厦门湾的海洋生态敏感性评价，识别厦门湾的生态敏感区，验证敏感性评价方法的可行性和实用性，同时为厦门海域的生态红线划定提供科学依据和技术支持。

4.4.1 案例区概况

厦门湾位于福建省东南部、台湾海峡两侧，是一个半封闭性海湾，有九龙江注入，是复式河口湾。形状上曲折多湾多岛屿，岩性上比较复杂。海湾和海港主要由九龙江口、厦门西港、大嶝岛、同安湾及厦门外港和厦门岛东侧海域组成，湾外有大小金门、大担列岛、青屿等岛屿作屏障，形成掩护条件较好的优良港湾（图 4-6）。

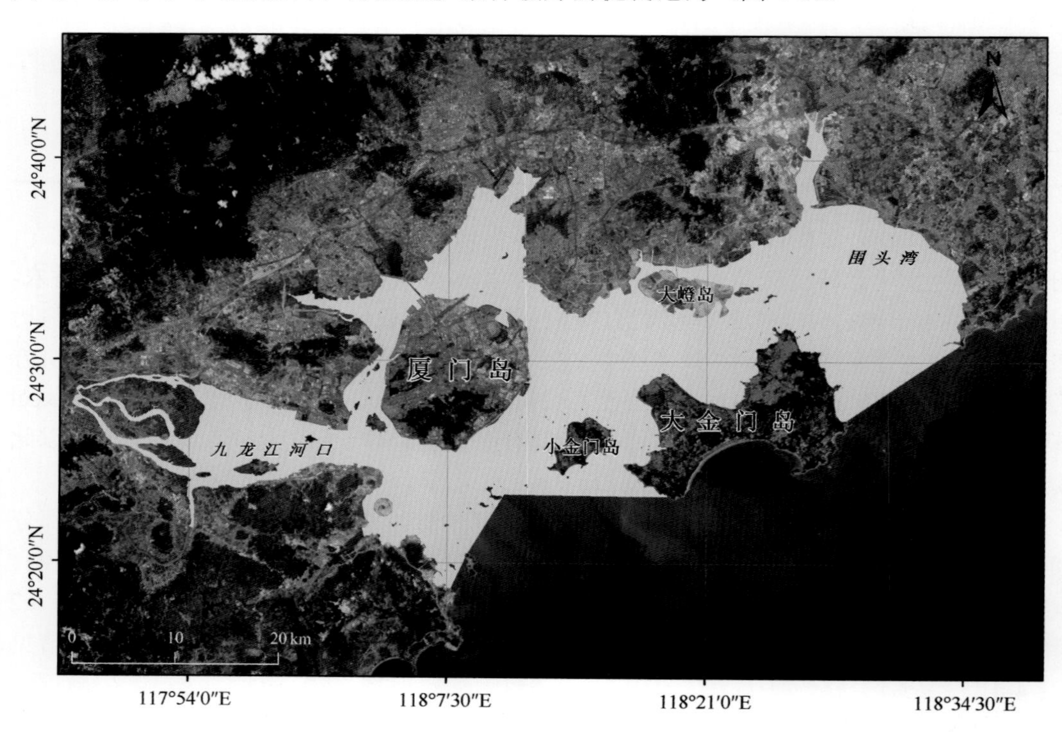

图 4-6 厦门湾研究区范围图

4.4.1.1 海洋自然环境状况

1. 海洋气候

厦门湾及毗邻海域周边地区的气候属南亚热带季风型海洋性气候，年平均气温 21℃左右；年平均降雨量为 1100mm 左右，5～7 月降雨量最大；风力一般为 3～5 级，年平均风速为 3.4m/s，常年主导风向为东风；由于太平洋温差气流关系，每年平均受台风影响 5～6 次，且多集中在 7～9 月。

2. 海洋水文

厦门海域的潮汐属正规半日潮，涨、落潮历时几乎相等，潮差和潮流较大，大潮平均潮差 4.95m，小潮平均潮差 2.85m，平均潮差 3.99m。

（1）潮汐

厦门湾的潮汐主要是外海潮波传入引起的，属正规半日潮海区。潮汐特征值为：最高潮位 3.98m，最低潮位−3.32m，平均高潮位 2.44m，平均低潮位−1.68m，平均海面 0.29m，最大潮差 6.63m，最小潮差 1.05m，平均潮差 3.99m，平均涨潮历时 6h 5min，平均落潮历时 6h 19min。此外，同安湾潮汐还具有如下特征：平均海平面秋季（9～11 月）高，春季（3～5 月）低；平均潮差月变幅不大：涨落潮历时只有微小差别。

（2）潮流

厦门湾的潮流属于正规半日潮流，潮流呈往复形式。总的趋势是，涨潮时，潮流由金门外海流入湾内，在大、小金门岛分成两股涨潮流：一股往北由东咀港流向同安湾及高集大桥，一股往南流向九龙江及西海域，从高集大桥和西海域来的涨潮流则流向马銮湾。落潮时反之，潮流从湾内沿上述 3 条路径在厦门岛南北两侧分成两股落潮流向湾外退去。

厦门湾潮流流速从湾口向湾顶减小。例如，湾口的表层大潮实测最大落潮流为 1.82m/s，实测最大涨潮流为 0.8cm/s，均出现在湾口附近。一般来说，表层流速大于底层流速。厦门湾表层落潮流历时长于涨潮流历时；底层则反之，涨潮流历时长于落潮流历时，尤其是在九龙江口海域情况更是如此。

（3）余流

总体而言，九龙江口海域的余流较大，一般都超过 10cm/s，曾测得湾口表层余流为 52cm/s。从湾口到九龙江口，表层余流均为顺江而下的东向流，而底层余流则为溯江而上的西向流。在西港海域，余流紧贴西岸北上而沿主航道南下。宝珠屿附近海域，余流比较小。在垂直方向上，底层余流比表层余流一般更小，由于上、下层余流反向，在中间层会出现“零余流层”，此层没有水体净输运。

（4）波浪

厦门湾湾内的波浪主要来自湾外，湾外波浪还由于受金门岛屿屏障而减弱。厦门湾 E 向波浪为最大频率波浪，年频率为 37%，其次为 ENE 向和 SE 向波浪。从波浪强度而言，SE 向波浪为强浪向，最大波高为 6.9m；S 向波浪为次强浪向，最大波高为 5.8m。静浪频率为 7.5%，平均波高为 1.0m，平均周期为 3.8s。

4.4.1.2　社会经济状况

2015 年厦门市全年地区生产总值（gross domestic product，GDP）为 3466.01 亿元，按可比价格计算，比上年增长 7.2%。2015 年全年农林牧渔业总产值为 44.94 亿元，比上年增长 0.1%。其中，渔业产值为 8.01 亿元，增长 16.2%。2015 年全年接待国内外游客 6035.85 万人次，比上年增长 13.1%，旅游总收入为 832.36 亿元，增长 15.3%。2015 年全市常住人口共有 386 万人，人口自然增长率为 10.7‰。

4.4.1.3 海洋资源状况

（1）海岸线资源

根据《福建省海洋功能区划（2011—2020年）》[①]公布的数据，厦门市海岸线（包括全市大陆海岸线、厦门岛及有居民海岛海岸线）总长度为225.9km，其中大陆海岸线长度为193.9km（含厦门岛海岸线），有居民海岛海岸线长度为32.0km，其中鼓浪屿海岸线长7.4km，大嶝岛海岸线长18.8km，小嶝岛海岸线长5.8km。

（2）岛礁资源

厦门市除厦门岛外，有居民海岛为鼓浪屿、大嶝岛和小嶝岛，较大的无居民海岛有19个，主要有位于同安湾南部的鳄鱼屿、大离亩屿，位于西海域的宝珠屿、吾屿（猫屿）、镜台屿、火烧屿、大兔屿、小兔屿、兔仔屿、白兔屿、猴屿、大屿和印斗石等，位于东部海域的角屿、槟榔屿、烟屿、上屿、白哈礁和位于九龙江口的鸡屿等。

厦门市无居民海岛虽然数量少，面积小，资源总量有限，但颇具特色，尤以生态旅游资源最为突出，同时海岛均位于城市海湾中，具有海湾岛群特征，有利于海岛资源开发。厦门海湾中鳄鱼屿、鸡屿、大兔屿、白兔屿、大屿等众多无居民海岛植被覆盖情况好，周边滩涂宽阔，人为干扰少，是鹭鸟筑巢繁殖、栖息觅食的良好场所。其中较有特色的为鳄鱼屿、宝珠屿、火烧屿、大兔屿、大屿等。

（3）港口航运资源

厦门湾的深水岸线资源丰富，总长为41.8km，主要分布于厦门岛西侧，海沧东侧的排头和大屿、南侧的嵩屿至青礁一带，同安湾口的刘五店和五通一带，漳州龙海的打石坑一带和塔角至后石附近，以及围头角和安海湾口等深水岸线。

厦门湾航道包括厦门港进港航道和围头湾进港主航道。厦门市海域进港航道由主航道、东渡港支航道、海沧支航道、招银港支航道、后石港支航道和刘五店港支航道等构成。

（4）渔业资源

厦门海域地处亚热带，岸线曲折，浅海滩涂广阔，常年有九龙江水注入，水质肥沃，生态系统结构复杂，海洋生物资源丰富。根据历史记录，厦门海域海洋物种多达5326种，其中有经济价值的捕捞和养殖生物共171种。常能捕获的鱼类有鲻鱼、条纹斑节鲨、团扇鳐、鳗鱼、马鲛鱼、鰳鱼等；头足类有墨鱼、台湾枪乌贼和章鱼等；虾蟹类有长毛对虾、日本对虾、周氏新对虾、刀额新对虾、脊尾白虾、毛虾、三疣梭子蟹、锯缘青蟹等；贝类有褶牡蛎、缢蛏、花蛤、竹蛏、泥蚶、扇贝、翡翠贻贝、文蛤等；大型经济藻类资源有海带、紫菜、江蓠、马尾藻、浒苔等；其他还有紫海胆、刺参、沙蚕、鲎等。其中多种生物具有一定的养殖开发价值。

根据《福建省海洋功能区划（2011—2020年）》，评价区域内未分布农渔业区。但厦门海域历史上分布多处重要的渔场和产卵场，虽然近年来已严重退化，仅存少量零星分布，包括大担-青屿渔场（西起胡里山、东至九节礁）、胡里山-南太武渔场（胡里山至南太武之间）、鸡屿渔场（九龙江入海处至鼓浪屿）、五通-刘五店渔场、宝珠屿渔场[②]。

---

① 2011. 福建省海洋功能区划（2011—2020年）. 福州：福建省海洋开发管理领导小组办公室

② 张珞平，江毓武，陈伟琪，等. 2009. 福建省海湾数模与环境研究——厦门湾. 北京：海洋出版社

此外，九龙江口至金门岛以东海域，是真鲷、大黄鱼、马鲛鱼、鳓鱼、对虾、乌贼等主要海洋经济物种的产卵区，九龙江口也是海鲇等洄游鱼类的产卵场，以及鳗鲡鱼苗的上溯洄游通道。

（5）滨海旅游资源

厦门市海域凭借优美多姿的自然景观和丰富的人文景观，形成了多种多样的风景旅游区和度假旅游区。据厦门旅游局统计，厦门拥有旅游资源基本类型 58 种，其中自然旅游资源 18 种，人文旅游资源 40 种；拥有旅游资源单体 256 处，其中自然资源 66 处，人文资源 190 处，是福建省旅游资源最富集的地区。著名的景点有鼓浪屿、万石岩植物园、南普陀寺、陈嘉庚纪念胜地、胡里山炮台、园博苑、华侨博物院、厦门岛东南部海岸环岛路的滨海沙滩浴场、宝珠屿和火烧屿等海岛旅游景点、五缘湾湿地公园、海沧的天竺山、翔安的香山等。

（6）滨海湿地资源

厦门市滨海湿地类型多样，人工湿地和自然湿地都有分布，主要有浅海水域、河口水域、河流、沙滩、滩涂、红树林、养殖区、盐田和坑塘水库等。根据《厦门市湿地资源调查报告》①，厦门市湿地总面积为 38 516.996hm²，其中浅海水域面积最大，占 40.83%；其次为养殖区域；再次为滩涂；红树林（主要为人工补种）面积最少，只有 28.4hm²，占总面积的 0.07%。

4.4.1.4　海域开发利用现状

厦门湾海域是当地社会经济发展的重要资源，城市建设和经济产业与海域的使用息息相关。厦门主要的用海功能类型包括港口航运区、海洋保护区、旅游休闲娱乐区和工业与城镇用海区等。

截止到 2013 年，厦门市总用海面积为 34 147.8582hm²，其中已发证用海 8560.4613hm²，未发证用海主要包括航道与锚地用海、排污倾倒用海、旅游娱乐及保护区用海，面积为 25 587.3969hm²（图 4-7）。

4.4.1.5　主要生态环境问题

1）九龙江流域面源污染没有得到根本控制。厦门海域环境质量受九龙江流域影响较大，尤其是九龙江流域入海污染物总量呈现增加趋势，引起厦门海域无机氮、活性磷酸盐超标严重。

2）环境保护基础设施有待进一步完善，入海排污口布局尚需优化调整。厦门市岛内部分区域的污水管网仍不完善，老城区雨污合流，全市中水回用率低。岛外大部分地区的污水管网等环境保护基础设施建设滞后，部分生活、工业污染源的污染物未经处理直接排放。同安污水处理厂和杏林污水处理厂排污口位于海湾湾顶，水动力条件差，水体自净能力较弱，排污口布局和排放方式不尽合理，有待进一步优化调整。

3）部分岸段沙滩侵蚀较明显。厦门东部沿岸海域存在临时人工构筑物非法占用沙滩岸线资源现象，导致海岸岸滩侵蚀，海岸重要沙滩资源开始退化。部分岸段岸滩退化，海岸岸滩侵蚀日趋明显，迫切需要养护和修复。

---

① 2006. 厦门市湿地资源调查报告. 厦门：厦门市环境保护科研所，厦门市林业局

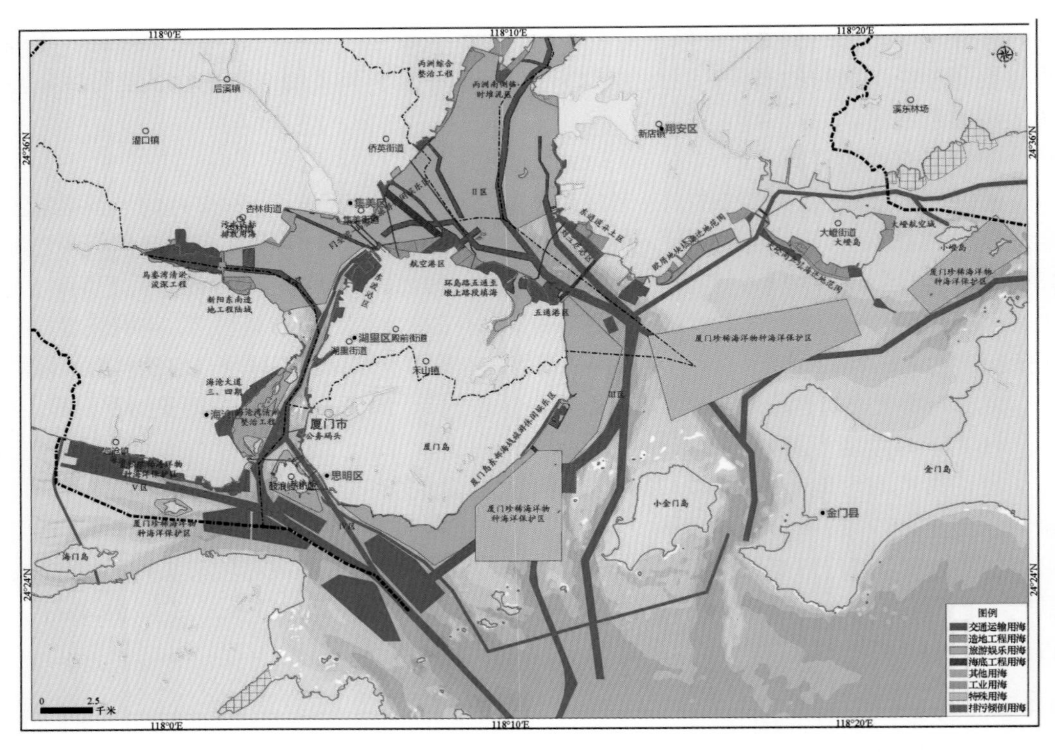

图 4-7　2013 年厦门市海域使用现状（按用海类型，含已发证与未发证用海）

4）海洋资源开发需求日益增大。厦门正在加快推进海湾型城市建设，海洋资源开发力度不断增大，海洋资源开发的需求也相应增大，围填海工程、人工岛工程等大型涉海工程建设将给海洋环境保护带来巨大压力。

5）溢油、危险品泄漏等事故防范形势日益严峻。近十年来厦门海域船舶交通事故发生情况虽有波动，但整体呈上升趋势，其中西海域和河口湾的船舶事故增长较为明显。

6）赤潮等海洋灾害发生次数呈现上升趋势。近 20 年来厦门海域赤潮发生的次数呈现上升趋势，赤潮发生的区域主要集中在西海域，西海域赤潮发生次数占全海域发生次数的 81%。

4.4.2　厦门湾海洋生态敏感性评价

综上所述，生态敏感性评价应从生态系统的结构、特征、过程出发。因此首先应对海洋生态系统类型进行识别和划分。首先识别出研究区域内的子生态系统类别，然后根据筛选出的海洋生态系统类型及其特点，选取具体指标进行敏感性评价（图 4-8）。

4.4.2.1　厦门湾生态类型识别

《千年生态系统评估报告》将全球生态系统分为 10 类：海洋、海岸带、内陆水域、森林/林地、旱区、岛屿、山地、极地、垦区及城镇。其中，将海岸带生态系统界定为海洋与陆地的交界面，向海洋延伸至大陆架的中间，向内陆延伸至所有受海洋因素强烈影响的区域。其边界划分条件是位于平均海深 50m 与平均海平面以上 50m 之间的区域，或者自海岸向大陆延伸 100km 范围内的低地，包括珊瑚礁、高潮线与低潮线之间的区域、河口、海滨水产作业区，以及水草群落。

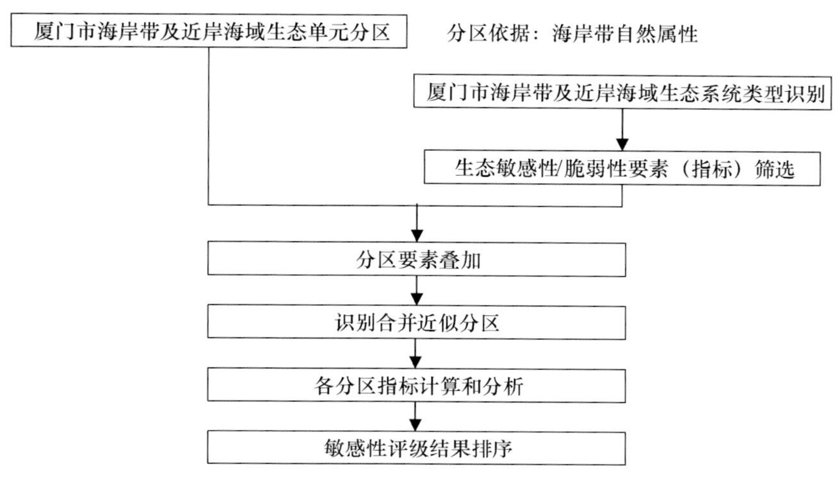

图 4-8　厦门湾海洋生态敏感区划定步骤

欧洲海岸带系统（Coastal Systems of Europe，CSE）项目将海岸带景观与生态系统相联系，识别出 10 种海岸带生态系统类型。彭本荣（2005）则结合海岸带海陆相互作用（Land-Ocean Interactions in the Coastal Zone，LOICZ）项目与欧洲海岸带系统项目所提供的具体海岸带地区属性的分类学术语，将海岸带生态系统划分为悬崖、岩滩、泥滩等 12 个类型。

此外，本书还参考了《关于特别是作为水禽栖息地的国际重要湿地公约》（简称《湿地公约》）对天然湿地-海洋/海岸湿地的分类和中国湿地调查中近海及海岸湿地的分类体系（表 4-5）。

根据国内外若干海岸带生态系统分类体系（Wilson et al.，2005），界定和识别出该研究区的基本生境类型包括：河口、潮间淤泥海滩、潮间砂质海滩、红树林、浅海水域。

4.4.2.2　厦门湾生态分区

1. 分区思路

生态区是由气候、地质、地球进化历史等因素所决定的复杂模式。世界自然基金会（World Wide Fund for Nature，WWF）定义生态区为生活着一系列地理上独特的物种、自然群落和环境条件的集合体。一个生态区的边界往往不是固定和明显的，而是与重要的生态过程和进化过程密切相关的，不同生态过程和进化过程区域常常对外呈现出不同的生态格局。

表 4-5　海岸带及近海生境类型

序号	欧洲海岸带系统（CSE）项目	彭本荣（2005）	《湿地公约》	中国湿地调查
1	悬崖	悬崖	浅海水域	浅海水域
2	多石海岸和卵石海岸	岩滩（包括多石海岸和卵石海岸）	海草床	潮下水生层
3	海藻	泥滩	珊瑚礁	珊瑚礁
4	河口	沙滩（包括沙丘和海岸）	岩石海岸	岩石性海岸
5	湿地	河口	沙滩、砾石与卵石滩	潮间砂石海滩
6	沙丘	含盐沼泽	河口水域	潮间淤泥海滩
7	含盐沼泽	潟湖	滩涂	潮间盐水沼泽
8	泥沙平地	海藻	盐沼	红树林沼泽
9	潟湖	海草	红树林沼泽	海岸性碱水湖
10	海草床	珊瑚礁	咸水、碱水潟湖	海岸性淡水湖
11		红树林	海岸淡水潟湖	河口水域
12		近海海洋（主要是大陆架以内，没有出现以上生态系统类型的海域）	海滨岩溶洞穴水系	三角洲湿地

生态敏感性评价是后续生态红线划定的基础和依据，因此，需要对研究区进行全空间的单元划分。具体地，生态敏感性评价分区的确定是基于生物地理的分类原理与方法，根据研究区海域自然属性特征（包括底质类型、水深等）的分布区域，对海岸带及近岸海域等研究区进行单元分区。

2. 分区原则

1）遵循研究区域生物地理特征的原则。生物地理特征包括气候特征、生态特征和分布（物种和生境）、地形地貌特征（显著的海岸线地形特征、已知的生物地理分割线、沉积物底质类型等）、水文动力特征（水温、水深、盐度、海流、上升流等）及地球化学特征等。

2）实用性原则。分区的目的在于发现海洋生态功能重要、生态敏感性或脆弱性较高及生物多样性关键的区域，并提供可行的管理单元，因此分区必须实用。

3）简单表征原则。分区必须有简单明了的界限，并能够包含大多数该区域的生态特征或者关键因素。

3. 分区方法

海洋生物地理要素是复杂的。将研究区作为整体进行现状分析，根据不同的区划目的选取不同参数对每一类要素进行分析，再将所有的分析结果进行叠加得出最终结果。这种方法更为烦琐，得到的结果不理想。而将研究区依据生物地理要素进行单元划分，可以精确定位不同生态要素所在的地理位置，确定其最小边界，在满足保护目标空间需求的同时最大限度地减小保护单元与其他功能类型单元的空间冲突。

在单元分区过程中，具体步骤如下。

1）根据分区考虑的因素绘制相应的图层，主要包括底质类型、海水等深线等，形成对应图层的属性数据库。

2）首先将研究区内的河口、海湾等特征较为明显的海域划分为独立单元。

3）利用海水等深线、底质类型分布边界等自然地理界线再次分区得到初步的单元分区结果。

4）单元分区细化或合并。由于初步划分的单元内通常会包含多种生态要素，难以确定单元属性；因此，在初步的单元划分基础上，结合单元内生态要素的识别结果对单元区进行进一步的细化或者合并近似分区。

5）确定分区单元属性。单元分区完成后，依据单元内的生态要素确定单元属性，若单元内仍有多种生态要素重叠，空间上无法进一步区分，就需要结合生态要素在单元内的分布情况进行综合考量，从而决定单元属性。

4. 分区结果

厦门湾敏感性评价单元分区是根据上述单元分区的原则和方法，在 ArcGIS 软件的支持下进行的（表 4-6）。

表 4-6　厦门湾敏感性评价单元分区属性

单元分区编号	主要边界要素
1	河口水域；紫泥岛、玉枕洲海岛
2	泥滩底质；2m 水深等深线
3	5m 水深等深线
4	10m 水深等深线，考虑＞10m 水深
5	泥滩底质；5m 水深等深线
6	沙滩底质；5m 水深等深线
7	同安湾海湾；沙滩底质；5m 水深等深线
8	海流特征
9	五缘湾海湾特征
10	5m 等深线，30m 等深线
11	鼓浪屿周边砂质底海域，5m 等深线
12	泥滩底质；5m 水深等深线
13	5m 水深等深线，10m 水深等深线
14	0m 水深等深线，5m 水深等深线
15	沙滩底质
16	河口水域
17	泥滩底质；5m 水深等深线
18	5m 水深等深线，20m 水深等深线
19	5m 水深等深线，20m 水深等深线

1）根据海岸线自然特征、行政区域等，运用 GIS 空间分析技术划定厦门湾研究范围。

2）根据海底底质类型、生物特征等，将研究区划分为沙滩、泥滩、红树林、盐沼、浅海水域等类型。由于数据资料精度的问题，部分单元的分区采取简化的方式处理，即某个区域中以某主导类型为主，但存在部分零星分布、斑块面积小的其他类型，该部分忽略不计，列入主导类型（图 4-9）。

图 4-9 厦门湾底质类型分布

3）收集厦门湾水深调查数据，并将水深数据以 0m、2m、5m、10m、20m、30m、50m 等深线数据进行矢量化形成图层数据库（图 4-10）。

图 4-10 厦门湾海水等深线分布

4）首先将研究区内的九龙江河口、西海域、同安湾等河口和海湾特征较为明显的海域划分为独立单元，其次结合考虑各海域的海流特征，最后利用 0m、5m、30m 等深线和底质类型对海湾内外水域进行细化及合并，部分边界参考已有的保护区边界进行调整，最终将研究区划分为 19 个单元区（图 4-11）。

图 4-11 厦门湾敏感性评价生态单元分区

1～19 为各单元区编号

4.4.2.3 厦门湾海洋生态敏感性评价指标筛选

根据识别出的生态类型对建立的敏感性评价指标进行进一步筛选，得到厦门湾海洋生态敏感性评价指标体系，共计 3 层 16 个指标（表 4-7）。

4.4.2.4 评价数据来源

研究采用的空间矢量数据包括厦门湾基础地理信息数据、海岛海岸线数据、滩涂湿地数据、保护区规划和海洋功能区划等；生物生态数据来源于 2010～2014 年的白海豚、文昌鱼、鸟类、浮游生物和底栖生物的现场调查；其他数据通过实地考察结合遥感目视解译、历史资料和监测数据的收集等获得（表 4-8，图 4-12～图 4-16）。

4.4.2.5 评价结果

根据相关指标评价数据的分析结果，对照建立的评价标准，对厦门湾生态分区进行评价，得到厦门湾海洋生态敏感区分级结果（表 4-9，图 4-17）。

表 4-7 厦门湾海洋生态敏感性评价指标体系

目标层 S	准则层 B	指标层 C	高	中	低
内源敏感性（IS）	生态系统管理 B1	国家级或地方级海洋自然保护区 C1	划为核心区和缓冲区的海（区）域	划为实验区和外围保护地带的海（区）域	未列入
		国家级或地方级海洋特别保护区 C2	划为重点保护区和预留区的海（区）域	划为适度利用区和生态与资源恢复区的海（区）域	未列入
		国家级或地方级水产种质资源保护区 C3	划为核心区的海（区）域	划为实验区的海（区）域	未列入
		重要湿地 C4	列入国际或亚洲重要湿地名录	列入中国重要湿地名录	未列入
		地质公园或湿地公园 C5	列入世界级或国家级地质公园或湿地公园名单	列入省级或县市级地质公园或湿地公园名单	未列入
	珍稀濒危物种集中分布区 B2	易危、濒危、极度濒危物种分布区 C6	已知或被认为经常性地生活有相当数量的极度濒危或濒危物种	已知或被认为生活有正在或即将衰退的某些特色种或者生境关键种的大部分个体	仅在区域内偶现重要物种或无重要物种
	重要鸟区 B3	区域鸟类分布 C7	该地点已知或被认为经常性地生活有相当数量的某种全球性受胁鸟种（极度濒危、濒危或易危种群），或其他需要得到全球保育工作关注的鸟种； 或该地点已知或被认为经常性地生活有 2000 羽以上的至少一种水鸟，或 1000 对以上的至少一种海鸟； 又或该地点的候鸟数量已知或被认为超过了候鸟在迁徙瓶颈地点的数量阈值	该地点已知或被认为生活有繁殖分布范围大致或完全局限于某一特定生物群系的一组鸟类中的相当一部分个体	该地点可见繁殖分布范围大致或完全局限于某一特定生物群系的一组鸟类中的少量个体
	特殊生境或典型海洋生态系统 B4	砂质岸线 C8	滩面宽，岸滩长，坡度缓，沙质细柔，沙色为白色或金黄，海滨海水清洁，具有重要滨海旅游和美学价值的砂质岸线	滩面较宽，岸滩较长，坡度较缓，沙质较细软，沙色为浅灰或土黄，海滨海水较清洁，具有较重要滨海旅游和美学价值的砂质岸线	滩面窄，岸滩短，坡度陡，沙质粗硬，沙色暗灰或黑色，海滨海水污染，具有一般滨海旅游和美学价值的砂质岸线
		红树林 C9	自然度高（原始或基本原始），树高高，郁闭度密	自然度较高（人为干扰很大的次生群落），树高较高，郁闭度较密	自然度低（人为干扰极大，难以恢复），树高较低，郁闭度疏
	海洋物种多样性丰富程度 B5	浮游植物多样性 C13	≥3.5	(3.5，2.6]	(2.6，1.7]
		浮游动物多样性 C14	≥3.2	(3.2，2.4]	(2.4，1.6]
		底栖生物多样性 C15	≥4.2	(4.2，3.2]	(3.2，2.2]
	重要生境维持 B6	重要经济物种三场一通道 C16	已探明对一些关键物种（包括经济物种）生活史阶段有重大意义的、已列入水产种质资源保护区	根据参考文献或历史上认定为三场一通道、重要渔场，或未经过确切探明但根据科研调查或者经验判断为具有一定重要性	其他

续表

目标层 S	准则层 B	指标层 C	高	中	低
外源敏感性（ES）	海洋生态风险 B7	平均高潮位/cm C17	≥400	（370，400）	≤370
		海平面上升速率/（mm/a）C18	≥9	（6，9）	≤6
		生物入侵风险 C23	存在已知明确分布的入侵物种，显著占据本地生境或对本地种造成较大影响，且不易控制	存在入侵物种，但可以控制其扩散，危害程度有限	存在入侵物种或一定规模的外来物种，但分布不明或暂未形成显著危害

表 4-8　厦门湾海洋生态敏感性评价数据来源一览表

目标层 S	准则层 B	指标层 C	评价数据来源
内源敏感性（IS）	生态系统管理 B1	国家级或地方级海洋自然保护区 C1	保护区规划资料
		国家级或地方级海洋特别保护区 C2	保护区规划资料
		国家级或地方级水产种质资源保护区 C3	保护区规划资料
		重要湿地 C4	重要湿地名录
		地质公园或湿地公园 C5	地质公园名录
	珍稀濒危物种集中分布区 B2	易危、濒危、极度濒危物种分布区 C6	2010～2014 年 12 月开展的厦门湾中华白海豚生态调查 2014 年厦门海域文昌鱼及其他大型底栖动物资源现状调查
	重要鸟区 B3	区域鸟类分布 C7	2013～2014 年冬季国家海洋局第三海洋研究所开展的厦门湾水鸟补充调查
	特殊生境或典型海洋生态系统 B4	砂质岸线 C8	《中国海湾志》
		红树林 C9	2014 年资源三号卫星遥感影像解译
	海洋物种多样性丰富程度 B5	浮游植物多样性 C13	2014 年 3 月厦门海域海洋生物调查
		浮游动物多样性 C14	2014 年 3 月厦门海域海洋生物调查
		底栖生物多样性 C15	2013～2015 年厦门周边海域大型底栖生物调查
	重要生境维持 B6	重要经济物种三场一通道 C16	历史资料
外源敏感性（ES）	海洋生态风险 B7	平均高潮位/cm C17	潮位站监测数据
		海平面上升速率/（mm/a）C18	国家海洋局公报
		生物入侵风险 C23	2014 年资源三号卫星遥感影像解译

根据评价结果可知，厦门湾海域共识别出海洋生态高敏感区 8 个，主要集中在厦门岛、大嶝岛及九龙江河口周边；中度敏感区 5 个，主要分布于紫泥岛、安海湾、东咀港、金门岛和小金门周边海域；其余 6 个生态分区为低敏感区。经与各类型生态要素和调查数据的叠加对比，高敏感区和中度敏感区基本覆盖厦门湾内所有的典型生态系统、重要沙滩、侵蚀风险区、海洋保护区、海洋公园、重要物种栖境和通道、生物多样性高值区，

能够客观体现海湾内生态敏感性的分布状况，评价结果可信度高，具有较高的科学参考价值，同时具备良好的应用性和可操作性。

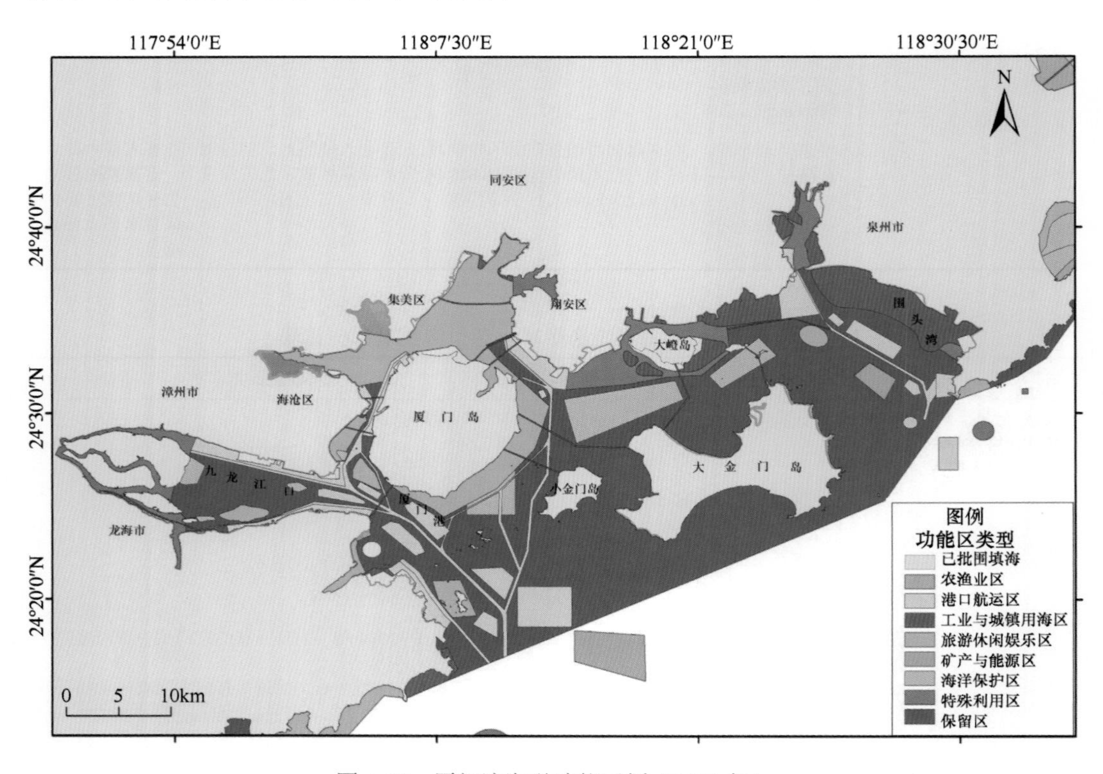

图 4-12　厦门湾海洋功能区划（2012 年）

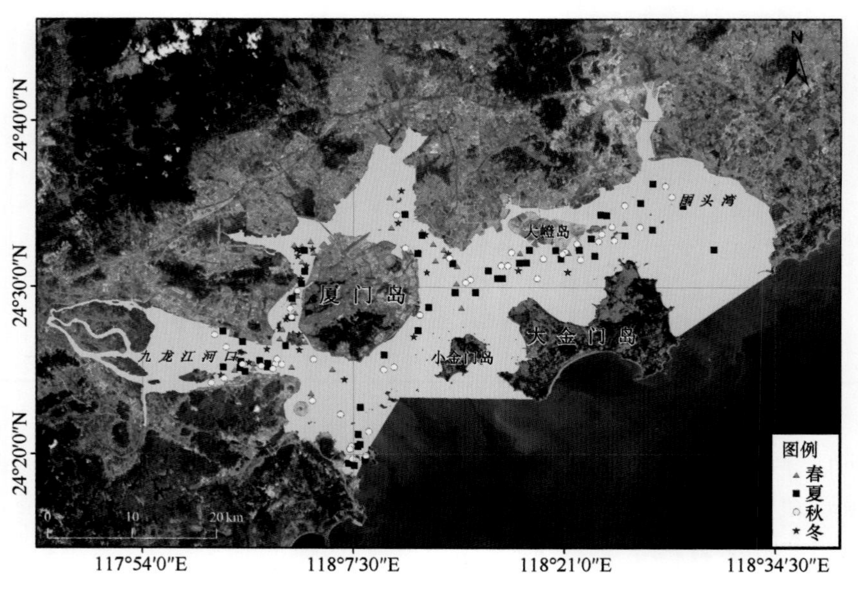

图 4-13　厦门湾白海豚分布（引自 Wang et al.，2016）

图 4-14　厦门湾沙滩、红树林、盐沼分布

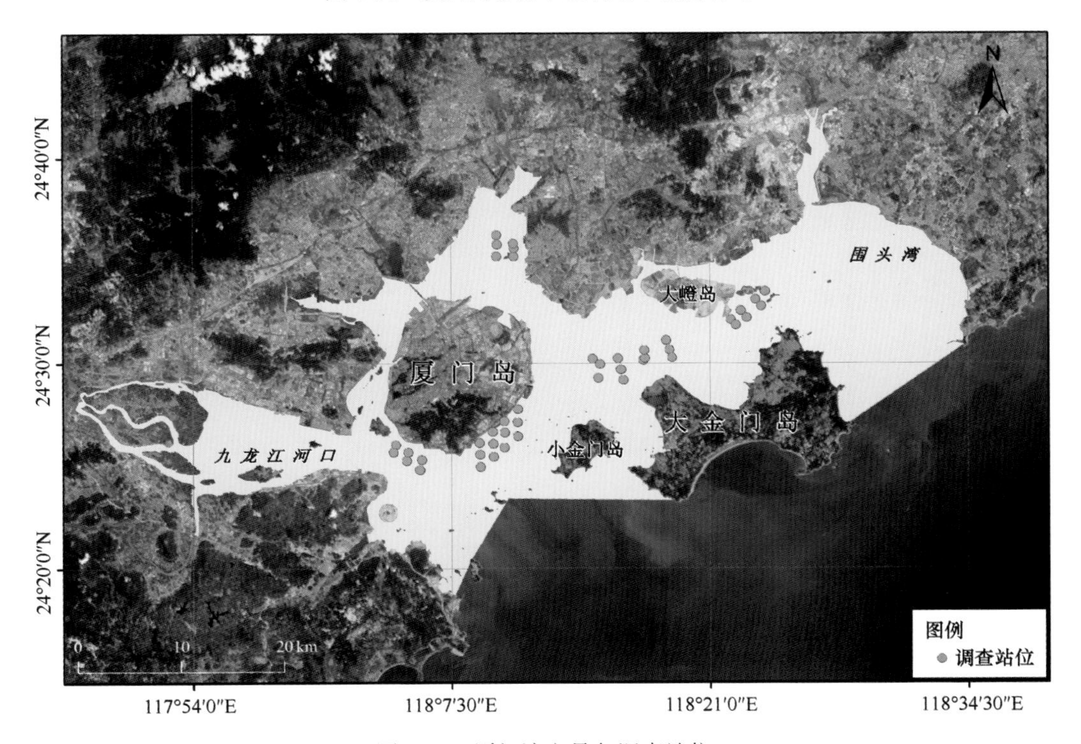

图 4-15　厦门湾文昌鱼调查站位

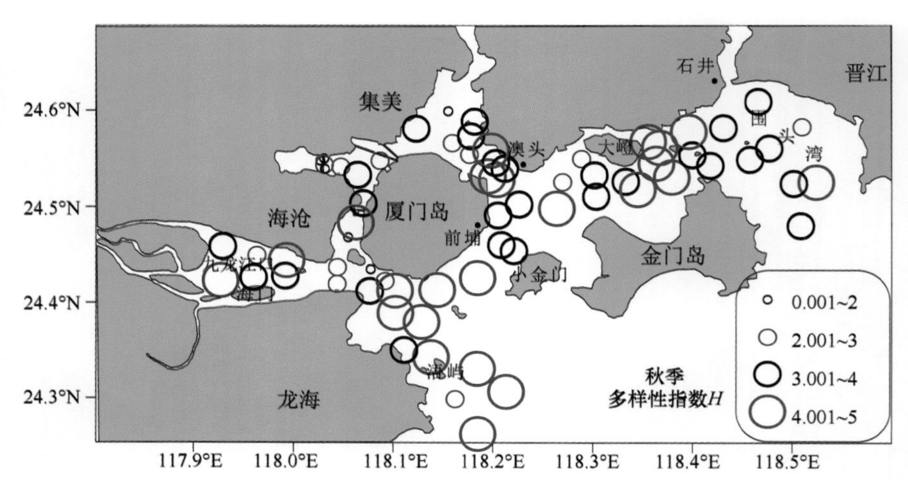

图 4-16 厦门湾底栖生物多样性指数分布

表 4-9 厦门湾生态分区敏感性评价结果

序号	指标评价结果			敏感性等级
	三星指标	二星指标	一星指标	
1	C1 低，C2 低，C3 低，C4 中，C5 低，C6 低，C7 低	C13 低，C14 低，C15 中，C16 中	C17 中，C18 低，C23 低	中
2	C1 高，C2 低，C3 低，C4 中，C5 低，C6 中，C7 中，C9 高	C13 低，C14 中，C15 高，C16 中	C17 中，C18 低，C23 高	高
3	C1 高，C2 低，C3 低，C4 中，C5 低，C6 低，C7 低	C13 低，C14 低，C15 低，C16 中	C17 中，C18 低，C23 低	高
4	C1 低，C2 低，C3 低，C4 低，C5 低，C6 高，C7 中	C13 低，C14 中，C15 高，C16 低	C17 中，C18 低，C23 低	高
5	C1 高，C2 低，C3 低，C4 低，C5 低，C6 高，C7 低	C13 低，C14 低，C15 高，C16 中	C17 中，C18 低，C23 低	高
6	C1 高，C2 高，C3 低，C4 低，C5 低，C6 低，C7 低，C8 高	C13 低，C14 低，C15 高，C16 中	C17 中，C18 低，C23 低	高
7	C1 低，C2 低，C3 低，C4 低，C5 低，C6 低，C7 中	C13 低，C14 低，C15 中，C16 低	C17 中，C18 低，C23 低	中
8	C1 高，C2 低，C3 低，C4 低，C5 低，C6 低，C7 低	C13 中，C14 低，C15 高，C16 中	C17 中，C18 低，C23 低	高
9	C1 低，C2 高，C3 低，C4 低，C5 低，C6 低，C7 低	C13 低，C14 低，C15 低，C16 低	C17 中，C18 低，C23 低	高
10	C1 低，C2 低，C3 低，C4 低，C5 低，C6 低，C7 低	C13 低，C14 低，C15 中，C16 低	C17 中，C18 低，C23 低	低
11	C1 低，C2 低，C3 低，C4 低，C5 低，C6 低，C7 低，C9 中	C13 低，C14 低，C16 低	C17 中，C18 低，C23 低	中

续表

序号	指标评价结果			敏感性等级
	三星指标	二星指标	一星指标	
12	C1 低，C2 低，C3 低，C4 低，C5 低，C6 低，C7 高，C8 高	C13 低，C14 中，C15 高，C16 低	C17 中，C18 低，C23 低	高
13	C1 低，C2 低，C3 低，C4 低，C5 低，C6 低，C7 低	C13 低，C14 低，C15 低，C16 低	C17 中，C18 低，C23 低	低
14	C1 低，C2 低，C3 低，C4 低，C5 低，C6 低，C7 低	C13 低，C14 低，C16 低	C17 中，C18 低，C23 低	低
15	C1 低，C2 低，C3 低，C4 低，C5 低，C6 低，C7 低，C8 中	C13 低，C14 低，C16 低	C17 中，C18 低，C23 低	中
16	C1 低，C2 低，C3 低，C4 低，C5 低，C6 低，C7 中，C9 低	C13 低，C14 低，C16 低	C17 中，C18 低，C23 低	中
17	C1 低，C2 低，C3 低，C4 低，C5 低，C6 低，C7 低	C13 低，C14 低，C15 中，C16 低	C17 中，C18 低，C23 低	低
18	C1 低，C2 低，C3 低，C4 低，C5 低，C6 低，C7 低	C13 低，C14 低，C15 中，C16 低	C17 中，C18 低，C23 低	低
19	C1 低，C2 低，C3 低，C4 低，C5 低，C6 低，C7 低	C13 低，C14 低，C15 中，C16 低	C17 中，C18 低，C23 低	低

图 4-17　厦门湾海洋生态敏感区分布图
1～19 为各单元区编号

4.4.2.6 厦门湾海洋生态敏感区管理建议

生态敏感性评价作为生态系统评价的一种，是一种管理工具，可为海洋生态区划和规划服务，并为管理工作提供科学依据。根据本书的研究成果，可有针对性地提出厦门湾海洋生态保护的管理对策和建议。

1）厦门湾的高敏感区主要落在分布有保护区、重要鸟类、砂质岸线及物种多样性丰富区等比较典型的区域。该区域是在海洋开发建设过程中，必须严格管理和保护的区域，需要按照法律法规和相关规划实施强制性保护，严禁不符合生态环境保护功能定位的开发建设活动。

2）厦门湾的中度敏感区主要落在开发活动相对较多的内湾、河口、岛屿周边区域。该区域在生态环境保护中发挥重要的作用，应控制开发规模和功能，有目的性地限制对环境影响较大的开发活动进入，或者在能够补偿产业所造成的生态环境影响前提下有条件地批准开发建设活动。

3）厦门湾的低敏感区主要落在无特殊物种、典型生境及重要服务价值低的区域。该区域生态环境功能较弱，生态系统相对不敏感，海洋开发活动对生态环境功能的损害相对较小，是生态成本较低的区域，适宜进行适度规模的开发建设活动，但仍需根据内部海洋环境功能和质量要求的细微差异，合理确定发展方向和管制规则。

参考文献

蔡立哲, 洪华生, 黄玉山. 1997. 香港维多利亚港大型底栖生物群落的时空变化. 海洋学报, 19(2): 65-70.

蔡毅, 邢岩, 胡丹. 2008. 敏感性分析综述. 北京师范大学学报(自然科学版), 44(1): 9-16.

曹建军, 刘永娟. 2010. GIS 支持下上海城市生态敏感性分析. 应用生态学报, 21(7): 1805-1812.

陈兵, 康乐. 2003. 生物入侵及其与全球变化的关系. 生态学杂志, 22(1): 31-34.

崔胜辉, 李方一, 黄静, 等. 2009. 全球变化背景下的敏感性研究综述. 地球科学进展, 24(9): 1033-1041.

丁洁, 吴小根, 丁蕾. 2008. 国家重点风景名胜区的功能及其地域分布特征. 地域研究与开发, 27(1): 70-72.

方世明, 李江风, 赵来时. 2008. 地质遗迹资源评价指标体系. 地球科学——中国地质大学学报, 33(2): 285-288.

国家海洋局. 2012. 2011 年中国海平面公报. 北京: 国家海洋局.

胡俊杰. 2005. 相对海平面上升的危害与防治对策. 地质灾害与环境保护, 16(1): 66-70.

黄静, 崔胜辉, 李方一, 等. 2011. 厦门市土地利用变化下的生态敏感性. 生态学报, 31(24): 7441-7449.

姜启吴, 欧志吉, 左平. 2012. 盐沼植被对江苏盐城湿地生态系统有机质贡献的初步研究. 海洋通报, 31(5): 547-552.

李德旺, 李红清, 雷晓琴, 等. 2013. 基于 GIS 技术及层次分析法的长江上游生态敏感性研究. 长江流域资源与环境, 22(5): 633-639.

李恒鹏, 杨桂山. 2001. 基于 GIS 的淤泥质潮滩侵蚀堆积空间分析. 地理学报, 56(3): 278-286.

李红清, 李德旺, 雷明军. 2012. 长江流域重要生态环境敏感区分布现状. 长江流域资源与环境, 21(S1): 82-87.

李占鹏, 李东军, 王连东, 等. 2003. 外来有害生物入侵现状及防范对策. 山东林业科技, (4): 27-28.

林而达, 王京华. 2015. 我国农业对全球变暖的敏感性和脆弱性. 生态与农村环境学报, 10(1): 1-5.

刘康, 欧阳志云, 王效科, 等. 2003. 甘肃省生态环境敏感性评价及其空间分布. 生态学报, 23(12): 2711-2718.
蒙吉军, 张彦儒, 周平. 2010. 中国北方农牧交错带生态脆弱性评价——以鄂尔多斯市为例. 中国沙漠, 30(4): 850-856.
欧阳志云, 王效科, 苗鸿. 2000. 中国生态环境敏感性及其区域差异规律研究. 生态学报, 20(1): 9-12.
彭本荣. 2005. 海岸带生态系统服务价值评估及其在海岸带管理中的应用研究. 厦门: 厦门大学博士学位论文.
沈国英. 2002. 海洋生态学. 北京: 科学出版社.
宋晓龙, 李晓文, 白军红, 等. 2009. 黄河三角洲国家级自然保护区生态敏感性评价. 生态学报, 29(9): 4836-4846.
孙芳, 杨修, 林而达, 等. 2005. 中国小麦对气候变化的敏感性和脆弱性研究. 中国农业科学, 38(4): 692-696.
孙军, 刘东艳. 2004. 多样性指数在海洋浮游植物研究中的应用. 海洋学报, 26(1): 62-75.
万忠成, 王治江, 董丽新, 等. 2006. 辽宁省生态系统敏感性评价. 生态学杂志, 25(6): 677-681.
温达志, 孔国辉, 张德强, 等. 2003. 30 种园林植物对短期大气污染的生理生态反应. 植物生态学报, 27(3): 311-317.
吴绍洪, 尹云鹤, 赵慧霞, 等. 2005. 生态系统对气候变化适应的辨识. 气候变化研究进展, 1(3): 115-118.
徐广才, 康慕谊, 贺丽娜, 等. 2009. 生态脆弱性评价与预测研究进展. 生态学报, 29(5): 2578-2588.
杨修, 孙芳, 林而达, 等. 2005. 我国玉米对气候变化的敏感性和脆弱性研究. 地域研究与开发, 24(4): 54-57.
杨志峰, 徐俏, 何孟常, 等. 2002. 城市生态敏感性分析. 中国环境科学, 22(4): 360-364.
尹海伟, 徐建刚, 陈昌勇, 等. 2006. 基于 GIS 的吴江东部地区生态敏感性分析. 地理科学, 26(1): 64-69.
张成娟. 2012. 基于土地利用的崇明岛生态敏感性研究. 上海: 华东师范大学硕士学位论文.
中华人民共和国农业部. 2016. 水产种质资源保护区划定工作规范: SC/T 9428—2016. 北京: 中国农业出版社.
Adger W N. 2006. Vulnerability. Global Environmental Change, 16(3): 268-281.
Bergengren J C, Waliser D E, Yung Y L. 2011. Ecological sensitivity: a biospheric view of climate change. Climatic Change, 107(3): 433-457.
Briceño-Elizondo E, Garcia-Gonzalo J, Peltola H, et al. 2006. Sensitivity of growth of Scots pine, Norway spruce and silver birch to climate change and forest management in boreal conditions. Forest Ecology & Management, 232(1-3): 152-167.
Cinner J E, McClanahan T R, Graham N A J, et al. 2012. Vulnerability of coastal communities to key impacts of climate change on coral reef fisheries. Global Environmental Change, 22(1): 12-20.
Costanza R, Groot R D, Sutton P, et al. 2014. Changes in the global value of ecosystem services. Global Environmental Change, 26(1): 152-158.
de Bello F, Lavorel S, Díaz S, et al. 2010. Towards an assessment of multiple ecosystem processes and services via functional traits. Biodiversity & Conservation, 19(10): 2873-2893.
Eakin H. 2005. Institutional change, climate risk, and rural vulnerability: cases from central Mexico. World Development, 33(11): 1923-1938.
Eriksen S, Brown K, Kelly P M. 2005. The dynamics of vulnerability: locating coping strategies in Kenya and Tanzania. Geographical Journal, 171(4): 287-305.
Ficklin D L, Luo Y Z, Luedeling E, et al. 2009. Climate change sensitivity assessment of a highly agricultural watershed using SWAT. Journal of Hydrology, 374(1-2): 16-29.
Field C B, Behrenfeld M J, Randerson J T, et al. 1998. Primary production of the biosphere: integrating terrestrial and oceanic components. Science, 281(5374): 237-240.
Ford J D, Smit B, Wandel J. 2006. Vulnerability to climate change in the Arctic: a case study from Arctic Bay,

Canada. Global Environmental Change, 16(2): 145-160.
Franca S, Vasconcelos R P, Reis-Santos P, et al. 2012. Vulnerability of Portuguese estuarine habitats to human impacts and relationship with structural and functional properties of the fish community. Ecological Indicators, 18(10): 11-19.
Frankham R. 1995. Inbreeding and extinction: a threshold effect. Conservation Biology, 9(4): 792-799.
Fuentes D, Disante K B, Valdecantos A, et al. 2007. Sensitivity of Mediterranean woody seedlings to copper, nickel and zinc. Chemosphere, 66(3): 412-420.
Furness R W, Greenwood J J D, Jarvis P J. 1993. Can birds be used to monitor the environment? *In*: Furness R W. Birds as Monitors of Environmental Change. Dordrecht: Springer Netherlands: 1-41.
Hines M E, Evans R S, Sharak Genthner B R, et al. 1999. Molecular phylogenetic and biogeochemical studies of sulfate-reducing bacteria in the rhizosphere of spartina alterniflora. Applied & Environmental Microbiology, 65(5): 2209-2216.
Hinkel J. 2011. "Indicators of vulnerability and adaptive capacity": towards a clarification of the science-policy interface. Global Environmental Change, 21(1): 198-208.
Ippolito A, Sala S, Faber J H, et al. 2010. Ecological vulnerability analysis: a river basin case study. Science of the Total Environment, 408(18): 3880-3890.
Jha M, Arnold J G, Gassman P W, et al. 2006. Climate chhange sensitivity assessment on upper mississippi river basin streamflows using SWAT. Journal of the American Water Resources Association, 42(4): 997-1015.
Kienast J R, Fourcade S, Guiraud M, et al. 1996. Special issue on the In Ouzzal Granulite Unit, Hoggar, Algeria: introduction. Journal of Metamorphic Geology, 14(6): i-ii.
Lu A G, He Y Q, Zhang Z L, et al. 2005. Regional sensitivities of the response to the global warming across china in the 20th century. Journal of Glaciology & Geocryology, 27(6): 827-832.
Luers A L, Lobell D B, Sklar L S, et al. 2003. A method for quantifying vulnerability, applied to the agricultural system of the Yaqui Valley, Mexico. Global Environmental Change, 13(4): 255-267.
Luers A L. 2005. The surface of vulnerability: an analytical framework for examining environmental change. Global Environmental Change, 15(3): 214-223.
McFadden L. 2007. Vulnerability analysis in environmental management: widening and deepening its approach. Environmental Conservation, 34(3): 195-204.
Metzger M J, Rounsevell M D A, Acosta-Michlik L. et al. 2006. The vulnerability of ecosystem services to land use change. Agriculture, Ecosystems and Environment, 114(1): 69-85.
Mujabar P S, Chandrasekar N. 2013. Coastal erosion hazard and vulnerability assessment for southern coastal Tamil Nadu of India by using remote sensing and GIS. Natural Hazards, 69(3): 1295-1314.
Nicholls R J, Hoozemans F M J, Marchand M. 1999. Increasing flood risk and wetland losses due to global sea-level rise: regional and global analyses. Global Environmental Change, 9: S69-S87.
Paganelli D, Forni G, Marchini A, et al. 2011. Critical appraisal on the identification of Reference Conditions for the evaluation of ecological quality status along the Emilia-Romagna coast(Italy)using M-AMBI. Marine Pollution Bulletin, 62(8): 1725-1735.
Paul J F, Scott K J, Campbell D E, et al. 2001. Developing and applying a benthic index of estuarine condition for the Virginian Biogeographic Province. Ecological Indicators, 1(2): 83-99.
Perry R I, Cury P, Brander K, et al. 2010. Sensitivity of marine systems to climate and fishing: concepts, issues and management responses. Journal of Marine Systems, 79(3-4): 427-435.
Planque B, Fromentin J M, Cury P, et al. 2010. How does fishing alter marine populations and ecosystems sensitivity to climate? Journal of Marine Systems, 79(3-4): 403-417.
Ruzicka B, Zaccarelli E, Zulian L, et al. 2011. Observation of empty liquids and equilibrium gels in a colloidal clay. Nature Materials, 10(1): 56-60.
Temperli C, Bugmann H, Elkin C. 2012. Adaptive management for competing forest goods and services under climate change. Ecological Applications: A Publication of the Ecological Society of America, 22(8): 2065-2077.
Toro J, Duarte O, Requena I, et al. 2012. Determining vulnerability importance in environmental impact

assessment: the case of Colombia. Environmental Impact Assessment Review, 32(1): 107-117.

Turner B, Kasperson R E, Matson P A, et al. 2003. A framework for vulnerability analysis in sustainability science. Proceedings of the National Academy of Sciences, 100(14): 8074-8079.

Versteeg D J, Belanger S E, Carr G J. 1999. Understanding single-species and model ecosystem sensitivity: data-based comparison. Environmental Toxicology & Chemistry, 18(6): 1329-1346.

Wang X, Wu F, Turvey S T, et al. 2016. Seasonal group characteristics and occurrence patterns of Indo-Pacific humpback dolphins(*Sousa chinensis*)in Xiamen Bay, Fujian Province, China. Journal of Mammalogy, 97(4): 1026-1032.

Wilson M A, Costanza R, Boumans R, et al. 2005. Integrated assessment and valuation of ecosystem goods and services provided by coastal systems. *In*: James G W. The Intertidal Ecosystem: The Value of Ireland's Shores, Dublin: Royal Irish Academy. 1-24.

Wu S H, Dai E F, Huang M, et al. 2007. Ecosystem vulnerability of China under B2 climate scenario in the 21st century. Chinese Science Bulletin, 52(10): 1379-1386.

第 5 章　海洋生态脆弱性

5.1　海洋生态脆弱性理论研究

5.1.1　生态脆弱性的理论内涵

人类很早就认识到脆弱性（vulnerability）的含义及现象，但是直到 20 世纪 60 年代才在生态学领域对其进行学术研究，国外的国际生物学计划（International Biological Programme，IBP，60 年代）、人与生物圈计划（Man and the Biosphere Programme，MAB，70 年代）及之后的国际地圈-生物圈计划（International Geosphere Biosphere Programme，IGBP，80 年代开始）等都把生态脆弱性作为重要的研究课题。20 世纪中后期以来，随着人类经济开发活动的不断加剧与升温，以气候变化和土地利用变化为代表的全球环境变化日益凸显，生态与环境问题大量涌现。全球环境变化与可持续发展已成为当前人类社会面临的两大重要挑战，而全球变化及其区域响应则成为国内外相关研究组织和机构关注的焦点。1986 年国际科学联合会理事会（International Council of Scientific Unions，ICSU）建立国际地圈-生物圈计划（IGBP），标志着全球变化科学新领域的诞生。1988 年政府间气候变化专门委员会（IPCC）成立，着重关注人类社会经济活动对气候过程的影响（徐广才等，2009）。1988 年在布达佩斯举办的第七届国际环境问题科学委员会（Scientific Committee on Problems of the Environment，SCOPE）大会明确了 ecotone（生态交错带）的含义，丰富了生态脆弱性的理论和实证研究（宋一兵等，2014）。国外研究前期多以自然生态系统为研究对象，其中特别注重气候变化和自然灾害下的生态脆弱性研究，90 年代脆弱性开始被应用于社会经济领域，探讨不同社会经济系统对内外扰动的敏感性和应对能力（Timmerman，1981）。21 世纪以来，自然-社会综合系统脆弱性成为研究热点，一些学者提出了融合自然、社会、经济、人文、环境、组织和机构等特征的人地耦合系统脆弱性概念（Füssel，2007；Adger，2006），多因素、多维度耦合系统分析成为国外脆弱性研究的发展趋势。近年来，脆弱性研究多从气候变化和社会经济入手，涉及农、林、牧、渔等生产部门（Bryan et al.，2001），横跨资源和灾害两大领域，同时关注自然要素与人类要素。研究尺度大，主要在区域尺度上开展生态脆弱性研究。在综合评价区域或国家的脆弱性时，多将研究对象界定为人-地系统，自然生态系统作为敏感性因子参与脆弱性评价，社会经济要素则作为适应性因子参与评价（Ma et al.，2007）。

国内脆弱性研究开展得相对较晚，最早始于牛文元（1990）从 ecotone 的角度识别生态脆弱区域。生态脆弱带被定义为“生态系统中，凡处于两种或者两种以上的物质体系、能量体系、结构体系、功能体系之间所形成的‘界面’，以及围绕界面向外延伸的

'过渡带'的空间域"。该定义将中国生态脆弱性研究的总体范围较多地限制在了生态交错带。朱震达（1991）进一步指出生态脆弱带环境退化的主要表现形式是土地的荒漠化，典型区域是中国北方农牧交错带。20 世纪 90 年代的"八五"国家科技攻关计划"生态环境综合整治和恢复技术研究"，对脆弱性生态环境进行了较为系统的研究（赵桂久等，1993）。之后，众多学者针对不同生态脆弱区进行了丰富的理论与实证研究，并尝试在不同尺度上对人地耦合系统的脆弱性及适应能力和策略展开探讨（赵桂久等，1995）。2008 年，海洋公益性行业科研专项资助了"我国大河三角洲的脆弱性调查及灾害评估技术研究"项目，对黄河、长江、珠江三大河口三角洲生态脆弱性进行了调查评估，将脆弱性区分为固有脆弱性和特殊脆弱性，其中将区域稳定性、地层稳定性、现代动力过程、气候变化与海平面上升等自然因素作为固有脆弱性，将人为污染、海域开发、资源消耗等外部压力作为特殊脆弱性。但总体来看，我国脆弱性理论研究还相对落后，实证研究也缺乏统一标准，且自然-经济-社会综合系统的定量研究也有待进一步开展（田亚平和常昊，2012）。

5.1.2　生态脆弱性评价实证研究进展

目前，生态脆弱性评估方法总体上可分为单要素评估方法和综合评估方法。单要素评估方法多见于早期的生态脆弱性研究中，针对某一风险因子进行单维度的评价（李平星和樊杰，2014）；同时，在特定环境要素或领域的研究中，单要素评估方法也是较为常用的手段，如基于地下水污染风险评价专业模型的地下水脆弱性评估（孙才志等，2015）、基于景观指数的景观脆弱性评估（孙才志等，2014）、基于碳储量的土地脆弱性评估（艾晓艳等，2015）。单要素评估方法能够揭示单因子的影响过程及特定要素生态脆弱性的变化特征，但难以反映自然-社会生态系统脆弱性的综合特征。随着人们对生态脆弱性的认识不断深入，自然-社会综合系统脆弱性成为研究热点，多因素、多维度耦合系统成为脆弱性研究的发展趋势（Adger，2006；Füssel，2007；池源等，2015），生态脆弱性综合评价法逐渐成为生态脆弱性评估的主要手段（刘小茜等，2009；Moreno and Becken，2009）。当前，生态脆弱性综合评价方法繁多，通过梳理不同模型和方法的特点，大体上可将现有方法归纳为两大类：目标框架法和自然-人文因子法。

5.1.3　海洋生态脆弱性理论内涵

生态脆弱性与生态敏感性的含义相近，二者均源于对生态交错带（ecotone）的研究。生态敏感性是指区域由于边缘效应，抗干扰能力低，或可能发生自然灾害，或受到自然变化与人类活动的干扰容易发生生态系统结构、功能演变的性质（丁德文等，2009）。生态交错带强调界面性，即区域的特殊性；生态敏感性则注重系统本身容易受到干扰影响的性质，生态脆弱性与二者相比拥有更为丰富的含义。《现代汉语词典》将"脆弱"定义为"不坚强、不牢固"，《辞海》将"脆弱"定义为"易折和易碎"，表示在汉语中脆弱的含义包含"易受损害性"和"受到损害后很难恢复到原状"。

在群落演替理论、可持续发展理论、生态平衡理论、生态承载力理论、生态安全理论、人-地（海）关系理论、生态系统控制论等理论支撑下，海洋敏感区/脆弱区的划定应以海洋资源、环境的生态完整性为评判依据，将自然干扰与人为干扰作为外来干预，当稳定系统受到干扰压力后其生态完整性随之下降，当脆弱区干扰压力上升至一定水平时，系统处于安全阈值范围内，系统仍处于安全期；当干扰压力继续上升，介于系统安全阈值与红线阈值之间时，系统表现为脆弱性升高，但仍处于可控期；而当干扰压力超过红线阈值时，生态完整性急剧下降，超过系统承载能力，此时干扰压力若继续上升，系统则会逐渐走向灭亡。

国内外相关研究中关于脆弱性或生态脆弱性的定义很多，在 IPCC 第三次评估报告中将脆弱性定义为“系统对气候变化（包括气候变异和极端气候事件）负面影响的敏感程度和不能处理的程度”。在地质领域 Timmermann（1981）认为“脆弱性是一种度，即系统在灾害事件发生时产生不利响应的程度，系统不利响应的质和量受控于系统的弹性，而弹性标志着系统承受灾害事件并从中恢复的能力”，Adger（2006）将脆弱性定义为“系统暴露于环境或社会变化中，因缺乏适应能力而对变化造成的损害敏感的一种状态”。国内研究中，赵桂久等（1993）认为生态脆弱性是景观或生态系统的特定时空尺度上相对于干扰而具有的敏感反应和恢复状态；刘燕华等（2001）认为生态脆弱性拥有三层含义，①构成该生态系统的群体因子和个体因子存在内在的不稳定性；②生态系统对外界的干扰和影响较敏感；③在外来干扰和外部环境变化的胁迫下，系统易遭受某种程度的损失或损害，并且难以复原；赵跃龙和张玲娟（1998）认为生态脆弱性是生态环境内部和外部的干扰活动或过程的不良反应，以及对干扰活动的反应速度和程度；王小丹等（2003）认为生态脆弱性指生态环境受到外界干扰作用超出自身的调节范围而表现出的对干扰的敏感程度；邬建国（2007）则认为，生态脆弱性是相对而言的，绝对稳定的生态系统是不存在的。

可以看出，目前对于生态脆弱性的定义基本可分为两类，一类认为脆弱性是系统本身的属性和特质，当系统面临干扰时，这种特质便表现出来；另一类将脆弱性作为系统受到干扰时可能出现的后果，这种后果的严重程度取决于系统的暴露程度（陈萍和陈晓玲，2010）。简言之，就是把生态脆弱性作为“原因”还是“结果”看待的区别。事实上，脆弱性是一个长期变化的过程，将其一概而论地作为“原因”或“结果”均有失偏颇，任何时空尺度下的脆弱性都可以是相邻时空脆弱性的原因或结果。另外，国内外脆弱性研究的具体情况还有所不同，国外更多地研究自然灾害、气候变化、海平面上升等人类不可控或难以控制的干扰引起的脆弱性，人类因子主要是调控因子，通过有意地开展生态保护和管理缓解生态脆弱性；国内研究中，人类因子一方面是生态脆弱性的干扰或触发因子，另一方面也可以成为脆弱性的调控因子，而人类调控除了生态保护和管理之外，还包括对开发利用活动进行管控、优化及影响减缓的各项措施，使得我国生态环境脆弱性的干扰和适应因子更加复杂。

可见，生态脆弱性一方面是生态系统的固有性质，另一方面生态脆弱性又有其相对性（相对于外部干扰），表现为生态系统在外部干扰下演化和再组织，这种演化往往朝向不利于生态系统自身健康和人类生产生活需求的方向发展。正因为生态脆弱性是相对于外部干扰而表现出来的一种性质，前人在研究生态脆弱性时也分为两种情况，一种是针对特定干扰源的脆弱性，如海平面上升、干旱、洪涝等，另一种是不针对特定干扰源的脆弱性。本书即属于第二种情况，主要研究辽河口滨海湿地生态系统在自然因素（主要是冲淤变化）和人为干扰因素影响下表现出的生态脆弱性，因此将生态脆弱性分为敏感性和恢复力两部分，敏感性是指生态系统是否容易受到外部干扰而造成生态系统的演化或者退化，恢复力是生态系统在外部干扰下恢复原有状态或在新的状态下达到新的平衡的能力。

综上所述，海洋生态脆弱性是衡量一定时期内海洋生态脆弱性状态的综合评估指标；主要反映海洋生态系统受到人为干扰和自然扰动的强度，海洋生态系统自身所处的状态及海洋生态系统自身恢复的能力；可直观反映生态系统脆弱性的综合状态，进而对比不同年份生态脆弱性程度的波动，评价以区域为单元。

5.1.4　海洋生态脆弱性影响因素

海湾、河口、滨海湿地等生态服务功能突出，生态价值巨大，但同时也极为敏感，易于在外在因素干扰下发生演化和退化，表现出较强的生态脆弱性。影响河口滨海湿地生态脆弱性的外部因素非常复杂，因时间和空间的变化而异，针对辽河口滨海湿地而言，影响因素既包括自然因素，也包括人为活动影响因素，最为突出的有以下几个方面。

首先是入海河口的污染问题。河流是陆源污染物入海的主要途径，我国主要河口海域都是海洋环境污染较重的海域。例如，辽河是辽东湾顶部的主要入海水系，其上游承接东北老工业基地，重工业发达，人口众多，很多陆源污染物经辽河入海。据统计，2014 年，经辽河入海的化学需氧量（chemical oxygen demand，COD）有 47 184t，氨氮（以氮计）有 72t，亚硝酸盐氮（以氮计）有 146t，总磷有 137t，石油类有 87t，重金属有 21t。巨大的环境输入压力造成了严重的海水污染问题，中国海洋环境状况公报显示，近年来辽河口海域均以四类或劣四类水体为主，海洋环境的污染也直接影响了海洋生态系统的健康，辽河口生态监控区健康状况一直处于亚健康或不健康状态。

其次是河口地区人类开发利用活动的影响。河口海岸地区是人口聚集和经济发达地区，开发利用强度很高，对于脆弱的河口湿地生态系统势必会产生严重的影响。影响辽河口湿地生态环境的人类活动主要有以下几个方面：一是围填海，辽河口历史上就有围海养殖的传统，近年来随着近海工业的发展，沿海港口和工业用地需求导致大规模的围填海活动，围填海不但造成了湿地面积的大幅度减少，同时河口地区的海岸人工化截断了岸滩发育的自然过程，束狭了入海河口，对河口滨海湿地生态服务功能造成了严重损害；二是油田开发，辽河油田对于地区经济发展发挥了重要作用，但同时也不可避免地损伤了湿地生态环境，除石油开采产生石油污染外，井场建设和油田路面硬化道路的修筑造成了湿地生境的破碎化，降低了湿地生境的承载能力；三是养殖活动，辽河口的养殖活动除大面积围海影响湿地生态功能外，养殖活动中饵料投放、污水排放等活动也是影响湿地生态环境的重要面源污染。

最后是河口地区自然淤长造成自然生境变化和植被演替。辽河三角洲是由辽河、大辽河、大凌河、小凌河等河流在辽东湾顶部入海形成的河口冲击三角洲，由于入海径流量和输沙量不大，加之辽东湾北部潮汐作用较强，辽河三角洲形成主要受潮汐作用控制，形成了目前内凹形状的三角洲形态。据研究，历史上辽河口区域潮滩以每年 1～2m 的速度向外淤长，近年来由于围填海活动的影响，潮滩淤长速度受到影响，但与此同时加快了河口区域冲积沙洲的发育。自 20 世纪 90 年代中期以来，位于鸳鸯沟处的水下沙洲逐渐露出水面，形成低潮高地，2000 年以后完全露出水面，之后面积逐步扩大，高程逐步提升，其上的植被覆盖经历了“光滩→盐地碱蓬→盐地碱蓬与芦苇共生→芦苇为主”的发展过程，形成今天的鸳鸯岛。同时，位于鸳鸯岛下游的门头岗也已经露出水面，形成低潮高地。冲积作用显著改变了河口地区的自然环境，一是岸线的外扩和地形的不断抬升，二是伴随地形抬升地表植被的演替和生境条件的变化。

5.2 海洋生态脆弱性评估理论基础与等级

5.2.1 理论基础

海洋生态脆弱性评估是一项复杂的系统工作，划定对象是一个“人-海”复合系统，不仅包括自然系统，还包含各种复杂的人类活动及其与自然系统之间的关系；生态脆弱性同时包含不同尺度问题：主要包含空间尺度问题、环境要素“阈值”问题，也包含复合生态问题（黄伟等，2016）。因此，海洋生态脆弱性既要有生态保护方面的理论作为支撑，也要有人与自然关系理论作为支撑，同时还要有管理学、经济学和社会学的理论作为支撑。群落演替理论、生态平衡理论、生态承载力理论、生态安全理论可为生态基本功能单元划分与资源、环境、生态现状评价提供基础理论支撑；而人-地（海）关系理论、可持续发展理论可为识别海洋资源环境与人类活动之间的动态平衡关系提供基础理论支撑；生态系统控制理论和公共物品理论则可为生态红线划定后的生态准入和生态管控提供基础理论支撑。

5.2.2 评估框架

海洋生态脆弱性评估，从干扰脆弱度指数（disturbance vulnerability index，DVI）、状态敏感性指数（state sensitivity index，SSI）和恢复力脆弱性指数（resilience vulnerability index，RVI）三方面入手，构建海洋生态脆弱性综合指数（ecological vulnerability index，EVI）。干扰脆弱度指数主要考虑人类开发活动、海洋污染、自然灾害等，状态敏感性指数主要考虑海洋生物多样性、典型生境状态、特殊保护价值生态系统等，恢复力脆弱性指数主要考虑海洋生物多样性恢复力、典型生境物种恢复力、海洋初级生产力恢复力、渔业资源恢复力等，具体见图 5-1。

5.2.3 评估等级

海洋生态脆弱性综合评估分为如下 5 个级别（表 5-1）。

1）极脆弱：人为高强度开发、区域海洋污染严重、自然灾害频发；海洋生物多样性易遭到严重破坏、重要生境分布多、特殊保护价值生态系统保护极差；海洋生物多样性、重要生境及海洋初级生产力易恢复性极低。

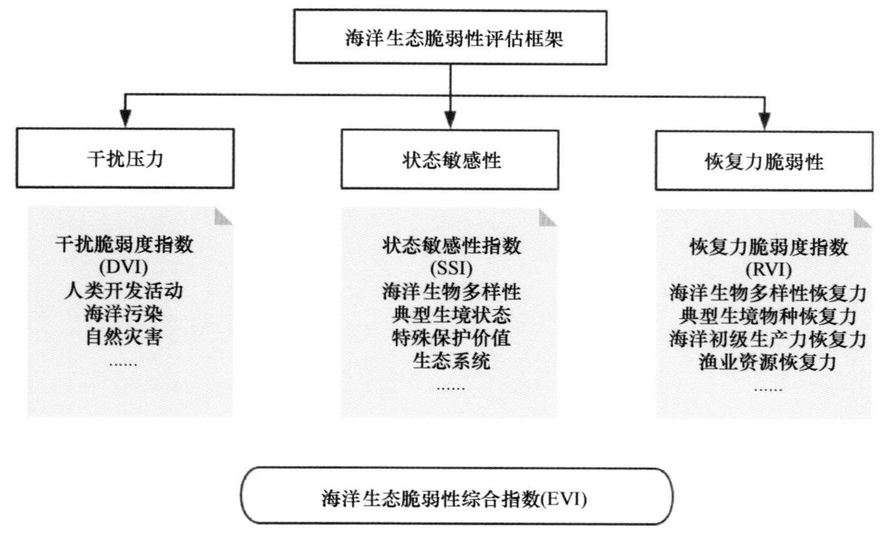

图 5-1　海洋生态脆弱性评估基本思路

表 5-1　海洋生态脆弱性综合评估等级划分

等级	极脆弱	高脆弱	中脆弱	低脆弱	不脆弱
EVI	(4.2,5]	(3.4,4.2]	(2.6,3.4]	(1.8,2.6)	[1,1.8]

2）高脆弱：人为开发强度较大、区域海洋污染较为严重、自然灾害较为严重；海洋生物多样性易遭到破坏、重要生境分布较多、特殊保护价值生态系统保护较差；海洋生物多样性、重要生境及海洋初级生产力恢复力较低。

3）中脆弱：人为开发强度临界超载、区域海洋污染较为严重、自然灾害破坏性一般；海洋生物多样性一般、重要生境分布多、特殊保护价值生态系统保护一般；海洋生物多样性、重要生境及海洋初级生产力恢复力低。

4）低脆弱：人为开发强度不大、区域海洋污染不重、自然灾害较少；海洋生物多样性较高、重要生境分布较少、特殊保护价值生态系统保护一般；海洋生物多样性、重要生境及海洋初级生产力恢复力较高。

5）不脆弱：人为开发干扰程度低、区域海洋污染风险低、自然灾害发生少；海洋生物多样性高、几乎无重要生境分布、特殊保护价值生态系统保护较好；海洋生物多样性、重要生境及海洋初级生产力恢复力高。

5.3　海洋生态脆弱性评估指标体系

综合考虑指标的科学性、代表性、可获得性和可比性，结合海洋生态脆弱性评估需求，构建海洋生态脆弱性评估指标体系，见表 5-2。

表 5-2　海洋生态脆弱性评估指标体系

目标层		因素层	指标层	指标属性		
EVI 生态脆弱性综合指数	DVI 干扰脆弱度指数	B1 人为干扰	C1 干扰度指数	Y	+	H
			C2 景观破碎度/（个/km^2）	N	+	U
			C3 海水富营养化指数	Y	+	H
			C4 沉积物质量等级	Y	+	H
		B2 自然干扰	C5 生物入侵	N	+	H
			C6 风暴潮灾害（直接经济损失/亿元）	Y	+	U
			C7 岸滩下蚀速率/（cm/a）	N	+	H
	SSI 状态敏感性指数	B3 海洋生物多样性敏感性	C8 浮游植物多样性	Y	−	H
			C9 浮游动物多样性	Y	−	H
			C10 大型底栖动物多样性	Y	−	H
			C11 游泳动物多样性	N	−	H
		B4 重要生境状态敏感性	C12 珊瑚礁生境	Y	+	H
			C13 红树林生境	Y	+	H
			C14 海草床生境	Y	+	H
			C15 珍稀濒危物种栖息地、候鸟迁徙通道和三场一通道分布区	Y	+	H
		B5 特殊保护价值生态系统敏感性	C16 砂质岸线、各级保护区、重要湿地、历史文化遗址遗存和名胜古迹	Y	+	H
	RVI 恢复力脆弱度指数	B6 海洋生物多样性恢复力	C17 叶绿素 a 浓度/（μg/L）	Y	−	H
			C18 浮游动物密度/（$\times10^3$ 个/m^3）	Y	−	H
		B7 典型生境物种恢复力	C19 硬珊瑚补充量/（个/m^2）	N	−	H
			C20 5 年红树林密度下降率/%	N	+	H
			C21 5 年海草密度下降率/%	N	+	H
		B8 渔业资源恢复力	C22 鱼卵密度/（个/m^3）	Y	−	H
			C23 仔鱼密度/（个/m^3）	Y	−	H

注：根据指标的强制性，可分为必选指标（Y）和可选指标（N）；根据指标的性质，可分为正向指标（+）和负向指标（−），正向指标值越高，生态系统越不脆弱，负向指标则相反；根据指标在空间上的分布状态，可分为空间统一性指标（U）和空间异质性指标（H），空间统一性指标在相同时间内整个研究区采用同一数值，空间异质性指标数值则随着点位的不同而具有差异

5.4　评估指标计算、赋值及权重

5.4.1　评估指标权重

采用专家打分法，设置海洋生态脆弱性评估中干扰脆弱度指数、状态敏感性指数和恢复力脆弱度指数指标权重，见表 5-3。

表 5-3　海洋生态脆弱性评估指标权重

目标层	目标层权重（R）
DVI 干扰脆弱度指数	0.2
SSI 状态敏感性指数	0.5
RVI 恢复力脆弱度指数	0.3

5.4.2　评估指标赋值标准及依据

海洋生态脆弱性评估指标，按极脆弱、高脆弱、中脆弱、低脆弱和不脆弱 5 个评估等级，设置评估指标赋值标准和依据，见表 5-4。

表 5-4　生态脆弱性综合评估指标评价标准和依据

脆弱性等级		极脆弱	高脆弱	中脆弱	低脆弱	不脆弱	依据
指标赋值		5	4	3	2	1	
B1 人为干扰	C1 干扰度指数	>0.8	>0.6 ≤0.8	>0.23 ≤0.6	>0.17 ≤0.23	≤0.17	陈爱莲等，2010； 孙永光等，2012
	C2 景观破碎度/（个/km^2）	>8	>6 ≤8	>4 ≤6	>2 ≤4	≤2	专家咨询
	C3 海水富营养化指数	>9.0	>7.0 ≤9.0	>5.0 ≤7.0	>3.0 ≤5.0	>0 ≤3.0	《中国海洋环境状况公报》
	C4 沉积物质量等级	劣III类	—	III类	II 类	I 类	海洋沉积物质量（GB 18668—2002）
B2 自然干扰	C5 生物入侵	是	—	—	—	否	—
	C6 风暴潮灾害（直接经济损失/亿元）	>10	>5 ≤10	>1 ≤5	>0 ≤1	=0	—
	C7 岸滩下蚀速率/（cm/a）	≤−15	>−15 ≤−10	>−10 ≤−5	>−5 ≤−1 或>1	>−1 ≤1	《海岸侵蚀灾害监测技术规程（试行）》
B3 海洋生物多样性敏感性	C8 浮游植物多样性 C9 浮游动物多样性 C10 大型底栖动物多样性 C11 游泳动物多样性	≤1	—	>1 ≤3	—	>3	况琪军等，2005
B4 重要生境状态敏感性	C12 珊瑚礁生境	是	—	—	—	否	—
	C13 红树林生境	是	—	—	—	否	—
	C14 海草床生境	是	—	—	—	否	—
	C15 珍稀濒危物种栖息地、候鸟迁徙通道和三场一通道分布区	是	—	—	—	否	—
B5 特殊保护价值生态系统敏感性	C16 砂质岸线、各级保护区、重要湿地、历史文化遗址遗存和名胜古迹	是	—	—	—	否	—
B6 海洋生物多样性恢复力	C17 叶绿素 a 浓度/（μg/L）	≤2	>2 ≤4	>4 ≤6	>6 ≤10	>10	李志鹏等，2016
	C18 浮游动物密度/（×10^3 个/m^3）	>75%B ≤125%B	—	>50%B ≤75%B 或 >125%B ≤150%B	—	≤50%B 或 >150%B	《近岸海洋生态健康评价指南》（HY/T 087—2005）

续表

脆弱性等级		极脆弱	高脆弱	中脆弱	低脆弱	不脆弱	依据
指标赋值		5	4	3	2	1	
B7 典型生境物种恢复力	C19 硬珊瑚补充量/（个/m^2）	＜0.5	—	≥0.5 ＜1	—	≥1	《近岸海洋生态健康评价指南》（HY/T 087—2005）
	C20 5 年红树林密度下降率/%	＞15%	—	＞10% ≤15%	—	≤10%	
	C21 5 年海草密度下降率/%	＞10%	—	＞5% ≤10%	—	≤5%	
B8 渔业资源恢复力	C22 鱼卵密度/（个/m^3）	≤5	—	＞5 ≤50	—	＞50	《近岸海洋生态健康评价指南》（HY/T 087—2005）
	C23 仔鱼密度/（个/m^3）	≤5	—	＞5 ≤50	—	＞50	《近岸海洋生态健康评价指南》（HY/T 087—2005）

注：各区域 B 值的依据见附表 A

5.4.3 指标层计算方法

（1）C1 干扰度指数

干扰度指数（hemeroby index，HI）一般通过赋值法获取，基于陈爱莲等（2010）和孙永光等（2012）的研究成果，结合实际情况，进一步将干扰度指数划分为 5 种类型：无干扰型（HI≤0.17）、低干扰型（0.17＜HI≤0.23）、中干扰型（0.23＜HI≤0.6）、强干扰型（0.6＜HI≤0.8）和极强干扰型（HI＞0.8）。干扰度指数用以表征区域生态系统受人为干扰的影响程度，干扰度指数的值越高表示受到人为干扰的程度越高，生态脆弱性程度越高（表 5-5）。

表 5-5　人为干扰强度划分表

一级类型	二级类型	含义	HI
无干扰型	开放海域	低潮 6m 以外浅海水域	0.10
	潮汐通道	潮沟	0.13
	芦苇群落	芦苇沼泽	0.15
	河漫滩	河漫滩、江心洲、沙洲	0.17
	泥滩	高潮被淹没、低潮裸露的沿海泥滩地	0.17
	水下三角洲	—	0.17
低干扰型	河流	一、二级永久性河流	0.23
中干扰型	岛	基岩岛	0.3
	水库坑塘	人工水库	0.3
	未利用地	—	0.45
	开放式养殖用海	—	0.5
	人工鱼礁用海	—	0.55
强干扰型	滩涂养殖	滩涂鱼、虾、蟹养殖	0.63
	水稻田	—	0.65
	围海养殖	浅海区域的圈围养殖区域	0.80

续表

一级类型	二级类型	含义	HI
极强干扰型	船舶工业用海	—	0.95
	港口用海	—	0.98
	油气开采用海	—	0.98
	交通用地	—	0.95
	居民点	—	0.95
	工业用地	—	0.99
	渔业基础设施用海	—	0.99

（2）C2 景观破碎度

景观破碎度表征景观的破碎程度，描述景观由单一、均质和连续的整体趋向于复杂、异质和不连续的斑块镶嵌体的过程，能够在一定程度上反映人类对景观的干扰程度，景观破碎度越高，生态脆弱性程度越高。计算公式如下：

$$C_i = \frac{N_i}{A_i} \tag{5-1}$$

式中，C_i 为景观 i 的破碎度，N_i 为景观 i 的斑块数，A_i 为景观 i 的总面积。本评价采用自然景观破碎度。

（3）C3 海水富营养化指数

海水富营养化指数表征海水富营养化状态程度，海水富营养化指数越大，说明水体富营养化程度越大，生态脆弱性程度越高。计算公式如下：

$$E = \frac{\mathrm{DIN} \times \mathrm{DIP} \times \mathrm{COD}}{4500} \times 10^6 \tag{5-2}$$

式中，E 为海水富营养化指数值，DIN 指溶解态无机氮，DIP 指溶解态无机磷，COD 指化学需氧量，DIN、DIP 和 COD 单位均为 mg/L。

依据《中国海洋环境状况公报》（2010～2014 年）中海水富营养化评价分级标准，将海水富营养化状态划分为 5 个等级。

（4）C4 沉积物质量等级

沉积物质量等级能够表征海水沉积物综合质量状况，沉积物质量等级越高，说明海水沉积物状况越差，生态脆弱性程度越高。沉积物质量等级分类方法和标准均参考《海洋沉积物质量》（GB 18668—2002）。

（5）C6 风暴潮灾害（直接经济损失）

风暴潮灾害直接经济损失能够在一定程度上表征风暴潮灾害状况，风暴潮灾害直接经济损失越高，说明风暴潮灾害越严重，生态脆弱性程度越高。风暴潮灾害直接经济损失数据可由各省市调查统计获取，参考《中国海洋灾害公报》中历年风暴潮灾害损失统计中的直接经济损失情况，大致将直接经济损失划分为 5 个等级。

（6）C7 岸滩下蚀速率

岸滩下蚀速率指由自然或人为因素造成的岸滩滩面高程单位时间内的降低幅度，能够在一定程度上表征海岸侵蚀程度，海岸侵蚀程度越高，生态脆弱性程度越高。岸滩下蚀速率的计算方法和分级标准均参照《海岸侵蚀灾害监测技术规程（试行）》。

（7）C8 浮游植物多样性

Shannon-Weaver 多样性指数用来描述生态系统中的生物多样性状况，Shannon-Weaver 多样性指数值越大，说明群落结构越复杂，稳定性越强，生态脆弱性程度越低。计算公式如下：

$$H' = -\sum_{i=1}^{S} P_i \ln P_i \tag{5-3}$$

式中，H'为 Shannon-Weaver 多样性指数值，S 为物种种类总数，P_i 表示第 i 个物种个体数占全部个体总数的比例。

参考况琪军等（2005）的研究成果，将 Shannon-Weaver 多样性指数划分为 3 个等级。

（8）C9 浮游动物多样性

同 C8。

（9）C10 大型底栖动物多样性

同 C8。

（10）C11 游泳动物多样性

同 C8。

（11）C17 叶绿素 a 浓度

叶绿素 a 是自养生物在单位时间、单位空间内合成有机物质的量。叶绿素 a 浓度是浮游植物生物量的重要指标，能反映出海洋初级生产力的状况。叶绿素 a 浓度越高，海洋初级生产力越高，生态系统恢复力越强，生态脆弱性程度越低。

（12）C18 浮游动物密度

浮游动物密度指单位体积内浮游动物的个数，能够在一定程度上表征海洋生物的健康程度，浮游动物群落越健康，海洋生物恢复力越强，生态脆弱性程度越低。浮游动物密度分级标准参考《近岸海洋生态健康评价指南》（HY/T 087—2005）。

（13）C19 硬珊瑚补充量

硬珊瑚补充量在一定程度上能表征珊瑚礁生态系统恢复力强弱，硬珊瑚补充量越高，珊瑚礁生态系统恢复力越强，生态脆弱性程度越低。硬珊瑚补充量分级标准参考《近岸海洋生态健康评价指南》（HY/T 087—2005）。

（14）C20 5 年红树林密度下降率

5 年红树林密度下降率在一定程度上能表征红树林生态系统恢复力强弱，5 年红树林密度下降率越高，红树林生态系统恢复力越弱，生态脆弱性程度越高。5 年红树林密度下降率分级标准参考《近岸海洋生态健康评价指南》（HY/T 087—2005）。

（15）C21 5 年海草密度下降率

5 年海草密度下降率在一定程度上能表征海草床生态系统恢复力强弱，5 年海草密度下降率越高，海草床生态系统恢复力越弱，生态脆弱性程度越高。5 年海草密度下降率分级标准参考《近岸海洋生态健康评价指南》（HY/T 087—2005）。

（16）C22 鱼卵密度

鱼卵密度指单位体积内鱼卵的个数，在一定程度上能够表征渔业资源恢复力强弱，鱼卵密度越大，渔业资源恢复力越强，生态脆弱性程度越低。鱼卵密度分级标准参考《近岸海洋生态健康评价指南》（HY/T 087—2005）。

（17）C23 仔鱼密度

仔鱼密度指单位体积内仔鱼的个数，在一定程度上能够表征渔业资源恢复力强弱，仔鱼密度越大，渔业资源恢复力越强，生态脆弱性程度越低。仔鱼密度分级标准参考《近岸海洋生态健康评价指南》（HY/T 087—2005）。

5.5 综合评估方法

5.5.1 目标层计算方法

（1）干扰脆弱度指数计算方法

由于评价指标层具有可选指标、必选指标及各评价区域指标差异性，因此干扰脆弱度指数（DVI）计算方法如下：

$$\mathrm{DVI} = \sum_{i=1}^{n} B_i \times \frac{1}{m} \tag{5-4}$$

式中，DVI 为干扰脆弱度指数；m 为要素层参评要素数量；B_i 为第 i 个要素 B 值，要素层 B 值计算公式如下：

$$B = \sum_{i=1}^{n} C_i \times \frac{1}{n} \tag{5-5}$$

式中，B 为要素层计算值；n 为指标层参评因子数量；C_i 为第 i 个指标层评价因子赋值。

（2）状态敏感性指数计算方法

由于评价指标层具有可选指标、必选指标及各评价区域指标差异性，因此状态敏感性指数（SSI）计算方法如下：

$$\mathrm{SSI} = \sum_{i=1}^{n} B_i \times \frac{1}{m} \tag{5-6}$$

式中，SSI 为状态敏感性指数；m 为要素层参评要素数量；B_i 为第 i 个要素 B 值，要素层 B 值计算公式如下：

$$B = \sum_{i=1}^{n} C_i \times \frac{1}{n} \tag{5-7}$$

式中，B 为要素层计算值；n 为指标层参评因子数量；C_i 为第 i 个指标层评价因子赋值。

（3）恢复力脆弱度指数计算方法

由于评价指标层具有可选指标、必选指标及各评价区域指标差异性，因此恢复力脆弱度指数（RVI）计算方法如下：

$$\mathrm{RVI}=\sum_{i=1}^{n}B_i\times\frac{1}{m} \tag{5-8}$$

式中，RVI 为状态敏感性指数；m 为要素层参评要素数量；B_i 为第 i 个要素 B 值，要素层 B 值计算公式如下：

$$B=\sum_{i=1}^{n}C_i\times\frac{1}{n} \tag{5-9}$$

式中，B 为要素层计算值；n 为指标层参评因子数量；C_i 为第 i 个指标层评价因子赋值。

5.5.2 海洋生态脆弱性综合评估方法

采用专家打分法，确定干扰脆弱度指数、状态敏感性指数、恢复力脆弱度指数权重，生态脆弱性综合指数（EVI）评价模型如下：

$$\mathrm{EVI}=\mathrm{DVI}\times R_{\mathrm{DVI}}+\mathrm{SSI}\times R_{\mathrm{SSI}}+\mathrm{RVI}\times R_{\mathrm{RVI}} \tag{5-10}$$

式中，EVI 为生态脆弱性综合指数；DVI 为干扰脆弱度指数；SSI 为状态敏感性指数；RVI 为恢复力脆弱度指数；R 为目标层评价权重。

5.6 案 例 研 究

5.6.1 案例区概况

（1）案例区位置

辽河口滨海湿地位于辽宁省辽东湾北部，距盘锦市区约 35km，其海岸线长度为 118km。辽河口滨海湿地是我国极具代表性的滨海湿地，是辽河、大凌河、小凌河、大辽河等河流入海并形成的一个复合三角洲，三角洲面积约 3000km^2，原生湿地面积约 2230km^2，河流和水库坑塘等水面面积约 740km^2。考虑辽河口滨海湿地生态单元的完整性，确定研究区为向陆至芦苇湿地分布上限，向海至水下三角洲前缘约 20m 水深处的三角状区域（图 5-2）。

（2）案例区自然环境

1）气象条件。盘锦湿地地处中纬度地带，属于北温带半湿润季风气候区，年平均气温 8.4℃，无霜期为 167～174 天，年平均降水量为 623.2mm，最大降水量为 916.4mm，最小降水量为 326.6mm；年平均蒸发量为 1669.6mm，年日照时数为 2768.5h，多年平均光辐射量为 575.58～577.2h·kJ/cm^2。区内四季分明，春季（3～5 月）气温回暖快，降水量少，空气干燥，多偏南风，蒸发量大，日照长。4～5 月，大于 8 级大风日数为 14 天，占全年大风日数的 35%左右；降水量为 90.0mm，占年降水量的 15%；蒸发量为 585mm，占年蒸发量的 60%，秋季（9～11 月）多晴朗天气，日照时数为 670h，占全年日照时数的 24%。冬季（12 月至次年 2 月）寒冷干燥，最冷月为 1 月，平均气温为−10.3℃，极端最低气温为−29.3℃，降水量仅为 16mm，占全年降水量的 2.5%，平均干燥度为 1.1，属半湿润、半干旱地区。

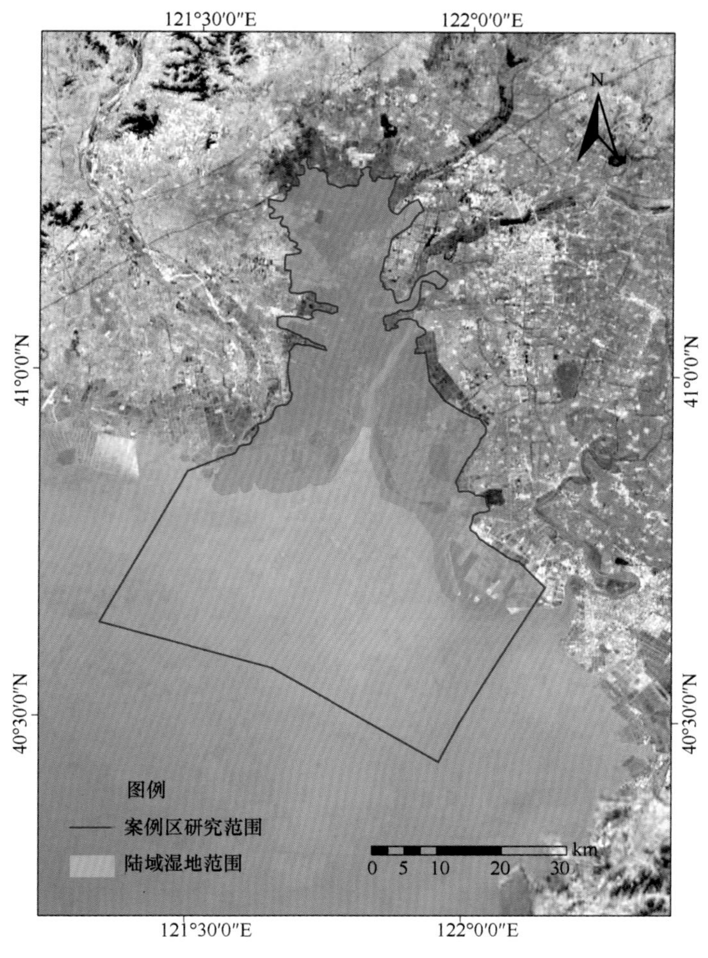

图 5-2　案例区位置图

2）河流分布。盘锦市有大、中、小型河流 21 条，总流域面积为 3750.3km²。其中，全程流域面积大于 5000km² 的大型河流有 4 条，辽河、大辽河、绕阳河、大凌河；流域面积在 1000～5000km² 的中型河流有 1 条，西沙河；流域面积小于 1000km² 的小型河流 16 条，锦盘河、月牙子河、南屁岗河、鸭子河、丰屯河、旧绕阳河、大羊河、外辽河、新开河、张家沟、东鸭子河、西鸭子河、潮沟、小柳河、太平河、一统河。外辽河与新开河是辽河与大辽河的连通河道。

3）潮汐特征。盘锦湿地海岸的潮汐为非正规半日混合潮，每日涨潮两次，落潮两次，涨落潮历时 12h 24min。正常情况下，潮时每日向后推迟 48min。平均超差 2.7m，大潮潮差大于 5.5m，小潮潮差 3m，因此潮间带分布有大面积的滩涂，滩涂上有潮沟沟通海陆间的水文联系。海水平均盐度为 3.2%，枯水期年份盐度高，是平均值的 2～3 倍。

（3）案例区自然资源

1）芦苇资源。芦苇，是造纸工业的重要原料，也是农业、盐业、渔业、养殖业、编制业不可缺少的生产资料。芦苇还能起到防风抗洪、改善环境、改良土壤、净化水质、防止污染、调节生态平衡的作用。盘锦市的芦苇资源极其丰富，苇田总面积达 8 万 hm^2，其中，东郭、羊圈子、赵圈河、辽滨、新生五大苇场面积达 6.9 万 hm^2，长苇面积达 5.5 万 hm^2。平均年产芦苇 28.6 万 t。

2）草场资源。盘锦市天然草场主要集中在盘山县及石山种畜场，总面积达 39 768hm^2，载畜能力可达 2.7 万头混合牛。

3）渔业资源。盘锦市地处辽东湾北部，海岸线从大辽河口至大凌河口全长 118km，海域面积约 300km^2。潮下带 3m 等深线以内浅海水域面积约 1.9 万 hm^2，海贝类蕴藏量约 2.7 万 t；15m 等深线以内浅海水域面积约 20 万 hm^2，鱼、虾、蟹蕴藏量为 4 万～5 万 t，海蜇蕴藏量为 4 万～8 万 t，海蜇蕴藏量约占辽东湾海蜇总量的 70%。滩涂面积为 3.9 万 hm^2，水质肥沃，天然饵料丰富，适宜养殖对虾、贝类。大洼县二界沟蛤蜊岗面积为 0.77 万 hm^2，是辽宁省文蛤繁殖基地。

4）水资源。盘锦市水资源总量为 10.94m^3。其中包括地表径流 2.58 亿 m^3，第四系浅层地下水 1.06 亿 m^3，新近系深层地下水 7.3 亿 m^3。由于河川径流在年内分配不均，且集中于汛期，可利用水量很少，加之水利工程的调节控制能力不强，以及新近系深层地下水的开采能力限于成本高且有很大局限性，因此全市水资源严重不足，极易受干旱威胁。

5）油气资源。盘锦市位于下辽河断陷的构造位置上，断陷内广泛分布着第四系沉积物，地下赋存着丰富的石油、天然气、盐卤水及地下水资源。

（4）案例区生态环境

1）野生植物群落多样性。双台河口自然保护区湿地植物物种数量相对较丰富。高等植物区系属华北植物区，受区域湿地环境影响，分布的植物种类比较多，主要由盐沼和耐盐植物组成。保护区内分布有维管束植物 128 种，多为草本种类，其中，芦苇为分布面积最广阔的优势种类。128 种植物隶属于 38 科，其中豆科 12 种、禾本科 8 种、菊科 26 种、莎草科 9 种。保护区浮游植物有 4 门 104 种。

双台河口自然保护区内的植物具有耐盐碱生境的特点，在生长季节植物茎秆或叶片往往能分泌出盐分。在地势较高的陆地上有柽柳、旱柳灌丛，同时小片状地分布着国家Ⅱ级保护植物野大豆；在盐沼地主要生长着地上部一年生、地下部多年生的芦苇；在靠近海滩的湿地多分布有一年生的草本碱蓬-盐地碱蓬群落，这主要受到周期性涨落潮水的影响，体现了河口湿地植物群落恢复演替的规律。保护区植物区系分布类型多属于世界广布种。

2）野生动物多样性。双台河口自然保护区野生动物资源十分丰富。保护区记录到甲壳类动物有 5 目 22 科 49 种，其中十足目种数最多，有 38 种，占绝对优势。软体类动物有 4 纲 12 目 26 科 63 种，其中双壳纲动物有 42 种，在该类群中占 67%。鱼类资源中软骨鱼纲有 4 目 4 科 5 种，硬骨鱼纲有 15 目 53 科 119 种；鲤形目与鲈形目拥有的物种数分别是 25 种与 39 种，其占硬骨鱼纲总种数的比例分别为 21%与 33%。浮游动物、棘皮动物和寡毛类动物分别有 51 种、21 种与 11 种。昆虫为保护区目前所了解的最大物种类群，共计有 11 目 77 科 299 种；鳞翅目为该昆虫类群中最大的目，共有 26 科 144 种；鞘翅目次之，有 20 科 69 种。保护区记录到野生兽类哺乳纲动物有 8 目 12 科 22 种；

其中啮齿目有 9 种，为哺乳纲中物种最多的目；两栖爬行类动物有无尾目和有鳞目，共有 15 种。保护区记录到鸟类有 18 目 59 科 269 种；雀形目为鸟类中物种数最多的目，共有 27 科 105 种；鸻形目次之，有 8 科 58 种。

5.6.2　数据准备与处理

（1）遥感影像解译与景观分类

收集案例区 1990 年、2001 年、2007 年和 2014 年卫星遥感影像数据，其中 2007 年、2014 年为高分辨率影像数据（空间分辨率为 2.5m，多光谱），完成影像解译的工作（图 5-3），并完成了现场验证工作，共计获得现场验证点 91 个站位的调查结果，并对分类结果进行了修正，修正后的分类精度达到 92%以上，能够满足本项目研究的需求。

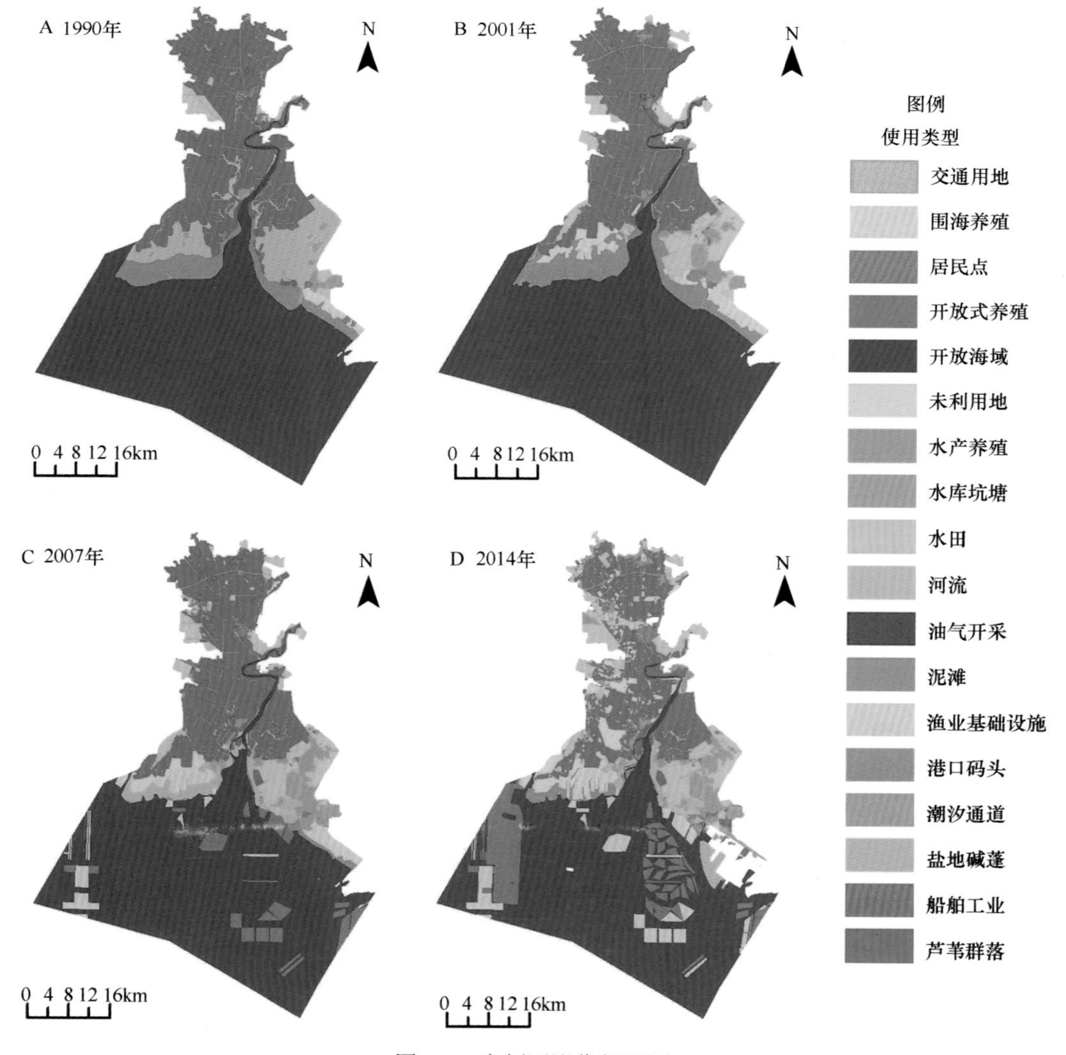

图 5-3　案例区影像解译图

根据遥感数据，辽河口区域海域使用类型包括开放海域、芦苇群落、盐地碱蓬、泥滩、河流、开放式养殖用海、人工鱼礁用海、水产养殖、水田、围海养殖用海、船舶工业用海、港口用海、交通用地等 20 个类型，景观变化情况见图 5-4。

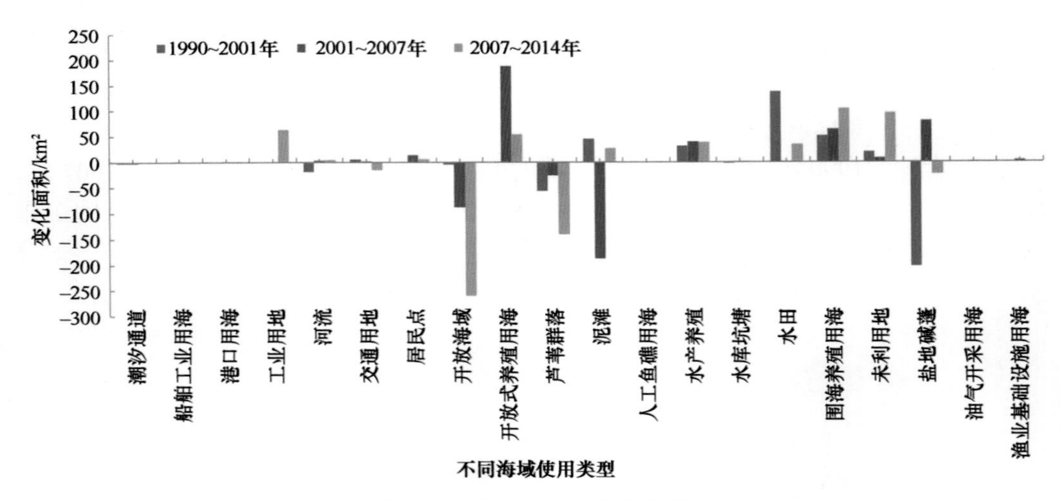

图 5-4　案例区景观结构变化情况

（2）生态环境数据处理

2014 年 8 月完成了案例区野外补充调查工作，布设研究区沉积物、植被群落、生境类型调查站位 91 个（图 5-5），获得植被群落物种数量、多样性、株高、生物量等生态学参数；布设沉积物全盐、有机碳、总氮、总磷、粒度、重金属含量等调查站位 45 个（图 5-6），获得该区域地下水矿化度、氯度、阴离子含量、阳离子含量；获得潮间带底栖生物调查数据，包括案例区的大型底栖生物种类组成（图 5-7）、生物量、栖息密度与分布、优势种及优势度，并计算出各站位点生物多样性指数（H'）和均匀度。

（3）植被群落特征分析

在 2014 年 7 月野外 91 个样方调查数据基础上，项目组初步分析了陆域湿地植被群落空间分布特征（图 5-8），包括植被生物量、覆盖率、密度、植株平均高度等群落特征。

（4）沉积物环境质量空间分布特征

在 2014 年 7 月野外 91 个调查站位数据基础上，项目组初步分析了陆域沉积物环境质量空间分布特征（图 5-9），包括沉积物总氮、总磷、有机碳等参数空间分布。

（5）沉积物粒度空间分布特征

在 2014 年 7 月野外 91 个调查站位数据基础上，项目组初步分析了陆域沉积物粒度空间分异特征，包括沉积物平均粒径、分选特征、偏态、峰态、砂、粉砂和黏土空间分布特征（图 5-10），为沉积物环境质量评价提供基础支撑。

（6）沉积物重金属污染空间分布特征

在 2014 年 7 月野外 91 个调查站位数据基础上，项目组初步分析了陆域沉积物重金属污染物空间分布特征，包括沉积物重金属铜、铅、锌、铬、汞等，为沉积物环境质量评价提供基础支撑。

（7）近岸海域沉积物环境质量特征分析

在 2014 年 10 月航次 45 个调查站位数据基础上，项目组初步分析了近岸海域沉积物环境质量空间分布特征（图 5-11），包括沉积物重金属铜、铅、锌、铬、汞、石油类、总碳、总氮、总磷等 12 个沉积物环境质量指标，为沉积物环境状况评价提供基础支撑。

（8）近岸海域水环境质量特征分析

在 2014 年 10 月航次 45 个调查站位数据基础上，项目组初步分析了近岸海域水环境质量表层（图 5-12）、底层（图 5-13）空间分布特征，包括化学需氧量、溶解氧（dissolved oxygen，DO）、硝酸盐、重金属含量、污染物分布、盐度等 26 个水环境质量指标，为水环境状况评价提供基础支撑。

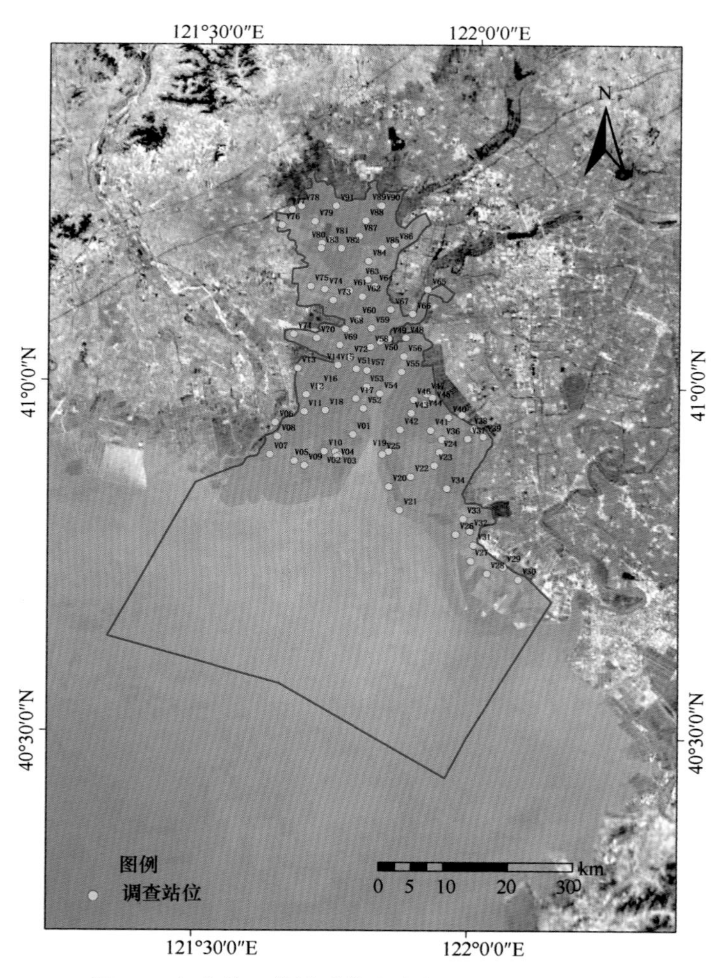

图 5-5　沉积物、植被群落生境类型调查站位布置图

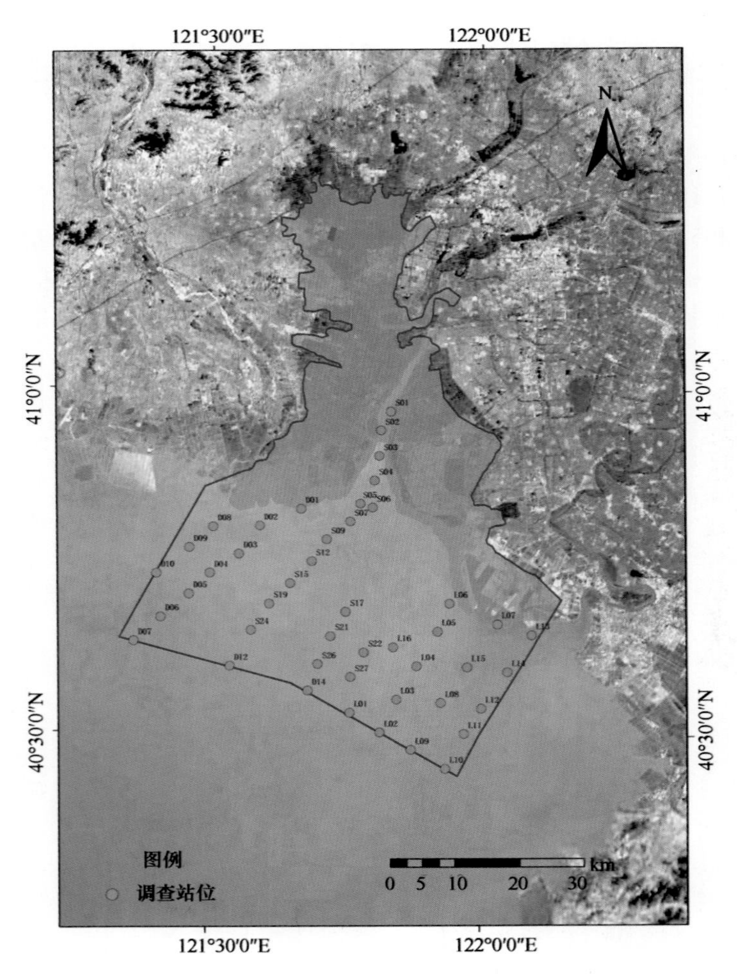

图 5-6　近岸海域调查站位布置图

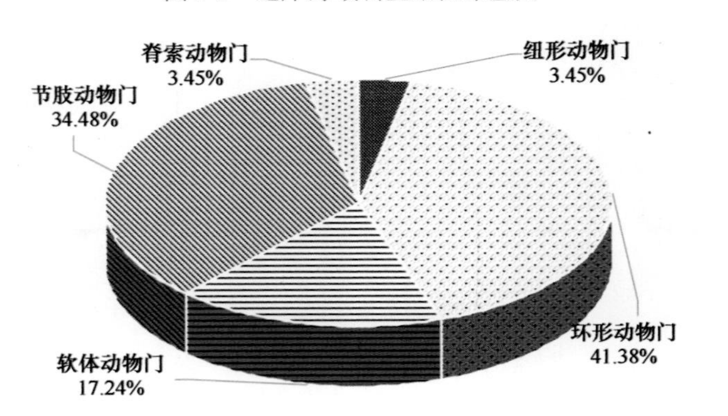

图 5-7　案例区底栖生物种类组成

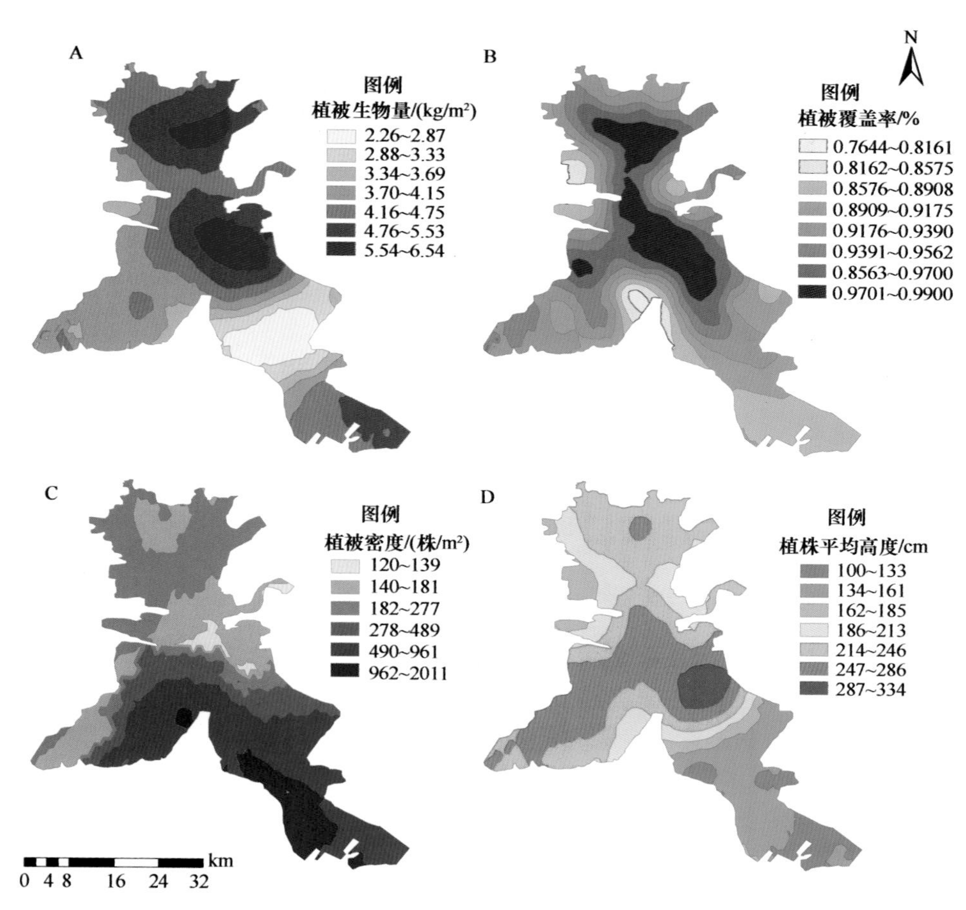

图 5-8　陆域湿地植被群落空间分布特征

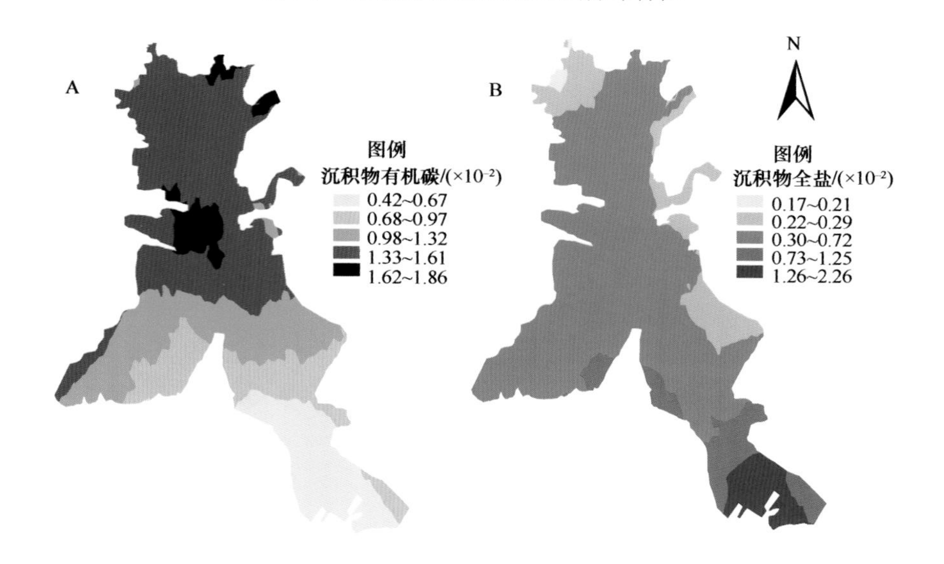

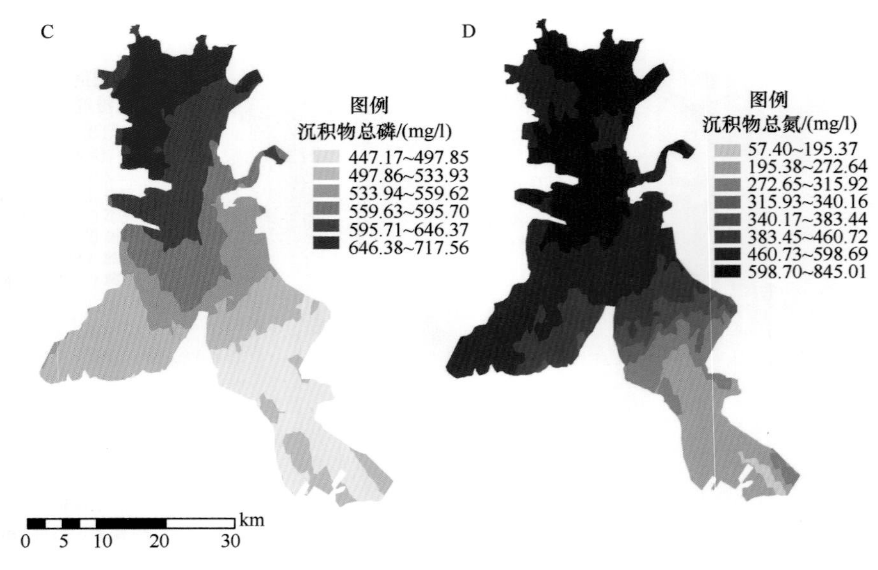

图 5-9 陆域沉积物环境质量空间分布特征

5.6.3 海洋生态脆弱性评估结果

（1）案例区干扰状态评价结果

人为干扰度指数、景观破碎化压力和景观异质性脆弱性分析结果显示：干扰压力指数脆弱性较高区域主要集中在河口区域，而东郭苇场北部居民点、城镇分布区域为脆弱性相对较低区域，见图 5-14。

（2）案例区状态敏感性评价结果

植被敏感性高值区域主要分布在辽河口自然保护区核心区域及河流入海口的陆域部分，植被敏感性能够较好地反映重点保护区域。

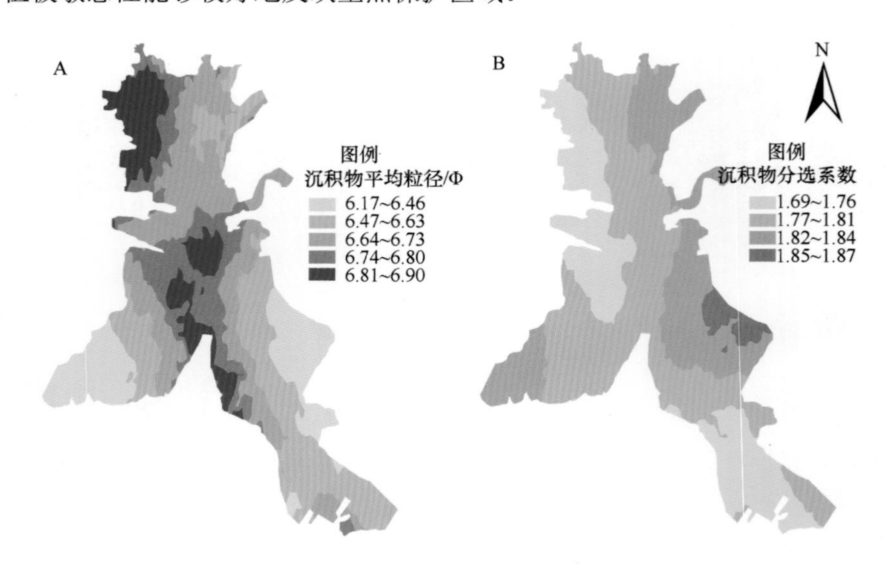

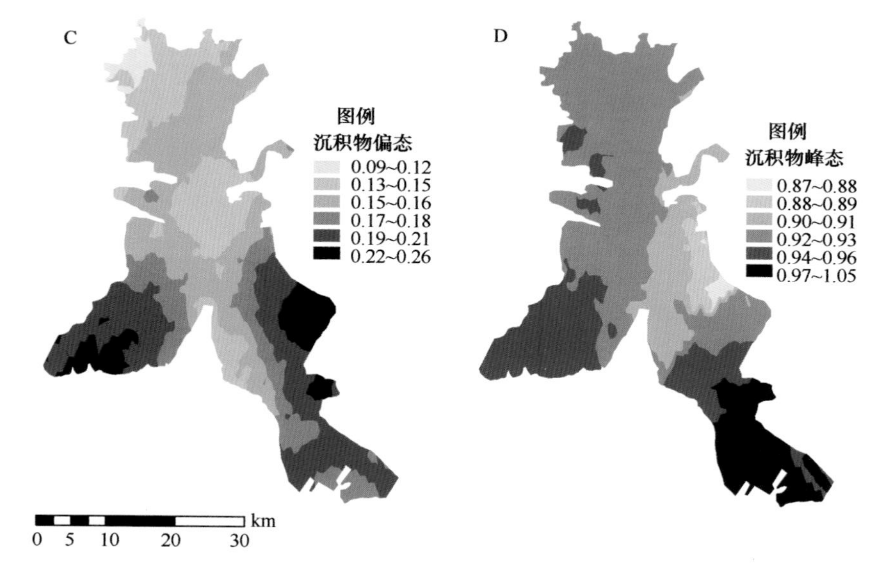

图 5-10　陆域湿地沉积物粒度空间分布特征

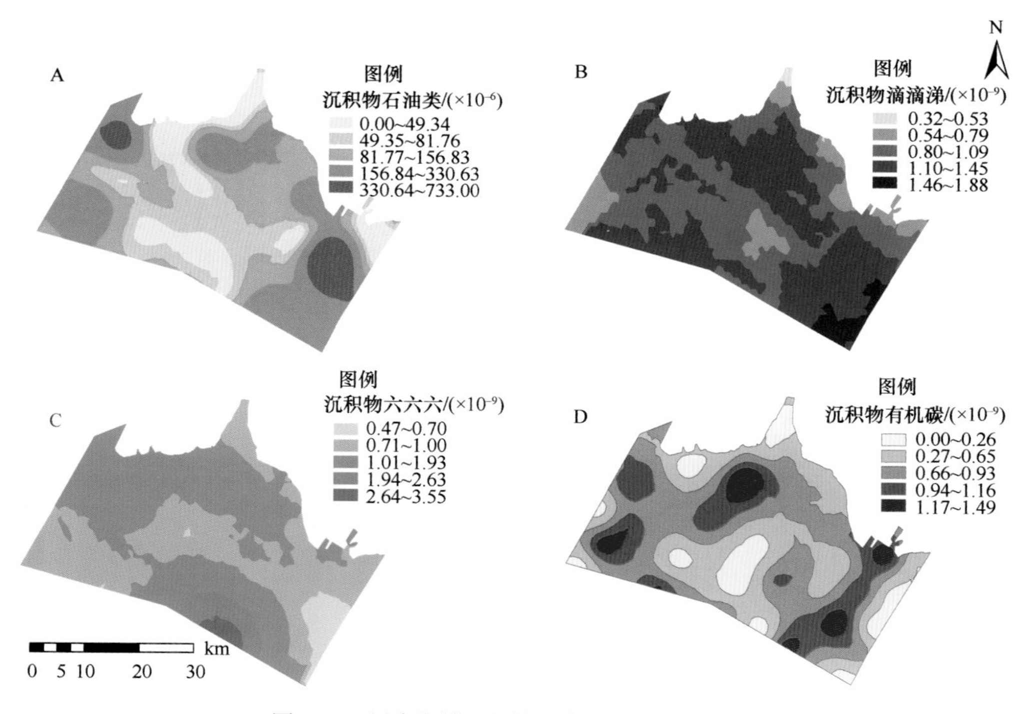

图 5-11　近岸海域沉积物环境质量空间分布特征

典型生境敏感性高值区域主要集中在河流入海口及滩涂区域，该区域主要集中分布有潮汐通道、泥滩、盐地碱蓬及斑海豹栖息地等。

辽河口水环境污染敏感性高值区域主要集中在河口海域的东北部，反映该区域污染敏感性较高，这与该区域的海流与人类开发活动有关。

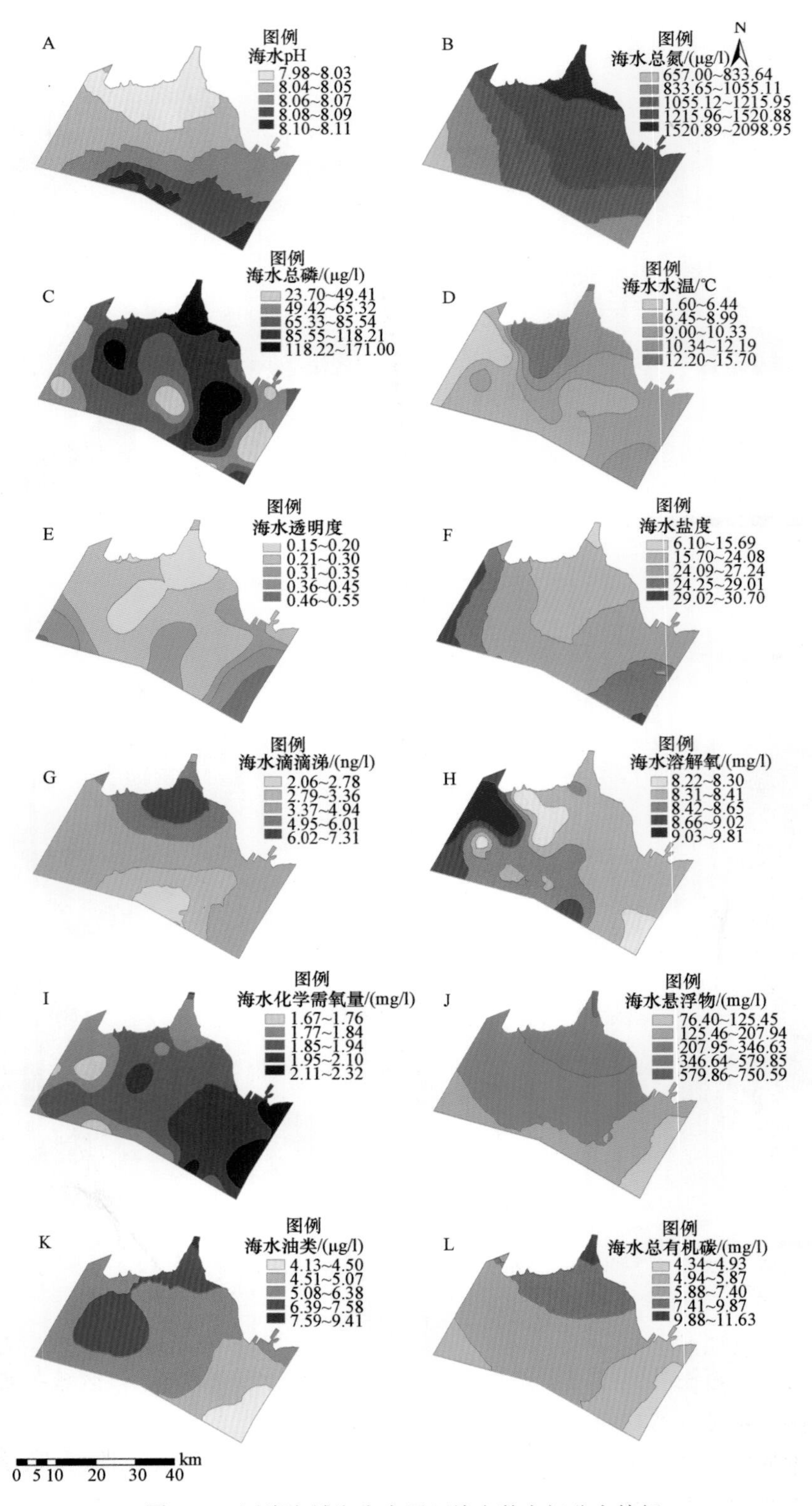

图 5-12 近岸海域海水表层环境参数空间分布特征

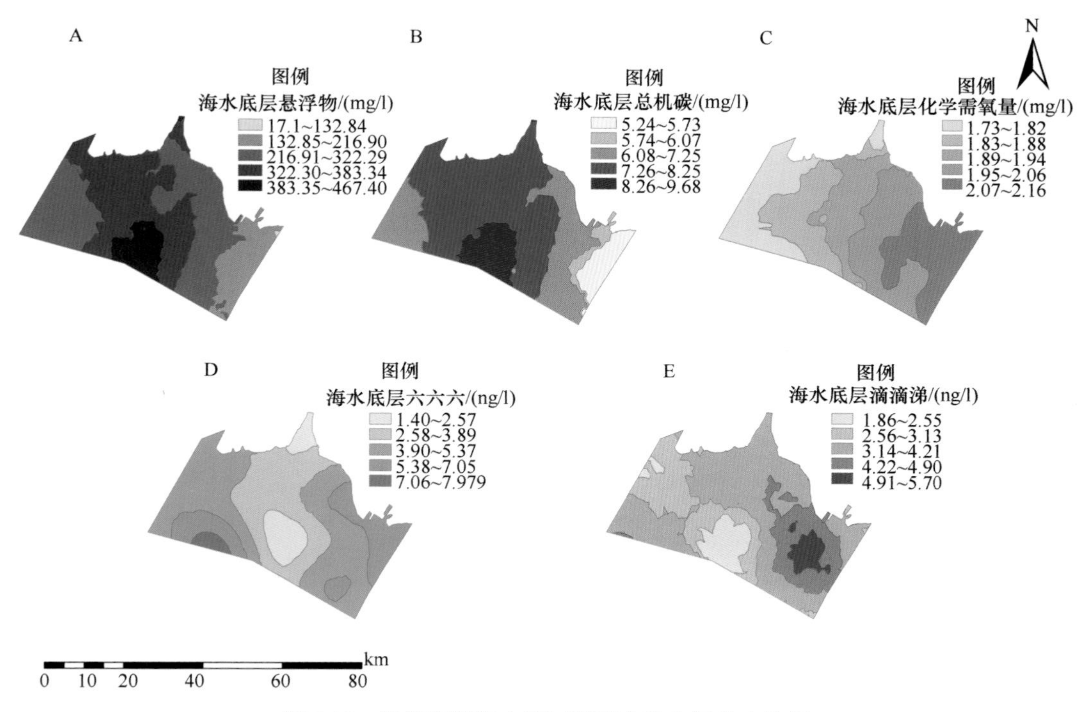

图 5-13　近岸海域海水底层环境参数空间分布特征

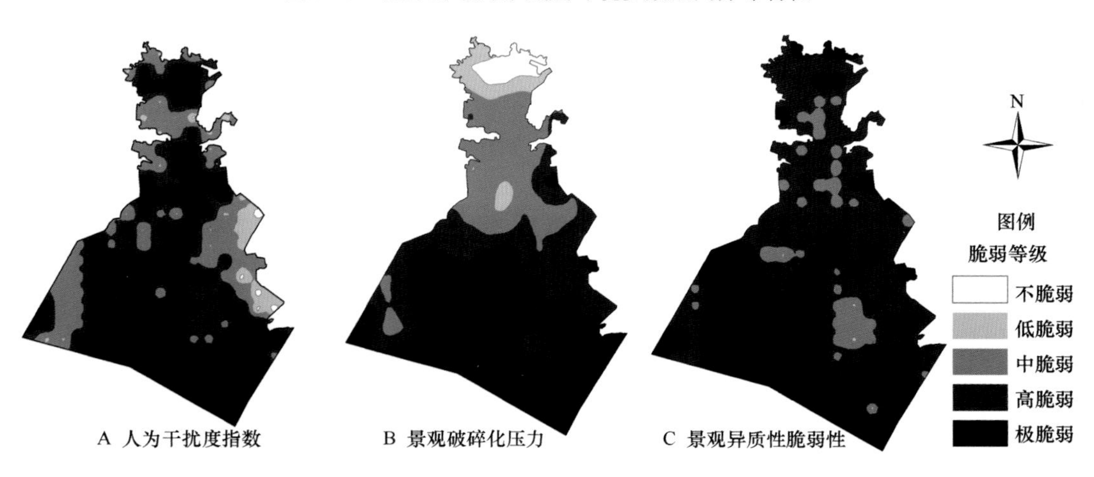

图 5-14　案例区干扰状态空间分布

沉积物环境敏感性空间异质性相对不高，鉴于此，评价过程中沉积物评价指标所占权重相对较低。

海洋生物敏感性由陆向海方向，呈现带状分布，并具有逐渐升高趋势，表明海洋生态状况越好的区域对人类干扰的敏感性越高。综合而言，不同要素的状态敏感性指数评价，能够较好地反映区域内相对敏感性状态。具体见图 5-15。

（3）案例区恢复力脆弱性评价分析

恢复力脆弱性主要反映生态系统自组织、自恢复的能力，选择植被、海洋生物及环境要素，如有机碳及叶绿素 a 等，综合反映区域内恢复力状态，结果表明，恢复力高脆弱区域主要集中在河口近岸海域，见图 5-16。

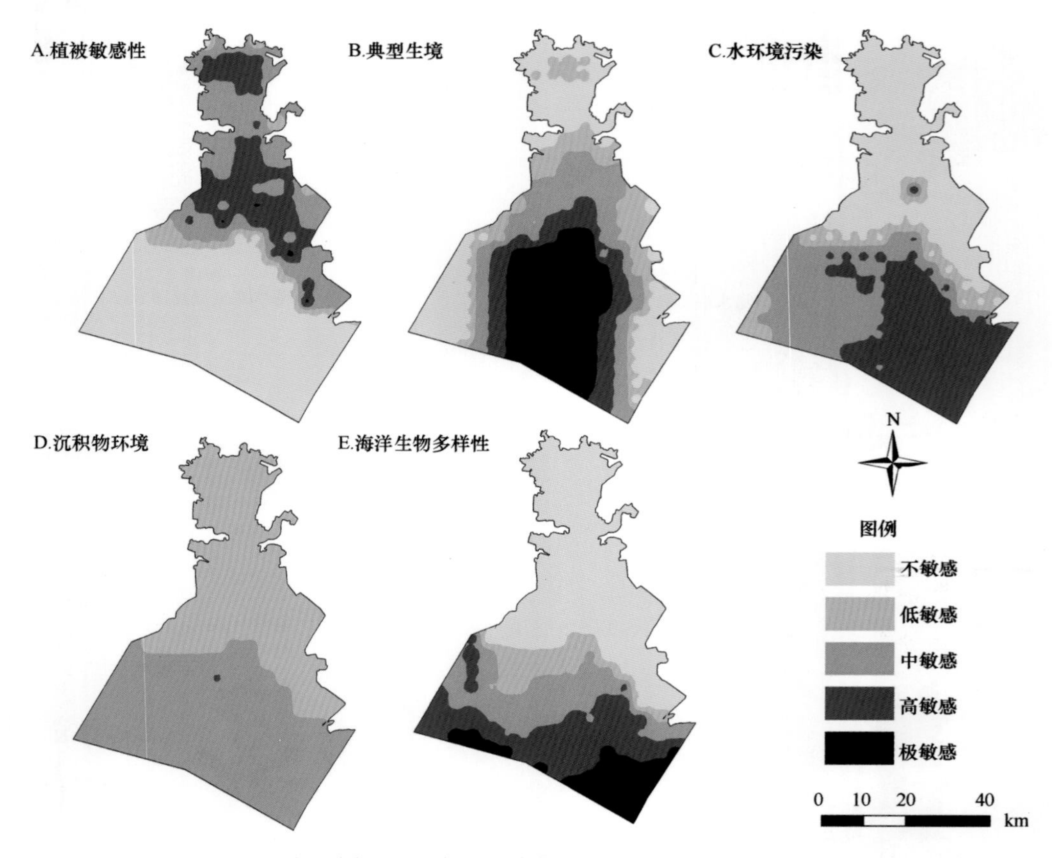

图 5-15 案例区状态敏感性空间分布

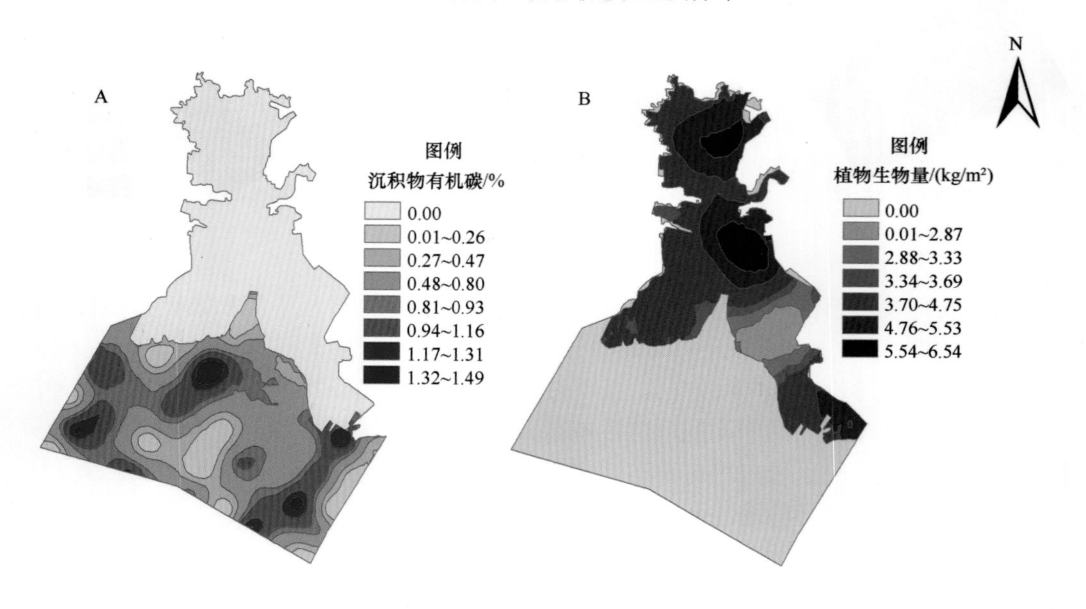

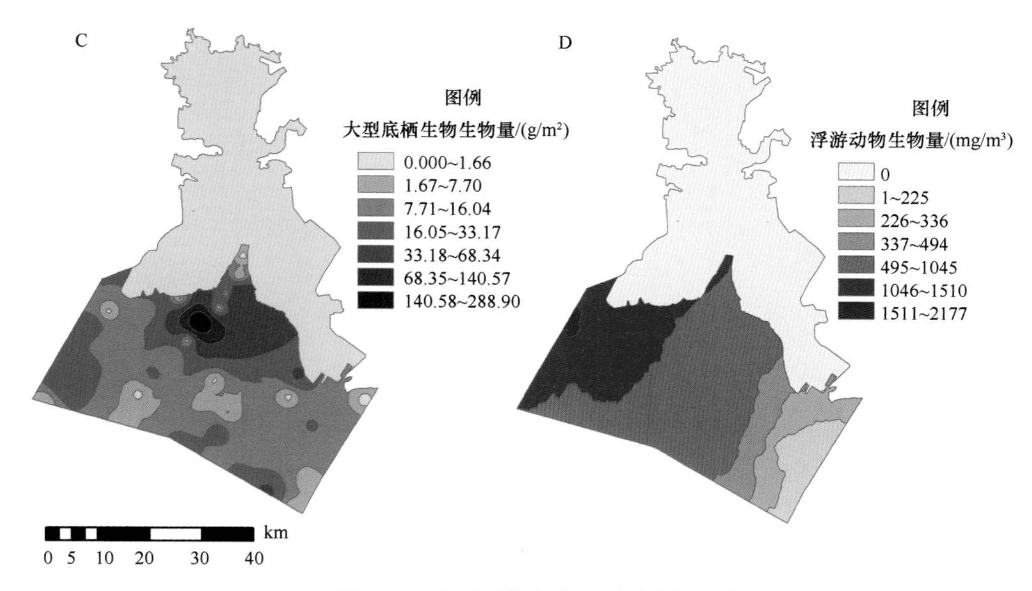

图 5-16　案例区恢复力脆弱性空间分布

（4）案例区生态脆弱性综合评估等级

生态脆弱性综合指数是在干扰压力、状态敏感性和恢复力脆弱性的综合评估基础上，进一步计算得出的。结果显示（图 5-17）：生态脆弱性综合指数具有显著的空间划

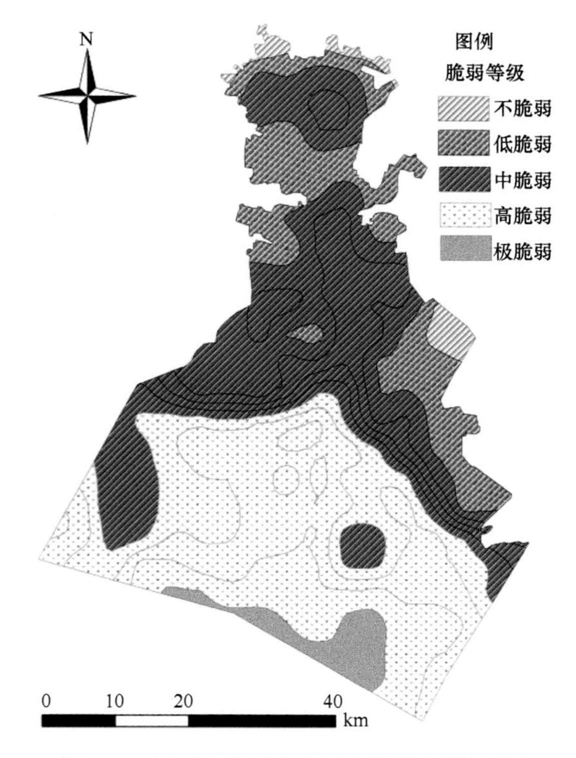

图 5-17　辽河口海域生态脆弱性综合评估等级

分，中脆弱区、高脆弱区、极脆弱区主要分布在河口海域及陆域区域，并能够较好地反映植被群落及重要栖息地特征。

5.6.4 案例区评估结果验证

将生态脆弱性评估分区结果与自然保护区空间划分结果进行比对（图 5-18）表明，该评估结果能够与保护区范围较好地吻合，说明该指标体系的选择、评价标准和评价方法能够真实地反映客观脆弱性状况。

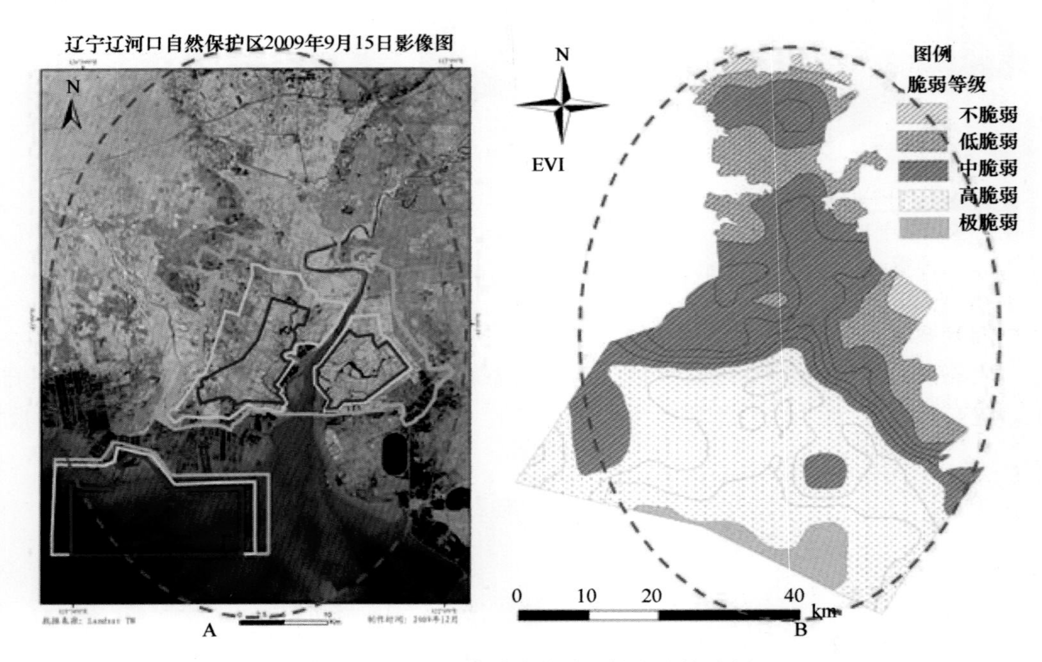

图 5-18 辽河口海域生态脆弱性吻合性分析

参 考 文 献

艾晓艳, 赵源, 王大川. 2015. 基于碳效应的荥经县土地系统脆弱性分析. 中国农学通报, 31(29): 113-122.

陈爱莲, 朱博勤, 陈利顶, 等. 2010. 双台河口湿地景观及生态干扰度的动态变化. 应用生态学报, 21(5): 1120-1128.

陈金华, 郑虎. 2014. 旅游型海岛资源环境脆弱性研究——以福建湄洲岛为例. 资源开发与市场, 30(7): 828-832.

陈萍, 陈晓玲. 2010. 全球环境变化下人-环境耦合系统的脆弱性研究综述. 地理科学进展, 29(4): 454-462.

池源, 石洪华, 丰爱平. 2015. 典型海岛景观生态网络构建——以崇明岛为例. 海洋环境科学, 34(3): 433-440.

崔利芳, 王宁, 葛振明, 等. 2014. 海平面上升影响下长江口滨海湿地脆弱性评价. 应用生态学报. 25(2): 553-561.

崔毅, 陈碧鹃, 陈聚法. 2005. 黄渤海海水养殖自身污染的评估. 应用生态学报, 16(1): 180-185.

丁德文, 石洪华, 张学雷, 等. 2009. 近岸海域水质变化机理及生态环境效应研究. 北京: 海洋出版社.
杜军, 李培英. 2010. 海岛地质灾害风险评价指标体系初建. 海洋开发与管理, 27(S1): 80-82.
胡镜荣, 石凤英. 1983. 华北平原古河道发育的环境条件及其沉积特征. 地理研究, 2(4): 50-61.
黄伟, 曾江宁, 陈全震, 等. 2016. 海洋生态红线区划——以海南省为例. 生态学报, 36(1): 268-276.
况琪军, 马沛明, 胡征宇, 等. 2005. 湖泊富营养化的藻类生物学评价与治理研究进展. 安全与环境学报, 5(2): 87-91.
冷悦山, 孙书贤, 王宗灵, 等. 2008. 海岛生态环境的脆弱性分析与调控对策. 海岸工程, 27(2): 58-64.
李培英, 杜军, 刘乐军, 等. 2007. 中国海岸带灾害地质特征及评价. 北京: 海洋出版社.
李平星, 樊杰. 2014. 基于VSD模型的区域生态系统脆弱性评价——以广西西江经济带为例. 自然资源学报, 29(5): 779-788.
李莎莎, 孟宪伟, 葛振鸣, 等. 2014. 海平面上升影响下广西钦州湾红树林脆弱性评价. 生态学报, 34(10): 2702-2711.
李志鹏, 杜震洪, 张丰, 等. 2016. 基于 GIS 的浙北近海海域生态系统健康评价. 生态学报, 36(24): 8183-8193.
刘杜鹃. 2004. 中国沿海地区海水入侵现状与分析. 地质灾害与环境保护, 15(1): 31-36.
刘乐军, 高珊, 李培英, 等. 2015. 福建东山岛地质灾害特征与成因初探. 海洋学报, 37(1): 137-146.
刘小茜, 王仰麟, 彭建. 2009. 人地耦合系统脆弱性研究进展. 地球科学进展, 24(8): 917-928.
刘燕华, 李秀彬. 2001. 脆弱生态环境与可持续发展. 北京: 商务印书馆.
卢占晖, 苗振清, 林楠. 2009. 浙江中部近海及其邻近海域春季鱼类群落结构及其多样性. 浙江海洋学院学报(自然科学版), 28(1): 51-56.
马骏, 李昌晓, 魏虹, 等. 2015. 三峡库区生态脆弱性评价. 生态学报, 35(21): 7117-7129.
马世骏, 王如松. 1984. 社会-经济-自然复合生态系统. 生态学报, 4(1): 1-9.
牛文元. 1990. 生态环境脆弱带 ECOTONE 的基础判定. 生态学报, 9(2): 97-105.
秦磊, 韩芳, 宋广明, 等. 2013. 基于 PSR 模型的七里海湿地生态脆弱性评价研究. 中国水土保持, (5): 69-72.
石洪华, 丁德文, 郑伟, 等. 2012. 海岸带复合生态系统评价、模拟与调控关键技术及其应用. 北京: 海洋出版社.
石洪华, 郑伟, 丁德文, 等. 2009. 典型海岛生态系统服务及价值评估. 海洋环境科学, 28(6): 743-748.
宋一兵, 夏斌, 匡耀求, 等. 2014. 国内外脆弱性研究进展评述研究. 环境科学与管理, 39(6): 53-58.
隋玉正, 李淑娟, 张绪良, 等. 2013. 围填海造陆引起的海岛周围海域海洋生态系统服务价值损失——以浙江省洞头县为例. 海洋科学, 37(9): 90-96.
孙才志, 奚旭, 董璐. 2015. 基于 ArcGIS 的下辽河平原地下水脆弱性评价及空间结构分析. 生态学报. 35(20): 6635-6646.
孙才志, 闫晓露, 钟敬秋. 2014. 下辽河平原景观格局脆弱性及空间关联格局. 生态学报, 34(2): 247-257.
孙湘平, 姚静娴, 黄易畅, 等. 1981. 中国沿岸海洋水文气象概况. 北京: 科学出版社.
孙永光, 赵冬至, 吴涛, 等. 2012. 河口湿地人为干扰度时空动态及景观响应——以大洋河口为例. 生态学报, 32(12): 3645-3655.
汤毓祥, 姚兰芳, 刘振夏. 1993. 辽东浅滩海域潮流运动特征及其与潮流脊发育的关系. 黄渤海海洋, 11(4): 9-18.
田亚平, 常昊. 2012. 中国生态脆弱性研究进展的文献计量分析. 地理学报, 67(11): 1515-1525.
王小丹, 钟祥浩. 2003. 生态环境脆弱性概念的若干问题探讨. 山地学报, 21(S1): 21-25.
邬建国. 2007. 景观生态学: 格局、过程、尺度与等级. 北京: 高等教育出版社.
肖佳媚, 杨圣云. 2007. PSR 模型在海岛生态系统评价中的应用. 厦门大学学报(自然科学版), 46(S1): 191-196.

徐广才, 康慕谊, 贺丽娜, 等. 2009. 生态脆弱性及其研究进展. 生态学报, 29(5): 2578-2588.
余中元, 李波, 张新时. 2014. 湖泊流域社会生态系统脆弱性分析——以滇池为例. 经济地理, 34(8): 143-150.
张晓龙, 李培英, 刘乐军, 等. 2010. 中国滨海湿地退化. 北京: 海洋出版社.
赵冬至, 等. 2013. 入海河口滨海湿地生态系统空间评价理论与实践. 北京: 海洋出版社.
赵桂久, 刘燕华, 赵名茶, 等. 1993. 生态环境综合整治和恢复技术研究(第一集). 北京: 北京科学技术出版社.
赵桂久, 刘燕华, 赵名茶. 1995. 生态环境综合整治与恢复技术研究(第二集). 北京: 北京科学技术出版社.
赵跃龙, 张玲娟. 1998. 脆弱生态环境定量评价方法的研究. 地理科学进展, 18(1): 67-72.
周亮进. 2008. 闽江河口湿地脆弱性评价. 亚热带资源与环境学报, 3(3): 25-31.
朱震达. 1991. 中国的脆弱生态带与土地荒漠化. 中国沙漠, 11(4): 11-22.
Adger W N. 2006. Vulnerability. Global Environmental Change, 16(3): 282-281.
Bonati S. 2014. Resilientscapes: perception and resilience to reduce vulnerability in the island of Madeira. Procedia Economics and Finance, 18: 513-520.
Bryan B, Harvey N, BelperioT, et al. 2001. Distributed process modeling for regional assessment of coastal vulnerability to sea-level rise. Environmental Modeling and Assessment, 6(1): 57-65.
Donato D C, Kauffman J B, Mackenzie R A, et al. 2012. Whole-island carbon stocks in the tropical Pacific: implications for mangrove conservation and upland restoration. Journal of Environmental Management, 97: 89-96.
Fairbairn T I J. 2007. Economic vulnerability and resilience of small island states. Island Studies Journal, 2(1): 133-140.
Füssel H M. 2007. Vulnerability: a generally applicable conceptual framework for climate change research. Global Environmental Change, 17(2): 155-167.
Guillaumont P. 2010. Assessing the economic vulnerability of small island developing states and the least developed countries. Journal of Development Studies, 46(5): 828-854.
Halpern B S, Walbridge S, Selkoe K A, et al. 2008. A global map of human impact on marine ecosystems. Science, 319(5865): 948-952.
Karels T J, Dobson F S, Trevino H S, et al. 2008. The biogeography of avian extinctions on oceanic islands. Journal of Biogeography, 35(6): 1106-1111.
Katovai E, Burley A L, Mayfield M M. 2012. Understory plant species and functional diversity in the degraded wet tropical forests of Kolombangara Island, Solomon Islands. Biological Conservation, 145(1): 214-224.
Lagerström A, Nilsson M C, Wardle D A. 2013. Decoupled responses of tree and shrub leaf and litter trait values to ecosystem retrogression across an island area gradient. Plant and Soil, 367(1/2): 183-197.
Li K R, Cao M K, Yu L, et al. 2005. Assessment of vulnerability of natural ecosystems in China under the changing climate. Geographical Research, 24(5): 653-663.
Ma D G, Liu Y, Chen J, et al. 2007. Farmers' vulnerability to flood risk: a case study in the Poyang Lake Region. Acta Geographica Sinica, 62(3): 321-332.
MacArchur R H, Wilson E O. 1963. An equilibrium theory of insular zoogeography. Evolution, 17(4): 373-387.
McGillivray M, Naudé W, Santos-Paulino A U. 2010. Vulnerability, trade, financial flows and state failure in small island developing states. Journal of Development Studies, 46(5): 815-827.
Moreno A, Becken S. 2009. A climate change vulnerability assessment methodology for coastal tourism. Journal of Sustainable Tourism, 17(4): 473-488.
Morgan L K, Werner A D. 2014. Seawater intrusion vulnerability indicators for freshwater lenses in strip islands. Journal of Hydrology, 508: 322-327.
Niu W Y. 1990. The discriminatory index with regard to the weakness, overlapness and breadth of ecotone. Acta Ecologica Sinica, 9(2): 97-105.

Nogué S, de Nascimento L, Fernández-Palacios J M, et al. 2013. The ancient forests of La Gomera, Canary Islands, and their sensitivity to environmental change. Journal of Ecology, 101(2): 368-377.

Paul M J, Meyer J L. 2001. Streams in the urban landscape. Annual Review of Ecology and Systematics, 32: 333-365.

Paulay G. 1994. Biodiversity on oceanic islands: its origin and extinction. American Zoology, 34(1): 134-144.

Sarkinen T, Pennington R T, Lavin M, et al. 2012. Evolutionary islands in the Andes: persistence and isolation explain high endemism in Andean dry tropical forests. Journal of Biogeography, 39(5): 884-900.

Shimizu Y. 2005. A vegetation change during a 20-year period following two continuous disturbances (mass-dieback of pine trees and typhoon damage) in the *Pinus-Schima* secondary forest on Chichijima in the Ogasawara (Bonin) Islands: which won, advanced saplings or new seed. Ecological Research, 20(6): 708-725.

Steinbauer M J, Beierkuhnlein C. 2010. Characteristic pattern of species diversity on the Canary Islands. Erdkunde, 64(1): 57-71.

Taramelli A, Valentini E, Sterlacchini S. 2015. A GIS-based approach for hurricane hazard and vulnerability assessment in the Cayman Islands. Ocean & Coastal Management, 108: 116-130.

Timmermann P. 1981. Vulnerability. Resilience and the Collapse of Society, No. 1 in Environmental Monograph, Institute for Environmental Studies. Toronto: University of Toronto.

van Mantgem P J, Stephenson N L. 2007. Apparent climatically induced increase of tree mortality rates in a temperate forest. Ecology Letters, 10: 909-916.

Yamano H. 2008. Islands without maps: integrating geographic information on atoll reef islands and its application to their vulnerability assessment and adaptation to global warming. J Geogr, 117: 412-423.

Zhu Z D. 1991. Fragile ecological zones and land desertification in China. Journal of Desert Research, 11(4): 11-22.

第 6 章　海洋生态重要性

6.1　生态重要性的概念和内涵

自然生态系统作为地球生命支持系统，是人类赖以生存的基础。人类生存和发展所需要的资源归根结底都来自于自然生态系统。自然生态系统不仅可以为人类的生存直接提供各种原料和产品（食品、水、氧气、木材、纤维、药品），而且在大尺度上具有调节气候、净化污染、涵养水源、保持水土、防风固沙、减轻灾害、保护生物多样性功能，进而为人类生存和发展提供良好的生态环境（谢高地等，2003）。生态功能重要性（简称生态重要性）则可以反映生态系统各种生态服务功能对人类生存和发展的重要程度。生态系统服务功能可以分为调节功能（包括气候调节、疾病控制、水调节、水净化、授粉）、供给功能（食物、淡水、薪柴、纤维、药材、遗传资源）、支持功能（土壤形成、营养循环、初级生产）和文化服务功能（精神和宗教、娱乐和生态旅游、美学、灵感、教育、地方感和文化传承）四大类型（MA，2005）。由于结构、功能和空间位置的差异，不同的生态系统对人类的重要性不同。

生态功能重要性评价是生态功能区划、主体功能区划和生态红线区划的基础。目前，众多学者对于生态重要性的概念尚未形成统一的看法，一部分学者从生态系统服务等相关功能的角度定义，如水域系统中的气候调节等功能；另一部分学者从景观安全格局的角度出发，认为各生态要素对维护区域生态平衡的重要程度不同，其中有一些点、线、面，由于所处位置特殊及自身条件等，对区域景观生态安全起到关键性的作用（王志涛等，2016）。实际上，将评价单元的生态服务价值和评价单元在安全格局重要性结合起来进行生态重要性评价更为科学合理。

生态重要性评价的目的是划定重要生态功能区，而划定重要生态功能区的目的是更好地保护人类生存和经济社会持续发展的生态环境，使人类赖以生存的自然生态系统能够持续提供人类所需的各种生态服务功能。根据生态功能重要性划分重要生态功能区是人们认识自然、遵循自然地域分异规律，保护有重要价值的生态系统，因地制宜发展经济的重要依据。

6.2　生态重要性研究进展

生态重要性的研究可以追溯到 1864 年，美国学者乔治·马什在其著作《人与自然》（*Man And Nature*）中提出自然界中的一切，如大气、土壤和所有生物，都是上天赐予人类的财富（Marsh and Lowenthal，1965）。1935 年英国生态学家 Tansley 提出了生态系统的概念，而生态系统服务的概念则是在 20 世纪 60 年代才第一次出现（King，1966）。

90 年代以来，生态系统为人类带来的经济利益逐步增加，而自然环境却日益恶化。有关学者在应对环境恶化的研究中，丰富了生态系统服务功能和其内涵，探索全新的评价方法和评估原则（Pereira et al.，2004）。1997 年，Daily 出版 *Nature's Service：Societal Dependence on Natural Ecosystem* 一书，该书成为生态系统服务的开创性书籍。同年，Daily 等（1997）在美国生态学会官方出版物 *Issue in Ecology* 上发表的“Ecosystem Services：Benefits Supplied to Human Societies by Natural Ecosystems”一文中，阐述了生态系统服务的主要类型和维持生态系统服务的主要威胁；Costanza 等（1997）在 *Nature* 杂志上发表的“The value of the world's ecosystem services and natural capital”一文中，初步估算全球生态系统总价值大约为 30 万亿美元/年。这两篇论文的发表被认为是生态系统服务概念兴起的里程碑。

生态系统服务研究主要集中在生态系统服务分类、生态系统服务的形成及其变化机制和生态系统服务价值评估方法等几个方面。不同学者从不同的角度开展了生态系统服务的相关研究。一些学者从生态学基础的角度探讨生态系统服务及其价值，另一些学者更多地从经济学的角度研究生态服务的经济价值，并探讨评价的方法与技术。还有学者更注重生态系统服务变化的机制，特别是生物多样性与生态系统服务变化之间的相互作用（谢高地等，2006）。

生态系统具有多种类型的生态服务功能，对于生态系统的众多生态服务功能，不同的学者有不同的分类体系（Ojea et al.，2012）。例如，Daily（1997）将生态系统的生态功能分为 5 类（调节、承载、栖息、生产和信息）14 种，而 de Groot 等（2002）在生态系统评估工作中将生态系统功能划分为调节、生境、产品提供和精神文化功能四大类。MA（2005）将生态系统的服务功能分为 4 种类型：调节功能、供给功能、支持功能和文化服务功能。这意味着生态系统的服务功能种类繁多，将所有的生态功能进行科学量化评价非常困难。

生态系统的生态服务价值评价方法很多，评价方法复杂程度不一（刘化吉等，2011）。值得一提的是，谢高地等（2003）以 Costanza 等（1997）的研究成果为参考，在问卷调查的基础上，建立了“中国陆地生态系统生态服务价值当量因子表”，大大简化了生态服务价值评价的难度。国内在生态服务价值评估方法方面做了大量研究（欧阳志云等，1999；赵景柱等，2000；孙刚等，2000；郑华等，2003；于书霞等，2004；陈爽等，2012；陈尚等，2013；孔东升和张灏，2015；陈柄任等，2016）。不过，这些研究也存在一些局限性，最主要体现在：忽视了区域差异性、空间异质性及经济发展水平差异对生态系统服务功能重要性的影响；多是以县（区）为研究单元，缺乏乡镇等评价单元的研究；多集中在单一生态系统服务功能的分析，对多种生态服务功能的综合研究较少。

国内学者将生态服务价值评价法运用在生态重要性评价和区划中并做了大量研究（李培军等，2007；刘昕等，2010；凡非得等，2011；谢冬明等，2011；陈爽等，2012；李月臣等，2013；杨美玲等，2014）。采用的方法主要是根据典型生态系统服务能力和价值评估，评价生态系统服务的综合特征及其空间分布特征（陈爽等，2012）。李月臣等（2013）从生物多样性保护、土壤保持、水源涵养及营养物质保持等本区最为主要的生态系统服务功能入手，对三峡库区的生态系统服务功能进行了深入细致的分析，定量揭示了研究区生态系统功能重要性程度及其空间分布特征与规律。谢冬明等（2011）按照自下而上的聚类法进行单元分区，构建自然环境重要性评价体系和生态系统服务功能重要性评价体系，对两方面的评价结果进行叠加综合评价，得出鄱阳湖湿地生态功能重要性分区评价结果。苗李莉等（2013）借鉴千年生态系统评估概念框架，利用价值量评价方法，构建城市湿地生态服务功能评价指标体系，以北京市 18 个区（县）为基本评价单元，应用层次分析法确定指标权重，分别对调节、供给、文化、支持服务进行评价分析，得到北京市湿地的综合功能重要程度等级格局。杨美玲等（2014）以乡镇为基本研究单元，以 Costanza 等（1997）的研究理论和谢高地等（2003）制定的价值系数为基础，结合研究区实际，进行适当修订，根据各生态系统的类型、面积、生态服务功能，通过计算单位面积生态服务价值，对宁夏限制开发生态区各乡镇的生态系统重要性进行评价。

由于生态服务价值评估方法复杂，并且评价结果也因采用的评价方法和评价指标不同而差异很大。目前，国内和国外关于生态系统服务物理量与价值量的评估都难以得出让公众及学术界普遍接受的结果，表明该领域研究方法还不成熟，需要继续完善（谢高地等，2006）。生态重要性评价实际上更多地采用综合评价方法，基于指标体系的综合评价方法在生态重要性评价中的应用更为广泛（李鲁欣等，2008；谢冬明等，2011；陈爽等，2012；闫维和张良，2013）。李鲁欣等（2008）通过供给服务（植被净生产力、淡水资源供给能力、耕地面积、天然矿产资源含量）、调节服务（缓解旱涝灾害的能力、净化空气的能力、物种多样性、病虫害发病频率）、文化服务（保护区面积、民族景点区、旅游区个数、研究与教育基地）、支持服务（森林面积、土地质量、水质情况、空气质量）构建指标体系，通过层次分析法确定各功能权重值，由此分析鄱阳湖湿地的服务功能重要性程度。闫维和张良（2013）以乡镇行政区为基本评价单元，选取供给服务（食物数量）、支持服务（自然保护区分布、物种丰富程度）、调节服务（河流水库的给水况、调节水量、净化水质、土地利用状况）、文化服务（各级风景名胜区分布状况）构建生态服务功能重要性评价指标体系，利用加权求和指数模型计算生态系统服务功能综合评价值，对天津市的综合生态服务功能重要性进行了空间分析。

生态重要性评价的目的是划定重要生态功能区。但是，由于生态服务功能类型繁多，在生态功能重要性评价研究中，主要针对几种生态系统服务类型进行评价。例如，在《全国生态功能区划》中，生态功能评价内容主要包括水源涵养、土壤保持、防风固沙、生物多样性保护和洪水调蓄。而在《全国主体功能区规划》中，国家重点生态功能区划分的依据主要包括水源涵养、水土保持、防风固沙和生物多样性维护。海洋重要生态功能区主要包括水产种质资源保护区、国家级海洋特别保护区和海洋公园等。可以看出，生态功能重要性评价主要侧重于陆地生态系统，许多生态功能评价内容并不适合于海洋生态系统，如水源涵养、土壤保持和防风固沙。根据海洋生态系统的生态服务功能特殊性和海洋生态系统的主要生态环境问题，确定针对海洋特点的海洋生态功能重要性评价内容十分必要。廖建基（2015）在泉州做重要生态功能区划时考虑了海洋生物多样性维护，海洋产品供给、海岸带防护、淡水-营养盐物质输入和海洋文化服务等生态系统服务类型。值得一提的是，海岸带防护和淡水-营养物质输入主要是海岸带生态系统的生态功能，与海洋生态系统的生态功能关系不大。根据海洋生态系统的特点和海洋生态环境问题，有针对性地选择海洋生态系统服务功能评价指标，在此基础上进行生态重要性评价的研究相对较少。

6.3　生态重要性评价方法

生态重要性评价的方法主要分为两种：生态系统服务价值评价方法和基于指标体系的综合评价方法。

6.3.1　生态系统服务价值评价方法

生态系统服务功能是指生态系统和生态过程所形成及所维持的人类赖以生存的自然环境条件与效用（孙刚等，2000；谢高地等，2003；MA，2005）。生态系统服务功能的类型多种多样（图 6-1），其价值类型也具有多样化特征，一般分为使用价值和非使用价值。前者又可分为直接使用价值、间接使用价值和选择价值，而后者可继续分为选择价值、遗产价值和存在价值。直接使用价值主要是指生态系统产品所产生的价值，它包括食品、医药及其他工农业生产原料，景观娱乐等带来的直接价值。直接使用价值可用产品的市场价格来估计。间接使用价值主要是指无法商品化的生态系统服务功能，如维持生命物质的生物地化循环与水文循环，维持生物物种与遗传多样性，保护土壤肥力，净化环境，维持大气化学的平衡与稳定等支撑及维持地球生命支持系统的功能。间接使用价值的评估常常要根据生态系统功能的类型来确定。选择价值是人们为了将来能直接利用或间接利用某种生态系统服务功能的支付意愿。例如，人们为了将来能利用生态系统的涵养水源、净化大气及游憩娱乐等功能的支付意愿。人们常把选择价值喻为保险公司，即人们为自己确保将来能利用某种资源或效益而愿意支付的一笔保险金。存在价值，亦称内在价值，是人们为确保生态系统服务功能继续存在的支付意愿。存在价值是生态系统本身具有的价值，是一种与人类利用无关的经济价值。换句话说，即使人类不存在，

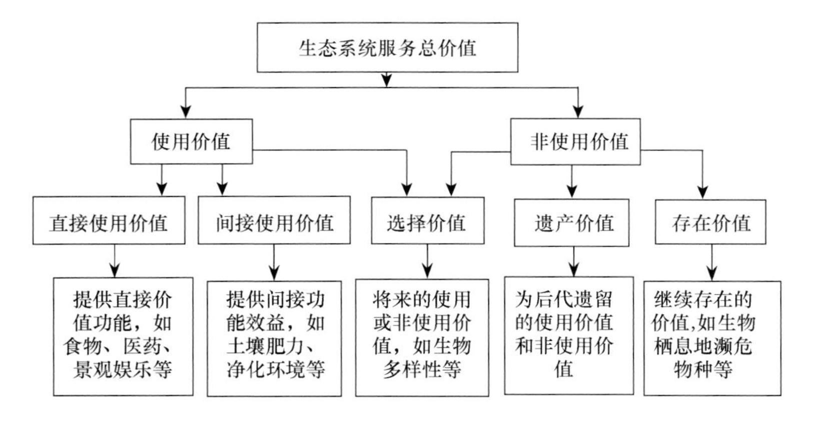

图 6-1　生态系统服务功能价值分类（引自刘玉龙等，2005）

存在价值仍然有，如生态系统中的物种多样性与涵养水源能力等。遗产价值是为后代遗留的使用价值和非使用价值。存在价值是介于经济价值与生态价值之间的一种过渡性价值，它可为经济学家和生态学家提供共同的价值观（刘玉龙等，2005）。

生态系统服务价值评价目前主要采用经济学评价方法、能值评价法和效益转化法（谢高地等，2006）。经济学评价方法将抽象的服务转化为人们能感知的货币，直观地反映了生态系统的服务价值。目前，大多数的经济价值评估方法都是建立在市场基础上，以价格为基本衡量单位的价值评价。这些方法既受到价值规律作用，还受消费者偏好的影响。能值评价法是在能值理论和系统生态学理论基础上发展起来的，其目的是将无法简单地用经济价值衡量的生态系统功能与过程，通过一定的转换，用一种便于比较的新测度方式表示，也可称为能值核算。能值核算以生产非货币化和货币化资源、服务与商品的太阳能单位（称为太阳能值）来表示其价值（Odum，1987）。在这3种方法中，基于生态服务的经济学评价方法最为常用，其中主要评估方法可分为3类：直接市场法（包括费用支出法、市场价值法、机会成本法、恢复和防护费用法、影子工程法、人力资本法）、替代市场法（包括旅行费用法和享乐价格法等）和模拟市场价值法，包括条件价值法等（刘玉龙等，2005）。

1. 费用支出法

费用支出法是以人们对某种生态服务功能的支出费用来表示其生态价值。例如，对于自然景观的游憩效益，可用游憩者支出的费用总和作为该生态系统的游憩价值。

2. 市场价值法

市场价值法先定量地评价某种生态服务功能的效果，再根据这些效果的市场价格来估计其经济价值。在实际评价中，通常有两类评价过程。一是理论效果评价法，它可分为3个步骤：先计算某种生态系统服务功能的定量值，如农作物的增产量；再研究生态服务功能的“影子价格”，如农作物可根据市场价格定价；最后计算其总经济价值。二是环境损失评价法，如评价保护土壤的经济价值时，用生态系统破坏所造成的土壤侵蚀量、土地退化、生产力下降的损失来估计。

3. 恢复和防护费用法

全面评价环境质量改善的效益，在很多情况下是很困难的。对环境质量的最低估计可以从为了减少有害环境影响所需要的经济费用中获得，我们把恢复或防护一种资源不受污染所需的费用，作为环境资源破坏带来的最低经济损失，这就是恢复和防护费用法。

4. 影子工程法

影子工程法是指当环境受到污染或破坏后，人工建造一个替代工程来代替原来的环境功能，用建造新工程的费用来估计环境污染或破坏所造成的经济损失。

5. 人力资本法

人力资本法是通过市场价格和工资多少来确定个人对社会的潜在贡献，并以此来估算环境变化对人体健康影响的损失。

6. 机会成本法

机会成本是指在其他条件相同时，把一定的资源用于生产某种产品时所放弃的生产另一种产品的价值，或利用一定的资源获得某种收入时所放弃的另一种收入。对于稀缺性的自然资源和生态资源而言，其价格并非由其平均机会成本决定，而是由边际机会成本决定的，它在理论上反映了收获或使用一单位自然和生态资源时全社会付出的代价。

7. 旅行费用法

旅行费用法是利用游憩的费用（常以交通费和门票费作为旅游费用）资料求出“游憩商品”的消费者剩余，并以其作为生态游憩的价值。旅行费用法不仅首次提出了“游憩商品”可以用消费者剩余作为价值的评价指标，而且首次计算出“游憩商品”的消费者剩余。

8. 享乐价格法

享乐价格与很多因素有关，如房产本身数量与质量，距中心商业区、公路、公园和森林的远近，当地公共设施的水平，周围环境的特点等。享乐价格理论认为：如果人们是理性的，那么他们在选择时必须考虑上述因素，故房产周围的环境会对其价格产生影响，因周围环境的变化而引起的房产价格可以估算出来，以此作为房产周围环境的价格，称为享乐价格法。

9. 条件价值法

条件价值法也叫问卷调查法、意愿调查评估法、投标博弈法等，属于模拟市场技术评估方法，它以支付意愿（willingness to pay，WTP）和净支付意愿（net willingness to pay，NWTP）表达环境商品的经济价值。条件价值法是从消费者的角度出发，在一系列假设前提下，假设某种“公共商品”存在并有市场交换，通过调查、询问、问卷、投标等方式来获得消费者对该“公共商品”的 WTP 或 NWTP（净支付意愿），综合所有消费者的 WTP 和 NWTP，即可得到环境商品的经济价值。

6.3.2 基于指标体系的综合评价方法

生态功能重要性综合评价是通过构建评价指标体系和评价模型计算评价单元的生态功能重要性指数来进行生态功能重要性评价。生态功能重要性模型可以基于指标的打分系统，也可以基于经验公式或者机理模型。例如，在环境保护部《生态保护红线划定技术指南》中，土壤保持功能重要性评价主要包括定量指标法和基于通用水土流失方程的模型法。

生态重要性综合评价是在单项生态功能重要性评价基础上进行的，即通过建立综合评价模型将单项评价信息综合得到生态重要性综合指数。综合评价模型的结构需要根据评价对象、评价内容和评价目的设计。现在常用的评价指数模型是加权求和线性模型，根据不同指标对评价内容的权重和评价指标的分值，利用加权求和计算公式计算评价对象的生态功能重要性综合指数（张祖芳，2014）。此外，还有乘积模型和极值模型（谢冬明和金国花，2015；王志涛等，2016）。例如，王志涛等（2016）在研究沽源县未利用地生态重要性空间识别及其地形梯度特征分析时，将各个指标分值连乘然后开方计算单项评价重要性。在主体功能区划研究中，评价对象生态重要性是在水源涵养重要性、土壤保持重要性、防风固沙重要性、生物多样性维护重要性、特殊生态系统重要性评价基础上，利用函数 Max 将评价单元 5 项单项评价结果的最大值作为综合评价结果用于计算评价单元的生态重要性综合指数（环境保护部，2014；肖燚等，2011）。

生态重要性（ecological importance，EI）综合评判模型的构建一般包括如下几个步骤。

1）生态服务功能类型选择。海洋生态系统具有多种生态服务功能，将所有生态服务功能一一评价既不现实也没必要。根据研究区域海洋生态系统的主要生态环境问题和人类对一些生态服务功能的需求紧迫性，选择 3～5 个生态服务功能进行评价即可。

2）针对每种生态服务功能类型，选择评价指标、构建评价指标体系。不同的生态服务功能有不同的评价指标体系。

3）针对每种生态服务功能的评价指标体系，建立各个评价指标的打分系统。打分系统可以用等间距法、专家打分法和基于极值（最大值或最小值）标准化法确定。

4）构建各个单项生态服务功能重要性评价指数模型，计算评价单元的各项生态服务功能重要性指数。如果采用加权求和指数模型，需要通过专家评分法、层次分析法或者其他方法确定各个指标的权重。

5）构建生态功能重要性综合评价模型，将各个单项生态服务功能重要性指数综合，计算生态重要性综合指数。

常用的综合评价模型主要包括以下几种。

（1）加权求和指数模型

$$\mathrm{EI}=\sum W_i \times \mathrm{EI}_i \tag{6-1}$$

式中，EI 和 EI_i（i=1，2，3，…，m）分别为综合生态重要性和单项 i 的生态重要性，W_i 为单项（i）生态功能重要性的权重。

（2）Max 模型

$$\mathrm{EI}=\mathrm{Max}（\mathrm{EI}_1，\mathrm{EI}_2，\mathrm{EI}_3，\cdots，\mathrm{EI}_m） \tag{6-2}$$

式中，EI 为生态重要性综合指数，EI_i（i=1，2，3，…，m）为各个单项（i）的生态功能重要性评价结果。

（3）乘积开方指数模型

$$\mathrm{EI}=\sqrt[m]{\prod \mathrm{EI}_i} \tag{6-3}$$

式中，EI 为生态重要性综合指数，EI_i（i=1，2，3，…，m）为各个单项（i）的生态功能重要性评价结果。

环境保护部《生态保护红线划定技术指南》（后面简称《指南》）中的土壤保持功能重要性评价方法如下。

（1）定量指标法

$$S_{pro} = NPP_{mean} \times (1-K) \times (1-F_{slo}) \tag{6-4}$$

式中，S_{pro} 为土壤保持服务能力指数；NPP_{mean} 为评价区域多年生态系统净初级生产力（net primary production，NPP）平均值，NPP 的遥感模型算法参见《指南》；K 为土壤可蚀性因子，算法参见《指南》；F_{slo} 为根据最大最小值法归一化到 0～1 的评价区域坡度栅格图（利用地理信息系统软件，由 DEM 计算得出）。

本方法强调绿色植被、地形因子和土壤结构因子在土壤保持中的作用，简便易行（与通用水土流失方程相比），可定量揭示生态系统土壤保持服务能力的基本空间格局，比较适用于大尺度区域的快速评估。

（2）基于通用土壤流失方程（universal soil loss equation，USLE）的模型法

在数据资料丰富，能够充分满足各因子参数需求时可以采用修正自 USLE 的土壤保持服务模型开展评价，详见《指南》。

6.4　生态重要性理论基础

生态重要性评价的理论基础主要包括岛屿生物地理学理论、生态交错区理论、食物链和食物网理论。其中岛屿生物地理学理论和生态交错区理论主要与景观安全格局有关，而食物链和食物网理论主要与生态系统的结构及功能有关。这 3 个理论在景观和生态系统层次上奠定了生态重要性评价的理论基础。

1. 岛屿生物地理学理论

岛屿生物地理学理论假设一个岛上的物种数目最终将趋于一种动态平衡。导致平衡的两种过程是物种的迁入和灭绝。岛屿的物种数取决于岛屿的大小和岛屿与种源地（大陆）的距离，即面积效应（area effect）和距离效应（distance effect）。岛屿生物学理论是景观生态学斑块大小和形状理论及景观连通性理论的基础。一个斑块（生态系统）的生物保护价值不仅仅取决于其面积，还取决于其周围同类型斑块的面积和数量及其空间连通度。斑块面积越大，生境类型越多，保护的物种种类越多。目标斑块周围内同类型斑块面积越大，数量越多，距离越小，在人为或者自然干扰后越容易从周围同类型斑块内补充物种，稳定性越高，越有利于保护物种。

岛屿生物地理学的越大越好和越近越好的基本原则在今天仍广为接受。在生物保护学领域，一直存在“一个大的还是几个小的”（single large or several small，SLOSS）争论。大型保护区由于面积大，边缘效应小，对于大型动物和内部物种保护有利，而同等面积的多个小型保护区网络虽然保护内部物种的效果差，但由于边缘面积大，有利于边缘物种和多栖息地需求物种的保护。另外，小型保护区由于土地使用冲突少，更为土地管理者青睐。但是，当生物保护的重点从大型动物到中型和小型动物转变的时候，SLOSS 争议不但没有意义，而且会起误导作用（Forman，1995）。

2. 生态交错区理论

生态交错区又称群落交错区或生态过渡带，是两个或多个生态地带之间（或群落之间）的过渡区域。生态交错区是多种要素的联合作用和转换区，各要素相互作用强烈，常是非线性现象显示区和突变发生区，也常是生物多样性较高的区域。生态交错区的生态环境抗干扰能力弱，对外力的阻抗相对较低，其生态环境一旦遭到破坏，恢复原状的可能性很小。生态交错区具有很重要的边缘效应（edge effect），生物种的数目及一些种的密度在生态交错区存在增大的趋势。在生态交错区往往包含两个重叠群落中所有的一些种及交错区本身所特有的种，这是因为生态交错区的环境条件比较复杂，能为不同生态类型的植物定居，从而为更多的动物提供食物、营巢和隐蔽条件。

3. 食物链和食物网理论

生态系统内的物种通过取食与被取食的关系构成的食物链和食物网相互联系，通过这种取食与被取食的关系，能量在生态系统内传递。按照在生态系统的地位物种可以分为生产者、消费者和分解者三大类群。初级生产者通过光合作用或者化能合成作用固定的能量按照 5%～20%的传递效率传递到下一营养级（食物链上某环节生物物种的总和）的生物。由于各个营养级之间能量传递效率（大约 10%）有限，食物链的长度很少超过 6 级。因而，初级生产者的生产效率和生物量决定着生态系统的食物链的长度，一般情况下，初级生产者生物量越大，生态系统的生物多样性越高。食物网越复杂，生物多样性越高，生态系统稳定性越高。

6.5 海洋生态功能重要性评价技术和方法

6.5.1 生态重要性评价内容和评价方法

生态重要性评价的内容需要根据生态重要性评价的理论和研究区的生态环境问题及生态服务功能需求情况确定。我国近海生态系统面临的主要生态环境问题包括生物多样性下降、海洋环境（主要是氮、磷）污染、渔业资源衰竭等。另外，随着经济发展和人类生活水平提高，滨海旅游蓬勃发展，滨海地区成为旅游热点地区。在此背景下，海洋的生物多样性保护、渔业生产、水质净化和滨海游憩等生态功能的维持对于海洋环境问题治理与海洋资源可持续利用十分重要。本部分生态重要性评价主要针对中国近海的生物多样性保护价值、渔业生产功能、水质净化功能和滨海游憩等生态服务功能进行生态重要性评价。根据生态学理论，分析影响海洋的生物多样性保护、渔业生产、水质净化和滨海游憩功能的自然、社会、经济因素，建立生态重要性评价的指标体系并确定各个指标的权重。在此基础上建立综合评价模型，对近海生态重要性进行综合空间评价和区划（图 6-2）。

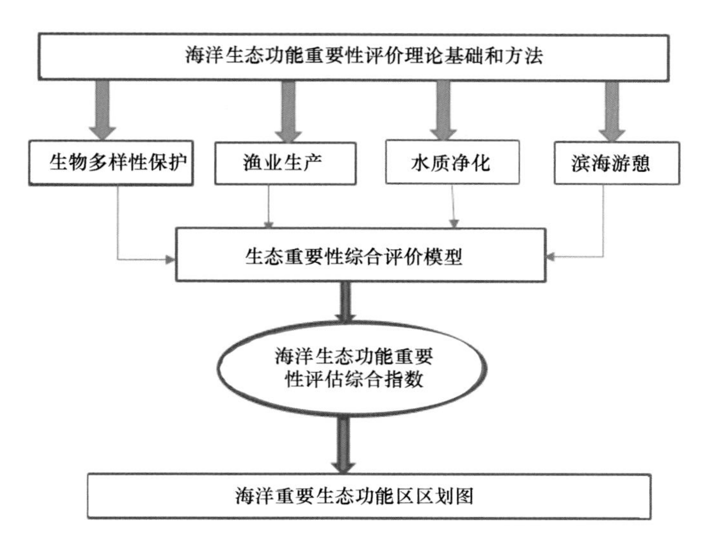

图 6-2　海洋生态功能重要性评价的技术框架

海洋生态服务价值定量评价是海洋生态学研究的重要内容，基于生态系统类型的生态价值评价方法众多，但是由于价值定量方法存在着各种问题，考虑到在生态红线区划中，生态重要性区划和评价更侧重于重要性的相对比较，而不是生态系统服务价值的精确量化，本部分生态重要性评价是基于指标体系的综合评价。根据各项评价内容的主要影响因素，确定评价指标体系和评价方法，通过比较评价对象的生态服务价值重要性的相对大小，进行生态重要性空间评价和分析，为生态红线区划提供数据和技术支持。

6.5.2　生态重要性评价指标体系

6.5.2.1　生态重要性评价指标选择

生态重要性评价的指标体系与评价内容有关，不同的评价内容对应不同的评价指标体系。例如，生物多样性重要性评价的指标体系和滨海游憩重要性评价的指标体系差别很大。评价指标选择原则包括整体性、可操作性、科学性，层次性、相关性，可表征性、可度量性。其中科学性相关性和尤为重要，选择的评价指标必须有生态学依据，符合有关的生态学理论。下面针对各个评价内容分别论述各项评价内容对应的评价指标（表 6-1）及选择依据。

1. 生物多样性保护价值

生物多样性是生物（动物、植物和微生物）与环境形成的生态复合体，以及与此相关的各种生态过程的综合，包括生态系统、物种和基因 3 个层次。生物多样性是人类赖以生存的条件，是经济社会可持续发展的基础，是生态安全和粮食安全的保障。鉴于基因多样性数据难以获得，本部分生物多样性保护功能评价主要考虑物种和生态系统两个层次。

表 6-1 生态功能重要性评价指标体系和权重

目标层	要素层	指标层	指标属性
生物多样性保护功能 0.5	物种多样性 0.6	浮游植物种数 0.12	必选
		浮游动物种数 0.18	必选
		底栖动物种数 0.3	必选
		浮游植物细胞数量 0.2	必选
		浮游动物生物量 0.12	必选
		底栖动物生物量 0.08	必选
	生态系统多样性 0.4	生境类型 0.4	必选
		生境多样性 0.3	必选
		重要生境空间位置 0.3	必选
渔业生产功能 0.2	自然环境支撑 0.8	浮游植物生物量 0.20	必选
		浮游动物生物量 0.10	必选
		鱼卵仔鱼密度 0.15	必选
		水深 0.1	必选
		重要生境区类型 0.25	必选
		重要生境区距离 0.2	必选
	基础设施 0.2	渔港距离 0.5	必选
		城镇距离 0.5	必选
	环境制约（校正参数）	海水质量	可选
		沉积物质量	可选
		生物质量	可选
水质净化功能 0.2	水环境 0.3	流速 0.25	必选
		深度 0.2	必选
		年最大浪高 0.2	必选
		溶解氧 0.1	必选
		温度 0.25	必选
	生物净化 0.7	初级生产力 0.3	必选
		植被指数 0.3	可选
		植被类型 0.4	可选
滨海游憩功能 0.1	游憩需求 0.3	人口密度 0.5	必选
		岸线距离 0.5	必选
	游憩潜能 0.7	自然岸线类型 0.4	必选
		自然景观多样性 0.4	可选
		水质质量 0.2	可选

注：评价指标权重可以根据研究海域的具体情况进行相应修改，渔业生产功能评价中的环境制约因子（渔水质量沉积物质量和生物质量，可以任选其一，用于修正加权求和评价结果，没有权重）

生物多样性保护价值在生态系统层次上主要取决于其生态系统（或者生境）类型、空间位置（廊道、踏脚石、生态交错区）和生境破碎化程度、面积及生境稀有性等因素。生态系统类型重要性可以根据不同生态系统类型对生物多样性保护价值进行赋分。例如，红树林和泥滩因生物多样性不同而赋予不同的生物多样性保护价值。空间位置重要性主要考虑重要生境区（河流廊道、鸟类和游泳动物洄游路线、产卵场、索饵场、越冬场等）在保护区域生态系统完整性和生态过程连通性上的生态价值，可用评价单元到重要生境区的距离来表征。鉴于不同类型生境区（如产卵场和洄游路线）在保护生物多样性方面的价值不同，这种差异可以通过根据重要生境区的类型设置不同的权重来反映。生态交错区环境复杂多样，生物多样性高，可以根据单位面积内的生境类型数量来反映生态交错区对生物多样性保护的意义。生境破碎化和生境丧失是生物多样性下降的主要原因。某类生境破碎化程度越大，生境保护的价值越小；而破碎化程度越小，生态保护价值越大。生境稀有性同样影响生境保护价值，某些自然生境面积稀少，一旦丧失，会导致其中生物多样性灭绝或大幅下降，保护稀有生境是生态重要功能区划定时一个需要考虑重要的因素。某类生境总面积越小，生境的稀有性越大，生态保护价值越大。

在物种层次上考虑的因素主要是浮游植物、浮游动物、大型底栖动物的物种数（或者生物多样性指数）和生物量，其中浮游植物的生物量大小直接决定食物链的长度、食物网的复杂性及生物多样性。游泳动物和哺乳动物数据可获得性较低，许多地方缺少有关数据，因而可作为物种多样性评价的备选指标。珍稀物种、濒危物种和乡土特有物种的有无与数量是生物多样性保护最为关注的因素，一般情况下珍稀物种和濒危物种的分布区已被划为自然保护区或者特别保护区，可根据评价单元到保护区的距离来确定物种稀有性、特有性和濒危性对生物多样性保护价值的贡献。

2. 渔业生产功能重要性

海洋渔业资源对于满足人类对蛋白质的需求具有重要作用，但是由于过度捕捞、海岸带开发、环境污染和气候变化，海洋渔业资源衰竭，大大影响了海洋生态系统的产品供给功能。通过渔业生产功能重要性评价，划定渔业生产的重要功能区和保护红线，对于恢复渔业资源和提高渔业生产的可持续性具有重要意义。

渔业生产功能的重要性与评价单元的食物饵料数量密切相关，饵料数量可以用叶绿素 a 浓度、颗粒性有机碳（particulate organic carbon，POC）浓度、浮游植物细胞数量和浮游动物生物量来指示。另外，作为重要生境区，重要经济鱼类“三场一通道”的保护对于保证渔业生产功能及维持渔业生产的可持续性具有重要意义。评价单元的渔业生产功能还与基础设施（渔港、码头和交通便利条件）有关。渔港码头等基础设施越好，越有利于渔业生产，这可以通过评价单元到基础设施的距离来衡量。同时，重金属污染和病原微生物（生物质量和沉积物质量）直接影响渔业产品的价值。在渔业生产功能重要性评价中根据海洋生物质量和沉积物质量数据对渔业生产功能价值进行修正十分必要。

水产养殖和渔业捕捞的产量可以反映海域的渔业生产功能重要性。但是，由于渔业捕捞量是在县、市等行政单位层次上统计的，并且很难应用到具体海域和评价单元（栅格），因此这两个指标作为可选指标参与渔业生产功能重要性评价。

3. 水质净化功能

大量陆源污染物通过河口进入海洋带来一系列生态环境问题，其中海水富营养化及与之有关的赤潮和绿潮频发极大地影响了海洋的产品供给与文化服务功能。中国海洋环境污染主要形式是氮、磷超标。海洋生态系统通过光合作用可以吸收利用过量输入的营养盐，发挥海洋生态系统的水质调节功能。水质净化生态功能无疑是人类迫切需要的海洋生态服务功能。

浮游植物初级生产力越高，吸收营养盐速率越快；而流速和水深越大，海洋纳污能力越强，越有利于水质净化。温度是影响初级生产力的主要因素，温度越高，光合作用越快，净化水质的速度也越大。基于这些因素，确定水质净化生态功能评价指标（表 6-1）。

除了浮游植物，滨海盐沼、红树林、海草床、大型褐藻林等生态系统中的初级生产者可以过滤吸收大量的陆源污染物，同样具有重要的水质净化功能，并且该功能与植被类型和植被指数有关。例如，同样面积的红树林因为植被指数不同，水质净化功能也不同。基于以上因素，植被类型和植被指数也被用于水质净化功能评价。

4. 滨海游憩功能

滨海游憩是海洋生态系统的重要生态服务功能，可以满足人类精神、消遣、美学等多种文化服务功能。滨海游憩价值或者功能重要性与海水质量、生物种类多样性、自然景观多样性、交通便利性和人口密度有关。不同的自然景观类型不同，其游憩价值不同，例如，珊瑚礁和红树林的游憩价值明显高于泥滩。另外，在同样面积区域内自然景观类型越多，游憩价值越大。海水质量对海洋的游憩价值影响很大，评价单元的海水质量越好，其游憩价值越大。另外，评价单元的游憩价值与该海域所在区域的社会经济发展状况及人口密度有关。经济发展水平越高，人口密度越大，滨海的游憩服务功能越高。基于这些情况，选择人口密度、岸线距离、自然岸线类型、自然景观多样性和水质质量等指标评价滨海游憩功能重要性。

6.5.2.2 生态功能重要性评价权重设置

不同海洋生态服务类型的评价指标体系不同，即使同一生态功能类型在不同的海域，其生态功能重要性也大不相同，这主要与不同海域面临的生态环境问题类型和严重程度，以及人类对海洋生态服务功能需求的区域变异性有关。例如，海水对营养盐污染的净化功能在南海或者富营养化问题不严重（甚至贫营养化）海域并不重要，而对富营养化问题突出的渤海海域这一功能十分重要。这意味着采用全国统一的评价指标体系对不同的海域进行生态功能重要性评价有时并不适合。因此，因地制宜有针对性地对某一特定生态功能服务类型选择评价指标体系和指标打分系统与权重对于科学区划重要生态功能区及划定生态红线十分必要。

评价单元的生态服务功能类型不同，评价指标体系也不同。同时，由于存在各地有关数据量多少和有无等问题，在某些区域生态功能重要性评价中可以对一些指标相应地增减。同样，一些生态服务功能类型由于不同海域面临的生态环境问题不同，其在生态功能重要性评价中的权重可以相应修正。

在本部分，评价指标的权重是根据不同类型生态服务功能重要性及生态需求状况，通过专家评分法和查阅相关文献确定。具体的权重见表 6-1。

表 6-1 中列出了海洋生态功能重要性评价的指标体系和权重。

6.5.2.3 单项生态功能重要性评价方法

海洋生态功能重要性评价内容包括生物多样性保护重要性、渔业生产功能重要性、水质净化功能重要性和滨海游憩功能重要性 4 个方面。评价单元为栅格，栅格大小为 100m 或者 50m，可以根据研究区域大小自行确定。依据各种指标评价各种类型的生态功能重要性，需要根据评价指标和评价内容建立指标打分系统，将评价单元的各个指标对应的数值归一化到 1～5 分的分值，用这些分值量化评价单元的各种生态服务功能。需要指出的是，由于中国海域广阔，许多海洋物理化学和海洋生物环境数据空间变异非常大，这意味着在县、市和省级层次上划定生态红线时一些海洋环境数据采用全国统一的打分体系既不科学又不可行。这种情况下，这类指标打分体系可以根据研究区或者规划区的变异（波动）范围采用计算机等间距或者自然间隔自动分类的方法确定。

1. 生物多样性保护重要性

生物多样性保护重要性从物种和生态系统两个层次上进行评价。海洋生态系统分类和制图是生态系统多样性评价的基础。海洋生态系统分类依据主要包括水深、地貌和生物群落类型划分。初步设定河口、海湾、潮间带（进一步细分为盐沼、红树林、海草床、珊瑚礁、褐藻林、泥滩、沙滩、岩滩）、潮下带湿地（下限为 6m 等深线）、海岛、近海和远海等类型。不同的海洋生态系统类型具有不同的生物多样性，以及不同的生物多样性保护价值，根据专家咨询意见，对不同类型的海洋生态系统的生物多样性保护价值进行打分，获取基于生态系统类型的生物多样性保护功能重要性得分 $EIbd_{type}$（表 6-2）。

表 6-2 生物多样性保护功能重要性评价指标打分系统

指标分值	1	2	3	4	5
生境类型	其他	沙滩	泥滩、岩滩	盐沼、海草床、褐藻林	红树林、珊瑚礁河口
重要生境距离/m	＞8000	5000～8000	3000～5000	1000～3000	＜1000
生境多样性	＜2	2～4	4～6	6～8	＞8
生境破碎度	＞8	6～8	4～6	2～4	＜2
浮游植物种类	打分系统参考《近岸海域海洋生物多样性评价技术指南》或者等间距计算机自动分类				
浮游动物种数	打分系统参考《近岸海域海洋生物多样性评价技术指南》或者等间距计算机自动分类				
底栖动物种数	打分系统参考《近岸海域海洋生物多样性评价技术指南》或者等间距计算机自动分类				
浮游植物细胞数	打分系统参考《近岸海域海洋生物多样性评价技术指南》或者等间距计算机自动分类				
浮游动物生物量	打分系统参考《近岸海域海洋生物多样性评价技术指南》或者等间距计算机自动分类				

注：生态功能重要性评价采用 1～5 分的打分系统，分值越高，生态功能重要性越大

鉴于生态系统交错区物种多样性相对较高，一些物种具有多种类型栖息地需求。根据海洋生态系统空间分布图，利用 ArcGIS 的空间分析模块计算评价单元 50×50 邻域内生态系统类型数（variety）或者生境多样性指数，然后将该指数进行等间距重分类（1～5）或者依据表 6-2 中生境多样性打分系统获取基于生境多样性保护重要性的得分值 $EIbd_{hvar}$。

海洋生物的重要栖息地（珍稀物种、濒危物种、重要经济动物的分布区等）、海洋

生物的产卵场、育幼场、越冬场、索饵场和洄游路线因其空间位置重要性，对于保护海洋生物具有重要意义，需要在生物多样性保护功能重要性评价中加以考虑。由于在不同研究区，存在的重要生境地数量和类型数不一，难以给出具体权重建议，需要根据专家咨询意见基于空间重要性自行作相应赋值。根据评价单元到重要空间区的距离和空间区的重要性得分，计算评价单元的基于空间位置的生物多样性保护功能重要性得分 $EIbd_{spac}$，计算公式如下：

$$EIbd_{spac}=\sum V_i \times W_i \tag{6-5}$$

式中，W_i 为重要生境区 i 的多样性保护重要性，由生境区的类型确定（表 6-3），V_i 为评价单元相对到重要空间区 i 的得分，根据评价单元到重要生境区的距离按照表 6-2 中打分系统确定。根据评价单元到不同生境区的距离和生境区的类型加权求和获得评价单元空间位置重要性得分 $EIbd_{habit}$。计算结果进行等间距重分类获得 1～5 分的分值作为基于重要空间区的生物多样性保护功能重要性得分。

表 6-3　渔业生产生态功能重要性评价指标打分系统

指标分值	1	2	3	4	5
叶绿素浓度	参考《近岸海域海洋生物多样性评价技术指南》或者等间距分类				
浮游动物生物量	参考《近岸海域海洋生物多样性评价技术指南》或者等间距分类				
水深/m	＜5	5～10	10～15	15～20	＞20
生境区距离/m	＞12 000	8 000～12 000	5 000～8 000	3 000～5 000	＜3 000
渔港距离/m	＞12 000	8 000～12 000	5 000～8 000	3 000～5 000	＜3 000
城镇距离/m	＞12 000	8 000～12 000	5 000～8 000	3 000～5 000	＜3 000
沉积物质量	三类	—	二类	—	一类
生物质量	三类	—	二类	—	一类

注：生态功能重要性评价采用 1～5 分的打分系统，分值越高，生态功能重要性越大；沉积物质量和生物质量用于修正渔业生产功能，没有权重和打分系统；浮游植物细胞数和浮游动物生物量需要根据研究区域的具体情况设置，可以用等距离分割法确定；海洋沉积物质等级参照《海洋沉积物质量》（GB 18668—2002）

生境类型、生境多样性及空间位置重要性是生态系统层次上的生物多样性保护价值评价的重要依据，根据专家评分法确定对应的权重分别为 0.4、0.3 和 0.3（表 6-1），通过加权求和可以得到生态系统层次上的生物多样性保护重要性指数 $EIbd_{ecos}$，计算公式如下：

$$EIbd_{ecos}=0.4\times EIbd_{type}+0.3\times EIbd_{hvar}+0.3\times EIbd_{spac} \tag{6-6}$$

在物种层次上，生物多样性越高、生物量越大，生物保护价值越大。通过对研究海域生物调查数据进行空间插值，获得浮游植物、浮游动物、底栖生物物种数和生物量的空间分布图，并按照《近岸海域海洋生物多样性评价技术指南》（HY/T 215—2017）或者计算机等间距自动分类法打分，然后按照 0.2、0.3 和 0.5 的权重对浮游植物、浮游动物和底栖生物物种数加权求和得到海洋生物种数空间分布图。按照 0.5、0.3 和 0.2 对浮游植物、浮游动物和底栖生物生物量进行加权求和获得海洋总生物量栅格图层。

将海洋生物多样性和海洋总生物量得分按照 0.6 和 0.4 的权重加权求和并按等间距重分类（1～5），获得基于物种生物多样性保护功能重要性指数 $EIbd_{spec}$，在上述单项指标生物多样性保护生态重要性评价基础上，通过加权求和模型计算评价单元的生物多样性保护综合生态功能重要性（EIbd），计算公式如下：

$$EIbd=0.6\times EIbd_{ecos}+0.4\times EIbd_{spec} \quad (6-7)$$

2. 渔业生产功能重要性

渔业生产功能重要性与重要生境区（洄游路线、产卵场、索饵场、越冬场、重要经济物种高产区、优质名产重要渔业动物分布区）的距离、饵料生物密度、污染指数等有关。污染指数越大，评价单元渔业生产功能越小。而评价单元距离重要生境区的距离越小，评价单元渔业生产功能越大。另外，评价单元饵料生物密度（由浮游植物和浮游动物的生物量来反映）越大，评价单元渔业生产功能越大。

重要生境区距离指标与生境区类型和洄游生物经济重要性有关。不同生境区距离指标的打分系统可以按照表 6-3 打分系统获得基于重要生境区的渔业生产功能重要性分值，各个指标的权重可以根据层次分析法或者专家打分法确定。

$$EI_{pfi}=\sum W_i\times S_i \quad (6-8)$$

式中，W_i 和 S_i 为指标 i 的分值和权重，EI_{pfi} 为未考虑环境制约因子的纯（pure）渔业生产功能重要性指数。

海洋环境污染对鱼类产品的生物质量影响很大，渔业生产生态服务功能评价结果需要根据沉积物质量或者生物质量进行相应修正，计算实际渔业生产的生态服务功能价值（EI_{afi}，adjusted fishery production ecologicae importance）。沉积物或者生物质量为三类的海域，渔业生产功能重要性（Q_{sed}）强制设置为 0。

$$EI_{afi}=EI_{pfi} \quad (6-9)$$

$$Q_{sed}=\begin{cases}0 & \text{沉积物质量为三类}\\ 1 & \text{其他}\end{cases} \quad (6-10)$$

3. 水质净化功能重要性

水质净化功能重要性一方面取决于海洋物理环境，另一方面取决于海洋生物环境。影响海洋海水自净能力的海洋物理环境因素主要有流速、水深、溶解氧和浪高等，生物因素主要与浮游植物初级生产力和海草床、盐沼、红树林等典型植被的生物量及初级生产力有关，初级生产力越高，初级生产者生物量越大，营养盐吸收能力越强，海洋自净能力越强。

为了反映海洋物理环境因素和生物环境因素对海洋水质净化功能的影响，构建了水质净化功能评价模型，计算如下：

$$C_{wp}=\sum W_i\times S_i \quad (6-11)$$

式中，W_i 和 S_i 为指标 i 的分值和权重，营养盐污染物自净能力重要性评价的各个指标打分系统通过人工赋值（表 6-4）或者计算机自动等间距重分类方法获得，将各个指标数值进行等间距重分类获得各个指标打分（1～5），而各个指标权重通过层次分析法和专家评分法确定（表 6-1）。

表 6-4　水质净化功能重要性评价指标打分系统

指标分值	1	2	3	4	5
初级生产力/[mg C/（m^2·d）]	＜2	2～4	4～6	6～10	＞10
水深/m	＜3	3～5	5～10	10～20	＞20
流速/（m/s）	＜0.1	0.1～0.3	0.3～0.5	0.5～0.7	＞0.7
浪高/m	＜2	2～3	3～5	5～7	＞7
DO/（mg/L）	＜4	4～6	6～8	8～10	＞10
温度/℃	＜10	10～15	15～20	20～25	＞25

注：生态功能重要性评价采用 1～5 分的打分系统，分值越高，生态功能重要性越大；富营养化水平用于修正评价结果，没有权重和打分系统；各个海域温度和流速空间变异很大，需要根据不同海域的具体情况建立打分系统

另外，海洋水质净化功能重要性可以用净初级生产力（net primary production，NPP）来反映。NPP 越高，海洋生物吸收利用营养盐越多，海洋水质净化生态功能越强。可以根据研究区 NPP 空间变异，将 NPP 重分类到 1～5 级，作为海洋水质净化功能分数，级数越高，分值越高，海洋水质净化功能越强。

4. 滨海游憩功能重要性

滨海游憩功能重要性主要取决于旅游资源数量和旅游需求大小，后者主要与人口数量有关，而旅游资源数量主要与自然景观类型、海水环境质量和生态系统多样性等因素有关。不同的景观类型具有不同的游憩价值，对不同景观类型采用打分法确定其游憩价值（表 6-5）。不同旅游资源权重由打分法来确定。利用评价单元到旅游资源的距离作为指标评价不同旅游资源的旅游功能重要性。生态系统多样性主要是自然生态系统类型多样性，以评价单元 50×50 邻域内自然生态系统多样性量化，并按等距离法重分类到 1～5 的数值。

表 6-5　滨海游憩生态服务功能重要性评价指标打分系统

指标分值	1	2	3	4	5
自然景观多样性	＜2	3	4	5	＞5
自然景观类型	其他	泥滩，岩滩	盐沼	红树林	珊瑚礁，沙滩
岸线距离/m	＞100 000	5 000～10 000	3 000～5 000	1 000～3 000	＜1 000
海水质量	劣四类	四类	三类	二类	一类
人口密度/(人/km^2)	＜1 000	1 000～2 000	2 000～3 000	3 000～5 000	＞5 000

注：生态功能重要性评价采用 1～5 分的打分系统，分值越高，生态功能重要性越大

滨海游憩需求用评价单元 100km 内的人口数量来确定，并根据评价单元 100km 内人口最大值，归一化为 0～1 的分数，对评价单元游憩生态功能重要性进行修正，计算公式如下：

$$EI_{re}=(\Sigma W_i \times S_i)\times Uer \quad (6\text{-}12)$$

式中，EI_{re} 为评价单元的游憩功能重要性 W_i，S_i 为分别评价指标 i 权重和得分，Uer 为旅游需求指数。

6.5.2.4　海洋生态功能重要性综合评价

在单项海洋生态功能重要性评价基础上，如何选择综合评价模型对单项生态功能重要性评价结果进行综合是获得科学可靠评价结果的关键。加权求和指数模型是最为广泛运用的模型，但是这种模型存在不足之处。在某些情况下，即使一些评价单元具有某项（或者某些）极其重要的生态功能（如生物多样性保护或者渔业生产），也可能会因其他某项（或者某些）生态功能评价分值过低导致综合得分偏低，从而难以获得生态保护资格。这时候采用极值函数（Max）模型更能反映客观现实。加权求和指数模型也有其使用价值，例如，一些评价单元各个单项生态功能重要性得分都在高度重要甚至极度重要等级上，相对于只有一项功能重要性评价得分在极度重要等级上的评价单元更具有生态功能保护价值。为了既突出某项重要生态功能的保护价值又能综合利用各项评价内容的评价结果，构建了基于加权求和生态功能重要性综合评价模型和基于极值函数的综合评价模型（EI_{max}）：

$$EI_{ws}=\sum W_i \times EI_i \tag{6-13}$$

$$EI_{max}=Max（EI_1，EI_2，EI_3，EI_4） \tag{6-14}$$

式中，W_i 和 EI_i 为评价内容 i 的权重和得分，EI_1、EI_2、EI_3 和 EI_4 分别对应生物多样性保护、渔业生产、水质净化和滨海游憩，对应的权重分别为 0.4、0.3、0.15 和 0.15。其中 Max 函数的作用是选取评价单元在生物多样性保护、渔业生产、水质净化和滨海游憩功能得分的最大值，作为评价单元的生态服务功能价值综合评价得分。

在实践中可以根据两种模型评价结果与研究区域具体情况选择其中一种评价结果作为重要生态功能区和生态红线区划分的依据。

6.6　案例研究

6.6.1　盘锦案例区概况

盘锦市地处中纬度地带，海拔 0.3～18.2m，地面平均海拔 4m 左右，属温带大陆性半湿润季风气候，其特点是四季分明，雨热同季，干冷同期，温度适宜，光照充足。灾害性天气有大风、冰雹、寒潮、干旱、大暴雨、霜冻等。盘锦市内有大、中、小河流 21 条，总流域面积为 3570.13km^2。其中大型河流有 4 条：辽河（双台子河）、大辽河、绕阳河、大凌河。大辽河和大凌河分别位于盘锦市南北两侧，辽河则位于其中，是双台子河口国家级自然保护区的核心地带，这 3 条河为主要入海河流。

盘锦市沿海地处辽东湾东北部湾顶出，属极浅海。盘锦有 118km 的海岸线，57km 沙洲岸线，20 万 hm^2 浅海水域，5 万 hm^2 滩涂，海域面积约为 1400km^2。主要海洋资源包括海洋渔业、海洋港址、滨海旅游、海洋油气和滨海湿地等。盘锦海区多条河流不断输送各种营养物质入海，为海洋生物繁衍提供了丰富的食物，生物和水资源丰富，是多种鱼虾产卵育仔之地。根据资料记载，河口湿地海洋生物极为丰富，共有浮游植物 28 种，浮游动物 33 种，底栖动物 72 种，游泳动物 56 种。值得一提的是，盘锦海域内蛤蜊岗是蛤蜊重要分布区，出产的蛤蜊为当地名优海产品。

6.6.2 盘锦海域面临的主要生态环境问题分析

盘锦海域存在的主要生态环境问题包括海洋富营养化、过度捕捞导致的渔业资源匮竭。根据调查数据，2006 年 5 月和 8 月盘锦海域分别有 43.3%和 60.0%的水域无机氮含量劣于四类海水水质标准，8 月 86.7%的水域活性磷酸盐含量劣于四类海水水质。盘锦海域的生态环境指标状况请参阅本书第 5 章。

6.6.3 数据来源和处理

为了对盘锦海域进行生态功能重要性评价和区划，收集了全球空间分辨率为 30s 的水深数据、2013～2015 年全球分辨率为 4.6km 的年平均海面温度（sea surface temperature，SST）数据。2014 年 11 月 4～8 日，在盘锦海域进行了 45 个站位的综合调查（图 6-3）。调查项目包括海水环境、沉积环境、海洋生物和生态毒理等内容。海水环境调查要素包括：pH、盐度、溶解氧、悬浮物、化学需氧量、活性磷酸盐、亚硝酸盐-氮、硝酸盐-氮、氨-氮、硅酸盐、石油类、汞、镉、铅、砷[①]、总氮、总磷、铜、铬、滴滴涕（DDT）和六氯环己烷（666）等。沉积环境调查要素包括：粒度、粪大肠菌群、细菌总数、硫化物、有机碳、总汞、铜、镉、铅、砷、石油类、DDT+666、多氯联苯（polychlorinated biphenyl，PCB）等。海洋生物调查要素包括：微型生物、浮游植物、浮游动物、底栖生物的种类和数量以及叶绿素 a 浓度。

根据海岸线和盘锦的行政管辖范围，确定了盘锦海洋生态功能重要性区划的研究区范围（region of interest，ROI）。利用多年的 SST 栅格数据计算多年 SST 均值，并重采样到 50m 空间分辨率，然后利用 ROI 裁剪获得用于生态重要性评价的 SST 数据。水深数据同样通过重采样和裁剪处理的方式获得。调查的海洋物理、化学和生物的站位数据通过反距离权重（inverse distance weighted，IDW）法空间插值空间分辨率为 50m 的栅格图层，并利用 ROI 裁剪获得用于生态功能重要性评价的数据。评价方法见 6.5。

6.6.4 结果与分析

6.6.4.1 生物多样性保护价值评价

1. 物种层次

生物多样性保护价值评价从物种和生态系统两个层次上进行。浮游植物、浮游动物和底栖动物的种数与生物量各个指标的分值空间变异见图 6-4 及图 6-5。利用浮游植物、浮游动物、底栖动物的物种数和生物量各个指标的分值，采用加权求和指数模型计算盘锦示范区各个评价单元物种层次上的生物多样性保护功能重要性分值（图 6-6）。可以看出，在物种层次上最具有生物多样性保护功能的海域主要集中在盘锦东部近岸海域。

---

① 砷为非金属，鉴于其化合物具有金属性，本书将其归入重金属一并统计

值得一提的是，浮游植物生物量数据并不是常规调查数据，本次研究用多年平均水色遥感叶绿素 a 浓度数据来代表调查站位的浮游植物生物量状况。由于浮游植物生物量、浮游动物生物量和底栖动物生物量三者量纲不完全一致，将三者按照等间距的方式重分类获得浮游植物、浮游动物和底栖动物的生物量得分（1～5 分），然后按照 0.5、0.3 和 0.2 的权重计算生物量得分。

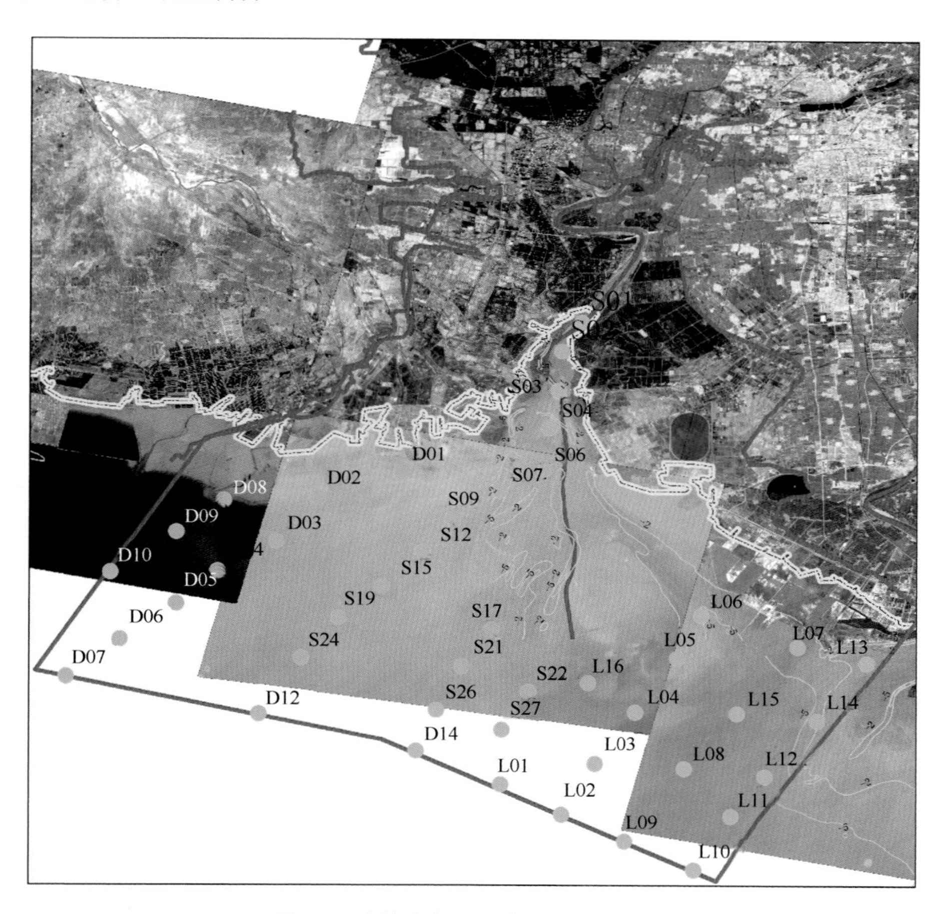

图 6-3　盘锦案例区调查站位空间分布

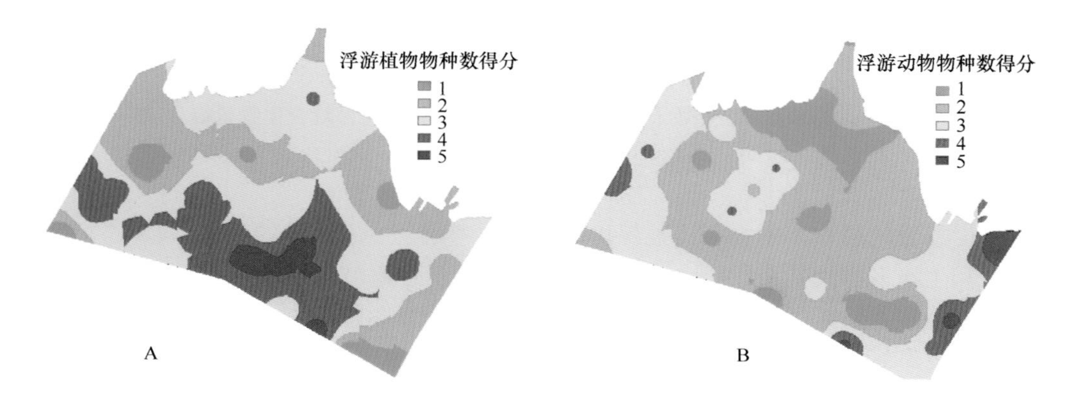

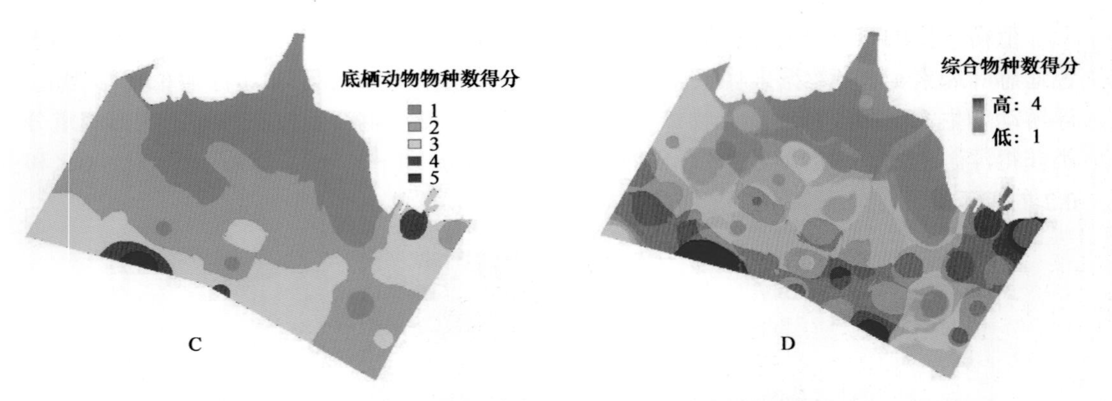

图 6-4　盘锦海域浮游植物、浮游动物和底栖动物物种数及综合物种数得分空间分布

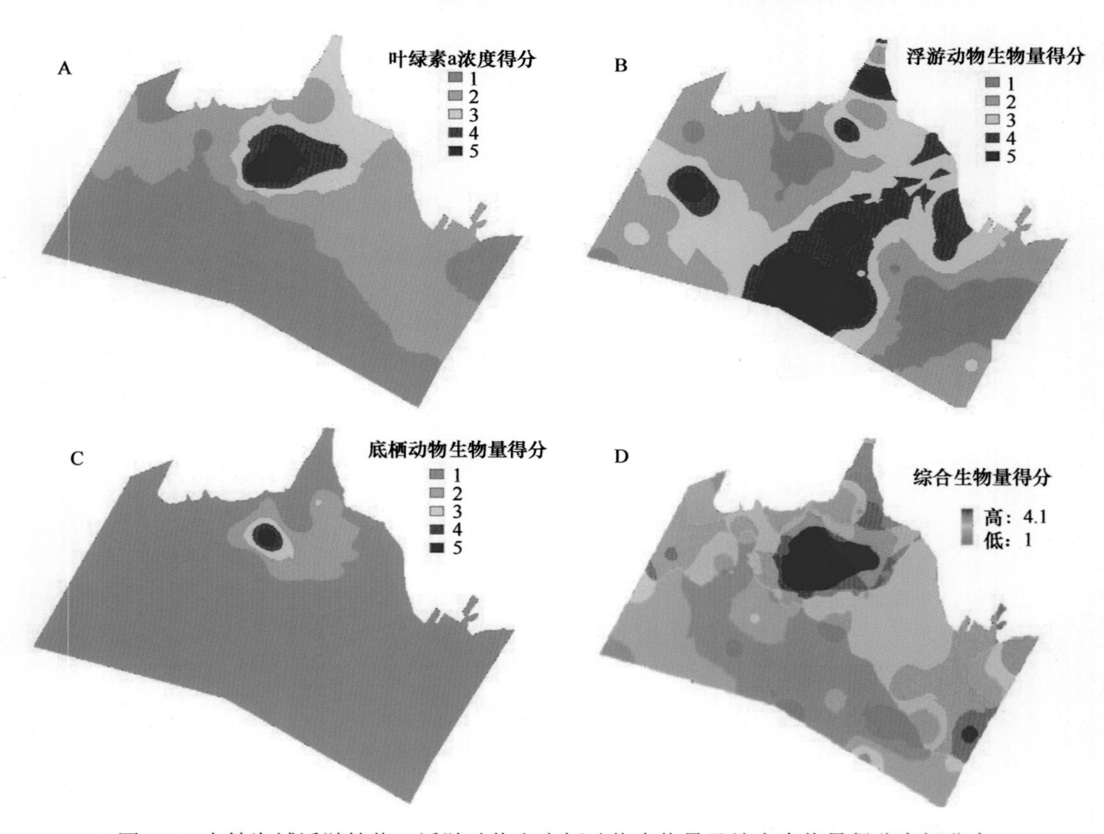

图 6-5　盘锦海域浮游植物、浮游动物和底栖动物生物量及综合生物量得分空间分布

2. 生态系统层次

生态系统层次上生物多样性保护价值主要考虑了生态系统的类型、生境空间位置重要性和生境多样性几个因素。根据现有的资料和盘锦海域自然地理状况，在盘锦海域划分了 6 种生态系统类型，即泥滩、潮下带湿地、河口、浅海、水下三角洲、潮汐通道。不同的生态系统类型具有不同的生物多样性保护价值，在盘锦示范区河口生态系统生物多样性保护功能重要性赋值 5 分，泥滩和水下三角洲赋值 3 分，而潮下带湿地和潮汐通

道赋值 2 分，浅海生物多样性保护功能重要性赋值最低（1 分）。盘锦海域海洋生态系统空间分布见图 6-7。

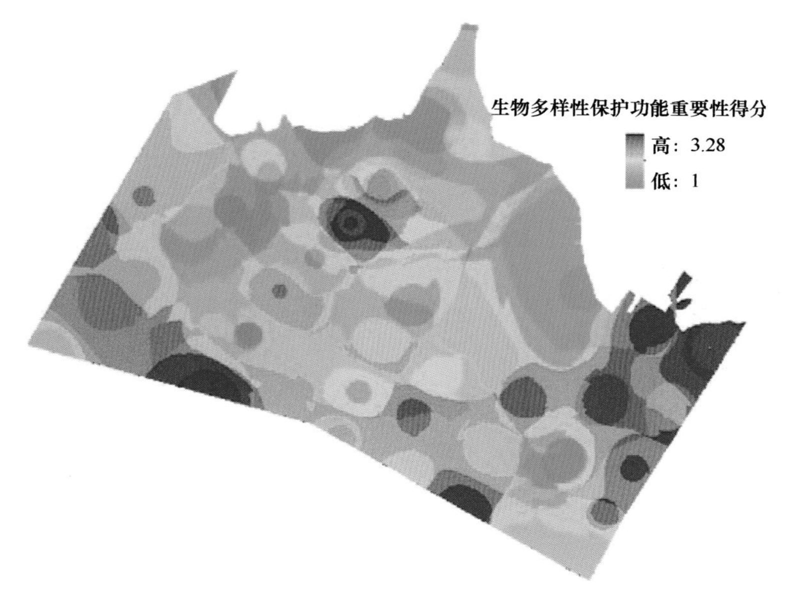

图 6-6　盘锦物种层次生物多样性保护功能重要性综合评价空间分布

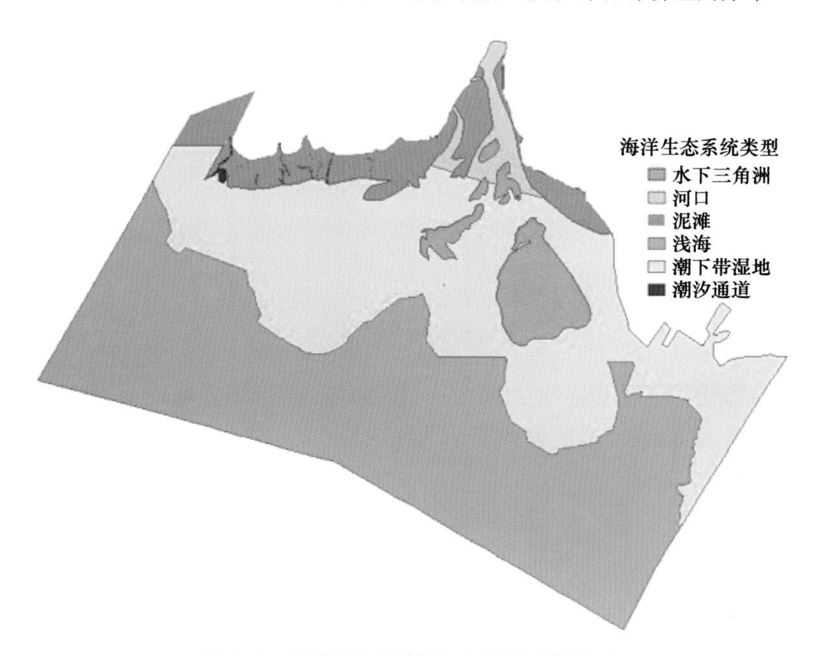

图 6-7　盘锦海域海洋生态系统空间分布

评价单元的生物多样性保护价值与其一定邻域内（如方圆 5km 内）的生态系统类型多样性（数目）有关，生态类型越多越有利于保护多栖息地种，因而生物多样性保护价值越大。在本示范区用评价单元 50×50 邻域内的生态系统类型数目来反映生境多样性对生物多样性保护的意义。根据生境多样性结果，按照<2（1）、2～4（2）、4～6（3）、6～8（4）和>8（5分）计算生境多样性得分。

潮汐通道和河口是海洋生态系统和陆地生态系统能量及物质交流的通道，保护通道的畅通性对于保护海洋生物多样性具有重要意义。根据评价单元到潮汐通道和河口的距离并按等间距重分类获得潮汐通道与河口这两个重要功能空间区保护得分（图6-8）。

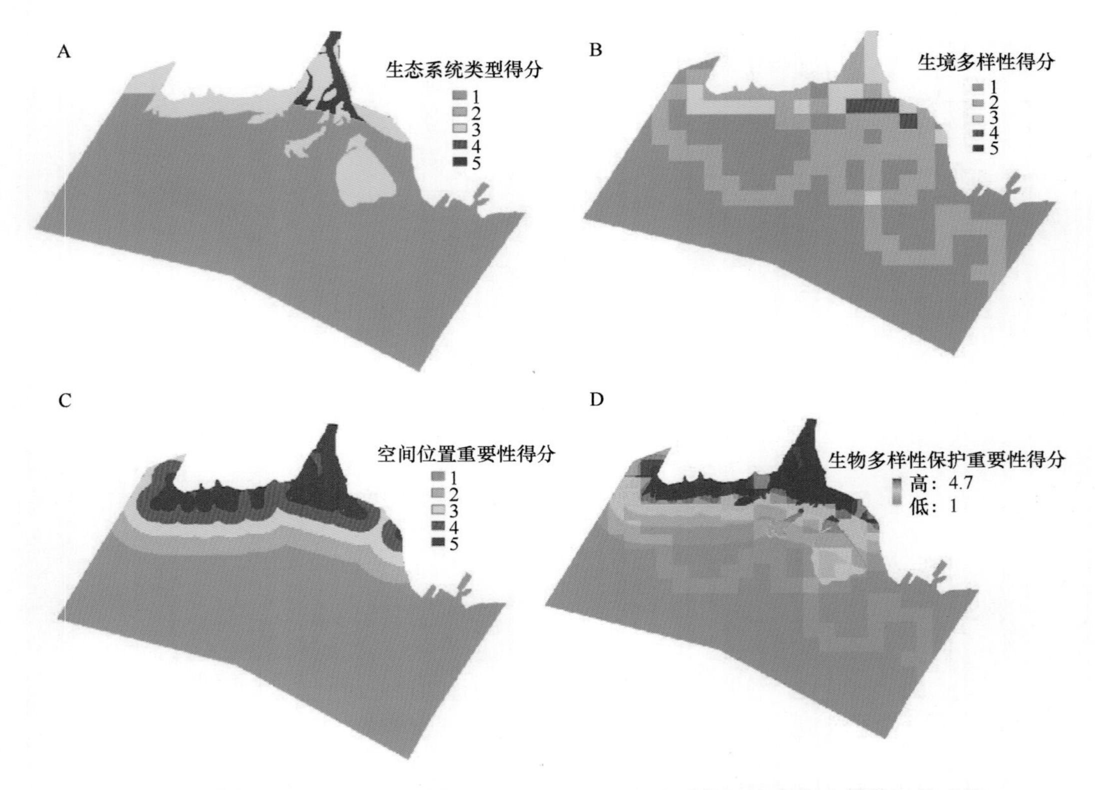

图6-8　盘锦海域生态系统层次单项重要性得分和生态系统层次生物多样性保护功能重要性得分空间分布

在物种层次和生态系统层次生物多样性保护重要性评价基础上，按照0.6和0.4权重计算生物多样性保护综合重要性得分（图6-9）。

6.6.4.2　渔业生产生态重要性评价

渔业生产的生态功能重要性主要考虑了重要渔业资源区（三场一通道和渔业名优特产物种集中分布区）的空间分布和饵料生物数量，以及渔港和城镇等基础设施因素。在盘锦海域蛤蜊岗出产的蛤蜊属于当地渔业名产，并且产量很大，是本示范区重要的渔业资源区。另外，在示范区还存在对虾产卵场。根据评价单元到这些重要渔业区的距离确定其渔业生产功能重要性得分，各个单项渔业生产生态功能重要性和综合渔业生产生态功能重要性评价结果见图6-10和图6-11。

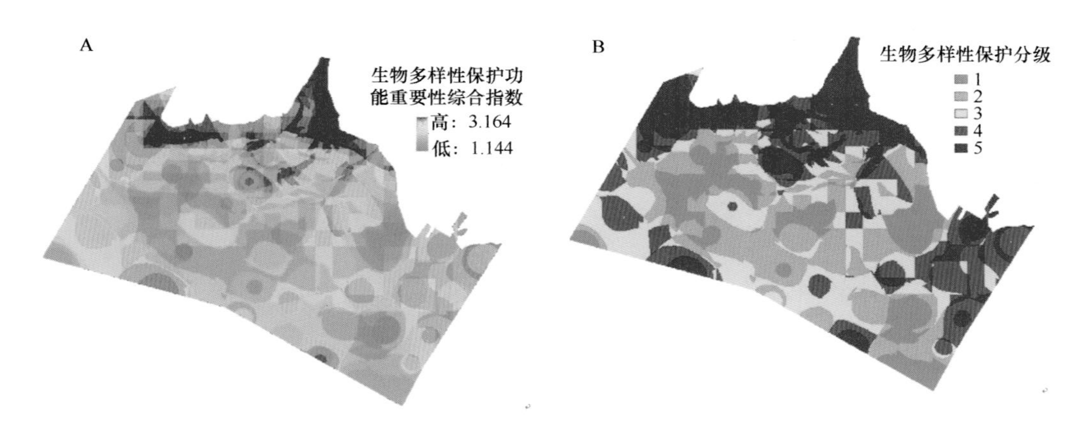

图 6-9　盘锦海域生物多样性保护功能重要性指数和生物多样性保护级别空间分布

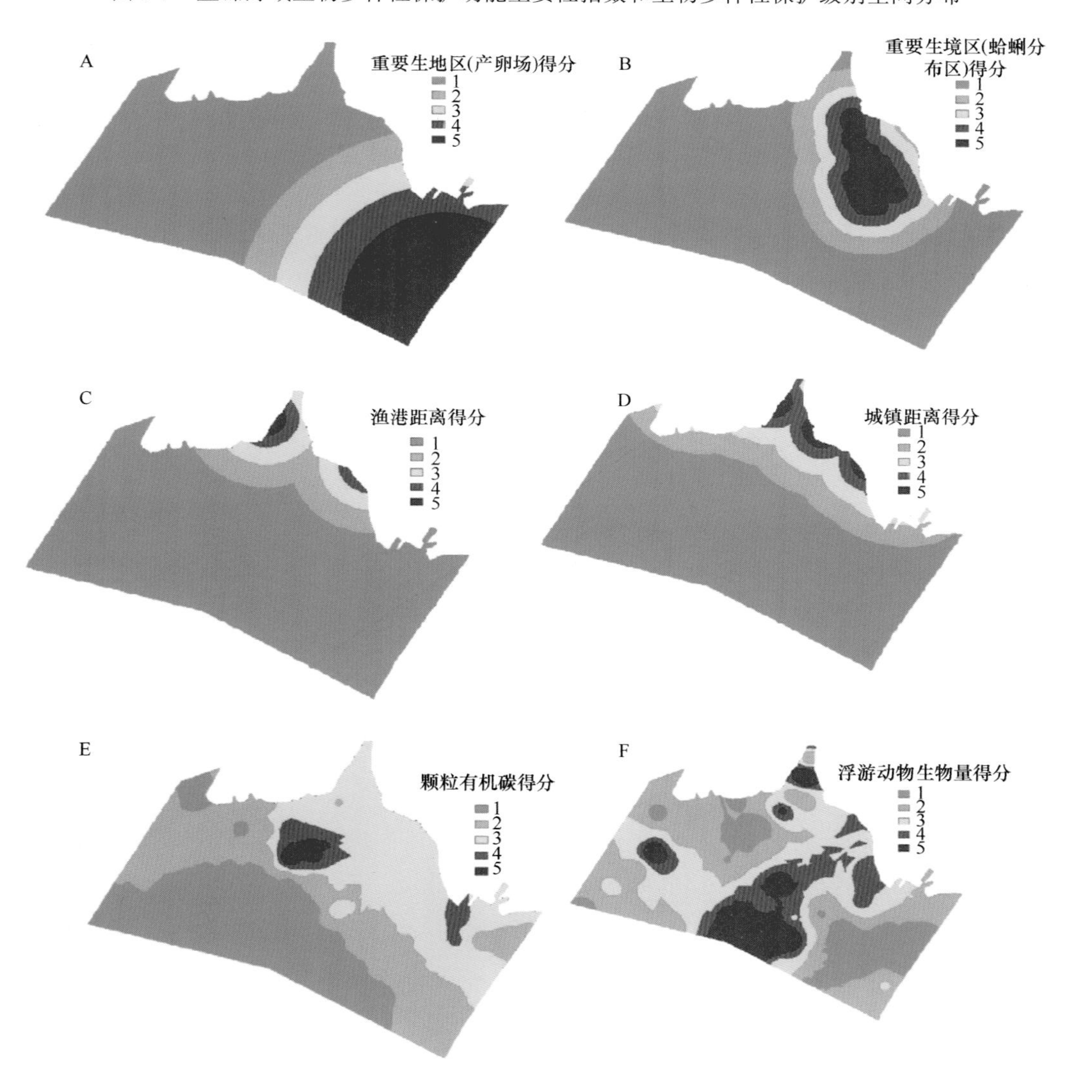

图 6-10　盘锦海域各个单项渔业生产功能重要性得分空间分布

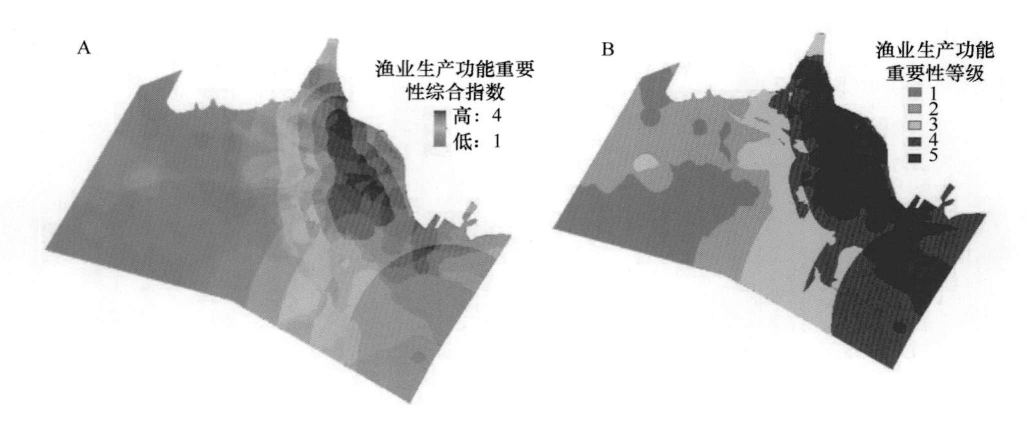

图 6-11 盘锦海域渔业生产生态功能重要性指数和渔业生产功能重要性等级空间分布

6.6.4.3 水质净化功能重要性评价

水质净化能力以浮游植物光合作用吸收和转化营养盐的能力来反映。水深、叶绿素浓度、透明度和水温都是影响光合作用的主要因素，可以作为指标综合评价海洋生态系统净化营养盐的生态功能重要性。由于水色遥感净初级生产力（NPP）数据可以无偿获得，本示范区直接用现成的 NPP 数据来反映海洋生态系统净化营养盐污染物的能力。

根据盘锦海域 2013～2015 年多年 NPP 平均值，通过分位数重类（quantile reclassify）方式，将盘锦海域的 NPP 分为 5 个等级（1～5 分），分值越高表明水质净化生态功能重要性越高。具体结果见图 6-12。

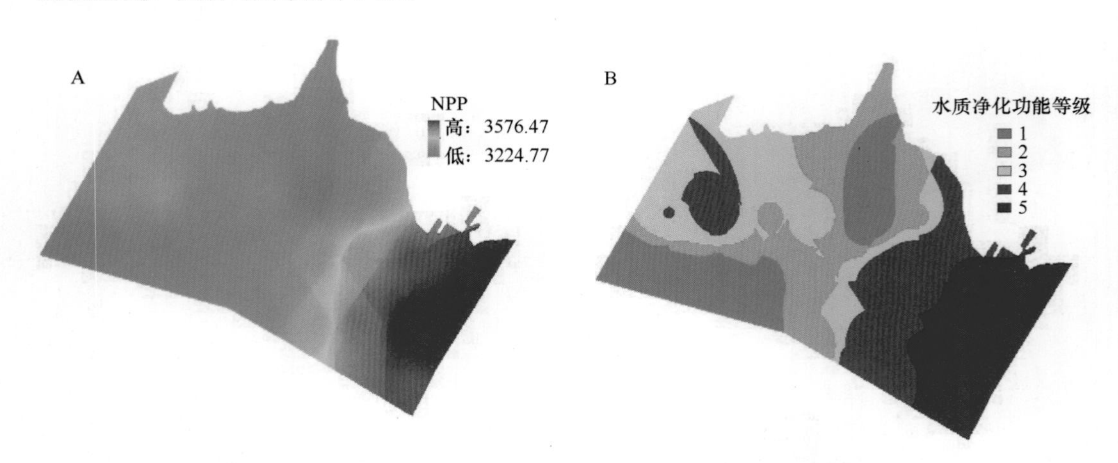

图 6-12 盘锦海域 NPP 和水质净化功能等级空间分布

6.6.4.4 滨海游憩功能重要性评价

不同的生态系统类型有不同的游憩价值，本示范区河口、泥滩、水下三角洲、潮下带湿地和浅海分别赋予分值 5、4、3、2 和 1。另外，海水透明度对游憩有影响，按照等间距将海水透明度数据重分类为 1～5 分（透明度越高，分值越高），作为透明度评价指标。另外，将到海岸线的距离重分类为 1～5 分（离岸线越近，分值越高）。滨海游憩功能重要性评价结果见图 6-13。

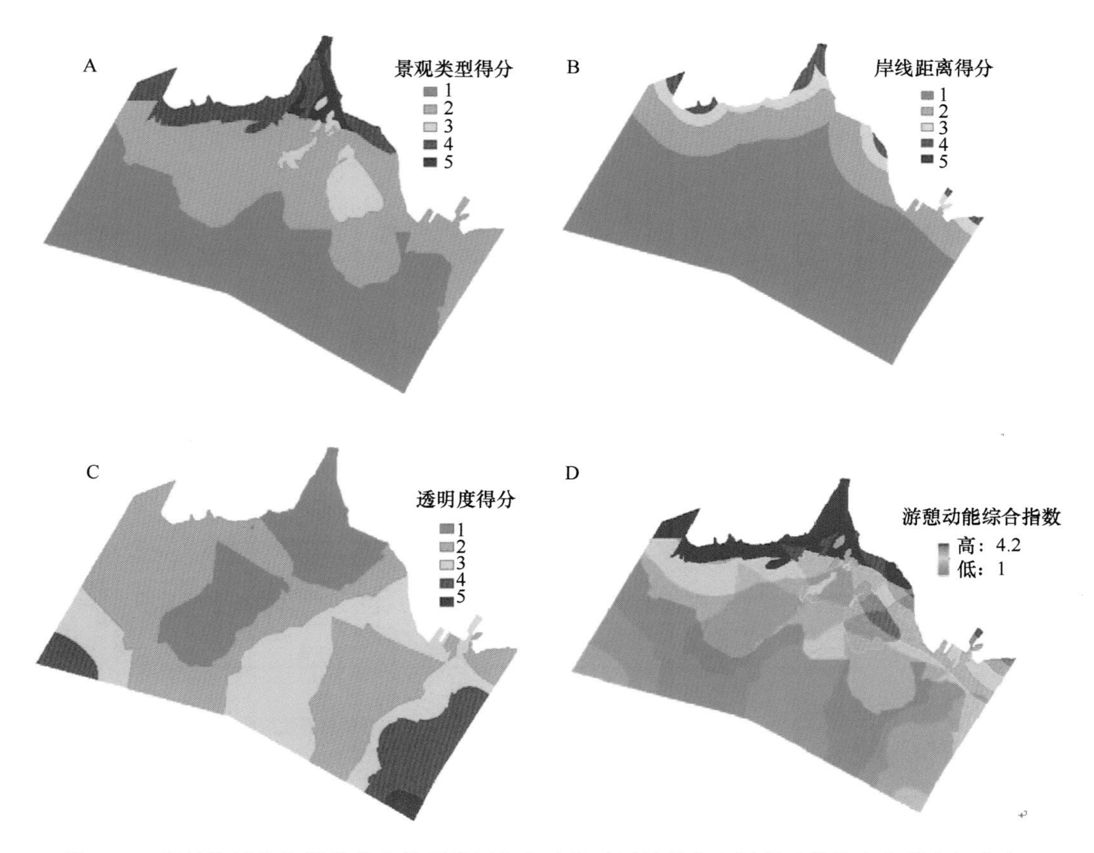

图 6-13　盘锦海域滨海游憩各个单项指标生态功能重要性得分和游憩功能综合指数空间分布

6.6.4.5　生态功能重要性综合评价

在生物多样性保护、渔业生产、水质净化和滨海游憩功能重要性评价基础上，采用加权求和指数模型计算综合生态重要性综合指数，结果见图 6-14。可以看出盘锦海域的综合生态功能重要性指数空间变异较大，最小值约为 1.18，最大值约为 3.20。高值区主要集中在双台子河口和盘锦东部近岸海域，而西部离岸较远海域生态功能重要性指数较低。

另外，采用极值模型计算了盘锦海域的生态功能重要性综合指数（图 6-15）。可以看出，通过不同的模型计算的生态功能重要性指数存在一定的差异。但是，盘锦东部近岸海域生态功能重要性高而西部离岸较远海域生态功能重要性低这一结果并没有改变。

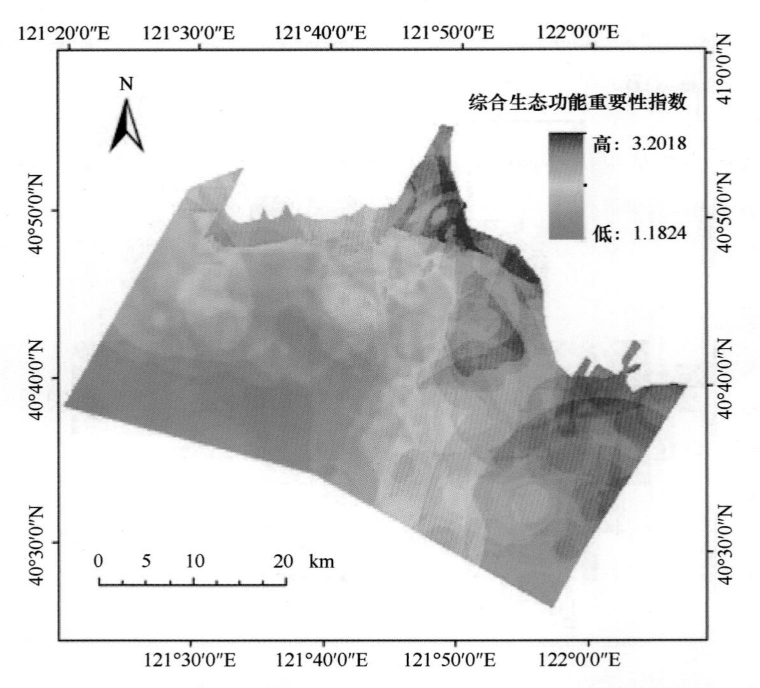

图 6-14　基于加权求和指数模型的盘锦海域综合生态功能重要性指数空间分布

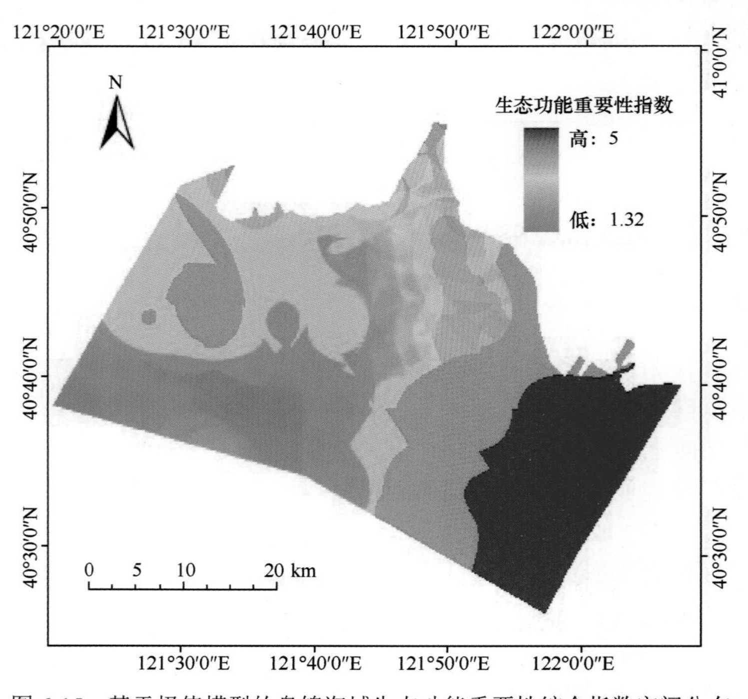

图 6-15　基于极值模型的盘锦海域生态功能重要性综合指数空间分布

6.7　生态功能重要性评价技术研究展望

生态功能重要性是主体功能区划、生态红线区划及海域使用规划的重要依据。相对于陆地生态系统而言，海洋生态功能重要性评价的技术和方法都更不成熟。海洋生态功能重要性评价内容和评价方法都不统一。生态服务功能价值评估虽然是现代生态学研究的重要内容，但是即使经过几十年的研究，评估方法存在的很多问题至今也没有解决。生态服务功能评估主要还是基于评价对象的自身属性，而很少考虑景观空间安全格局和区域的生态服务功能需求情况等因素，导致生态功能重要性评价结果不尽科学。另外，生态服务功能重要性评价主要还是基于指标体系和指数模型，模型结果缺乏实验验证，将具有物理机理和试验验证的模型应用到生态功能重要性评价中，将会有助于解决这一问题。生态功能重要性评价模型的结构主要是加权求和，这一模型有其局限性，在现实中有许多评价结果没有可加性。根据有关理论和评价对象有针对性地设计评价模型对于提高生态功能重要性评价结果的科学性与可靠性具有重要意义。

参 考 文 献

陈柄任, 叶成名, 李永树, 等. 2016. 基于遥感影像与 GIS 的宝兴县生态服务功能评估. 测绘与空间地理信息, 39(8): 49-51.
陈尚, 任大川, 夏涛, 等. 2013. 海洋生态资本理论框架下的生态系统服务评估. 生态学报, 33(19): 6254-6263.
陈爽, 马安青, 李正炎. 2012. 大辽河口水生态系统服务功能重要性评价. 中国海洋大学学报, 42(9): 84-89.
凡非得, 罗俊, 王克林, 等. 2011. 桂西北喀斯特地区生态系统服务功能重要性评价与空间分析. 生态学杂志, 30(4): 804-809.
环境保护部. 2014. 国家生态保护红线——生态功能红线划定技术指南(试行). 北京: 环境保护部.
孔东升, 张灏. 2015. 张掖黑河湿地自然保护区生态服务功能价值评估. 生态学报, 35(4): 972-983.
李鲁欣, 邓祥征, 战金艳, 等. 2008. 鄱阳湖流域生态系统服务功能重要性评价——基于 AHP 分析方法. 安徽农业科学, 36(20): 8786-8787.
李培军, 万忠成, 王延松, 等. 2007. 辽宁省生态系统服务重要性评价. 生态学杂志, 26(10): 1606-1610.
李月臣, 刘春霞, 闵婕, 等. 2013. 三峡库区生态系统服务功能重要性评价. 生态学报, 33(1): 168-178.
廖建基. 2015. 重要海洋生态功能区选划技术方法研究——以泉州市为例. 厦门: 国家海洋局第三海洋研究所硕士学位论文.
刘化吉, 鲁敏, 赵泉, 等. 2011. 生态系统服务功能价值评估方法. 三峡环境与生态, 33(4): 29-34.
刘昕, 谷雨, 邓红兵. 2010. 江西省生态用地保护重要性评价研究. 中国环境科学, 30(5): 716-720.
刘玉龙, 马俊杰, 金学林, 等. 2005. 生态系统服务功能价值评估方法综述. 中国人口 • 资源与环境, 15(1): 88-92.
苗李莉, 蒋卫国, 王世东, 等. 2013. 基于遥感和 GIS 的北京湿地生态服务功能评价与分区. 国土资源遥感, 25(3): 102-108.
欧阳志云, 王如松, 赵景柱. 1999. 生态系统服务功能及其生态经济价值评价. 应用生态学报, 10(5): 635-640.
孙刚, 盛连喜, 冯江. 2000. 生态系统服务的功能分类与价值分类. 环境科学动态, (1): 19-22.

王志涛, 门明新, 崔江慧. 2016. 沽源县未利用地生态重要性空间识别及其地形梯度特征分析. 中国生态农业学报, 24(2): 253-264.

肖燚, 陈圣宾, 张路, 等. 2011. 基于生态系统服务的海南岛自然保护区体系规划. 生态学报, 31(24): 7357-7369.

谢冬明, 邓红兵, 王丹寅, 等. 2011. 鄱阳湖湿地生态功能重要性分区. 湖泊科学, 23(1): 136-142.

谢冬明, 金国花. 2015. 鄱阳湖湿地生物多样性保护生态功能重要性评价. 江西农业大学学报, 37(5): 932-937.

谢高地, 鲁春霞, 冷允法, 等. 2003. 青藏高原生态资产的价值评估. 自然资源学报, 18(2): 189-196.

谢高地, 肖玉, 鲁春霞. 2006. 生态系统服务研究: 进展、局限和基本范式. 植物生态学报. 30(2): 191-199.

许家瑞. 2014. 基于 GIS 的辽宁省生态重要性评价研究. 大连: 辽宁师范大学硕士学位论文.

闫维, 张良. 2013. 天津市生态服务功能重要性分区研究. 城市规划, (6): 41-44.

杨美玲, 米文宝, 李同昇, 等. 2014. 宁夏限制开发生态区生态系统重要性评价. 地域研究与开发, 33(3): 133-138.

于书霞, 尚金城, 郭怀成. 2004. 生态系统服务功能及其价值核算. 中国人口·资源与环境, 14(5): 42-44.

张振明, 刘俊国. 2011. 生态系统服务价值研究进展. 环境科学学报, 31(9): 1835-1842.

张祖芳. 2014. 鄱阳湖湿地生态功能重要性分区研究. 南昌: 南昌大学硕士学位论文.

赵景柱, 肖寒, 吴钢. 2000. 生态系统服务的质量与价值量评价方法比较. 应用生态学报, 11(2): 290-292.

郑华, 欧阳志云, 赵同谦, 等. 2003. 人类活动对生态系统服务功能的影响. 自然资源学报, 18(1): 118-126.

Costanza R, d'Arge R, de Groot R, et al. 1997. The value of the world's ecosystem services and natural capital. Nature, 387(6630): 253-260.

Daily G C, Alexander S, Ehrlich P R, et al. 1997. Ecosystem services: benefits supplied to human societies by natural ecosystems. Issues in Ecology, (2): 1-18.

Daily G C. 1997. Nature's Services: Societal Dependence on Natural Ecosystems. Washington D. C.: Island Press.

de Groot R S, Wilson M A, Boumans R M J. 2002. A typology for the classification, description and valuation of ecosystem functions, goods and services. Ecological Economics, 41(3): 393-408.

Forman R T. 1995. Some general principles of landscape and regional ecology. Landscape Ecology, 10(3): 133-142

King R T. 1966. Wildlife and man. NY conservationist, 20(6): 8-11.

Marsh G, Lowenthal D. 1965. Man and nature. Organization & Environment, 15(2): 170-177.

Millennium Ecosystem Assessment(MA). 2005. Ecosystems and Human Well-Being: Synthesis. Washington D. C.: Island Press.

Odum H T. 1987. Ecology and economy: energy analysis and public policy. Austin: Texas Policy Research Project Number 78.

Ojea E, Martinortega J, Chiabai A, et al. 2012. Defining and classifying ecosystem services for economic valuation: the case of forest water services. Environmental Science & Policy, 19-20(5): 1-15.

Pereira H M, Daily G C, Roughgarden J, et al. 2004. A framework for assessing the relative vulnerability of species to land use change. Ecological Applications, 14(3): 730-742.

Tansley A G. 1935. The use and abuse of vegetational concepts and terms. Ecology, 16(3): 284-307.

第7章　海洋生态适宜性

7.1　海洋生态适宜性的概念与理论基础

7.1.1　生态适宜性的概念及演化

“生态适宜性”这一名词最初出现于土地资源利用与规划领域，是由美国景观设计师 McHarg（1969）及其同事提出并赋予实践的，他们利用简单的叠置方法定性分析了纽约斯塔滕岛（Staten Island）对自然环境保护、景观游憩（积极和消极游憩两个方面）、住宅建设、商服及工业开发 5 种用地方式的适宜情况，制作了保护-游憩-城市化地区综合适合度图；将生态适宜性定义为由区域生态系统具有的气象水文、地质结构、地形地貌、土地资源、矿产资源与动植物等自然属性及景观、文化等人文特征所决定的，对某种持续性用途的适宜或限定性程度；并在此基础上逐渐发展起了以地图叠置为主要特征的生态适宜性分析方法及生态规划流程。

到目前为止，许多学者依然沿用 McHarg（1969）对生态适宜性的定义，也有一些学者从生态保护与生态和谐、可持续利用等角度对生态适宜性的概念及内涵做出了进一步解读。李卫锋等（2003）认为生态适宜性是指土地本身所提供的生态条件对某种用途的适宜程度，这种“适宜性”是基于自然过程而不致引起环境退化，并按照土地适宜性评价结果构建的整体格局，是符合生态规律、满足“人类与自然共生”要求的。于书霞等（2006）认为生态适宜性分析是从生态保护和资源利用可持续角度对不同资源利用方式的适宜性进行分析与评价的，因此，生态适宜性分析应该包括时间上利用方式的可持续性及空间上的格局优化两个方面。林勇等（2016）认为生态适宜性分析是根据规划对象或者评价单元的尺度独特性、抗干扰性、生物多样性、空间效应等选择自然、社会、经济因子构建评价指标体系和指标权重，通过建立适宜性指数模型计算适宜性指数，确定评价单元对某种使用方式的适宜性和限制性，进而划分适宜性等级。

在区域发展综合性和资源用途多样化的背景下，生态适宜性分析将生态规划的理论和技术与适宜性评价结合起来，借助生态组成要素的价值对给定资源开发利用方式的适宜程度进行评估，从发展可持续的角度反映区域生态系统的资源基础优势和社会经济的本底条件（黄光宇和陈勇，2002）。通过对特定生态系统的自然要素和社会经济属性等因子的量化，生态适宜性分析旨在评价区域综合系统的合理承载力和未来发展潜力，因地制宜地给出资源与环境质量在符合生态学规律下的评价和地域分布，并在生态系统可载和生态功能可恢复的限度内优化资源开发利用的时间与空间结构；确定区内资源利用方向和优化利用方式，协调人类社会经济活动与自然生态过程间的关系，以从区域开发建设的根源上控制和减少人类活动对于生态系统的消极影响；指导区域生态环境功能区的划分，布局区域内农业、工业、服务业、居住、交通等各项人类活动；最终构建具有和谐的生态系统结构、适宜的资源利用方式、优良的生态环境质量和优化的区域综合效益的利用模式，实现地尽其利，物得其所，生态系统良性循环，促进区域开发和生态保护的协调发展。

7.1.2 国内外生态适宜性研究进展

（1）国外生态适宜性研究现状

生态适宜性研究最早应用于土地资源利用与规划领域，如里士满林园公路选线，斯塔滕岛土地利用规划，华盛顿、费城大都市区域的城市土地利用规划等（McHarg，1969）。

1971 年联合国教科文组织在“人与生物圈”计划中提出了“生态城市”概念，强调要以生态学的角度来研究城市，这使生态适宜性评价从农业领域扩大到城乡规划领域，由概念性的形态评价发展为定量化的综合分析。例如，Pearce 和 Longlin 针对麦克哈格法的缺陷提出了以权重和评分代替等权叠加与颜色符号的线性组合法，并将其应用于加利福尼亚地区山坡地发展居住地的适宜性评价（杨少俊等，2009）；Westman（1985）考虑了坡度、土壤排水性、土壤质地 3 个因素来评价住宅建设的适宜性。这一时期，适宜性评价虽取得了较大进展，但还未从区域发展的角度来考虑生态适宜性。

1992 年联合国环境与发展会议后，很多发达国家开始把都市区生态功能区划作为生态适宜性的评价目的，并广泛应用到如农业（Cambell et al.，1992）、动物和物种的栖息地（Pereira and Duckstein，1993）、地质适宜性（Bonham-Carter，1994）、保护区规划（Pereira and Duckstein，1993）、公共基础设施选址（Eastman et al.，1993）、城市扩张（Janssen and Rietveld，1990）、环境影响评价（Moreno and Seigel，1988）、景观规划（Miller et al.，1998）等方面，先后建立与发展了数学组合法、因子分析法、逻辑规则法等生态适宜性分析方法。典型的如美国 1996 年开展的南加利福尼亚城市区域土地利用分区及河流规划，英国 1994 年制定的伦敦市发展战略规划，日本 1994 年开展的东京湾都市地区的生态设计等，都对区域生态资源进行了综合评价，整合了城镇发展与生态资源的时空格局，也将生态适宜性评价扩展为协调和优化区域发展与生态保护之间关系的重要工具（梁涛等，2007）。

景观生态学为区域的生态适宜性分析提供了一个全新的视角。通过景观格局及其变化的空间和动态分析，形成了一系列表述和分析景观格局的空间指标及模型方法，为评价区域生态适宜性提供了理论支持。而空间分析技术的发展及优化配置理论的完善则进一步充实了评价方法，非线性模型（Marull et al.，2001）、模糊综合评价（Stoms，2002）、灰色聚类理论（Tang，1991）、人工神经网络（Jiao and Liu，2007）等先后被引入生态评价体系中，GIS 技术与生态适宜性分析的耦合成为现代生态适宜性评价技术发展的主流，增加了生态适宜性分析的客观性与科学性。近 10 年来，国外对土地生态适宜性评价的探究开始转向不同时空尺度下的机制与信息提炼，侧重分析土地价值在景观水平生态过程中的演进规律，构建了一系列格局-过程耦合模型（梁涛等，2007）。

（2）国内生态适宜性研究现状

相较之下，国内的生态适宜性研究侧重农林等土地用途的评价，20 世纪 80 年代基于《土地评价纲要》开展了一系列大规模的农用地适宜性评价（FAO，1976），建立起了包括土地潜力区、土地适宜类、土地质量等、土地限制型和土地资源单位 5 个等级的评价体系框架（石玉林，1982）。2003 年，国家颁布了《开发区区域环境影响评价技术导则》和《生态县、生态市、生态省建设指标（试行）》，将评价研究的重心从农业服务转移到了区域发展领域，并在全国范围内开展了以区域环境影响评价（简称环评）和城市生态规划为目的的生态适宜性分析，研究方法也由简单的指标评价发展为人地复合模型的综合量化。例如，陈昌勇等（2005）从 pH、坡度等单因子出发，建立了多维度的生态评价体系，并运用于沈阳市的土地生态适宜度分析；赵珂等（2007）构建了水土流失、土地沙化、水环境质量、土地质量、生态敏感性等复合生态指数，研究了安阳市的土地生态适宜性评价在土地利用规划环境影响评价中的应用；蒙莉娜等（2011）改进了欧阳志云等（1996）提出的生态位适宜度模型，建立起济南市生态位适宜度评价因子体系，并据此划分了土地利用功能分区。刘毅等（2007）在史培军等（2000）的土地可持续利用分类基础上发展了基于生态功能分区和建设适宜性评价的区域发展生态空间评价方法；还有学者将数理统计法（如聚类分析、主成分分析、层次分析、模糊数学等）与空间分析技术（如元胞自动机、空间自组织模型、人工神经网络等）进行耦合，建立起特定地域的复合评价模型（刘伍等，2006；于声，2007；黎夏等，2007；刘孝富等，2010）。

7.1.3　海洋生态适宜性的理论定义

海洋生态系统具有复合性、连续性、流动性和脆弱性的特征，其资源与环境之间，相互联系、相互制约，形成了不同层次、不同内容的系列子系统（Kidd et al.，2011），在复合生态系统的结构和功能、人海关系调控的思维和技术等方面具有显著的特殊性（石洪华等，2012）。面对当前全球性人口急剧增长、陆域环境污染和陆地资源枯竭等严重问题，海洋资源的重要性已经日益被人类所认知：作为全球生命支持系统的重要组成部分，海洋将成为人类生存和社会经济发展的重要基础资源及环境条件（国家海洋局，1996）；与此同时，人类活动对海洋生态系统动力学影响的复杂程度也日益凸显，海洋生态系统固有的脆弱性和敏感性使得用海矛盾不断激化，沿海地区的海域生态环境面临巨大压力，很大程度上制约了区域资源环境和社会经济的发展。

联合国环境规划署（United Nations Environment Programme，UNEP）发布的《千年生态系统评估报告》（海洋和沿海生态系统部分）强调了海洋生态可持续对人类生存和福祉的重要性，并提出了适应性管理方法在应对海洋研究的动态性和不确定性中的优越之处（UNEP，2010）。开展海洋生态适宜性研究，就是以海洋生态系统可持续性为目标，在不断探索、认识生态系统自身内在规律、人类干扰过程的基础上，根据海洋生态适宜性评价的结果，分析海洋资源和社会经济发展的基础优势，并因地制宜地提出生态系统优化与调控策略，以满足生态系统容量和社会需求方面的变化（Kidd et al.，2011），最终建立起以海洋生态系统为基础、以发挥海洋生态功能为出发点，协调人与自然、开发利用活动与生态恢复力之间关系的区域海洋管理模式。

基于上述研究，本书提出了海洋生态适宜性的概念，海洋生态适宜性是指由海洋生态系统具有的地质、地貌、水文、气象、景观等自然属性和人口、经济、区位等社会属性所决定的，对区域可持续发展的生态学需求满足程度和适应能力（向芸芸等，2015）。海洋生态系统和陆地生态系统类似，也由生命结构系统和环境支持系统两个方面的要素组成，其中生命系统要素包括各种海洋植物、动物和微生物等，环境系统要素则包括光、热、水、气及各种营养物质等，共同构成了海洋生态资源。评价海洋生态适宜性，也就是研究在不同的区域发展目标下，海洋生态资源条件对特定开发利用方式的适宜程度。

在海域使用复杂性和用途多样化的背景下，海洋生态适宜性分析通过对海域的自然、环境、经济、社会属性等资源进行综合定量描述，旨在从海洋生态系统的角度出发，根据区域自然资源与环境特性，结合发展要求与资源利用要求，反映区域生态环境资源的基础优势，表征社会经济的开发密度，提供区域环境的相对发展潜力和承载力。在综合评价各生态因子适宜程度的基础上，识别出重要的海洋生态保护区和开发利用区，评定海域的固有属性对生态保护和开发利用的适宜等级与地域分布。确定区域开发的制约因素，维持海洋生态系统的整体性，寻求积极的海洋生态平衡，促进区域海洋资源开发和生态环境保护的协调可持续，最终为基于海洋生态系统的综合管理提供依据。

7.1.4 海洋生态适宜性的研究概况

（1）单目标的海洋生态适宜性研究

针对海洋单一功能开展的适宜性评价是目前研究较深入的领域，为海域开发项目的实施提供了决策依据。这类评价在注重海洋生态环境保护的同时，聚焦于海洋单一福利的获取。例如，海水养殖生态适宜性评价的目标是在解决海域使用冲突和环境退化问题基础上发挥海域的食物供给功能，提高水产养殖的效益（林勇等，2014）；旅游生态适宜性评价的目标是在维护良好海洋环境的前提下享用海域的自然景观，提高旅游者的休闲体验（刘述锡等，2013）；港口生态适宜性评价的目标是在高施工安全、低开发成本、小生态影响的条件下开发海洋的港口资源（陈鹏等，2013）；围填海生态适宜性评价的目标是为经济发展扩充空间资源的同时减少围填海的生态影响（林霞等，2015；刘弢等，2015）。在单目标评价中，除了社会经济效益，人类开发活动的生态影响成为评价海洋生态适宜性时需考虑的重要因素，海洋开发利用与生态保护关系的协调得到了人们的充分关注。然而，单目标海洋生态适宜性评价对开发项目的可持续发展考虑得仍不够全面，如废水处理指数、饲料来源、幼苗来源等影响海水养殖可持续性的指标并未在水产养殖适宜性评价中得以体现（林勇等，2014）；旅游生态适宜性评价中未考虑政府政策导向、社会政治稳定性、价格竞争力、环境可持续性等反映某一海域未来旅游质量和潜力的指标（刘述锡等，2013；朱正涛等，2015）。另外，当前的海洋生态适宜性评价多是基于现状评价，并没有分析环境状况的未来演变趋势，当前适宜的自然环境条件在未来的几年里是否依然适宜不得而知。此外，仅有少数学者在评价过程中考虑了水平生态过程，例如，将评价单元到生态敏感区和生态重要区的距离用于养殖区选址的研究中，防止养殖污染流动带来的影响（Silva et al.，2011），水平生态过程在海洋生态适宜性评价中还未引起广泛关注。

除海洋开发利用的适宜性评价外，还有学者为了物种保护进行栖息地选址的生态适宜性评价。评价过程结合物种分布信息及影响生物生存的物理、化学和生物学参数，分析某海域特定物种的生态需求，为海洋生物寻找适宜的栖息地。水动力条件、海水理化性质、海底形态特征、沉积物状况等常被选作评价因子。例如，Galparsoro 等（2009）结合欧洲龙虾分布数据与海底形态特征（到岩石基质的距离、坡度、深度、曲率、海底斜坡方向等）和波能条件两类生态环境变量，应用生态位因素分析模型模拟欧洲龙虾的生态需求，并对巴斯克大陆架上欧洲龙虾的生境适宜性进行评价；Valle 等（2011）结合海草分布数据及影响海草分布的地形因子、沉积物特征因子、水文动力学因子，利用生态位因素分析法评价海草的河口生境适宜性，为全球海草保护和恢复项目提供了有力的支持。除自然因素外，道路密度、居民点聚集度等社会因素对生物栖息地的干扰也被纳入考量，例如，从干扰条件、水源状况、遮蔽物及食物丰富度 4 个方面对盘锦湿地水禽栖息地适宜性进行空间分析，为盘锦湿地水禽种群及其生存环境的规划、保护、管理和决策提供数据支持与科学依据（董张玉等，2014）。在这类评价中，物种分布信息及环境参数的确定影响着海洋生境适宜性评价数据的获取，卫星遥感和深海探测等现代技术发挥了巨大的辅助作用（Hovey et al.，2012；Skov et al.，2008）。

单目标海洋生态适宜性评价能够揭示特定海域的生态价值和社会经济发展的基础优势，有利于提高各行业发展的社会经济效益。但只关注了单一功能的提升，较少考虑与其他相关部门的利益冲突和关系协调，不能达到海洋空间格局整体优化的目的，多目标的海洋生态适宜性评价应运而生。

（2）多目标的海洋生态适宜性研究

多目标的海洋生态适宜性评价是同时对多个海洋功能展开评价，以确定海域利用的功能次序或功能组合，寻求一种多目标和谐共存、符合生态平衡要求的海洋及海岸带开发模式，从而确保海洋的可持续发展。例如，Pourebrahim 等（2011）基于社会-经济发展、环境保护，兼顾经济发展与环境保护的可持续发展情景，开展了马来西亚雪兰莪州瓜拉冷岳县沿海区域在生态保护、旅游、居住、工业发展等海岸带用途的生态适宜性评价，通过对比分析优化了海岸开发利用模式。然而，现阶段的多目标海洋生态适宜性评价大多聚焦于海洋的当前状态，尚未考虑海洋的趋势力、累积压力和自我恢复力共同作用下的未来可能状态（Elfes et al.，2014；Halpern et al.，2014，2012）；且多通过评价单元内各生态因子的叠加来模拟海岸带发展情景，而对评价单元间的水平流动和相互作用考虑不足，不利于维护海岸带功能完整性和人类福利的全面提升。

总体来看，以生物生态学原理为基础的海洋生物生境适宜性评价是目前研究成果最丰富的领域，为海洋生物资源保护提供了有效信息。人们在海洋开发利用适宜性评价和多目标海洋生态适宜性评价方面做出的探索，规范和指导了人类行为，尤其是多目标的海洋生态适宜性评价，为海洋产业的有序、适度发展指明了方向，在降低用海冲突、维持海洋生态系统健康方面发挥着积极的作用。而未来如何从整体性出发，在机制上理解海洋生态系统内部的结构和功能，深入认识和理解海洋系统的自然与人文要素；同时综合考虑海洋要素的复杂性、指标量化的模糊性、海水的水平流动性，以及陆海统筹等的交互关系，模拟海陆之间的相互作用和景观空间格局对过程的控制与影响，将海洋生态系统的保护和海洋资源的管理方式结合起来，使海洋资源管理从现阶段的以行政区域为单元走向广义的以生态系统为对象的区域大海洋可持续利用和管理模式，以适应日益增长的海洋资源开发利用的需求，仍然是海洋科学研究的重要课题（向芸芸等，2015）。

7.2 生态适宜性评价技术方法

7.2.1 典型陆域生态适宜性评价方法

（1）生态因子叠置法

生态因子叠置法是将自然、社会、经济等不同量纲的因素按照一定的模型进行叠置生成综合适宜性评价图的方法。它是在 McHarg（1969）“千层饼”法的基础上发展起来的。“千层饼”法采用手工地图叠加法将气候、地质、地貌、水文、土壤、植被、土地利用等单因子评价图定性叠加成综合适宜性评价图，因其手工绘图的烦琐和无法实现定量化的缺陷，被基于地理信息系统软件（ArcGIS）的生态因子叠置法取代。生态因子叠置法先后经历了等权叠加、加权叠加和生态因子组合 3 个阶段（杨少俊等，2009），可分别用式（7-1）、式（7-2）和式（7-3）表示：

$$S=\sum_{i=1}^{k}e_i \tag{7-1}$$

$$S=\sum_{i=1}^{k}e_i\times W_i \tag{7-2}$$

$$S=\sum_{j=1}^{n}\left(\sum_{i=1}^{k}e_{ij}\times W_{ij}\right)\times\xi_j \tag{7-3}$$

式中，S 为生态适宜度值；e_i 为生态单因子适宜度值；k 和 n 为因子的数量；e_{ij} 为评价区内第 j 个指标的第 i 个因子适宜度评价值；W_i 为第 i 个因子的权重；W_{ij} 为第 i 个因子在评价第 j 个指标时的权重；ξ_j 为指标 j 在适宜度综合评价中的权重。

生态因子叠置法形象直观，运算公式简单，通过 ArcGIS 中的地图代数、空间分析、栅格重分类等功能，能够对社会、自然环境等不同量纲的因素进行综合分析，因此成为目前应用范围最广的陆域土地适宜性评价方法。该方法的难点在于各评价指标权重的确定，在具体操作过程中演化出了多种定性或半定量方法，如专家判断法、层次分析法、主成分分析法、排列比较法、模糊评价法等，这些方法虽在一定程度上增强了城市土地生态适宜性评价的客观性，但没能从根本上解决权重赋值主观性问题。此外，在区域生态系统内部，各生态系统的组成要素和空间元素之间，存在着不间断的物质和能量交换与流动，包括能量流热能和生物能、养分流无机物质、有机物质和水、各种类型的动植物、遗传基因等，以及物种的空间运动、干扰和扩散等；而生态因子叠置法仅仅考虑在

系反映了区域现状资源条件对发展的适宜性程度，其度量可以用生态位适宜度来估计。当区域现状资源条件完全满足发展的要求时，生态位适宜度为 1；而当资源条件完全不能满足其对应的资源要求时，生态位适宜度为 0。生态位适宜度理论的引入强化了评价因子的综合程度，也使得评价方法具有较强的可操作性（向芸芸等，2015）。

（4）典型评价方法比较

总结比较陆域生态适宜性评价的 3 种典型方法，生态因子叠置法的基本原理是将自然环境、社会经济等不同量纲的因素通过数学叠加成综合评价图，其运算公式简单，形象直观，且能方便地通过 GIS 中的地图代数、空间分析等工具箱实现，因此成为目前应用范围最广的陆域生态适宜性评价方法，但权重问题是该方法量化过程中的一个关键。逻辑规则组合法能够较好地表征生态因子之间的复杂、非线性关系，其难点在于逻辑规则的制订；特别是在进行生态适宜性分析时，涉及的生态因子往往较多，各层次因素间的逻辑关系也比较复杂，要准确界定各系统组分和各因子之间的关系就显得十分困难，很大程度上限制了该方法的广泛运用。格局-过程模型法能够从理论上实现对复合生态系统的模拟，但鉴于生态学格局和过程本身所固有的复杂性与不确定性，现阶段模型的应用性和普适性还受到很大的限制。

7.2.2 海洋生态适宜性评价中存在的主要问题

尽管陆地生态适宜性评价的方法和模型已经非常成熟，但其在海洋领域的应用却仍然极其有限。海洋生态适宜性评价是一个典型的半结构化的多层次和多目标的群决策问题，需要构建科学完整的研究体系，在评价过程中主要面临着 3 个方面的问题。

（1）海洋生态适宜性评价的目标比较单一

海洋生态系统能否可持续性地为人类提供服务越来越受到关注。Halpern 等（2012）30 多位作者联合在 *Nature* 期刊发文，阐述了人类-海洋耦合的生态系统健康新理念：人类是海洋生态系统的一部分，健康的海洋生态系统在现在和将来都能可持续性地为人类提供各种福利。因此，能否可持续性地为人类提供各种福利成为衡量海洋生态系统健康状况的标准。海洋生态适宜性评价的目的就是要协调人类用海活动，引导海洋产业的合理布局，形成满足海洋生态平衡要求的海洋和海岸带开发模式，既要维护海洋生态系统的健康，又要达到为海洋经济的可持续增长服务的目标。

在海洋生态适宜性评价中，当前海洋的资源、环境、社会、经济条件决定着海域的基本功能，按照基本功能开发可以最大限度地释放海域服务功能的潜力，为人类谋取更多的利益。但当前的海洋状态在压力、趋势力、弹性力作用下不断变化（Elfes et al.，2014；Halpern et al.，2014，2012），影响着海洋健康的发展轨迹。尤其当海域用途开发后，开发活动对海洋生态完整性的影响，主要体现在海洋自我调节能力和压力的改变，以及在这种趋势力下海洋状态是否依然健康，即海洋生态适宜度由海洋的当前自然属性和社会-经济环境对海域用途的匹配及未来海洋健康发展的趋势共同决定（江倩倩等，2015）。

（2）用海活动兼容性和冲突性的协调问题

随着海域人类活动强度的增加，人类活动之间及人类活动与重要自然区之间不可避免地存在着空间重叠，这些重叠区常常相互冲突，但也可能存在现实或潜在的兼容性（Charles and Douvere，2010）。探索各种海洋功能组合的可能性，认识冲突并减缓冲突，促进用海活动的兼容性，是海洋生态适宜性评价为提供海洋整体格局优化建议需要完成的任务。

在海洋生态适宜性评价中，缓解用海冲突必须着眼于海洋生态系统整体观，明确各项海洋服务功能之间的联系和反馈，甄别某一类型生态系统服务功能，以及这些服务功能的消费和利用对其他类型生态系统服务功能造成的短期损益与长期影响。在认识某一海域提供的生态系统服务功能及服务功能间相互作用的基础上，对海洋的各项服务功能进行权衡，通过人为管理措施协调用海活动兼容性和冲突性，提升某些为人类提供福利较低的功能，以确保各项海洋服务功能在博弈和此消彼长中依然维持其完整性与可持续性（江倩倩等，2015）。另外，在海洋生态适宜性评价中，要对重要生态功能区、敏感区和脆弱区进行特别保护，以预防重要海洋生态服务功能的损伤和永久性丧失。

（3）海洋生态适宜性评价中水平生态过程的表征问题

陆地生态适宜性评价多强调发生在某一景观单元内的生态流或生态关系（张浩和赵智杰，2011）。而海洋是一个连续的整体，海水的运动使得各海区的水团互相混合和影响，普遍存在着水平的生态流。某一海域的结构和功能往往受到毗邻海域的影响而发生变化，或者某一区域海洋服务功能的丧失可能会危及更大区域范围海洋生态系统的健康。因此陆地生态适宜性评价中以评价单元内属性的垂直叠加量化方法对于海洋生态系统显然不再适用，海洋生态适宜性评价应该充分考虑发生在景观单元之间的流动或相互作用，即水平生态过程（俞孔坚，1999）。

水动力过程是海洋生态系统动态演变的最基本过程和驱动机制，海洋动力过程的改变或阻隔会影响海区间物质和能量的交换，致使海洋结构和功能特征发生改变，进而影响海洋服务功能的发挥，因此海洋生态适宜性评价应该关注人类干扰对海洋水文格局变化的影响及其生态响应（江倩倩等，2015）。空间上彼此相连的不同海洋生态系统或生态系统各个组成部分之间并不是孤立存在的，而是彼此关联的，一些生态系统的服务功能会对其他生态系统产生重要作用，从而影响到海洋的生态适宜性。例如，产卵场和索饵场是维持整个海洋生态系统生物多样性的关键生境，它的重要性已经超出了其本身自然分布边界。因而对这一海域的生态适宜性评价，不能只关注产卵场、索饵场自身的生态适宜性，应该把这一特殊海域在整个生态系统中的作用和功能传递作为适宜性程度的最主要考量，并且预防临近海域的污染蔓延给这一海域带来的潜在性破坏。

7.3 海洋生态适宜性评价的概念模型

目前，国内对海洋生态适宜性评价的研究刚刚起步，尚未形成一套完整的理论体系和评价方法。考虑到影响海域生态系统的因素众多，既有自然因素又涉及社会经济，需要考虑的生态因子较多，拟采用多指标综合评价法用于本书相关研究的生态适宜性评价，从而在选择不同组织水平的类群和考虑不同尺度的前提下对海洋生态系统的各类信息进行综合评价。在建立区域生态适宜性评价指标体系的基础上，通过各生态因子的空间化图层表达，加权叠置得到区域内部（乡、镇、村等，以栅格为评价单元）生态适宜程度的现状值，设定开发与保护的阈值界限，分级划定不同值域下的生态功能区（重点保护区、一般保护区、适度开发区、优化开发区）。

7.3.1　海洋生态适宜性评价的原则

海洋生态适宜性评价以全面的海洋生态环境调查和社会经济环境调查为基础，对区域海洋的生态环境现状和开发利用条件进行定性与定量的评价，并对开发利用后可能产生的影响进行科学的分析，以期直观反映出区域开发利用的可能性及开发潜能。本书相关研究依据对海洋生态适宜性理论内涵的认知，综合考虑自然生态环境和社会人文环境的系统要素，结合国内外陆域生态适宜性评价的成果，从海洋生态环境适宜性、海洋自然资源适宜性和海洋社会经济适宜性三大方面，构建了海洋生态适宜性的评价指标体系（表 7-3）。作为衡量海洋生态适宜性的评价指标，除了遵循客观性、科学性、完整性和有效性等普遍性原则，还遵循了以下几个原则。

表 7-3　海洋生态适宜性评价指标体系

目标层	准则层	一级指标	二级指标	要素层	方向	备注
海洋生态适宜性	海洋生态环境适宜性	生境结构	群落结构	生物多样性指数	正向指标	●
			环境质量	富营养化指数	负向指标	●
			自然岸线完整性	自然岸线保有率	正向指标	●
			海洋灾害风险分布	海洋风险强度指数	负向指标	○
		生境功能	重要保护价值	生态敏感区和重要保护对象	正向指标	●
			景观类型	生态干扰度	负向指标	●
			生产供给	净初级生产力/颗粒性有机碳浓度	正向指标	●
	海洋自然资源适宜性	空间资源	深水岸线资源	可利用深水岸线长度	负向指标	●
			滩涂资源	可利用滩涂面积	负向指标	●
		能源资源	景观文化资源	景区级别系数	负向指标	○
			海洋能源	海洋能源利用价值量	负向指标	○
			矿产资源	海砂储量	负向指标	○
	海洋社会经济适宜性	社会经济条件	海洋经济	海洋产业总产值	负向指标	●
			沿海人口状况	人口密度（或渔业人口比重）	负向指标	●
			区位条件	重要节点（城镇中心、交通枢纽、大型渔港）可达性	负向指标	●
		海域利用现状	海域利用程度	海域利用面积比例	负向指标	●
			围填海开发	围填海强度值	负向指标	○
			海水养殖	鱼类、虾蟹类和海参养殖产量	负向指标	○
				海藻、贝类养殖产量	正向指标	○
			港口开发	港口吞吐量	负向指标	○

注：●为必选指标，○为可选指标，依据研究区海域具体情况和数据资料掌握程度综合判定

1）海陆统筹原则。海岸带地区是海陆交接地带，生态环境受到海陆交互影响，既

有陆地功能又有水体功能，生态比较脆弱，指标的选择应当充分考虑海陆耦合效应，突出海洋环境的地域特征。

2）动态性和稳定性原则。海洋生态适宜性的评价不是动态的过程，而是一个不断发展和变化的过程，生态系统影响因子的作用与表征因子的显性表达之间存在一定的时滞效应，如果仅从表征因子角度评价其状态，评价结果只能反映某一时间断面的生态系统状态。因此，指标体系必须具有一定的可持续性和时效性，能够适应不同时期的海洋资源开发利用需求和海洋生态环境状况，保证在一定时期内具有相对稳定性。

3）人与自然和谐共处原则。指标的选取应当兼顾海洋生态系统的自然资源状况和人类的社会经济胁迫，对典型的、珍稀的、脆弱的生物物种，对重要海洋生态功能区、生态敏感区和生态脆弱区，对历史和文化资源实施特别保护。但环境和可持续发展原则的应用并非海洋生态适宜性评价的唯一关键因子，更为重要的是利用海岸带综合管理的原动力（或“驱动力”）来应对实施过程中不可避免的社会经济状况的多变和生态与政治的不确定性。

4）可操作性原则。构建评价指标时，选择的指标应考虑其支撑数据的采集和获取必须合理准确，能够量化。一方面，选取的指标必须能够高效地说明海岸带和海洋环境状态的变化、社会经济压力的趋势与海岸带的状态，以及人类活动和生态健康之间的相关联系，意义明确，便于计算；另一方面，指标可以为行动规划提供反馈，并为后续行动提供参考。此外，在应用指标体系的过程中，针对评价对象尺度的不同，所需数据的精细程度也有所差异：县（区）级别的评价对象需要的数据比较精细，而省、市级的数据往往偏向宏观尺度，因此在确定指标体系时，也要充分考虑应用的尺度差异性。

5）指标的方向性。高强度的人类活动可以直接减少生境空间，使滩涂和海湾水域面积缩小，生物量和初级生产力下降，对海洋珍稀濒危生物和生态敏感区的影响是显而易见的，甚至直接产生威胁或是造成破坏。因此，本书相关研究在构建多指标评价模型的过程中，所依据的基本前提是：生态环境质量越好的海域越不应该进行开发活动，因为它的生态价值更高，对海洋及海岸带经济发展的支撑作用更强，大规模的开发活动造成的不可逆的生态价值损失也更大；而社会经济条件相对优越的地区，进行海洋资源环境开发利用的综合成本比较小，认为其生态保护的价值相对较低，开发利用的综合效益更高。

7.3.2 评价指标体系的一般框架

指标体系分为目标层、准则层、要素层，共计 6 个一级指标，19 个二级指标（其中 1 个二级指标细分为两个要素指标）。并依次确定各个指标的计算方法和正负方向性（表 7-3）。

由于海洋生态系统类型和分布范围广，其自然环境和物质组成等属性差异较大，归一的评价标准难以概括全面。因此，指标体系中针对不同性质特点的评价对象，其指标的选取有所侧重，结合评价数据的获取难易程度，将评价指标分为必选指标和可选指标两大类：必选指标即海洋生态适宜性评价中的通用指标；可选指标即反映某些独特海洋生态系统的指标，可选指标中下一级要素层指标可根据不同评价对象的生物生态和环境特征进行适当的调整。

7.3.3 指标因子的量化

（1）海洋生态环境适宜性

1）群落结构：采用生物多样性指数衡量，具体包括浮游植物多样性指数、浮游动物多样性指数、底栖生物多样性指数，此处取 3 个指数的平均值，均采用香农-维纳（Shannon-Wiener）多样性指数公式进行计算：

$$S = -\sum_{i=1}^{N} P_i \ln P_i \tag{7-5}$$

式中，S 表示 Shannon-Wiener 多样性指数；N 表示某测量站的生物物种数；P_i 表示第 i 种生物个体数占总个体数的比例。

数据来源为实测资料。

2）环境质量：用富营养化指数来表示。具体采用邹景忠关于海域富营养化的公式，选择 COD、DIN、DIP 3 个指标，计算得到海洋生态系统富营养化指数（EI）：

$$\mathrm{EI} = \frac{\mathrm{COD} \times \mathrm{DIN} \times \mathrm{DIP}}{4500} \times 10^6 \tag{7-6}$$

当 EI≥1 时为富营养化，EI 值越高，富营养化程度越高；EI＜1 时，该指标为正向指标。

数据来源为实测资料。

3）自然岸线完整性：用自然岸线保有率来衡量。作为生态保护与建设示范区的重要表征指标，自然岸线保有率是生态适宜性评价的限定性因子。

数据来源为统计资料和年度公报。

4）海洋灾害风险分布：可选指标，用海洋风险强度指数来表征。具体根据评价区域海洋灾害的实际情况，采用各评论单元具体风险（如风暴潮、赤潮、海啸等）的发生频次或灾害损失表征其强度。

数据来源为各沿海重点市（县、区）开展的灾害风险评估与区划结果。

5）重要保护价值：用生态敏感区和重要保护对象的空间分布来表示。在对海洋生态系统功能进行分析时，某些敏感区域，如自然保护区、海洋特别保护区、湿地保护区、渔业资源生物洄游区、产卵场、重要海岸线等往往具有重要意义，这些地区的生态环境对于适宜性评价有着重要意义。根据研究区内的生态敏感程度和重要程度的不同划定不同保护级别的区域，采取半定量的方式确定各类型的生态保护重要性分值。

数据来源为区域生态环境功能区划、保护区相关规划、岸线保护和利用规划及旅游规划等资料。

6）景观类型：生态系统服务是人类生存和发展的基本条件，而景观是人与自然交叉最为密切的环节，景观类型的变化影响着生态系统的结构和功能，对生态系统维持其服务功能起着决定性作用（李卫锋等，2003）。本书相关研究对景观类型的评价综合考虑了研究区海岛和海岸带使用类型与用海方式的数据，基于高分辨率的遥感影像数据，确定了开放海域、林地、草地、滩涂、坑塘水面、未利用地、裸岩石砾地、开放式养殖用海、水库、盐业用海、围海养殖用海、耕地、工业用海、其他工业用海、围填海、住宅用海、交通用海、建设用海、港口用海、码头用海、固体矿产开采、旅游基础设施用海 22 种类型。

根据 Brentrup 等（2002）在植被生态学中的研究，一个生态系统（或一个景观斑块）的人为干扰程度越小，其生态价值越高，反之则生态价值低，即将一个生态系统的自然度或纯度作为衡量标准，来评价人类活动对景观的影响。基于此，Jalas（1955）提出了生态干扰度（hemeroby）的概念，作为与自然度相对立的概念。本书参照了陈爱莲等（2010）在辽宁双台河口自然保护区的生态干扰度景观类型分类表，依次确定上述用海类型对景观变化的生态干扰程度，并分成三大类五小类（表 7-4）。

表 7-4 生态干扰度指数景观类型分类系统

一级类型	二级类型	干扰度指数
无干扰	开放海域、滩涂	<0.15
半干扰（人为、自然作用参半，主要为农业、养殖业等）	坑塘水面、林地、草地、未利用地、裸岩石砾地	[0.15，0.5）
	开放式养殖用海、水库、盐业用海	[0.5，0.65）
	围海养殖用海、耕地	[0.65，0.8）
全干扰（人工构筑物，如港口、码头等）	工业用海、其他工业用海、围填海、住宅用海、交通用海、建设用海、港口用海、码头用海、固体矿产开采、旅游基础设施用海	≥0.8

7）生产供给：采用净初级生产力来衡量。

采用评估海域内实测点的净初级生产力数据或颗粒性有机碳浓度数据经克里金插值后得到，各实测点的净初级生产力计算采用叶绿素法，按照 Cadee（1975）提出的简化计算真光层初级生产力公式估算：

$$P = p \times E \times \mathrm{D} / 2 \tag{7-7}$$

式中：P 为每日现场的净初级生产力（mg C/m^2·d）；E 为真光层深度（m），取透明度的 3 倍；D 为白昼时间（h），即日出至日落的时间长度，春、秋季取 12h，夏季取 13h，冬季取 11h；p 为表层水浮游植物的潜在生产力（mg C/m^3·h），可用下式计算：

$$P = C_n \times Q$$

式中：C_n 为表层叶绿素含量（mg/m^3）；Q 为不同层次同化系数算数平均值。

（2）海洋自然资源适宜性

1）深水岸线资源：用可利用深水岸线长度来度量。海岸带是陆域和海洋相交接的地区，一般定义为大陆架以上的潮间带和潮下带及相邻的离海岸线 10km 以内的内陆，数据来源于统计资料或利用 ArcGIS 软件中的地理统计工具计算可利用岸线长度。

2）滩涂资源：用可利用滩涂面积来度量。滩涂湿地是海岸带的重要组成部分，包括全部潮间带及潮上带、潮下带。此处指其中可供开发利用的部分，即平均高潮线以下低潮线以上的海域，数据来源于统计资料和相关规划。

3）景观文化资源：可选指标，区内景区级别系数，来源于统计数据，其计算公式为

$$Q_i = \frac{D_i}{\sum_{i=1}^{n} D_i} \tag{7-8}$$

式中，Q_i 为景区级别系数，$\sum_{i=1}^{n} D_i$ 为评价海域内所有海洋旅游景区的景区级别分值总和，n 为评价海域内的景区个数，D_i 根据国家旅游局评定的景区级别，赋以一定分值。5A 级景区赋值 6 分，4A 级景区赋值 5 分，依次类推，直到 1A 级景区赋值 2 分，未定景区级别但是在评价海域又相对重要的景区赋值 2 分，其他赋值 1 分。

数据来源于统计资料和旅游景区相关规划。

4）海洋能源：可选指标，考虑到量化的复杂性，海洋能利用价值主要包括风能利用价值和潮汐能利用价值。风能的利用形式是依靠风力发电，潮汐能也多作为提供电力的能源，因此，利用替代价值法，采用海洋电力产业生产总值量化海洋能源利用价值。数据来源于统计资料。

5）矿产资源：可选指标，具体指海域中海砂的储量。数据来源于统计资料和调查数据。

（3）海洋社会经济适宜性

1）海洋经济：用海洋经济产业总产值占地区生产总值的比重来衡量。海洋经济产业包括开发海洋资源和依赖海洋空间而进行的生产活动，以及直接或间接为开发海洋资源及空间的相关服务性产业活动，主要包括海洋渔业、海洋交通运输业、海洋船舶工业、海洋盐业、海洋油气业、滨海旅游和海洋科研教育管理服务业等。

数据来源为统计资料。

2）沿海人口状况：区域内各地人口的密集程度，即人口在空间上的分布也是反映人类活动与环境间交互关系的重要方式，采用人口密度、非农人口比重、渔业人口比重来衡量。人口密度即每平方千米的常住人口数，利用美国国防气象卫星计划/线性扫描业务系统（Defense Meteorologi-cal Satellite Program/Operational Linescan System，DMSP/OLS）夜间灯光数据、遥感影像数据和回归分析插值得到其空间分布；非农人口比重即城镇人口占总人口比重，渔业人口比重为从事海洋渔业活动的人口占总人口的比重。

数据来源为统计资料。

3）区位条件：城镇中心、交通枢纽、大型服务设施等节点是城镇总体层面重要的功能空间，对城镇生态环境的空间发展具有重要的调控和引导作用。对于这些节点而言，较高水平的可达性会吸引商务、居住、工农业等活动的集中。本书相关研究考虑选取市（区、县、重要乡镇）中心、机场、县级以上的大型车站、重要码头、渔港（中心渔港和一级渔港）及海岸线的可达性作为衡量区域区位条件的重要指标。

具体采用引力模型法计算各节点的可达性，模型的一般计算公式为

$$A_i = \sum_{j=1}^{n} D_j \times F(d_{ij}) \tag{7-9}$$

式中，A_i 为 i 区到所有机会点（1，2，3，…，j）的可达性大小，n 为机会点的个数；

D_j为j点的吸引力大小；d_{ij}为i、j两点间的距离；$F(d_{ij})$为距离衰减的函数，其形式有幂函数、指数函数、高斯函数、对数函数等多种形式。

数据来源为区域基础地理信息数据、总体规划、交通港航等规划资料。

4）海域利用程度：用现阶段已经使用的海域面积比例来衡量，通过确权海域面积占管辖海域面积的比例测算。

数据来源为统计资料或遥感影像。

5）围填海开发：可选指标，包括围填海强度值和围填海利用率两个指标，围填海强度值（RE）采用围填海面积和海岸线长度的比值衡量，数据来源于统计资料和地区围垦规划，计算公式如下：

$$\mathrm{RE}=\frac{\text{区内围填海面积/区内海岸线长度}}{\text{全国围填海面积/全国海岸线长度}} \tag{7-10}$$

围填海利用率用确权围填海开发建设的面积占地区所有围填海面积的比例来衡量。

6）海水养殖：可选指标，用海水养殖产量来表征。指利用滩涂、浅海、港湾及陆上海水水体，通过人工投放苗种或天然纳苗，并经人工饲养管理所获得的水产品总量，包括鱼类、虾蟹类、海藻、贝类和海参，其中贝藻类养殖对生态环境的保护有积极效应，为正向指标，鱼类、虾蟹类和海参养殖产量则为负向指标。

数据来源为统计资料。

7）港口开发：可选指标，区内港口的吞吐量。具体指一年间经水运输出、输入港区并经过装卸作业的货物总量，反映了港口的吞吐能力和建设投资规模，是反映港口生产经营活动成果的重要数量指标，也是衡量国家、地区、城市建设和发展的量化参考依据。

数据来源为统计资料。

7.3.4 指标标准化与分级

评价指标体系中各项指标类型复杂，其性质、单位和数量级存在明显的差异，指标之间的量纲不统一，无法直接对比，因此在开展评价时，需要对上述参评因子的量化数据进行标准化处理，其目的是使其转化为无量纲数值，缩小指标间的数量级差。主要原理是将所有原始变量和相应的理想状态值通过特定的运算进行比较，从而将不同性质、不同度量的指标换算为无量纲可比的指标。

本书拟从资源存量与需求量及海洋生态环境理想状态阈值界限对各指标数据进行标准化处理。对于正向指标，它们对生态适宜性的贡献是正向的，称为效益型指标；而负向指标对生态适宜性的贡献是负向的，称为成本型指标。在分级的过程中要充分考虑指标的正负性。此外，根据谢尔福德（Shelford）耐受性定律（Odum，1971），某些指标对区域生态过程存在限定意义，当它们在数量上或质量上接近临界值时，就成为该生态过程的限制因素。对于这些指标，引入“零值因子”的概念。

对于有连续数值的指标（如生物多样性指数、净初级生产力等），指标的标准化过程即确定各等级区间的界限，应当考虑两方面的因素：一是从区域海洋资源、生态和环境可持续发展的角度出发，既要保证区域社会经济发展，人民生活质量提高，又要保护好海洋生态与环境的质量，例如，把 1.0 作为富营养化指数的临界阈值；二是要从政策的角度考虑，如区域内未来一定时期内的经济发展和环境保护的目标，例如，浙江省海洋功能区划将 35%作为自然岸线保有率的限定值。在实际操作过程中，标准区间界限可利用现有的一些国内、地方及国际标准来确定；也可参照国内外与研究区域条件总体背景相似的不同海域生态环境状况的实际值；或采用问卷调查法征集当地有关专家、学者或政府决策者的意见，并转换成相应定量化数据（表 7-5）。

表 7-5 海洋生态适宜性评价连续性指标标准化区间

指标	级别					
	0	1	2	3	4	5
生物多样性指数	—	[1.79，1.86）	[1.86，1.91）	[1.91，1.97）	[1.97，2.05）	[2.05，2.15）
富营养化指数	[5，+∞）	[3，5）	[1，3）	[0.8，1）	[0.6，0.8）	[0.4，0.6）
自然岸线保有率	—	[0，30%）	[30%，35%）	[35%，45%）	[45%，70%）	[70%，100%）
海洋风险分布指数	沿用生态风险区划中的分级					
生态敏感区和重要保护对象①	—	Ⅳ类区域	其他区域	Ⅲ类区域	Ⅱ类区域	Ⅰ类区域
生态干扰度	—	[0.8，+∞）	[0.65，0.8）	[0.5，0.65）	[0.15，0.5）	[−∞，0.15）
净初级生产力	—	[40，50）	[50，60）	[60，70）	[70，80）	[80，100）
人口密度（或渔业人口比重）	—	[37 808，79 546）	[22 240，37 808）	[11 120，22 240）	[4 576，11 120]	[0，4 576）
重要节点（城镇中心、交通枢纽、大型渔港）可达性	—	[0.04，0.08）	[0.08，0.12）	[0.12，0.16）	[0.16，0.20]	[0.20，0.40]

①根据研究区海洋保护区规划、生态环境功能区划、岸线保护和利用规划、海洋公园规划等综合确定；其中，Ⅰ类区域包括国家级自然保护区的核心区，海洋特别保护区的重点保护区，种质资源保护区；Ⅱ类区域包括国家级自然保护区的缓冲区，海洋特别保护区的生态资源恢复区（海洋牧场、增殖放流区）和预留区，重要渔业资源保护区，重要岸线；Ⅲ类区域包括重要风景名胜区；Ⅳ类区域包括重要有居民海岛和其他优化开发区域

对于来源于统计年鉴的指标（如滩涂面积、养殖产量等），原始数据多按照行政区划单元进行统计，这类指标的标准化过程即确定各指标的理想值。计算出指标绝对数值与理想值的比值，再标准化到[1，5]区间，计算公式为

$$C_i = \frac{B_i}{B_i'} \tag{7-11}$$

式中，C_i 为各指标标准化处理后的数值，B_i 为标准化原始数据，B_i' 为各指标的理想值。

在具体操作过程中，这些统计指标的理想值定为在某一特定时期内、遵循可持续发展前提下的正向指标的最大值或是负向指标的最小值，或是国内相近区域的平均水平。

本标准在综合以上方法的基础上，确定了研究区域海洋生态环境、自然资源和社会经济适宜性各项指标的标准化值。

7.3.5 权重的确定

确定评价指标权值的数学模型，大致可分为两类：一类是主观赋权法，如层次分析法、德尔菲法等；另一类是客观赋权法，即根据各指标间的相关关系或各项指标值的变

异程度来确定权重，如主成分分析法、均方差法。

由于目前缺少对于海洋功能本身优劣的衡量方法，要建立指标变异对海洋功能变异的贡献程度是困难的，因此尚不能采用客观赋权法。相反，由于各类海洋资源的开发利用和海洋环境的保护对海洋要素有相应的值域要求，人们就各类指标对发挥某类海洋生态功能的影响能力已经有了基本的了解和认识。因此，本书拟采用德尔菲法与层次分析法相结合的方式，利用数学方法整理和综合专家的经验，通过对专家判断的意见进行定量化，获得适宜性评价指标的权重。

层次分析法是美国运筹学家 Satty（1980）提出的一种实用的决策方法。原理是利用数学方法整理和综合专家的经验，是一种解决多目标复杂问题的决策分析方法，该方法将定量分析与定性分析结合起来，用决策者的经验对所列指标通过两两对比其重要程度而逐层进行判断评分，构成一个判断矩阵，由判断矩阵的特征向量确定下层指标对上层指标的贡献率，最后进行层次总排序，获得每个具体指标对于评判目标的对应贡献率。

运用层次分析法确定评价指标权重大体可分为以下 4 个步骤。

（1）建立递阶层次结构

首先，要把问题条理化、层次化，构造出一个层次分析的结构模型；其次，在这个结构模型下，复杂问题被分解为若干元素，这些元素又按其属性分成若干组，每一组作为一个层次，按照最高层、中间层和最底层的形式排列起来；同一层次的元素对下一层次的某些元素起支配作用，同时它又受上一层次元素的支配。

（2）构造判断矩阵

对于递阶层次结构中各层上的元素可以依次相对于与之有关的上一层元素，进行两两比较，从而建立一系列的判断矩阵。判断矩阵 $\boldsymbol{A}=(a_{ij})_{n\times n}$ 具有下述性质：

$$a_{ij}>0，a_{ij}=1/a_{ij}，a_{n}=1$$

其中，a_{ij}（i，j=1，2，…，n）代表元素 U_i 与 U_j 相对于其上一层元素重要性的比例标度。判断矩阵的值反映了人们对各因素相对重要性的认识，一般采用 1～9 比例标度对重要性程度进行量化。标度及其含义如表 7-6 所示。

表 7-6　判断矩阵标度及其含义

序号	重要性等级	赋值
1	i，j 两个指标同等重要	1
2	i 指标比 j 指标稍微重要	3
3	i 指标比 j 指标明显重要	5
4	i 指标比 j 指标强烈重要	7
5	i 指标比 j 指标极端重要	9
6	i 指标比 j 指标稍微不重要	1/3
7	i 指标比 j 指标明显不重要	1/5
8	i 指标比 j 指标强烈不重要	1/7
9	i 指标比 j 指标极端不重要	1/9
10	重要等级介于以上判断之间	1/2，1/4，1/6，1/8，2，4，6，8

（3）计算单一准则下元素的相对权重

判断矩阵的最大特征值和特征向量采用几何平均近似法计算。设判断矩阵 $\boldsymbol{A}$ 的最大特征根为 $\lambda_{\max}$，其相应的特征向量为 $\boldsymbol{W}$，则有

$$\boldsymbol{AW}=\lambda_{\max}\times\boldsymbol{W} \tag{7-12}$$

所得 $\boldsymbol{W}$ 经归一化后，即为同一层次相应元素对于上一层次某一因素相对重要性的权重向量。由于客观事物的复杂性及人们对事物认识的模糊性和多样性，所给出的判断矩阵不可能完全保持一致，有必要进行一致性检验，计算一致性指标（conformance index，CI）：

$$\mathrm{CI}=\frac{\lambda_{\max}-n}{n-1} \tag{7-13}$$

式中，n 为判断矩阵阶数。CI=0，表明判断矩阵完全一致；CI 越大，矩阵的一致性越差；通常情况下，认为若随机一致性比率 CR=CI/RI＜0.10，则判断矩阵具有满意的一致性，否则需要调整判断矩阵的元素取值。平均随机一致性指标 RI 取值见表 7-7。

表 7-7　平均随机一致性指标

n	1	2	3	4	5	6	7	8	9	10
RI	0	0	0.58	0.9	1.12	1.24	1.32	1.41	1.45	1.49

（4）计算组合权重及一致性检验

计算组合权重是指计算同一层次所有因素对于最高层因素相对重要性的权重。若上一层次 $\boldsymbol{A}$ 含有 m 个因素 A_1，A_2，…，A_m，其组合权值为 a_1，a_2，…，a_m，下一层次 $\boldsymbol{B}$ 包含 n 个因素 B_1，B_2，…，B_n，它们对于因素 A_j 的相对权值分别为 b_{1j}，b_{2j}，…，b_{nj}（当 B_i 与 A_j 无关时，b_{ij}=0），此时 $\boldsymbol{B}$ 层因素的组合权重由表 7-8 给出。

表 7-8　组合权重计算表

层次 $\boldsymbol{A}$ 层次 $\boldsymbol{B}$	A_1	A_2	…	A_m	$\boldsymbol{B}$ 层组合权重
A_1	b_{11}	b_{12}	…	b_{1m}	$\sum_{j=1}^{m}a_j\times b_{1j}$
A_2	b_{21}	B_{22}	…	b_{2m}	$\sum_{j=1}^{m}a_j\times b_{2j}$
…	…	…	…	…	…
B	b_{n1}	b_{n2}	…	b_{nm}	$\sum_{j=1}^{m}a_j\times b_{nj}$

此外，还需要进行递阶层次组合判断的一致性检验，若 $\boldsymbol{B}$ 层某因素相对于 A_j 层次单排序一致性指标为 CI_j，相应的平均随机一致性指标为 RI_j，则 $\boldsymbol{B}$ 层随机一致性比率为

$$\mathrm{CR}=\frac{\sum_{j=1}^{m}a_j\times\mathrm{CI}_j}{\sum_{j=1}^{m}a_j\times\mathrm{RI}_j} \tag{7-14}$$

当 CR＜0.10 时，认为 $\boldsymbol{B}$ 层组合判断具有满意的一致性，否则需要调整判断矩阵的

因素取值。

在实际操作过程中，本书相关研究于 2015 年 7～12 月，向全国海洋学、生态学、环境科学等方面共 60 位专家发放了“海洋生态适宜性评价指标权重”调查问卷，通过对专家的打分进行统计分析，得到一、二级指标和要素层指标的权重。海洋生态环境适宜性、海洋自然资源适宜性和海洋社会经济适宜性 3 项一级指标权重之和等于 1，各一级指标下的二级指标权重之和也等于 1。具体结果见表 7-9。要素层中出现多个下层指标的（如海水养殖指标），采用等权重，即同级指标下的所有参评要素被认为对目标层的贡献大小一致。

表 7-9　海洋生态适宜性评价指标权重

目标层	准则层	一级指标	二级指标	权重
海洋生态适宜性	海洋生态环境适宜性	生境结构	群落结构	0.074
			环境质量	0.034
			自然岸线完整性	0.038
			海洋灾害风险分布	0.028
		生境功能	重要保护价值	0.072
			景观类型	0.136
			生产供给	0.068
	海洋自然资源适宜性	能源资源	矿产资源	0.036
			海洋能源	0.030
			景观文化资源	0.092
		空间资源	深水岸线资源	0.098
			滩涂资源	0.104
	海洋社会经济适宜性	社会经济条件	海洋经济	0.022
			沿海人口状况	0.016
			区位条件	0.025
		海域利用现状	海域利用程度	0.036
			围填海开发	0.042
			海水养殖	0.016
			港口开发	0.033

7.3.6　评价计算模型

在各单因子指标量化和赋权的基础上，开展评价指标的综合运算，具体采用 0～5 连续尺度的海洋生态适宜性评价指数（ecological suitability assessment index，ESI），在 ArcGIS 中进行栅格运算得到海洋生态适宜性评价结果数值。

$$(\mathrm{ESI}_1, \mathrm{ESI}_2, \cdots, \mathrm{ESI}_m) = (w_1, w_2, \cdots, w_n) \times \begin{bmatrix} I_{11} & \cdots & I_{1m} \\ \vdots & \ddots & \vdots \\ I_{n1} & \cdots & I_{nm} \end{bmatrix} \tag{7-15}$$

式中，m 代表评价单元总数，n 代表评价指标总项数，ESI 代表海洋生态适宜性评价指数，w 代表各指标权重，I 代表各指标标准化数值。

在计算出海洋生态适宜性评价绝对数值的基础上，通过分级评价来将抽象的数字转变为直观的结论进行表征。生态评价的等级划分通常以人为设定的阈值为基础，结合研究者经验和研究区的实际情况来进行。常用方法有以下 3 种：①等间距法，以脆弱性指数为标准，在指数间等间距划分脆弱性级别；②数轴法，将脆弱性指数标绘在数轴上，选择点数稀少处作为等别界限；③总分频率曲线法，对脆弱性指数进行频率统计，绘制频率直方图，选择频率曲线突变处作为级别界限。

本书采用数轴法与总分频率曲线法相结合的方式将评价结果分为以下 4 个等级。

1）重点保护区：生态适宜性评价值最高的区域。这些地区往往分布着重要的保护区或其他生态敏感区，海洋资源的生态保护价值高。对于这些地区，应当重点加强典型海洋景观及海域生物、海岛自然景观和原始地貌等的保护，严禁在海岛及海岸线从事破坏性的开发利用活动，进一步改善敏感区的生态环境，提高区内的生物多样性，维持海洋生态系统的良性循环。

2）一般保护区：生态适宜性评价值较高的区域。这些地方远离县城中心和大陆，交通不便，区位条件较差，生活生产的基础设施不甚完善，海洋资源开发利用的经济效益相对较低；但往往具备较好的资源条件，应当实施分类管理。在海洋渔业保障区，实施禁渔区、休渔期管制，加强水产种质资源保护，禁止开展对海洋经济生物繁殖生长有较大影响的开发活动；在海洋特别保护区，严格限制不符合保护目标的开发活动，不得擅自改变海岸、海底地形地貌及其他自然生态环境状况。

3）适度开发区：生态适宜性评价值较低的区域。这些地区的社会经济条件相对完善，交通运输条件较好，现已具有一定的海洋资源开发基础。应当在优化近岸海域空间布局的基础上，合理调整海域开发规模和时序，控制开发强度，有效保护自然岸线和典型海洋生态系统，提高海洋生态服务功能，实现海洋生态环境与社会经济的可持续发展。

4）优化开发区：生态适宜性评价值最低的区域。这些地区的社会经济条件完善，交通运输条件优越，具备较好的养殖环境或工业建设条件，现已具有较好的海洋资源开发基础，近海海域与城市空间有着较为密切的联系。应当在结合海域的资源和发展特色优势的基础上，因地制宜，综合安排各海域的功能定位，重点协调养殖区域与港口发展、旅游发展、岸线利用的关系，推动海洋传统产业技术改造和优化升级。

7.4　案 例 研 究

在前述理论研究的基础上，以温州市管辖海域为研究对象，通过长时间序列的遥感数据处理和历史资料整合分析，并辅以必要的现场补充调查，利用前述海洋生态适宜性评价技术方法，进行案例区海洋生态适宜性评价。

7.4.1　案例区概况

温州市地处全国黄金海岸中段、浙江省东南部，地理位置位于 27°03′～28°36′N、

119°37′～121°18′E 之间，濒临东海，南接福建，西连丽水地区，北邻台州市境，介于长江三角洲和珠江三角洲两个最具经济活力的经济圈之间，海峡西岸经济区的北部，具有“承东启西、联结南北”的特殊区位条件。温州市涉海县（市、区）包括：乐清市、龙湾区、洞头区、瑞安市、平阳县、苍南县，海域面积约 8780.30km^2。温州海域受浙江沿岸流和台湾暖流及上升流共同影响，生物资源丰富，兼具南北生物特征；瓯江、飞云江、鳌江等入海河流为海洋生物带来丰富的营养物质；海岛众多，海洋资源多样，具有特殊的地理优势（图 7-2）。

图 7-2　温州市地理位置图

温州市是第一批沿海对外开放的 14 个城市之一，海洋经济的发展在近年来取得了较大的进步，在社会经济中所占的比重稳步上升，已然成为未来经济发展的重要支柱。作为浙江沿海海洋经济发展较快的城市，海洋生态环境状态不仅直接关系到温州市海洋经济的可持续发展水平，更与人民生活环境息息相关。在用海需求急剧增加的当下，统筹兼顾海洋开发与保护、综合协调各行业用海、妥善处理各类用海矛盾、合理配置海域资源以及沿海综合管理体系的建立等各种难题亟须解决。在温州开展海洋生态适宜性研究不仅能够为当前的各类用海难题提供理论依据和方向指引，在保证海洋生态环境安全的前提下进行合理的开发并对已经受到破坏的部分区域进行海洋生态保护、修复指导，同时作为海洋综合管理创新试点和海洋生态红线制度研究的先驱城市，相关的研究成果还能为浙江省甚至全国范围内的海洋经济主导城市提供参考范本，为海洋生态文明的全面推进做出贡献。

7.4.1.1　海洋自然环境状况

（1）地质地貌

温州市位于华南褶皱系的东北部，分属泰顺-温州断拗和黄岩-象山断拗。地貌受地质构造的影响，地势自西向东呈梯状倾斜。西部多山区，高的山脉海拔在 1000m 以上；向东分布有低山丘陵地带；再东是冲积和海积平原，平原上散布着蚀余的孤山和残丘。海岸分为淤泥质、沙质和基岩质海岸 3 种。地貌的基本特征是山地多，平原少，全市地貌可分为西部中低山区、中部低山丘陵盆地区、东部平原滩涂区和沿海岛屿区。

（2）气候特征

温州市地处中亚热带季风气候区，冬夏季风交替显著，温度适中，四季分明，雨量充沛。年平均气温 17.3～19.4℃，1 月平均气温 4.9～9.9℃，7 月平均气温 26.7～29.6℃。冬无严寒，夏无酷暑。年降水量在 1113～2494mm。春夏之交有梅雨，7～9 月有热带气旋，无霜期为 241～326 天。全年日照时数在 1442～2264h。

（3）水文特征

温州市有瓯江、飞云江和鳌江三大入海河流，河口区饵料丰富、温盐度适宜，是温州海域主要洄游鱼虾类和各种重要鱼虾蟹类产卵、繁育、索饵、育肥、生长的良好场所。海域有正规半日潮和非正规半日潮两种潮汐类型，潮差较大，最大潮差为 834cm。潮流属正规半日潮流，潮流的运动形式以往复流为主，外侧海域略带旋转性质。三江口内波浪以风浪为主，沿海区域易受外海浪的影响，大浪多出现在台风季节（7～9 月）。

（4）海洋生物

温州沿海海域宽阔，岛屿星罗棋布，港湾盘曲，滩涂广阔，潮流畅通，海水盐度适宜，水质肥沃，自然饵料丰富，适宜鱼、虾、贝、藻类繁衍生长，海洋渔业资源十分丰富。温州近海有洞头、南麂、北麂与乐清湾四大渔场，素有“浙南鱼仓”之誉。近年多次调查资料统计表明，温州海域拥有海水鱼类 424 种、虾类 80 余种、蟹类 134 种、贝类 430 余种和藻类 170 余种，浮游植物 176 种，浮游动物 155 种，底栖生物 199 种，潮间带生物 545 种。

（5）海洋灾害

温州海域自然灾害发生较多，常有赤潮、台风、干旱、暴雨、浓雾等自然灾害，其中台风和赤潮的影响最为突出。温州沿海每年 4～11 月受台风影响，其中 7～9 月台风侵袭最频繁。据有关资料统计，1953～2013 年影响温州市的热带气旋共 279 个，平均每年影响温州市的热带气旋有 4.6 个，产生 8 级以上和 12 级以上大风的分别有 4.3 个和 1.9 个。温州海域是赤潮多发区，近年来每年至少一次。2013 年，温州近岸海域共发现 4 次赤潮，发生时间为 4～6 月。赤潮优势种为东海原甲藻和红色中缢虫。赤潮总面积为 522km^2，主要分布在平阳南麂、苍南和洞头近岸海域。赤潮未对海水养殖造成直接危害，赤潮监控区未检出赤潮毒素。但历史上温州海域已有多次赤潮对海水养殖造成影响，特别是 2005 年 5 月底 6 月初发生的赤潮，面积达 800 多平方千米，造成大批养殖鱼类死亡，给当地的经济和生物多样性带来严重影响。

（6）海洋环境质量

据《2013 年温州市海洋环境公报》，温州市近岸海域水质状况不容乐观，第一类水质海域面积为 3627km^2，分布在北麂列岛—南麂列岛以东海域；第二类、第三类和第四类水质海域面积分别为 2336km^2、1099km^2 和 479km^2；劣四类水质海域面积为 992km^2，分布在乐清湾、瓯江口、飞云江和鳌江口及邻近海域，主要污染物为无机氮和活性磷酸盐。海洋沉积物质量总体较好，大部分海域的铜超第一类沉积物质量标准，局部海域的铬和滴滴涕超第一类沉积物质量标准。海洋生物种类丰富，共鉴定出浮游生物、底栖生物和潮间带生物 331 种，以近海暖水类群为主，群落结构基本稳定。所监测的江河排海污染物总量较高，入海排污口超标排污对邻近海域构成较严重的负面影响。重大涉海工程对邻近海域生态环境产生了一定影响，如电厂取排水造成乐清湾浮游生物密度下降、围填海工程吹填使邻近海域悬浮物浓度升高等。

7.4.1.2 海洋资源状况

（1）海洋渔业资源

温州沿海海域宽阔，海岸线较长，沿海海岛星罗棋布，港湾盘曲，滩涂广阔，潮流畅通，海水盐度适宜，水质肥沃，自然饵料丰富，适宜鱼、虾、贝、藻类繁衍生长，该海域拥有海水鱼类 424 种、虾类 80 余种、蟹类 134 种、贝类 430 余种和藻类 170 余种，其中许多是具有捕捞价值的经济品种。

（2）海岛旅游资源

温州市拥有丰富的滨海旅游资源，海上风景具有石奇、礁美、滩佳、洞幽、岛绿等特点，兼有自然和人文、古代和现代、观赏和品尝等多种内容。洞头、南麂、北麂、大北（铜盘山）列岛等海岛景区与渔寮、炎亭、西湾等海岸景区互为呼应、相得益彰。其中洞头区更是洞头区被列为国家级海洋公园，南麂列岛国家级海洋自然保护区还是我国目前唯一纳入联合国教科文组织世界生物圈保护区网络的海洋类型自然保护区。

（3）沿海滩涂资源

温州市沿海滩涂资源面积为 647.98km^2，其中理论基准面以上的滩涂资源共有 636.13km^2，江涂资源为 11.85km^2。沿海滩涂范围广、坡度平缓且分布连片完整，其开发具有多宜性，既可用于水产养殖和种植业等，也可用作临海工业及城镇建设等用地，是温州市的后备土地资源。优越的滩涂资源条件，给养殖和围垦工程带来了便利，也对近岸部分海岛的有效保护构成了潜在压力。

（4）海洋能和风能资源

温州市地处东南沿海，岸线曲折、河口港湾众多，乐清湾、瓯江口、飞云江口、鳌江口、洞头区海域、南麂列岛海域等区域，均属强潮区域，潮差大，潮流急，蕴藏着丰富的潮汐能和潮流能等海洋能资源，且潮汐能能源密度高，可开发利用的环境条件较好。温州市属于亚热带季风气候区，沿海风能资源丰富，特别是洞头区和苍南县的绝大部分海岛，以及瑞安市的北麂和大北列岛，是我国风能资源最丰富的区域之一。丰富的清洁能源资源不仅为海岛的保护提供了能源保障，也为海岛的环境保护提供了良好条件。

（5）港口岸线资源

温州市所辖海岸线长 1031km，其中大陆岸线长约 355km，海岛岸线长约 676km。岸线水深条件良好，可利用深水岸线资源达 65.3km，港口航道资源丰富，具有集河口型、海岸型和海岛型于一体及不淤不冻的特点，可建成 100 多个 5000 吨级至 10 万吨级及以上的码头泊位。良好的深水岸线资源给相关海岛的有效保护带来了压力。

7.4.1.3　社会经济状况

2015 年，全市实现海洋生产总值约 790 亿元①，在全省 7 个沿海地级市中，温州市海洋经济总量位居第二。海洋生产总值占全市地区生产总值比重由 2010 年的 13.8%上升为 17.1%，海洋经济三次产业结构调整为 10.3∶25.3∶64.4，5 年期间全市海洋经济总值年均增长率达到 14.4%，高出全市地区生产总值增速 6.6 个百分点。海洋经济对全市经济发展的拉动能力不断增大，对经济增长的贡献率不断提升。

近年来，温州海洋产业发展呈现新热点，谋划推进“温州大宗散货港航物流基地”“温州滨海休闲旅游产业基地”“温州海洋清洁能源及装备产业基地”“温州海洋科创产业基地”四大海洋特色产业基地，获批浙台（苍南）经贸合作区、浙江洞头海岛综合开发与保护试验区和海峡两岸（温州）民营经济创新发展示范区，开放合作全面推进。2015 年两大省级沿海产业集聚区（瓯江口产业集聚区、浙南沿海先进装备产业集聚区）实现生产总值 143.3 亿元，占全市海洋生产总值的 18.1%。海洋风电、海洋装备等新兴产业发展较快，滨海旅游发展特色显著，海洋科技呈现新亮点。

2015 年温州港完成货物吞吐量 8490.42 万 t，集装箱吞吐量 56.03 万 TEU②，温州港正成为浙南、闽北、赣东对外贸易重要的出海口。设立温州保税物流中心（B 型），状元岙港区升级为一类开放口岸，乐清湾港区水陆域开放获批，苍南霞关港列入第三批试行更开放管理措施对台小额贸易点，温州机场成为国家一类航空口岸。全面推进以基础设施、港航物流、海洋能源、海洋服务业、科技创新和生态保护为重点的陆海项目建设，其中 2014 年和 2015 年分别完成海洋经济重大项目投资 365 亿元和 370 亿元，居全省前列。状元岙、乐清湾、大小门岛三大核心港区加快建设，建成乐清湾港区 A 区一期、七里港区二期等工程，启动建设状元岙港区二期工程。高速公路、疏港公路、跨江连海大桥、市域铁路、港区铁路支线等重大交通设施骨架加速成型。标准渔港和渔港经济区工程进展顺利。

7.4.1.4　海洋开发利用现状

根据《温州市海洋功能区划》（2012—2020 年），至 2013 年年底，全市海域使用宗数为 447，用海面积达 9945.4241hm^2。

（1）海洋渔业

海洋渔业是温州市的传统支柱产业之一，具有优越的发展条件和悠久的开发历史。2012 年，海洋捕捞产量为 448 122t，比上年增产 3.5%；产值为 345 969 万元，比上年增

① 指增加值，本小节下同

② TEU：twenty equivalent unit，标准箱，表示 20 英尺集装箱

加 13.12%；海洋捕捞增加值为 130 170 万元，比上年增加 18.94%。2013 年海洋捕捞产量为 453 662t，2014 年海洋捕捞产量为 461 335t。2012 年，全市海水养殖面积为 19 810hm^2，比上年（21 041hm^2）减少 5.85%；海水养殖产出 164 197 万元，比上年同期（149 162 万元）增加 10.08%。

（2）临港工业

浙江海洋经济发展示范区建设上升为国家战略以来，温州依托乐清湾临港产业基地、乐清经济开发区、大小门岛石化产业基地、状元岙临港产业基地、半岛产业基地、温州滨海工业园区、温州民营经济科技产业基地、瑞安东工业区、瑞安经济开发区、平阳临海产业基地、苍南工业园区（龙港）、苍南临港产业基地为产业集聚区，强力提升传统优势产业，不断培育壮大新兴产业和高技术产业。传统优势产业以机械装备、电工电器、汽摩产业、船舶修造、优特钢、印刷包装等为主导，新兴产业和高技术产业以石油化工、电子信息、生物医药、新材料等为主导。

（3）交通运输业

温州港位于浙江省南部的温州湾、乐清湾内，是我国沿海的主要港口，它包括瓯江口外的乐清湾、大小门岛、状元岙三大核心港区，以及为中心城区服务的瓯江港区，为瓯江南部地区经济服务的瑞安、平阳、苍南港区。目前温州港码头设施集中在瓯江两岸和瓯江口外的小门岛附近，其他分散在乐清湾、状元岙和瓯江口以南的瑞安、平阳、苍南等地，以小型生产性码头和地方客运码头为主。截止到 2012 年底，温州港共有生产性泊位 238 个，其中千吨级以上生产性泊位 74 个，万吨级及以上泊位 16 个。经统计年货物吞吐量 1000 万 t（含）以上或经批准办理外贸运输业务的港口，2012 年旅客吞吐量为 196.41 万人次，货物吞吐量为 6996.95 万 t，国际标准集装箱吞吐量为 51.75 万 TEU，总重 678.79 万 t。

（4）滨海旅游业

温州海上风景有洞头、南麂等海岛景区、海岸景区，以及位于沿海地区著名的雁荡山、楠溪江等国家级风景名胜区。据统计，2012 年全市共有旅行社 211 家，星级饭店 103 家，客房 13 165 间。全市接待海内外游客 4944.17 万人次，实现旅游总收入 484.38 亿元，分别比上年增长 18.6%和 23.6%。其中接待国内游客 4886.63 万人次，增长 18.5%，国内旅游收入 464.24 亿元，增长 23.7%；接待海外游客 57.54 万人次，增长 22.3%，国际旅游外汇收入 3.19 亿美元，增长 24.5%。滨海旅游业对海洋经济增长的贡献率为 24.5%，在海洋主要产业中居于首位。

（5）滩涂围垦

温州滩涂围垦历史悠久，自汉晋以来温州沿海人民就不断进行围涂造地。历史上曾有过 4 次大的海塘建设，至明清时代，温州沿海海岸线向外拓展 40 余米，塑造了海滨平原 1410km^2，温州沿海平原、温瑞平原和瑞平平原等平原很大部分为人工围垦而成。1950～2001 年温州市共完成围垦面积 117.33km^2（17.6 万亩）。此后，温州积极推进科学围垦、生态围垦，“十一五”期间全市滩涂围垦实施面积为 24.67 万亩，其中，续建温州浅滩一期围垦、乐清胜利塘北片围垦等 14 项共 14.64 万亩，新开工龙湾海滨围垦、瑞安丁山二期围垦等 11 项共 10.03 万亩。龙湾天城围垦、瑞安丁山二期围垦等 16 项工程实施龙口合龙，完成圈围面积 15.64 万亩，占 1949 年以后圈围面积的 46%，为温州经济社会发展提供了一定的土地保障。五年累计完成投资 42.9 亿元，是“十五”期间投资的近 3 倍。

7.4.1.5　主要生态环境问题

近年来，随着沿海地区经济社会的加速发展，温州市海洋资源环境承载能力不断下降，海洋资源开发与保护的矛盾日趋突出，越来越影响到海洋经济可持续发展、海洋资源可持续利用、生态环境良性循环与人海和谐相处的目标。具体表现在以下几方面。

（1）排海污染总量趋重，陆海联动机制缺乏

温州市沿海水域环境恶化趋势未得到根本遏制，污染物排海总量控制制度尚未建立，控制污染的陆海联动机制缺乏。工业、农业、商业及生活等方面产生的陆源污染物对海洋影响仍然很大。此外，海水养殖和海洋开发活动也给海洋环境带来一定程度的污染。海洋风险压力加大，重要生态服务功能呈下降趋势，致使海洋资源面临衰退，已直接影响到温州市海洋经济的可持续健康发展。

（2）围填海力度不断加大，滨海湿地资源锐减

随着海洋经济快速发展，沿海地区工业化、城镇化加快推进，用海需求呈现持续旺盛态势，温州市滩涂围填海实施力度不断加大。围填海使滨海湿地遭到破坏，海洋生物生境不断萎缩，海洋生物多样性锐减，一些重要鸟类、海洋经济鱼类、虾、蟹和贝藻类生物产卵场、育肥场及越冬场逐渐消失，许多珍稀濒危野生生物濒临灭绝；围填海使多处岸线遭到破坏，改变了水动力条件，使海水纳污能力下降，加剧了附近海域的环境污染，也容易引发海岸带的淤积或侵蚀，使局部海岸防灾减灾能力下降。

（3）海岸带开发缺乏综合评价，环境风险日益增加

温州市具有较长的海岸带，尽管对海岸带的开发与保护进行了许多的管理工作，但由于缺乏强有力的科技支撑，目前尚未进行过科学的、详细的海岸带状况评估。对于海岸带产业对生态环境的压力、自然资源对产业的发展支撑、海岸带经济进一步发展的限制因素等问题尚缺乏系统掌握。环境风险日益增加：近岸营养盐超标，海域富营养化严重。溢油、海岸侵蚀和海水倒灌现象等环境事故时有发生，公众健康与环境安全风险增加。

（4）自然灾害频繁发生，预警系统有待完善

温州市是台风、赤潮等海洋灾害最为严重的地区之一，每年平均发生台风 4 或 5 次，台风引发的风暴潮及台风浪使全市港口物流、渔业、水利设施遭受严重损失。同时，由于海水水质下降和富营养化，温州海域赤潮灾害发生的频率逐年上升，而且每次赤潮的持续时间与影响面积也逐年增加，并呈现出由近海海域向近岸海域发展的趋势，近年来又发现有毒赤潮，赤潮的发生对全市的海水养殖业和海洋旅游业构成巨大的威胁。

（5）海洋环保意识淡薄，宣传工作尚待强化

社会公众对海洋环境的保护意识仍显淡薄，主动参与海洋保护的动力缺失。主要原因是社会对海洋环境保护工作重视不够，公众对海洋环境保护工作的重要性了解不多。公众对海洋环境保护认识不足，导致海域违规使用、海洋违规倾废和海砂违规开采等现

象时有发生，也使海洋生态环境面临更大的损害。急需采取多种形式、多种层次、多种渠道进行宣传，形成领导重视、社会关注、群众参与的良好社会氛围，提高全民海洋环境保护意识。

（6）海洋环保缺乏协调，管理体系有待健全

海洋环保与生态建设是一项复杂的系统工程，目前，综合协调机构和协调机制缺乏，致使许多跨行政区域、跨行政部门的环境保护问题难以解决，在区域利益、地方利益和部门利益发生冲突时，加剧了海洋环境保护监管的难度。温州市周边沿海违规排污和超标排污的现象依然存在，若要实现陆源排污的有效监控，必须健全监察执法网络，加大海洋环境保护工作的执法力度，提高执法手段。

（7）生态环境未根本好转，污染依然严重

近岸海域污染尚未得到有效控制，劣四类海域水质没有得到明显改善，2011～2013 年，劣四类海域面积分别为 453km^2、907km^2 和 992km^2，主要分布在乐清湾大部分海域、瓯江河口区、飞云江河口和鳌江河口及其邻近海域，主要污染物是无机氮和活性磷酸盐；沉积物质量总体良好，但有局部海域沉积物中的重金属（铜、锌、铬）和滴滴涕超第一类沉积物质量标准；大部分海域海洋生物质量均符合第一类海洋生物质量标准，少量养殖海域内贝类体内残留物中重金属（铜、砷、铬）和石油烃类时有超标。

7.4.2 评价范围与数据来源

首先，在综合考虑我国内水和领海海洋自然地理、沿海区域经济一体化程度、海洋经济布局、沿海行政区划等要素的基础上，确定海洋生态适宜性评价单元。依据 908 专项勘测的海域县界线和省界线，以及领海基线，确定温州市域范围内 7 个沿海区县为总评价单元（图 7-3）。

然后，根据 7.3 中建立的评价指标体系，开展空间层面的生态适宜性评价。研究所用的数据包括温州市基础地理信息数据、海岛海岸线数据、滩涂围垦数据、保护区相关数据、重要景区数据等；生态环境数据来源于 2011～2015 年浙江省近岸海域海洋环境质量状况与趋势性监测的海水质量及海洋生态监测数据，将 120 个站位的结果插值到整个温州市海域范围内；社会经济数据来源于温州市和各区县统计年鉴、海洋公报、渔业公报、生态环境公报、温州市滩涂围垦规划、渔业发展规划、风景名胜区总体规划等，2013 年 POC 和 DMSP/OLS 夜间灯光数据均来源于美国国家海洋和大气管理局（National Oceanic and Atmospheric Administration）。

7.4.3 数据处理与指标量化

（1）海洋生态环境适宜性

生物多样性指数（图 7-4）、富营养化指数（图 7-5）和颗粒性有机碳浓度（图 7-6）均根据实测数据计算并进行空间插值获得。

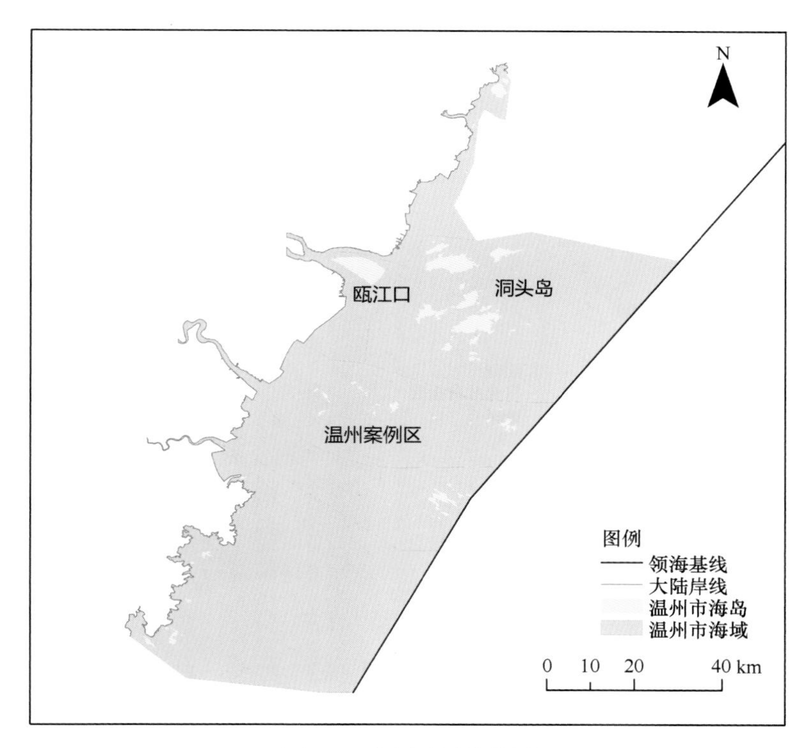

图 7-3　案例区评价范围

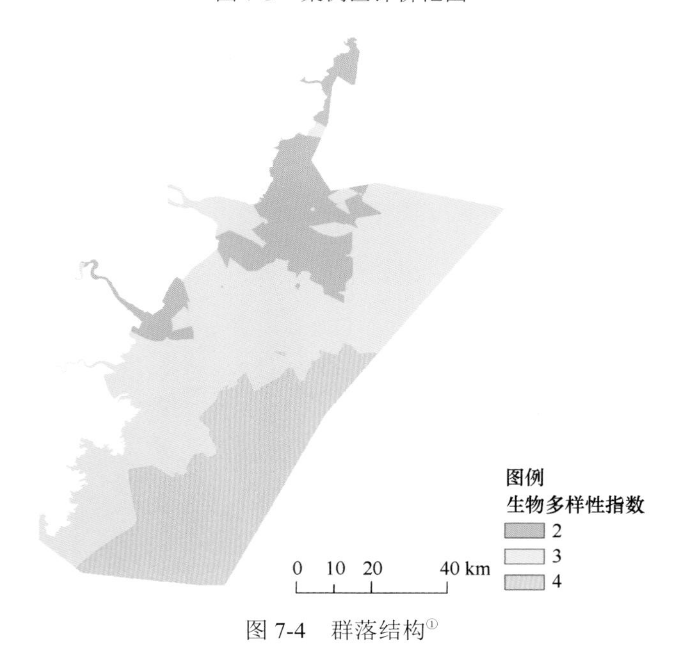

图 7-4　群落结构[①]

自然岸线保有率数据来源于各市（县、区）海洋功能区划（图 7-7），海洋灾害风险分布数据来源于浙江省海洋灾害风险调查和隐患排查分析结果（图 7-8）。

① 该图空间数据为标准化分级结果，下同

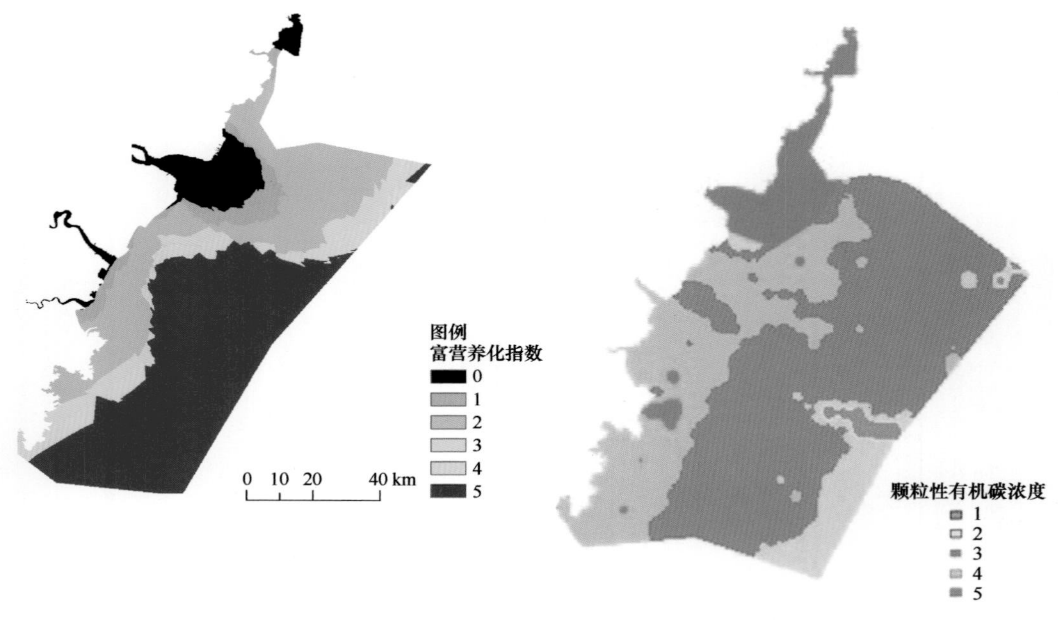

图 7-5　富营养化指数　　　　图 7-6　颗粒性有机碳浓度

重要保护价值主要考虑了国家级和省级保护区，乐清湾、瓯江口等重要河口生态系统，重要滨海湿地、重要渔业资源和温州海域内重要风景名胜区（图 7-9）。

景观类型基于高分辨率的遥感影像数据，确定了开放海域、林地、草地、滩涂、坑塘水面、未利用地、裸岩石砾地、开放式养殖用海、水库、盐业用海、围海养殖用海、耕地、工业用海、其他工业用海、围填海、住宅用海、交通用海、建设用海、港口用海、码头用海、固体矿产开采、旅游基础设施用海 22 种类型，进而根据表 7-4 中生态干扰度指数景观类型分类系统进行量化（图 7-10）。

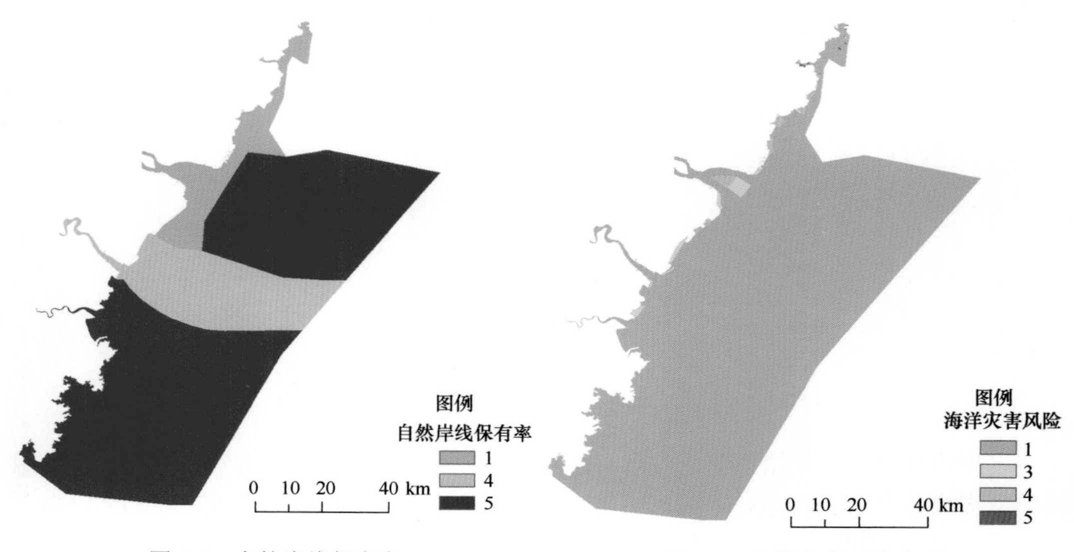

图 7-7　自然岸线保有率　　　　图 7-8　海洋灾害风险分布

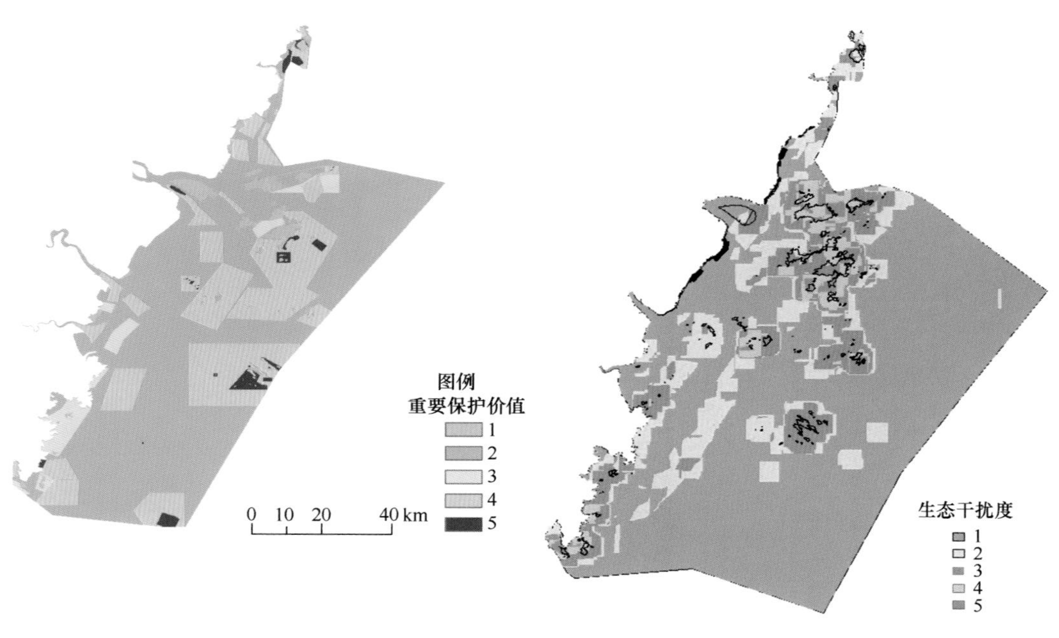

图 7-9　重要保护价值　　　　图 7-10　生态干扰度

（2）海洋自然资源适宜性

可利用岸线长度（图 7-11）、可利用滩涂面积（图 7-12）均来源于统计数据，景区级别系数根据区域旅游规划和风景名胜区规划计算得到（图 7-13）。

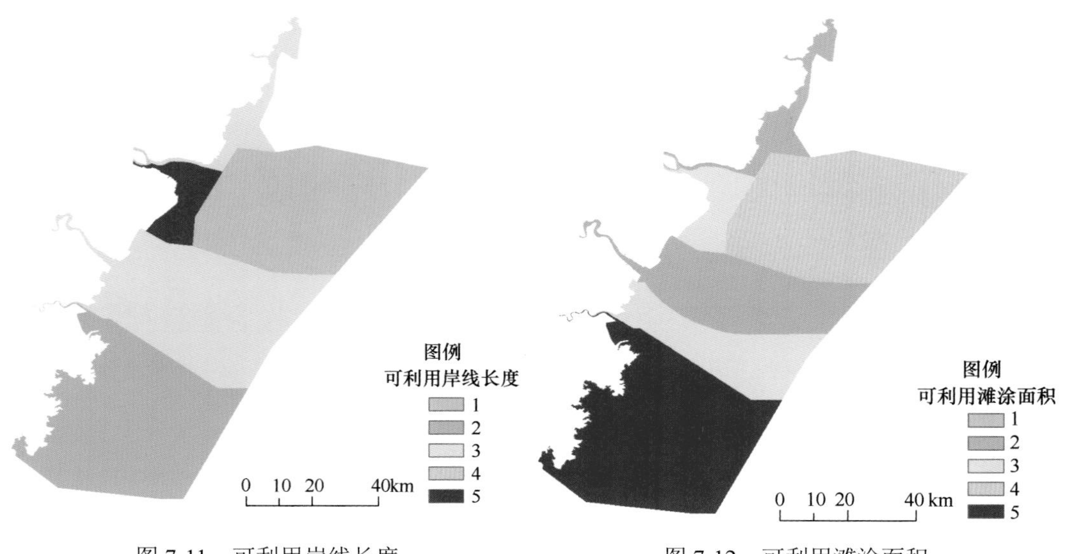

图 7-11　可利用岸线长度　　　　图 7-12　可利用滩涂面积

（3）海洋社会经济适宜性

海洋经济产业增加值（图 7-14），海域利用面积比例（图 7-15），鱼类、虾蟹类养殖产量（图 7-16），海藻、贝类养殖产量（图 7-17），港口吞吐量（图 7-18）来源于统计资料。

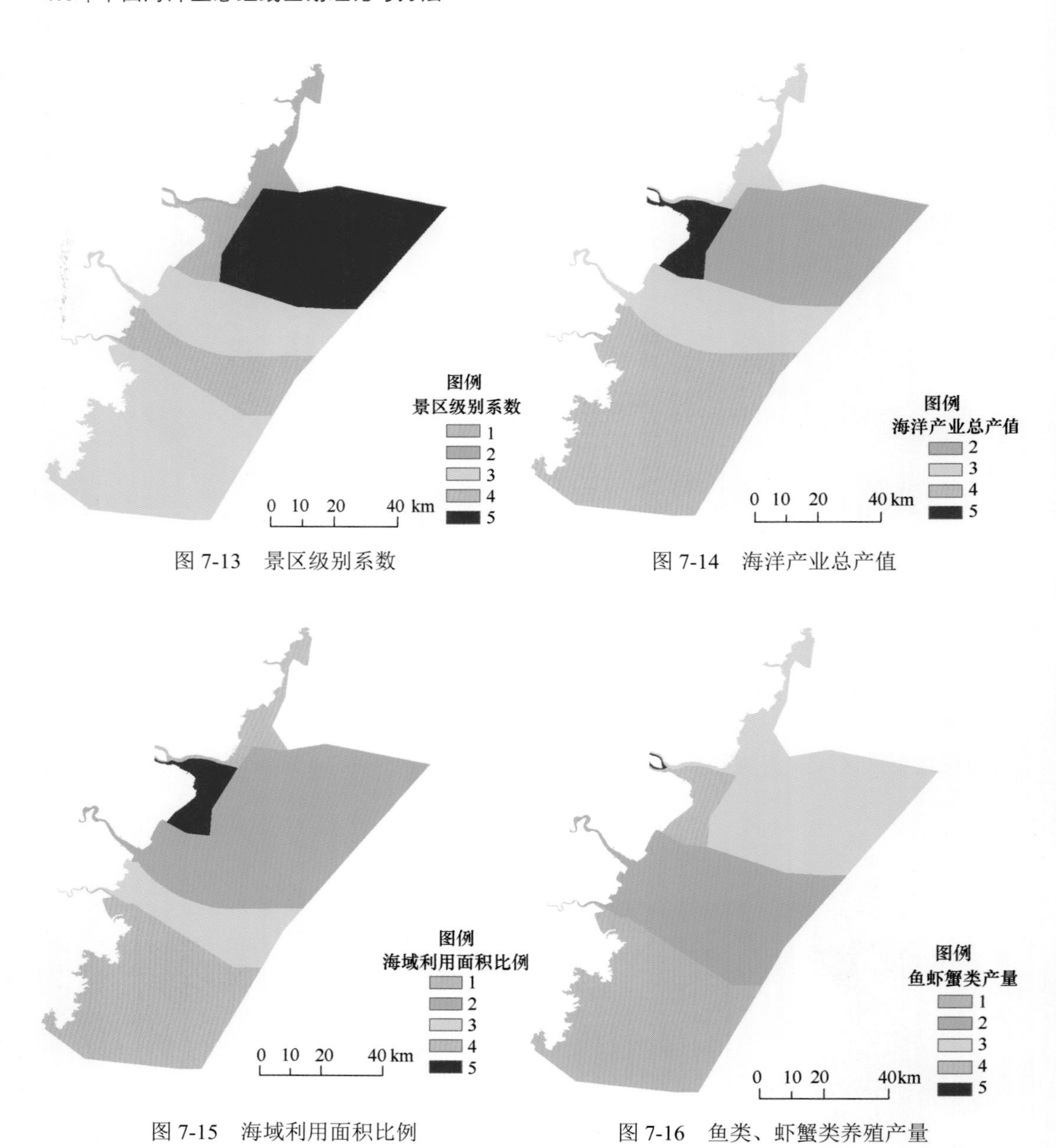

图 7-13　景区级别系数

图 7-14　海洋产业总产值

图 7-15　海域利用面积比例

图 7-16　鱼类、虾蟹类养殖产量

人口密度（图 7-19）基于研究区灯光数据和人口统计数据，通过分区分类型建模的方式进行量化：无灯光区采用多元线性回归模型进行拟合，灯光区采用多项式回归模型进行拟合。

重要节点可达性（图 7-20）主要考虑了温州市中心、各区县中心、龙湾机场、高铁站、国家级中心渔港和一级渔港、温州港等重要港口，以及温州市大陆岸线，采用引力模型开展距离分析。

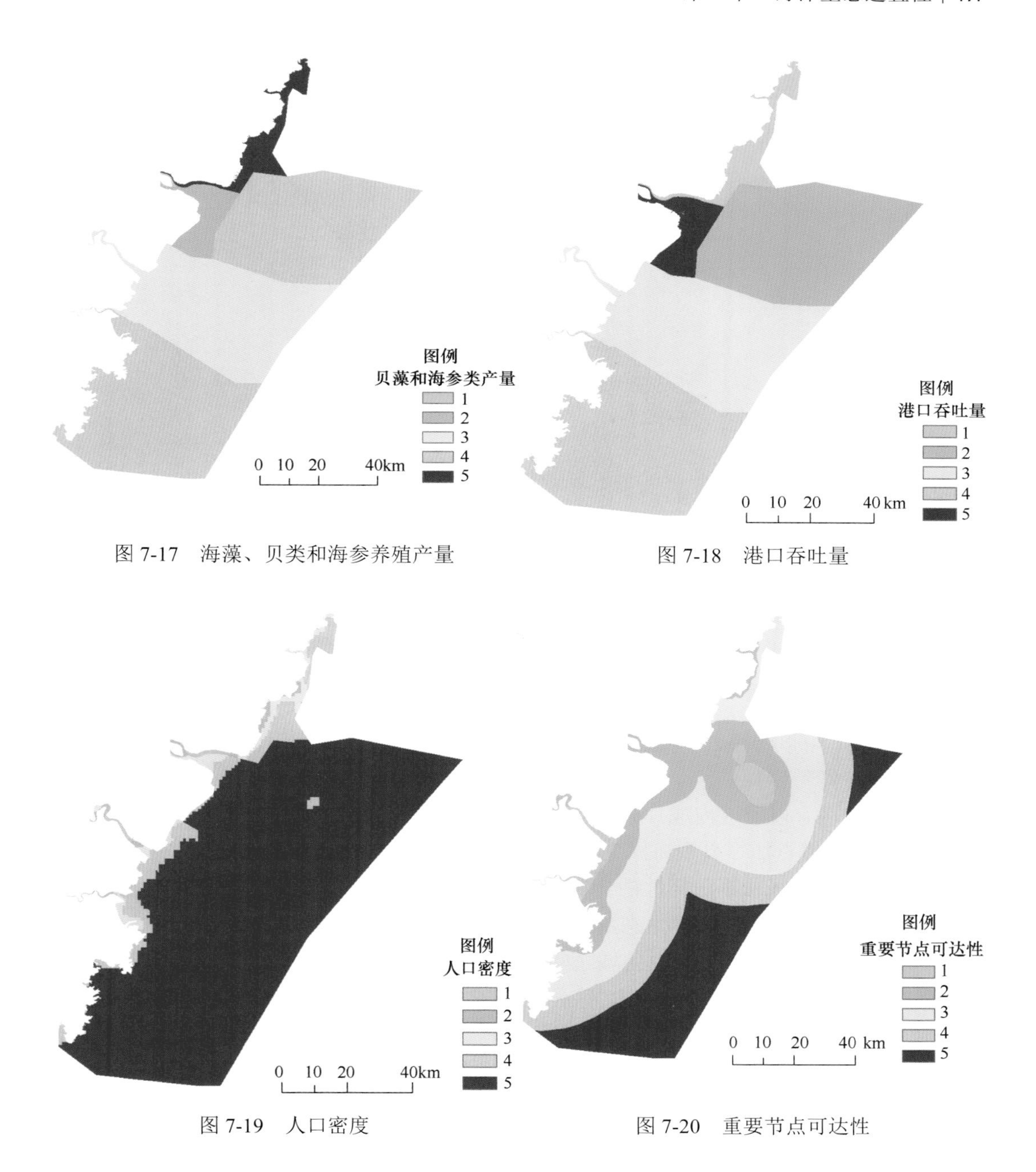

图 7-17　海藻、贝类和海参养殖产量

图 7-18　港口吞吐量

图 7-19　人口密度

图 7-20　重要节点可达性

7.4.4　评价结果

基于要素层的各因子标准化数值和权重值，计算得到温州市生态适宜性空间分布结果。在此基础上，通过分析生态适宜性评价值和栅格数目的关系，结合主体功能区划的一般原则（樊杰，2007），将生态适宜性值从高到低分别划分为重点保护区、一般保护区、适度开发区、优化开发区（图 7-21）。其中，前两者为适宜生态保护的海域，后两者为适宜开发利用的海域。

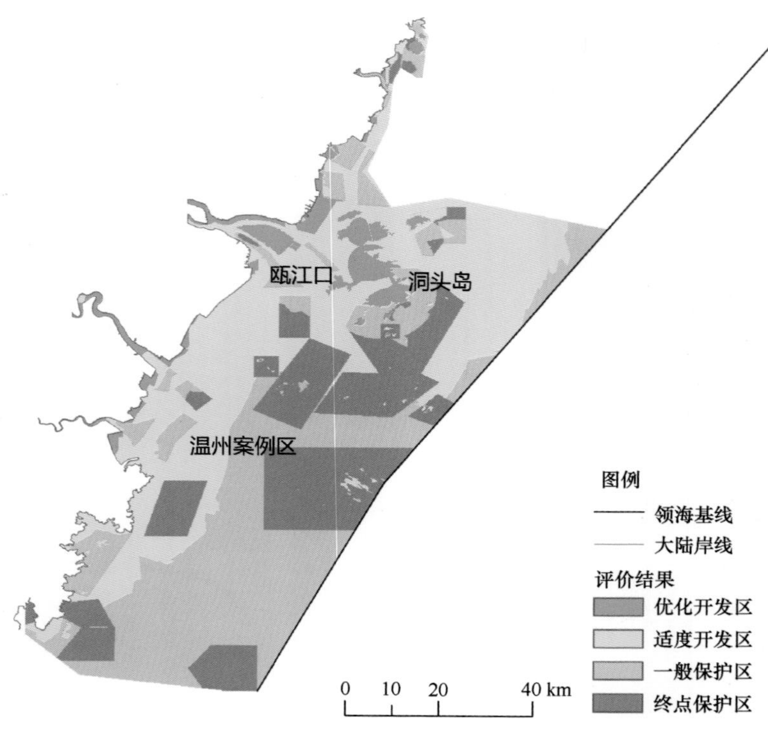

图 7-21 案例区生态适宜性评价结果

从图 7-21 可以看出，①重点保护区占研究区总面积的 23%，包括了北部的乐清西门岛国家级海洋特别保护区、洞头南北爿山省级海洋特别保护区，东南部的南麂列岛国家级自然保护区，以及区内成片分布的渔业资源保护区，呈片状散布于温州海域。对于这些地区，应当重点加强典型海洋景观及海域生物、海岛自然景观和原始地貌等的保护，严禁在海岛及海岸线从事破坏性的开发利用活动，进一步改善敏感区的生态环境，提高区内的生物多样性，维持海洋生态系统的良性循环。②一般保护区面积占区域总面积的 35%，处于生态保护与重要开发区域之间，形成了围绕重点保护区的缓冲区域，这些地方远离县城中心和大陆，交通不便，区位条件较差，生活生产的基础设施不甚完善，海洋资源开发利用的经济效益相对较低；但往往具备较好的资源条件，应当实施分类管理：在海洋渔业保障区，实施禁渔区、休渔期管制，加强水产种质资源保护，禁止开展对海洋经济生物繁殖生长有较大影响的开发活动；在海洋特别保护区的缓冲区和实验区，严格限制不符合保护目标的开发活动，不得擅自改变海岸、海底地形地貌及其他自然生态环境状况。③适度开发区占研究区总面积的 36%，表现为由近岸海域朝向重要有居民海岛（如洞头区本岛、灵昆岛和大小门岛）呈片状分布，形成了保护与开发之间的缓冲屏障；这些区域的海洋渔业和景观资源丰富，应当在优化近岸海域空间布局的基础上，合理调整海域开发规模和时序，控制开发强度，有效保护自然岸线和典型海洋生态系统，提高海洋生态服务功能，实现海洋生态环境与社会经济的可持续发展。④优化开发区仅占区域总面积的 6%，基本都沿温州近岸海域分布，特别是乐清-瑞安-平阳-苍南沿岸地区与瓯江、飞云江和鳌江三江入海口两岸大部分地区，是海洋开发的主导区域。这些地区现已具有较好的海洋资源开发基础，近海海域与城市空间有着较为密切的联系。应当在结合海域资源和发展特色优势的基础上，因地制宜，综合安排各海域的功能定位，重点协调养殖区域与港口发展、旅游发展、岸线利用的关系，推动海洋传统产业技术改造和优化升级。

参考文献

白义琴, 阮关心, 张宏伟, 等. 2010. 平原河网地区土地利用生态适宜性评价——以上海市张江功能区域为例. 环境科学与技术, 33(5): 173-178.

蔡立哲, 马丽, 高阳, 等. 2002. 海洋底栖动物多样性指数污染程度评价标准的分析. 厦门大学学报(自然科学版), 41(5): 641-646.

蔡文倩, 刘录三, 孟伟, 等. 2012. AMBI 方法评价环渤海潮间带底栖生态质量的适用性. 环境科学学报, 32(4): 992-1000.

陈爱莲, 朱博勤, 陈利顶, 等. 2010. 双台河口湿地景观及生态干扰度的动态变化. 应用生态学报, 21(5): 1120-1128.

陈昌勇, 尹海伟, 徐建刚. 2005. 吴江东部地区城镇发展用地生态适宜性评价. 陕西师范大学学报(自然科学版), 33(3): 114-118.

陈靓, 吴文卫. 2009. 基于生态适宜性评价的旅游风景区景观生态规划——以武夷山风景名胜区为例. 环境科学导刊, 28(3): 39-41.

陈鹏, 顾海峰, 吴剑, 等. 2013. 海岛港口开发利用与保护适宜性分区评价——以大亚湾岛群为例. 海洋环境科学, 32(4): 614-618.

陈云峰, 孙殿义, 陆根法. 2006. 突变级数法在生态适宜度评价中的应用. 生态学报, 26(8): 2587-2593.

董家华, 包存宽, 黄鹤, 等. 2006. 土地生态适宜性分析在城市规划环境影响评价中的应用. 长江流域资源与环境, 15(6): 698-702.

董张玉, 刘殿伟, 王宗明, 等. 2014. 遥感与 GIS 支持下的盘锦湿地水禽栖息地适宜性评价. 生态学报, 34(6): 1503-1511.

樊杰. 2007. 我国主体功能区划的科学基础. 地理学报, 62(4): 339-350.

龚建周, 夏北成, 陈健飞. 2008. 快速城市化区域生态安全的空间模糊综合评价——以广州市为例. 生态学报, 28(10): 4992-5001.

关小克, 张凤荣, 郭力娜, 等. 2010. 北京市耕地多目标适宜性评价及空间布局研究. 资源科学, 32(3): 580-587.

国家海洋局. 1996. 中国海洋 21 世纪议程. 北京: 海洋出版社.

黄光宇, 陈勇. 2002. 生态城市理论与规划设计方法. 北京: 科学出版社.

黄丽明, 陈健飞. 2014. 广州市花都区城镇建设用地适宜性评价研究——基于 MCR 面特征提取. 资源科学, 36(7): 1347-1355.

江倩倩, 罗先香, 张龙军. 2016. 生态适宜性评价研究及在海洋环境中应用的思考. 海洋环境科学, 35(1): 155-160.

焦胜, 李振民, 高青, 等. 2013. 景观连通性理论在城市土地适宜性评价与优化方法中的应用. 地理研究, 32(4): 720-730.

金贵, 王占岐, 李伟松, 等. 2014. 模糊证据权法在西藏一江两河流域耕地适宜性评价中的应用. 自然资源学报, 29(7): 1246-1256.

黎夏, 刘小平, 彭晓鹃. 2007. “生态位”元胞自动机在土地可持续规划模型中的应用. 生态学报, 27(6): 2391-2402.

李平星, 樊杰. 2014. 区域尺度城镇扩张的情景模拟与生态效应——以广西西江经济带为例. 生态学报,

34(24): 7376-7384.
李卫锋, 王仰麟, 蒋依依, 等. 2003. 城市地域生态调控的空间途径. 生态学报, 23(9): 1823-1831.
梁涛, 蔡春霞, 刘民, 等. 2007. 城市土地的生态适宜性评价方法. 地理研究, 26(4): 782-788.
梁涛, 蔡春霞, 刘民. 2007. 城市土地的生态适宜性评价方法——以江西萍乡市为例. 地理研究, 26(4): 782-788.
林霞, 王鹏, 贾凯, 等. 2015. 基于GIS的辽宁省围填海适宜性评价. 海洋开发与管理, 32(5): 27-29.
林勇, 樊景凤, 温泉, 等. 2016. 生态红线划分的理论和技术探讨. 生态学报, 36(5): 1-10.
林勇, 刘述锡, 关道明, 等. 2014. 基于GIS的虾夷扇贝养殖适宜性综合评价——以北黄海大小长山岛为例. 生态学报, 34(20): 5984-5992.
刘慧, 苏纪兰. 2014. 基于生态系统的海洋管理理论与实践. 地球科学进展, 29(2): 277-284.
刘述锡, 王卫平, 孙淑艳, 等. 2013. 无居民海岛开发利用适宜性评价方法研究. 海洋环境科学, 32(5): 783-786.
刘岆, 张亦飞, 祁琪, 等. 2015. 基于相互作用矩阵的象山港围填海适宜性评价. 海洋开发与管理, 32(3): 58-62.
刘伍, 李满春, 刘永学, 等. 2006. 基于矢栅混合数据模型的土地适宜性评价研究. 长江流域资源与环境, 15(3): 320-324.
刘孝富, 舒俭民, 张林波. 2010. 最小累积阻力模型在城市土地生态适宜性评价中的应用: 以厦门为例. 生态学报, 30(2): 421-428.
刘焱序, 彭建, 韩忆楠, 等. 2014. 基于OWA的低丘缓坡建设开发适宜性评价——以云南大理白族自治州为例. 生态学报, 34(12): 3188-3197.
刘毅, 李天威, 陈吉宁, 等. 2007. 生态适宜的城市发展空间分析方法与案例研究. 中国环境科学, 27(1): 34-38.
路春燕. 2012. 基于GIS与Fuzzy的野生植物生境适宜性评价与区划研究——以秦岭地区华中五味子为例. 西安: 陕西师范大学硕士学位论文.
罗先香, 杨建强. 2009. 海洋生态系统健康评价的底栖生物指数法研究进展. 海洋通报, 28(3): 106-112.
蒙莉娜, 郑新奇, 赵璐, 等. 2011. 基于生态位适宜度模型的土地利用功能分区. 农业工程学报, 27(3): 282-287.
牛叔文, 李景满, 李升红, 等. 2014. 基于地形复杂度的建设用地适宜性评价——以甘肃省天水市为例. 资源科学, 36(10): 2092-2102.
欧阳志云, 王如松, 符贵南. 1996. 生态位适宜度模型及其在土地利用适宜性评价中的应用. 生态学报, 16(2): 113-120.
彭涛. 2012. 基于生态适宜性的城镇拓展区空间布局研究——以重庆市秀山县县城为例. 重庆: 西南大学硕士学位论文.
齐增湘, 廖建军, 徐卫华, 等. 2015. 基于GIS的秦岭山区聚落用地适宜性评价. 生态学报, 35(4): 1274-1283.
盛绍学, 张建军, 王晓东. 2014. 安徽省夏玉米气候适宜性及时空格局特征. 地理研究, 33(8): 1467-1476.
石洪华, 丁德文, 郑伟, 等. 2012. 海岸带复合生态系统评价、模拟与调控关键技术及其应用. 北京: 海洋出版社.
石玉林. 1982. 关于《中国1∶100万土地资源分类工作方案要点》(草案)的说明. 自然资源, 4(1): 63-69.
史培军, 宫鹏, 李晓兵. 2000. 土地利用/覆盖变化研究的方法与实践. 北京: 科学出版社.
舒帮荣, 黄琪, 刘友兆, 等. 2012. 基于变权的城镇用地扩展生态适宜性空间模糊评价——以江苏省太仓市为例. 自然资源学报, 27(3): 402-412.
孙凯静, 罗先香, 张龙军, 等. 2015. 黄河口及邻近海域底栖群落健康及生境适宜性评价. 中国海洋大学学报, 45(12): 107-112.

田娜. 2009. 黄河三角洲地区滩涂资源开发与利用的适宜性评价——以山东省东营市为例. 兰州: 西北师范大学硕士学位论文.

魏伟, 雷莉, 范雯, 等. 2015. 基于累积耗费距离理论的石羊河流域水土资源优化配置. 生态学杂志, 34(2): 532-540.

吴金凤, 方斌, 方玮轩. 2015. 基于作物综合要素单元的农田利用布局. 生态学报, 35(14): 4733-4741.

吴克宁, 杨扬, 吕巧灵. 2007. 模糊综合评判在烟草生态适宜性评价中的应用. 土壤通报, 38(4): 631-634.

向芸芸, 杨辉, 周鑫, 等. 2015. 生态适宜性研究综述. 海洋开发与管理, 32(8): 76-84.

肖长江, 欧名豪, 李鑫. 2015. 基于生态-经济比较优势视角的建设用地空间优化配置研究——以扬州市为例. 生态学报, 35(3): 696-708.

杨少俊, 刘孝富, 舒俭民. 2009. 城市土地生态适宜性评价理论与方法. 生态环境学报, 18(1): 380-385.

于声. 2007. 模糊评价法在区域工业用地适宜性评价中应用. 北京: 中国农业科学院硕士学位论文.

于书霞, 郭怀成, 刘永. 2006. 区域土地利用规划的适宜性. 中国环境科学, 26(2): 248-252.

俞孔坚. 1999. 生物保护的景观生态安全格局. 生态学报, 19(1): 8-15.

张广海, 刘佳, 万荣. 2008. 青岛市海岛旅游主体功能分区. 资源科学, 30(8): 1157-1161.

张浩, 赵智杰. 2011. 基于 GIS 的城市用地生态适宜性评价研究——综合生态足迹分析与生态系统服务. 北京大学学报(自然科学版), 47(3): 531-538.

张新焕, 徐建刚, 于兰军. 2006. 水网密集区土地利用/覆被变化及其建设用地适宜性评价——以吴江市芦墟镇为例. 资源科学, 28(2): 60-66.

赵珂, 吴克宁, 朱嘉伟, 等. 2007. 土地生态适宜性评价在土地利用规划环境影响评价中的应用: 以安阳市为例. 中国农学通报, 23(6): 125-128.

周建飞, 曾光明, 黄国和, 等. 2007. 基于不确定性的城市扩展用地生态适宜性评价. 生态学报, 27(2): 774-783.

周连义, 汤凯, 张森, 等. 2010. 基于 GIS 的大连市渤海沿岸建设用地适宜性评价. 国土与自然资源研究, (2): 22-23.

朱正涛, 谷东起, 陈勇, 等. 2015. 青岛市无居民海岛旅游开发适宜性分级评价. 海洋开发与管理, 32(3): 112-116.

宗跃光, 王蓉, 汪成刚, 等. 2008. 城市建设用地生态适宜性评价的潜力-限制性分析——以大连城市化区为例. 地理研究, 26(6): 1117-1126.

邹景忠, 董丽萍, 秦保平. 渤海湾富养化和赤潮问题的初步探讨[J]. 海洋环境科学, 1983(2): 45-58.

Bennett E M, Peterson G D, Gordon L J. 2009. Understanding relationships among multiple ecosystem services. Ecology Letters, 12(12): 1394-1404.

Bonham-Carter G F. 1994. Geographic Information Systems for Geoseientists: Modeling with GIS. NewYork: Pergamon Press.

Borja A, Dauer D M, Díaz R, et al. 2008. Assessing estuarine benthic quality conditions in Chesapeake Bay: a comparison of three indices. Ecological Indicators, 8(4): 397-403.

Borja A, Franco J, Pérez V. 2000. A marine biotic index to establish the ecological quality of soft-bottom benthos within European estuarine and coastal environments. Marine Pollution Bulletin, 40(2): 1100-1114.

Borja A, Josefson A B, Miles A, et al. 2007. An approach to the intercalibration of benthic ecological status assessment in the North Atlantic ecoregion, according to the European Water Framework Directive. Marine Pollution Bulletin, 55(1): 42-52.

Borja A, Muxika I, Franco J. 2003. The application of a Marine Biotic Index to different impact sources affecting soft-bottom benthic communities along European coasts. Marine Pollution Bulletin, 46(7): 837-845.

Brentrup F, Kusters J, Lammel J, et al. 2002. Life cycle impact assessment of land use based on the hemeroby concept. International Journal of Life Cycle Assessment, 7: 339-348.

Bugress T M, Wbster R. 1980. Optimal interpolation and isarithmic mapping of soil properties. European Journal of Soil Science, 31(2): 643-659.

Cadee G C. 1975. Primary production of the Guyana Coast. Netherlands Journal of Sea Research, 9(1): 126-143.

Cambell J C, Radke J, Gless J T, et al. 1992. An application of linear programming and geographic information systems: cropland allocation in antigue. Environment and Planning, 24: 535-549.

Ceia F R, Patrício J, Franco J, et al. 2013. Assessment of estuarine macrobenthic assemblages and ecological quality status at a dredging site in a southern Europe estuary. Ocean & Coastal Management, 72: 80-92.

Charles E, Douvere F. 2010. 海洋空间规划——循序渐进走向生态系统管理. 何广顺, 李双建, 刘佳, 等译. 北京: 海洋出版社.

Eastman J R, Kyem P A K, Toledano J, et al. 1993. GIS and Decision Making. Geneva: The United Nations Institute for Training and Research (UNITAR).

Ehler Charles, Fanny Douvere,何广顺. 2010. 海洋空间规划. 北京: 海洋出版社.

Elfes C T, Longo C, Halpern B S, et al. 2014. A regional-scale ocean health index for Brazil. PLoS One, 9(4): e92589.

FAO. 1976. FESLM: An International Framework for Evaluating Sustainable Land Management. Rome: World Soil Resources Report.

Galparsoro I, Borja Á, Bald J, et al. 2009. Predicting suitable habitat for the European lobster(*Homarus gammarus*), on the Basque continental shelf(Bay of Biscay), using Ecological-Niche Factor Analysis. Ecological Modelling, 22(4): 556-567.

Grall J, Glémarec M. 1997. Using biotic indices to estimate macrobenthic community perturbations in the Bay of Brest. Estuarine Coastal and Shelf Science, 44(97): 43-53.

Grinnell J. 1917. Field tests of theories concerning distributional control. American Naturalist, 51(602): 117-128.

Gumell J. 1996. Conserving the red squirrel. *In*: Ratcliffe P, Claridge J E. Thetford Forest Park: The Ecology of A Pine Forest. Edinburgh: Forestry Commission: 132-140.

Halpern B S, Longo C, Hardy D, et al. 2012. An index to assess the health and benefits of the global ocean. Nature, 488(7413): 617-620.

Halpern B S, Longo C, Scarborough C, et al. 2014. Assessing the health of the U.S. West Coast with a regional-scale application of the ocean health index. PLoS One, 9(6): e98995.

Hovey R K, van Niel K P, Bellchambers L M, et al. 2012. Modelling deep water habitats to develop a spatially explicit, fine scale understanding of the distribution of the western rock lobster, *Panulirus Cygnus*. PLoS One, 7(4): e34476.

Jalas J. 1955. Hemerobe and hemerochore pflanzenarten. Einterminoloischer Reformversuch. Acfa societatis pro Faunaet Flora Fennica, 72: 1-15.

Janssen R, Rietveld P. 1990. Multicriteria Analysis and Geographical Information Systems: An Application to Agricultural Land Use in the Netherlands. *In*: Scholten H J, Stillwell J C H. Geographical Information Systems for Urban and Regional Planning. Dordrecht: Kluwer Academic Publishers: 326-339.

Jiao L M, Liu Y L. 2007. Model of land suitability evaluation based on computational intelligence. Geo-spatial Information Science, 2.

Ju J. 1998. A Primary Integration Matrices Approach to Sustainability Orientated Land Use Planning. Stuttgart: Stuttgart Institute of Regional Development Planning.

Kidd S, Plater A, Frid C. 2011. The Ecosystem Approach to Marine Planning and Management. London: Earthscan Ltd.

Knaapen J P, Scheffer M, Harms B. 1992. Estimating habitatisolation in landscape planning. Landscape and Urban Planning, 23: 1016.

Lammert J, Allan J D. 1999. Assessing biotic integrity of streams: effects of scale in measuring the influence of land use/cover and habitat structure on fish and macroinvertebrates. Environmental Management,

23(2): 257-270.

Liu R Z, Zhang K, Zhang Z J, et al. 2014. Land-use suitability analysis for urban development in Beijing. Journal of Environmental Management, 145(12): 170-179.

Liu Y, Saitoh S I, Radiarta I N, et al. 2012. An impact of climate change on the development of marine aquaculture: a case study on the Japanese scallop in Dalian, China using satellite remote sensing and GIS-based models. Yeosu: The Second International Symposium, Effects of Climate Change on the World's Oceans.

Luo X X, Sun K J, Yang J Q, et al. 2016. A comparison of the applicability of the Shannon-Wiener index, AMBI and M-AMBI indices for assessing benthic habitat health in the Huanghe(Yellow River)Estuary and adjacent areas. Acta Oceanologica Sinica, 35(6): 50-58.

Marull J, Pino J, Mallarach J M. 2001. A land suitability index for strategic environmental assessment in metropolitan areas. Landscape and Urban Planning, 81: 200-212.

McHarg I L. 1969. Design with Nature. New York: Natural History Press.

Miller W, Collins W M G, Steiner F R, et al. 1998. An approach for greenway suitability analysis. Landscape and Urban Planning, 42(2-4): 91-105.

Moreno D, Seigel M. 1988. A GIS approach for corridor sitting and environment impact analysis. San Antonio: Proceedings from the third annual international conferenee: 507-514.

Mouton A M, Alcaraz-Hernández J D, de Baets B, et al. 2011. Data-driven fuzzy habitat suitability models for brown trout in Spanish Mediterranean rivers. Environmental Modelling & Software, 26(5): 617-622.

Muxika I, Borja A, Bald J. 2007. Using historical data, expert judgement and multivariated analysis in assessing reference conditions and benthic ecological status, according to the European Water Framework Directive. Marine Pollution Bulletin, 55(1): 16-29.

Muxika I, Borja A, Bonne W. 2005. The suitability of the marine biotic index(AMBI)to new impact sources along European coasts. Ecological Indicators, 5(1): 19-31.

Nguyen T T, Verdoodt A, Tran V Y, et al. 2015. Design of a GIS and multi-criteria based land evaluation procedure for sustainable land-use planning at the regional level. Agriculture Ecosystems & Environment, 200: 1-11.

Odum E P. Fundamentals of Ecology. Philadelphia: Saunders Company.

Organization I M. 1971. Revised Guidelines for the Identification and Designation of Particularly Sensitive Sea Areas. International Maritime Organization, 2005.

Pereira J M C, Duckstein L. 1993. A multiple criteria decision-making approach to GIS-based land suitability evaluation. International Journal of Geographical Information Systems, 7(5): 407-424.

Pérez O M, Telfer T C, Ross L G. 2005. Geographical information systems-based models for offshore floating marine fish cage aquaculture site selection in Tenerife, Canary Islands. Aquaculture Research, 36(10): 946-961.

Pielou E C. 1975. Ecological Diversity. New York: John Wiley and Sons Inc.: 165.

Pourebrahim S, Hadipour M, Mokhtar M B. 2011. Integration of spatial suitability analysis for land use planning in coastal areas, case of Kuala Langat District, Selangor, Malaysia. Landscape and Urban Planning, 101(1): 84-97.

Principe R E, Raffaini G B, Gualdoni C M, et al. 2007. Do hydraulic units define macroinvertebrate assemblages in mountain streams of central Argentina? Limnologica, 37(4): 323-336.

Radiarta I N, Saitoh S I. 2009. Biophysical models for Japanese scallop, *Mizuhopecten yessoensis*, aquaculture site selection in Funka Bay, Hokkaido, Japan, using remotely sensed data and geographic information system. Aquaculture International, 17(5): 403-419.

Reid H E, Brierley G J, Boothroydik G. 2010. Influence of bed heterogeneity and habitat type on macroinvertebrate uptake in peri-urban streams. International Journal of Sediment Research, 25(3): 203-220.

Rodriguez-Gallego L, Achkar M, Conde D. 2012. Land suitability assessment in the catchment area of four Southwestern Atlantic Coastal Lagoons: multicriteria and optimization modeling. Environmental Management, 50(1): 140-152.

Satty T L. 1980. The Analytic Hierarchy Process. New York: McGraw-Hill:

Silva C, Ferreira J G, Bricker S B, et al. 2011. Site selection for shellfish aquaculture by means of GIS and farm-scale models, with an emphasis on data-poor environments. Aquaculture, 318(3/4): 444-457.

Skov H, Humphreys E, Garthe S, et al. 2008. Application of habitat suitability modelling to tracking data of marine animals as a means of analyzing their feeding habitats. Ecological Modelling, 212(3): 504-512.

Stoms D M, McDonald J M, Davis F W. 2002. Fuzzy assessment of land suitability for science researeh reserves. Environmental Assessment, 29: 545-558.

Tang H J, Debavye J, Da R. 1991. Land suitability classification based on Fuzzy set theory. Pedologie, 41: 194-201.

Taupp T, Wetzel M A. 2013. Relocation of dredged material in estuaries under the aspect of the Water Framework Directive—A comparison of benthic quality indicators at dumping areas in the Elbe estuary. Ecological Indicators, 34: 323-331.

Valle M, Borja Á, Chust G, et al. 2011. Modelling suitable estuarine habitats for *Zostera noltii*, using Ecological Niche Factor Analysis and Bathymetric LiDAR. Estuarine Coastal and Shelf Science, 94(2): 144-154.

Voelz N J, Mcarthur J V. 2000. An exploration of factors influencing lotic insect species richness. Biodiversity Conservation, 9(11): 1543-1570.

Westman W E. 1985. Ecological Impact Assessment and Environmental Planning. New York: John Wiley and Sons.

Yeh A G, Li X. 1999. Economic development and agricultural land loss in the Pearl River Delta, China. Habitat International, 23(3): 373-390.

Zettler M L, Schiedek D, Bobertz B. 2007. Benthic biodiversity indices versus salinity gradient in the southern Baltic Sea. Marine Pollution Bulletin, 55(1-6): 258-270.

第 8 章　海洋生态红线区划定方法

8.1　海洋生态红线划定的背景

近年来，工业化和城镇化的快速发展及人类对自然资源的不合理利用与开发，导致区域关键生态过程紊乱和生态完整性破损，自然生态系统的生态服务功能下降，资源环境形势日益严峻。环境污染、资源枯竭、生物多样性下降、自然灾害频发等问题已经严重影响了人类社会的可持续发展。在此背景下，为强化生态保护，2011 年《国务院关于加强环境保护重点工作的意见》（国发〔2011〕35 号）明确提出“在重要生态功能区、陆地和海洋生态环境敏感区、脆弱区等区域划定生态红线”。生态红线的提出是我国生态环境保护进程中的重大突破，是实施综合生态系统管理，加强生态环境保护的重要举措，将对维护国家和区域生态安全，保障我国可持续发展能力产生十分明显的作用（林勇等，2016）。生态红线是对维护国家和区域生态安全及经济社会可持续发展具有战略意义、必须实行严格保护与管理的国土管控线。划定生态红线是实施生态分区保护、分级管理和分类指导的有效手段（燕守广等，2014）。

海洋是人类生存与发展的基础，海洋中丰富的生物资源、矿物资源、海洋能源和空间资源等自然资源及其供给的生态系统服务为人类生存与发展提供了重要保障。相对于陆地生态系统，由于沿海地区经济活动强度和人口密度远远高于内陆地区，其人类活动给海洋生态系统带来的破坏更为严重。据初步估算，与 20 世纪 50 年代相比，2007 年我国滨海湿地累计丧失 57%，红树林面积丧失 73%，珊瑚礁面积减少 80%，2/3 以上海岸遭侵蚀，砂质海岸侵蚀岸线已逾 2500km（黄伟等，2016）。为了协调经济开发和生态保护的矛盾，保护生态系统的完整性和生态过程的连续性，在重要生态功能区和生态脆弱区，划定海洋生态红线对于提高海洋资源利用的可持续性、遏制海洋生态环境退化趋势具有深远意义。

现有的生态红线理论和区划技术研究主要针对陆地区域，通常采用指数模型（刘雪华等，2010；许妍等，2013；李建龙等，2015）或者利用现有的区划结果（燕守广等，2014；黄伟等，2016；范丽媛，2015）确定生态红线空间范围。海洋生态红线的相关研究相对较少，陆地生态红线划分技术中的一些评价指标和方法并不适用于海洋。例如，《国家生态保护红线—生态功能红线划定技术指南（试行）》生态重要性评价中非常强调评价对象的土壤保持和防风固沙等生态功能，而海洋生态系统并没有这些生态功能。因此，根据海洋生态系统特有生态服务功能和生态脆弱性/敏感性，建立海洋生态红线划分的理论和技术，对于解决海洋生态环境问题、实现海洋资源可持续利用具有重要的理论和现实意义。

8.2 海洋生态红线划定的依据

依据我国生态环境特征和保护需求，生态红线可以定义为：为维护国家或区域生态安全和可持续发展，根据生态系统完整性和连通性的保护需求，划定的需实施特殊保护的区域。生态红线是我国生态环境保护的制度创新，是一个由空间红线、面积红线和管理红线 3 条红线共同构成的综合管理体系。空间红线是指生态红线的空间范围，应包括保证生态系统完整性和连通性的关键区域。面积红线则属于结构指标，类似于土地红线和水资源红线的数量界限。管理红线是基于生态系统功能保护需求和生态系统综合管理方式的政策红线，对于空间红线内人为活动的强度、产业发展的环境准入及生态系统状况等方面制定严格且定量的标准。

根据生态服务功能需求、保护生态系统完整性和生态过程可持续性的需要，确定不同类型的重要生态区和脆弱区的空间范围及最小保护面积，是生态红线划分技术研究中的重要内容。面积红线的确定和空间红线的划分需要有机结合综合考虑：在根据评价单元的自然、社会和经济属性划定空间红线时需要考虑面积红线的数量要求，空间红线划分的标准要因面积红线变化而变化，不可一概而论；面积红线也需要根据区域生态功能服务需求和生态环境问题的类型及严重程度因地制宜地进行设定。

空间红线和面积红线确定后，加强红线管理以确保红线区域内的人类活动类型和强度不影响生态系统的完整性，不对生态系统关键过程产生不利影响，是保证生态红线划分成果的科学价值得到发挥的关键。生态红线区并不是绝对不可开发利用，只要能保证红线区的保护性质不变、生态功能不降低、面积不减少，可以适当开发利用，一些规划指南中将生态红线区进一步划分为禁止开发区和限制开发区，体现了这一思想。

传统保护区的保护对象主要是生物多样性、自然遗迹和文化遗产，而生态红线划分的依据是生态功能重要性和生态脆弱性。除了生物多样性保护，其他生态功能，如水产品供给、岸线防护、滨海游憩、水体净化、气候调节也是进行生态红线划分需要考虑的因素，从这个意义上讲生态红线的内涵相对更广。评价对象的生态功能重要性和生态脆弱性/敏感性取决于规划区域生态环境问题的类型和严重程度，以及该区域对生态服务功能需求的紧迫性，而不仅仅是评价对象自身的生态属性。另外，评价对象的生态功能重要性除取决于其自身生态属性外，还取决于它在所在景观或者区域中的空间位置，以及它在维护景观或者区域安全格局中的作用。鉴于生态红线划分和管理的目的是维护国家或者区域的生态安全，保护生态系统的完整性和连续性，区域水平上的空间背景因素和评价对象在区域安全格局中的作用需要重点考虑。

8.3 海洋生态红线划定技术研究概况

8.3.1 生态红线研究

生态红线是我国在区域生态保护和管理中的一项创新举措，这作为新事物，生态红线的定义、内涵、划分标准尚未统一，例如，风景名胜区是否应划为生态红线区在不同的划分标准中即存在明显分歧（黄伟等，2016；许妍等，2013；范丽媛，2015）。生态红线的研究处于探索阶段，主要集中于对划定生态红线的思考与概念辨析（朱逸凡，2014；高吉喜，2014；于骥，2015）、方法探究（符娜和李晓兵，2007；林勇等，2016）、管控研究（饶胜等，2012）及法律责任制度的构建（范小杉等，2014；曹明德，2014；陈海嵩，2014）等（田志强等，2016）。

由于生态红线内涵的丰富性，生态红线划定方法多样，并未形成统一的划分标准，目前较公认的方法或研究以陆地生态红线为主。2014 年初环境保护部出台的《国家生态保护红线—生态功能红线划定技术指南（试行）》提出了探究性划分标准，并成为我国首个生态保护红线划定的纲领性技术指导文件。现有的划分生态红线的方法中，一些研究在生态功能重要性和生态的基础上，运用 ArcGIS 进行空间分析处理，将基于单要素的多个生态保护空间叠加最终形成生态红线区域（刘雪华等，2010；许妍等，2013；李建龙等，2015）；而在已出台的生态红线的规划文件中，多利用现有的生态功能区划，如自然保护区、重要生态功能区、主体功能区等，将相关生态区域进行分类整理，划定需要施行严格生态保护的红线区域（燕守广等，2014；黄伟等，2016；范丽媛，2015）。

根据生态红线的定义，生态脆弱性和生态重要性评价是海洋生态红线划分的基础。有关这两方面研究请参阅本书第 5 章和第 6 章。除依据生态重要性和生态脆弱性外，还有一些学者从其他角度进行生态红线区划。刘雪华等（2010）在渤海进行生态红线区划时所采用依据是生态系统敏感性、生态服务功能和自然风险等因子。而许妍等（2013）在研究渤海生态红线划定的指标体系与技术方法时，采用的依据除生态功能重要性、生态环境敏感性外，还有环境灾害危害性。李建龙等（2015）在苏州吴中区进行生态红线区划的依据是生态重要性、脆弱性和危险性。可以看出虽然生态红线划分的依据并不统一，但大都包括生态重要性和生态脆弱性。值得一提的是，生态脆弱性和生态敏感性两个概念在理论和实践中都出现了不易区分的问题，通常的处理方式是混用或者用脆弱性/敏感性的形式。

8.3.2 海洋生态红线

为了进一步维护海洋生态健康与生态安全，2012 年 10 月，国家海洋局发布了《关于建立渤海海洋生态红线制度的若干意见》，明确要求："将渤海海洋保护区、重要滨海湿地、重要河口、特殊保护海岛和沙源保护海域、重要砂质岸线、自然景观与文化历史遗迹、重要旅游区和重要渔业海域等区域划定为海洋生态红线区，并进一步细分为禁止开发区和限制开发区，依据生态特点和管理需求，分区分类制定红线管控措施。"根据该文件，很多沿海省市做了海洋生态红线区划工作。

相对于陆地生态红线，关于海洋生态红线理论和技术的研究较少。从国家海洋局 2012 年提出在环渤海区建立生态红线以后，许妍等（2013）对渤海生态红线划定的指标体系和技术方法进行了初步探讨。李明昌（2014）对海洋生态红线划定的方法进行探讨，提出以海洋自然保护区等关键区域为核心，在系统总结历年海洋生态环境监测数据的基础上，制定相应的方法。黄伟等（2016）介绍了生态红线的概念起源和内涵，提出了海洋生态红线的定义和基本原则，并以海南省为例介绍了海洋生态红线区划的技术框架。曾江宁等（2016）则探讨了发展海洋生态红线的必要性、区划原则、概念及组成体系，并针对海洋保护区管理向海洋生态红线区划与管理的转变给出了若干建议。

8.3.3 海洋生态红线划定技术

海洋生态红线划定技术主要借鉴陆地生态红线研究，或者采用拿来主义将已有的区划结果（如自然保护区、重要渔业资源区、风景名胜区、重要的河口和湿地等）直接用于海洋生态红线区划；或者利用基于指标指数的模型确定评价单元对于生态红线区的红线指数，并根据指数大小确定生态红线区的分布范围。海洋生态红线的划分依据可以是生态功能重要性和生态脆弱性，也可以是生态保护重要性和经济开发重要性。二者的区别是前者更适合于生态红线的定义和内涵，而基于后者的生态红线区划结果同样可以实现生态红线划定的目的——保护脆弱和重要的生态系统，协调经济开发和生态保护的矛盾，实现自然资源的可持续利用和生态环境的改善。根据评价单元的生态保护适宜性和评价单元的生态脆弱性与生态功能重要性确定海洋生态红线区都是可行的。

海洋生态红线区划单元通常分为两种：多边形（行政区或者流域）和栅格。基于多边形的生态红线区划通常在省市尺度上进行，根据多边形的生态功能重要性和生态脆弱性按照一定的规则或者标准将各个多边形划分为生态红线区或非生态红线区。这种生态红线区划的结果直接与评价单元（多边形）的数量有关，多边形内部的异质性没有给予充分考虑。评价单元内部某些亚区没有生态保护价值有可能被划为红线区，而一些评价单元内部有重要生态保护价值却被划为非生态红线区。基于栅格的生态红线区划评价则可以很好地回避上述问题。

海洋生态脆弱性评价和海洋生态重要性评价大多基于指标体系与指数模型，其中指标体系打分系统有多种。在全国或者省级尺度上利用打分系统确定各个指标的分值，并用于计算生态重要性或者生态脆弱性综合指数，进而开展生态分区。但是在小尺度（如县市尺度）上由于许多指标空间变异小，利用全国打分系统会出现许多指标没有空间变异或者变异很小的情况，导致这些指标失去空间区分作用。在小尺度上进行生态红线区划，可以考虑利用指标的变异范围，采用等间距重分类的方法，将各个指标赋值。另外，还可以采用标准化法或者极值法将指标归一化为 0～1 的数值（许妍等，2013；李建龙等，2015）。

海洋生态红线指数模型的输入是生态脆弱性综合指数和生态重要性综合指数。生态红线指数模型有多种形式，其中加权求和指数模型最为常用（许妍等，2013；李建龙等，2015）。另外，还有学者利用极值模型计算评价单元的生态脆弱性综合指数和生态重要性综合指数的极值来计算生态红线适宜性指数，这种方法实际上是将基于生态脆弱性划定的生态红线和基于生态重要性划定的红线进行简单的拼接（靳慧芳，2015）。除此之外还有逻辑模型，根据一定的逻辑规则将不同等级的生态重要区和不同等级的生态脆弱区的组合划为生态红线区。

海洋生态红线区划结果一般包括禁止类生态红线区（一级管控区）和限制类生态红线区（二级管控区）。其中一级管控区为核心封闭区，施行严格的封闭式保护，禁止任何形式的经济活动并对人的活动进行严格的限制；二级管控区为生态红线区的缓冲地带，该区域禁止人类的开发及生产活动，但部分地区可以根据地区的实际情况，在不破坏生态的基础上，进行科研实践、考察及生态旅游等活动（范丽媛，2015）。

8.4　生态红线划定案例研究

8.4.1　海洋生态红线区划定技术框架

海洋生态红线区划的技术和方法主要是借鉴陆地生态红线划分的理论与技术，并根据海洋生态系统的独特性和主要生态环境问题，在此基础上形成以海洋生态脆弱性和海洋生态重要性评价为基础的海洋生态红线划分理论与技术。

海洋生态红线区划的依据是生态脆弱性和生态功能重要性，根据生态脆弱性和生态重要性的有关理论，确定评价指标体系和评价模型，计算评价单元（或者对象）的生态脆弱性和生态重要性评价指数。在此基础上构建生态红线指数模型，根据生态红线指数的空间分布状况划定海洋生态红线区。另外，利用生态红线指数模型从生态环境、自然资源和社会经济 3 个方面计算评价单元的海洋生态红线适宜性指数，对基于生态红线指数的生态红线区划结果进行进一步校正。

海洋生态红线区划的技术路线见图 8-1。

8.4.2　红线区划方法

（1）生态脆弱性评价

根据海洋生态系统脆弱性理论并结合中国海洋生态环境问题，从干扰压力脆弱性、状态敏感性脆弱性和恢复力脆弱性3个方面构建海洋生态脆弱性综合评估指标体系和打分系统，并采用模糊综合评价法，计算各指标的权重因子，最终利用干扰脆弱度指数模型、状态敏感性指数模型、恢复力脆弱性指数模型和生态脆弱性综合指数模型计算评价单元的生态脆弱性。具体的指标体系和评价方法见本书第 5 章。

（2）生态重要性评价

根据中国海洋生态环境问题、人类对不同类型海洋生态系统服务的需求程度及生态重要性理论，从生物多样性保护、渔业生产、水质净化和滨海游憩 4 个方面建立生态功能重要性评价指标体系与评价模型，评价海洋生态系统的生态服务功能重要性。具体评价指标体系和评价模型见本书第 6 章。

（3）生态红线指数模型和生态红线区划

利用生态脆弱性/敏感性和生态功能重要性评价技术与方法，可以获得评价单元的生态脆弱性区/敏感性指数和生态功能重要性指数，如何将这两方面信息综合得到生态红线适宜性指数，是生态红线划分的关键技术。根据生态红线的定义，生态脆弱区/敏感区和生态功能重要区需要划定为生态红线区，限制（控制）人类开发活动，从而保证生态过程的连续性和生态系统完整性。这意味着可以通过将生态脆弱区和生态功能重要区进行简单的拼接就可以得到生态红线区划图。这可以通过极值模型来实现，将生态脆弱性高或者生态重要性高的评价单元划为生态红线区。但是，利用拼接的方法确定生态红线区，仅仅利用了评价单元的生态脆弱性或者生态功能重要性信息，而没有将两种信息综合起来，导致区划结果也不尽科学，采用加权求和指数模型可以很好地处理这一问题。

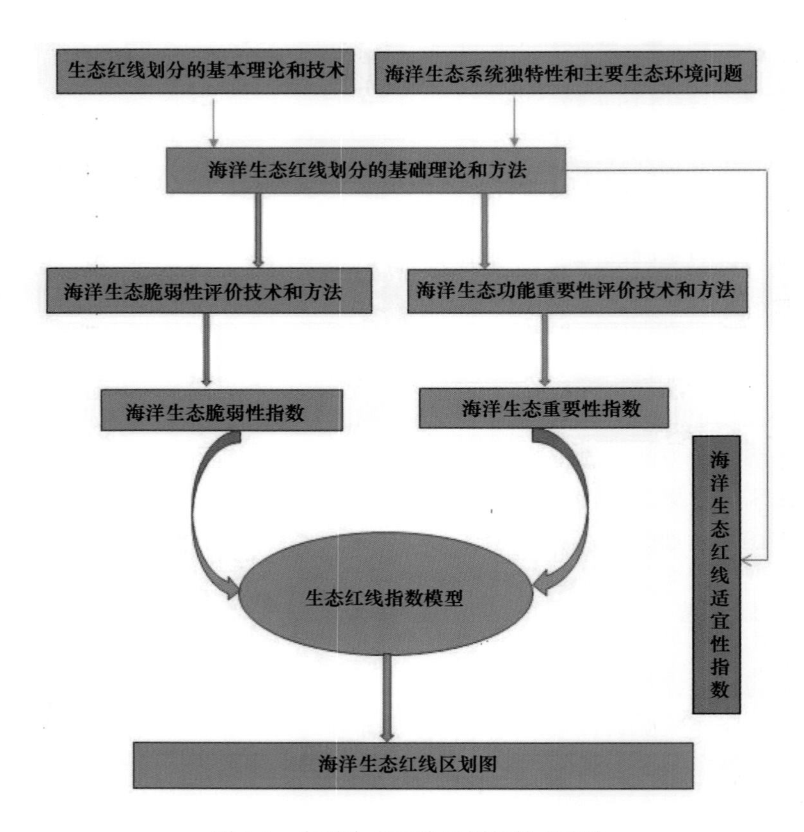

图 8-1　海洋生态红线区划的技术路线

在章中设计了两个红线划定指数模型，分别为命名为 RSM_1 和 RSM_2，具体公式如下：

$$RSM_1 = \max(EFI,\ EFII) \tag{8-1}$$

$$RSM_2 = W_1 \times EFI + W_2 \times EFII \tag{8-2}$$

式中，EFI 是生态脆弱性/敏感性指数，EFII 是生态功能重要性指数。W_1，W_2 分别为 EFI 和 EFII 的权重。

根据 RSM_1 或者 RSM_2 计算生态红线指数 RSMI，然后根据 RSMI 数值变动范围采用分位数重分类方法，将评价单元的生态红线指数从低到高分为 1、2、3、4 和 5 五个等级，每个等级评价单元数量相等（均为评价单元总数的 20%）。红线指数等级越高，越倾向于划为红线区。得分为 4 和 5 等级的评价单元分别为限制开发红线区和禁止开发红线区。因为本章生态红线的区划方法是基于栅格而不是区域（生态系统或者行政区），生态红线的范围主要取决于评价单元红线指数的空间分布，将前 20%和前 40%高生态红线指数（RSMI）评价单元（分别对应红线指数等级 5 和 4）作为禁止开发红线区和限制开发红线区，这意味着生态红线的边界是由前 20%和 40%的生态红线指数临界值确定的。

用极值模型和加权求和指数模型计算的生态红线指数及生态红线区划结果肯定不能完全一致。在实践中可以根据两种模型评价结果与研究区域具体情况，选择其中一种评价结果作为重要生态功能区和生态红线区划分的依据。

（4）生态红线区划结果验证

为了验证基于生态脆弱性和生态重要性的生态红线区划结果，从生态保护和经济开发的角度，对评价单元的生态红线适宜性进行评价，确定重点开发区、优化开发区、一般保护区和重点保护区。生态适宜性评价的指标体系和评价方法请参阅本书第 7 章。

本小节（3）中生态红线指数的空间变异可以成为生态红线划分的依据，将生态脆弱性高和生态重要性大的海域划为海洋生态红线也符合生态红线的内涵。（1）～（3）可以形成完整的生态红线划分的技术和方法。但是，生态红线划分的目的是协调经济开发和生态保护的矛盾，从生态环境、自然资源和社会经济方面来确定生态红线适宜性，也是一种很好的探索。利用逻辑模型（表 8-1）将二者有机结合起来，确定生态红线区将有助于提高区划结果的科学性和可靠性。

表 8-1　基于生态红线指数和生态适宜性指数的生态红线区划

生态红线区划	非红线区	限制开发红线区	禁止开发红线区
优化开发区	非红线区	非红线区	非红线区
适度开发区	非红线区	非红线区	非红线区
一般保护区	非红线区	限制开发红线区	禁止开发红线区
重点保护区	非红线区	限制开发红线区	禁止开发红线区

8.4.3　盘锦案例区概况

盘锦海域位于辽宁省辽东湾北部，距盘锦市区约 35km，其海岸线长度为 118km。其中，辽河口滨海湿地是我国极具代表性的滨海湿地，辽河、大凌河、小凌河、大辽河等河流由此入海，并形成的一个复合三角洲，三角洲面积约 3000km^2，原生湿地面积约 2230km^2，河流和水库坑塘等水面面积约 740km^2。由于上游经济开发和土地利用变化，海水富营养化时有发生，而多年过度捕捞导致渔业资源衰竭。区内的双台子河口滨海湿地是我国最美的六大湿地之一，一望无际的红海滩和世界上植被类型保持完好的最大的芦苇沼泽湿地让盘锦成为滨海旅游胜地。

8.4.4　盘锦海域生态红线区划

生态红线区划是在生态重要性评价和生态脆弱性评价基础上进行的。盘锦示范区的海洋生态脆弱性区划结果见本书第 5 章，生态重要性评价结果见本书第 6 章。鉴于我们的技术方法主要是针对海洋生态系统，第 6 章中的生态脆弱性评价结果陆地区域部分被裁剪掉，只有海洋部分的生态脆弱性评价结果可用于盘锦生态红线划分。

盘锦海域的生态重要性和生态脆弱性综合评价结果见图 8-2。可以看出盘锦海域示范区生态脆弱性和生态重要性评价结果比较一致，主要区别在于盘锦东南部海域。盘锦东南部海域生态功能重要性较高而生态脆弱性较低，为了更清楚地看到盘锦海域的生态脆弱性和生态重要性空间变异，按照分位数重分类将生态脆弱性综合指数和生态重要性综合指数进行分级（图 8-3）。其中 4 和 5 分别对应于限制开发区和禁止开发区。可以看出生态脆弱性高的区域主要集中在双台子河口和蛤蜊岗附近，而生态重要性高的区域除分布在双台子河口外还有盘锦东南部海域。

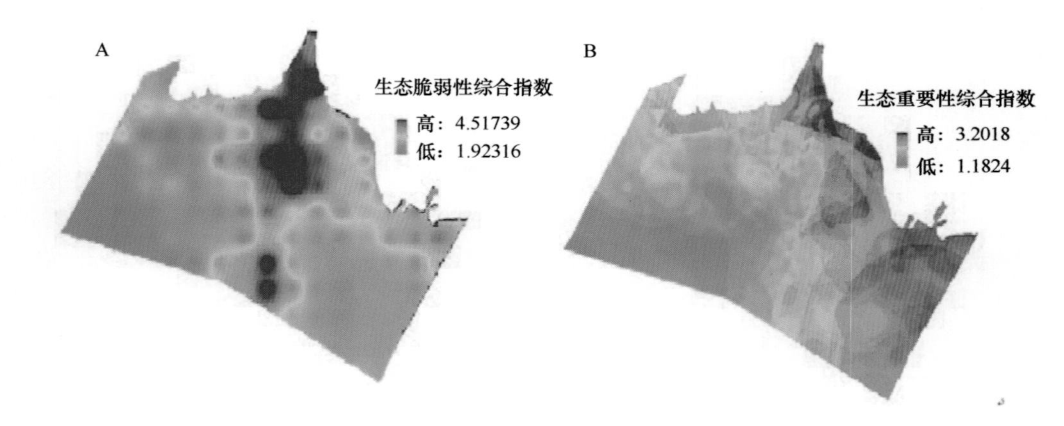

图 8-2　盘锦案例区海洋生态脆弱性综合指数和生态重要性综合指数空间分布

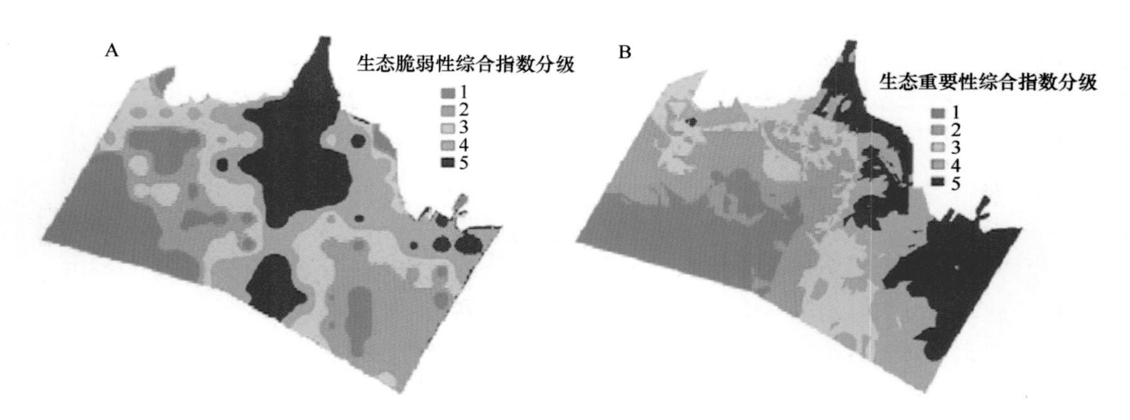

图 8-3　盘锦案例区海洋生态脆弱性综合指数等级和生态重要性综合指数等级空间分布

在生态脆弱性和生态重要性分析基础上，采用加权求和指数模型计算生态红线指数（图 8-4）。盘锦海域生态红线指数空间变异较大，最小值约为 1.66，最大值约为 3.72。生态红线指数低值区主要分布在盘锦的西南部海域，高值区主要分布在双台子河口和蛤蜊岗附近。采用分位数分类法将加权求和的生态红线指数重分类，得到高（5 分，对应于禁止开发区）和较高（4 分，对应于限制开发区）生态红线指数等级空间分布（图 8-5）。一级红线区主要包括双台子河口和蛤蜊岗，二级生态红线区主要分布在近岸海域（图 8-6）。

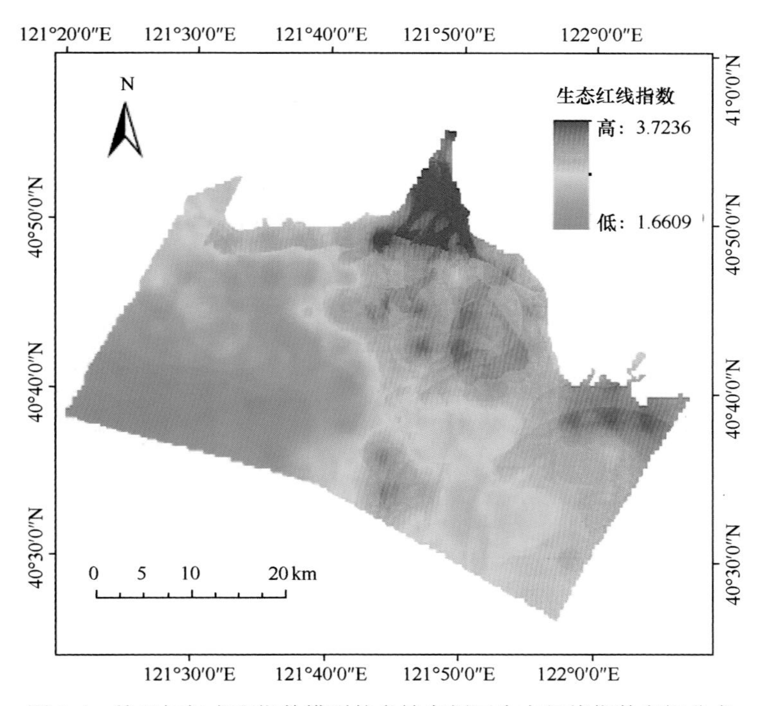

图 8-4　基于加权求和指数模型的盘锦案例区生态红线指数空间分布

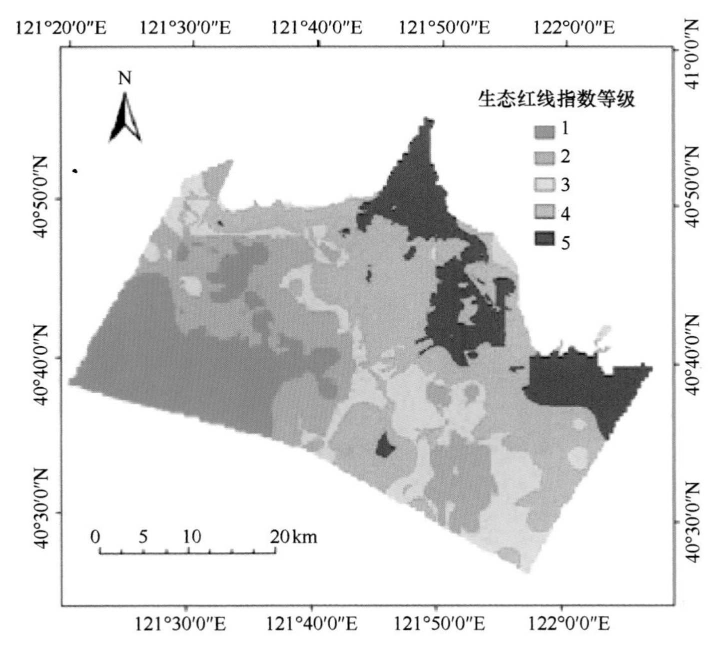

图 8-5　基于加权求和指数模型的盘锦案例区生态红线指数等级空间分布

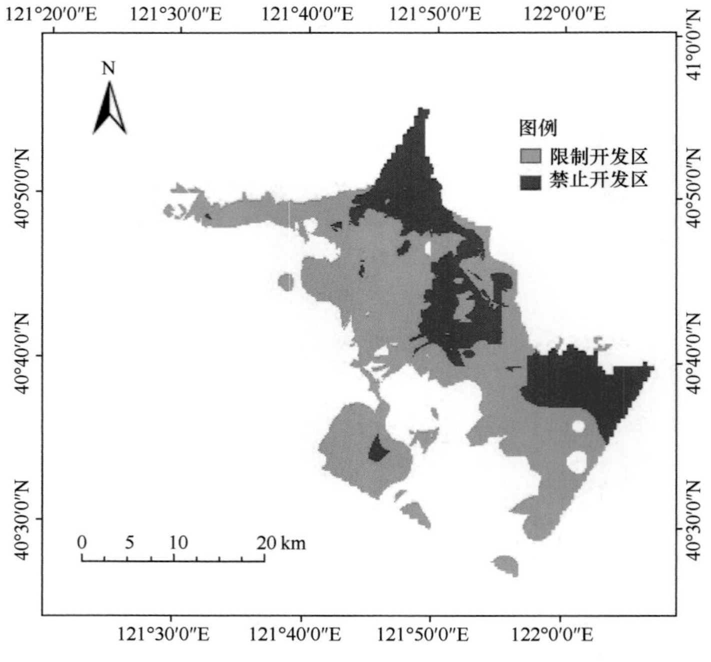

图 8-6 基于加权求和指数模型的盘锦案例区生态红线区划图

另外，还利用极值模型对盘锦案例区进行了生态红线区划，结果见图 8-7 和图 8-8。由图 8-7 可以看出生态红线指数在 4 以上的海域面积占示范区面积远远超过了 60%，红

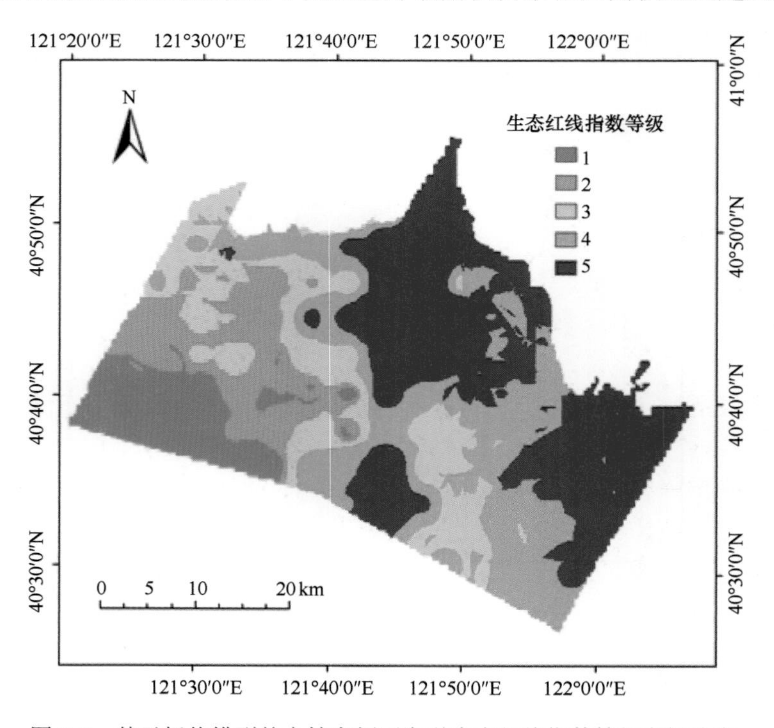

图 8-7 基于极值模型的盘锦案例区海洋生态红线指数等级空间分布

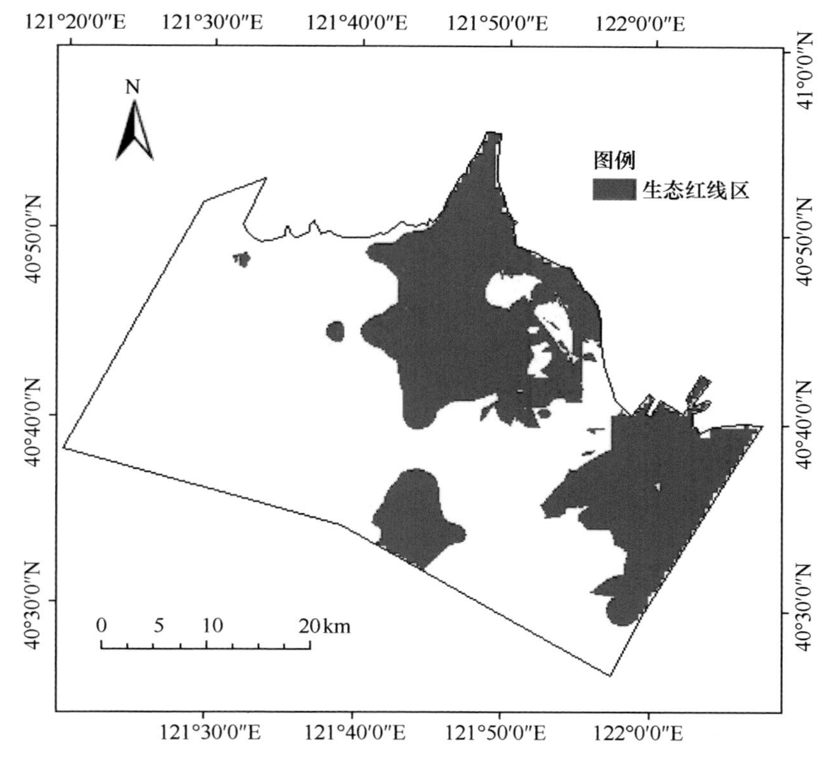

图 8-8　基于极值模型的盘锦案例区海洋生态红线区分布图

线区面积过大也不利于协调生态保护与经济开发的矛盾。为此，仅将生态红线指数为 5 的海域划为海洋生态红线区（图 8-8）。由于生态红线指数等级为 5 的评价单元都被划为生态红线区，这种处理实际上已经能够保证将急需保护的区域划为生态红线区。

另外，从生态保护和经济开发协调的角度，进行了生态适宜性评价（图 8-9），确定了一般保护区和重点保护区的空间分布范围。将基于生态适宜性的区划结果（图 8-9）和基于加权求和指数模型的区划结果（图 8-6）进行了简单比较，发现二者比较一致。根据表 8-1 的逻辑模型利用生态适宜性评价结果对生态红线指数区划结果进行修正（图 8-10）。图 8-10 是基于两种不同的生态红线划分技术相互验证确定的，因而更为科学可靠，可以作为盘锦案例区的最终生态红线区划结果。

生态适宜性指数评价和生态红线指数评价是从不同角度来研究评价单元划分为生态红线区的合理性。二者的评价指标体系和评价方法大不相同，但评价的目的都是进行生态区划，确定需要严格保护的区域。这意味着这两种方法确定的生态红线区可以相互验证，使评价结果更为科学合理。值得一提的是，这两种方法都可以单独作为生态红线区划的技术方法。唯一的区别是，基于生态脆弱性和生态重要性评价的技术方法更为常用。

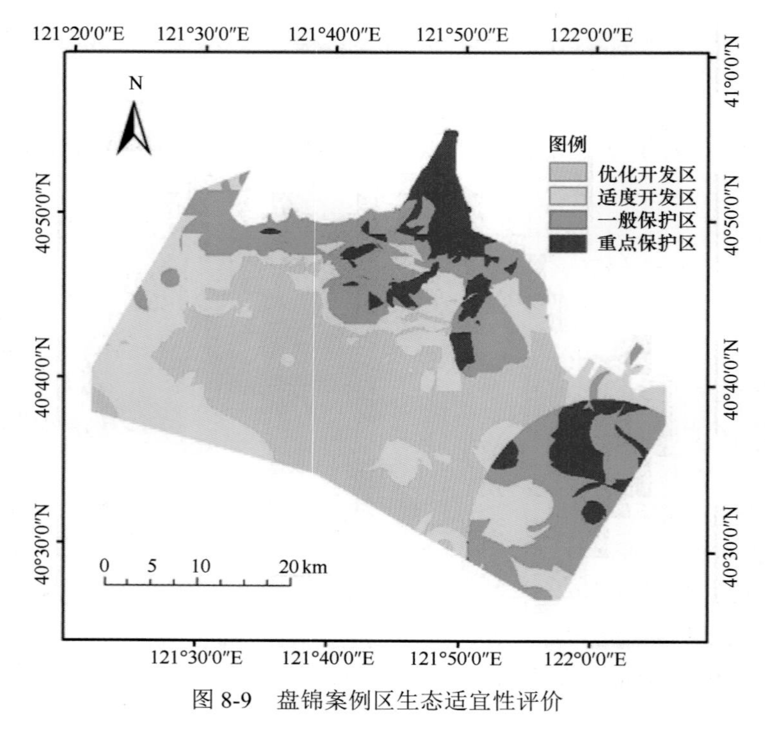

图 8-9 盘锦案例区生态适宜性评价

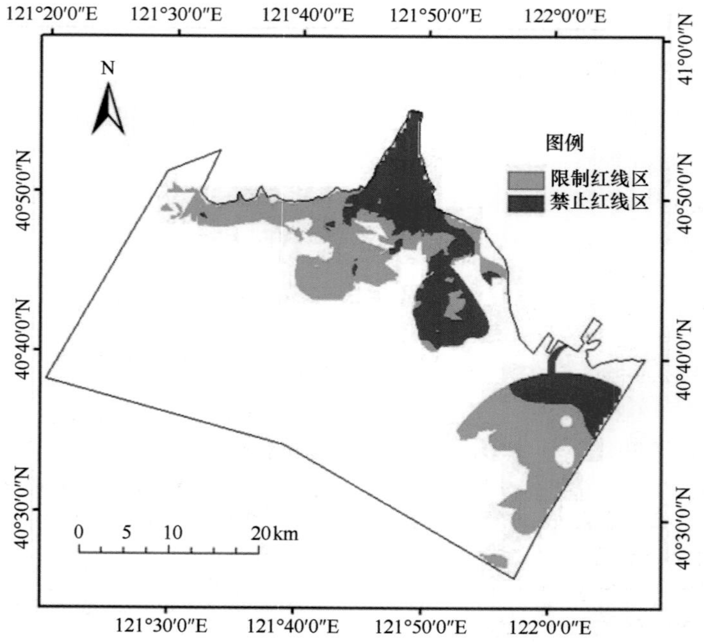

图 8-10 基于生态适宜性评价修正的盘锦案例区海洋生态红线分布区

8.5　生态红线划定技术展望

现在生态红线划分的依据很多，除了生态重要性和生态敏感性，一些学者还将自然灾害危险性、环境灾害危险性等用于生态红线划分。由于建立生态红线的本意是保护重要生态功能区、生态脆弱区和生态敏感区，而不是灾害区和高风险区，将环境灾害危险性或者自然灾害危险性作为生态红线区划依据值得商榷。

生态红线划定的依据是评价单元的生态脆弱性和生态重要性，但是通过综合评价模型如何将二者有机结合起来是生态红线划分的关键技术。在本套技术方法中给出了两种评价模型（极值模型和加权求和指数模型），至于哪种模型结构更为科学合理，需要通过实践应用加以检验。另外，也许还存在其他适合生态红线区划的评价模型，但是哪种模型结构更为合适需要进一步研究。

本套海洋生态红线划分技术和方法主要针对海洋生态系统，而实际上许多海洋生态环境问题起源于陆地。海洋生态红线区划对象仅仅针对海洋生态系统，陆地对海洋的影响难以应用到海洋生态红线区划中，导致海洋生态红线划分结果可能不够科学。根据海陆统筹原则，针对海洋海岸带生态系统建立一套更为科学的生态红线划分技术，将有助于提高海洋生态红线划分结果的科学性。

参 考 文 献

曹明德. 2014. 生态红线责任制度探析——以政治责任和法律责任为视角. 新疆师范大学学报(哲学社会科学版), 35(6): 71-78.

陈海嵩. 2014. “生态红线”的规范效力与法治化路径——解释论与立法论的双重展开. 现代法学, 36(4): 85-97.

范丽媛. 2015. 山东省生态红线划分及生态空间管控研究. 济南: 山东师范大学硕士学位论文.

范小杉, 张强, 刘煜杰. 2014. 生态红线管控绩效考核技术方案及制度保障研究. 中国环境管理, 6(4): 18-23.

符娜, 李晓兵. 2007. 土地利用规划的生态红线区划分方法研究初探//中国地理学会. 2007 年中国地理学会学术年会论文摘要集. 北京: 中国地理学会.

符娜. 2008. 土地利用规划的生态红线区的划分方法研究——以云南省为例. 北京: 北京师范大学硕士学位论文.

高吉喜. 2014. 论生态保护红线划定与保护//中国环境科学学会. 2014 年中国环境科学学会学术年会论文集(第三章). 北京: 中国环境科学学会.

黄伟, 曾江宁, 陈全震, 等. 2016. 海洋生态红线区划——以海南省为例. 生态学报, 36(1): 268-276.

靳慧芳. 2015. 陕西省城固县生态功能红线划定方法研究. 环境科学, 45(4): 650-654.

李建龙, 刚成诚, 李辉, 等. 2015. 城市生态红线划分的原理、方法及指标体系构建——以苏州市吴中区为例. 天津农业科学, 21(2): 57-67.

李明昌. 2014. 海洋生态红线划定方法初探//中国环境科学学会. 2014 年中国环境科学学会学术年会论文集. 成都: 中国环境科学出版社.

林勇, 樊景凤, 温泉, 等. 2016. 生态红线划分的理论和技术. 生态学报, 36(5): 1244-1252.

刘晟呈. 2012. 城市生态红线规划方法研究. 生态建设, (6): 24-29.

刘雪华, 程迁, 刘琳, 等. 2010. 区域产业布局的生态红线划定方法研究——以环渤海地区重点产业发展生态评价为例//中国环境科学学会. 中国环境科学学会学术年会论文集(2010). (第五章). 上海: 中国环境科学学会.
吕红迪, 万军, 王成新, 等. 2014. 城市生态红线体系构建及其与管理制度衔接的研究. 环境科学与管理, 39(1): 5-11.
饶胜, 张强, 牟雪洁. 2012. 划定生态红线 创新生态系统管理. 环境经济, (6): 57-60.
田志强, 贾克敬, 张辉, 等. 2016. 我国划定生态红线的政策演进分析. 生态经济, 32(9): 140-144.
许妍, 梁斌, 鲍晨光, 等. 2013. 渤海生态红线划定的指标体系与技术方法研究. 海洋通报, 32(4): 361-367.
燕守广, 林乃峰, 沈渭寿. 2014. 江苏省生态红线区域划分与保护. 农村与生态环境学报, 30(3): 294-299.
于骥. 2015. 对生态红线的研究——宁夏生态红线划定的问题和思考. 环境与科学管理, 40(1): 173-176.
曾江宁, 陈全震, 黄伟, 等. 2016. 中国海洋生态保护制度的转型发展——从海洋保护区走向海洋生态红线区. 生态学报, 36(1): 1-10.
朱逸凡. 2014. 对生态红线管理的哲学思考. 科技和产业, 14(9): 150-153.
左志莉. 2010. 基于生态红线区划分的土地利用布局研究——以广西贵港市为例. 南宁: 广西师范学院硕士学位论文.

第 9 章　海洋生态红线区管控制度

9.1　我国海洋生态管控制度现状

管控一词来源于英语中的“governance”，含有管理和控制的意思。海洋生态管控是指对辖区内海域的人类活动进行管理，对海域生态环境进行监控，控制人类活动对海洋生态环境的不良影响，目的是保护海洋生态环境，尽可能实现人类对海洋的永久可持续利用。海洋生态管控是海洋管理的主要宗旨之一。

我国对海洋生态的管控主要体现在 3 个层次，首先是各级政府颁布的与海洋生态保护和管理相关的法律法规；其次是在法律法规框架下实施的涉及海洋生态管控的海洋区划与规划，如海洋功能区划、海洋主体功能区规划、海洋生态红线区划及与海洋环境保护相关的规划等；最后是各类海洋生态管控的方式，主要包括海洋自然保护区、海洋特别保护区、海洋生态红线区等。

9.1.1　我国海洋生态管控的法律法规体系

我国政府于 20 世纪 80 年代开始制定和实施《中华人民共和国海洋环境保护法》，防治海洋环境污染，并先后颁布了相应的法律法规。目前我国基本形成了以《中华人民共和国宪法》为依据，以《中华人民共和国环境保护法》为基础，以《中华人民共和国海洋环境保护法》《中华人民共和国海岛保护法》为主体，以国务院制定的有关海洋环境资源的行政法规，国务院各部委制定的有关海洋环境资源和环境保护的行政规章、标准及规程，有关海洋环境资源的地方性法规、决定和命令等为补充的法律法规体系，并与我国参加的各项国际海洋环境资源条约相协调（马英杰，2012）。

概括起来，我国海洋环境保护法规体系包括以下几个部分。

（1）法律

《中华人民共和国宪法》明确指出了有关“国家保护和改善生活环境和生态环境，防治污染和其他公害”的法律规范。

《中华人民共和国环境保护法》（2015 年修订）所定义的环境包含海洋环境，并明确要求国务院和沿海地方各级人民政府应当加强对海洋环境的保护。向海洋排放污染物、倾倒废弃物，进行海岸工程和海洋工程建设，应当符合法律法规规定和有关标准，防止和减少对海洋环境的污染损害。

《中华人民共和国海洋环境保护法》（2016 年修订）是为了保护和改善海洋环境，保护海洋资源，防治污染损害，维护生态平衡，保障人体健康，促进经济和社会的可持续发展而制定的法规。范围适用于中华人民共和国内水、领海、毗连区、专属经济区、大陆架及中华人民共和国管辖的其他海域。在中华人民共和国管辖海域内从事航行、勘探、开发、生产、旅游、科学研究及其他活动，或者在沿海陆域内从事影响海洋环境活动的任何单位和个人，都必须遵守本法。管辖海域以外，造成中华人民共和国管辖海域污染的，也适用本法。

1982年8月23日第五届全国人民代表大会常务委员会第二十四次会议通过了《中华人民共和国海洋环境保护法》的决议，标志着中国的海洋环境保护工作正式走上了有法可依的轨道。2013年和2016年，为了适应新形势、新管理要求，对《中华人民共和国海洋环境保护法》进行了两次修改，标志着海洋环境保护立法进入了新的阶段。《中华人民共和国海洋环境保护法》是我国实行海洋生态管控的主要法律依据。

《中华人民共和国海岛保护法》（2010年）是为了保护海岛及其周边海域生态系统，合理开发利用海岛自然资源，维护国家海洋权益而制定的法规。范围适用于中华人民共和国所属海岛的保护、开发利用及相关管理活动。国家对海岛实行科学规划、保护优先、合理开发、永续利用的原则。国务院和沿海地方各级人民政府应当将海岛保护和合理开发利用纳入国民经济和社会发展规划，采取有效措施，加强对海岛的保护和管理，防止海岛及其周边海域生态系统遭受破坏。

其中，海岛是指四面环海水并在高潮时高于水面的自然形成的陆地区域，包括有居民海岛和无居民海岛。海岛保护，是指海岛及其周边海域生态系统保护，无居民海岛自然资源保护和特殊用途海岛保护。

除了以上3项综合性的环境保护单项法律，有关海洋环境资源的法律还包括《中华人民共和国海域使用管理法》（2002年）、《中华人民共和国领海及毗连区法》（1992年）、《中华人民共和国渔业法》（2013年修订）、《中华人民共和国野生动物保护法》（2016年修订）、《中华人民共和国海上交通安全法》（2016年修订）和《中华人民共和国深海海底区域资源勘探开发法》（2016年）等。

（2）国务院制定的行政法规

由国务院制定的有关海洋环境保护的行政法规包括《中华人民共和国海洋石油勘探开发环境保护管理条例》《防治船舶污染海洋环境管理条例》《防止拆船污染环境管理条例》《中华人民共和国海洋倾废管理条例》《中华人民共和国防治陆源污染物污染损害海洋环境管理条例》《中华人民共和国防治海岸工程建设项目污染损害海洋环境管理条例》《防治海洋工程建设项目污染损害海洋环境管理条例》等。

其中，后3个条例为我国海洋生态保护除法律外的重要补充，一是从源头上控制对海洋生态环境的污染，即控制陆源污染物对海洋生态环境的损害。陆源污染物是由陆地进入海洋的污染物，主要通过江、河、沟渠及排污管道进入海洋。二是控制人类用海活动对海洋生态环境的直接影响，包括海洋工程、海岸工程及其他用海活动等。

具体而言，《中华人民共和国防治陆源污染物污染损害海洋环境管理条例》是为了加强对陆地污染源的监督管理，防治陆源污染物污染损害海洋环境而制定的。该条例于1990年6月22日由国务院第61号令公布，1990年8月1日起正式实施。该条例规定了禁止排放的污染物种类、污染物的排放规定、超标排放污染物所需负的法律责任、污染事故的处置等。

《中华人民共和国防治海岸工程建设项目污染损害海洋环境管理条例》于1990年6

月 25 日由国务院第 62 号令公布，1990 年 8 月 1 日起正式实施。该条例是为加强海岸工程建设项目的环境保护，严格控制新的污染，保护和改善海洋环境，根据《中华人民共和国海洋环境保护法》制定的，适用于在中华人民共和国境内进行海岸工程建设项目的一切单位和个人。其中，海岸工程建设项目是指位于海岸或者与海岸连接，工程主体位于海岸线向陆一侧，对海洋环境产生影响的新建、改建、扩建工程项目。

2007 年 9 月 25 日国务院第 507 号令发布了《国务院关于修改〈中华人民共和国防治海岸工程建设项目污染损害海洋环境管理条例〉的决定》，条文的顺序和个别文字做了相应的调整与修改，修改条例自 2008 年 1 月 1 日起施行。2017 年 3 月 1 日《国务院关于修改和废止部分行政法规的决定》，其中对《中华人民共和国防治海岸工程建设项目污染损害海洋环境管理条例》再次进行了修订。

《防治海洋工程建设项目污染损害海洋环境管理条例》于 2006 年 9 月 9 日由国务院第 475 号令公布，2006 年 11 月 1 日起实施。该条例是为了防治和减轻海洋工程建设项目污染损害海洋环境，维护海洋生态平衡，保护海洋资源，根据《中华人民共和国海洋环境保护法》制定的。其中，海洋工程是指以开发、利用、保护、恢复海洋资源为目的，并且工程主体位于海岸线向海一侧的新建、改建、扩建工程。

（3）国务院各部委制定的行政规章、标准和规程

由国务院各部委制定的有关海洋环境保护的行政规章和标准规定了某些单项海洋环境保护管理办法等，如《水污染防治行动计划》（国发〔2015〕17 号）、《中华人民共和国海洋石油勘探开发环境保护管理条例实施办法》（1990 国家海洋局令第 1 号）、《海水水质标准》（GB 3097—1997）、《渔业水质标准》（GB 11607—1989）、《海洋石油勘探开发污染物排放浓度限值》（GB 4914—2008）、《船舶水污染物排放控制标准（GB 3552—2018）》和《船舶工业污染物排放标准（GB 4286—84）》等。

由国务院各部委制定的有关海洋环境保护的规程主要由各项监测技术规程组成，如《海洋倾倒区监测技术规程》、《海洋生态环境监测技术规程》、《海洋生物质量监测技术规程》（HY/T 078—2005）、《陆源入海排污口及邻近海域监测技术规程》（HY/T 076—2005）、《江河入海污染物总量及河口区环境质量监测技术规程》、《建设项目海洋环境影响跟踪监测技术规程》和《海洋自然保护区监测技术规程》等。

（4）有关海洋环境保护的地方性法规、规章、决定、命令等

沿海省市依据国家法律法规体系，针对自身特点和管理需求，制定的海洋生态管控管理条例，较为灵活，有时具有一定的先进性和前瞻性，适宜在全国推广。例如，福建省在全国率先实行沿海区市海洋环保责任目标考核制度，对海洋污染控制目标、海洋生态保护目标等指标进行评分，并将其纳入政府考核范畴。2007 年 9 月，福建省人民政府办公厅下发《福建省人民政府办公厅关于开展环境保护工作年度考核的通知》（闽政办〔2007〕192 号），要求以福建省环境保护委员会办公室制定的《福建省市县（区）政府环境保护工作年度考核评分办法（试行）》为标准评价各级政府落实环境保护工作责任制的情况。其中福州、厦门、漳州、泉州、莆田、宁德考核海洋环境保护情况。

2013 年海南省第五届人民代表大会常务委员会第一次会议通过了《海南经济特区海

岸带保护与开发管理规定》，其中第十条规定“沿海区域自平均大潮高潮线起向陆地延伸最少 200 米范围内、特殊岸段 100 米范围内，不得新建、扩建、改建建筑物，具体界线由省人民政府确定”。这是全国首创的对海岸线向陆一侧的保护规定，有效地保障了海岸线稳定、海岸带景观的协调性和人民群众的亲水空间，值得向全国推广。

2013 年和 2014 年，江苏省人民政府发布《江苏省生态补偿转移支付暂行办法》（苏政办发〔2013〕193 号）和《省政府办公厅关于转发省环保厅省财政厅江苏省生态红线区域保护监督管理考核暂行办法的通知》（苏政办发〔2014〕23 号），率先在全国实施生态红线区域的监督管理和考核，为今后全国其他省市生态红线区的监督管理考核提供了宝贵经验。

（5）国际海洋环境资源条约

国际海洋环境资源条约包括《联合国海洋法公约》《生物多样性公约》《大陆架公约》《国际防止船舶造成污染公约》《国际油污损害民事责任公约》《国际捕鲸公约》《南极条约》和《防止倾倒废物及其他物质污染海洋的公约》等。

9.1.2 我国海洋生态管控的方式

我国海洋生态管控的方式是我国海洋生态管控制度的实践手段，主要体现在以下几个方面。

9.1.2.1 海洋功能区划制度

海洋功能区划是根据海域的地理位置、自然资源状况、自然环境条件和社会需求等因素而划分的不同的海洋功能类型区，用来指导、约束海洋开发利用实践活动，保证海上开发的经济、环境和社会效益。海洋功能区划是海洋管理的基础，是合理开发利用海洋资源、有效保护海洋生态环境的法定依据，一经批准，任何单位和个人不得随意修改，应严格执行项目用海预审、审批制度和围填海计划。

海洋功能区划作为一项法律制度，是由《中华人民共和国海洋环境保护法》最先在法律层面提出，后由《中华人民共和国海域使用管理法》在法律层面正式确立的（陆州舜和卢静，2009）。《中华人民共和国海域使用管理法》规定：“国家实行海洋功能区划制度。海域使用必须符合海洋功能区划。”《中华人民共和国海洋环境保护法》中有多项条款分别规定，海洋功能区划是制定海洋环境保护规划、选择入海排污口、设置陆源污染物深海离岸排放排污口、兴建海洋工程建设项目的科学依据。

1989～1990 年国家海洋行政主管部门首先在渤海区进行海洋功能区划试点工作。2012 年，国务院正式批准由国家海洋局会同有关部门和沿海 11 个省、自治区、直辖市人民政府编制《全国海洋功能区划（2011～2020 年）》，这是继 2011 年国家“十二五”规划提出“推进海洋经济发展”战略后，国家依据《中华人民共和国海域使用管理法》《中华人民共和国海洋环境保护法》等法律法规和国家有关海洋开发保护的方针、政策，第三次对我国管辖海域未来 10 年的开发利用和环境保护做出的全面部署与具体安排。

海洋功能区划制度的实施，有效规范了海洋开发利用秩序，较好地解决了行业之间的用海矛盾，促进了海域资源的合理利用和优化配置。起到了保护海洋生态环境，推进海洋经济发展的重要作用。自 2002 年国务院批准《全国海洋功能区划》起至 2015 年年底，国务院和沿海县级以上地方各级人民政府依据海洋功能区划确权海域使用面积 339.19 万 hm^2，基本解决了海域使用中长期存在的“无序、无度、无偿”等问题；海洋污染防治和生态建设工作不断加强；国家与地方相结合的立体海洋环境监测及评价体系基本形成；沿海地区采取有效措施加大陆源入海污染物控制力度，减少了海上污染排放；海洋保护区数量和面积稳步增长，截至 2016 年，我国已建各级各类海洋保护区 250 余处，总面积为 12.40 多万 km^2；通过红树林人工种植等生态修复工程，恢复了部分区域的海洋生态功能；通过采取海洋伏季休渔、增殖放流、水产健康养殖，水产种质资源保护区、人工鱼礁和海洋牧场建设等措施，减缓了海洋渔业资源的衰退趋势。目前，我国管辖海域海洋环境质量状况总体较好，基本满足海洋功能区的管理要求。

未来，海洋功能区划制度还将继续指导我国的海域使用，每 10 年进行一次修订，是我国海洋生态管控制度的基本落地形式之一。

9.1.2.2　近岸海域环境功能区划制度

为贯彻《中华人民共和国海洋环境保护法》，执行《海水水质标准》（GB 3097—1997），防治海洋环境污染，保护和改善近岸海域生态环境，保障人体健康，加强环境管理，国家环境保护总局于 1999 年发布了《近岸海域环境功能区管理办法》，要求沿海各地方人民政府开展近岸海域环境功能区划工作，这是海洋环境保护的又一重大实践。根据管理办法的要求，各沿海省市纷纷开始了功能区的划定实践，例如，广东省共划定 188 个环境功能区，福建省共划分 151 个环境功能区，浙江省共划分 60 个环境功能区，等等。近岸海域环境功能区划实质上就是划分具体的、以海水水质类别为表征的环境保护目标区（陆州舜和卢静，2009）。该区划不限制海洋开发利用类别而是限制开发强度。由于该项制度未上升至法律层面，一般作为海洋管理部门进行海洋工程建设项目环境评价管理的一项参考依据而非法定依据，细分了不同环境保护目标区执行的水质目标，与海洋功能区划制度互为补充，有助于保障我国海洋生态环境的有效管控。

9.1.2.3　海域海岛海岸带整治修复保护工作

自 2010 年起，中央财政从海域使用金和海岛使用金中安排部分资金，用于海域海岛海岸带整治修复工程，通过改扩建海岛码头道路、垃圾污水集中处理、修复岛体岸线、保护淡水资源、发展可再生能源等内容，逐步改善海岛生态与人居环境。

为了加强海域海岛海岸带整治修复保护工作，国家海洋局 2010 年出台了《关于开展海域海岛海岸带整治修复保护工作的若干意见》，明确要求沿海各省、自治区、直辖市进一步加强对海域、海岛和海岸带的整治、修复及保护工作，编写海域海岛海岸带整治修复保护规划，制定海域海岛海岸带整治修复保护计划，开展海域海岛海岸带整治修复保护项目的管理，编制项目实施方案，提供项目的经费保障并检查验收。

2015 年财政部和国家海洋局联合印发了《中央海岛和海域保护资金使用管理办法》的通知，明确了中央财政安排用于支持海洋生态环境整治、保护和建设，促进海洋经济发展等工作的资金。主要用于提高海洋生态环境质量，改善海域、海岛和海岸线使用功能，优化海洋经济发展等。

“十三五”期间，根据国家部署，又启动了以“蓝色海湾整治工程”为主体的重点海湾综合整治工作。

截至 2013 年，国家累计批准了海域海岛海岸带整治修复项目 74 个，中央财政累计补助资金达 16.75 亿元。其中约开展了 70 个海岛的整治修复工作。据统计，在整治修复工作开展以前，我国 485 个有居民海岛中，通过大陆引水的只有 165 个，其余 300 多个基本处于靠天吃水状态；有电网供电的 313 个，其他海岛靠柴油发电，有的每天只能供电 2h；160 个海岛未开通班船，并且码头比较破旧；岛上基本没有垃圾污水处理设施，不仅破坏了岛上的自然环境，对周边海域也造成一定的污染。通过对海岛的整治修复进行改扩建海岛码头道路、垃圾污水集中处理、修复岛体岸线、保护淡水资源、发展可再生能源等内容，逐步改善海岛生态与人居环境。

对海域海岸带的整治修复则是通过排污治理、垃圾清除及清理海域内废弃和非法养殖设施等减少海域污染物；通过退养还海、退养还滩、海堤清淤和底质改造等提高近岸水文动力条件，增强自净能力，改善海洋环境质量；通过修筑防波堤护岸、清淤疏浚等提高海洋防灾能力，保护沿岸人民群众生命财产安全；通过亲水平台、景观长廊、滨海广场等海岸景观建设，营造适宜居民和游客亲水的海岸环境，整体提升海洋景观质量，改善人居环境，提高公众海洋生态意识，营造良好社会环境。据估算，截至 2013 年，所批复的整治修复项目全部实施后将累计修复岸线 188km，修复海岸带 5876 万 m^2，清淤面积将达 1157 万 m^2，清淤量将达 1111 万 m^3（纪大伟等，2016）。2016 年中央海岛和海域保护资金共支持了 18 个沿海城市重点进行蓝色海湾的整治，每个城市支助金额达 3 亿元。

综上，海域海岛海岸带整治修复保护工作引导和辅助我国海域海岛海岸带生态环境的恢复重建，提高海域海岛海岸带的基础设施保障能力，是我国海洋生态管控的重要措施。

9.1.2.4 海洋保护区建设

我国的海洋保护区分为海洋自然保护区和海洋特别保护区。海洋保护区是国际上通用的也是我国主要的海洋生态管控形式之一。为贯彻落实《中华人民共和国海洋环境保护法》，加强保护区的管理与建设，1995 年 5 月 11 日经国家科学技术委员会批准、农业部发布的《海洋自然保护区管理办法》对海洋自然保护区的选划、建设和管理提出了具体要求。2010 年国家海洋局颁布实施了《海洋特别保护区管理办法》，规定海洋特别保护区的选划、建设和管理要求。近年来，结合保护区多年的建设实践经验，国家海洋局正在研究海洋保护区规范化建设实施方案指导新建的海洋保护区。

近 30 年来，我国海洋保护区建设取得了显著的成就，海洋保护区数量、保护面积不断增加，类型不断扩大。截至 2016 年，我国已建立各级海洋保护区 250 余处，总面积约为 12.40 万 km^2（国家海洋局，2017）。海洋保护区数量和面积不断扩大，保护对象类型日益丰富，沿海 11 个省、自治区、直辖市均有国家级海洋保护区分布，初步形成了海洋自然保护区和海洋特别保护区相结合的海洋保护区网络体系，有效地保护了红树林、珊瑚礁、滨海湿地、入海河口、海湾、海岛、潟湖等典型海洋生态系统，文昌鱼、斑海豹、中华白海豚、海龟、中国鲎等珍稀濒危海洋生物物种和其他珍奇海洋自然遗迹等。

9.1.2.5　海洋生态红线管控制度

自 1982 年发布《中华人民共和国海洋环境保护法》以来，我国政府在海洋生态环境保护、治理、管控方面做了很多努力，然而随着我国经济 30 多年的高速增长，目前海洋生态环境仍然面临着不断恶化的形势。应当坚持生态优先的原则，对已经造成破坏的海洋生态进行整治与修复，并不断改善海洋生态环境质量，保证可持续发展的良性生态环境。

《中华人民共和国海洋环境保护法》明确指出国务院和沿海地方各级人民政府应当采取有效措施，保护红树林、珊瑚礁、滨海湿地、海岛、海湾、入海河口、重要渔业水域等具有典型性、代表性的海洋生态系统，珍稀、濒危海洋生物的天然集中分布区，具有重要经济价值的海洋生物生存区域及具有重大科学文化价值的海洋自然历史遗迹和自然景观。然而，就现行的法律法规实践上看，除去已经建设为保护区的生态系统，对我国广泛分布的典型生态系统、脆弱生境、珍贵海岛、海湾、海岸线等海洋资源还未有足够的保护实践。面临日益加剧的海洋环境污染和破坏，我国亟须在现有海洋生态管控制度框架的基础上进一步加强对海洋生态环境的保护。海洋生态红线制度就是实现这一目标的新型管控制度。海洋生态红线制度是指为维护海洋生态健康与生态安全，将重要海洋生态功能区、生态敏感区和生态脆弱区划定为重点管控区域并实施严格分类管控的制度安排。全面识别对维护海洋生态系统完整的海洋生态重要功能区，以及容易遭受人类活动影响和破坏并难以恢复的生态敏感区与生态脆弱区，进行严格管控，保障我国的近海生态安全。海洋生态红线区是包含海洋保护区在内及其他脆弱生境等保护对象的最全面的海洋生态保护范围。

为此，2016 年修订的《中华人民共和国海洋环境保护法》明确规定，国家在重点海洋生态功能区、生态环境敏感区和脆弱区等海域划定生态保护红线，实行严格保护；开发利用海洋资源，应当严格遵守生态保护红线，不得造成海洋生态环境破坏。

2012 年，国家海洋局印发《关于建立渤海海洋生态红线制度的若干意见》。该文件提出，要将渤海海洋保护区、重要滨海湿地、重要河口、特殊保护海岛和沙源保护海域、重要砂质岸线、自然景观与文化历史遗迹、重要旅游区及重要渔业海域等区域划定为海洋生态红线区，并进一步细分为禁止类红线区和限制类红线区，依据生态特点和管理需求，分区分类制定红线管控措施。该区域的海洋生态红线划定是落实海洋生态红线制度的首次尝试。其中，山东省共划定渤海海域禁止类红线区 1237.20km^2，包括海洋特别保护区 251.81km^2，海洋自然保护区 985.39km^2；限制类红线区 5297.22km^2，包括海洋自然保护区 2659.17km^2，海洋特别保护区 1446.14km^2，重要河口生态系统 131.07km^2，重要滨海湿地 27.05km^2，重要渔业海域 758.21km^2，特殊保护海岛 7.46km^2，自然景观与历史文化遗迹 25.51km^2，砂质岸线与邻近海域 103.96km^2，沙源保护海域 111.29km^2，重要滨海旅游区 27.36km^2。

2016 年国家海洋局印发《关于全面建立实施海洋生态红线制度的意见》。该文件要求各沿海省（区、市）要依据国家下达的目标和要求，将本地区重要海洋生态功能区、敏感区和脆弱区划为海洋生态红线区域，并在红线区内分类实施严格的管控措施，由省（区、市）海洋行政主管部门报国家海洋局审查，审查通过后由各省（区、市）人民政府发布实施，并报国家海洋局备案。海洋生态红线划定成果正式发布后，为保障海洋生态红线制度的顺利实施，亟须建立红线管控配套制度，促进红线的落地、实施和管理。

9.2 生态红线的理论体系和实践基础

9.2.1 生态红线理论及实践

我国 2006 年开始的“十一五”规划中，为确保我国粮食安全，国务院制定了 18 亿亩的耕地红线，这是我国首次以红线形式提出的管理政策。红线管理在我国也有较多的实践，从运行管理的角度看，国土、水利、林业部门均提出相应的管理“红线”，强调对管理对象的刚性约束，重点是数量的管控，如国土部门 18 亿亩耕地红线，森林面积保有量、覆盖率等。从内涵上看，“生态红线”理论体系经历了一个不断发展的过程（陈海嵩，2015；姚佳等，2015；林勇等，2016）。

2008 年，环境保护部和中国科学院共同启动了《全国生态功能区划》工作，制定的 50 个生态功能区，保护面积达到 234 万 km^2，占到陆域总面积的 24.3%。重要生态功能区的启动在我国水源涵养、土壤保护、沙漠化防治和生物多样性保护方面起到重要作用，为我国进一步制定相关的环境保护政策提供了较好的示范作用。

同时，“十一五”期间，在完成《全国生态功能区划》的基础上，我国又提出了《全国主体功能区规划》，该规划的提出是国土空间开发体制和机制方面的一项重大创新。该规划统筹考虑各区域的资源环境承载能力、开发强度和发展潜力，把国土空间划分为优化、重点、限制和禁止开发 4 类主体功能区。该规划的颁布是我国生态红线体系建设的雏形，例如，禁止开发区主要指各类自然保护区和世界文化自然遗产，禁止工业和城镇化的开发活动；限制开发区主要是一些较大潜力的生态功能区，如水质涵养区、水土保持区及碳汇区等，限制区内禁止高强度的资源开发和工业发展。

2011 年《国务院关于加强环境保护重点工作的意见》首次明确提出在重要生态功能区、陆地和海洋生态敏感区、脆弱区划定生态红线。党的十八大报告把生态文明建设纳入中国特色社会主义事业“五位一体”总体布局，继而提出严格按照主体功能定位，划定并严守生态红线。2013 年十八届三中全会通过的《中共中央关于全面深化改革若干重大问题的决定》明确将“划定生态保护红线”作为社会主义生态文明制度建设的重要内容。2015 年《中共中央国务院关于加快推进生态文明建设的意见》将“严守资源环境生态红线”作为“健全生态文明制度”体系的重要内容。上述相关政策表明生态红线制度已经上升至国家战略，作为一项全新的制度体系。2014 年新修订的《中华人民共和国环境保护法》明确将“划定生态保护红线，实行严格保护”写入法律，为红线制度的实施提供基础的法律依据。依据环境保护部 2015 年 5 月发布的《生态保护红线划定技术指南》（环境保护部，2015），生态保护红线是指依法在重点生态功能区、生态环境敏感区和脆弱区等区域划定的严格管控边界，是国家和区域生态安全的底线。

其中，重要生态功能区指水源涵养区，保持水土、防风固沙、调蓄洪水等，从根本上解决经济发展过程中资源开发与生态保护之间的矛盾；陆地和海洋生态环境敏感区是指生态环境条件变化最激烈和最易出现生态问题的地区，也是区域生态系统可持续发展及进行生态环境综合整治的关键地区；陆地和海洋生态环境脆弱区主要指因人类活动的不合理开发活动导致区域内生态系统退化、生境脆弱的区域，红线的建立可以减小生态环境风险。因此，三大区域生态红线体系建设基本涵盖了重要生态保育区、高强度开发区和生态功能退化区。红线体系的建设即可达到保住生态环境底线的目的，也可改善因过度开发导致的生态环境问题。生态红线体系的建设无疑是我国环境保护制度的一大创新。

9.2.2　生态红线体系特征及优缺点

目前我国生态红线体系建设已全面开展。

根据目前提出的红线体系，可将红线分为单一指标红线和综合性红线。

（1）单一指标红线

单一指标红线包括 18 亿亩耕地红线、林地和森林红线、湿地红线、河区植被红线、物种红线、水功能区限制纳污控制红线、用水效率控制红线、水资源开发利用控制红线等。单一指标红线主要以量化为目的，其优点是简单、易于管理，地方政府易于操作，有利于在短时间内达到管理的效果。但是，单一指标红线也存在一些不足，首先，没有考虑在重要生态功能区、陆地和海洋生态环境敏感区、脆弱区划定红线；其次，并没有强调红线的质量，对于生态环境的保护效果有待进一步观察。例如，18 亿亩优质耕地与劣质耕地所提供的生态产品不尽相同，8 亿亩自然湿地与人工湿地的服务功能也存在巨大差异等。因此，单一指标红线更多指资源（或能源）红线。

（2）综合性红线

综合性红线的划定不仅考虑了资源总量，也考虑了经济社会活动对自然利用的强度，以及生态系统所能发挥的生态服务功能。环境保护部制定的《国家生态保护红线——生态功能红线划定技术指南（试行）》中，进一步将生态红线划分为生态保护红线和生态功能红线。红线的划定首先通过制定评价指标，结合地理信息系统对全国的生态功能区、敏感区和脆弱区进行界定，然后综合人类开发活动制定红线。综合性红线充分考虑了生态系统本身及其所能提供的生态产品和服务，因而更为全面、科学合理。但是，由于界定敏感区、脆弱区及重要功能区需要进行大量的前期准备工作，因此，红线制度很难在短时间内完成，并且相应的管理政策也较难制定。短时间内很难达到管理效果。

9.2.3 海洋生态红线建设背景及特征

海洋生态红线是国家生态红线战略的重要组成部分，也是落实海洋生态文明建设，建设美丽中国、美丽海洋的重要抓手。海洋生态红线是指依法在重要海洋生态功能区、海洋生态敏感区和海洋生态脆弱区等区域划定的边界线及管理指标控制线，是海洋生态安全的底线（国家海洋局，2016a）。海洋生态红线的主导功能是保护重要海洋生态系统，形成人口、经济、环境相协调的海洋空间保护和利用格局，从源头上控制海洋生态退化，增强脆弱区生态系统的抗干扰能力，构建我国的蓝色生态屏障。

海洋资源环境承载力是指一定时期和一定区域范围内，在维持区域海洋资源结构符合可持续发展需要，海洋生态环境功能仍具有维持其稳态效应能力的条件下，区域海洋资源环境系统所能承载的人类各种社会经济活动的能力（苗丽娟等，2006；谭映宇，2010；张彦英和樊笑英，2011）。海洋资源环境承载力是一个包含了生态、资源、环境要素的综合承载力概念，海洋资源环境承载力是衡量海洋可持续开发的重要标志，体现了一定时期、一定区域的海洋生态环境系统满足区域社会经济发展和人类生存及发展的资源环境的支撑能力，目前已经成为评判沿海地区人口、环境和社会经济协调发展与否的重要标志（高吉喜，2001；狄乾斌等，2004）。随着我国海洋经济的快速发展，海洋生态与资源环境形势日益严峻，我国的海洋资源环境承载力急剧下降，环境退化和生态破坏已经严重阻碍社会经济发展。尽管生态系统具有一定的自我调节和修复功能，但是一旦超过生态系统的承载能力和自我修复的阈值，将难以恢复。

现阶段我国亟须全面建立基于资源环境承载力的海洋生态红线制度，统筹考虑资源禀赋、环境容量及生态状况等海洋基本要素，发挥生态阈值的预警作用，以资源环境承载力构建海洋生态红线的基本管控指标，构建海洋生态红线管控体系，健全海洋生态管控制度。按照海洋生态系统的完整性原则和资源环境承载力特征实施海洋生态红线制度，优化海洋空间开发格局，理顺保护与发展的关系，改善和提高生态系统服务功能，构建结构完整、功能稳定的生态安全格局，将海洋经济及海洋活动限制在资源环境承载力的可载范围，提升海洋经济的发展质量和效益。

按照已有的理论体系和学科基础，我国资源环境红线理论体系及与海洋生态红线对应的关系总结如表 9-1 所示，海洋生态功能红线着重保护海洋生态重点功能区和海洋生态敏感区/脆弱区。海洋重要生态功能区红线是保障国家海洋生态安全和经济社会发展的生态保护安全线，从根本上解决经济发展过程中海洋资源开发与生态保护之间的矛盾，将海洋保护区、重要滨海湿地、特殊保护海岛、自然景观与历史文化遗迹、珍稀濒危物种集中分布区、重要渔业水域等纳入海洋生态重要功能区的空间体系进行保护。海洋生态脆弱区/敏感区红线将提供蓝色生态屏障，减缓陆域人类活动对海洋生态系统的影响，同时可保护我国特有的海洋生态系统，为保护的物种和生态系统提供最小生存面积。将海岸带自然岸线、红树林、重要河口、重要砂质岸线和沙源保护海域、珊瑚礁及海草床纳入海洋生态脆弱区/敏感区的空间体系进行保护，在表现形式上是海洋生态空间的保护，从空间体系上构建海洋生态安全屏障（国家海洋局，2016b）。

表 9-1　资源环境红线理论体系及海洋生态红线对应关系

类型	涉及领域	表现形式及目标	规范依据	海洋生态红线控制指标
生态功能红线	生态空间保护	在重点生态功能区、生态环境敏感区和脆弱区划定保护红线；确保生态功能不降低、面积不减少、性质不改变	《全国主体功能区规划》《全国海洋主体功能区规划》《全国生态功能区划》《全国海洋功能区划》	海洋重点生态功能区：水产种质资源保护区、海洋特别保护区、重要滨海湿地、特殊保护海岛、自然景观与历史文化遗迹、珍稀濒危物种集中分布区、重要渔业水域
				海洋生态敏感区/脆弱区：海岸带自然岸线、红树林、重要河口、重要砂质岸线和沙源保护海域、珊瑚礁及海草床
环境质量红线	大气环境质量	地区和区域大气环境质量不低于现状，向更好转变	《环境空气质量标准》（GB 3095—2012）《大气污染防治行动计划》	海水质量控制：到 2020 年，近岸海域水质优良（一、二类水质）比例达到 70% 污染物排放：海洋生态红线区陆源入海直排口入海污染物排放达标率达到 100%
	水环境质量	水环境持续改善，各地区、各流域水质优良比例不低于现状，向更好转变	《水污染防治行动计划》《国务院关于实行最严格水资源管理制度的意见》	
	土壤环境质量	农用地土壤环境质量底线	《土壤污染防治行动计划》	
资源利用红线	能源利用	能源节约制度：政府节能目标责任制	《中华人民共和国节约能源法》《国民经济和社会发展规划》	海洋生态红线区面积占沿海省市管辖海域总面积的比例不低于 30% 大陆自然岸线保有率 35%；全国海岛保持现有的砂质岸线的长度
	水资源利用	水资源管理制度	《中华人民共和国水法》《国民经济和社会发展规划》《水污染防治行动计划》	
	土地资源利用	最严格的耕地保护制度：18 亿亩耕地红线 森林资源保护制度：林业与森林红线	《中华人民共和国土地管理法》《中华人民共和国森林法》《国民经济和社会发展规划》	

在环境质量红线方面，海洋生态红线包括海水质量控制和污染排放总量控制，与国务院出台的《水污染防治行动计划》提出的近岸海域环境质量目标和污染物排放的各项目标保持一致。海洋环境质量红线以海洋资源环境承载力为依据，进一步强化海陆统筹的总体思维，加强陆海生态保护与环境治理机制的衔接，将海洋资源环境承载力作为污染物排放总量控制、产业布局的重要依据和硬性约束条件。在资源利用方面，海洋生态红线重点强调自然岸线的保有率。岸线资源是海洋经济的重要空间载体，也是沿海居民亲海的重要生活空间，同时是各类生物的重要生境（Ma et al.，2014）。设定自然岸线保有率的“天花板”，有利于岸线资源的管理，也有利于沿海产业布局的进一步优化，维持良好的生态环境。

9.3　海洋生态红线制度体系构建

9.3.1　海洋生态红线制度顶层设计框架

我国相关部委已有的红线管理制度实践为海洋生态红线制度的建立提供了较好的借鉴，但是海洋毕竟不同于陆地，在制度设计时要充分考虑海洋的基本特征，尤其应该以海洋资源环境承载力为基础，发挥生态阈值预警作用，建立基于资源环境承载力的海洋生态红线制度体系。

首先，在空间特征方面，海洋生态红线区域不仅仅包括对生态要素的“定量限制”，还包括对不可替代的生态功能区的“定位限定”，红线区域内的保护对象，往往都是因为其独特的自然人文特征，或者具有独特的生态功能，而在空间地理上有着显著的“不可替代性”，因此需充分考虑生态和环境等承载力要素。其次，在时间特征上，海洋生态红线需考虑生态系统的周期循环，如生物季节性及环境自净容量等所导致的差异性特征，海洋生物的生活周期等，这就需要在海洋生态红线的设计中充分引入动态管理模式，采取分级分类的管控制度。最后，由于海洋生态系统空间开放，边界不明显等特征，海洋生态红线制度也需充分考虑海洋生态系统的流动性、生态因子的相互影响，海洋生物物种的迁移等，在制度设计中需要充分考虑资源和环境等承载力要素。

海洋生态红线制度顶层设计流程如图 9-1 所示（黄华梅等，2017），在制度建设的过程中，共分为 3 个层次，第一层次为战略定位，从十八大将生态文明建设纳入“五位一体”总体布局，到十八届三中全会将“生态保护红线制度”“资源环境承载能力监测预警”确定为生态文明建设的基本制度；在国家战略层面的战略定位以后，2014 年修订的《中华人民共和国环境保护法》将“划定生态保护红线”写入相关法律，确立了生态红线的基本法律依据；2017 年，中共中央办公厅和国务院办公厅又发布了红线政策通知；国家层面的战略规划，包括《生态文明建设实施方案》、“十三五”规划均确立了生态保护红线作为最基本的保护制度的战略地位。海洋生态红线是生态保护红线制度建设的重要组成部分，海洋红线制度是国家资源环境红线体系的重要执行载体。

第二层次为制度的设计，是海洋生态红线制度的有力抓手。包括海洋生态红线识别及划定的技术标准，海洋生态红线控制指标，以及红线管理制度及相应的配套制度体系。目前我国生态红线划定的标准体系已经基本完善，环境保护部在 2014 年 1 月《国家生态保护红线—生态功能红线划定技术指南（试行）》及相关省份生态保护红线实践的基础上，于 2015 年 5 月正式发布《生态保护红线划定技术指南》。国家海洋局于 2013 年开始启动渤海海洋生态红线的划定工作，在环渤海三省一市海洋生态红线制度实践的基础上，国家海洋局于 2016 年 4 月正式发布《海洋生态红线划定技术指南》，作为质量标准指导全国海洋生态红线的实施。随着红线划定技术标准的完善，目前亟须研究的就是海洋生态红线的有效“抓手”，做好相应的海洋生态红线配套制度研究。包括海洋生态红线的管控指标、红线的管控措施及对应的配套管控制度的建设。

第三层次为管理的实施，解决海洋生态红线制度的落地。在制度施行的过程中，通过相关的红线制度来制约涉海的对象，规范用海行为。涉海对象主要指利益相关者，包括用海企业、个人及相关管理部门；用海的相关行为包括保护、利用、管理及监督。

海洋生态红线制度的执行过程中，宜以政策为导向，采取自上而下的执行手段；红线制度落地的载体为涉海对象及用海行为。红线制度的落地通过“责任、权力、利益”采取自下而上的方式反馈给红线制度的顶层设计及战略定位。

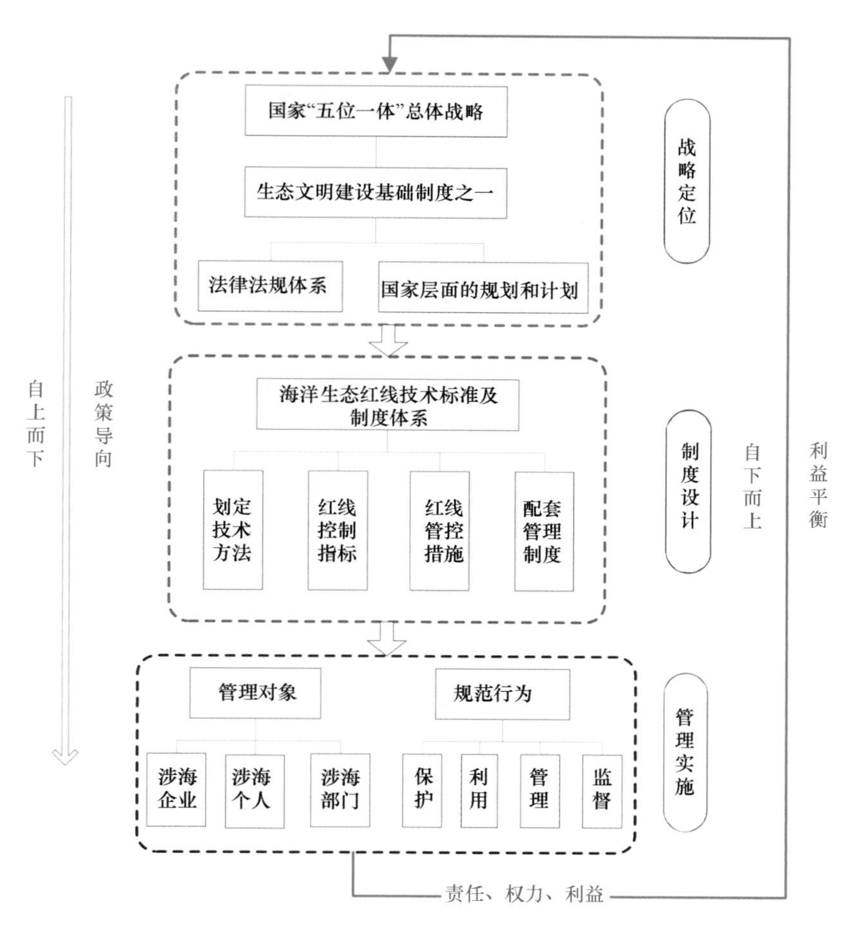

图 9-1　海洋生态红线制度顶层设计流程图

9.3.2　海洋生态红线管控制度体系构建

基于以上海洋生态红线制度顶层设计基础，以海洋资源环境承载力理论体系为基础，构建我国的海洋生态红线制度体系，从技术手段、行政手段、经济手段、宣传手段等各方面来确保海洋生态红线的有效实施，制度体系构建流程如图 9-2 所示。生态红线制度体系建设主要从标准体系、管控制度和评估考核三方面来进行构建，一为海洋生态红线技术标准制度，从技术手段确定制度的基础；二为海洋生态红线管控制度建设，分为海洋生态红线基本管理办法和红线配套管控制度，从行政、经济、宣传等多种手段确定红线制度的有效施行；三为海洋生态红线实施后的评估考核，从行政的角度对海洋生态红线的施行效果和执行效率进行评估，确保制度执行的有效性。海洋生态红线制度体系建设共分以下 4 个阶段。

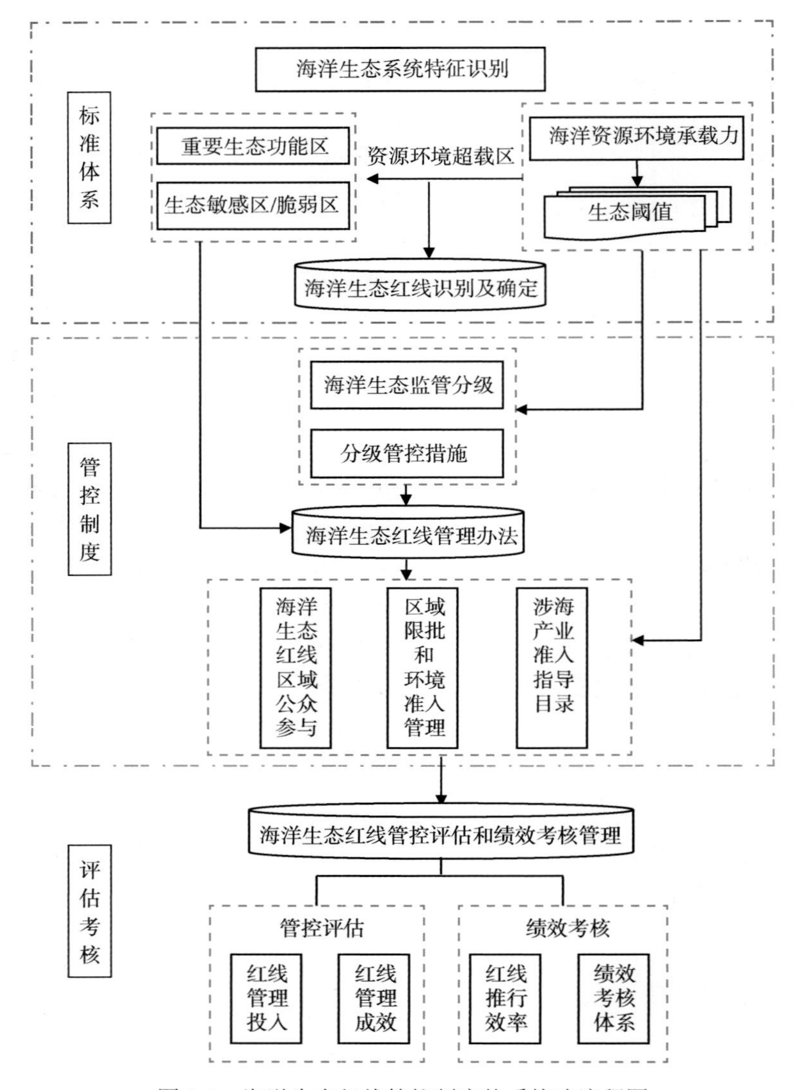

图 9-2　海洋生态红线管控制度体系构建流程图

第一阶段，在国家战略和法律法规框架下制定海洋生态红线划定的技术标准，从空间识别与定量管理方面来确定红线制度建立的技术手段，是海洋生态红线制度建设的基础。海洋生态红线划定的技术标准需依据资源环境承载力，明确海洋重要生态功能区、生态敏感区、生态脆弱区的识别方法，给出海洋生态红线的控制基准值，如环境质量的控制线，自然岸线保有率等自然资源的利用上限，确定海洋生态功能保障基线的各控制指标。在技术标准制度设计过程中，首先对海洋生态系统进行特征识别，辨别重要生态功能区，生态敏感区/脆弱区，综合海洋资源环境承载力分析及生态阈值，识别海洋资源环境超载区，从而纳入海洋生态红线划定的技术标准体系。

第二阶段，海洋生态红线管理基本制度。在海洋生态红线划定技术体系的基础上，建立基于海洋资源环境承载力生态阈值的海洋生态红线监管分级，建立分级分类红线管理体系。制定海洋生态红线管理基础办法，确定海洋生态红线的划定和调整程序等实施程序；确定责任主体、组织领导、职责分工、法律责任等组织形式；同时确定红线保护与监督，管控评估和绩效考核等相关激励与监管方式。

第三阶段，海洋生态红线配套制度，主要从行政手段、经济手段、宣传手段等各方面来确保海洋生态红线的有效实施。共设计有 4 个相关体系的配套管控制度，《生态补偿管理办法》依据国务院办公厅发布的《关于健全生态保护补偿机制的意见》，将海洋生态红线区的补偿纳入整体的生态补偿制度，对于实施海洋生态红线区域保护而形成贡献的地区给予生态补偿，增强各地改善海洋环境质量、海洋生态安全维护的经济奖励和调节手段（欧阳志云等，2013）；《海洋生态红线公众参与制度》则主要从宣传的角度强化海洋生态红线制度施行过程中行政管理与公众之间的切合点，提高海洋生态红线的公众参与意识，实现公众监督的目的；《区域限批和环境准入管理》则从我国环境保护区域限批和生态准入政策制定与实施典型经验研究的基础上，研究区域限批和生态准入制度在生态红线管理体系中的层次定位、政策目标、与其他制度的互补关系及配套关系；《涉海产业生态准入目录》主要针对管控级别较低的红线区域，采取负面清单的形式制定行业准入的清单。

第四阶段，海洋生态红线管控评估和绩效考核，主要从行政体制上确保红线制度的有效实施，其中海洋生态红线区域效果评估主要评估红线制度执行的效果，包括红线管理的投入和管理成效，是针对红线制度施行过程的有效性综合评价；而监督考核主要针对海洋生态红线制度的责任主体进行考核，考核各沿海行政区建立和落实生态红线制度的实际效果，并将该工作作为生态文明建设的重要内容和考核指标，纳入当地政府的政绩考核指标。管控制度和评估考核应该因地制宜，综合考虑海洋资源环境承载力特征，建立分级分类的海洋生态红线区管理，设计好相应的配套制度建设并做好后期的监督考核，确保制度的有效施行，发挥海洋生态红线制度在海洋资源保护和利用的综合调控功能。

9.4 海洋生态红线管控评估和绩效考核制度研究

海洋生态红线管控评估和绩效考核是为了提高海洋生态红线区的管理效能，促进海洋生态文明建设而进行的制度建设。海洋生态红线管控评估和绩效考核包括两部分内容，一是对正式发布实施的海洋生态红线进行管控评估（评估管理投入和管理绩效），制定评估指标体系和评估方法；二是在管控评估结果的基础上对管理责任主体进行绩效考核，以及在此基础上形成的海洋生态红线管控评估和绩效考核办法。

9.4.1 建立海洋生态红线区域管控评估体系

海洋生态红线制度的实施是遏制我国日益恶化的海洋生态环境问题的当务之急。海洋生态红线应结合区域的先天禀赋、存在的主要环境问题、开发利用矛盾及地区发展空间进行划定和管理，管控评估指标的设置也需考虑近岸海洋环境质量的改善和重大海洋环境问题的解决等。另外，选取的评估指标应保证数据的可获取性和衔接性，评估指标概念应清晰明确，易测易得，并尽可能做到定量，便于统计和计算。选取的指标不应与国际海洋生态管控评估方法接轨，并与国内现行各层次的海洋生态管控评估体系相衔接。

通过借鉴国际上对海洋保护区的管控评估办法（Pomeroy et al.，2004），以及我国现行的生态管控评估办法（包括针对海洋自然保护区、海洋特别保护区的管控评估办法；环境保护部门、林业部门、农业部门、地方政府制定的生态管控评估办法；以及科学研究中提出的管控评估办法等）（郑允文等，1994；栾晓峰等，2002；罗伯特•波默罗伊等，2006；刘水良，2005；崔丽娟等，2009），结合海洋生态红线制度的实施目标，我国的海洋生态红线管控评估应包含 3 类指标，即生物物理指标、社会指标和管理指标。

（1）生物物理指标

《海洋生态红线划定技术指南》（国家海洋局，2016a）中规定的及全国各沿海省市生态红线划定过程已规定了控制指标，包括以下内容。

1）海洋生态红线区划定控制指标，包括海洋生态红线区面积、自然岸线保有率。

2）管理成效考核指标，即海水质量、陆源江河入海污染物减排、典型生态系统保有量。

以上指标宜列入海洋生态红线管控评估的生物物理指标，即海洋生态红线区面积及自然岸线保有率是否低于控制值，海水质量、陆源江河入海污染物减排量及典型生态系统保有量（包括红树林、珊瑚礁、海草床等生态系统）是否达到了预期目标。

结合我国自 1997 年开始的全国海洋环境质量全面监测和公报发布，以及海洋保护区、海洋生态文明示范区建设管理规范，建议将水质（如近岸海域一、二类水质占所辖海域面积比例或其变化趋势）、海洋生物多样性、海洋自然灾害（如赤潮、绿潮）的发生频率、海岸线侵蚀程度一同纳入生态指标。

生物物理指标还应包括衡量海洋提供食物供给的功能，即渔业资源情况等。

另外，应考量是否对现存重大环境问题进行了有针对性的整治，如海洋生态红线区内的生物多样性是否得到了有效提高、珍稀濒危海洋生物种群的恢复和保护情况等。同时，还应考虑红线区内生态十分脆弱的海岛的生态环境维护情况，可以通过海鸟种群的变动情况来间接反映。

（2）社会指标

结合国内外生态管控评估办法，并与海洋生态红线划定内容相结合，海洋生态红线管控评估的社会指标应包括海洋文化传统和历史遗迹的保护程度；设置反映海洋生态红线制度在公众中的支持拥护程度的指标，即海洋生态红线制度的支持情况；以及红线制度的实施带来的效益，如海洋生态红线区内游客对海洋生态环境的满意度等。

（3）管理指标

管理指标应包括以下内容。

1）衡量管理投入的指标

包括针对红线区存在问题是否制定了保护和整治修复计划或方案、是否开展了与海洋生态红线相关的科学研究或将相关科研成果应用于红线管理中。此外，管理应以人为本，当公众参与到海洋生态红线区的建设管理中，他们的意见被倾听和采纳，他们会对生态红线区产生权属感，从而更支持红线区的管理。红线区管控得好坏也跟公众配合度相关，而公众参与是提高公众配合度的有效途径。因此，管理投入指标中还应设置：海洋生态红线制度与管理的宣教开展情况（包括培训、讲座、媒体宣传等）、是否存在明晰的公众参与渠道（如网站投票、投诉举报信息处理等）等。

2）衡量制度建设的指标

制度及法规的建立能提高海洋生态红线的立法地位，保障海洋生态红线得到贯彻和落实。应包括是否实施了海洋生态红线绩效考核制度——保障红线制度的落实；是否实施了适应当地情况的海洋生态补偿制度——确保海洋生态红线区的生态环境得到恢复，同时提高海洋生态红线制度的实施效力；是否有针对红线区的执法监督机制——防止违法违规活动对红线区生态环境的破坏；是否设置了常规的监视监测机制——积累基础数据，以进一步优化管理。

3）衡量管控成效的指标

最直接的管控成效指标即红线区内违法违规事件的发生频率等。

综上，建议我国海洋生态红线管控评估指标体系如表 9-2 所示。

表 9-2 海洋生态红线管控评估指标体系（建议）

序号	名称	内涵及说明	建设标准	是否为约束性指标
		生物物理指标		
1	海洋生态红线区面积	海洋生态红线区面积的变化包含海洋生态红线区面积比例变化和海洋生态红线区面积变化，其中海洋生态红线区面积比例指当年海洋生态红线区面积占沿海省、市、县管辖海域面积的比重；海洋生态红线区面积变化指各沿海省、市、县海洋生态红线区正式划定后红线区总面积的变化	海洋生态红线区面积比例不低于当地海洋生态红线发布时的面积控制比例，详见指标解释	是
			当年海洋生态红线区面积不小于海洋生态红线发布时红线区的总面积，详见指标解释	否
2	自然岸线保有率	自然岸线保有率包括大陆自然岸线及保护岸线保有率和海岛保护岸线保有率，其中，大陆自然岸线及保护岸线保有率是指沿海省、市、县当年的大陆自然岸线保有率、保护岸线保有率、砂质岸线长度；海岛保护岸线保有率是指沿海省、市、县当年的海岛保护岸线保有率、砂质岸线长度	当年大陆自然岸线保有率≥控制指标，大陆保护岸线保有率≥控制指标，砂质岸线长度≥海洋生态红线区发布时的砂质岸线长度	是
			当年海岛保护岸线保有率≥控制指标，海岛砂质岸线长度≥海洋生态红线区发布时的海岛砂质岸线长度	是
3	海水质量	包含海洋生态红线区内水质优良的海域面积比重及该绝对面积的变化两层含义，其中，海洋生态红线区内水质优良的海域面积比重指当地海洋生态红线区内符合第一、二类海水水质标准的海域面积占海洋生态红线区总面积的比重；海洋生态红线区内优良水质海域面积的变化指当地海洋生态红线区内符合第一、二类海水水质标准的海域面积的年度变化	到 2020 年，近岸海域水质优良（一、二类）比例达到 70%左右	否
			海洋生态红线区内的海域水质应逐年改善，直至达到优良水体全覆盖	否
4	红线区内入海污染物排放量变化	根据入海排污口监测，判断海洋生态红线区内入海污染物排放量及达标率的年度变化	海洋生态红线区内的污染物入海量逐年减少，直至已有的入海排污口全部达标排放或全部清出	否
5	典型海洋生态系统保有量	红线区内红树林、珊瑚礁、海草床等及其他类型的典型生态系统分布的面积变化和健康状况，可通过遥感监测及现场监测	生态红线区内的典型生态系统面积逐年增加，健康状况逐年改善	否
6	生物多样性的变化情况	海洋生态红线区内生物多样性的变化情况，可通过浮游植物、浮游动物、底栖生物及海岛植被的多样性指数变化和种类数变化来判断	生态红线区内的海洋生物多样性及海岛生物多样性评价结果逐年改善，生物种类数增加，直至达到稳态	否

续表

序号	名称	内涵及说明	建设标准	是否为约束性指标
		生物物理指标		
7	海洋生态灾害的发生情况	受人类影响较大的海洋生态灾害包括赤潮、绿潮、海岸侵蚀等，衡量海洋生态红线区内发生赤潮、绿潮的次数、累计面积或分布面积的年度变化，以及海洋生态红线区内自然岸线、保护岸线的海岸侵蚀长度年度变化	海洋生态红线区内的有毒赤潮、有害赤潮和绿潮的发生频率逐年减少，危害逐年降低	否
			海洋生态红线区内的自然岸线、保护岸线保护良好，海岸侵蚀逐年减轻	否
8	渔业资源变化	海洋生态红线区内渔业资源的产量及种类组成年度变化，特别是经济种类的占比变化	海洋生态红线区内的渔业资源产量逐年恢复，其中经济种类的占比逐年提高	否
9	珍稀濒危海洋生物种群健康状况	海洋生态红线区内保护的珍稀濒危生物（如海龟、海豚、某些海鸟等）的种群健康情况	海洋生态红线区内的珍稀濒危生物数量恢复，种群趋于稳定	否
10	海鸟种群变化	海洋生态红线区内海鸟的种类组成和数量年际变动	海洋生态红线区内的海鸟种类和数量逐年增加直至趋于稳定	否
		社会指标		
11	海洋自然景观与历史文化遗迹的保护情况	沿海省、市、县海洋生态红线区内当地海洋自然景观、历史文化遗迹的保护情况及文化传统传承情况	海洋自然景观与历史文化遗迹保护完好，当地海洋文化传统得到传承，在民间享有一定的知名度	否
12	海洋生态红线制度的支持情况	沿海省、市、县当地群众对海洋生态红线区海洋生态红线制度的认知程度和拥护水平	海洋生态红线制度在沿海省、市、县深入人心，并得到广泛的支持	否
13	海洋生态红线区游客满意度	游客对海洋生态红线区海洋生态环境及其保护情况的满意度	海洋生态红线区内的游客对区内海洋生态环境及其保护情况的满意度较高	否
		管理指标		
14	海洋生态红线区监视监测机制	沿海省、市、县是否建立了完善的海洋生态红线监视监测机制	沿海省、市、县海洋生态红线区建立了较完善的海洋生态红线区监视监测制度，并得到了较好的执行	否
15	海洋生态补偿制度	沿海省、市、县海洋生态红线区是否贯彻实施了配套的海洋生态补偿制度	海洋生态红线区实施了配套的海洋生态补偿制度，补偿资金全部应用于海洋生态红线区的管理和保护	否
16	管理计划或方案	沿海省、市、县海洋生态红线区是否制定了完备的管理计划或管理方案	当地海洋行政主管部门制定了关于海洋生态红线区的切实可行的中长期管理计划（3年、5年、10年计划）、年度工作计划或方案，并得到贯彻实施	否
17	执法监督机制	沿海省、市、县海洋生态红线区执法监督水平	当地海洋行政主管部门建立海洋生态红线区定期巡航执法监督机制，严肃处理红线区内的违法违规事件进行执法	否
18	科学研究开展情况	沿海省、市、县开展海洋生态红线区科学研究及其成果转化应用的水平	沿海省、市、县开展相关的科学研究并将科研成果应用于海洋生态红线管理中，并取得良好效益	否
19	宣教开展情况	沿海省、市、县是否开展了对海洋生态红线区的宣教及其宣教水平	沿海省、市、县持续有效地开展了与海洋生态红线区相关的海洋生态红线制度及管理等方面的宣教活动，使海洋生态红线区的内涵、意义深入人心	否
20	公众参与渠道	沿海省、市、县针对海洋生态红线区管控制度的公众参与渠道通畅程度	海洋生态红线区的划定和管理具备明晰通畅的公众参与渠道与处理程序	否
21	违法违规情况	海洋生态红线区内的违法违规情况	海洋生态红线区管控措施得力，未出现严重的违法违规案件	是
22	绩效考核制度	沿海省、市、县海洋行政主管部门是否贯彻实施了针对海洋生态红线区管理的绩效考核制度	当地海洋行政主管部门贯彻实施了针对海洋生态红线区管理的绩效考核制度	否

指标具体解释如下。

1. 生物物理指标

（1）海洋生态红线区面积

A. 海洋生态红线区面积比例

根据《海洋生态红线划定技术指南》，全国海洋生态红线区面积占管理海域面积的比例控制在不低于 29.5%，沿海各省也规定了不同的海洋生态红线区面积控制指标。各级政府不得擅自缩减、置换海洋生态红线区，因此，该指标为绝对的物理性指标和约束性指标。

B. 海洋生态红线区面积变化

在不低于红线区面积的控制比例前提下，鼓励各地依据自然条件和产业升级情况扩大海洋生态红线区面积。指标设置为各沿海省、市、县海洋生态红线区正式划定后红线区总面积的变化。

（2）自然岸线保有率

A. 大陆自然岸线及保护岸线保有率

根据《海洋生态红线划定技术指南》和 2015 年国务院发布的《水污染防治行动计划》，全国大陆保护岸线保有率不低于 43.8%，大陆自然岸线保有率不低于 35%，维持现有砂质岸线长度不减少。并规定了沿海各省、市、县的大陆自然岸线及保护岸线保有率控制指标。因此，本指标为约束性指标。

B. 海岛保护岸线保有率

根据《海洋生态红线划定技术指南》，全国海岛需保持现有砂质岸线长度，沿海各省、市、县也分配了各自的海岛保护岸线保有率控制指标。在保持海岛保护岸线保有率的基础上，鼓励增加保护岸线长度。本指标的建设标准为沿海省、市、县当年海岛保护岸线保有率≥控制指标，海岛砂质岸线长度≥海洋生态红线区发布时的海岛砂质岸线长度，应为约束性指标。

（3）海水质量

A. 海洋生态红线区内水质优良的海域面积比重

根据《海洋生态红线划定技术指南》，到 2020 年，近岸海域水质优良（一、二类）比例必须达到 70%左右。本指标设置为当地海洋生态红线区内符合第一、二类海水水质标准的海域面积占海洋生态红线区总面积的比重，达标值为≥70%。

B. 海洋生态红线区内优良水质海域面积的变化

另外，除保持水质的优良率外，海洋生态红线区内的海域水质应逐年改善，直至达到优良水体全覆盖。

（4）红线区内入海污染物排放量变化

为保护海洋生态红线区内的生态环境，应实现陆海统筹，污染物入海量应逐年减少，直至已有入海排污口全部达标排放。本指标设置为海洋生态红线区内入海污染物排放量及达标率的年度变化。

（5）典型海洋生态系统保有量

典型海洋生态系统一般包括红树林、珊瑚礁、海草床等，具有重要的生态功能，是维护海洋生态系统完整性的重要组成，也是海洋生态红线区内需要重点保护的对象。因此，对红线区的管理应使区内典型生态系统面积逐年增加，健康状况逐年改善。本指标设置为红线区内典型生态系统分布的面积变化及健康状况。

（6）生物多样性的变化情况

在海洋生态红线区得到长期有效管理保护的前提下，区内的海洋生物多样性及海岛生物多样性应逐年改善，生物种类数增加，直至达到健康的稳态。本指标设置为海洋生态红线区内生物多样性的变化情况。

（7）海洋生态灾害的发生情况

A. 赤潮、绿潮的发生情况

随着海洋生态红线区内生态环境的改善，虽然也受全球气候变化的影响，但总体而言有毒赤潮、有害赤潮和绿潮的发生频率及危害范围应出现逐年减少的趋势。同时，我国对赤潮、绿潮已有多年连续的观测记录。本指标设置为红线区内赤潮、绿潮的发生次数与累计面积的年度变化。

B. 海岸侵蚀的发生情况

如对海洋生态红线区管理有效，将改善海岸带生境，受破坏的岸线也将得到有效恢复，区内的自然岸线和保护岸线将呈现景观优美、生态良好的态势，海岸侵蚀情况也将逐渐减轻。本指标设置为红线区内自然岸线、保护岸线的海岸侵蚀长度年度变化。海岸侵蚀情况也是我国海洋常规监测项目之一。

（8）渔业资源变化

随着海洋生态红线区生态环境的恢复，渔业资源产量也会逐渐恢复，结构也将逐年优化。本指标设置为红线区内渔业资源的产量及种类组成年度变化。

（9）珍稀濒危海洋生物种群健康状况

珍稀濒危生物是海洋生态红线区的重点保护对象，在长期的严格管理保护下，区内的珍稀濒危生物数量应逐渐恢复，种群结构逐渐优化，最终达到稳态。本指标设置为红线区内珍稀濒危生物（如海龟、海豚、鱼类等）的种群健康情况。

（10）海鸟种群变化

红线区内的海鸟种群与区内的湿地生态系统、海岛生态系统息息相关，当整个生态红线区的生态环境改善，必将有利于区内海鸟种群的恢复。因此本指标设置为红线区内海鸟的种类组成和数量的年际变动情况。

综上所述，生物物理指标既包含红线划定时确定的物理控制指标，也涵盖了在红线区得到长期有效管理后生态系统可能改善的各方面管理成效，同时也代表了红线制度的管理目标。

2. 社会指标

（1）海洋自然景观与历史文化遗迹的保护情况

根据《海洋生态红线划定技术指南》，海洋自然景观与历史文化遗迹是红线区重要的保护类型之一，本指标设置为沿海省、市、县红线区内海洋自然景观、历史文化遗迹的保护情况。

（2）海洋生态红线制度的支持情况

本指标体现了海洋生态红线制度在当地的支持水平，支持水平越高，越有利于制度的实施。

（3）海洋生态红线区游客满意度

游客对红线区内海洋生态环境及其保护情况越满意，说明红线区的管理越有效，是体现红线区良好管理的间接指标。另外，游客满意度越高，越能吸引更多的游客，从而带动当地的旅游市场，使当地居民受益，从而提高红线制度的支持度。

我国的生态红线制度为自上而下的政策，主要目的是保护和恢复区内的海洋生态系统，维持我国海域生态环境的健康稳定发展。因实施红线制度带来的社会效益是间接的结果，因此，这里设置的社会指标数量较少，权重较低。

3. 管理指标

（1）海洋生态红线区监视监测机制

在海洋生态红线区内科学布设监控站位进行定期监测，一方面可摸清红线制度实施前区内海洋生态环境本底质量，另一方面可追踪红线制度实施后区内生态环境质量的改善情况，指导红线区管理。

（2）海洋生态补偿制度

红线区内建立海洋生态补偿制度既保障了红线区管理的资金来源、使用用途，使生态环境得到有效恢复；又能增加红线制度的威慑力，巩固管理效果。

（3）执法监督机制

红线区内应建立在线监视监控平台，实行定期的执法监督机制，严密监控红线区内的人为活动，杜绝违法违规事件和重大环境灾害事故，及时应对各种应急事件，避免红线区环境质量的严重损害，并对各项违法违规活动进行惩戒。

（4）绩效考核制度

该制度针对红线管理的相关责任人、部门、地方政府进行管理绩效考核，是一种激励和警示制度，在我国红线制度自上而下的实施过程中，能有效提高管理效能。

以上 4 个制度均为海洋生态红线管控制度体系中的配套制度。

（5）管理计划或方案

沿海省、市、县如对辖区内的海洋生态红线区制定了完备的管理计划或管理方案，将有助于提高红线区的管理效率。

（6）科学研究开展情况

开展海洋生态红线相关的科学研究和技术研发，将有助于利用科学的方法恢复红线区内破坏的生境，并对区内的保护对象实现有效保护。

（7）宣教开展情况

沿海省、市、县如持续有效地开展了海洋生态红线制度与管理等方面的宣教活动，使海洋生态红线制度的内涵、意义深入人心，将使红线制度得到更广泛的群众支持，使制度的实施更为顺畅。

以上 3 个指标衡量红线管理的投入情况。

（8）公众参与渠道

公众参与是红线制度顺利实施的有力保障，并能优化管理，沿海省、市、县应建立针对海洋生态红线制度的通畅的公众参与渠道，如对海洋生态红线制度与管理等方面问题进行征求意见和公示；利用互联网、微信、微博等公共媒体进行投票；或开通投诉举报电话或邮箱等，使社区公众真正了解并参与到红线的管理中来。

（9）违法违规情况

本指标体现了红线区的管理效果，如区内管控措施得力，违法违规案件将大量减少，甚至绝迹。本指标也应为约束性指标，如出现重大违法违规情况造成海洋生态环境的严重损害，或因监管不力造成红线区内违法违规案件频频发生的，则总体评分均不合格。

以上指标在实际管理应用过程中应不断优化、补充或进一步细化。

9.4.2 拟定海洋生态红线绩效考核办法

党的十八届三中全会审议通过的《中共中央关于全面深化改革若干重大问题的决定》提出，建设生态文明，必须建立系统完整的生态文明制度体系，用制度保护生态环境，对限制开发区域和生态脆弱的国家扶贫开发工作重点县取消地区生产总值考核；探索编制自然资源资产负债表，对领导干部实行自然资源资产离任审计，建立生态环境损害责任终身追究制，明确不管决策人以后的职务是否变动、是否在职，都要承担与考核评价结果相应的责任。这将迫使领导干部在进行决策时充分考虑生态因素。实行量化考核，确立生态绩效离任审计与后评价制度，将领导干部的责任捆绑到环保战车上。2015 年 11 月，中央审议通过了生态文明体制改革总体方案和相关配套方案，出台了《开展领导干部自然资源资产离任审计的试点方案》，这在全世界尚属首次。方案明确，领导干部自然资源资产离任审计试点在 2015～2017 年分阶段分步骤实施，2017 年制定出台《领导干部自然资源资产离任审计暂行规定》，自 2018 年开始建立经常性的审计制度。海洋生态红线绩效考核办法也将作为重要内容纳入沿海省、市、县领导干部的政绩考核体系中。

海洋生态红线绩效考核办法即从行政体制的角度加强海洋生态管控力度，考核各沿海行政区建立和落实红线管控制度的实际效果，并纳入当地政府的政绩考核指标。海洋生态红线绩效考核办法以管控评估结果为主要依据，制定对管理人员的考核办法。考核结果应直接影响生态红线相关监管机构部门领导的政绩评价、奖励和擢升。由于我国海洋生态红线制度采取自上而下的实施方式，生态红线管控绩效考核制度是落实生态红线管控目标责任的有效手段。

以海洋生态红线区的管控评估结果为基础，建立生态红线台账，定期开展海洋生态红线管控评估工作，实施面向地方政府及有关部门的海洋环境信息通报和约谈制度，国家海洋行政主管部门负责对沿海省级人民政府及相关部门实施考核，省级海洋行政主管部门负责对沿海市、县级人民政府及相关部门进行考核，对于海洋生态红线管理工作开展不利的实行问责，对于海洋生态红线管控评估结果优秀，人民满意度提高的予以表彰和奖励。

参考我国现行生态管控绩效考核办法，考虑到海洋生态红线制度实施所涉及的责任部门，建议考核对象包括沿海省、市、县人民政府，国土资源、环境保护、住房和城乡建设、农业、水利、海洋与渔业、林业等行政主管部门，由国家海洋行政主管部门组织专家考核组进行考核和咨询，并应定期将考核结果汇总报告国务院。

参考我国现行的生态绩效考核办法，也可采取地方自评估、上级考核及抽查的形式灵活进行。

对考核结果“优秀”的沿海省、市、县应给予通报表扬，并优先安排海洋环境管理、环境保护等方面的专项资金及生态补偿转移支付补助资金；对于因管理不当或失责造成红线区内重大环境污染事故或海洋生态环境倒退的予以通报批评，相关管理人员当年不得参加评优评先，并对该地区项目环保审批实行严格限制；对于考核结果不合格的，要求当地相关部门提出相应的整改方案；对于在海洋生态红线制度实施和管理中表现优秀、成绩卓越的领导干部与相关人员应积极擢升、表彰及奖励，并将考核结果向社会公布，接受社会的广泛监督。

根据我国现有海洋部门的工作习惯，并考虑到管理效果的显现时间，建议采取年度考核的形式。

另外，沿海省市可根据当地的发展水平、现有海洋资源耗损情况、生态环境状况及其他管理考虑因素，制定适应地方特点的绩效考核细则。

9.5　海洋生态红线环境准入制度与指导目录

9.5.1　环境准入的概念与政策依据

环境准入制度是以环境功能区质量达标和（或）生态系统保护为目标，将经济社会发展规划和环境保护目标有机结合起来，对产业发展和相关活动提出明确有可操作性的规定及要求。实施环境准入制度的实质，是通过允许、限制或禁止类清单的划定，指导、调整区域产业布局和相关活动，防止盲目建设和无序发展，使环境资源得到优化配置，并使审批时有法可依，有据可查。凡不符合环境准入条件的建设项目和开发活动，一律不得在海洋生态红线保护范围内进行。

我国的环境准入制度由来已久，早在 1989 年颁布的《中华人民共和国环境保护法》和《饮用水水源保护区污染防治管理规定》中均有与区域环境准入有关的条款。随着准入制度对环境管制和环境调控的强制性作用不断显现，其愈来愈成为法律所注重的行政调控手段。例如，《中华人民共和国水污染防治法》专门规定了禁止向水体排放污染物的一般规定、禁止新建的工业“十六小”项目，并详细规定了饮用水水源和其他特殊水体保护的准入规定；又如《中华人民共和国海洋环境保护法》对排污口准入、污染物种类准入、海洋工程建设项目准入、海岸工程建设项目准入等作了原则性规定。环境保护类法律的环境准入制度一般属于原则性规定，其在实际工作中发挥实效则主要通过法规、政策和技术标准的制定来实现，起初，法规和政策是环境准入的主要载体，例如，《中华人民共和国自然保护区条例》对一般性准入行为、核心区准入、缓冲区准入、实验区准入作了详细规定，《海洋特别保护区管理办法》《全国主体功能区规划》等均有类似规定；近年来，随着环境准入调控的具体对象要求愈加细化，发布和实施强制性国家标准与行业标准成为环境准入管理的新形式及主流趋势，其可操作性和有效性也愈加完善。

9.5.2 制度设计思路

一般性规定和特征性规定相结合。一方面，生态红线区具有需要按共同原则加以保护的一般性，如禁止发展“两高一资”产业（高耗能产业、高污染产业、资源性产业）；另一方面，由于各产业的环境影响不同，不同生态系统类型的保护要求也不同，对不同类型生态红线区提出了不同的保护要求，即具有准入的特征性，如珊瑚礁生态系统对光照、水质十分敏感，而砂源保护区对水文条件十分敏感。为使管理具有可操作性，同时不使规定过于烦冗，应在规定文本中明确环境准入的一般性规定，同时针对不同生态红线对象制定特征性行业准入规定。

正面清单和负面清单相结合。环境准入宜采用正面清单与负面清单相结合的管理模式。由于海洋生态红线的禁止类红线区和限制类红线区的管控力度与管控内容有所不同，为提高管理效率，建议采用不同的管理模式。其中，禁止类红线区采用正面清单管理模式，即除清单列明的允许类和限制类事项以外，其他一切活动均被禁止，这是由于禁止类红线区是绝对保护区，其管控应当十分严格，可被允许的活动种类很少，采用正面清单模式较为简洁；限制类红线区则宜采用负面清单管理模式，即除清单列明的禁止类和限制类事项以外，其他一切活动在合理的范围内均被允许，这是由于限制类红线区是相对保护区，其管控不如禁止类红线区那样严格，采用负面清单更具指导意义，也与我国正在推进的行政审批制度改革的方向相一致。

前置性准入与控制性准入相结合。从提高管理效率的角度考虑，将准入管理分为前置性准入管理和控制性准入管理具有必要性。前置性环境准入是环境准入的第一道门槛，红线内任何产业和活动必须首先满足其约束条件，主要包括：一是宏观准入条件，符合国家产业政策，达到《产业结构调整指导目录》《外商投资产业指导目录》有关要求；二是微观准入条件，符合海洋生态红线区域产业指导目录的有关要求。前置性环境准入条件的判断较为简洁，非专业的投资者亦能采用简便的查表法和咨询法判断拟投资项目是否满足前置性准入的有关条件。前置性环境准入只是获得在生态红线区域内开展有关项目的必要条件，而非充分条件，还需履行下一步控制性环境准入的判断程序。即符合前置性准入条件只是在红线保护区域开展相关活动的前提之一，在满足前置性准入标准之外，还需履行海域使用论证和环境影响评价的手续，经过论证和评价，不会对海洋生态红线保护对象的海洋环境质量和生态功能造成损害的，才能最终获得准入。

9.5.3　准入条件

（1）禁止类红线区的准入条件

原则上，禁止类红线区应实施最严格的保护措施，禁止与保护无关的产业项目。禁止类红线区的准入条件直接引用已有政策法规形成。按照《海洋生态红线划定技术指南》，禁止类红线区包括海洋自然保护区（核心区、缓冲区）和海洋特别保护区（重点保护区、预留区）两类。

根据《中华人民共和国自然保护区条例》，自然保护区的核心区和缓冲区内不得建设任何生产设施，因此，属于禁止开发区的海洋自然保护区范围内，不得建设任何生产设施，也严禁与保护无关的产业进入。

根据《海洋特别保护区管理办法》，海洋特别保护区的重点保护区内，禁止实施各种与保护无关的工程建设活动；预留区内，严格控制人为干扰，禁止实施改变区内自然生态条件的生产活动和任何形式的工程建设活动。因此，属于禁止开发区的海洋特别保护区范围内，禁止一切与保护无关的工程建设，以及改变自然生态条件的生产活动。

（2）限制类红线区的准入条件

限制类红线区应实行较为严格的保护。在限制类红线区内，禁止开设对受保护对象生态功能影响较大的产业，限制开设生态功能影响较大但生态保护和生态经济发展所必需的产业，控制开设对受保护对象生态功能影响较小或无影响的产业。为便于提高效率，将限制类红线区的准入条件分为通则条件和分则条件。在限制类红线区内判断项目是否准入，应首先判断通则条件，再判断分则条件。

通则条件是指适用于所有受保护海洋生态系统类型的准入条件，无须考虑各类海洋生态系统的特性，是准入的基本前提。通则条件具有“一票否决”的特性，只确定禁止类产业，而不确定控制类和限制类产业。通则条件只考虑产业的环境影响特点，主要从两方面进行考察：一是产业的用海方式，二是产业的资源环境影响特点。分则条件是针对不同类型海洋生态系统的准入条件，由于不同海洋生态系统的生态敏感性不同，在某一类型红线内应属禁止的产业可能在其他类型红线内被允许。因此，分则条件要同时分析各类型海洋生态红线的生态敏感性，及各产业的环境影响特点，根据这两方面的交互作用来判定准入类型。

9.5.4　产业准入指导目录

（1）概念与调整对象的确定

经济学的准入主要是从政府规制经济学的角度研究，政府对各种微观经济主体进入某些部门或行业进行规制，一是旨在将微观经济主体纳入依法经营、接受政府监督的范围；二是控制进入某些行业，主要是自然垄断领域及存在明显信息不对称部门的企业数量。在急需开展生态保护的各类区域制定产业准入目录，是先进国家的经验，也是我国确定在“十三五”时期开展的工作，《中共中央关于制定国民经济和社会发展第十三个五年规划的建议》明确提出“重点生态功能区实行产业准入负面清单”;《关于加强国家重点生态功能区环境保护和管理的意见》指出，根据不同类型重点生态功能区的要求，按照生态功能恢复和保育原则，制定实施更加严格的产业准入和环境要求，制定实施限制和禁止发展产业名录，提高生态环境准入门槛，严禁不符合主体功能定位的项目进入。

《海洋生态红线产业准入目录》是指对已划定的海洋生态红线区内的生产建设项目环境保护的许可条件，它以环境功能区质量达标和（或）生态系统保护为目标，根据行业生产特点和生态红线区域保护需求，采用预告的形式，提出针对不同生态红线区域的产业类型名录。产业环境准入目录的实质是，通过对禁止类、限制类和控制类行业类别的划定，指导、调整海洋生态红线区域产业布局及升级改造，防止项目盲目建设和无序发展，使项目审批有法可依，有据可查。

根据《海洋及相关产业分类》(GB/T 20794—2006)，我国主要海洋产业分为 22 大类，其中大类 01～12 为可能对海洋环境造成不利影响的产业，大类 13～22 为对海洋环境几乎不造成不利影响的产业。由于《海洋及相关产业分类》(GB/T 20794—2006) 并非以环境影响程度和特点进行产业分类，为便于指导实际工作，使产业环境准入目录较为细化、便于操作而又不致过于分散从而影响权威性，在确定 01～12 类为研究对象的基础上（海洋渔业、海洋油气业、海洋矿业、海洋盐业、海洋船舶工业、海洋化工业、海洋生物医药业、海洋工程建筑业、海洋电力业、海水利用业、海洋交通运输业、滨海旅游业），又以《海洋工程环境影响评价技术导则》(GB/T 19485—2014) 为依据对产业类别进行了调整，在“中类”后增加“小类”，本书相关研究以各海洋产业“小类”为基本单元，形成的《海洋生态红线区域产业准入目录》也以“中类”和“小类”为基本单元。由于 01～12 类中的部分海洋产业并不涉及海岸或海洋工程，或部分产业属于服务业而不属于建设工程，其建设不在海洋生态红线范围内，因此本书相关研究中剔除了上述两类行业，《海洋生态红线区域产业准入目录》也不纳入上述两类行业，最终形成表 9-3。

表 9-3　本书相关研究所需归纳的海洋产业（工程）汇总

大类名称	中类名称	小类说明
01 海洋渔业	海水养殖	各类海水养殖
		人工鱼礁工程
	海洋捕捞	海洋捕捞
	海洋水产品加工	海洋水产品加工
02 海洋油气业	海洋石油和天然气开采	海洋油气开发及其附属工程
03 海洋矿业	海滨土砂石开采	海砂开采
	海滨砂矿采选	海洋（海底）矿产资源勘探开采（陆上掘进）
		海洋（海底）矿产资源勘探开采（船采）
04 海洋盐业	海水制盐	盐田开发
05 海洋船舶工业	海洋船舶工业	海洋造、修、拆船
06 海洋化工业	海盐化工	海盐化工及矿盐卤水开发
	海水化工	海水化工

续表

大类名称	中类名称	小类说明
07 海洋生物医药业	海洋药品制造	海洋生物药品、化学药品、中药制造
	海洋保健品制造	海洋保健品制造
08 海洋工程建筑业	海上工程建筑	海上堤坝、促淤冲淤、海中建闸
	海底工程建筑	一般物资储藏设施
		高污染或危险品储藏设施，包括粉煤灰和废弃物储藏工程，原油、成品油、天然气（含 LNG、LPG）、化学及其他危险品仓储工程
		海上桥梁
		海底隧道
		海底电光缆工程，海底输水管道工程，无毒无害物质输送管道工程
		海底石油天然气输送管道工程，有毒有害危险品物质输送管道工程，海洋排污管道工程
		污水海洋处置
	近岸工程建筑	各类围海工程，包括滩涂围隔、海湾围隔
		各类填海工程，包括城镇建设填海、工业与基础设施建设填海、区域开发填海、填海造地、填海围垦、海湾改造填海、滩涂改造填海、人工岛填海、码头围填海
09 海洋电力业	海洋能发电	潮汐发电
		波浪发电
		温差发电
	海洋风能发电	海上风力发电、太阳能发电
10 海水利用业	海水直接利用	工业海水利用、海水脱硫工程
		海水降温（温排水）、增温等工程
		海水冲厕等生活直接利用
	海水淡化	海水淡化
11 海洋交通运输业	港口及码头建造	挖入式港池、船坞和码头工程
	航道疏浚	航道疏浚
12 滨海旅游业	滨海旅游业	滨海浴场、滑泥（泥浴）场
		游艇基地、水上运动基地
		滨海公园［海洋地质景观、海洋动植物景观、海洋（水下）世界、主题公园、航母世界、红树林公园、珊瑚礁公园等工程］

注：LNG，即 liquefied natural gas，液化天然气；LPG，即 liquefied petroleum gas，液化石油气

（2）准入目录的设计思想

遵从管理规定。《海洋生态红线产业准入目录》是《海洋生态红线环境准入与区域限批管理办法》实施管理的重要技术文件，该目录的制定必须与管理办法确定的原则相一致，即设置不同适用范围和不同严格等级的分类分级规定。“分类”有两层含义，禁止类红线区实行最严格保护，限制类红线区实行较为严格保护，需要按照不同的准入规则和准入条件确定准入结果。另外，不同海洋生态系统类型的特性对不同产业提出了不同的保护要求，应针对不同红线分类制定准入规定。分级是指产业准入可由严到宽分为禁止类、限制类和控制类。

适度从严。产业准入目录的提出是按照生态功能恢复和保育原则，实行更有针对性

的产业准入和环境准入政策与标准，提高各类开发项目的产业和环境门槛，因此对准入的控制需从严把握。另外，为实现受保护区域的可持续发展，在不影响主体功能定位、不损害生态功能的前提下，支持适度开发利用特色资源，合理发展适宜性产业。

体现产业技术水平。生态环境保护与产业技术水平息息相关，施工工艺、产品生产工艺、污染防治工艺等的技术进步可能会使当前污染严重的产业变为未来的清洁产业，因此，产业准入目录制定的基本技术参数应是当前各类产业的主流工艺。主流工艺的含义是既不过分超前，使大多数企业无法企及，也不落后，而低估产业准入的可能性。

（3）禁止类红线区的产业准入

《海洋生态红线区域产业准入目录》对禁止类红线区采用正面清单模式，即禁止一切与保护无关的建设项目与行为活动，可开展必要的科学研究、资源养护和环境整治活动。在自然保护区的核心区和缓冲区内，不得建设任何生产设施，也严禁与保护无关的产业进入。

（4）限制类红线区的产业准入

《海洋生态红线区域产业准入目录》对限制类红线区采用负面清单模式，即除目录所列明的禁止类和限制类产业外，其他未列明产业均为可入类，在符合政策法规的前提下，经海域使用论证、环境影响评价等必要审批后可在相应保护类型的限制类红线区内开设；禁止类产业及不符合限制条件的限制类产业一律不允许在限制类红线区范围内开设。

限制类红线区的产业准入条件采用定性判断与半定量判定相结合的方式确定，依次采用下述步骤。①已有法律法规及国家政策的准入要求判断。以我国现有各级各类与海洋资源养护、海洋污染防治、海洋生态保护有关的法律法规、政府规章、技术标准、相关规划为依据确定不同受保护海洋生态系统的禁入和限入条件，如《防治海洋工程建设项目污染损害海洋环境管理条例》规定“严格控制围填海工程。禁止在经济生物的自然产卵场、繁殖场、索饵场和鸟类栖息地进行围填海活动”。《全国主体功能区规划》要求禁止在风景名胜区从事与风景名胜资源无关的生产建设活动。此外，高污染、高资源消耗和高风险行业不得在红线保护范围内开设，包括海洋化工业、海洋生物医药业。②用海方式的准入要求判断。用海方式是指根据海域使用特征及对自然属性的影响程度划分的海域使用方式，包括填海、围海、构筑物用海、开放式用海和其他方式用海 5 个一级类。用海方式和用海规模是《海域使用论证技术导则》确定海域使用论证等级的主要依据，由于在同一海洋产业乃至同一生产项目中会有不同的用海方式，而不同用海方式对岸线及海域水动力条件的扰动、海洋生态环境的干扰和影响差异很大，故可将用海方式作为准入目录制定的初级判别条件之一。根据相关文献成果，可知下列用海方式对海洋生态环境的影响普遍较大：填海造地用海、明挖海底隧道、围海用海、温排水等开放式用海、工业取排水口用海、污水达标排放用海、倾倒用海。相关产业的用海方式包含上述用海方式时，该产业应相应列入禁止类或限制类产业。③生态系统敏感性与行业环境影响的交互作用。前述两个条件可作为准入目录制定的初级判别条件，但并不能全面反映各类型生态系统的行业准入特性。第一，相关政策法规的制定并非专门以生态环境保护为目的，其技术基础并不充分；第二，以用海方式限定产业准入，仅能对典型二级用海方式加以限制，无法结合产业特点加以分析；第三，某些拟纳入生态红线保护范围的海洋生态系统未列入已有政策法规和标准的保护体系。因此，需将生态系统敏感性与行业环境影响的交互作用作为准入目录制定的核心条件。不同行业具有不同的生产特点，其生产规模、生产设备、平面布置、原辅材料、用海面积、环保措施、施工方案、建设周期等各具特点，在资源占用、污染排放、生态破坏和环境风险等环境影响方面差异较大，对不同生态系统的影响也不尽相同，应将各生态系统与各产业进行一一对应分析。④特殊情形的调整。某些建设项目虽然会对受保护的海洋生态系统造成较大影响而应列入禁止类产业，但出于产业发展或保护管理需要，应在限制类红线区范围内建设必要的相关设施。例如，在滨海旅游区内设置码头和必要的娱乐设施，又如，根据《国家级海洋保护区规范化建设与管理指南》保护区内应配置标准化设施（办公及附属设施设备、巡护监视瞭望塔、界碑界桩及海上界址浮标、巡护码头、野生生物保护设施、供电供水设施、灾害防护设施等），此时应视情况将禁止类产业调整为限制类产业，或在禁止类目录中加标注说明。经分析和专家咨询，形成目录建议如表 9-4 和表 9-5 所示。

表 9-4　限制类红线区准入目录（通则类）

对象	准入类别	准入条件
通则条件	禁止类	1. 用海方式包括填海造地、围海、人工岛式油气开采、取排水口、倾倒的海洋工程 2. 海洋水产品加工 3. 海洋石油气业 4. 海砂开采 5. 海洋船舶工业 6. 海洋化工业 7. 海上风电 8. 污水排海工程
	限制类	1. 海洋盐业（只允许采用综合利用生产化工产品或返回矿井的工艺） 2. 物资储藏设施建造（只允许建造用于储藏一般物质且不涉及海上明挖和围填海工程的储藏设施） 3. 海底隧道（只允许暗挖隧道、海底隧道用海） 4. 海水利用业（只允许尾水不排海工程，及其他生活和保护所需要的小型海水利用装置） 5. 港口工程（只允许采用非透水构筑物、透水构筑物、防浪港池建设多用途件杂货码头，滚装、客运和游艇码头）
	控制类	除禁止类和限制类外，其他产业均属控制类

表 9-5　限制类红线区准入目录（分则类）

对象	准入条件	准入类别	产业明细
重要河口	1. 禁止对地形地貌、冲淤特征和泥沙运移影响较大的产业 2. 禁止采挖海砂	禁止类	按通则条件执行
		限制类	按通则条件执行
重要滨海湿地	1. 禁止可能破坏湿地生态功能的开发活动 2. 禁止排放氮磷较多的产业	禁止类	除通则条件外，还包括： 海洋捕捞
		限制类	除通则条件外，还包括： 海水养殖（只允许筏式养殖、滩涂养殖、底播增殖，其中滩涂养殖仅限养殖贝类和海藻类，不得改造为半封闭和封闭式鱼塭）

续表

对象	准入条件	准入类别	产业明细
重要渔业海域	1. 禁止截断洄游通道 2. 禁止水下爆破施工 3. 禁止影响渔业资源育幼、索饵、产卵的开发活动	禁止类	除通则条件外，还包括： 航道工程
		限制类	除通则条件外，还包括： 1. 海底光缆和管道工程（只允许无爆破施工及不影响渔业资源育幼、索饵、产卵的工程） 2. 海上桥梁（只允许无爆破施工的桥梁工程）
珍稀濒危物种集中分布区	1. 禁止截断洄游通道 2. 禁止水下爆破施工 3. 禁止影响渔业资源育幼、索饵、产卵的开发活动	禁止类	除通则条件外，还包括： 航道工程
		限制类	除通则条件外，还包括： 1. 海底光缆和管道工程（只允许无爆破施工及不影响渔业资源育幼、索饵、产卵的工程） 2. 海上桥梁（只允许无爆破施工的桥梁工程）
特殊保护海岛	1. 禁止炸岩炸礁、实体坝连岛、在沙滩建造永久性建筑物 2. 禁止采挖海砂等可能造成海岛生态系统破坏及自然地形、地貌改变的行为	禁止类	按通则条件执行
		限制类	按通则条件执行
自然景观、历史文化遗迹与滨海旅游区	1. 属于风景名胜区、世界遗产名录的，禁止开设与保护无关的建设项目 2. 禁止爆破作业等危及文化遗迹安全的、有损海洋自然景观的开发活动	禁止类	除通则条件外，还包括： 1.《风景名胜区条例》《世界地质公园网络工作指南和标准》等确定的禁止类产业 2. 航道工程 3. 海水养殖
		限制类	除通则条件外，还包括： 1. 海底光缆和管道工程（只允许无爆破施工的工程） 2. 海上桥梁（只允许无爆破施工及不影响自然景观的工程）
砂质岸线及沙源保护海域	1. 禁止实施可能改变或影响沙滩自然属性的开发建设活动 2. 设立砂质海岸退缩线，禁止在高潮线向陆一侧 500m 或第一个永久性构筑物或防护林以内构建永久性建筑和围填海活动。砂质岸线向海一侧 3.5 n mile 内禁止采挖海砂、围填海、倾废等可能诱发沙滩蚀退的开发活动	禁止类	按通则条件执行
		限制类	按通则条件执行
珊瑚礁	1. 禁止采挖珊瑚礁，禁止以爆破、钻孔、施用有毒物质等方式破坏珊瑚礁 2. 禁止占用珊瑚礁修建与保护无关的海上海岸设施 3. 禁止排放高浓度污染物的产业 4. 禁止造成生态功能退化的产业	禁止类	除通则条件外，还包括： 1. 航道工程 2. 海底管道 3. 物资储藏设施 4. 海洋能发电 5. 海洋捕捞 6. 海水养殖
		限制类	除通则条件外，还包括： 1. 海上桥梁（只允许单跨桥梁） 2. 滨海旅游业（只允许不破坏珊瑚礁的旅游活动）
红树林	1. 禁止毁林挖塘 2. 禁止采矿、采砂、取土及其他毁坏红树林资源的行为	禁止类	除通则条件外，还包括： 1. 航道工程 2. 海底管道 3. 物资储藏设施 4. 海洋能发电
		限制类	除通则条件外，还包括： 1. 海上桥梁（只允许单跨桥梁） 2. 滨海旅游业（只允许不破坏红树林的旅游活动） 3. 海水养殖（只允许筏式养殖、滩涂养殖、底播增殖，其中滩涂养殖仅限养殖贝类和海藻类，不得改造为半封闭和封闭式鱼塭）

续表

对象	准入条件	准入类别	产业明细
海草床	1. 禁止排放高浓度污染物的产业 2. 禁止采砂、采矿、取土及其他毁坏海草床的行为 3. 禁止建设对海水透明度影响较大的建筑物和构筑物	禁止类	除通则条件外，还包括： 1. 航道工程 2. 物资储藏设施 3. 海洋能发电
		限制类	除通则条件外，还包括： 海水养殖（只允许筏式养殖、滩涂养殖、底播增殖，其中滩涂养殖仅限养殖贝类和海藻类，不得改造为半封闭和封闭式鱼塭）
海洋自然保护区（实验区）	1. 实验区可以进入从事科学试验、教学实习、参观考察、旅游及驯化、繁殖珍稀、濒危野生动植物等活动 2. 实验区内严禁开设与自然保护区保护方向不一致的参观、旅游项目	禁止类 限制类	按照《中华人民共和国自然保护区条例》管理
海洋特别保护区（适度利用区、生态与资源恢复区）	1. 在适度利用区内，在确保海洋生态系统安全前提下，允许适度利用海洋资源。鼓励实施与保护区保护目标相一致的生态型资源利用活动，发展生态旅游、生态养殖等海洋生态产业 2. 在生态与资源恢复区内，根据科学研究结果，可以采取适当的人工生态整治与修复措施，恢复海洋生态、资源与关键生境	禁止类 限制类	按照《海洋特别保护区管理办法》管理

9.6　海洋生态红线区域限批制度

9.6.1　区域限批的概念与政策依据

区域限批的概念最早起源于环境保护部门，是指如果一家企业或一个地区频繁出现违反《中华人民共和国环境影响评价法》的事件，环保部门有权停止审批相关企业或行政区域内除循环经济类项目之外的所有项目，直至违规项目彻底整改为止。其概念引申到海洋生态红线管理中，是指对在保护范围内发生违反海洋生态红线保护规定行为或因生态环境质量降低导致保护目标受到严重威胁的海洋生态红线，海洋行政主管部门暂停审批其保护范围内相应建设项目或开发活动环境影响评价文件工作的临时性措施。经整改和治理满足解限条件并达到解限期限后，海洋行政主管部门应及时解除限批。

关于区域限批的法律和政策依据，2008年修订的《中华人民共和国水污染防治法》第十八条规定：省、自治区、直辖市人民政府可以根据本行政区域水环境质量状况和水污染防治工作的需要，确定本行政区域实施总量削减和控制的重点水污染物。对超过重点水污染物排放总量控制指标的地区，有关人民政府环境保护主管部门应当暂停审批新增重点水污染物排放总量的建设项目的环境影响评价文件。”2009年国务院颁布的《规划环境影响评价条例》第三十条规定：“规划实施区域的重点污染物排放总量超过国家或者地方规定的总量控制指标的，应当暂停审批该规划实施区域内新增该重点污染物排放总量的建设项目的环境影响评价文件。”2014 年修订的《中华人民共和国环境保护法》第四十四条明确规定：“对超过国家重点污染物排放总量控制指标或者未完成国家确定的环境质量目标的地区，省级以上人民政府环境保护主管部门应当暂停审批其新增重点污染物排放总量的建设项目环境影响评价文件。”2016 年 11 月，第十二届全国人民代表大会常务委员会第二十四次会议通过对《中华人民共和国海洋环境保护法》修改，第十一条规定：“对超过主要污染物排海总量控制指标的重点海域和未完成海洋环境保护目标、任务的海域，省级以上人民政府环境保护行政主管部门、海洋行政主管部门，根据职责分工暂停审批新增相应种类污染物排放总量的建设项目环境影响报告书（表）。”《中共中央国务院关于加快推进生态文明建设的意见》（中发〔2015〕12 号）第二十一条提出：“探索建立资源环境承载能力监测预警机制，对资源消耗和环境容量接近或超过承载能力的地区，及时采取区域限批等限制性措施。”

9.6.2 制度设计思路

（1）临时性

区域限批是在地方政府或其他部门不履行海洋生态红线保护责任时，由高层级海洋主管部门采取的“无奈之举”。区域限批是临时性的“环境准入”，与环境准入管理的“常规性”特征相比，区域限批呈现“临时性”特征，即前者在一般情况下均普遍适用，而后者只在符合限批条件时才临时启动，且在符合解除限批条件时即应停止。

（2）层级性

环境准入是由各级海洋行政主管部门对各自管辖范围内海洋生态红线的产业项目进行准入审批的过程，国家级、省级、地市级、县级海洋行政主管部门均具有各自层级的环境准入审批权限。区域限批则是国家和省级海洋主管部门决定对某一海洋生态红线范围内的产业项目暂停环评审批的过程，限批决定和解限决定均由国家或省级海洋部门做出，并对整改落实情况进行监督管理，其他层级配合执行。因此，环境准入重在体现“各负其责”，区域限批重在体现“高层监督”。

（3）高行政性

区域限批制度具有鲜明的高行政性特点。区域限批以环境影响评价制度为基础，采取对违法区域或超载区域不予审批建设项目环评的行政措施，促使生态红线海域所在地政府履行环境保护义务和承诺。区域限批的直接强制性，表现为在紧急状态下的单方强制行为，采取禁止性强制措施。

（4）连带性

为强化实施效果，体现对海洋生态红线最严格的保护，发挥对地方政府实施生态红线保护的监督作用，区域限批制度具有显著的“连坐”性或连带性或整体性特点。保护范围内污染物排放总量超标，则所有相关项目禁止新建；保护范围内一项指标超标，则所有涉及排放该指标污染物的建设项目均禁止新建。区域限批会给其行政区域内新建项目的环评审批带来不利的法律效果，限制新建项目的期待利益。使违法区域或超载区域利益“整体化”，从全局的角度统筹经济发展与环境保护。

9.6.3　限批启动与解除管理

（1）启动限批的适用条件

根据定义和红线保护的需要，海洋生态红线的区域限批包括两种类型：一是针对违规行为的区域限批，主要是对超总量指标排放进行惩罚；二是针对环境超载的区域限批，此类区域限批的目的是将生态红线内资源环境的适度利用控制在承载力范围内，对超过和即将超过承载力限度的红线区域，限制其利用。

针对超总量排放的违规行为无须过多解释。超载方面，是为避免超载继续扩大化，并通过整治使生态系统状态恢复到承载力范围之内。相关研究认为，海洋资源环境承载力是指在维持区域海洋资源结构符合可持续发展需要，海洋生态环境功能仍具有维持其稳态效应能力的条件下，区域海洋资源环境系统所能承载的人类社会经济活动的能力，包括承载体（海洋资源和生态环境）、承载对象（主要涉海社会经济活动）、承载率（承载状况与承载能力的比值）三大基本要素。关于“超载”的监测与具体操作，可参照国务院及有关部门颁布的《资源环境承载能力监测预警技术方法》执行，具体细则由海洋生态红线制度另行规定。

综上，有下列情形之一的海洋生态红线海域，暂停审批该红线所在地区相应类别建设项目环境影响评价文件：①海洋生态红线海水水质持续超出环境质量目标的；②海洋生态破坏严重或者尚未完成生态恢复任务的；③实施入海污染物总量控制的海洋生态红线，污染物排放超过下达规定的总量指标的；④海洋资源环境承载力严重超负荷，由海洋主管部门明确做出规定的；⑤其他法律法规和国务院规定要求实施区域限批的情形。

（2）区域限批的主要措施

区域限批政策的目标有两个：第一，通过对一些违法项目的淘汰与整改来削减污染物的排放，使区域限批政策演变为日常、有效的管理手段；第二，通过加大环境违法问题的通报与查处力度，强化环境执法的威力。限批措施也应围绕上述两个目标来制定。

由于针对环境超载的限批具有“补偿”的性质，限批措施必须把握好“度”。这个“度”就是既要使限批对地方政府造成巨大压力，同时，也要最大限度地兼顾公平公正原则，尽力缩小没有关联的“连坐”，即“连坐”是为了达到保护红线、保护环境的目的，避免“伤及无辜”。与针对违规行为的限批不同，针对环境超载的区域限批的基本特点包括：①范围约束，仅限于可能对生态红线保护对象造成严重影响的空间范围，也可以只限定在生态红线范围，并不扩大到行政区管辖范围；②限批对象具有针对性，例如，针对海水水质超标问题，应暂时不再批准排放超标指标的产业项目进入，又如，针对生态破坏问题，应暂时不再批准可能对生态造成不利影响的其他产业项目进入。

因此，海洋生态红线的区域限批措施可规定为：①对海洋生态红线海水水质持续超出环境质量目标的，暂停审批新增排放超标水质指标污染物的建设项目环境影响评价文件；②对海洋生态破坏严重或者尚未完成生态恢复任务的地区，暂停审批对生态有较大影响的建设项目环境影响评价文件；③实施入海污染物总量控制的海洋生态红线，污染物排放超过下达规定的总量指标的，暂停审批新增排放重点污染物的建设项目环境影响评价文件。

由于涉海建设项目具有特殊性，对超过主要污染物排海总量控制指标和未完成海洋环境保护目标、任务的海洋生态红线海域，省级以上人民政府海洋行政主管部门暂停审批新增相应种类污染物排放总量的海洋工程环境影响报告书（表），并对可能恶化海域环境质量的海岸工程环境影响报告书（表）提出不予审批建议。

（3）解除限批的适用条件

解除限批是对区域限批决定的终止。解除限批应具备两个基本条件：一是限批理由已不存在，二是限批决定做出的期限已届满。

限批理由解除的情形包括：①对海洋生态红线海水水质持续超出环境质量目标的，水质已稳定达标或达到整改要求的目标；②对海洋生态破坏严重或者尚未完成生态恢复任务的，已完成生态恢复任务或生态修复取得预期成效；③实施入海污染物总量控制的海洋生态红线，污染物排放超过下达规定的总量指标的，已完成减排任务。

9.7 海洋生态公众参与管理

随着人类海洋活动范围不断扩大，现代政府面临的海洋问题越来越复杂。《中国海洋 21 世纪议程》指出“合理开发海洋资源，保护海洋生态环境，保证海洋的可持续利用，单靠政府职能部门的力量是不够的，还必须有公众的广泛参与”。海洋资源开发、生态环境保护、海洋综合管理等海洋事务都离不开公众参与。公众参与海洋事务也已经成为新时期我国发展海洋事业、实施海洋战略的必然要求。

9.7.1 海洋生态公众参与内涵

公众是指政府为之服务的主体群众，包括自然人、法人和社会团体（王文哲和陈建宏，2011）。一般说来，政策决定者会根据其主持的事项而设定不同的公众范围。作为海洋环境管理参与主体的公众，囊括了个体形式和组织形式。个体形式主要是分散的公众、如沿海的居民和渔民等，他们都是以个体或者家庭的形式进行活动；组织形式主要是社会团体，如各种环保非政府组织（non-governmental organization，NGO）、环保社团等，他们自发组织，然后以组织为单位开展与海洋生态环境相关的活动。

公众参与，是指公众试图影响公共政策和公共生活而进行的一切活动。远在古希腊时期就有公民参与活动，20 世纪 60 年代在崇尚自由民主思想的美国约翰逊政府推行的“伟大社会计划”中，制度化的公民参与迅速传播开来，政府开始改革自身运作的过程和程序，促进“外部”的参与。公众参与理论的先驱 Arnstein（1969）认为，公众参与是一种公民权利的应用，是一种权利的再分配，使目前在政治经济的活动中无法行使权利的民众的意见能在未来有计划地被列入考虑的范畴。

海洋生态环境管理的公众参与是指在海洋资源开发利用和海洋环境保护工作中，

公众有开发利用海洋资源的权利和保护海洋环境的义务，也有平等参与海洋公益事业、海洋决策的权利，并有权通过一定的形式对海洋环境管理工作进行监督（王琪和于忠海，2005）。

9.7.2　海洋生态公众参与研究现状

（1）国外研究现状

公众参与环境保护于 20 世纪 60 年代由美国学者约瑟夫·萨克斯在环境权理论中首次提出（宋立娟和边丽娜，2006）。1969 年，《国家环境政策法》由美国总统签署成为法律，被誉为环境法领域的“大宪章”，提出环境影响评价过程将征求公众意见，标志着公众参与已然成为环境保护的重要内容（Gilpin，1995；金春姬等，2011）。1978 年美国发布的《国家环境政策法实施条例》详细规定了环境影响评价制度中公众参与的程序（李淑娟，2011）。1993 年第 48 届联合国大会以来，西方各国响应大会号召，实行多部门合作，提倡社会各界广泛参与海洋管理。加拿大将公众参与涉及其自身利益的海洋管理决策作为国家海洋的核心战略之一；欧盟制定的海洋政策始终贯穿公众参与海洋管理的理念，推动并鼓励公众参与到海洋规划中去，并有效地影响有关政策的制定和实施（于中海，2007）。澳大利亚在设立海洋保护区的过程中，一直将公众参与作为一项关键性任务。日本在环境保护公众参与方面也有较完善的制度，政府赋予日本公民环境异议权、行政监督权和地方公共团体环境行政权。诸多国外研究和实践成果为我国海洋生态公众参与研究提供了参照与学习的范本。

（2）国内研究现状

我国对环境保护的重视开始于 20 世纪 70 年代，对公众参与问题的研究始于 20 世纪 80 年代。1994 年，我国颁布《中国 21 世纪议程》，强调了公众参与方式和参与程度将决定可持续发展目标的实现进程。1996 年颁布的《中国海洋 21 世纪议程》首次提出我国坚持可持续发展和实施海洋综合管理必须依靠公众参与的态度。之后，我国在相关法律法规和政策文件中多次提到公众参与的相关要求，我国在海域综合管理和海洋生态环境保护方面都规定了公众参与的要求，在这些方面也开展了相应研究。马彩华等（2010）提出中国海洋生态文明建设需要广大沿海人民的积极参与。楚晓宁（2008）认为生态文明背景下公众参与制度的完善，非政府组织（NGO）不可忽视。王文哲和陈建宏（2011）提出实施生态补偿是促进人与自然和谐发展的重要举措，积极引导公众参与生态补偿实践，采用经济激励和环保 NGO 等多种办法，健全公众参与渠道。王琪和闫伟伟（2010）认为公众参与切实有效地实现其功能的前提条件为：对公众来讲，一方面需要具备海洋环境意识和专业知识技能，另一方面也需要借助必要的组织力量；对政府而言，要有鼓励和支持的态度，并建立具体的参与机制来促进公众参与。郭娜等（2010）针对海洋环境影响评价中公众参与存在的问题提出对策，即建立公众参与库和采用量化评价的方法。金亮等（2011）提出针对目前海洋环境保护中公众参与存在的问题，应该加强国际合作，加强环境保护法制建设，完善海洋环境监测体系。

另外，国家的多个法律法规和文件中也提到公众参与的相关要求。尤其是 2012 年 9

月，国家海洋局印发《海洋生态文明示范区建设管理暂行办法》和《海洋生态文明示范区建设指标体系（试行）》，规定生态文明示范区建设应征求公众意见，并给出了公众参与调查问卷的格式和内容。2016 年原国家海洋局发布的《海洋生态红线划定技术指南》中规定：在进行海洋生态红线区协调分析中，应与当前的海洋开发与保护活动进行衔接，包括与相关部门、地方政府的协调情况。上述公众参与的研究和实践表明公众参与海洋环境管理已经慢慢成为新时期我国发展海洋事业、实施海洋战略的必然要求。

9.7.3 我国海洋生态公众参与存在的问题

随着海洋经济的发展及国家海洋环境保护有关公众参与的法律日益完善，我国民众参与海洋生态环境保护意识已有了明显的提高，公众参与在海洋环境保护中的成效也日益显著，但仍存在诸多问题。

（1）公众参与立法分散，缺乏明确的法律保障

我国现行的法律体系中，有关公众参与的法律制度缺乏。第一，我国目前的相关立法不清晰、零散，缺乏系统性。关于公众参与海洋环境保护方面的规定分散于《中华人民共和国海洋环境保护法》和相关条例中，并没有形成严谨的体系，从而导致公众参与海洋生态保护工作的实施存在困难。而《中华人民共和国海洋环境保护法》第四条规定：一切单位和个人都有保护海洋环境的义务，并有权对污染损害海洋环境的单位和个人，以及海洋环境监督管理人员的违法失职行为进行监督和检举。上述条款只规定了公众保护的义务，却没有赋予公众参与保护的权利；只赋予了公众监督检举权却没有落实监督检举权。第二，现行的各项公众参与规定，存在条款内容模糊、缺乏实际可操作性的弊端。2006 年颁布实施的《环境影响评价公众参与暂行办法》中对公众参与的程序、组织方式、征求公众意见的时机等做了相应的规定，其他海洋生态综合事务的法律法规中对公众参与的具体程序和途径等仍缺少详细的规定。公众参与海洋生态文明建设需要良好的前提和基本条件，有关公众参与法律规定的缺位及参与机制的不健全将成为制约全民参与海洋生态文明建设的重要因素。

（2）公众海洋生态意识有所增强，但仍十分薄弱

公众海洋科学知识与技能水平的高低对海洋环境管理公众参与行为有着直接的影响。目前公众参与对象的有效性较低，其根本原因是公众的海洋生态意识不够，对国家和政府的规划及决策关心较少，只有当与自己切身利益相关的环境出现问题并且发展到难以忍受时才会考虑寻求解决办法。此外，公众对各类涉海工程知识认知不足，对不同人群的参与比例缺乏科学性，这些使得公众参与的意识薄弱且造成调研准确性下降。

（3）公众获取海洋综合管理信息的渠道有限，参与的范围和程度有限

从目前公众参与的渠道来看，正式途径仍然是主要的参与形式，属于政府倡导下的参与。一般是由相关部门对某一决策或者事件进行报道和公布，使公众对此有所了解，然后通过各种活动来配合行动的开展。这样的公众参与具有较大的缺点，缺乏持续性，后续公众反映问题不能继续落实。此外，该种形式的公众参与，一般采取问卷调查，主

要是设计选择题等的方式让公众被动地在局限的范围内发表意见，公众难以表达自己的想法及意愿，从而导致公众参与的效果不佳。

另外，根据对海洋综合管理信息公开情况的调研结果，NGO 普遍认为政府信息公开滞后且公开力度不够，重表面轻实质，导致目前我国的公众参与程度低，存在着参与形式化、参与缺乏代表性等缺陷，基本处于弱参与阶段。

（4）NGO 公众参与面临困境

研究人员实地调研走访发现，国内 NGO 公众参与面临的困难主要集中在两个方面。其一为资金缺口，资金困难直接决定着民间环保组织的生存时间。例如，作为纯公益民间组织的深圳市蓝色海洋环境保护协会，各成员都有固定的工作及收入，不存在生存困难的问题。但因其没有固定的活动经费，在举办各类主题活动时，易碰到资金缺口问题，导致海洋环境保护的成效有所降低。其二是现行的公众参与反馈渠道不通畅。公众参与意见得不到及时反馈，降低 NGO 成员的工作积极性。政府在制定决策及开展海洋建设项目时，公开度不够，公众参与的渠道不通，没有设定专门机构收集意见，组织反馈上去的意见得不到回复，公众参与意见得不到整改落实，从而导致 NGO 成员的工作积极性降低。上述问题都急需政府制定公众参与切实可行的程序，同时提高社会对海洋环保事业的重视程度，为民间环保组织开辟一条规范、简易的环保之路，并提供必要的财力和精神支持。

9.7.4　海洋生态公众参与制度完善研究

9.7.4.1　完善法律保障

海洋生态环境问题主要源于人类对海洋生态环境的破坏和海洋资源的不合理利用，而这些损害环境的行为与人们对海洋环境缺乏正确的认识密切相关。提高民众的海洋环境保护意识，提倡公众参与，已成为海洋生态环境保护的重要内容。实践经验说明，沿海居民对海洋生态环境有着很高的敏感度，他们一方面是海洋污染的直接受害者，另一方面也是海洋资源的直接利用者和受益者，能在海洋法律、法规、政策、规划等的制定过程中提出具有实践意义的建议，因此充分考虑公众，尤其是沿海居民的意见，能够提高政府海洋生态环境保护和海洋管理的科学性与合理性。

充分发挥公众参与的作用，应首先在法律中明确规定公众参与环境事务的法律主体地位，并赋予其运用法律手段制止、处理损害生态环境的各项行为的权利，即对海洋生态公众参与的权利应进行立法确认或制度制定，为海洋生态公众参与提供法律上、制度上的切实保障。针对我国海洋生态环境保护中普遍存在的公众参与权不明确、参与范围狭窄、参与程序模糊等问题，建议尽快制定《海洋生态公众参与管理办法》，将海洋生态公众参与以法律法规的形式明确，同时明确公众参与海洋生态管理是其所拥有的权利和应该履行的义务，以便为公众参与提供法律的支持与保护。目前国家提出的海洋生态红线，其作为我国海洋生态环境保护的制度创新，虽然已成为国家政策，但尚未进入法律层面成为法律制度。为了保证生态红线的合理划定、维护，需要建立健全的生态红线法律保障制度体系。明确公众参与海洋生态红线划定、维护的相关法律或规章制度，明确和指导公众参与海洋生态红线划定、维护的各阶段范围、方式等，这些均可纳入《海洋生态公众参与管理办法》中进行明确。

9.7.4.2 拓展公众参与方式与范围

海洋资源开发利用会直接或者间接影响到海洋生态环境，受公众自身知识的限制，公众没有能力也没有途径了解相关的海洋生态环境信息。公众只有知道相关情况才能做出是否参与及如何参与的决定，才能更好地保护海洋生态环境。虽然国家做了很多努力，但是我国目前海洋环境信息公开仍然存在诸多问题，当务之急应健全海洋生态环境信息公开制度，确保海洋生态环境信息的及时、准确。

在参与方式上应采取灵活多样的方式，增加公众参与机会，目前公众参与方式主要包括：公众可以参与召开的海洋生态环境规划、海洋保护区等的听证会；允许公众参加有关海洋生态环境问题的政府管理机构、决策机构；公众可以自己组织环境保护团体并开展环境宣传、教育、科学研究、信息交流、对外交流、监督检举、起诉、咨询调查研究等活动。网络技术的发展使公众参与方式得到进一步拓展。当今社会，信息化高速发展，网络时代已经到来，网络参与作为一种全新的公民参与形式，运用现代的科技手段可以提高参与的效率，通过网络平台间的互动建立起公平、公开、有效的表达机制，及时发现并适当疏导公众的参与需求，使公众都能够合法地参与社会的公共生活，最大限度地满足公众的参与需求。另外，在网络时代下，建立信息化平台和开发终端工具，建立简单、灵活的数据收集标准，推广高效率的技术和工具并与网络信息系统整合，降低公众参与的门槛，提高工作效率，增加公众参与的机会。随着网络信息技术的普及，公众参与野外调查监测工作有了新的平台。利用数码摄影技术进行野外观察和记录，利用论坛平台进行交流和资料积累的公众参与新模式逐渐兴起。例如，目前的海洋生态红线区监督、海洋自然保护区监控、海域整治修复工程实施等方面，均可以采用此公众参与方式，以增加公众参与的机会，提高参与效率。

在参与范围上，应明确规定在海洋生态红线管控、海洋生态保护、海洋规划、海洋保护区管护、海洋环境监督管理等主要制度和规划中都应建立及完善公众参与机制。公众应参与到海洋生态文明建设中涉及的各个方面，具体范围应包括：海洋生态红线划定和维护、重大海域环境决策；海洋规划的制定；海洋保护区的划分；海洋生态补偿决定、实施；生态工程的论证、实施；海洋行政许可和处罚的决定与执行；海域使用权的设定；等等。

9.7.4.3 建立信息公开制度

充足和真实的海洋生态环境信息是公众有效参与海洋生态环境保护的前提条件。根据《中华人民共和国政府信息公开条例》《环境信息公开办法》等规章制度，从当前海洋生态环境管理和公众实际需求出发，建立完善多层次、多形式的海洋生态环境信息公开发布制度。管理部门应当及时公开海洋生态环境法律、法规、规章、标准和其他规范性文件及海洋管理部门在行使海洋生态环境监督管理权的过程中形成的一系列海洋规划和区划、海洋生态红线划定和维护、海洋保护区建设、生态环境管理行政措施等内容。

针对公众生态环境的知情权，政府应该主动实施生态环境信息公开，并对公开内容采取责任制，即公开内容要及时、真实、详细、明确，以防误导公众，影响公众行使他们的权利。海洋生态文明建设的决策权，主要是针对政府实施的加强生态文明的政策，应该向全社会的公民举行听证会，鼓励公众参与其过程，并行使民主集中制的决策权力。

不断丰富环境信息发布层次。政府、环境行政管理部门、企业和有关组织应当通过政府公报、政府网站、新闻发布会及报刊、广播、电视等便于公众知晓的方式公开，及时、全面、准确地向社会公开生态环境信息，保障公众能够适时获得充足的相关信息。要让公众在合适的时间内了解海域环保状况，包括公众知晓环境保护相关情况的方式、途径、步骤等。定期在政府网站发布海洋规划、海洋保护区划分与海洋工程项目的污染评估、检测等信息；对于重点项目尤其是海洋规划等应当通过各种媒体随时公布相关数据及其发展情况等信息；除符合国家保密规定的军事及有关国家安全的海洋规划、项目信息外，公众也可以申请公布其感兴趣的海洋生态环境保护情况。

同时，加强公众对环境信息的社会监督。不断完善公众对海洋生态信息监督的新形式、新内容、新途径，通过公众参与生态环境执法、生态环境信访、生态环境监测等工作，不断扩大公众参与的影响面，实现环境信息机制的良性运行。

9.7.4.4　健全公众全过程参与制度

由于海洋生态环境问题的复杂性，仅依靠政府的力量难以完成海洋资源保护的任务，需要动员社会力量，发挥群众的积极性，通过公众的参与、支持、监督才能保护好我们赖以生存的环境。尤其应发挥沿海地区居民的参与积极性，沿海地区居民，虽然缺乏相关的专业知识，却能够为决策提供第一手资料，他们对海洋污染的切身体验使得他们有着参与海洋管理的积极性，他们多年积累的海洋生产经验，非常有助于提高国家海洋管理的科学化程度。

公众参与是一种全方位的参与，包括预案参与、过程参与和末端参与。只有让公众参与到海洋规划、海洋生态红线划定与保护、海洋保护区、海洋行政许可的设定、海洋生态补偿，及海洋污染事件的调查、处罚与执行的全过程当中去，使公众参与从当前的末端参与向包括预案参与、过程参与、末端参与、行为参与的全程扩展，才能更好地发挥公众在海洋生态环境保护中的力量。为更好地了解公众全过程参与制度的基本环节及参与时段，以海洋生态红线划定与保护为例，对公众全过程参与海洋生态红线划定进行了框架设计，见图 9-3。

海洋生态红线作为海洋生态环境保护的一种制度，单靠政府的有限力量很难起到预期的效果，只有动员公众的力量，才能事半功倍，所以政府机关应当通过各种形式和途径，引导公众广泛地参与到海洋生态红线划定和保护的各个环节中来，确保海洋生态红线划定的科学性和民主性及管理的有效性。

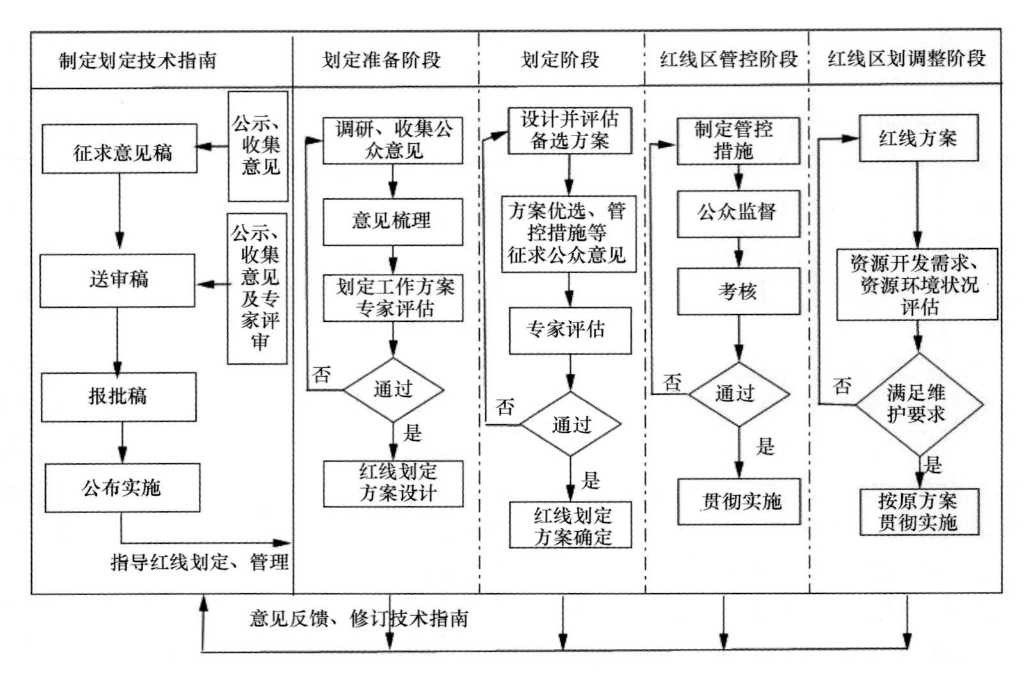

图 9-3　公众全过程参与海洋生态红线划定的框架设计

首先，在海洋生态红线的立法和技术指南的制定过程中应当广泛听取有关专家与学者的意见，使海洋生态红线的划定、管理等更加科学与合理。其次，应当通过立法或者建立规章制度明确海洋生态红线划定前、划定中、划定后的公众参与方式。例如，在海洋生态红线划定前应当通过告示、网络媒体等方式，告知公众，听取公众的意见和建议。在海洋生态红线划定中应当通过听证、座谈等方式听取专家和公众的意见，并将其意见作为划定生态红线的参考，以保证决策的民主性和合理性。最后，在海洋生态红线的管理中应当通过各种激励措施鼓励公众监督违法行为，允许公众提起公益诉讼，保护海洋生态红线不被逾越。最后，为了使公众能积极参与到海洋生态红线的划定和管理中来，应当对公众加强海洋生态保护相关知识及法律法规的宣传教育，增强其生态保护意识，使其认识到海洋生态红线的重要性。

9.7.4.5　完善 NGO 参与制度

近年来，海洋 NGO 成为保护海洋环境、维护海洋生态安全的一支重要力量，同时出现了如中国海洋学会、“蓝丝带”海洋保护协会、深圳市蓝色海洋环境保护协会、珠海市海洋资源保护开发协会等很多专门从事海洋环境保护的非政府组织。海洋 NGO 的成员不仅环保知识丰富、环保意识强、参与热情高，对海区生态环境状况也非常了解，对推动我国海洋生态文明建设具有重要意义。

为了充分发挥 NGO 的重要作用，首先，在法律法规层面上对海洋 NGO 赋予参与权，为其参与海洋生态文明建设提供法律依据。例如，在国家拟出台的《海洋生态公众参与管理办法》中明确“公民能参加或成立非政府环境组织，并有权利在相关领域，依法展开海洋生态环境保护活动”。其法律地位的明确使 NGO 的参与行为具有合法性，更容易取得民众的认同和支持，在无形中提高了 NGO 的社会地位和影响力。其次，NGO 凭借法律赋予的权利可参与到海洋生态文明建设中涉及的各个方面，表达民众的海洋环境意识和利益诉求。最后，应拓宽环保 NGO 参与海洋生态文明的途径，除了参与海洋生态环境保护宣传教育，还应该参与到海洋生态环境管理、决策和监督中来。只有这样，环保 NGO 的作用才可以得到充分发挥，才是完整意义上的公众参与。

9.7.4.6　完善社区共管制度

社区共管是一个解决海洋生态保护与社区共同发展矛盾的过程，要建立一种保护与发展相协调的机制。社区共管制度是周边社区居民参与到海洋生态环境保护管理决策的公众参与制度。它可以缓解海洋保护区、海洋生态红线区等区域与周边社区的保护及利用的矛盾，是符合海洋保护区公益性理念的管理模式。该制度是国外进行生态补偿的一项成功制度。在我国社区共管制度的推行中首先需要完善相应的政策，以保护海洋生态环境与海洋经济协调发展为原则，制定社区可持续发展计划。

海洋生态红线管控制度是我国在海洋保护和管理制度中的一项创新举措。其目的是促进红线管控海域充分发挥经济、社会和生态环境的综合效益，既合理开发自然资源价值，又满足生态环境的保护需求，实现社会-经济-生态复合系统的可持续发展。海洋生态红线划定是从海洋区域的自然属性和社会经济价值出发，确定不同区域适宜的开发利用方向，并在海洋生态红线区实施严格的管控制度，实现区域综合开发和空间资源优化利用，所产生的效益是由国家及全民所享有的，但是海洋生态红线区的划定对于沿海地区周边群众的利益或多或少造成了一定的影响。例如，海洋生态红线区内的海域开发活动问题，禁止开发区内可能使原来的海域开发活动退出；限制开发区根据不同的海洋生态红线区类型，将禁止某几种方式的用海，这可能对该海区内已有的或规划的开发方向有一定影响。海洋生态红线管控机构应与沿海地区海域资源使用权人协商，签订相关协议，规定限制开发利用方式、规模和补偿办法。

保护国际（CI）提出了协议保护（conservation steward program，CSP）概念。即在不改变土地所有权的情况下，从保护地的归属权、管理权中分离出一个保护权，然后将保护权移交给承诺保护的一方。协议保护通过协议的方式，把资源的所有者和保护者的权利及义务固定下来，同时建立激励机制鼓励社会广泛参与，从而达到有效保护的目标。协议保护作为一种新型的生态补偿方式，该方法可应用到海洋保护区和海洋生态红线管控中来，可以提高公众参与海洋生态保护的积极性，具有较大的鼓励和激励作用。

参考文献

陈海嵩. 2015.“生态红线”制度体系建设的路线图. 中国人口·资源与环境, 9(25): 52-59.

楚晓宁. 2008. 生态文明背景下公众参与制度的完善——环境保护 NGO 不可忽视. 法制与社会, (7): 39-40.

崔丽娟, 张曼胤, 李伟, 等. 2009. 国家湿地公园管理评估研究. 北京林业大学学报, 31(5): 102-107.

狄乾斌, 韩增林, 刘锴. 2004. 海域承载力研究若干问题. 地理与地理信息科学, 20(5): 50-53.

高吉喜. 2001. 可持续发展理论探索: 生态承载力的理论、方法与应用. 北京: 中国环境科学出版社: 8-23.
葛瑞卿. 2001. 海洋功能区划的理论和实践. 海洋通报, 20(4): 52-63.
郭娜, 李世光, 林健全, 等. 2010. 浅析海洋环境影响评价中公众参与存在的问题与对策. 海洋环境科学, 29(4): 608-610.
国家海洋局. 2004. 海洋自然保护区管理技术规范: GB/T 19571—2004. 北京: 中国标准出版社.
国家海洋局. 2013. 2012 年中国海洋环境状况公报. 北京: 国家海洋局.
国家海洋局. 2014. 2013 年中国海洋环境状况公报. 北京: 国家海洋局.
国家海洋局. 2015. 2014 年中国海洋环境状况公报. 北京: 国家海洋局.
国家海洋局. 2016a. 海洋生态红线划定技术指南. 北京: 国家海洋局.
国家海洋局. 2016b. 2015 年中国海洋环境状况公报. 北京: 国家海洋局.
国家海洋局. 2017. 2016 年中国海洋环境状况公报. 北京: 国家海洋局.
何彦龙, 黄华梅, 陈洁, 等. 2016. 我国生态红线体系建设过程综述. 生态经济, 32(9): 135-139.
环境保护部. 2015. 生态保护红线划定技术指南. 北京: 环境保护部.
黄华梅, 谢建, 陈绵润, 等. 2017. 基于资源环境承载力理论的海洋生态红线制度体系构建. 生态经济, 33(9): 174-179.
纪大伟, 田洪军, 王园君, 等. 2016. 海域海岸带整治修复进展与管理建议. 海洋开发与管理, 33(5): 87-90.
金春姬, 韩龙芝, 李永福, 等. 2011. 海洋环境影响评价中公众参与存在的问题与对策. 海洋开发与管理, 28(11): 59-62.
金亮, 曾玉华, 赵晟. 2011. 海洋环境保护中的公众参与问题与对策. 环境科学与管理, 36(12): 1-4.
李淑娟. 2011. 中美环境影响评价制度中公众参与政策的比较研究. 世界农业, (10): 48-51.
林勇, 樊景凤, 温泉, 等. 2016. 生态红线划分的理论与技术探讨. 生态学报, 36(5): 1-10.
刘水良. 2005. 广东省海洋自然保护区的可持续发展. 广州: 华南师范大学硕士学位论文.
陆州舜, 卢静. 2009. 试论海洋功能区划与近岸海域环境功能区划之间的关系及其实践意义. 广州: 2008～2009 年度全国海洋功能区划研讨会: 14-18.
栾晓峰, 谢一民, 杜德昌, 等. 2002. 上海崇明东滩鸟类自然保护区生态环境及有效管理评价. 上海师范大学学报(自然科学版), 31(3): 73-79.
罗伯特·波默罗伊, 约翰·帕克斯, 兰尼·华生. 2016. 海洋自然保护区管理绩效评估指南. 周秋麟, 牛文生, 尹卫平译. 北京: 海洋出版社.
周秋麟, 尹卫平, 陈宝红. 2004. 紫外线 B 对海洋生态系统的影响. 台湾海峡, 23(1): 107-115.
马彩华, 赵志远, 游奎. 2010. 略论海洋生态文明建设与公众参与. 中国软科学, (s1): 172-177.
马英杰. 2012. 海洋环境保护法概论. 北京: 海洋出版社.
苗丽娟, 王玉广, 张永华, 等. 2006. 海洋生态环境承载力评价指标体系研究. 海洋环境科学, 25(3): 75-77.
欧阳志云, 郑华, 岳平. 2013. 建立我国生态补偿机制的思路与措施. 生态学报, 33(3): 686-692.
宋立娟, 边丽娜. 2006. 试论我国环境保护中的公众参与. 科技成果纵横, (4): 30-33.
谭映宇. 2010. 海洋资源、生态和环境承载力研究及其在渤海湾的应用. 青岛: 中国海洋大学博士学位论文.
唐海萍, 陈姣, 薛海丽. 2015. 生态阈值: 概念、方法与研究展望. 植物生态学报, 39(9): 932-940.
王琪, 闫伟伟. 2010. 公众参与海洋环境管理的实现条件分析. 中国海洋大学学报, (5): 16-21.
王琪, 于忠海. 2005. 我国海洋综合管理中公众参与的现状分析及其对策. 海洋信息, (4): 24-26.
王文哲, 陈建宏. 2011. 生态补偿中的公众参与研究. 求索, (2): 113-115.
姚佳, 王敏, 黄宇驰, 等. 2015. 我国生态保护红线三维制度体系——以宁德市为例. 生态学报, 35(20): 6848-6856.

于中海. 2007. 海洋综合管理中的公众参与及其实现机制研究. 青岛: 中国海洋大学硕士学位论文.
张彦英, 樊笑英. 2011. 生态文明建设与资源环境承载力. 中国国土资源经济, 24(4): 9-11.
郑允文, 薛达元, 张更生. 1994. 我国自然保护区生态评价指标和评价标准. 生态与农村环境学报, 10(3): 22-25.
朱红均, 赵志红. 2015. 海洋环境保护. 青岛: 中国石油大学出版社.
Arnstein S R. 1969. A ladder of citizen participation. Journal of the American Institute of Planners, 35(4): 216-224.
Gilpin A. 1995. Environmental Impact Assessment: Cutting Edge for the 21st Century. Cambridge: Cambridge University Press.
Ma Z J, Melville D S, Liu J G, et al. 2014. Rethinking China's new great wall. Science, 346(6212): 912-914.
Pomeroy R S, Parks J E, Watson L M, et al. 2004. How is Your MPA Doing? A Guidebook of Natural and Social Indicators for Evaluating Marine Protected Area Management Effectiveness. Gland: IUCN.

第 10 章　海洋生态红线区划定方法应用示范

10.1　天津示范区

10.1.1　天津示范区概况

天津地处我国华北平原的东北部，位于北纬 38°34′～40°15′、东经 116°43′～118°04′之间。东临渤海湾，北依燕山，西接首都北京，南北均与河北省接壤，南北长 189km，东西宽 117km。天津海岸线北起津冀行政北界线与海岸线交点（涧河口以西约 2.4km 处），南至沧浪渠中心线。天津海域处于天津东部，属于渤海湾的一部分，位于渤海西岸、渤海湾的顶端，地处环渤海经济圈。

10.1.1.1　天津海域资源开发利用与海域使用现状

1. 海域资源开发利用现状

天津的海域资源开发利用情况可划分为优势资源、潜在资源、有限资源和过度开发资源 4 种。其中优势资源为油气资源和港口资源；潜在资源为滨海旅游资源和海洋能源；有限资源为盐业资源；过度开发资源为岸线资源、滩涂资源和渔业资源。

（1）岸线资源

沿海岸线向海一侧由北向南依次分布着养殖区、滩涂、港口、围填海区、旅游区、油田、泄洪区等。沿海岸线向陆一侧主要分布有养殖区、村庄、城镇、港口、盐场、油田、泄洪区、滨海道路等。

（2）滩涂资源

由于天津滩涂较为平缓，不仅适宜发展滩涂养殖，且是极具开发价值的后备土地资源，特别是天津滨海新区纳入国家发展战略以来，滩涂的利用率越来越高。目前包括临港经济区、南港工业区、东疆港区、南疆港区、北疆电厂、中心渔港等项目相继开工建设，部分工程项目已经投入使用。

（3）港口资源

天津港港口规模不断扩大，港口等级显著提高，港口功能日臻完善，布局结构更趋合理，已步入跨越式发展的新阶段。港口基本建设投资快速增长，在全国沿海港口率先完成了对老码头的改造，港口深水化、大型化、专业化步伐不断加快，可满足世界最先进集装箱船舶及主流干散货船舶进港的需要。2011 年天津港港口货物吞吐量达到 4.5 亿 t，国际标准集装箱吞吐量达到 1159 万 TEU。

（4）油气资源

依托区位优势，天津海洋油气业稳步发展，逐步成为全市的支柱海洋产业。2011

年天津海洋原油产量达到 2770.20×10^4t，占全国沿海地区海洋原油产量的 62.2%；海洋天然气产量达到 $21.3719\times10^8\text{m}^3$，占全国海洋地区天然气产量的 17.6%。近些年原油和天然气产量逐年增高，且原油产量均占到全国沿海地区海洋原油产量的一半以上。渤海油田的开发使天津原油的产出结构发生了根本性变化。

（5）渔业资源

天津海洋渔业资源相对比较匮乏，由于近几年的破坏性捕捞，牡蛎、扇贝等贝类资源遭到严重破坏，栖息环境、种质资源和生物多样性严重受损。为了保护天津海洋渔业资源，近年来海洋渔业重点实施“走出去”战略，积极调整捕捞结构，大力发展远洋渔业。2011 年，天津海洋捕捞产量达 1.705×10^4t，其中远洋捕捞产量达 0.80×10^4t。在数量增长的同时，海水养殖也在向工厂化、集约化方向发展，海水育苗、海珍品养殖等特色产业发展速度加快，并初步形成鱼、虾、蟹、贝等多品种育苗格局。

（6）海洋能源

天津沿海滩涂的风能资源相对较为丰富，潮滩资源广阔，且地势较为平坦，区域构造属相对稳定区，2011 年天津的风能年发电能力为 24.351 04kW。天津滨海新区吸引了国外和国内风电行业知名大公司及一批配套企业来津投资发展，已形成了以风电整机为龙头、零部件配套为支撑、风电服务业为基础的产业集群，成为全国最大的风电产业聚集地。

（7）盐业资源

天津沿海海水含盐度高，成盐质量高，是全国重要的海盐产区，也是世界著名“长芦盐”的主要产地。2011 年天津拥有的盐田总面积为 28 123hm^2，海盐产量为 181.0×10^4t。目前，天津工业用盐的主要企业有天津渤海化工集团有限责任公司及天津渤化永利化工有限公司等化工企业，对原盐的总需求量超过天津现有生产能力；随着上述企业规模的进一步扩大，对原盐的需求将进一步扩大。

（8）滨海旅游资源

随着天津滨海新区经济的快速发展，旅游景点建设的进一步加快，基础设施的逐步完备，滨海新区正在成为天津旅游业的亮点，对周边地区特别是内陆地区有着强大的吸引力，为滨海旅游业的发展奠定了良好的物质基础。以自然景观、人文景观、海洋特色、滨海新貌等为特色的休闲游、度假游日益显现。2011 年天津接待旅客数量为 73 万人次，占沿海城市接待旅客数量的 1.7%，旅游外汇收入为 17.6 亿美元。

2. 海域使用现状

截至 2013 年年底，天津共确权海域使用面积 20 839.22hm^2，发放海域使用权证书 302 本，累计征收海域使用金 56.23 亿元。2004～2013 年来天津海域主要用海类型及其排名如表 10-1 所示。整体上来看，交通运输用海、工业用海、围海造地用海类型所占比重较大。

表 10-1 2004～2013 年天津海域主要用海类型及排名

年份	第一位	第二位	第三位	第四位
2004	渔业用海	排污倾倒用海	其他用海	特殊用海
2005	渔业用海	交通运输用海	工矿用海	—
2006	交通运输用海	渔业用海	特殊用海	围海造地用海
2007	围海造地用海	其他用海	—	—
2008	围海造地用海	渔业用海	工矿用海	交通运输用海
2009	交通运输用海	围海造地用海	渔业用海	工矿用海
2010	工矿用海	交通运输用海	围海造地用海	旅游娱乐用海
2011	工矿用海	交通运输用海	渔业用海	围海造地用海
2012	工业用海	渔业用海	造地工程用海	交通运输用海
2013	交通运输用海	围海造地用海	工业用海	特殊用海

10.1.1.2 天津海域生态环境现状

1. 陆源污染概况

（1）入海排污口污染情况

2013 年天津辖区内北塘排污河、大沽排污河和子牙新河 3 个重点入海排污口及其邻近海域 11 个一般入海排污口监测结果显示：一般入海排污口超标排放比例分别为 50.0%、83.3%、100%和 91.7%，主要超标指标为化学需氧量、总磷和悬浮物含量；重点入海排污口全部出现超标，主要超标指标是粪大肠菌群含量、化学需氧量和五日生化需氧量。

（2）入海排污口邻近海域污染情况

2013 年重点入海排污口邻近海域总体环境质量较上年有所好转。水体中主要污染指标为无机氮、五日生化需氧量和化学需氧量；北塘排污河入海口邻近海域和大沽排污河入海口邻近海域大型底栖生物的多样性等级均为差，子牙新河入海口邻近海域大型底栖生物的多样性等级为较差。

（3）入海江河污染情况

2013 年对永定新河、潮白新河和蓟运河入海污染物监测结果表明，由河流携带入海的主要污染指标为化学需氧量、总氮和总磷。其中，化学需氧量的超标率为 100%，总氮超标率为 88.4%，总磷超标率为 76.7%；其他监测指标污染程度相对较轻。综合全年监测结果，3 条河流的水质均劣于第四类地表水环境质量标准。

2. 海洋环境质量概况

（1）海水环境

2013 年监测结果显示，天津海域春季水质状况较差，属于第四类及劣于第四类海水水质标准的海域面积分别为 120km^2 和 1780km^2，主要污染物为无机氮；夏季水质状况一般，属于第二类、第三类和第四类海水水质标准的海域面积分别为 95km^2、830km^2 和 975km^2，主要污染物为无机氮；秋季水质状况较差，属于第三类、第四类及劣于第四类水质标准的海域面积分别为 230km^2、210km^2 和 1460km^2，主要污染物为无机氮和活性磷酸盐；秋季劣于第四类海水水质标准的海域主要分布在汉沽、塘沽邻近海域及大港子牙新河河口邻近海域。2013 年度海水中主要污染物为无机氮，无机氮在约 50%的监测站次中劣于第四类海水水质标准；活性磷酸盐在约 10%的站次中劣于第四类海水水质标准；化学需氧量在约 1%的站次中劣于第三类海水水质标准，全部符合第四类海水水质标准；石油类在约 20%的站次中劣于第二类海水水质标准，全部符合第三类海水水质标准。

（2）沉积物环境

2013 年夏季开展了海洋沉积物质量监测，结果显示沉积物质量总体良好。沉积物中多氯联苯含量均超过第一类海洋沉积物质量标准，个别站位铜含量超过第一类海洋沉积物质量标准，但多氯联苯含量和铜含量均符合第二类海洋沉积物质量标准，其他监测指标均符合第一类海洋沉积物质量标准。与 2012 年同期相比，沉积物中硫化物、锌、铬、汞、石油类和多环芳烃含量有所下降，有机碳、镉、铅、砷和多氯联苯含量略有上升，铜含量基本稳定。

（3）海洋生物多样性

2013 年春季和夏季对天津近岸海域叶绿素 a 浓度与浮游植物、浮游动物、大型底栖生物、潮间带生物的种类组成、数量及分布等进行了监测。

1）叶绿素 a：春季表层叶绿素 a 平均浓度为 3.48μg/L，底层平均浓度为 1.11μg/L，低于往年同期水平；夏季表层叶绿素 a 平均浓度为 9.76μg/L，底层平均浓度为 2.82μg/L，高于往年同期水平。两次监测中叶绿素 a 浓度在表层高于底层，且差异较明显；夏季高于春季，受浮游植物季节性分布影响较大。

2）浮游植物：全年监测共获浮游植物 54 种，分属硅藻门和甲藻门；春季主要优势种为旋链角毛藻（*Chaetoceros curvisetus*），夏季主要优势种为旋链角毛藻、尖刺拟菱形藻（*Pseudo-nitzschia pungens*）和丹麦细柱藻（*Leptocylindrus danicus*）；细胞数量高值区春季主要分布在北塘和塘沽海域，夏季主要分布在塘沽和大港南部海域。浮游植物多样性指数在春季处于较差水平，在夏季处于中等水平。

3）浮游动物：全年监测共获浮游动物 42 种，主要分属桡足类、水母类和浮游幼虫；春季主要优势种为双毛纺锤水蚤（*Acartia bifilosa*）、强壮箭虫（*Sagitta crassa*）和中华哲水蚤（*Calanus sinicus*）；夏季主要优势种为强壮箭虫、双毛纺锤水蚤和短尾类溞状幼虫（Brachyura zoea larva）。春季密度高值区主要分布在大港海域，夏季主要分布在塘沽和大港海域。春季平均生物量为 229.6mg/m^3，夏季平均生物量为 75.4mg/m^3，高值区均分布在北塘和大港海域。春、夏季浮游动物多样性指数均处于中等水平。

4）底栖生物：全年监测共获底栖生物 75 种，主要分属软体动物、环节动物和节肢动物；春季主要优势种为凸壳肌蛤（*Musculus senhousia*）和秀丽波纹蛤（*Raetello pspulchella*），夏季主要优势种为凸壳肌蛤。春季密度高值区主要分布在塘沽和汉沽海域，夏季主要分布在塘沽海域。春季底栖生物平均生物量为 116.8g/m^2，夏季平均生物量为 93.2g/m^2，高值区主要分布在塘沽和大港海域，受凸壳肌蛤和长偏顶蛤（*Modiolus elongatus*）影响较大。春、夏季底栖生物多样性指数均处于中等水平。

5）潮间带生物：全年对独流减河河口北侧滩涂进行了监测，共获潮间带生物 29 种，主要分属软体动物、环节动物和节肢动物。春季主要优势种为光滑河篮蛤（*Potamocorbula laevis*）和海豆芽（*Lingula*），夏季为光滑河篮蛤、海豆芽和光滑狭口螺（*Stenothyra glabra*）。密度在春季以低潮区最高，夏季以中潮区最高。春季平均生物量为 36.0g/m^2，夏季平均生物量为 414.4g/m^2。潮间带生物多样性指数在春季处于较差水平，夏季处于中等水平。光滑河篮蛤仍然为该区域的绝对优势种，对潮间带生物群落结构稳定性影响较大。

10.1.2 海洋生态红线区划技术在天津示范区的应用

10.1.2.1 天津海洋生态红线区划定方法

根据天津管辖海域面临的生态环境问题（富营养化严重、自然滨海湿地面积锐减、渔业资源衰竭和退化）和自然地理条件，确定生态功能重要性和生态敏感性/脆弱性的评价指标体系，并通过补充调查和资料收集等方式建立相应的地理信息数据库；构建生态重要性和生态脆弱性综合评价模型，在对天津海域生态功能重要性指数和生态脆弱性指数空间分析的基础上，构建生态红线评价模型，计算基于生态重要性和生态脆弱性的生态红线指数；利用天津海域生态红线指数通过分等分级，确定天津海域的生态红线区。技术路线如图 10-1 所示。

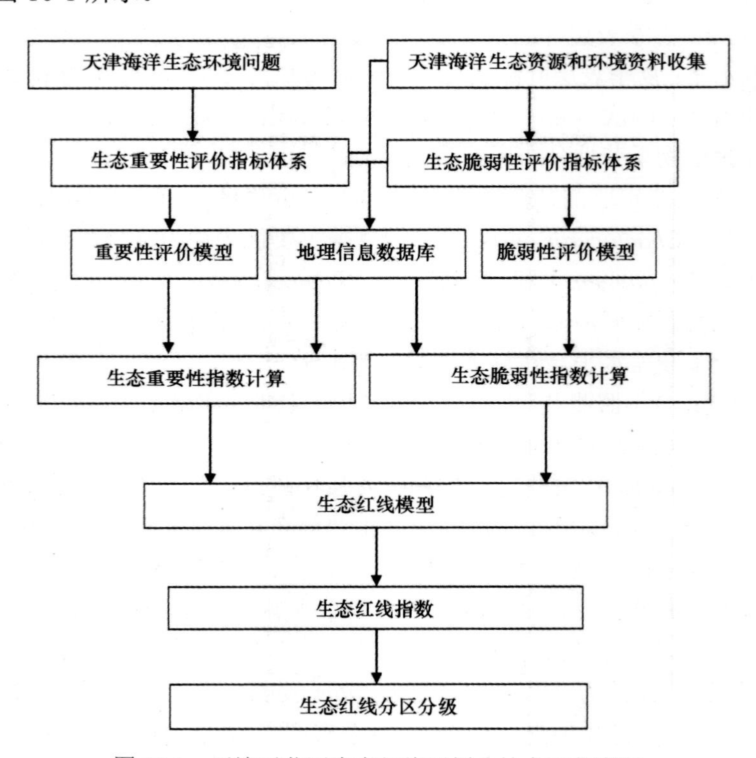

图 10-1 天津示范区生态红线区划分技术示范流程

10.1.2.2　天津海域生态红线区划研究

1. 海洋生态脆弱性评价

（1）数据准备与处理

收集天津示范区 2005 年、2010 年和 2016 年的遥感影像数据，其中 2016 年为高分辨率影像数据，结合天津海域权属数据，提取天津海域使用类型矢量数据，收集示范区内各级保护区和重要湿地分布数据，以满足生态脆弱性评估的数据需要。

收集整理天津示范区附近海域监测数据，包括海区水环境、沉积物、浮游生物、底栖生物和潮间带生物等监测指标数据。基于沉积物全盐、有机碳、总氮、总磷、粒度、重金属含量等监测数据，初步分析了近岸海域沉积物环境质量空间分异特征，包括沉积物重金属铜、铅、锌、铬、汞，石油类、总碳、总氮、总磷等 12 个沉积物环境质量指标，为沉积环境状况评价提供基础支撑；基于海水环境质量监测数据，初步分析了近岸海域表层水环境质量空间分异特征，包括 COD、DO、硝酸盐含量、重金属含量、污染物分布、盐度等水环境质量指标，为海水环境状况评价提供基础支撑；基于底栖生物监测数据，获得示范区底栖生物种类组成、生物量、优势种等数据，计算出各站位生物多样性指数（H'），为海洋生物多样性评价提供数据基础。

（2）评价方法

依据海洋生态脆弱性评价方法，并结合天津示范区实际情况对评价指标进行适当筛选。采用模糊综合评价法，计算各指标的权重因子；最终利用干扰脆弱度指数模型、状态敏感性指数模型、恢复力脆弱性指数模型和海洋生态脆弱性综合指数模型对天津示范区进行评价。

从人为干扰和自然干扰两方面考虑，进行的干扰脆弱度指数计算结果显示：天津示范区干扰压力脆弱度整体处于较低水平，受人为干扰和自然干扰程度较低，海域东北部和东南部为不脆弱区，其余区域为低脆弱区，具体见图 10-2。

从海洋生物多样性、重要生境状态和特殊保护价值生态系统三方面考虑，进行的状态敏感性指数计算结果显示：状态敏感性高脆弱区域主要分布于天津示范区保护区核心区域和重要湿地区域，其他大部分区域属于低脆弱区，具体见图 10-3。

恢复力脆弱性主要反映生态系统自组织、自恢复的能力，从海洋生物多样性恢复力、典型生境物种恢复力和渔业资源恢复力三方面考虑，进行的恢复力脆弱性指数计算结果显示：天津示范区恢复力脆弱性呈现由北向南增高的趋势，恢复力高脆弱区域主要位于示范区南部和东南部，具体见图 10-4。

海洋生态脆弱性从干扰压力、状态敏感性和恢复力脆弱性三方面评价，在此基础上通过加权求和指数模型计算综合脆弱性指数。天津海域干扰脆弱性、状态敏感性、恢复脆弱性及综合脆弱性评价结果见图 10-5 和图 10-6。可以看出天津海域生态脆弱性指数各个单项评价结果和综合评价结果空间变异较大。生态脆弱性高的区域主要集中海岸带附近，尤其是北部靠近大神堂牡蛎礁和大神堂自然岸线区附近的海域。

生态脆弱性指数空间分布具有一定的空间划分，天津示范区生态脆弱性以低脆弱和中脆弱为主，其中，中脆弱区主要分布在保护区核心区域和重要湿地区域，并能够较好地反映区域生态脆弱性现状。

2. 生态功能重要性评价

（1）数据收集和处理

为了对天津海域进行生态红线区划，收集了全球空间分辨率为 30s 的水深数据、2013～2015 年全球分辨率为 4.6km 的水色遥感数据（颗粒性有机碳和海面温度）及海洋净初级生产力（NPP）数据。另外，还收集了 2015 年 8 月天津海域海洋生物、物理和化学环境站位调查数据。浮游植物、浮游动物、底栖动物种类和生物量，悬浮物、化学需氧量、活性磷酸盐、亚硝酸盐-氮、硝酸盐-氮、氨-氮、硅酸盐、石油类、汞、镉、铅、砷、总氮、总磷、铜、铬、DDT+666、粒度、粪大肠菌群、细菌总数、硫化物、有机碳、PCB 等站位数据通过 ArcGIS 空间插值工具（IDW 法）生成分辨率为 50m 的栅格图层，

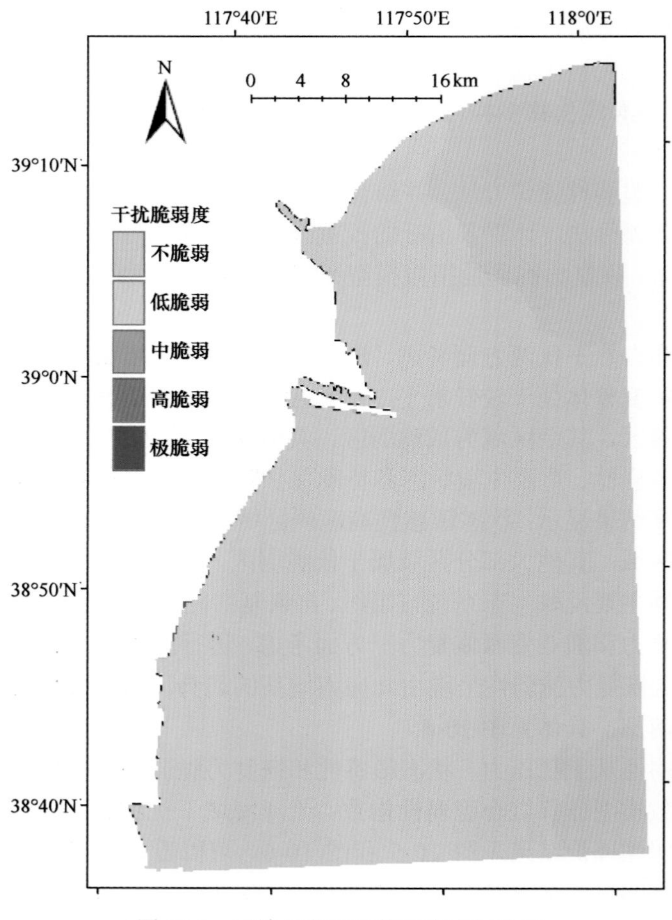

图 10-2 天津示范区干扰状态空间分布

用于天津海域生态红线区划。根据天津海域管辖范围和海岸线空间信息，确定海洋生态红线区划分技术天津示范区的空间范围（ROI）。将全球水深、SST、POC 和 NPP 数据通过重采样为 50m 的栅格并用示范区范围裁剪，获得天津海域水深及多年平均的 SST、POC 和 NPP 数据，用于生态红线区划研究。

通过资料收集获得了天津海域滨海湿地空间分布图（图 10-7），并在此滨海湿地空间分布图的基础上，绘制了天津海洋生态空间分布图。另外还根据天津海域确权数据收集到了天津海域养殖用海区、渔港和海洋保护区的空间分布资料（图 10-8）。值得一提的是，在天津海域，大部分潮间带都被开发利用，淤泥质泥滩作为许多潮间带生物的栖息地面积大幅萎缩。为保护天津海域潮间带生物多样性，淤泥质滩涂急需保护。另外，在示范区内盐水沼泽更为稀少，已经建立保护区加以保护。

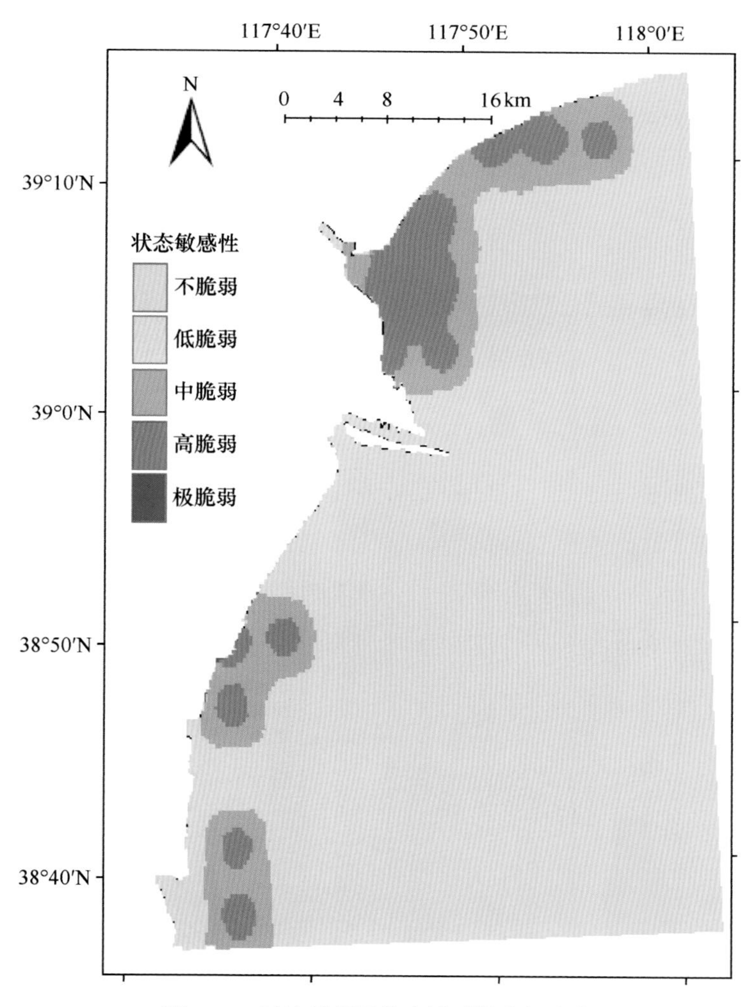

图 10-3　天津示范区状态敏感性空间分布

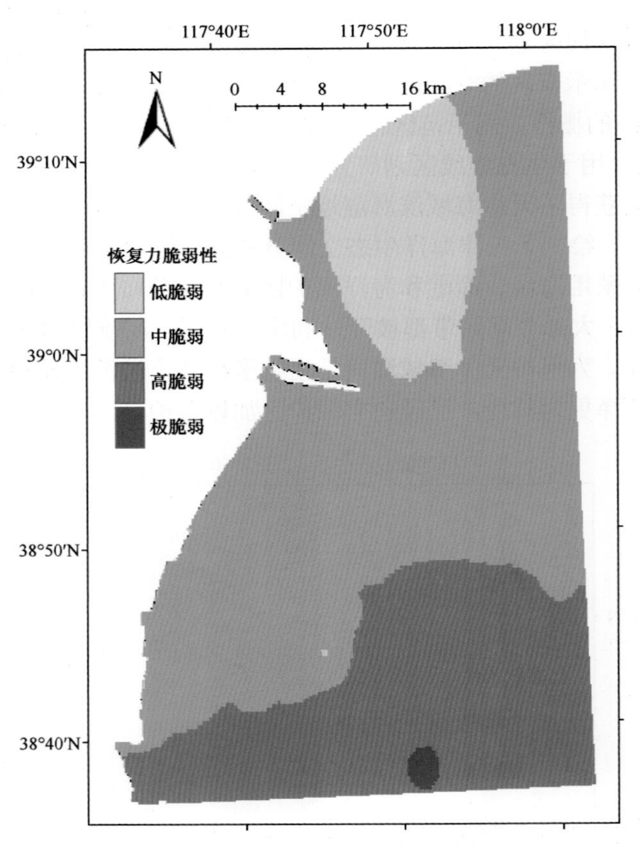

图 10-4　天津示范区恢复力脆弱性空间分布

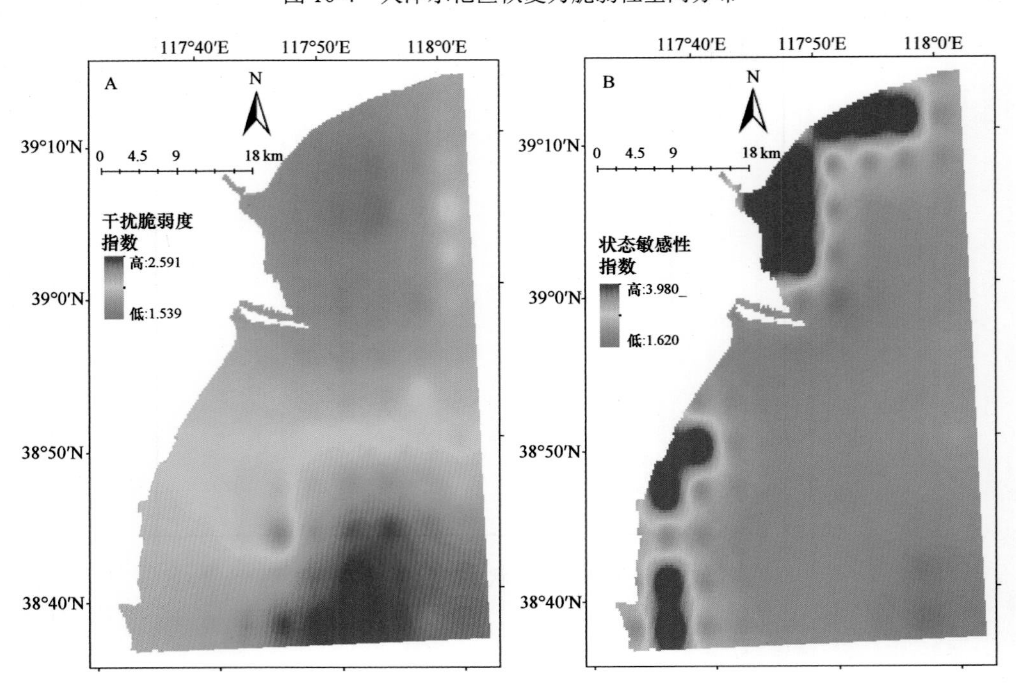

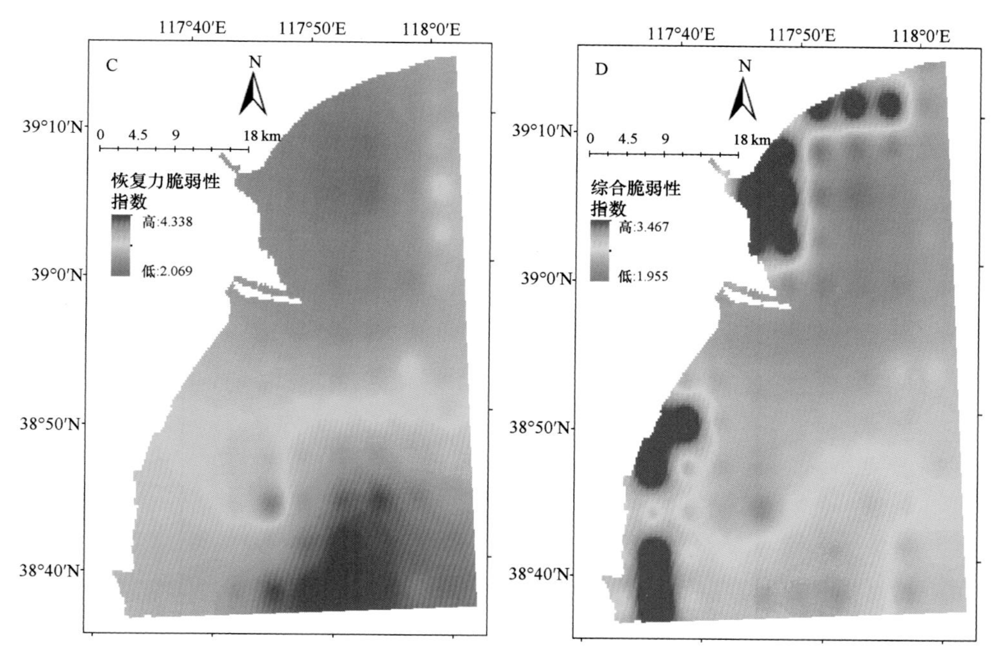

图 10-5 天津示范区生态脆弱性指数空间分布

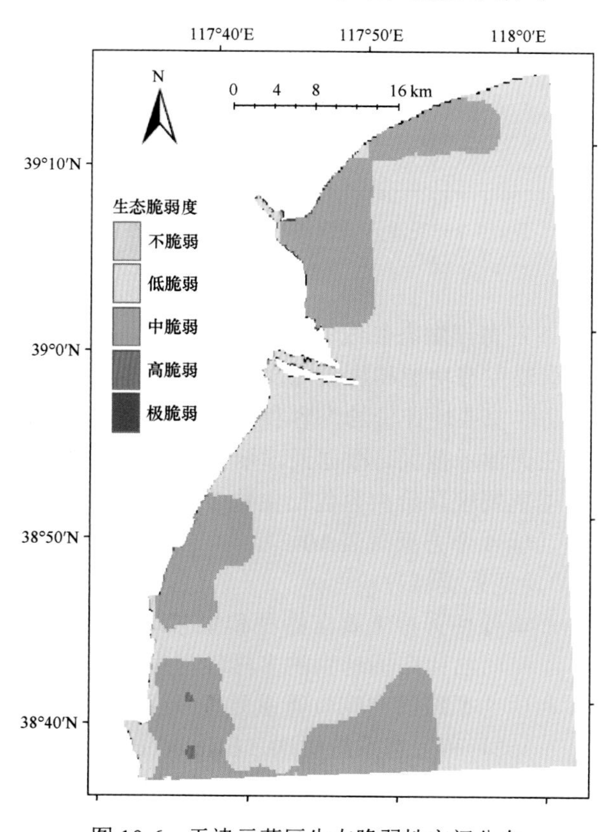

图 10-6 天津示范区生态脆弱性空间分布

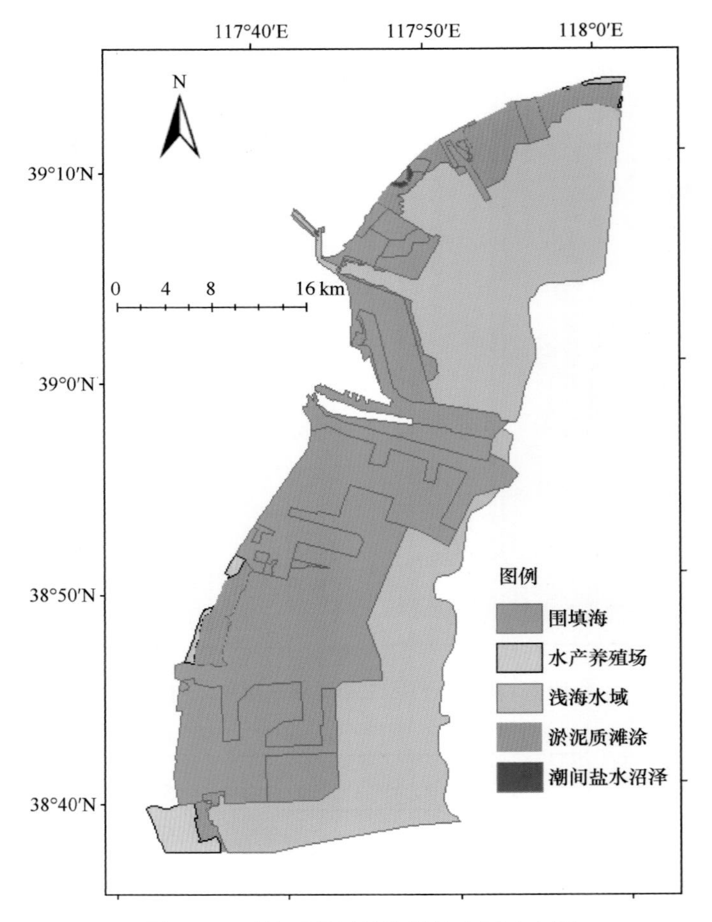

图 10-7 天津示范区滨海湿地空间分布图

（2）评价方法

海洋生态重要性是划定海洋生态红线的主要依据之一，在重要的生态功能区建立生态红线，对于保护海洋重要生态功能和协调海洋资源开发与海洋生态保护之间的矛盾具有重要意义。海洋生态功能重要性评价的内容和指标体系需要根据研究区的具体情况按照因地制宜原则确定。在天津示范区，根据天津示范区面临的生态环境问题和自然地理状况，确定海洋生态功能重要性评价内容包括生物多样性保护功能、渔业生产功能、水质净化功能和滨海游憩功能 4 个方面（表 10-2）。

A. 生物多样性保护功能重要性评价

生物多样性保护功能重要性评价主要在物种和生态系统两个层次上进行。物种层次上主要考虑浮游植物、浮游动物和底栖动物的多样性与生物量指标；而生态系统层次上主要考虑生态系统类型和生态系统的空间位置重要性及生境多样性等 3 个指标。

将物种层次（EIIbiocspe）和生态系统层次（EIIbioceco）上的生物多样性保护功能重要性得分按照 0.4 与 0.6 的权重加权求和，计算生物多样性保护功能重要性综合评价指数（EIIbioc）。生物多样性保护功能重要性的评价结果见图 10-9。

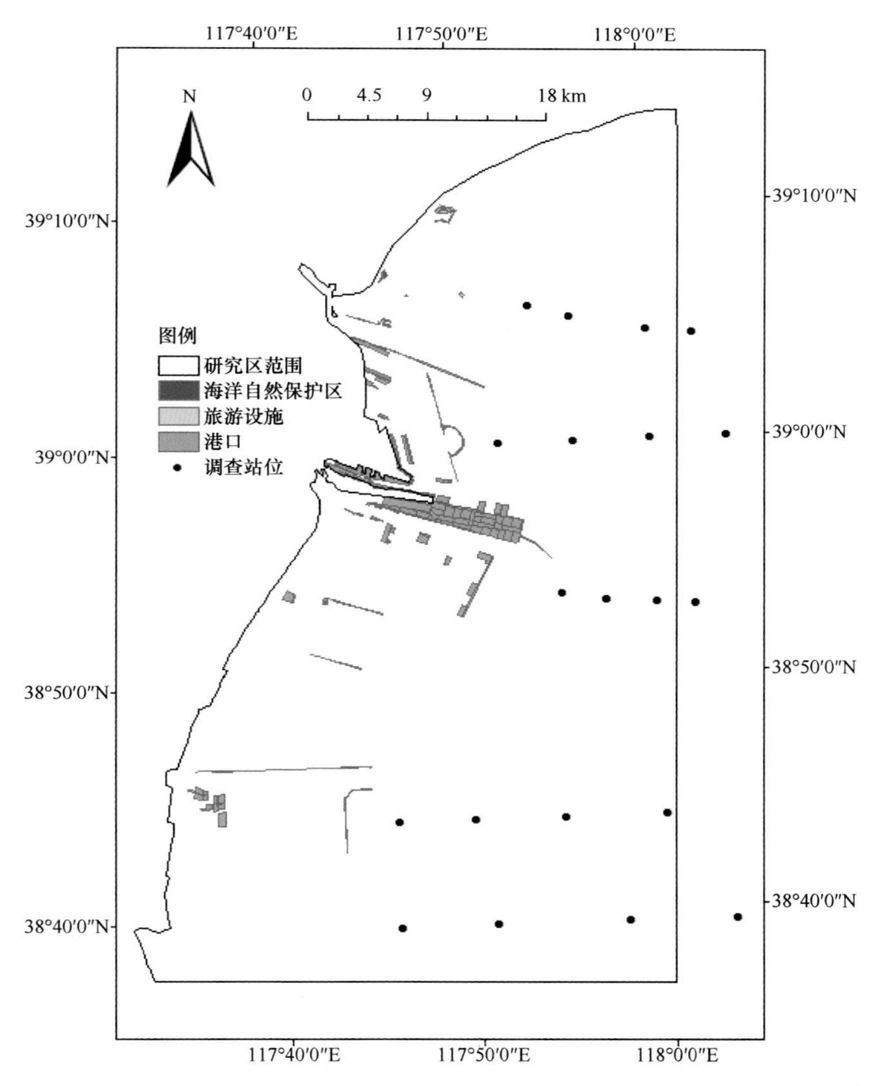

图 10-8　天津海域生态红线区划技术示范区空间范围和调查站位、保护区与港口的空间分布

表 10-2　天津示范区海洋生态功能重要性评价指标体系和权重

项目	目标层	因素层	指标层
海洋生态功能重要性	生物多样性保护功能 0.4	物种层次 0.4	浮游植物种数
			浮游动物种数
			底栖动物种数
			浮游植物细胞数量
			浮游动物生物量
			底栖动物生物量
		生态系统层次 0.6	生态系统类型
			生境多样性
			空间位置重要性

续表

项目	目标层	因素层	指标层
海洋生态功能重要性	渔业生产功能 0.3	自然环境支撑 0.8	颗粒性有机碳浓度
			鱼卵密度
			仔鱼密度
		基础设施 0.2	渔港距离
			城镇距离
	水质净化功能 0.2	根据研究区域 NPP 空间变异的重分类获得	
	滨海游憩功能 0.1	自然环境 0.8	海水水质
			自然岸线距离
		社会经济 0.2	渔港距离

B. 水质净化功能重要性评价

水质净化功能主要是指海洋生态系统通过光合作用吸收利用氮磷营养盐的功能。中国近海面临的主要生态环境问题就是氮磷污染严重，因此海洋生态系统的水质净化功能是海洋生态系统一个重要的服务功能。水质净化功能主要与海洋初级生产力有关，初级生产力越高，吸收利用氮磷污染物的能力越强。因此，在天津示范区主要根据 NPP 评价水质净化功能。将全球空间分辨率为 0.0833°的 2013～2015 年多年平均的 NPP 数据用天津示范区的 ROI 裁剪获得天津示范区 NPP 空间分布图，评价单元的 NPP 值越高表示评价单元氮磷污染物吸收利用能力越强，水质净化功能越强。利用 ArcGIS quintile 重分类工具，将 NPP 重分类为 1～5 的数值，用来指示天津海域水质净化功能重要性（图 10-10）。

C. 渔业生产功能重要性评价

渔业生产功能重要性评价主要考虑了颗粒性有机碳（用于指示饵料数量）、鱼卵密度、评价单元到渔业用海的距离和渔港的距离等 4 个指标。叶绿素浓度和浮游植物细胞数虽然可以反映饵料对渔业生产的重要性，考虑到单一月份的调查数据很难反映多年平均情况，本示范区用的是 2013～2015 年多年平均的 POC 数据指示饵料对渔业生产的作用。评价单元到渔港的距离可以反映基础设施对渔业生产的影响，距离渔港越近，评价单元渔业生产功能越好。

按照 POC、鱼卵密度、渔业用海距离和渔港距离权重分别设置为 0.4、0.3、0.2 和 0.1，利用加权求和指数模型计算渔业生产功能重要性指数（EIIfishery），并重分类为 1～5 的分值，具体结果见图 10-11。

D. 滨海游憩功能重要性评价

滨海游憩功能重要性主要与自然岸线有关，在天津将评价单元距离自然岸线的距离作为评价游憩功能的一个重要性指标。另外，水质也是影响游憩价值的一个因素，在天津示范区用悬浮物浓度来代表水质对游憩功能的影响，悬浮物浓度越低水越清澈，评价单元的游憩价值就越高。另外，考虑到渔港可以为滨海游憩提供重要的交通便利条件，评价单元距离港口的距离也可用于游憩功能评价。按照自然岸线、悬浮物和渔港距离的权重分别为 0.5、0.3 和 0.2，计算综合游憩功能重要性分值（EIIrecrea），得到天津海域滨海游憩功能重要性空间分布图（图 10-12）。

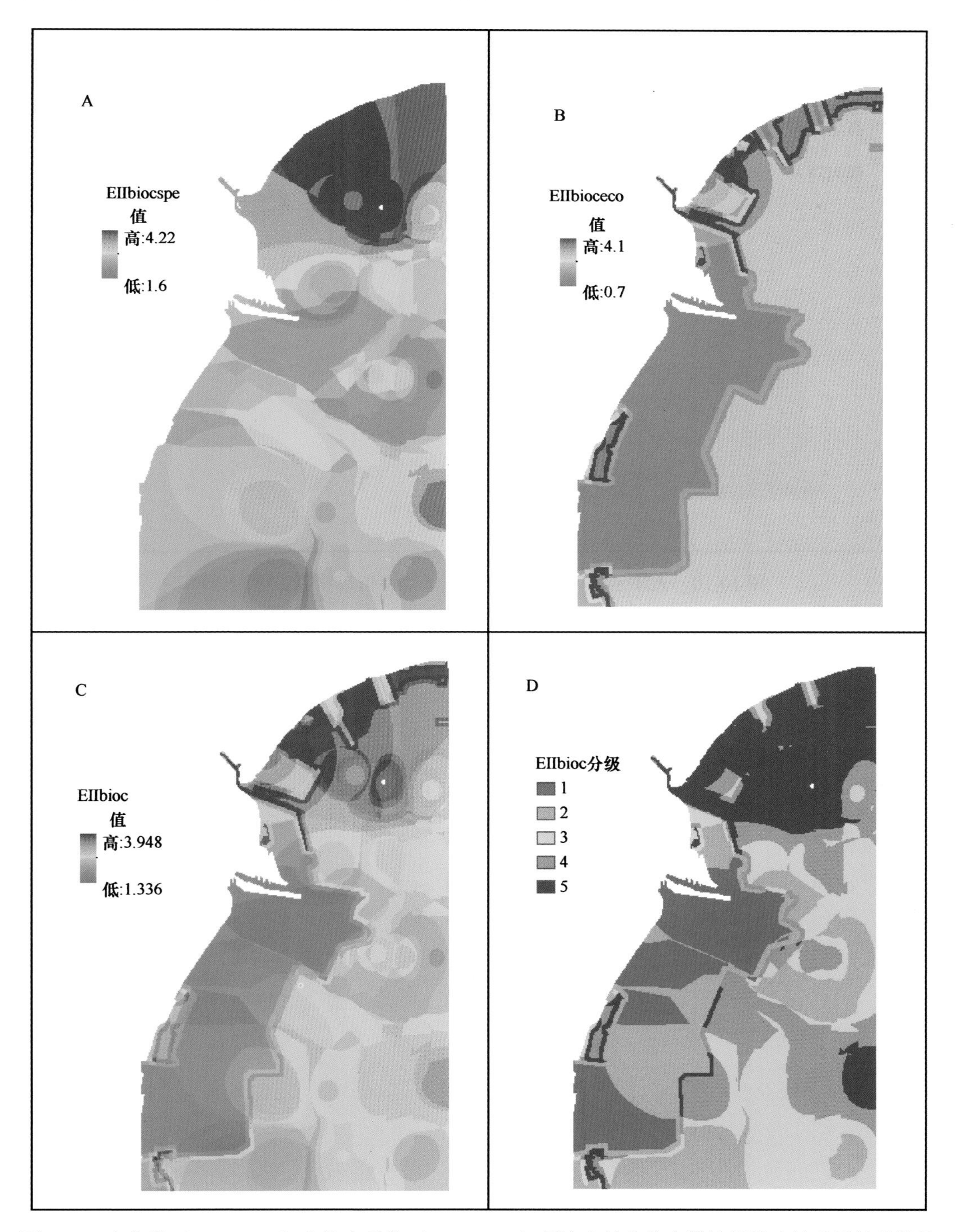

图 10-9　在物种（EIIbiocspe）和生态系统（EIIbioceco）层次上的生物多样性保护功能重要性指数及二者综合重要性指数（EIIbioc）与综合重要性指数分级

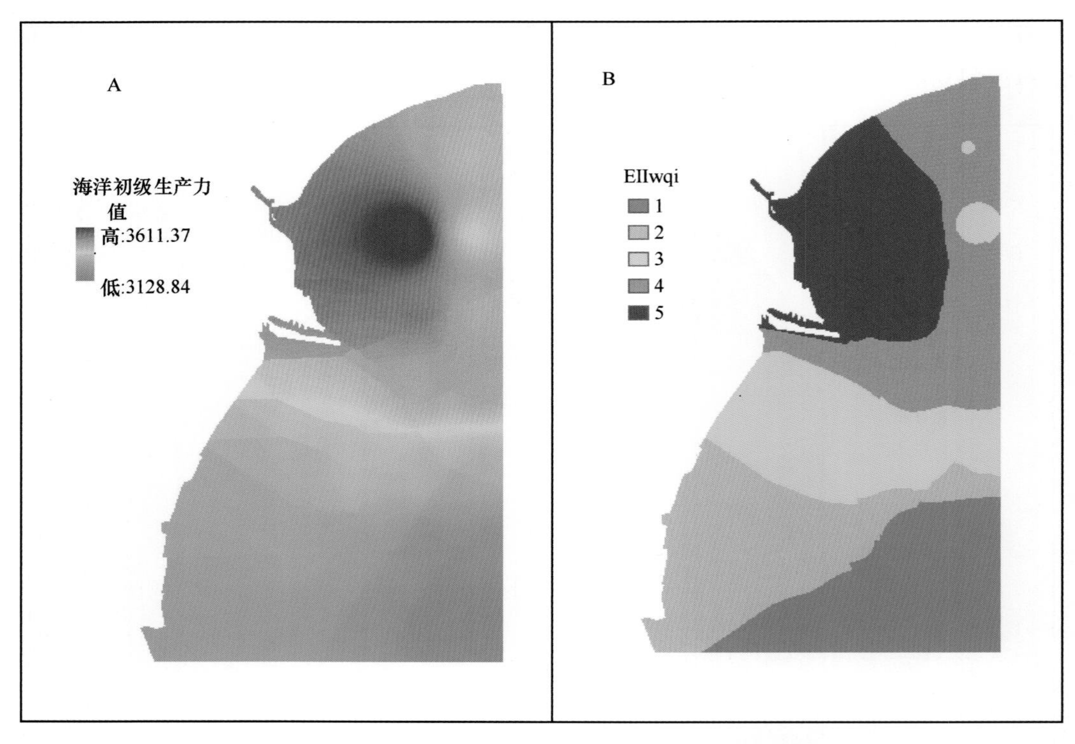

图 10-10 天津示范区水质净化功能重要性指数和等级空间分布

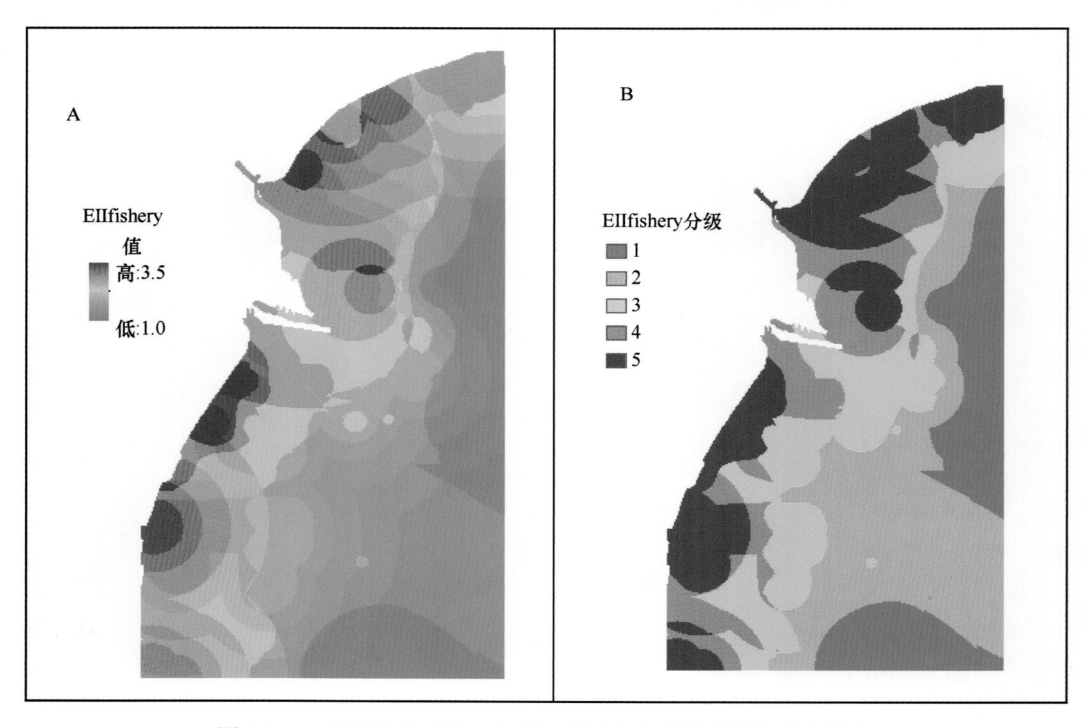

图 10-11 天津示范区渔业生产功能重要性指数和等级空间分布

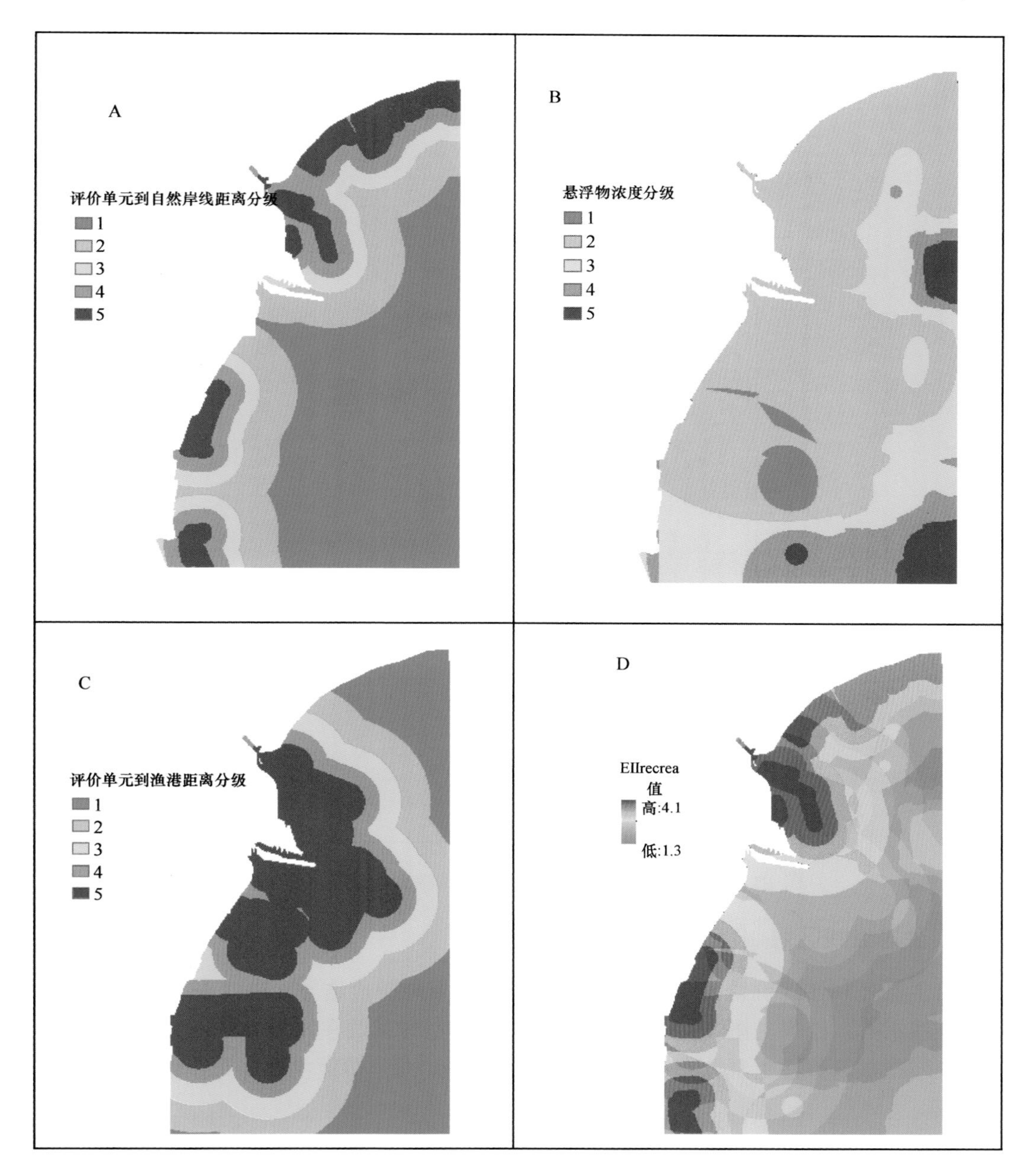

图 10-12　天津示范区滨海游憩单项和综合功能重要性指数空间分布

E. 生态功能重要性综合评价

在单项生态功能重要性评价基础上，按照生物多样性保护、渔业生产、水质净化和滨海游憩的权重分别为 0.4、0.3、0.2 和 0.1，利用加权求和指数模型计算天津海域生态功能重要性综合指数（EII），结果见图 10-13。

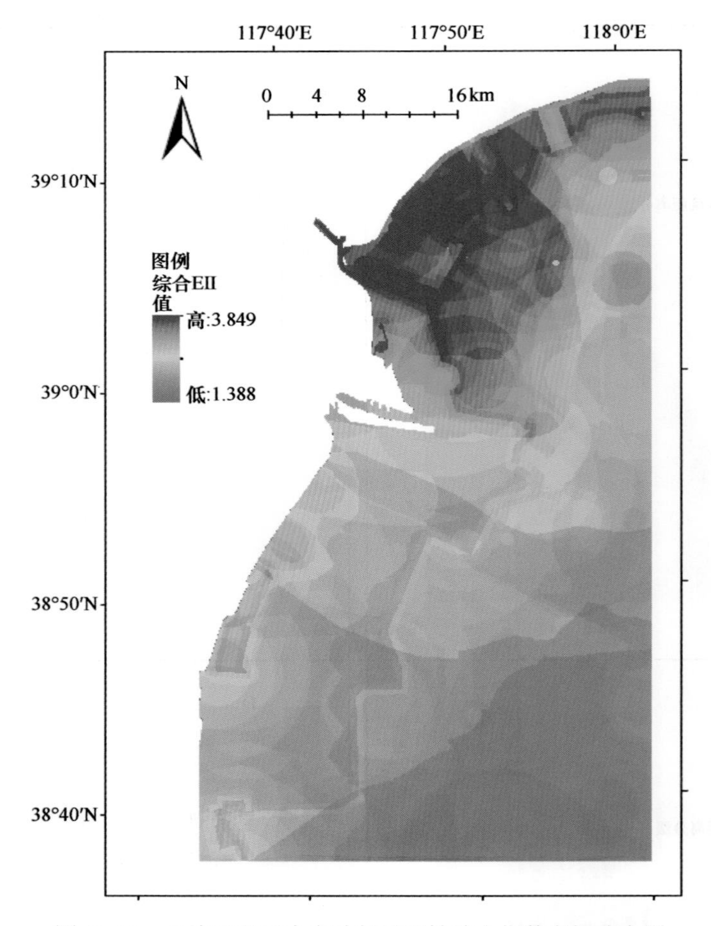

图 10-13 天津示范区生态功能重要性综合指数空间分布图

3. 生态红线区划

将生态脆弱性评价结果（EFI）和生态功能重要性评价结果（EII）按照等权重计算生态红线指数，结果见图 10-14。天津海域的生态红线指数在 1.54763～3.86322 波动，生态红线指数高值区主要分布在靠近海岸带的海域，而低值区主要分布在南部远离岸线的海域。

将海洋生态红线指数采用 quantile 分级方式分为 5 级，其中等级为 4 和 5 的海域被划为生态红线区，等级为 5 的设置为禁止开发红线区，而等级为 4 的设置为限制开发红线区。利用 quantile 分级方式可以保证红线区的面积占总海域面积的 40%以上，而禁止开发红线区的面积在 20%以上。限制开发红线区和禁止开发红区的具体结果见图 10-15。

以上的生态红线区划结果主要是依据自然环境条件，而对现有开发现状没有充分考虑，实际上许多红线区已经被开发，这意味着最终的生态红线区还需要根据现状调整。将围填海区域从红线区划结果中去除，获得最终的生态红线分区（图 10-16），其中禁止红线区和限制红线区占示范区海域的面积比例分别是 11.8%和 12.3%，二者面积比例之和达到 34.1%，符合生态红线区划面积比例要求。海洋红线禁止开发区主要分布在淤泥质滩涂上，这与在进行红线评价时强调自然岸线保有率有关。天津海岸带开发强度大，滩涂面积锐减，对生物多样性保护不利。另外，自然岸线分布区也是滨海旅游的重要场所，滨海游憩功能重要性高也是禁止开发区和限制开发红线主要分布在天津北部沿海海域的原因。

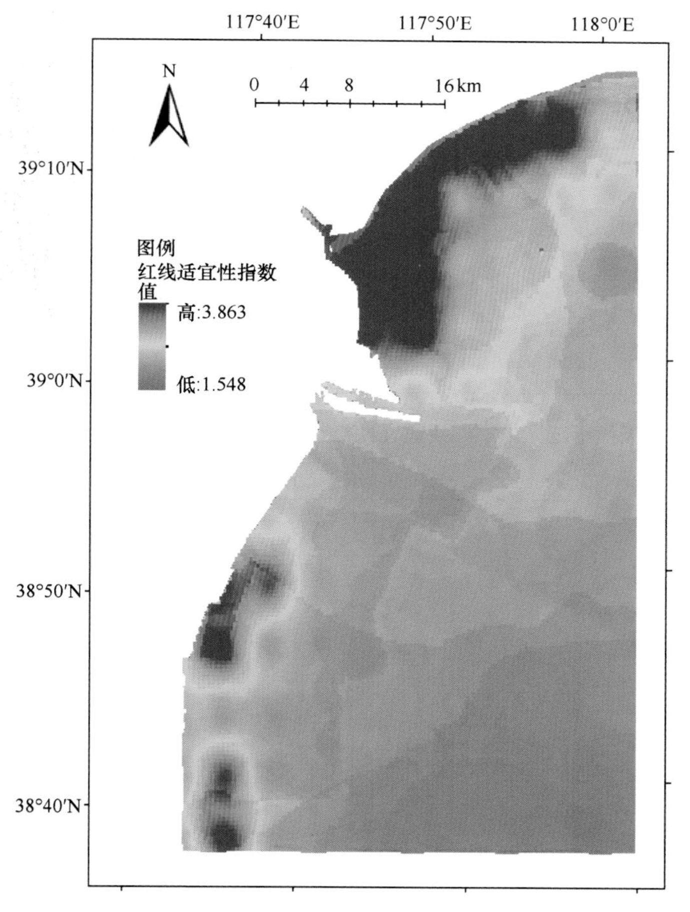

图 10-14　天津示范区生态红线指数空间分布图

10.1.3　天津示范区海洋生态红线区监测与评估

为实现 2020 年控制天津海域生态红线区水质达标率不低于 80%的目标，提高海洋环境质量，改善陆源入海污染现状，急需加强海洋生态红线区的跟踪监视监测。按照《全国生态脆弱区保护规划纲要》提出的“预防为主，保护优先”的基本原则和“以科学监测、合理评估和预警服务为手段”，通过建立海洋生态红线区在线监测系统，在天津海洋生态红线区开展了多种监测手段相结合的监测与评估，包括船基监测、岸基自动化监测、浮标原位监测和现场取样实验室分析等。

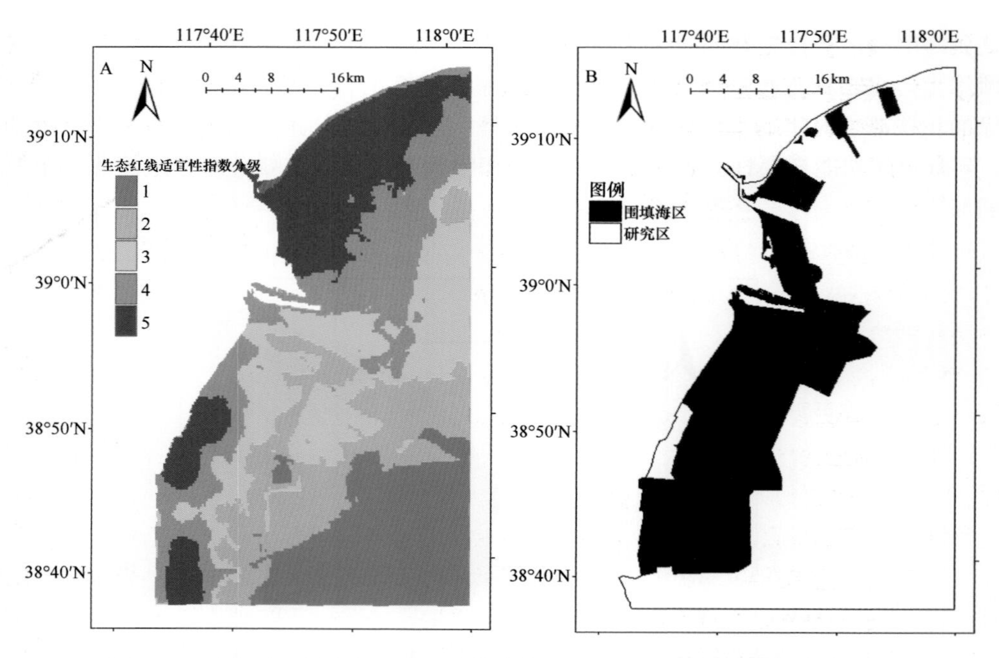

图 10-15 天津示范区生态红线适宜性指数分级（A）和围填海空间分布（B）

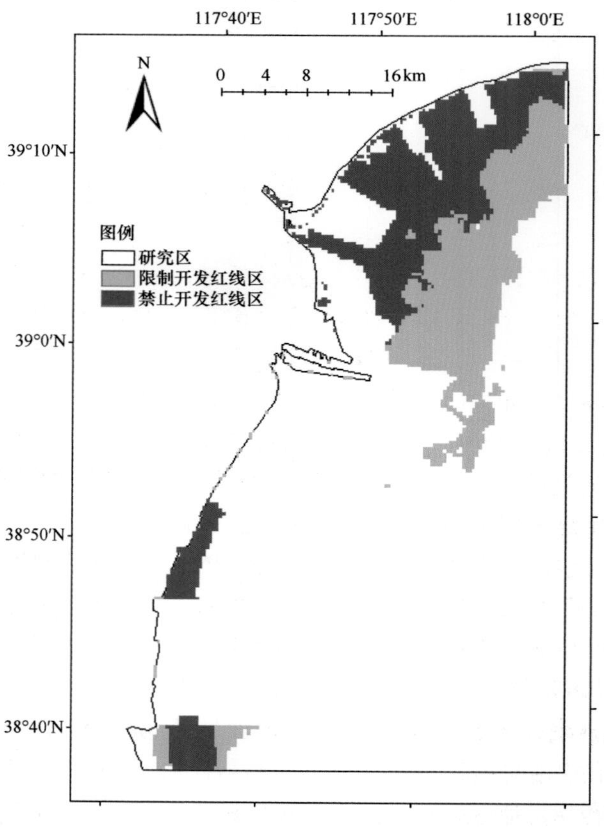

图 10-16 天津示范区生态红线区空间分布

2015 年和 2016 年在天津大神堂牡蛎礁国家级海洋特别保护区和汉沽重要渔业海域（以下简称大神堂海洋红线区）开展了系统的示范运行。将自主研发的海洋水质现场连续监测系统装载于民用船舶，完成了多个航次大范围海洋红线区的无人值守船基监测；安装到永定新河入海口，开展了岸基快速监测。布放浮标到大神堂海洋红线区的牡蛎礁附近，在线原位监测重点区域的水质状况。

在系统运行的同时，对多个固定站位海洋水质进行取样，依据《海洋监测规范 第 3 部分：样品采集、贮存与运输》（GB 17378.3—2007）、《海洋调查规范 第 4 部分：海水化学要素调查》（GB/T 12763.4—2007）、《海水水质标准》（GB 3097—1997）等标准、规范，对采集的水样进行检测。针对天津海洋生态红线区位置距离岸边较近、陆源排污口对生态红线区影响较大的状况，对天津附近海域（汉沽、塘沽、大港区域）主要入海河流、排污口水质状况进行调查检测。利用获取的在线和人工监测数据分别对水质状况进行了评估，对污染源的扩散方式进行了分析。

通过建立海洋生态红线区在线监测系统，将生态浮标布放到重点区域、在重点排污口布设岸基监测站、在有代表性航线和高频次运营的民用船上安装船基监测系统，使高频率、大范围和精细的海洋水质监测成为现实。在线监测与常规人工海洋水质监测、遥感和海事通报机制等监测手段相互印证。获取的数据结合基础流场、风场、地理信息系统，通过云平台大数据实现了对海洋生态红线区的实时、动态监督管理，对溢油、赤潮灾害爆发等事故进行分级预警，为天津海洋环境生态红线区保护和治理、海洋环境突发事件应急提供了客观依据与技术支持。

10.1.3.1 示范区监测总体设计

国家海洋局印发的《关于建立渤海海洋生态红线制度若干意见》，提出 2020 年重点完成的第 4 个方面的工作是“大力推进红线区监视监测和监督执法能力建设”。与陆地生态红线区相比，海洋生态红线区分布广、范围大，依然采用以人工监测为主的手段无法及时准确地掌握海洋生态红线区环境变化、应对突发环境污染事件。因此依据海洋环境管理部门对节省人力资源，维护简单快捷、高效和大范围自动监测技术的需求，通过以水质测量仪器为核心，综合应用机械设计、计算机软件、自动控制和无线通信技术的应用创新，设计海洋生态红线区在线监测系统由海洋水质现场连续监测系统、海洋水质监测浮标和数据中心组成（图 10-17），初步形成实时、动态、立体化监视监测体系，建立信息共享平台，实施对海洋生态红线区的监视监测。

海洋水质现场连续监测系统船载应用可实现大范围时空海洋水质监测；在岸基布放可用于固定站点的长期或短期应急海洋环境监测，便于应对突发海洋环境事件。水质浮标可布放到有代表性的位置，开展有针对性的离岸定点连续监测。通过采用互联网技术，可与国家海洋环境保护生态背景数据网络平台联网，实施数据信息共享，构建全国海洋生态红线区监测网络。

（1）海洋水质现场连续监测系统

该系统由水质测量仪器、海水自动采样和分配管路、数据采集控制计算机、通信单元等部分组成（图 10-18）。

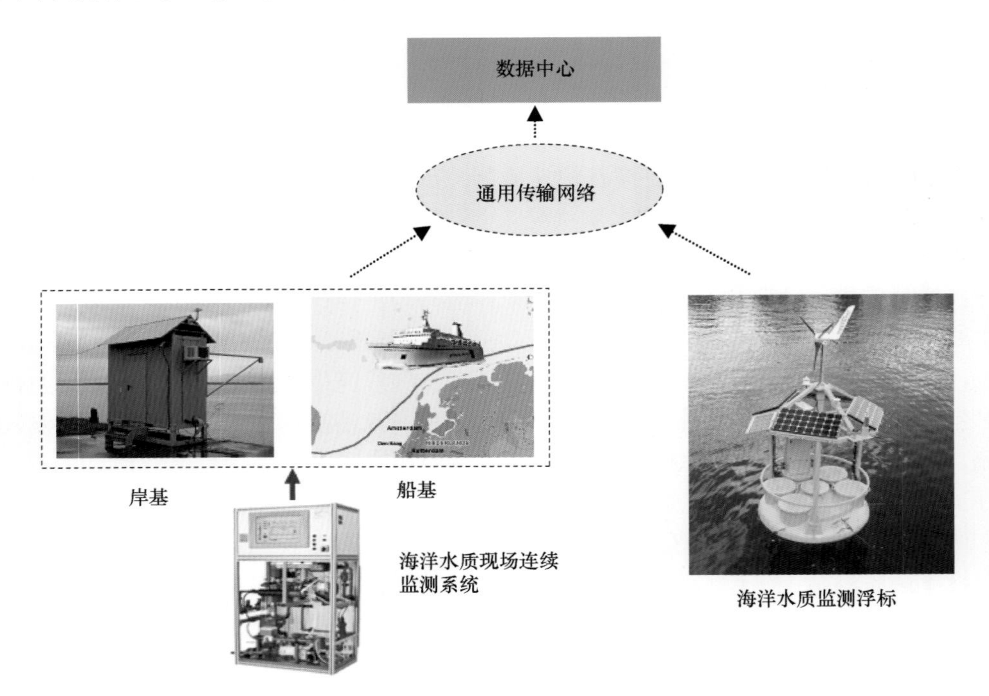

图 10-17　海洋生态红线区在线监测系统组成示意图

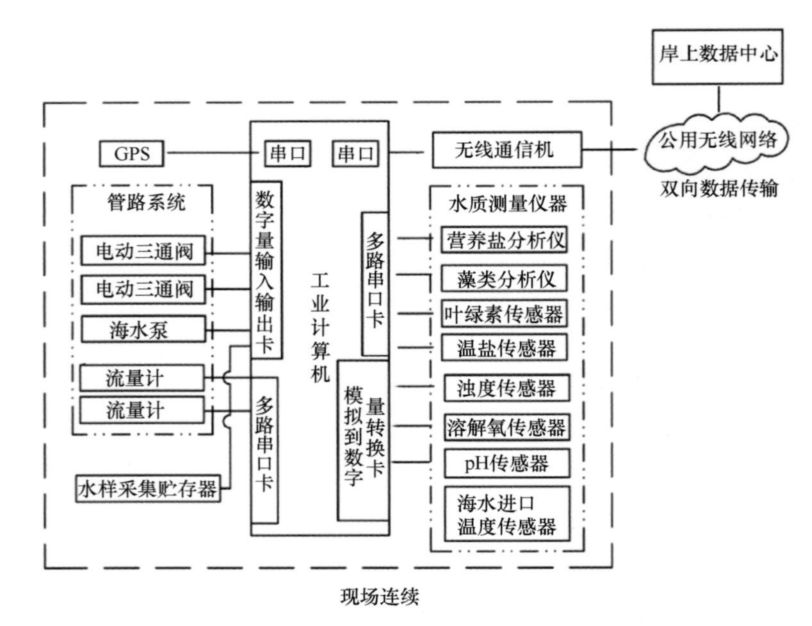

图 10-18　海洋水质现场连续监测系统组成框图

水质测量仪器包括水温、盐度、浊度、溶解氧、pH、叶绿素传感器和营养盐分析仪等。系统采用流动式测量原理，具有水样的自动采集和分配、多种参数水质快速测量、数据存储与无线数据传输等功能，实现了无人值守自动运行。系统可进一步增加水样采集贮存器的配置，用于定时采集水样并低温保存，在定期取回实验室后可对无法现场在线检测的参数进行检验。

（2）海洋水质监测浮标

浮标由浮标体、系留系统、传感器、数据采集系统、供电系统、安全报警和通信系统等部分组成（图 10-19）。通过搭载不同类型的传感器，可以完成对气象、水质和水文参数的长期、连续、自动监测，并可通过北斗卫星导航系统、CDMA①/GPRS②等通信系统将测量数据实时传输到数据接收系统。浮标配有航标灯、雷达反射器、助航标志和避雷针，为浮标海上安全运行提供保证。

图 10-19 海洋水质监测浮标

（3）数据中心

依据海洋生态红线区在线监测系统的总体规划，设计数据中心主要由数据采集传输系统、数据库系统、数据分析与应用系统和网络服务系统四部分组成，组成框图如图 10-20 所示。

数据中心负责来自海水水质现场连续监测系统及原位水质浮标的数据传输接收、数据分析与应用和产品分发，并可集成到天津海洋生态红线区管理信息系统。数据的传输可以实现对现场的监测数据以统一的格式、标准的协议方式进行传输，传输的数据包括：各监测系统传输到数据中心的观测数据、状态数据；数据中心对各监测系统的控制命令数据。

10.1.3.2 海洋生态红线区在线监测示范应用

（1）船基海洋生态红线区环境监测

2015 年 5～9 月，海水水质现场连续监测系统被装载到民用船舶在大神堂海洋红线区开展了 5 个航次的水质船载走航监测，监测常规水质五参数，包括海水 pH、溶解氧、浊度、温度和盐度，以及 5 项营养盐参数，包括亚硝酸盐、硝酸盐、氨氮、磷酸盐和硅酸盐含量。2016 年 6～10 月，系统在大神堂海洋生态红线区开展了 9 次无人值守水质监

① CDMA：code-division multiple access，码分多址
② GPRS：general packet radio service，通用分组无线业务

测，获得了常规水质和叶绿素参数沿航线的监测数据。

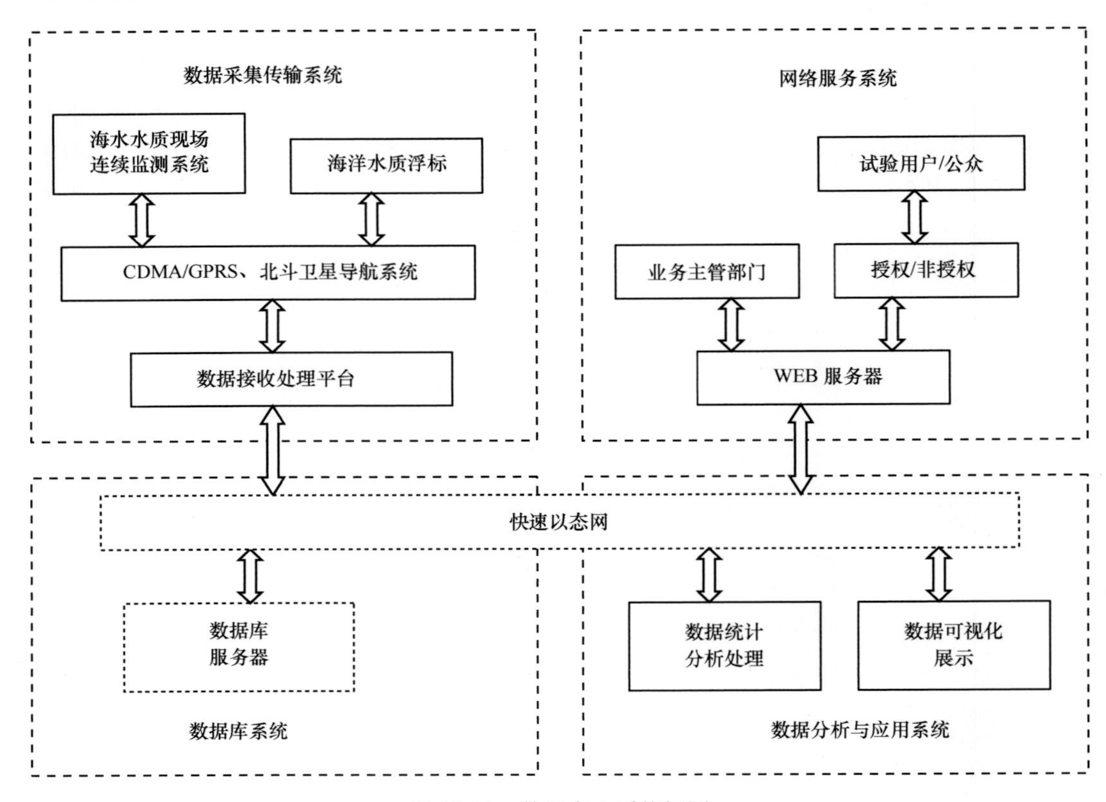

图 10-20　数据中心系统框图

船基监测航行路线如图 10-21 所示，从天津塘沽区的中心渔港出发，沿生态红线区的外围近岸向东航行，到达生态红线区东北角后，向南航行，然后折返到红线区的中心地带，再航行至红线区的南端，最后到达外围的东南端，航线覆盖了整个大神堂海洋生态红线区。

A. 海洋生态红线区大范围水质监测

2015 年 5 月 27 日船基监测连续测量了该海区海水的温度、盐度、pH、溶解氧（DO）和浊度（图 10-22）。

沿航线数据分布图表明，海水温度和盐度垂直于等深线变化，离岸边越远，温度越低，盐度越高。生态红线区西南部测出的海水浊度数值较高，可能是由于西南部靠近天津港、永定新河和海河入海口，河流入海带来的泥沙导致水体比较浑浊。近岸 DO 数值较低，远离岸边则有逐渐增高的趋势。分析温度、盐度、DO、pH 和浊度航线变化图还可清楚看到，在大神堂海洋红线区北部近岸海区，与周边相比，有温度、盐度、浊度偏高，DO 和 pH 偏低的现象，这可能受天津北部电厂排出的废水影响，也可能是受其他排污口排出的污水影响。

图 10-21　船基海洋水质监测航线图

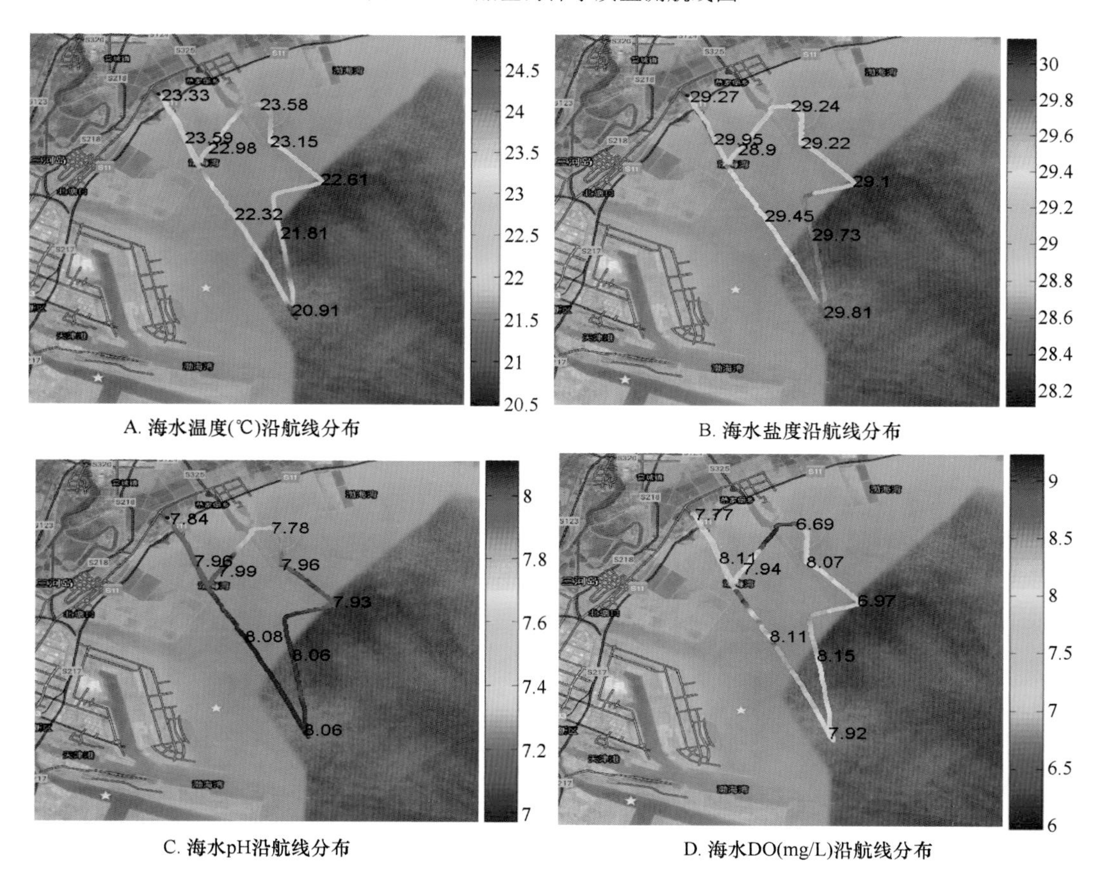

A. 海水温度(℃)沿航线分布

B. 海水盐度沿航线分布

C. 海水pH沿航线分布

D. 海水DO(mg/L)沿航线分布

E. 海水浊度(NTU)沿航线分布

图 10-22　海水温度、盐度、pH、DO 和浊度沿航线分布图

B. 海洋水质富营养化监测

2015 年 8 月 3 日开展的大神堂海洋红线区水质监测航次，监测参数为 pH、DO、浊度、水温、盐度和营养盐含量，监测数据指明，该区域附近永定新河、潮白河和蓟运河的排污，造成海洋生态红线区近岸海水的富营养化（氨氮和活性磷酸盐数据偏高）。随着监测水域逐渐远离近岸，监测船航行到生态红线区大神堂牡蛎礁（生态红线核心区）附近，监测人员观察到成片的深褐色海水，同时监测系统显示溶解氧数值快速升到 16mg/L。天津市海洋局发布《天津近岸海域赤潮监控预测简报》（[2015]8 号），内容包括：9 月 2 日监测结果显示，浮游植物优势种密度较大，多环旋沟藻最高密度为 44.2×10^4 个/L（接近赤潮发生基准密度，多环旋沟藻为 50×10^4 个/L）。常规的监测结果佐证了上述观测到的现象，表明这片海域出现了浮游生物密集增殖现象。溶解氧数据出现尖峰形态的原因在于，白天大量浮游植物的光合作用使海水中溶解氧大增。同时光合作用消耗富营养化污水带来的大量氨氮和活性磷酸盐，造成这两个指标的显著下降。光合作用消耗大量的二氧化碳和氢离子，使该水域的 pH 略微上升。浮游生物的过度进食及牡蛎排泄物降解过程产生了较多的亚硝酸盐，数据显示船航行到牡蛎礁附近，海水中的亚硝酸盐含量逐步上升（李清雪，2000）。

2015 年 8 月航次发现的这一现象表明，夏季的天津大神堂海洋生态红线区存在自净化机制，较高的净初级生产力对降低污染物质在海水中的聚集，保持这一海区的生态平衡发挥了重要的作用。但如果在 8～9 月海水继续保持富营养化，则生态环境会失衡，发生赤潮的概率会大增，对海洋生态红线区的环境将产生不利的影响。

（2）海洋水质浮标环境监测

2015 年 9 月 8 日海洋水质监测浮标在天津滨海新区汉沽中心渔港鲤鱼门码头进行了现场整机拷机，完成浮标布放，布放点位于北纬 38°07.053′、东经 117°56.030′。图 10-26 背景中的海上平台是天津市海洋局建立的大神堂牡蛎礁守护平台（图 10-23）。

2015 年 9 月 10 日上午 10 点开始，浮标布放地点的风速开始加大，平均风速达 7～8m/s，气温逐步下降，湿度逐渐加大，气压和水温逐渐降低，当地可能发生了一次降雨过程。海水中的溶解氧最高仅为 1.8μg/L，如果浮标上的溶解氧传感器测量数据准确，表明浮标布放地点的天气变化使海水中的溶解氧显著下降。还有一种可能是发生了局部赤潮，这可以验证 8 月 3 日航次船载海洋水质现场连续监测系统观察到深褐色水团，测量到溶解氧数值急剧上升，是局部赤潮爆发的先兆，天气的变化加剧了这一过程（邹涛等，2007）。

(A)

(B)

图 10-23　码头拷机（A）与浮标布放（B）

（3）岸基海洋生态红线区环境监测

2015 年 4～6 月，海洋水质集成监测系统在天津永定新河入海口进行了现场连续监测（图 10-24）。该地点海水潮位垂直落差为 4m 左右。岸基海洋水质监测过程中系统整体运行稳定，达到了预期的功能和技术性能，获取了现场海洋水质监测数据，验证了系统在应急情况下的快速布设能力。

A. 岸基监测

B. 系统布设

图 10-24　海洋水质集成监测系统岸基监测现场

（4）监测海洋环境随季节变化

通过将 2015 年五航次获取的海水温度、盐度、DO、pH 和浊度的数据汇总分析，可得到 5～8 月海水水质常规五参数的变化规律。大神堂海洋生态红线区春季海水的温度较低，夏季 6～8 月海水的温度逐步升高，8 月海水平均温度最高，海表面水温变化范围在 25～29℃，适合广温性藻类的生长。盐度在 5～6 月较低，7～8 月较高，与本年度

7～8 月缺少降雨、天气炎热、海表面水分挥发较快有关。5 月海域的 pH 较高，较高的原因在于春夏相交的时期为海河流域的枯水期，与入海径流量较少有关。5 月的海洋生态红线区风浪较大，导致海水中溶解氧较高。到了 6～8 月，由于气温较高，溶解氧整体背景数据较低，但处于海洋生态红线区牡蛎礁附近的浮游生物密集水团具有光合作用，使溶解氧数据在该海域波动较大。天津近岸海域为缓坡地形，风浪会将较浅的海底泥沙卷起，导致近岸海水比较浑浊，浊度较高，而海洋生态红线区整体的海水浊度适中。

总体而言，夏季天津海洋生态红线区海水温度适宜，盐度、pH 稳定，适合多种海洋生物繁衍，是该地区具有良好的生态多样性、渔业资源丰富的原因。

（5）监测海洋环境随年度变化

通过对年度监测数据的比较，我们发现从 2016 年 8 月开始海区的平均 pH 比 2015 年要高，由于 2016 年夏季流经天津地区各河系的降雨量较往年增加了 3 成到 1 倍多，陆源营养盐输送量增加，造成大神堂海洋生态红线区浮游植物丰度增加，海水 pH、叶绿素含量与溶解氧呈显著正相关，与盐度呈负相关关系。

10.1.3.3 海洋生态红线区在线监测评估

（1）在线监测数据质量控制

采用同一或不同的仪器测量同一水样，对测得的数据进行比对，不仅能反映仪器的性能，而且是考察在线监测数据准确性的一种方法。在同一个站位，通过海洋水质集成监测系统进行测量，得到监测系统测量值；同时将另一套多参数水质仪直接放入水中，测量得到温度、盐度、pH、溶解氧和浊度的仪器测量数据，并使用采水器进行人工采水，将该样品直接和营养盐自动分析仪连接，进行测量，得到亚硝酸盐、硝酸盐、铵盐、硅酸盐和磷酸盐的仪器测量数据。

根据 2015 年 5 月 27 日海试所得数据，温度数据不仅变化趋势一致，而且具有很好的相关性，相关系数达到 98.08%；盐度数据趋势一致，但存在一定的系统误差，测量数据相关性为 89.95%；pH 测量数据基本一致，相关性为 69.84%；溶解氧数据趋势一致，浊度测量数据变化趋势非常接近，但存在较大的系统误差。

亚硝酸盐、硝酸盐、硅酸盐、磷酸盐的比对曲线显示：亚硝酸盐和硝酸盐测量数据接近，且具有非常好的相关性，相关系数分别达到 99.29%和 99.01%；铵盐部分数据存在偏差，但相关性较好，达到 91.61%；硅酸盐变化基本一致，但仍存在一些偏差，相关系数为 85.77；磷酸盐变化趋势一致，相关系数达到 88.81%。

（2）在线监测法水质评估

如表 10-3～表 10-6 所示，在 2015 年 5 个航次的监测数据表明，大神堂海洋生态红线区 pH 达标率依次为 100%、88.24%、66.31%、64.96%；溶解氧达标率分别为 100%、82.35%、31.75%、80%；无机氮在 6 月航次的达标率为 29.41%，7 月和 8 月航次的达标率均为 0；活性磷酸盐在 6 月、7 月和 8 月的达标率分别为 41.18%、80%和 16.67%。采用国标法对无机氮和活性磷酸盐数据进行评价。6 月无机氮达标率为 28.57%，活性磷酸盐达标率为 100%。

表 10-3　大神堂海洋生态红线区海水质量监测及分析结果（pH 和溶解氧）

时间	pH			溶解氧/（mg/L）		
	范围	均值	二类达标率/%	范围	均值	二类达标率/%
2015.05.27	7.94～8.31	8.16	100	5.98～8.72	7.63	100
2015.06.25	7.72～8.38	8.1	88.24	4.05～9.66	6.32	82.35
2015.07.23	7.66～8.1	7.88	66.31	2.29～6.33	5.07	31.75
2015.08.27	7.64～8.37	7.93	64.96	4.61～15.71	7.81	80

表 10-4　大神堂海洋生态红线区海水质量监测及分析结果（无机氮和活性磷酸盐）

时间	无机氮/（mg/L）			活性磷酸盐/（mg/L）		
	范围	均值	二类达标率/%	范围	均值	二类达标率/%
2015.05.27	—	—	—	—	—	—
2015.06.25	0.20～0.84	0.402	29.41	0.015 7～0.125 4	0.049 75	41.18
2015.07.23	0.31～0.55	0.439 5	0	0.024 4～0.033 4	0.027 59	80
2015.08.27	0.82～1.22	0.96	0	0.019～0.072 3	0.046 2	16.67

表 10-5　6 月航次 pH 和溶解氧数据在线监测法和国标法比对

评价方法	pH			溶解氧/（mg/L）		
	范围	均值	二类达标率/%	范围	均值	二类达标率/%
在线监测法	7.72～8.38	8.1	88.24	4.05～9.66	6.32	82.35
国标法	—	—	57.14	—	—	100

表 10-6　6 月航次无机氮和活性磷酸盐数据在线监测法和国标法比对

评价方法	无机氮/（mg/L）			活性磷酸盐/（mg/L）		
	范围	均值	二类达标率/%	范围	均值	二类达标率/%
在线监测法	0.20～0.84	0.402	29.41	0.015 7～0.125 4	0.049 75	41.18
国标法	—	—	28.57	—	—	100

在线监测法与国标法的评估结果有一定的差异，但有各自的优势和特点。国标法采用化学检测方法，过程明确，但水样采集和检测既费时又需要较多的人工，而且水样运输过程可能会对水样的保真造成干扰。在线监测法实现了无人值守的自动化运行，可获取连续的数据，其中溶解氧、pH 等参数的原位在线测量能更真实地反映海洋环境的变化。

（3）数据分析与应用

数据应用开发系统包含基于基础数据开发出的一系列数据产品应用系统。

1）利用水质、海洋生态要素等现场监测数据，对观测系统内的监测数据进行周期性的海洋生态环境分析，提供监测点海洋环境变化趋势的系列数据产品。

2）建立海水健康状况实时预警系统。

如表 10-7 所示，4 类海水水质对 pH、溶解氧、无机氮、活性磷酸盐有不同的指标要求。在系统正常运行和数据正常获取的前提下，根据水质标准，通过系统内置参数设定和计算系统，实现对不同水质类别、不同海区水质状况的实时预警，并在此基础上实现对海区整体海水健康状况的综合评估与预警。

表 10-7　海水水质标准

项目	一类水质	二类水质	三类水质	四类水质
pH	7.5～8.5，同时不超出该海域正常变动范围的 0.2pH 单位		6.8～8.8，同时不超出该海域正常变动范围的 0.2pH 单位	
溶解氧/（mg/L）＞	6	5	4	3
无机氮/（mg/L）（以 N 计）≤	0.20	0.30	0.40	0.50
活性磷酸盐/（mg/L）（以 P 计）≤	0.015	0.030		0.045

（4）在线监测示范运行结果

在系统运行期间，对系统的性能参数、适用条件、运行维护等方面进行规范化研究。通过对在线监测值与实验室标准方法检测值之间的比对偏差进行分析，探索出在线监测设备的维护内容和维护周期，从而保障在线监测系统运行的可靠性及数据采集的有效性。

在线监测的数据分析表明，天津海洋生态红线区距离岸边较近，陆源污染对红线区的影响较大，污染严重程度随等深线逐步降低，特别是船载在线监测数据表明，夏季大神堂海域存在的海水自净化机制能有效降低海洋污染。在当前本海区陆源污染物不断增加的情况下，降低海洋污染的一项重要举措是加强海洋生态红线区的保护，维护好该海区的生态平衡。

示范运行工作表明，海洋生态环境在线监测系统具有无人值守自动运行的特点，能有效降低人力成本，提高监测效率。在线监测技术的推广应用将加强海洋生态红线区监测能力，实现对海洋生态红线区全覆盖监测和快速评估。获取的环境质量、污染源、生态状况监测数据可通过环境监测数据传输网络实现监测数据集成共享。通过进一步建立海洋生态红线区的在线监测运行机制，可为海洋生态红线区海洋环境保护和治理、海洋环境突发事件应急提供有力的支持。

10.1.4　天津海洋生态红线区管控措施

10.1.4.1　海洋生态红线区控制指标

（1）自然岸线保有率指标

根据《渤海海洋生态红线划定技术指南》（以下简称《技术指南》）要求，天津海域自然岸线保有率需不低于 5%（国家海洋局，2012a），据《全国海洋功能区划（2011～2020 年）》，天津海域岸线长度为 153.67km，即保有自然岸线需不低于 7.69km（国家海洋局，2012b）。

划定的生态红线区中天津大神堂自然岸线长度为 8.94km，大港滨海湿地岸线长度为 9.69km，合计 18.63km。根据《天津市海岸保护与利用规划研究报告》：①津冀北海域行政区域界线至大神堂岸段海岸类型为典型的粉砂、淤泥质、缓慢淤积型海岸，为土质海挡；②子牙新河至津冀南线岸段海岸类型为典型的粉砂淤泥质海岸，缓慢淤积型海岸，为水泥质海挡。目前这两处海岸线除滩涂养殖外，没有任何工业设施或围填海工程占用岸线，自然岸线属性显著，所以划定的天津海域自然岸线的保有率达到 12.12%。

（2）红线区面积控制指标

根据《技术指南》要求，天津海域生态红线区面积需不低于 10%，据《全国海洋功能区划（2011～2020 年）》，天津海域的面积约为 2146km^2，即生态红线区的面积需不低于 214.6km^2（国家海洋局，2012a，2012b）。

划定的生态红线区中天津大神堂牡蛎礁国家级海洋特别保护区面积约为 34.00km^2，天津汉沽重要渔业海域面积为 76.43km^2，天津大港滨海湿地面积为 106.37km^2，天津北塘旅游休闲娱乐区面积为 2.57km^2，天津大神堂自然岸线区域面积为 0.42km^2，共 219.79km^2，占天津管辖海域面积的 10.24%。

由于天津管辖海域面积呈扇面形，而海洋工程建设的推进是沿岸线平行推进的。根据扇形面积的计算公式，天津管辖海域面积在不断缩小且呈双曲线趋势减小，即海域面积缩小的速率是在不断增大的。另外，根据相关规划要求，要加快滨海新区建设，确立北方国际航运中心和国际物流中心地位，因此，天津管辖海域内能够划为禁止或限制开发的海洋生态红线区的海域面积非常有限。

（3）水质达标控制指标

根据《技术指南》要求，天津海域生态红线区内实施严格的水质控制标准，至 2020 年海水水质达标率需不低于 80%（国家海洋局，2012a）。

目前，根据海洋环境监测数据计算结果，天津大神堂牡蛎礁国家级海洋特别保护区及天津汉沽重要渔业海域的监测站位受无机氮等影响，水质等级多为劣四类，超过二类水质标准的指标主要有无机氮和活性磷酸盐等。根据功能区划要求，特别保护区和养殖用海的水质要求为不低于二类，因此需加强对保护区内无机氮和活性磷酸盐等指标的控制（国家海洋局，2017a）。

而天津大神堂滩涂湿地和大港滨海湿地水深较浅，目前开展的监测工作较少，需进一步加强这两块湿地的水质监测工作，根据海域功能水质达标要求，加强对超标污染物的控制。

目前天津正在修订《天津市海洋生态环境保护实施方案》，将围绕生态红线区水质达标率，提出具体的减排措施和修复整治工程，同时通过加强生态红线区的监视监控，确保至 2020 年控制天津海域生态红线区水质达标率不低于 80%。

（4）入海污染物减排指标

根据《技术指南》要求，天津海域生态红线区内需实现陆源入海直排口污染物排放达标率为 100%，陆源污染物入海总量减少 10%～15%（国家海洋局，2012a）。

目前天津海域生态红线区内没有陆源入海直排口，因此对陆源入海直排口污染物排放达标率无相关要求。针对陆源污染物入海总量控制指标，由于天津海域陆源排污口多设有闸口，不定期进行提闸，因此很难计算排污口的年度径流量，进而无法获取污染物入海总量。

根据生态红线区要求，应进一步开展陆源污染物入海总量计算方法研究，加强天津海域陆源入海污染物排放达标率和陆源污染物入海总量的监测与评价工作，加强对超标污染物的控制。力争至2020年实现国家确定的陆源污染物入海总量削减控制目标。

10.1.4.2 总体管控措施

海洋生态红线区分为禁止类红线区和限制类红线区，根据海洋生态红线区的不同类型，制定分区分类差别化的管控措施。

禁止类红线区为天津大神堂牡蛎礁国家级海洋特别保护区的重点保护区，原则上，禁止类红线区应实施最严格的保护措施，禁止与保护无关的产业项目。禁止类红线区的准入条件直接引用已有政策法规形成。

根据《中华人民共和国自然保护区条例》，自然保护区的核心区和缓冲区内不得建设任何生产设施，因此，属于禁止开发区的海洋自然保护区范围内，不得建设任何生产设施，也严禁与保护无关的产业进入。

根据《海洋特别保护区管理办法》，海洋特别保护区的重点保护区内，禁止实施各种与保护无关的工程建设活动；预留区内，严格控制人为干扰，禁止实施改变区内自然生态条件的生产活动和任何形式的工程建设活动。因此，属于禁止开发区的海洋特别保护区范围内，禁止一切与保护无关的工程建设，以及改变自然生态条件的生产活动。

限制类红线区为天津大神堂牡蛎礁国家级海洋特别保护区的适度利用区和生态与资源恢复区、天津汉沽重要渔业海域、天津大港滨海湿地、天津北塘旅游休闲娱乐区及天津大神堂自然岸线。限制类红线区应实行较为严格的保护。在限制类红线区内，禁止开设对受保护对象生态功能影响较大的产业，限制开设生态功能影响较大但生态保护和生态经济发展所必需的产业，控制开设对受保护对象生态功能影响较小或无影响的产业。为便于提高效率，将限制类红线区的准入条件分为通则条件和分则条件。在限制类红线区内判断项目是否准入，应首先判断通则条件，再判断分则条件。

通则条件是指适用于所有受保护海洋生态系统类型的准入条件，无须考虑各类海洋生态系统的特性，是准入的基本前提。通则条件具有“一票否决”的特性，只确定禁止类产业，而不确定控制类和限制类产业。通则条件只考虑产业的环境影响特点，主要从两方面进行考察：一是产业的用海方式，二是产业的资源环境影响特点。分则条件是针对不同类型海洋生态系统的准入条件，由于不同海洋生态系统的生态敏感性不同，在某一类型红线内应属禁止的产业可能在其他类型红线内被允许。因此，分则条件要同时分析各类型海洋生态红线的生态敏感性，及各产业的环境影响特点，根据这两方面的交互作用来判定准入类型。

在限制开发区内实行以下通则条件管控措施：实施严格的区域限批政策，严控开发强度。对未落实项目的区域，实行严格限批制度，禁止下列项目进入限制类红线区：①用海方式包括填海造地、围海、人工岛式油气开采、取排水口、倾倒的海洋工程；②海洋水产品加工；③海洋油气业；④海砂开采；⑤海洋船舶工业；⑥海洋化工业；⑦海上风电；⑧污水排海工程。限制下列项目进入限制类红线区：①海洋盐业（只允许采用综合利用生产化工产品或返回矿井的工艺）；②物资储藏设施建造（只允许建造用于储藏一般物质且不涉及海上明挖和围填海工程的储藏设施）；③海底隧道（只允许暗挖隧道）；④海水利用业（只允许尾水不排海工程，以及其他对于生活和保护所需要的小型海水利用装置)；⑤港口工程（只允许采用非透水构筑物、透水构筑物、防浪港池建设多用途和杂货码头，滚装、客运和游艇码头）。除以上产业外，其他产业应纳入控制类产业进行管控。

对区域内正在办理的、与该区域管控目标不相符的项目，停止审批；对区域内已经完成审批流程但未具体实施建设的或已经开工建设但与该区域管控目标不相符的项目，应停止建设，重新选址；对区域内已运营投产但与该区域管控目标不相符的项目，责令进行等效异地生态修复；对区域内未经海洋主管部门审核通过且与该区域管控目标不相符的项目，责令恢复原貌，并对其间造成的生态损失予以补偿。

实施严格的陆源入海污染物排放控制，禁止红线区内新建排污口。控制养殖规模，鼓励生态化养殖。推动退养还滩、退养还海。实行海洋垃圾巡查清理制度，有效清理海洋垃圾。对已遭受破坏的海洋生态红线区，实施可行的整治修复措施，恢复原有生态功能。海洋生态红线区海水水质应符合所在海域海洋功能区的环境质量要求。

10.1.4.3　海洋特别保护区

（1）概述

海洋保护区是指海洋自然保护区和海洋特别保护区（海洋公园）。天津生态红线区包括天津大神堂牡蛎礁国家级海洋特别保护区，该保护区的重点保护区为禁止开发区，适度利用区和生态与资源恢复区为限制开发区。

（2）管控措施

天津大神堂牡蛎礁国家级海洋特别保护区的重点保护区为禁止开发区。在重点保护区内，实行严格的保护制度，禁止实施各种与保护无关的工程建设活动，无特殊原因，禁止任何单位或个人进入。

该特别保护区的适度利用区和生态与资源恢复区为限制开发区。在该区域内，应加强周边海岸工程（如北疆电厂、中心渔港等）的入海排污监控；在保护区适度利用区内，确保海洋生态系统安全的前提下，允许适度利用海洋资源，鼓励实施与保护区保护目标相一致的生态型资源利用活动，发展生态旅游、生态养殖等海洋生态产业。实施严格的水质控制指标，严格控制河流入海污染物排放，执行一类海水水质、海洋沉积物和海洋生物质量标准。鼓励发展生态旅游、生态养殖等海洋生态产业；在生态与资源恢复区内，根据科学研究结果，可以采取适当的人工生态整治与修复措施，恢复海洋生态、资源与关键生境。

10.1.4.4　重要滨海湿地

（1）概述

重要滨海湿地是指列入《中国重要湿地名录》的滨海湿地（国务院，2000）。该类型的湿地在天津生态红线区包括天津大港滨海湿地。

（2）管控措施

天津大港滨海湿地生态红线区为限制开发区。①禁止可能破坏湿地生态功能的开发活动；②禁止排放氮磷较多的开发活动。除限制类红线区通则条件禁止的类别外，禁止开展海洋捕捞活动。除限制类红线区通则条件限制的类别外，限制海水养殖（只允许筏式养殖、滩涂养殖、底播增殖，其中滩涂养殖仅限养殖贝类和海藻类，不得改造为半封闭和封闭式鱼塭）活动。

10.1.4.5 重要渔业海域

（1）概述

重要渔业海域是指省级以上水产种质资源保护区（农业部，2011）。该类型的海域在天津生态红线区包括天津汉沽重要渔业海域。

（2）管控措施

天津汉沽重要渔业海域生态红线区为限制开发区。①禁止截断洄游通道；②禁止水下爆破施工；③禁止影响渔业资源育幼、索饵、产卵的开发活动。除限制类红线区通则条件禁止的类别外，禁止航道工程开发活动。除限制类红线区通则条件限制的类别外，限制海底光缆和管道工程（只允许无爆破施工及不影响渔业资源育幼、索饵、产卵的工程）及海上桥梁（只允许无爆破施工的桥梁工程）的开发。

10.1.4.6 重要滨海旅游度假区

（1）概述

重要滨海旅游度假区是指省级以上风景名胜区内的主要景区（点）、4A 级以上景区或潜在旅游区。该类型的度假区在天津生态红线区包括天津北塘旅游休闲娱乐区。

（2）管控措施

天津北塘旅游休闲娱乐区生态红线区为限制开发区。①禁止开设与保护无关的建设项目；②禁止爆破作业等危及文化遗迹安全的，有损海洋自然景观的开发活动。除限制类红线区通则条件禁止的类别外，禁止《风景名胜区条例》《世界地质公园网络工作指南》等确定的禁止类产业，航道工程，以及海水养殖开发活动。除限制类红线区通则条件限制的类别外，限制海底光缆和管道工程（只允许无爆破施工的工程）及海上桥梁（只允许无爆破施工及不影响自然景观的工程）的开发。

10.1.4.7 自然岸线

（1）概述

自然岸线是指天然形成的砂质岸线、粉砂淤泥质岸线和基岩岸线，以及整治修复后具有自然海岸生态功能的岸线（国家海洋局，2017b）。该类型的自然岸线在天津生态红线区包括天津大神堂自然岸线和天津大港滨海湿地自然岸线。天津大神堂自然岸线长度为 8.94km，滨海湿地岸线长度为 9.69km，合计 18.63km。天津生态红线区包括以津冀北海域行政区域界线至大神堂岸段海岸类型为典型的土质海挡的粉砂、淤泥质、缓慢淤积型海岸和以子牙新河至津冀南线岸段海岸类型为典型的水泥质海挡的粉砂淤泥质海岸，缓慢淤积型海岸。目前这两处海岸线除滩涂养殖外，没有任何工业设施或围填海工程占用岸线，自然岸线属性显著。

（2）管控措施

天津大神堂自然岸线和天津大港滨海湿地自然岸线生态红线区为限制开发区。严格保护岸线的自然属性和海岸原始景观，禁止从事可能改变自然岸线属性的开发建设活动，禁止在海岸退缩线（海岸线向陆一侧 500m 或第一个永久性构筑物或防护林）内构建永久性建筑和开展围填海活动，禁止砂质岸线向海一侧 3.5 n mile 内采挖海砂、围填海、倾废等可能诱发沙滩蚀退的开发活动。

其他事项按通则条件执行。

10.1.5 基于 GIS 的天津海洋生态红线区管理系统

通过对海洋生态红线制度、海洋生态红线区选划技术等内容的研究成果，实现生态红线区信息管理、相关监测数据、海域利用、社会经济等信息管理与决策分析，实现红线区建设项目预警，为海洋行政管理部门提供红线区管理的决策支撑。系统建设的主要内容包括：生态红线区数据库建设、信息服务发布、信息系统研发等工作。

10.1.5.1 天津海洋生态红线区数据库建设

海洋生态红线区数据库的建立需要红线区海域海洋基础地理数据和卫星遥感数据，海洋功能区划、海洋保护区、海洋养殖区、环境敏感区、海岸线、社会经济和海域利用等空间数据，及天津海洋环境历年监测数据、公报等资料，现场采集 360°全景信息等。将空间数据信息与属性信息有机结合，提供系统调查数据及其他相关数据的查询、浏览、分析、输出和相关地图模板的定制功能。

根据海洋生态红线区的业务需求，以《海洋生态环境保护信息分类与代码》为基础，整合各种业务化报表数据，设计、建立统一的海洋生态红线区系统数据库，为系统运行提供数据支撑。

在结构化查询语言服务器数据库管理系统环境下，采用统一建模语言（unified modeling language，UML）进行建模，形成逻辑结构模型和物理结构模型，最终构建出完整的海洋生态红线区系统数据库（路文海，2013）。数据库列表如表 10-8 所示。

系统数据库对外进行了服务发布，为系统调用和管理提供便利，地理数据服务包括基础地理数据、海岸线、海域利用、沿岸陆域水系、相关标注、区域界限、红线区及相关专题数据；该服务具有开放性，提供标准基于表现层状态转移协议的服务，供本系统和其他系统调用（卜志国等，2012；付瑞全等，2014a）。

10.1.5.2 基于 WebGIS 技术的海洋生态红线区管理信息系统构建

海洋生态红线区管理信息系统构建采用的是 Flex 技术。Flex 是一种基于标准编程模型的高效丰富互联网应用程序（rich internet application，RIA）开发产品集（汪林林等，2008），Flex 最大的特点是基于全球流行的网络动画平台——Flash。通过 Flex 技术，开发人员可以将 RIA 程序编译成为 Flash 文件，为 Flash 播放器所接受。也就是说，Flex 技术所开发出来的程序对于大部分浏览者而言并不需要安装额外的客户端，这是一个得天独厚的优势。Flex 弥补了许多传统 Web 应用缺乏的元素，减少了客户端与服务器之间通信的次数，更为详细地展示数据的细节。最适用的应用程序包括：解决多步处理、客户端验证、控制可视数据，使桌面应用和 Web 应用结合在一起，表现出强大的表现力（付瑞全等，2014a；易敏等，2007）。

表 10-8　海洋生态红线区系统数据库列表

序号	表名	中文
1	GISData.DBO.沿海城市 GDP	沿海城市 GDP
2	GISData.DBO.沿海城市人口	沿海城市人口
3	GISData.DBO.沿海省市 GDP	沿海省市 GDP
4	GISData.DBO.沿海省市海洋生产总值	沿海省市海洋生产总值
5	GISData.DBO.沿海省市海洋渔业分类产值	沿海省市海洋渔业分类产值
6	GISData.DBO.沿海省市人口	沿海省市人口
7	GISData.DBO.海域使用确权	海域使用确权
8	GISData.DBO.岸线红线	岸线红线
9	GISData.DBO.渤海海洋生态红线区 l	渤海海洋生态红线区（线）
10	GISData.DBO.渤海海洋生态红线区 P	渤海海洋生态红线区（面）
11	GISData.DBO.功能区划	功能区划
12	GISData.DBO.倾倒区	倾倒区
13	GISData.DBO.油气管线	油气管线
14	GISData.DBO.油气平台	油气平台
15	GISData.DBO.勘界岸线	勘界岸线
16	GISData.DBO.区域用海规划	区域用海规划
17	GISData.DBO.红线管控信息表	红线管控信息表
18	GISData.DBO.红线制度文本表	红线制度文本表

基于 Flex 的 WebGIS 应用框架如图 10-25 所示。整个框架分为 3 层，即表现层、应用层、数据层。

（1）表现层

基于浏览器或 Flash 播放器的一个富客户端可以为用户呈现一个丰富的、具有高交互性的可视化界面，以图文一体化的方式显示空间和属性信息，同时可以为用户提供地图交互、信息查询、地图分析的交互接口。

（2）应用层

应用层是负责响应 Flex 客户端请求的核心层。它接收来自客户端的请求，并根据用户请求类型做出相应响应。通过 J2EE/.NET 应用服务器与 ArcGIS Server 服务器响应空间数据和属性数据请求，对空间数据进行分析和控制。同时利用应用网关、远程服务与业务数据库进行交互，完成业务数据的查询（刘二年等，2006；吴涛等，2006）。

（3）数据层

数据层是系统的底层，负责空间数据和属性数据的存取机制，维护各种数据之间的关系，并提供数据备份、数据存档、数据安全机制，为整个系统提供数据源的 Flex 客户端是富客户端形式，其对外数据接口有两个：REST 和 Servlet. REST 接口负责连接 ArcGIS 服务器数据源，Servlet 接口负责连接 Web 服务器和交换架构系统的数据。

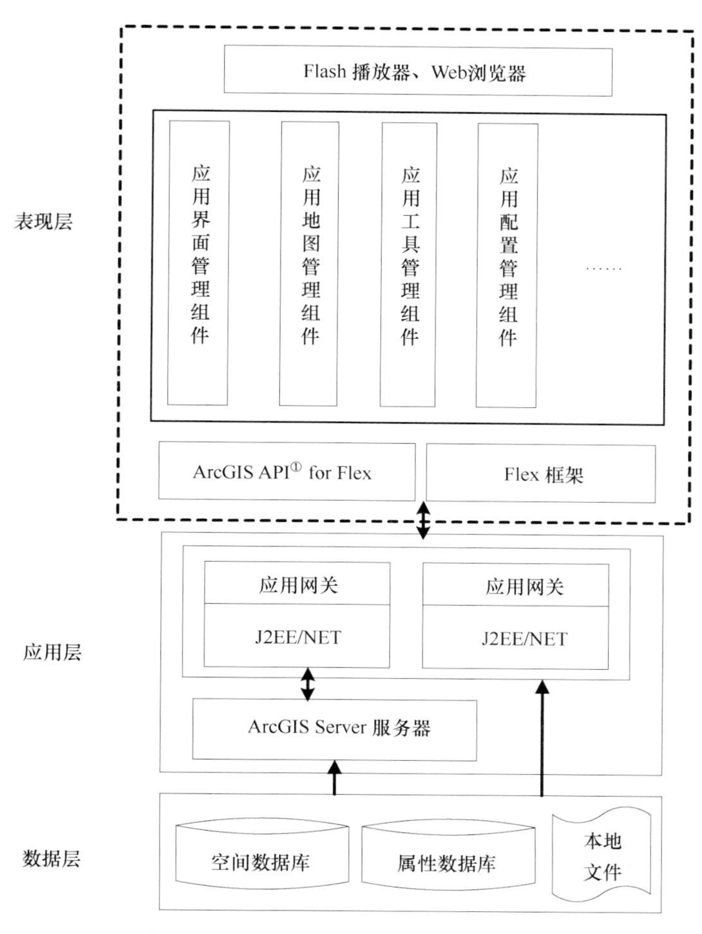

图 10-25　基于 Flex 的 WebGIS 应用框架

ArcGIS Server 服务器通过 ArcGIS API for Flex 框架生成 Flex 地图数据的统一资源定位（uniform resource locater，URL）地址，其格式是如下。

http：//＜服务器名称＞/＜实例名＞/services/＜文件夹名称（如果服务在一个文件夹里）＞/＜服务名＞/＜服务类型（某些服务需要）＞/

客户端主要直接调用这个地址，就能对地图数据进行操作，非常简便。Web 服务器作为可选的服务器，通过项目 ID 和 Flex 连接，实现连接数据库、上传文件、显示图片等功能。Web 服务器最重要的功能是具有开放性的接口，能实现和 XI 系统数据共享。系统所想要的数据都可以通过 Web 服务器从其他系统中获取，实现资源共享。

基于 ArcGIS Flex API 开发的环境专题 WebGIS 系统克服了原有 WebGIS 开发中存在的交互性差、响应速度慢等缺陷，使其能够呈现更加丰富、体验性更强的用户界面，为

① API：application program interface，应用程序接口

WebGIS 的应用提供了一种崭新的表现机制。同时基于 Flex 的可重用、可扩展的框架设计，使得功能扩展成为可能，大大地提高了开发和部署效率；GIS 服务器动态地图渲染和地图切片技术相结合，及基于行动消息流（action message format，AMF）协议的 Flash Remoting 通信技术，使得空间信息发布和浏览的速度大大地提高。

10.1.5.3 天津海洋生态红线区管理信息系统功能模块介绍

该系统主要用于海洋生态红线区相关监测数据、海域利用、社会经济等信息管理与决策分析。系统主要功能模块包括基础信息管理、红线区控制指标管理、工程项目预览与符合性分析、红线区监测信息管理、辅助功能、浮标数据管理等功能模块（图 10-26）。

图 10-26 海洋生态红线区管理信息系统模块组成图

（1）基础信息管理模块

本模块主要目标是实现对海洋生态红线区的基本信息、名称、类型、批复日期、所在行政区域、地理范围（拐点坐标）、覆盖区域、保护目标、管控措施、相关报告文件（海洋生态红线制度、海洋生态红线区选划技术指南、海洋生态红线科研项目、海洋生态红线研究报告、海洋生态红线研究论文）等信息进行查询、上传、在线编辑、删除操作；同时针对各类海洋生态红线区、海洋保护区、监测数据、海域利用、社会经济等类型的数据进行集中管理，满足各类数据的输入、输出、查询、浏览等功能，满足系统对基本数据库的信息维护，同时满足空间数据的导入、导出、在线编辑、属性维护、图层配置等功能。海洋生态红线区分布功能模块如图 10-27 所示。

（2）红线区控制指标管理模块

本模块主要目标是实现已区划的海洋生态红线区自然岸线保有率指标、红线区面积控制指标、水质达标控制指标、入海污染物减排指标等的查询、数据统计（图、表），

图 10-31　红线区地图模板打印定制图

（6）浮标数据管理模块

本模块主要目标是实现浮标数据的管理，按照分页查询、单条记录详细查询等方式进行数据的查询，主要包括观测站位、浮标编号、经度、纬度、表层水温、表层盐度、叶绿素、浊度、溶解氧、pH 等海洋生态要素；同时按照浮标编号关键字进行过滤查询，实现某一个浮标的查询，具体操作界面如图 10-32 所示。

localhost:16699/IndexPage.aspx?userName=admin

天津海洋生态红线区管理系统　地图查看　生态红线数据　浮标管理　用户管理

日期：2016/11/16　当前用户：admin

浮标编号：全部

序号	观测站位	浮标编号	日期时间	经度	纬度	表层水温（℃）	表层盐度（ppt）	叶绿素（ug/L）	浊度（FTU）	溶解氧（mg/L）	pH	操作
1	ST01	ST01	2015/9/1 0:00:00	117-6-34.7 E	39-8-7.1 N	19.870000	0.290000	0.200000	3.800000	18.230000	7.050000	其他参数
2	ST01	ST01	2015/9/1 0:30:00	117-6-34.6 E	39-8-7.1 N	19.810000	0.290000	0.700000	3.800000	19.280000	7.050000	其他参数
3	ST01	ST01	2015/9/1 1:00:00	117-6-34.8 E	39-8-6.9 N	19.770000	0.290000	0.800000	3.800000	19.540000	7.050000	其他参数
4	ST01	ST01	2015/9/1 1:30:00	117-6-35.3 E	39-8-7.2 N	19.700000	0.290000	0.500000	3.800000	18.350000	7.050000	其他参数
5	ST01	ST01	2015/9/1 2:00:00	117-6-34.8 E	39-8-7.2 N	19.640000	0.290000	0.600000	3.800000	17.740000	7.050000	其他参数
6	ST01	ST01	2015/9/1 2:30:00	117-6-34.6 E	39-8-7.1 N	19.580000	0.290000	0.900000	3.800000	19.460000	7.050000	其他参数
7	ST01	ST01	2015/9/1 3:00:00	117-6-35.0 E	39-8-6.9 N	19.510000	0.290000	0.500000	3.800000	17.960000	7.050000	其他参数
8	ST01	ST01	2015/9/1 3:30:00	117-6-34.8 E	39-8-7.0 N	19.440000	0.290000	0.700000	3.800000	18.960000	7.050000	其他参数
9	ST01	ST01	2015/9/1 4:00:00	117-6-35.0 E	39-8-7.1 N	19.330000	0.290000	0.600000	3.800000	18.600000	7.050000	其他参数
10	ST01	ST01	2015/9/1 4:30:00	117-6-34.8 E	39-8-6.9 N	19.240000	0.290000	0.800000	3.800000	18.320000	7.050000	其他参数
11	ST01	ST01	2015/9/1 5:00:00	117-6-34.8 E	39-8-6.4 N	19.150000	0.290000	0.400000	3.800000	20.060000	7.050000	其他参数
12	ST01	ST01	2015/9/1 5:30:00	117-6-35.2 E	39-8-7.6 N	19.030000	0.290000	0.200000	3.800000	18.290000	7.060000	其他参数
13	ST01	ST01	2015/9/1 6:00:00	117-6-34.8 E	39-8-7.1 N	18.940000	0.290000	0.900000	3.800000	18.730000	7.060000	其他参数
14	ST01	ST01	2015/9/1 6:30:00	117-6-35.2 E	39-8-7.1 N	18.890000	0.290000	0.400000	3.800000	19.090000	7.060000	其他参数
15	ST01	ST01	2015/9/1 7:00:00	117-6-34.8 E	39-8-6.9 N	18.860000	0.290000	0.300000	3.800000	19.900000	7.060000	其他参数
16	ST01	ST01	2015/9/1 7:30:00	117-6-35.0 E	39-8-7.0 N	18.870000	0.290000	0.600000	3.800000	19.700000	7.060000	其他参数
17	ST01	ST01	2015/9/1 8:00:00	117-6-34.8 E	39-8-7.1 N	18.870000	0.290000	0.900000	3.800000	19.120000	7.050000	其他参数
18	ST01	ST01	2015/9/1 8:30:00	117-6-34.8 E	39-8-7.3 N	18.870000	0.290000	0.800000	3.800000	19.040000	7.060000	其他参数
19	ST01	ST01	2015/9/1 9:00:00	117-6-35.0 E	39-8-7.0 N	18.860000	0.290000	0.800000	3.800000	17.830000	7.060000	其他参数
20	ST01	ST01	2015/9/1 9:30:00	117-6-35.1 E	39-8-6.9 N	18.870000	0.290000	0.600000	3.800000	18.670000	7.060000	其他参数
21	ST01	ST01	2015/9/1 10:00:00	117-6-34.7 E	39-8-6.9 N	18.960000	0.290000	0.400000	3.800000	19.570000	7.050000	其他参数

1 / 46

图 10-32　浮标数据管理

10.2 洞头示范区

10.2.1 洞头示范区概况

1. 地理位置与行政区划

洞头区（县）地处我国东南沿海，隶属于温州市，距温州市区约 53km，东临东海，西靠瓯江口，与龙湾区隔海相望，南与瑞安市的北麂、北龙列岛一水相连，北与玉环市隔水为邻。洞头是全国 14 个海岛区（县）之一。拥有大小岛屿 302 个，区域总面积约 2862 km^2，其中陆地面积 153.3 km^2，海岸线总长约 418 km，理论基准面以上滩涂约 96 km^2。现辖 5 街道 1 镇 1 乡（北岙街道、东屏街道、元觉街道、霓屿街道、灵昆街道、大门镇、鹿西乡），103 个村居（社区）。洞头区（县）区域位置图见图 10-33。

2. 自然环境概况

（1）气候特征

洞头列岛属亚热带海洋性季风气候区，气温适中，空气湿润，雨量充沛，海岛多风，冬夏季风交替显著，全年四季分明。根据洞头气象站多年资料统计，本地区气象特征如下。

气温：洞头地区多年气温适中，年际平均气温变化不大，在 16.7～18.0℃，变化幅度仅 1℃左右。年平均气温 17.4℃，年极端最高气温 35.7℃，年极端最低气温−4.1℃，月平均最高气温 27.5℃（8 月），月平均最低气温 7.2℃（2 月）。

降水：洞头全年雨水充沛，降水成因主要为锋面雨和热带气旋。全年降水多集中在 4～6 月的梅雨季节，总量占全年的 36%～44%；其次为 7～9 月台风期降水，总量占全年的 20%～28%。年平均降水量 1215.6mm，年最大降水量 1752.4mm（1962 年），年最小降水量 648mm（1971 年），日最大降水量 214mm，年平均降水日 153 天。

风况：洞头夏季以 SW 向风为主；春秋季节多为偏 S 向或偏 N 向大风，又以偏 N 向大风为主，冬季则盛行 N～NE 向大风。全年平均风速 3.8m/s，常风向为 NNE 向，频率为 19.8%；次常风向为 NE 向，频率为 18.4%。强风向为 SSW 向，最大风速为 32m/s（1975 年 8 月 12 日）；次强风向为 N、NNE、ESE 向，最大风速为 28m/s。多年平均≥6 级大风日数为 37 天；多年平均≥7 级大风日数为 8.5 天。

热带气旋：根据浙江省气象局《台风路径》资料及洞头气象站台风资料统计分析，温州沿海每年 4～11 月受台风影响，其中 7～9 月台风侵袭频繁。1950～1994 年影响洞头海区的台风共 232 次，平均每年 5.2 次，最多的 1961 年达 10 次。对洞头地区有严重影响的或在洞头地区登陆的，大约两年遇到一次。台风登陆时极大风速为 40m/s 以上，并出现狂风暴雨、水位上涨、巨浪滔天，给当地带来极大损失。

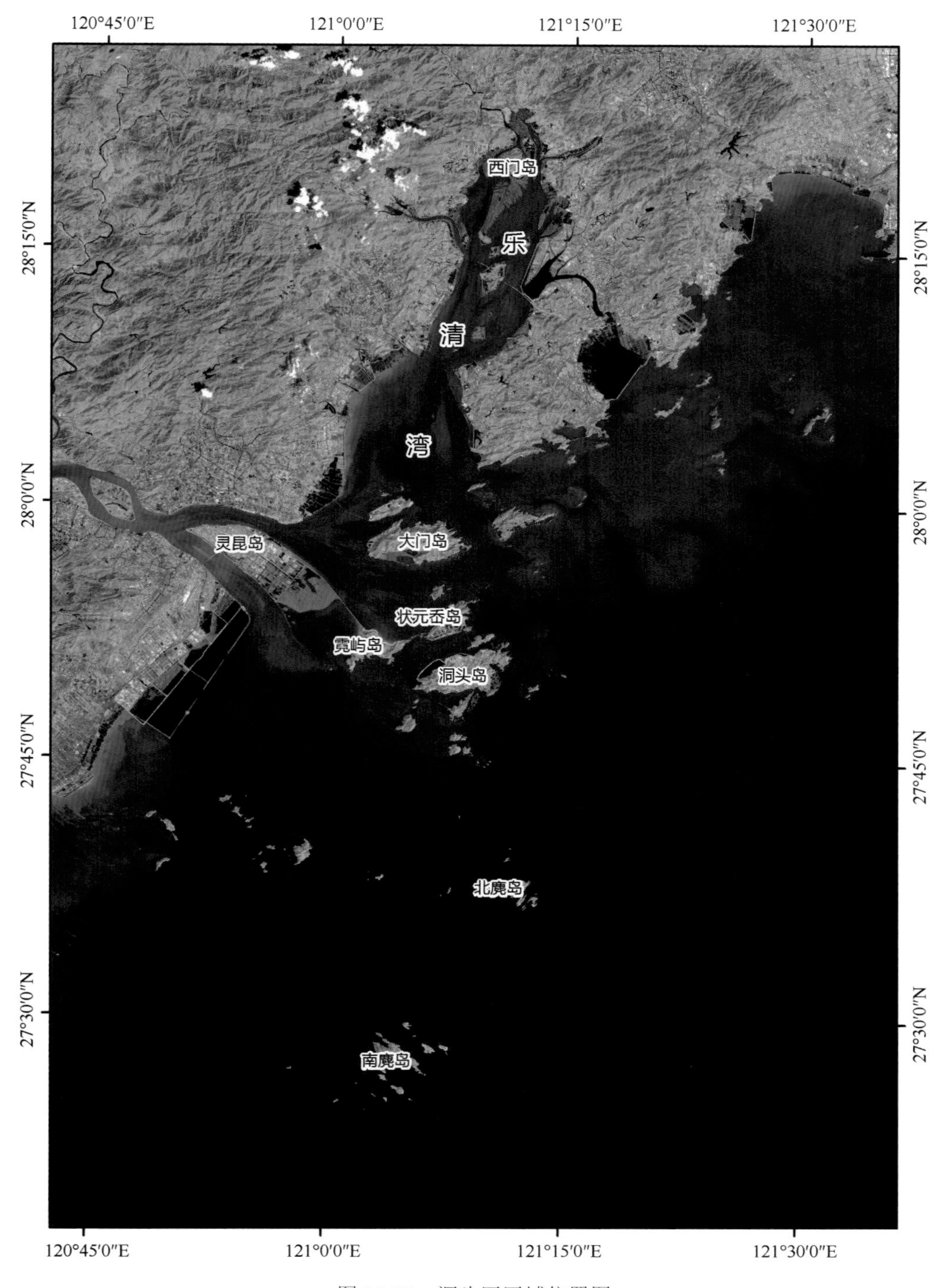

图 10-33　洞头区区域位置图

（2）水文特征

根据洞头多年实测潮位资料分析，本海区潮汐类型属正规半日浅海潮型，涨潮历时大于落潮历时。潮差较大，最大潮差 6.79m，平均潮差 4.48m。

洞头列岛以东外海区海浪多为风浪和涌浪兼有的混合浪，风浪与涌浪出现的频率相当。常浪向为 E～ESE 向，其次为 N～NE 向，强浪向为偏 N～NE 向。波高季节分布特征为秋冬季节最大，方向主要为偏 N 向，春末夏初波高最小。最大波高的波浪主要发生在夏秋季节，均与台风活动有关，台风影响期波浪方向主要为偏 E 向和偏 N 向。全海区各站单宽净输沙量多达 200t；净输沙方向在洞头岛以北以 E 向输沙为主，而洞头岛以南以 W 向输沙为主。

（3）海岸地形地貌

洞头属低山丘陵区，总体地势呈北西高，南东低，山体走向呈 NE 向分布，其地貌可划分为陆域地貌和岸滩海域地貌两大类。陆域地貌包括侵蚀剥蚀高丘陵和低丘陵两种类型，此地貌陆域分布很广，约占全列岛面积的 89.12%，山脉大体东西走向，河床不发育，无大的河流，山丘多圆浑平缓，其中以洞头列岛西部的丘陵地形最为明显，石蛋地形发育良好。洞头最高峰为大门岛的烟墩山，海拔 391.8m，洞头本岛的最高峰为炮台山，海拔 226m。全区平均海拔在 100m 以下，一般在 50～100m。

3. 海洋资源概况

（1）港口航道资源

洞头列岛海岸线绵延曲折，岛间水道、航道纵横，形成许多可供开发的港湾、航道和锚地。优越的地理位置也赋予了洞头列岛港口资源巨大的潜在开发价值。洞头列岛 –10m 以上等深线岸线总长约 50km，综合分析水深、避风及后方腹地等建港条件，自然条件较好的深水港址主要有小门岛港址、大门岛港址、鹿西岛港址、状元岙港址、三盘港址、黑牛湾港址，这些港址深水岸线总长（不包括三盘岛港址）达 27.2km，适宜建 1 万～20 万吨级泊位上百个，且水域条件理想。

（2）渔业资源

洞头渔场是仅次于舟山渔场的浙江省第二大渔场，渔场面积 4800km^2，并与北麂、南麂、披山和大陈渔场连成一片，渔业资源丰富，鱼类名特优品种资源繁多，常年洄游的鱼类、虾蟹类有 300 多种，其中常见的经济鱼类有 40 多种。形成春产乌贼、鳓鱼、鲳鱼、鲨鱼等渔汛；冬产带鱼、马鲛、梭子蟹等渔汛。

（3）滨海旅游资源

洞头海蚀地貌发育充分，海蚀桥、海蚀穴、海蚀平台和沙滩等典型海岸地貌丰富，海山结构的自然景象雄伟壮观，大自然的鬼斧神工使洞头成为具有众多自然景观和人文遗迹的风景名胜区（图 10-34）。洞头拥有七大景区、400 多个景点。洞头具有千年文化，如新石器文化（九亩丘新石器遗址）、宗教文化（中普陀寺）、民俗文化（妈祖、七夕）等，都集中体现了洞头所包含的厚重文化气息。丰富多彩的民间习俗、民间艺术和现代节庆构成了洞头极为多元的休闲娱乐生态。

图 10-34 洞头滨海旅游资源

（4）滩涂资源

洞头处于瓯江、飞云江、鳌江等三江下游汇集处，受上游泥沙冲击和东海潮流的共同作用，形成了丰富的滩涂资源，理论基准面以上的面积约 96km^2，主要集中在洞头本岛、元觉岛、霓屿岛、大门岛和灵昆岛至霓屿岛之间，具有较大的临海产业和滩涂养殖开发潜力。

（5）海岛礁石资源

洞头拥有大小岛屿 302 个，其中有居民海岛 14 个，无居民海岛 288 个，素有“百岛洞头”的美称，岛屿陆地资源及其周围海域“渔、景、林、能”资源丰富，至今其资源潜力远未充分发挥。

（6）海洋能资源

洞头风力资源列全国海岛区（县）之最，有效风速时数平均占全年的 70%，可利用的风速 6m/s 以上的全年平均有 7525h，具有无屏障、顺序风、风力密度均匀、风向不多变等特点，属全国风能密度一类。若发展 30m 以上的大型风力发电，可设计总装机容量 1×10^5kW 以上。同时，洞头海域面积广阔，潮汐、潮流等海洋能源的蕴藏量极为丰富，涨落潮差大，是我国强潮区之一，可以发展潮汐发电。

4. 生态环境概况

（1）环境质量

根据国家海洋局第二海洋研究所于 2015 年开展的生态环境调查，洞头示范区海水的 pH、溶解氧和化学需氧量基本符合第一类海水水质标准，石油类、重金属（铜、铅、镉、汞）仅时有个别位点略超第一类海水水质标准，总体良好；但活性磷酸盐与无机氮污染较为严重，有部分区域达劣四类。沉积物质量总体良好，仅时有极少量位点锌含量略超第一类标准。洞头海域的影响水系较多，浮游生物多样性较高，浮游动物包括近岸低盐种、暖温带近海种、暖水性近海种和暖水性广布种，底栖生物高生物量区主要分布在海域的东侧和南侧。与历史数据相比，海水中活性磷酸盐和无机氮含量有所增加，劣四类比重增大；浮游植物优势种变化较明显，赤潮藻种类数有增加趋势；不同年份浮游动物优势种变化较大，但春季第一优势种一直为中华哲水蚤；底栖生物栖息密度无明显变化，但生物量略有降低；鱼卵、仔稚鱼物种组成在变化，数量略呈下降趋势。

（2）海洋保护区

目前，洞头拥有洞头南北爿山省级海洋特别保护区、洞头国家级海洋公园两个海洋保护区（图 10-35），海洋保护区数量和面积在温州市及浙江省各沿海县、市、区中均属前列（表 10-9）。

洞头国家级海洋公园于 2012 年 12 月由国家海洋局批准成立，是浙江省首个国家级海洋公园，由重点保护区、生态与资源恢复区、适度利用区和预留区四部分组成，选划区总面积 311.04km^2，其中海域面积 295.20km^2，主要保护对象为海洋景观、生物资源和鸟类资源。洞头国家级海洋公园重点保护区包括典型海洋景观保护区、竹屿东南部海域生物资源保护区及鸟岛保护区。生态与资源恢复区包括增值放流区和白龙屿生态海洋牧场区。适度利用区包括大小瞿岛利用区、浅海养殖科学试验区、生态养殖区、竹屿岛群利用区、连港蓝色海岸带区。洞头南北爿山省级海洋特别保护区为洞头国家级海洋公园的一部分，位于鹿西岛东北部，2011 年 2 月由浙江省人民政府批准建立，保护区由南爿山岛、北爿山岛及周边岛礁和海域组成，总面积 8.98km^2。南、北爿山岛及附近海域生态环境良好，鱼类资源丰富，植被覆盖率高，长年有群鸟在此寄居、繁衍生息，包括国家二级保护动物黄嘴白鹭，省级重点保护动物黑尾鸥、黑嘴鸥、黑枕燕鸥、红尾伯劳、中白鹭等，是重要的海鸟栖息和繁殖场所。

5. 社会经济发展概况

洞头示范区社会经济发展概况资料主要来源于《2013 年洞头统计年鉴》（陈永胜等，2014）。

（1）人口

人口统计资料显示，2013 年末洞头区户籍总数达 4.25 万户，户籍总人口为 13.17 万人，其中，非农业人口 1.71 万人，妇女人口 6.4 万人。户籍人口比上年净增 1134 人，其中，因自然增长增加 1029 人，因户口迁移增加 105 人。

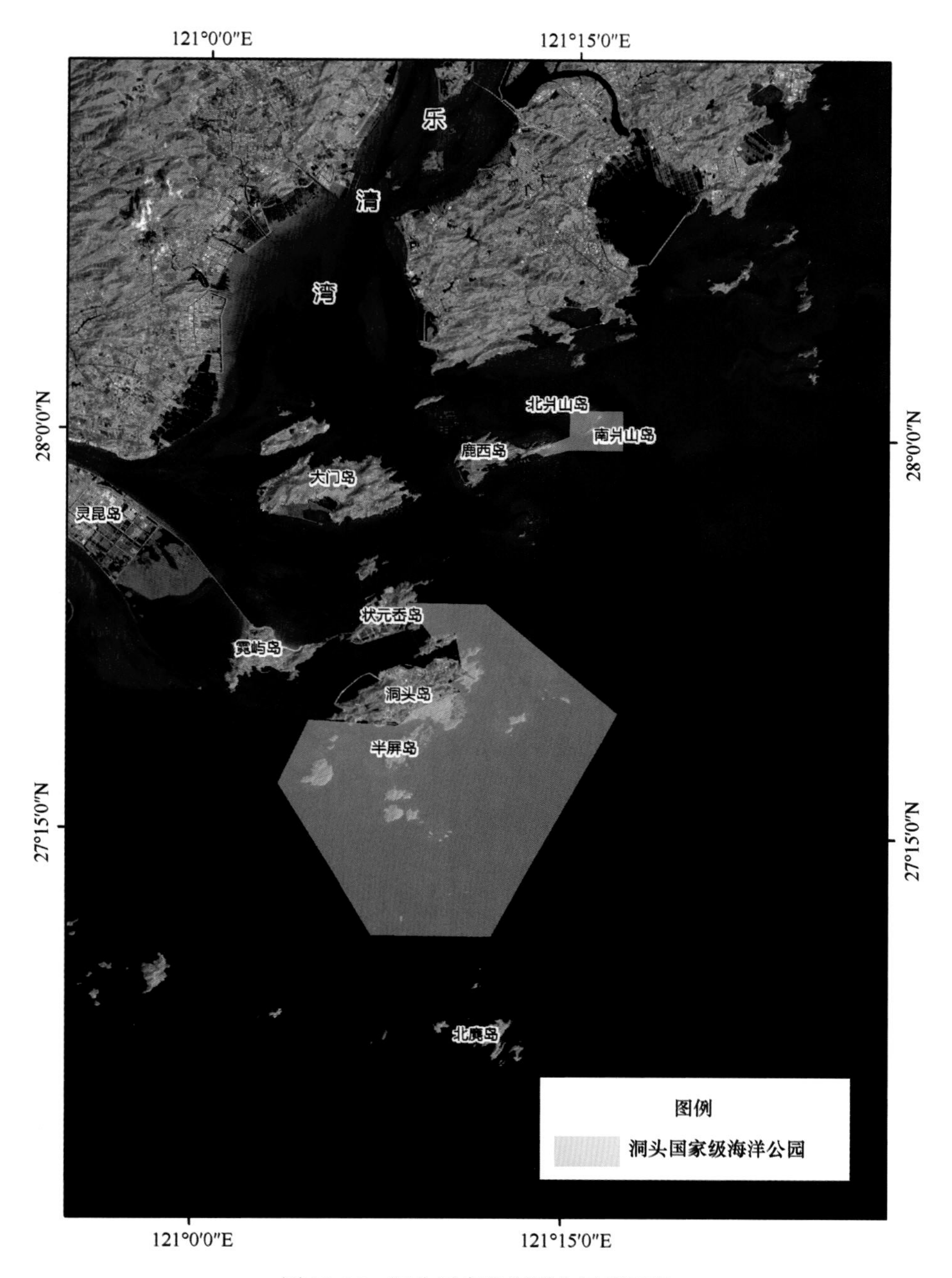

图 10-35　洞头国家级海洋公园范围图

表 10-9　洞头海洋保护区概况统计表

序号	名称	面积/km²	主要保护对象	环境现状
1	洞头国家级海洋公园	311.04	海洋景观、生物资源、鸟类资源	水体：部分站位无机氮、活性磷酸盐超标 沉积物：良好
2	洞头南北爿山省级海洋特别保护区	8.98	海鸟类、海岛植被、贝藻类资源	水体：部分站位无机氮、活性磷酸盐超标 沉积物：良好

（2）经济总量

2013 年洞头区全年实现地区生产总值 49.33 亿元，较上年增长 9.1%（图 10-36）。人均生产总值（按年平均户籍人口计算）为 37 614 元（按年平均汇率折算为 6 073 美元），较上年增长 10.8%。工业总产值 53.38 亿元，农林牧渔业总产值 9.33 亿元，其中渔业总产值 8.94 亿元，较上年增长 8.0%，捕捞和养殖产值分别为 6.84 亿元和 2.1 亿元，分别增长 5.8%和 15.8%。全区渔业总产量 15.78 万 t，较上年增长 6.1%；港口吞吐量 647.1 万 t。全年社会消费品零售总额 17.05 亿元，较上年增长 18.0%；全年共接待游客 360 万人次，实现社会旅游综合收入 16.23 亿元，较上年分别增长 23.5%和 23.0%。

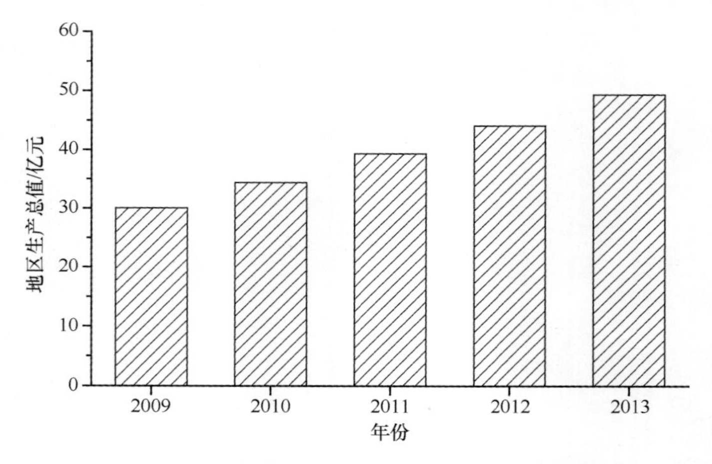

图 10-36　2009～2013 年洞头区地区生产总值

（3）产业结构

2013 年第一产业增加值为 4.01 亿元，按可比价计算较上年增长 6.1%；第二产业增加值为 20.40 亿元，增长 7.2%，其中工业增加值为 12.37 亿元，增长 3.2%；第三产业增加值为 24.92 亿元，增长 11.1%（图 10-37）。第一、第二、第三产业增加值占本级生产总值的比重为 8.1∶41.4∶50.5。

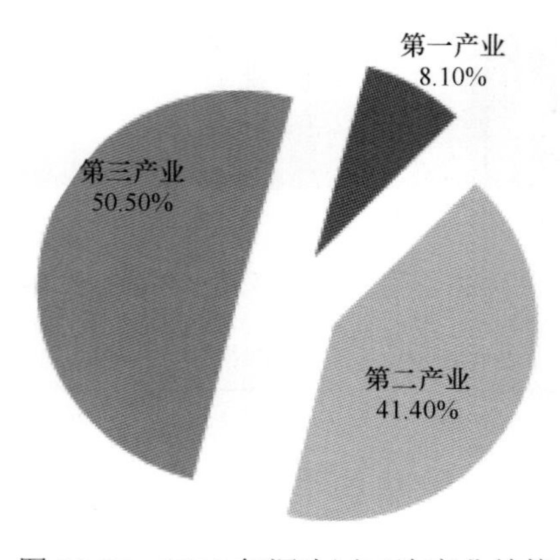

图 10-37　2013 年洞头区三次产业结构

（4）财政收入

2013 年实现财政一般预算总收入 7.96 亿元，较上年增长 2.7%，其中公共财政预算收入（地方财政收入）3.83 亿元，较上年增长 13.0%（图 10-38）；上划中央“四税”收入 4.13 亿元，下降 5.3%。

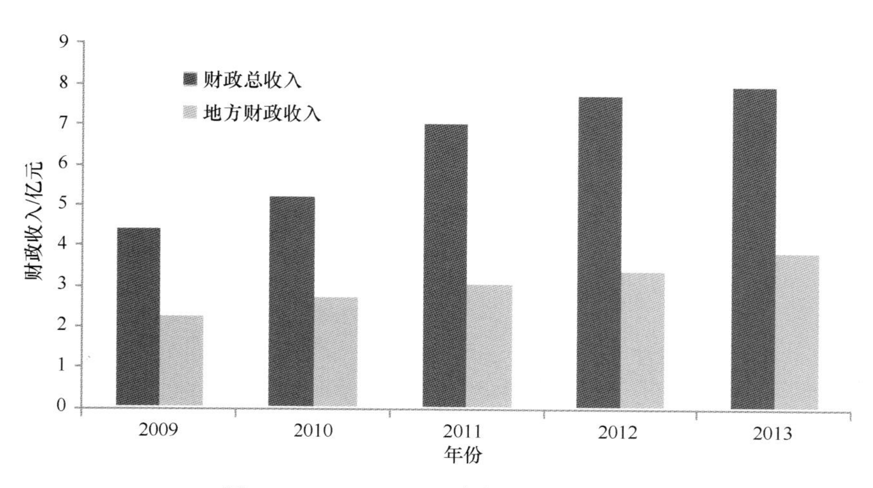

图 10-38　2009～2013 年洞头区财政收入

（5）居民收入

2013 年城镇居民人均可支配收入为 28 825 元，农村居民人均纯收入为 13 412 元，两项收入较上年分别增长 12.0%和 13.1%（图 10-39）。居民收入中除城镇居民家庭经营净收入增长较慢外，工资性收入、转移性收入、财产性收入和农村居民家庭经营性纯收入均保持较快增长。

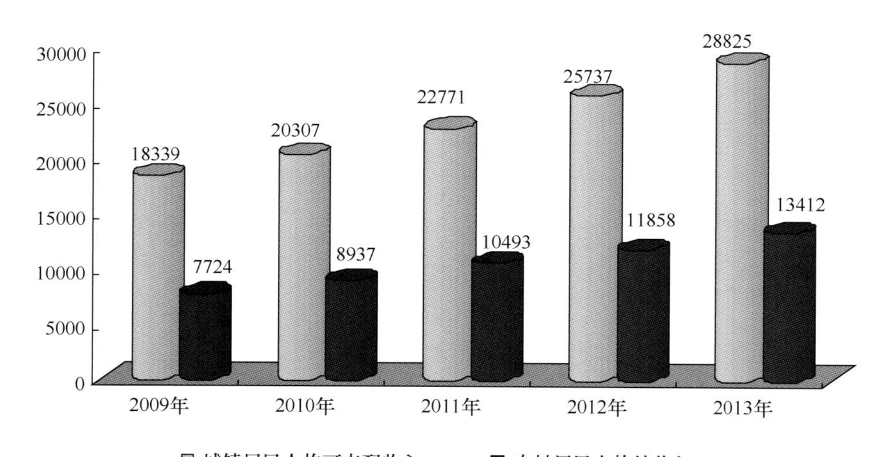

图 10-39　2009～2013 年洞头区居民收入

10.2.2 洞头示范区生态环境调查

1. 调查概况

为满足洞头示范区生态红线区划需要，国家海洋局第二海洋研究所于 2015 年 4 月 6 日～17 日（春季）和 2015 年 10 月 25 日～11 月 9 日（秋季）对洞头示范区近岸海域开展了生态环境现状调查。调查共布设 35 个水体站位（图 10-40）。

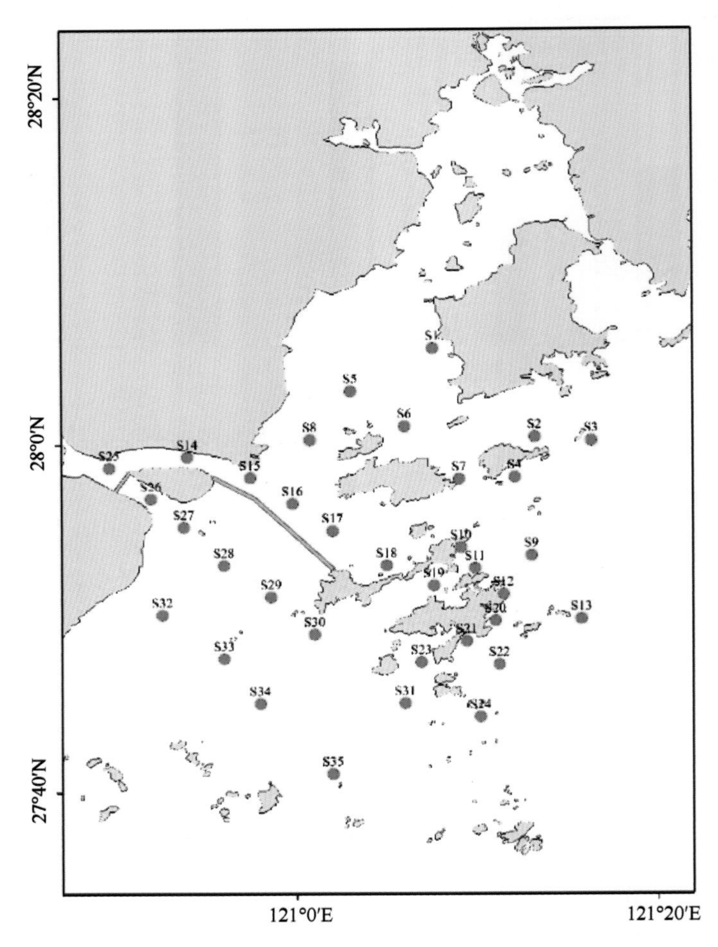

图 10-40 洞头示范区海域生态环境调查站位
S 为水体调查站位

2. 调查内容

参照海洋生态脆弱性、海洋生态功能重要性和海洋生态适宜性评价指标，本次调查内容主要包括海域水质、沉积物质量和海洋生物。海域水质包括水深、悬浮物、透明度、水温、盐度、pH、溶解氧、化学需氧量、活性磷酸盐、活性硅酸盐、无机氮、石油类和重金属（铜、铅、锌、镉、总铬、总汞、砷）。沉积物质量包括沉积物粒度、有机碳、石油类和重金属。海洋生物包括叶绿素 a 含量、浮游植物、浮游动物、底栖动物和鱼卵仔鱼。

3. 调查方法

调查过程中的样品采集、贮存、运输、预处理及分析测定过程均按《海洋调查规范》（GB/T 12763.4—2007、GB/T 12763.6—2007）和《海洋监测规范》（GB17378.3—2007、GB 17378.4—2007、GB17378.5—2007、GB17378.7—2007）进行（表 10-10，表 10-11）。水深小于 10m，仅采表层；水深大于 10m，采集表、底两层。

表 10-10　海域水质调查项目分析方法

监测要素	监测方法名称	仪器名称	检出限	引用规范
透明度	透明圆盘法	透明度盘	—	《海洋监测规范第 4 部分：海水分析》（GB 17378.4—2007）
水色	比色法	水色计	—	
水温	水温表法	水温表	—	《海洋调查规范第 4 部分：海水化学要素调查》（GB/T 12763.4—2007）
盐度	盐度计法	盐度计	—	
pH	pH 计法	pH 计	—	
悬浮物	重量法	电子天平	—	
溶解氧	碘量法	溶解氧滴定管	5.3μmol/L	
化学需氧量	碱性高锰酸钾法	滴定管及电热板等	—	
亚硝酸盐	重氮-偶氮法	可见分光光度计	0.02μmol/L	
硝酸盐	锌镉还原法	可见分光光度计	0.05μmol/L	
铵盐	次溴酸钠氧化法	可见分光光度计	0.03μmol/L	
活性磷酸盐	抗坏血酸还原磷钼蓝法	可见分光光度计	0.02μmol/L	
活性硅酸盐	硅钼蓝法	可见分光光度计	0.1μmol/L	
石油类	荧光分光光度法	荧光分光光度计	1.0μg/L	
铜	无火焰原子吸收分光光度法	PE 原子吸收光谱仪	0.2μg/L	
铅	无火焰原子吸收分光光度法	PE 原子吸收光谱仪	0.03μg/L	
锌	火焰原子吸收分光光度法	PE 原子吸收光谱仪	3.1μg/L	
镉	无火焰原子吸收分光光度法	PE 原子吸收光谱仪	0.01μg/L	
总铬	无火焰原子吸收分光光度法	PE 原子吸收光谱仪	0.02μg/L	
汞	原子荧光法	原子荧光光度计	0.007μg/L	
砷	原子荧光法	原子荧光光度计	0.5μg/L	

叶绿素 a 采用有机玻璃采水器采集 1000ml 水样，玻璃纤维滤膜过滤后用 90%（*V*/*V*）丙酮提取、分光光度法测定，根据三色分光光度法方程，计算叶绿素 a 浓度。

浮游植物和浮游动物样品分别用装有流量计的浅水III型和浅水 I 型浮游生物网自底至表层作垂直拖网，装入 1000ml 的塑料瓶中，加 5%中性甲醛溶液固定保存。浮游植物样品经浓缩后显微镜观察、鉴定和计数。浮游动物在室内挑去杂物后，在体视镜和显微镜下鉴定与计数，以湿重法称量生物量。

表 10-11　海域沉积物调查项目分析方法

监测要素	监测方法名称	仪器名称	检出限	引用规范
粒度	激光法	激光粒度仪	—	《海洋监测规范 第 5 部分：沉积物分析》（GB 17378. 5—2007）
有机碳	热导法	元素分析仪	3%	
石油类	荧光分光光度法	荧光分光光度计	1.0×10^{-6}	
铜	无火焰原子吸收分光光度法	PE 原子吸收光谱仪	0.5×10^{-6}	
铅	无火焰原子吸收分光光度法	PE 原子吸收光谱仪	1.0×10^{-6}	
锌	火焰原子吸收分光光度法	PE 原子吸收光谱仪	6.0×10^{-6}	
镉	无火焰原子吸收分光光度法	PE 原子吸收光谱仪	0.04×10^{-6}	
总铬	无火焰原子吸收分光光度法	PE 原子吸收光谱仪	2.0×10^{-6}	
汞	原子荧光法	原子荧光光度计	0.002×10^{-6}	
砷	原子荧光法	原子荧光光度计	0.06×10^{-6}	

底栖生物用挖泥斗取样，用海水冲洗，检出样品后用 5%中性甲醛溶液固定保存。在室内挑去杂物后，在体现显微镜下进行鉴定和计数，以湿重法称取生物量。

鱼卵仔鱼样品采用浅水 I 型浮游生物网水平拖网，水平拖曳 10min，平均拖速 2kn，样品用 5%中性甲醛溶液固定保存。实验室内在体现显微镜下进行挑选、分类鉴定和计数。数量分布单位为粒或尾/网。

海洋生物各生态学参数依如下公式计算。

优势种的优势度：（Y）

$$Y=(n_i/N)\,f_i \tag{10-1}$$

式中，N 为生物总丰度或密度；n_i 为物种 i 的丰度或密度；f_i 为物种 i 在所有样品中的出现频率。Y 大于 0.02 时为优势种。

多样性指数（Shannon-Wiener，H'）：

$$H' = -\sum_{i=1}^{S} p_i \ln p_i \tag{10-2}$$

均匀度指数（Pielou，J）：

$$J = \frac{H'}{\log_2 S} \tag{10-3}$$

丰富度指数（Marglef，d）：

$$d = \frac{S-1}{\log_2 N} \tag{10-4}$$

式中，S 为生物的总种类数；p_i 为第 i 种生物的丰度占总丰度的比例。

4. 海域水质环境现状

洞头海域春季水深变化范围为 3.0～26.0m，平均 11.7m；秋季变化范围为 3.3～29.6m，平均 12.5m。高值出现在鹿西岛周围，低值出现在灵昆岛东南部。

洞头示范区海域春季海水温度变化范围为 13.7～17.1℃，平均值为 14.4℃。表层水温从瓯江口向东南方向逐渐降低，底层水温则在调查海域自北向南递减。秋季水温变化范围为 20.4～23.9℃，平均值为 22.7℃。秋季表、底层水温的平面分布基本均呈自西向东递增的趋势（图 10-41）。

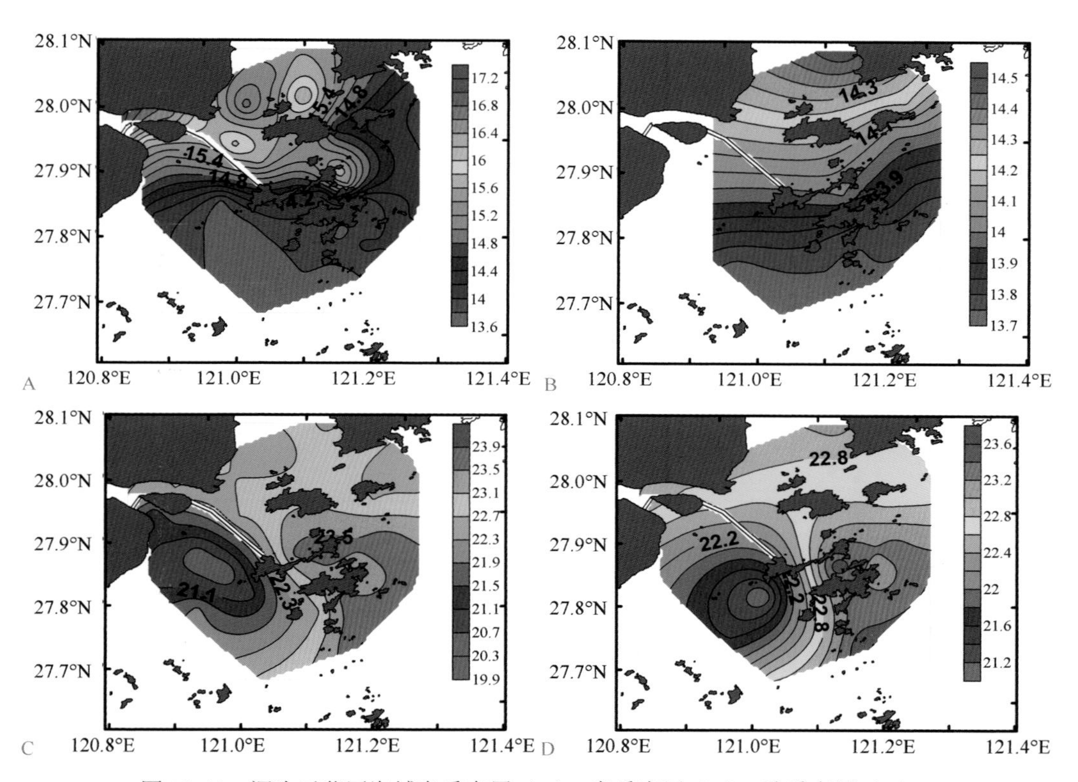

图 10-41　洞头示范区海域春季表层（A）、春季底层（B）、秋季表层（C）、秋季底层（D）海水温度（℃）

春季海水盐度变化范围为 6.70～30.18，平均值为 26.83。表、底层海水盐度从瓯江口向外逐渐升高，底层高于表层。秋季海水盐度变化范围为 13.88～25.50，平均值为 23.52。秋季盐度的平面分布趋势与春季相同（图 10-42）。

洞头海域位于瓯江口外，具有最大浑浊带，悬浮物浓度较高，且变化大，透明度较低。调查海域春季悬浮物浓度变化范围为 7.8～1688mg/L，平均值为 218.8mg/L。表层悬浮物含量从瓯江口往外海逐渐降低，灵昆岛以西含量高，以东含量变化不大，普遍小于 200mg/L；底层悬浮物含量在灵昆岛以西、鹿西岛和大瞿岛东南出现高值。秋季悬浮物变化范围为 42.0～2096.0mg/L，平均值为 282.2mg/L。以瓯江口较高，从西北向东南降低（图 10-43）。春季透明度变化范围为 0.03～1.00m，平均为 0.36m；秋季透明度变化范围为 0.05～0.80m，平均为 0.32m。

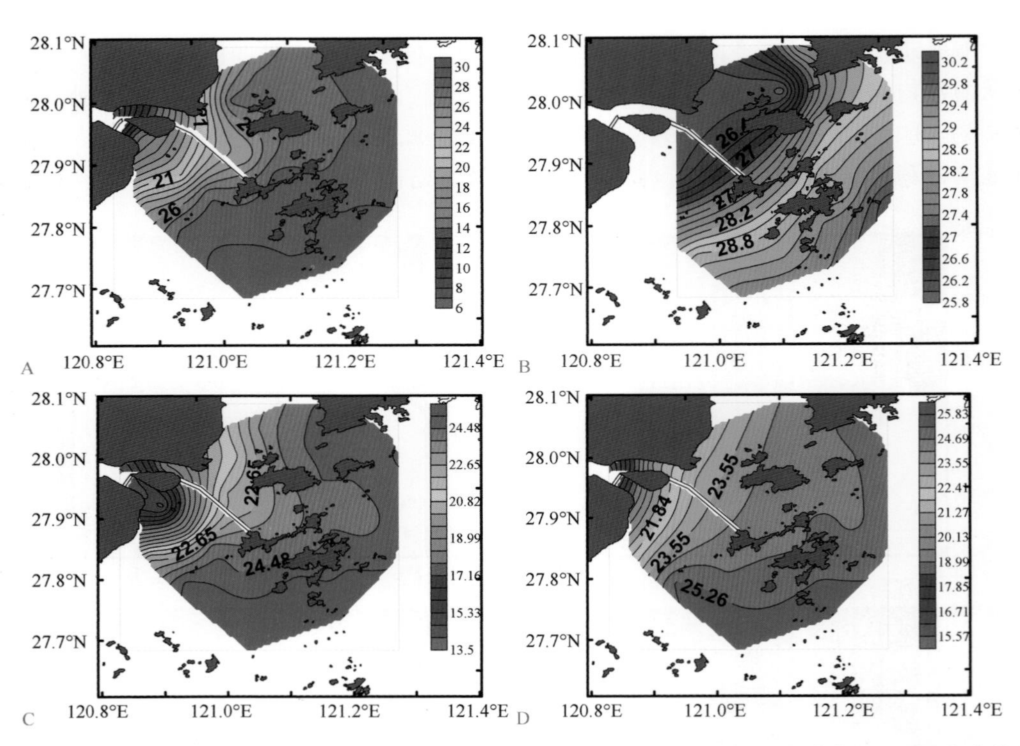

图 10-42 洞头示范区海域春季表层（A）、春季底层（B）、秋季表层（C）、秋季底层（D）海水盐度

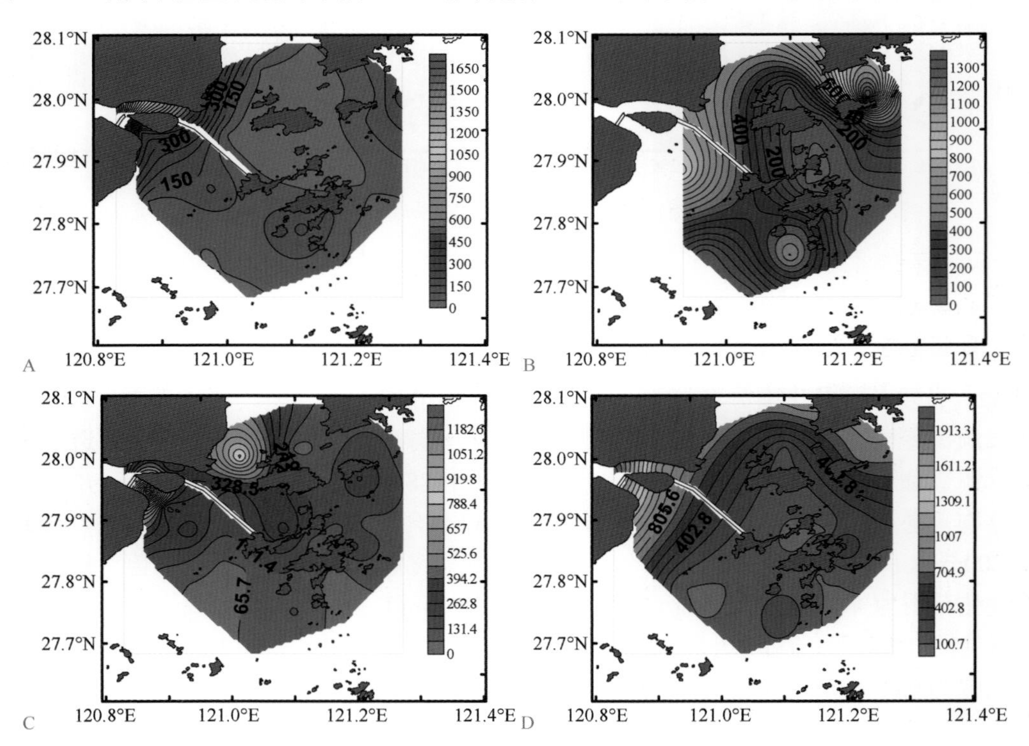

图 10-43 洞头示范区海域春季表层（A）、春季底层（B）、秋季表层（C）、秋季底层（D）海水悬浮物含量（mg/L）

洞头示范区海域春季水体溶解氧变化范围为 7.91～9.38mg/L，平均值为 8.57mg/L。水体溶解氧高值出现在霓屿岛西南、状元岙岛东北和洞头岛以东方向三片海域，最低值出现在瓯江口；秋季溶解氧变化范围为 7.01～7.78mg/L，平均值为 7.36mg/L。表层溶解氧从霓屿岛西部向东北方向逐渐降低，底层溶解氧则在鹿西岛南部海域较高（图 10-44）。

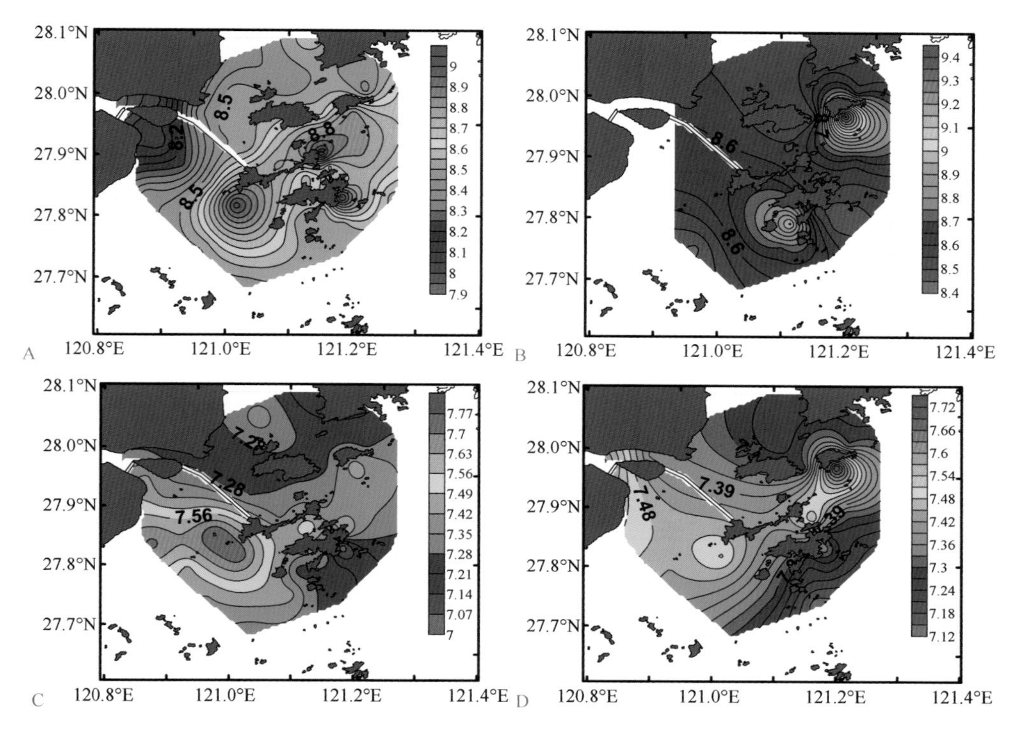

图 10-44　洞头示范区海域春季表层（A）、春季底层（B）、秋季表层（C）、秋季底层（D）海水溶解氧（mg/L）

洞头示范区海域春季海水活性磷酸盐含量变化范围为 0.026～0.074mg/L，平均含量为 0.036mg/L；秋季变化范围为 0.029～0.077mg/L，平均值为 0.046mg/L。活性硅酸盐含量春季变化范围为 0.599～3.483mg/L，平均值为 1.084mg/L；秋季变化范围为 0.825～3.211mg/L，平均值为 1.403mg/L。无机氮含量春季变化范围为 0.351～1.546mg/L，平均值为 0.599mg/L；秋季变化范围为 0.357～1.415mg/L，平均值为 0.605mg/L。营养盐的空间分布均以瓯江口海域较高，往外渐次降低（图 10-45～图 10-47）。

洞头示范区海域春季海水化学需氧量变化范围为 0.08～5.80mg/L，平均值为 0.94mg/L。最高值出现在瓯江口，最低值出现在大门岛北部海域。秋季海水化学需氧量变化范围为 0.39～8.73mg/L，平均值为 1.76mg/L。表层以瓯江口和大门岛西北部海域较高，而底层高值区则在瓯江口与鹿西岛北部海域。

春季海水 pH 变化范围为 8.04～8.18，平均值为 8.09。表层高值出现在瓯江口霓屿岛与状元岙岛连接一线，大门岛以北和霓屿岛西南逐渐降低；底层呈西北向东南递增的趋势。秋季 pH 变化范围为 7.96～8.14，平均值为 8.08。表、底层水平分布均呈自瓯江口向东南方向递增的趋势。

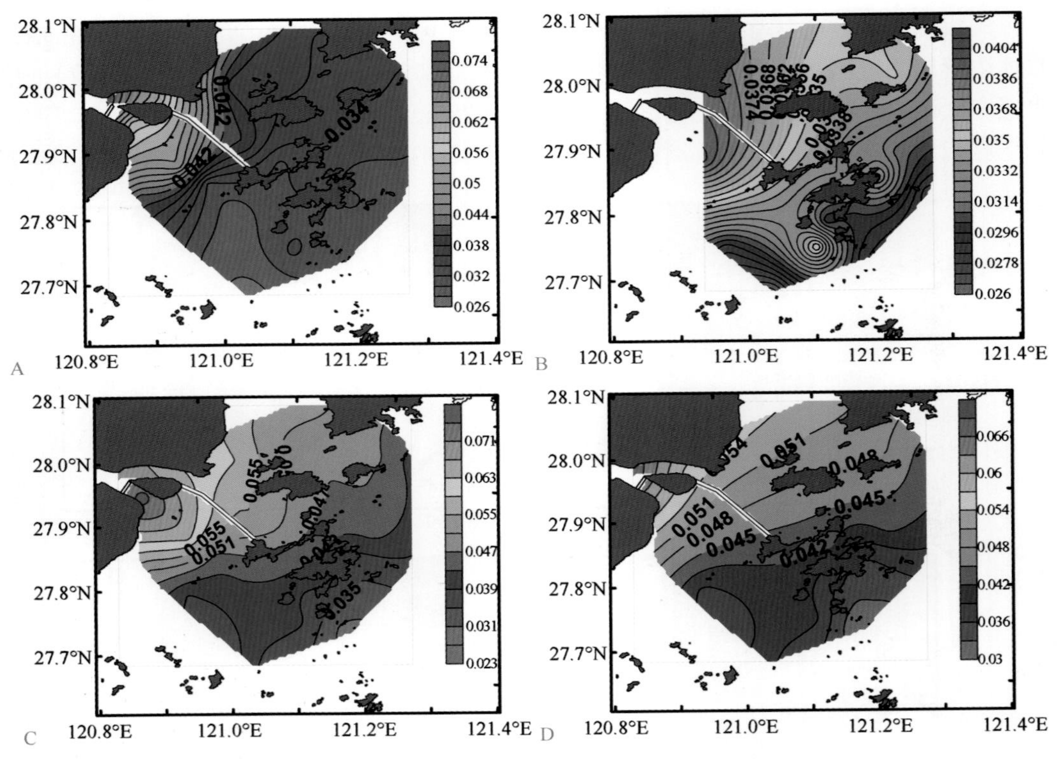

图 10-45 洞头示范区海域春季表层（A）、春季底层（B）、秋季表层（C）、秋季底层（D）海水活性磷酸盐含量（mg/L）

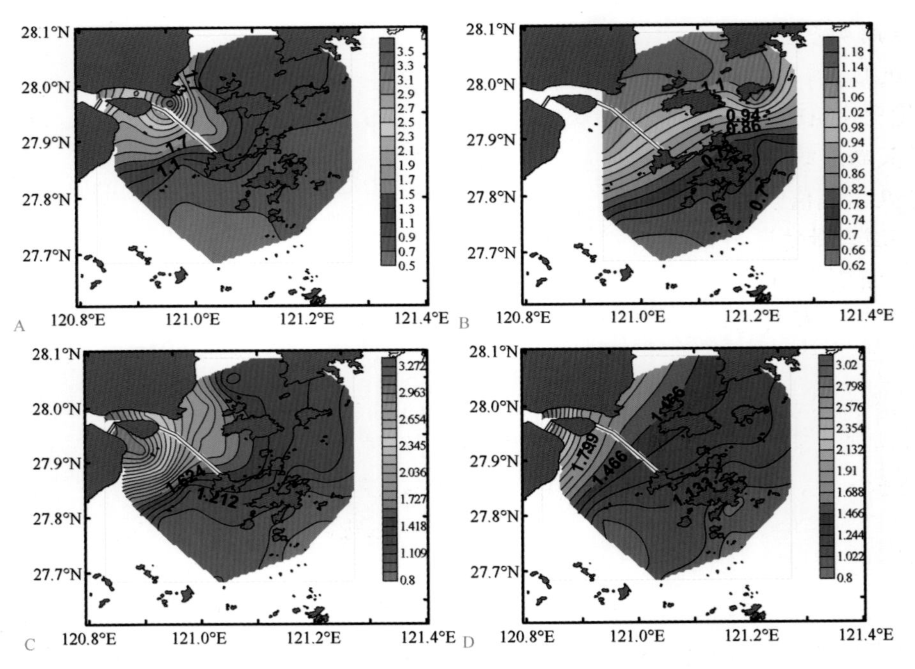

图 10-46 洞头示范区海域春季表层（A）、春季底层（B）、秋季表层（C）、秋季底层（D）海水活性硅酸盐含量（mg/L）

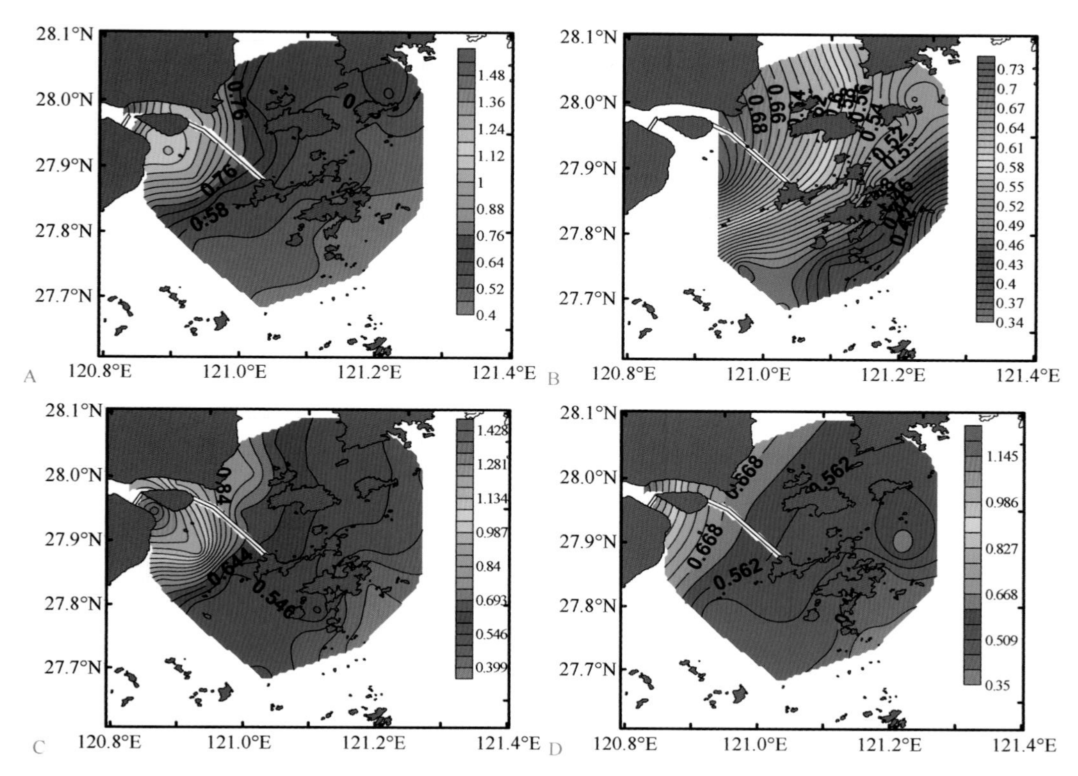

图 10-47　洞头示范区海域春季表层（A）、春季底层（B）、秋季表层（C）、秋季底层（D）海水无机氮含量（mg/L）

石油类和重金属仅检测表层水中含量。春季石油类含量变化范围为 0.021～0.065μg/L，平均值为 0.041μg/L，分布大体呈自西南向东北逐渐降低的趋势；秋季石油类含量变化范围为 0.021～0.054μg/L，平均值为 0.033μg/L，以瓯江口与大门岛-状元岙岛-洞头岛连线东部的海域较高。铜含量春季变化范围为 0.29～7.78μg/L，平均值为 1.57μg/L，高值区主要分布在大门岛与鹿西岛之间、洞头岛以东和洞头岛西南方向，而其他海域含量变化不大；秋季变化范围为 0.81～2.30μg/L，平均值为 1.60μg/L，秋季铜含量空间变化趋势与春季相反。铅含量春季变化范围为＜0.05～5.04μg/L，平均值为 0.68μg/L，从洞头岛东北向西南逐渐降低，洞头岛东北海域约为 5.0μg/L，在大门岛、霓屿岛和洞头岛西南海域普遍低于 1.5μg/L，大门岛与鹿西岛正北方向海域未检出；秋季变化范围为 0.61～1.70μg/L，平均值为 1.26μg/L，以灵昆岛西南部海域和洞头岛西南部海域为中心，形成两个小范围的低值区。锌含量春季变化范围为 1.18～5.72μg/L，平均值为 2.64μg/L，以霓屿岛周围海域为中心，形成较高值区，向四周延伸，含量渐次降低；秋季变化范围为 1.41～2.67μg/L，平均值为 2.02μg/L，高值区出现在灵昆岛南部海域，在大门岛西北部、鹿西岛南部及洞头岛周围海域形成低值区。镉含量春季变化范围为 0.04～1.96μg/L，平均值为 0.17μg/L，最高值出现在灵昆岛东北部海域的 S15 站，其余大部分海域的镉含量变化不大，普遍低于 0.2μg/L；秋季变化范围为 0.05～0.23μg/L，平均值为 0.14μg/L，高值区出现在调查海域西北部和东部，低值区出现在霓屿岛西部、鹿西岛周围及大瞿岛南部海域。总铬含量春季变化范围为 1.57～2.97μg/L，平均值为 2.17μg/L，呈板块状分布，最高值出现在灵昆岛南部海域，最低值出现在霓屿岛西南部海域；秋季变化范围为 1.61～3.50μg/L，平均值为 2.56μg/L，高值出现在灵昆岛西部、大门岛西部和调查海域南部。总汞含量春季变化范围为＜0.01～0.085μg/L，平均值为 0.034μg/L，最高值出现在霓屿岛西南部海域，瓯江口和大门岛北部及东部海域基本低于 0.029μg/L；秋季变化范围为＜0.01～0.054μg/L，平均值为 0.032μg/L，在瓯江口表现出高值，在大门岛南部海域含量较低，与春季不同。砷含量春季变化范围为 0.47～0.88μg/L，平均值为 0.69μg/L，在中部海域含量较高，在调查海域的西南部与北部分别存在一个小范围的低值区；秋季变化范围为 0.55～0.85μg/L，平均值为 0.70μg/L，也呈板块分布，最高值出现在大门岛东部海域，最低值出现在鹿西岛南部海域。

5. 海域沉积物现状

洞头示范区海域底质类型以泥和粉砂为主。表层沉积物平均粒径春季变化范围为 1.26～7.48μm，平均值为 6.70μm，以粉砂为主；秋季变化范围为 0.62～7.69μm，平均值为 6.67μm，以泥和粉砂为主。

洞头示范区海域春季表层沉积物有机碳含量变化范围为 0.05%～0.79%，平均值为 0.53%。最高值出现在灵昆岛北部，最低值出现在灵昆岛东北部海域，瓯江口外侧海域的有机碳含量变化不大。秋季有机碳含量变化范围为 0.03%～0.74%，平均值为 0.57%。灵昆岛周围海域较低，其他大部分海域的表层沉积物有机碳含量较高，且较为相近（图 10-48）。

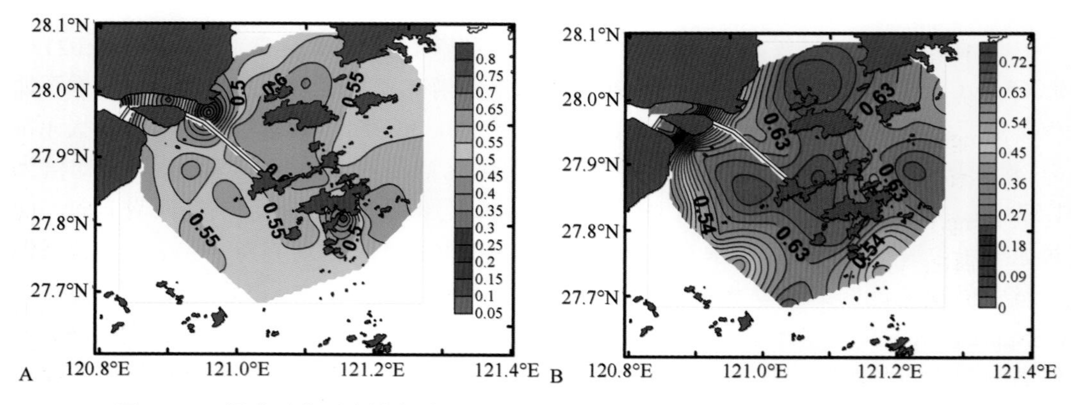

图 10-48 洞头示范区海域春季（A）、秋季（B）表层沉积物的有机碳含量（%）

洞头示范区海域表层沉积物石油类含量春季变化范围为 5.1～60.8μg/L，平均值为 29.0μg/L，以灵昆岛周围海域及霓屿岛西南部海域较低，而在鹿西岛东部海域含量较高；秋季变化范围为 5.1～47.1μg/L，平均值为 20.6μg/L，主要在灵昆岛南部和洞头岛南部海域存在高值区，在大门岛和鹿西岛周边大范围海域内石油类含量较低，且变化不大。铜含量春季变化范围为 2～17μg/L，平均值为 12μg/L，低值出现在灵昆岛西部和东北部海域，其他区域基本高于 10μg/L；秋季变化范围为 5～16μg/L，平均值为 10μg/L，高值出现在灵昆岛东部海域，低值出现在洞头岛东部海域。铅含量春季变化范围为 7～24μg/L，平均值为 14μg/L，呈板块状分布，最高值出现在大门岛北部海域，最低值出现在洞头岛东部、南部海域和灵昆岛西部海域；秋季变化范围为 8～25μg/L，平均值为 16μg/L，也呈板块状分布，高值出现在大门岛北部、状元岙岛东部和霓屿岛西部海域，低值出现在灵昆岛南部海域。锌含量春季变化范围为 43～154μg/L，平均值为 114μg/L，在灵昆岛周围海域形成一个小范围低值区，其他区域差异不大；秋季变化范围为 45～144μg/L，平均值为 91μg/L，在灵昆岛南部及洞头岛东部海域存在高值区，北部海域含量较低。镉含量春季变化范围为检出线以下（nd）～0.27μg/L，平均值为 0.06μg/L，调查海域的西南部出现高值区，其他大部分海域含量较低，甚至未检出；秋季变化范围为 0.06～0.30μg/L，平均值为 0.20μg/L，调查海域西北部和东南部较高，洞头岛西南部和东部海域出现低值点。总铬含量春季变化范围为 1～49μg/L，平均值为 38μg/L，以灵昆岛周围海域较低，往外大部分海域含量较高，且无明显差异；秋季变化范围为 5～39μg/L，平均值为 19μg/L，最高值出现在洞头岛东部海域，在洞头岛的西南部及北部延伸至大门岛-鹿西岛的周围海域总铬含量较低。总汞含量春季变化范围为 0.041～0.059μg/L，平均值为 0.048μg/L，呈板块状分布，最高值出现在灵昆岛南部海域，最低值出现在鹿西岛北部和南部、洞头岛南部和霓屿岛西部；秋季变化范围为 0.039～0.062μg/L，平均值为 0.050μg/L，也呈板块状分布，高值出现在大门岛北部、洞头岛西南部和东部海域，低值出现在洞头岛东北部和最南侧一个站。砷含量春季变化范围为 10～18μg/L，平均值为 13μg/L，高值出现在大门岛周边和洞头岛东南海域，低值出现在洞头岛东部和霓屿岛西南部海域；秋季变化范围为 9～15μg/L，平均值为 12μg/L，变化趋势与春季基本一致。

6. 海域生态现状

（1）叶绿素 a

洞头示范区海域春季表层叶绿素 a 浓度范围为 0.74～4.36mg/m^3，均值为（1.38±0.75）mg/m^3，最大值出现在沿灵霓大堤自瓯江口北支至洞头本岛海域，最低值出现在洞头东南部外海。秋季表层叶绿素 a 浓度范围为 1.22～2.83mg/m^3，均值为（1.79±0.47）mg/m^3，分布与春季相反，峰值区出现在洞头东南部外海，低值区为自瓯江口至洞头岛海域（图 10-49）。

（2）浮游植物

种类组成：洞头示范区海域春、秋季调查网采浮游植物共鉴定出 8 门 96 属 208 种（含变种、变型及未定名种），其中硅藻 60 属 157 种（占 75.5%）；甲藻 17 属 29 种（占 13.9%）；绿藻 8 属 9 种（占 4.3%）；裸藻 3 属 4 种（占 1.9%）；蓝藻和隐藻各 3 属 3 种（各占 1.4%）；金藻 1 属 2 种（占 1.0%）；定鞭藻 1 属 1 种（占 0.5%）。秋季浮游植物种类数（178 种）高于春季（121 种）（表 10-12）。

数量分布：2015 年春季，调查海域浮游植物丰度范围为 19.48～1513.73 个/L，平均值 160.35 个/L。其峰值区位于瓯江口南、北支，次高值区位于东北部海域。2015 年秋季，调查海域浮游植物丰度范围为 666.67～5724.44 个/L，平均值 244.31 个/L，较春季有显著增加（$P<0.05$），高值区分别位于瓯江口南、北支和外海较高盐区（图 10-50）。

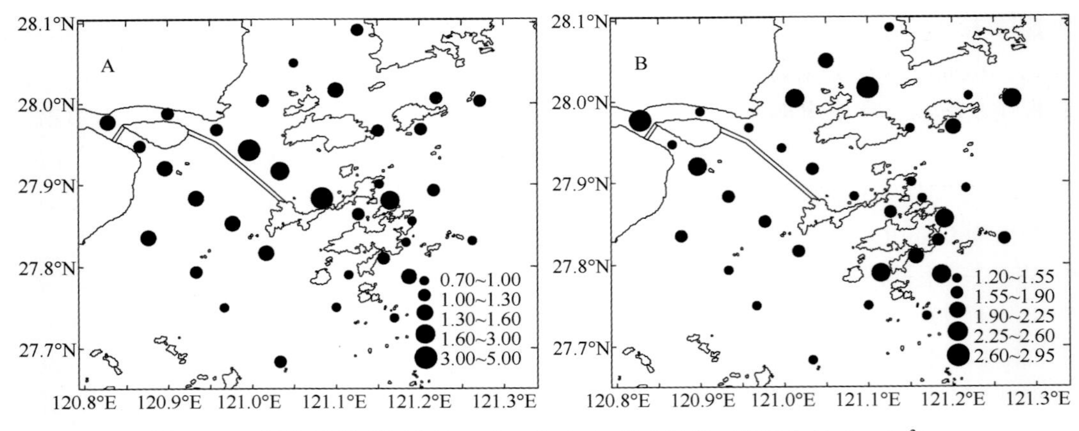

图 10-49 洞头示范区海域春（A）、秋（B）季叶绿素 a 浓度分布（mg/m^3）

表 10-12 洞头示范区海域春、秋季浮游植物种类组成

种类组成	春季	秋季
硅藻门 *Bacillariophyta*	43 属 98 种	53 属 135 种
甲藻门 *Pyrrophyta*	9 属 13 种	16 属 27 种
绿藻门 *Chlorophyta*	4 属 4 种	7 属 8 种
裸藻门 *Euglenophyta*	2 属 2 种	2 属 2 种
蓝藻门 *Cyanophyta*	2 属 2 种	1 属 1 种
隐藻门 *Cryptophyta*	2 属 2 种	2 属 2 种
金藻门 *Chrysophyta*	—	1 属 2 种
定鞭藻门 *Prymnesiophyta*	—	1 属 1 种

注：“—”表示未检出

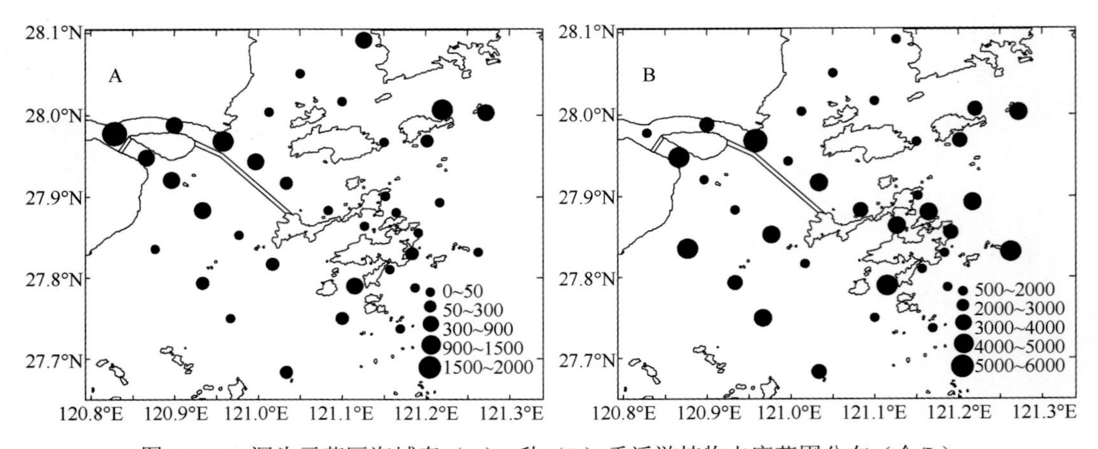

图 10-50 洞头示范区海域春（A）、秋（B）季浮游植物丰度范围分布（个/L）

优势种：春、秋季共得到浮游植物优势种 9 属 14 种，秋季种类数高于春季，其中蛇目圆筛藻（*Coscinodiscus argus*）和琼氏圆筛藻（*Coscinodiscus jonesianus*）为两季共同绝对优势种（$Y>0.1$）（表 10-13）。空间分布上，春季优势种丰度高值区为瓯江口低盐区和调查海域东北部，优势种类为蛇目圆筛藻、琼氏圆筛藻和伏氏海毛藻（*Thalassiothrix frauenfeldii*）；秋季琼氏圆筛藻和蛇目圆筛藻空间分布与春季一致，红海束毛藻（*Trichodesmium erythraeum*）丰度峰值区位于外海高盐区。

表 10-13　洞头示范区海域春、秋季浮游植物优势种及优势度

优势种	优势度（*Y*）	
	春季	秋季
蛇目圆筛藻 *Coscinodiscus argus*	0.102	0.114
琼氏圆筛藻 *Coscinodiscus jonesianus*	0.131	0.130
苏里圆筛藻 *Coscinodiscus thorii*	—	0.022
星脐圆筛藻 *Coscinodiscus asteromphalus*	—	0.026
有翼圆筛藻 *Coscinodiscus bipartitus*	—	0.039
虹彩圆筛藻 *Coscinodiscus oculus-iridis*	0.030	0.039
弯菱形藻 *Nitzschia sigma*	0.090	—
伏氏海毛藻 *Thalassiothrix frauenfeldii*	0.073	—
骨条藻 *Skeletonema* spp.	0.033	0.034
楔形半盘藻 *Hemidiscus cuneiformis*	—	0.020
豪猪棘冠藻 *Corethron criophilum*	—	0.028
菱形海线藻 *Thalassionema nitzschioides*	—	0.020
布氏双尾藻 *Ditylum brightwellii*	—	0.040
红海束毛藻 *Trichodesmium erythraeum*	—	0.071

注：“—”表示非优势种

α 多样性：浮游植物 *d*、*J* 和 *H'* 存在季节差异，春季 *J*、*H'*（分别为 0.68±0.09、2.32±0.29）低于秋季（分别为 0.77±0.07、3.00±0.23），*d*（6.83±1.05）高于秋季（6.56±0.96）。空间分布上，春季 *d* 总体表现为洞头东部海域高于西部海域；*J*、*H'* 为自瓯江口向洞头本岛逐渐增加，且瓯江口南、北支 *J* 和 *H'* 均较低。秋季 *d* 分布与春季基本一致；*J*、*H'* 呈中部海域向瓯江口及洞头本岛海域降低的趋势，且瓯江口南、北支存在低值区。

（3）浮游动物

种类组成：洞头示范区海域春、秋季调查大、中型浮游动物共鉴定到 17 大类 113 种。春季共鉴定出 14 大类 50 种，秋季共鉴定出 16 大类 95 种。两季均以桡足类种类数最多，其次为水螅水母类和浮游幼体（表 10-14）。

生物量分布：春季浮游动物生物量范围为 20.63～346.43mg/m^3，平均值为 116.90mg/m^3。洞头岛南部外侧海域高，灵昆岛与霓屿岛之间海域低；秋季范围为 7.41～409.96mg/m^3，平均值为 94.22mg/m^3。洞头岛东南部海域高，瓯江口邻近海域低（图 10-51）。

表 10-14　洞头示范区海域春、秋季浮游动物种类组成

类群	春季		秋季	
	种类数	百分比/%	种类数	百分比/%
水螅水母类 Hydromedusae	9	18.0	10	10.5
管水母类 Siphonophora	1	2.0	3	3.2
栉水母类 Ctenophora	1	2.0	2	2.1
桡足类 Copepoda	18	36.0	37	38.9
糠虾类 Mysidacea	3	6.0	4	4.2
磷虾类 Euphausiacea	1	2.0	1	1.1
端足类 Amphipoda	2	4.0	6	6.3
樱虾类 Sergestinae	—	—	2	2.1
介形类 Ostracoda	1	2.0	2	2.1
枝角类 Cladocera	—	—	1	1.1
毛颚类 Chaetognatha	3	6.0	4	4.2
被囊类 Tunicate	1	2.0	2	2.1
翼足类 Pteropods	1	2.0	5	5.3
涟虫类 Cumacea	1	2.0	1	1.1
多毛类 Polychaeta	—	—	2	2.1
十足类 Decapoda	1	2.0	—	—
浮游幼体 Planktonic larva	7	14.0	13	13.7
合计	50	100.0	95	100.0

注：“—”表示未检出

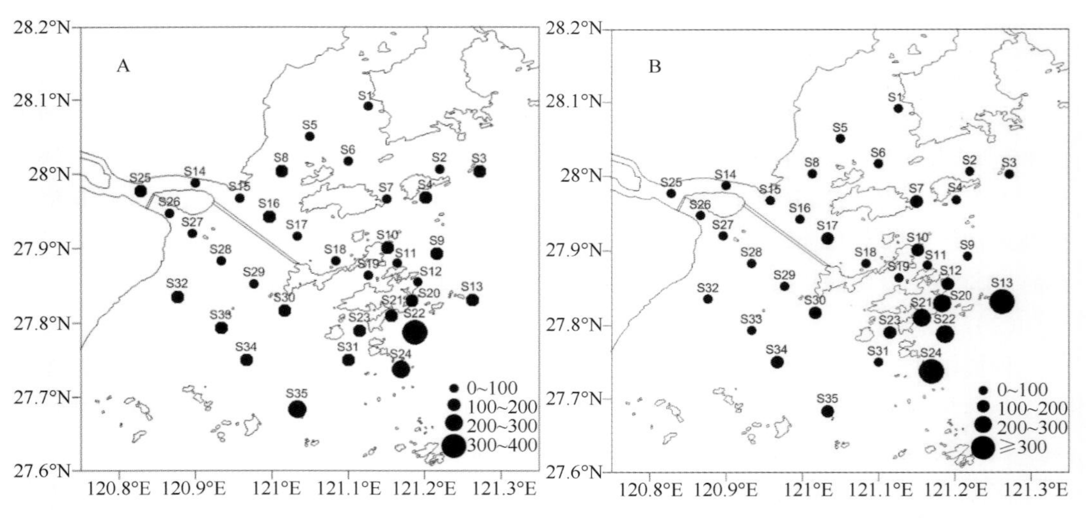

图 10-51　洞头示范区海域春（A）、秋（B）季浮游动物生物量分布（mg/m³）

丰度分布：春季浮游动物丰度范围为 11.90～215.71ind/m³，平均值为 93.14ind/m³。高值出现于洞头岛东南海域，低值位于瓯江口北部；秋季范围为 18.63～303.62ind/m³，平均值为 90.93ind/m³。空间分布趋势与生物量基本一致（图 10-52）。

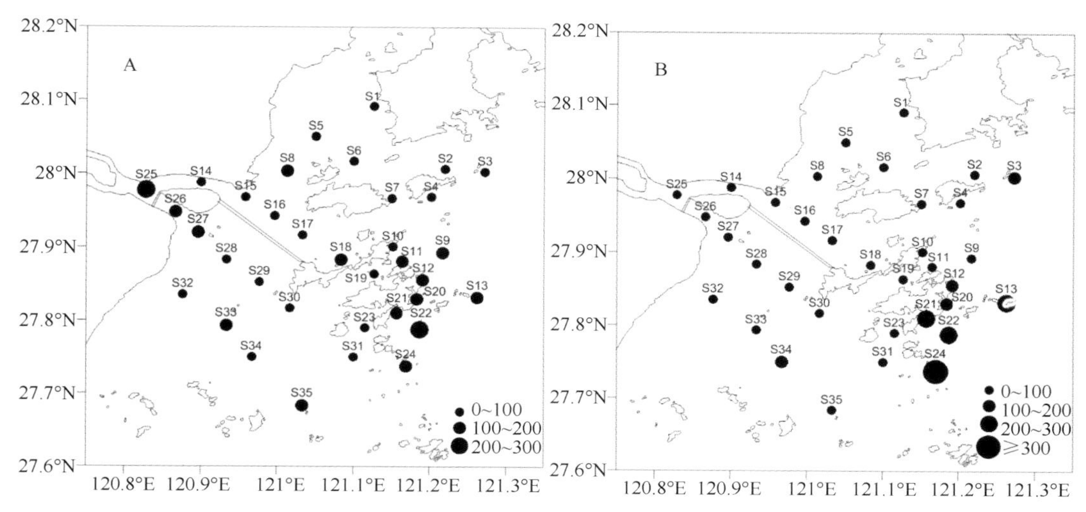

图 10-52　洞头示范区海域春（A）、秋（B）季浮游动物丰度分布（ind/m^3）

优势种：春季浮游动物优势种共 5 种，中华哲水蚤为第一优势种（Y=0.568），优势度明显高于其他物种；秋季浮游动物优势种共 13 种，双生水母为第一优势种（Y=0.228），优势度也明显高于其他物种（表 10-15）。调查海域浮游动物群落对季节变化的生态适应较为明显，秋季优势种与春季相比，暖水性种类优势度明显上升。

表 10-15　洞头示范区海域春、秋季浮游动物优势种及优势度

优势种	优势度（Y）	
	春季	秋季
中华哲水蚤 *Calanus sinicus*	0.568	0.026
中华箭虫 *Sagitta sinica*	0.039	—
针刺拟哲水蚤 *Paracalanus aculeatus*	0.029	—
近缘大眼水蚤 *Corycaeus*（*Ditrichocorycaeus*）*affinis*	0.027	—
短尾类溞状幼虫 Brachyura zoea larva	0.026	—
双生水母 *Diphyes chamissonis*	—	0.228
宽尾刺糠虾 *Acanthomysis latiscauda*	—	0.095
多毛类幼体 Polychaeta larva	—	0.050
亚强次真哲水蚤 *Subeucalanus subcrassus*	—	0.044
百陶箭虫 *Sagitta bedoti*	—	0.043
微刺哲水蚤 *Canthocalanus pauper*	—	0.039
桡足类幼体 Copepoda larva	—	0.039
背针胸刺水蚤 *Centropages dorsispinatus*	—	0.025
磷虾类幼体 Euphausiacea larva	—	0.024
精致真刺水蚤 *Euchaeta concinna*	—	0.022
肥胖箭虫 *Flaccisagitta enflata*	—	0.022
糠虾幼体 Mysidacea larva	—	0.021

注：“—”表示非优势种

α 多样性：浮游动物 *d*、*J* 和 *H'*均为秋季大于春季（表 10-16）。空间分布上，春季基本呈现由瓯江口向外递减的趋势，但灵昆岛西侧站位出现最低值；秋季呈现由瓯江口向外递增的趋势。

表 10-16　洞头示范区海域春、秋季浮游动物多样性指数

多样性指数	春季		秋季	
	变动范围	平均值	变动范围	平均值
d	0.73～4.01	2.77	2.38～6.68	4.93
J	0.24～0.90	0.60	0.48～0.90	0.78
H'	0.55～3.48	2.23	2.44～4.30	3.59

（4）底栖生物

种类组成：洞头示范区海域春、秋季大型底栖生物共鉴定到 147 种，其中多毛类 62 种，甲壳动物 47 种，软体动物 21 种，棘皮动物 5 种，其他类 12 种。多毛类和甲壳动物是该海域大型底栖生物的主要类群，两者占总物种数的 74.1%。各站位春季大型底栖生物分别有 1～22 种，秋季分别有 0～15 种。春季种数多于秋季，且洞头岛海域种类数高于瓯江口海域。春、秋两季均为多毛类物种数居首，其次为甲壳动物，两类之和在春、秋季均在 74%以上（表 10-17）。

表 10-17　洞头示范区海域底栖生物种数及比例

季节	项目	多毛类	软体动物	甲壳动物	棘皮动物	其他类	合计
春季	种数	57	19	34	5	7	122
	比例/%	46.7	15.6	27.9	4.1	5.7	100
秋季	种数	37	5	18	3	6	69
	比例/%	53.6	7.2	26.1	4.3	8.7	100

生物量分布：洞头示范区海域大型底栖生物春、秋季平均生物量为 3.80g/m^2，生物量中软体动物和其他类占优势，二者之和占总生物量的 70.3%。春季底栖生物平均生物量为 3.35g/m^2，最大值为 27.70g/m^2，生物量高值区主要分布在瓯江口南部、洞头岛南部及东北部。秋季底栖生物平均生物量为 4.22g/m^2，最大值为 76.90g/m^2，生物量高值区位于洞头本岛东北部的三盘岛与花岗岛之间海域（图 10-53）。

栖息密度分布：洞头示范区海域大型底栖生物春、秋季平均栖息密度为 189 个/m^2。栖息密度以软体动物最大，占总栖息密度的 55.7%；多毛类居第二位，占 34.8%；甲壳动物、棘皮动物和其他类栖息密度较低，占 9.5%。春季底栖生物平均栖息密度为 321 个/m^2，最大值 1445 个/m^2。栖息密度高值区域位于洞头岛海域南部及瓯江口南部海域。秋季底栖生物平均栖息密度为 57 个/m^2，最大值 195 个/m^2。栖息密度高值区位于洞头岛海域东南部（图 10-54）。

优势种：洞头示范区海域大型底栖生物优势种较少。春季优势种为薄云母蛤（*Yoldia similis*）、异蚓虫（*Heteromastus filiformis*）、不倒翁虫（*Sternaspis scutata*）和双鳃内卷齿蚕（*Aglaophamus dibranchis*），优势度分别为 0.34、0.05、0.03 和 0.02。秋季优势种为异蚓虫、双鳃内卷齿蚕和不倒翁虫，优势度分别为 0.11、0.06 和 0.03。

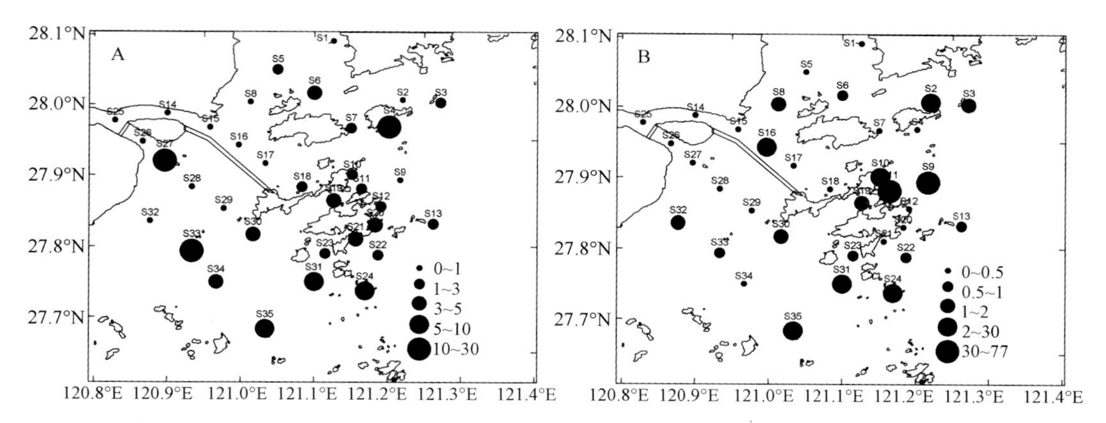

图 10-53　洞头示范区海域春（A）、秋（B）季底栖生物平均生物量分布（g/m²）

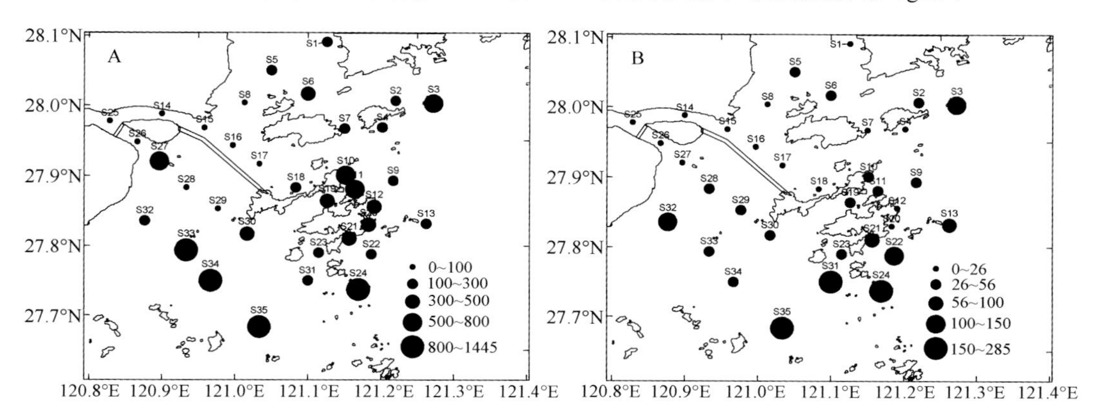

图 10-54　洞头示范区海域春（A）、秋（B）季底栖生物平均栖息密度分布（个/m²）

α 多样性：洞头示范区海域底栖生物春、秋季 H' 范围在 0.00～2.34，平均值为 1.32，秋季（1.34）略高于春季（1.29），调查海域南部底栖生物多样性较高。底栖生物春、秋两季 J 范围在 0.15～1.00，平均值为 0.78，秋季（0.91）高于春季（0.66），瓯江口海域北部较高。

（5）鱼卵仔鱼

种类组成：洞头示范区海域春、秋季共鉴定到鱼卵、仔稚鱼 16 种，隶属于 8 目 14 科 15 属，其中鱼卵 4 种，仔稚鱼 15 种，鲈形目种类数最多，其次是鲱形目和鲉形目。春季种类数多于秋季，春季共鉴定到 9 种，鱼卵、仔稚鱼分别为 3 种和 9 种；秋季共鉴定到 7 种，鱼卵、仔稚鱼分别为 1 种和 6 种（表 10-18）。

数量分布：调查海域春季 9 个站位共采集到鱼卵 36 粒，平均 4 粒/网，站位出现率为 44.4%，主要出现在大门岛北侧的乐清湾口东侧，霓屿岛和洞头岛之间也采集到 1～2 粒/网；仔稚鱼共 216 尾，平均 24 尾/网，出现率为 66.7%，除霓屿岛周围外，其他站位均采集到，高值出现在大门岛东北侧（图 10-55）。秋季 10 个站位采集到鱼卵共 6 粒，平均 0.6 粒/网，站位出现率为 30.0%，仅在乐清湾口东侧、鹿西岛东侧和灵霓大堤南侧各采集到 2 粒；仔稚鱼共 79 尾，平均 7.9 尾/网，出现率为 80.0%，仅在乐清湾口、霓屿岛、洞头岛内站位未采集到，但数量不高，且主要是侧带小公鱼属仔稚鱼，最高值出现在灵霓大堤南侧（图 10-56）。鱼卵和仔稚鱼数量均呈春季高于秋季，且春、秋季均呈仔稚鱼数量高于鱼卵。

表 10-18 洞头示范区海域鱼卵、仔稚鱼种类组成

目	科	属	种	春季	秋季
鲈形目 Perciformes	鮨科 Serranidae	花鲈属 *Lateolabrax*	花鲈 *L. japonicus*	−	
	（虾）虎鱼科 Gobiidae	矛尾虾虎鱼属 *Chaeturichthys*	矛尾虾虎鱼 *C. stigmatias*	−	
		虾虎鱼科未定种 *Gobiidae sp.*			−
	鲭科 Scombridae	马鲛属 *Scomberomorus*	蓝点马鲛 *S. niphonius*	±	
	䲗科 Callionymidae	斜棘䲗属 *Repomucenus*	香斜棘䲗 *R. olidus*	−	
	石首鱼科 Sciaenidae	白姑鱼属 *Pennahia*	白姑鱼 *P. argentata*		−
鲉形目 Scorpaeniformes	鲉科 Scorpaenidae	菖鲉属 *Sebastiscus*	褐菖鲉 *S. marmoratus*	−	
	鲬科 Platycephalidae	鲬属 *Platycephalus*	鲬 *P. indicus*	−	
鲀形目 Tetraodontiformes	鲀科 Tetraodontidae	东方鲀属 *Takifugu*	未定种 *Takifugu* sp.	±	
鲻形目 Mugiliformes	鲻科 Mugilidae	鮻属 *Liza*	鮻 *L. haematocheila*	−	
鲱形目 Clupeiformes	鲱科 Clupeidae	斑鰶属 *Konosirus*	斑鰶 *K. punctatus*	±	
	鳀科 Engraulidae	棱鳀属 *Thryssa*	赤鼻棱鳀 *T. kammalensis*		−
		侧带小公鱼属 *Stolephorus*	未定种 *Stolephorus* sp.		−
灯笼鱼目 Myctophiformes	龙头鱼科 Harpadontidae	龙头鱼属 *Harpadon*	龙头鱼 *H. nehereus*		−
鲽形目 Pleuronectiformes	舌鳎科 Cynoglossidae	舌鳎属 *Cynoglossus*	未定种 *Cynoglossus* sp.		+
海龙目 Syngnathiformes	海龙科 Syngnathidae	海龙属 *Syngnathus*	尖海龙 *S. acus*		−

注：+表示鱼卵，−表示仔稚鱼，±表示鱼卵与仔稚鱼

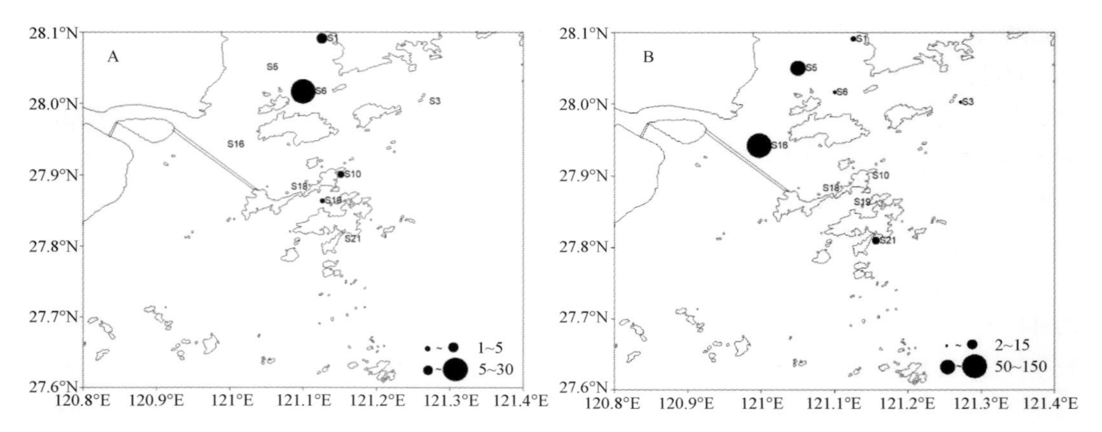

图 10-55 洞头示范区海域春季鱼卵、仔稚鱼水平分布图

A. 鱼卵（粒/网）；B. 仔稚鱼（尾/网）

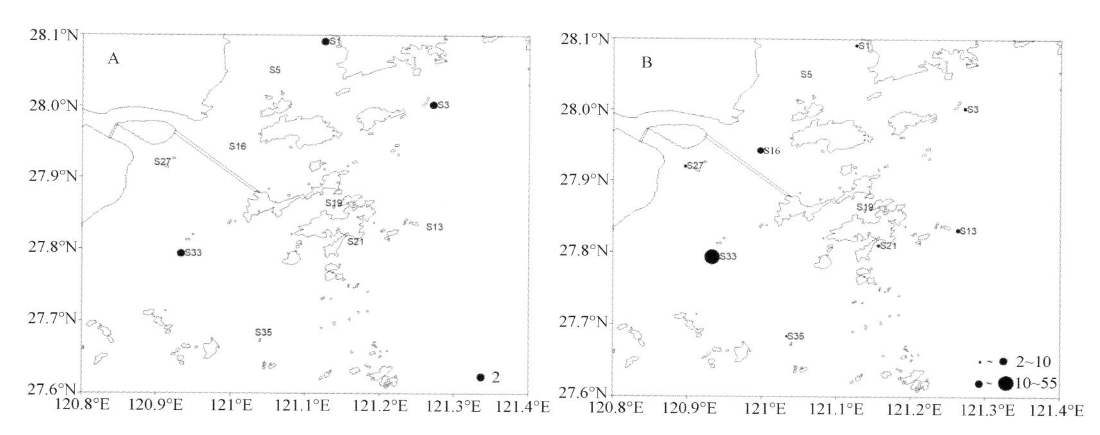

图 10-56 洞头示范区海域秋季鱼卵、仔稚鱼水平分布图

A. 鱼卵（粒/网）；B. 仔稚鱼（尾/网）

优势种：鱼卵优势种春、秋季各出现 1 种。春季斑鰶（*Konosirus punctatus*）主要分布在大门岛北侧；秋季舌鳎属未定种（*Cynoglossus* sp.）仅在 3 个站位采集到。仔稚鱼优势种春、秋季各出现 3 种和 1 种（表 10-19）。春季优势种主要出现在调查海域西北部；秋季优势种主要出现在调查海域南侧。

表 10-19 洞头示范区海域鱼卵、仔稚鱼优势种组成

类别	春季			秋季		
	物种	优势度	丰度比/%	物种	优势度	丰度比/%
鱼卵	斑鰶*K. punctatus*	0.407	91.67	舌鳎属未定种 *Cynoglossus* sp.	0.300	100
仔稚鱼	鲮 *L. haematocheila*	0.286	64.35	侧带小公鱼属未定种 *Stolephorus* sp.	0.532	88.61
	花鲈 *L. japonicus*	0.109	24.54			
	矛尾虾虎鱼 *C. stigmatias*	0.031	6.94%			

10.2.3 主要环境和生态问题

随着社会经济的发展，洞头海洋产业进入快速发展阶段，出现了如大门临港产业基地、鹿西岛船舶修造基地、灵霓产业基地等。这些产业基地的建设推动了洞头的工业化和城市化，但对洞头示范区海域生态环境也造成了一定影响。滩涂围垦和工业污染物、生活污水排放都会给洞头的海域生态环境带来压力，且洞头地处瓯江口和乐清湾口，陆源污染输入也较为严重。结合《温州市海洋环境公报》、1990 年和 2012 年历史数据及本次生态环境调查结果，得知洞头示范区海域的主要生态环境问题如下。

1）洞头近岸海域的氮、磷营养盐超标严重。洞头地处瓯江口和乐清湾口，瓯江是浙江省第二大河流，年均径流量 202.7 亿 m^3，流经丽水、温州入海；乐清湾则接纳来自台州、温州的 30 余条溪流来水入海。温台地区是浙江省，乃至全国的经济发达区，人口密集、工业发达，河流携带的生活和工业污染物中含有大量的营养物质；同时，浙江近岸海域受到杭州湾和长江口影响，营养盐本底值高，洞头海域入海营养物质无法得到及时稀释。此外，瓯江口区域作为温州市“三大新区”之一，正经历着大规模的开发建设，其中的半岛工程包括温州浅滩围涂工程、洞头五岛连桥工程和灵昆大桥等，欲将灵昆岛与霓屿岛连成一片，围涂面积达到 13.2 万亩。大规模围涂工程可能改变海域原有的水动力条件，减弱瓯江口海域南北方向的水交换能力，导致营养物质滞留。

2）洞头近岸海域的浮游植物优势种变化明显。浮游植物是海域的初级生产力，受到海域水动力条件和营养物质等水质影响，同时影响着水体环境和浮游动物、鱼类等高营养级生物的组成。近 30 年，洞头近岸海域浮游植物优势种变化较明显。20 世纪 80 年代，圆筛藻为常见优势种，其中有棘圆筛藻为主要优势种；90 年代后琼氏圆筛藻、虹彩圆筛藻代替有棘圆筛藻成为主要优势种；本次调查琼氏圆筛藻、蛇目圆筛藻为主要优势种。80 年代至 90 年代角藻属一直是该海域的优势种；21 世纪后角藻的优势地位被骨条藻取代。优势种中甲藻占比变化也较大，1981 年春季，甲藻占一定优势（角藻属）；1990 年夜光藻成为绝对优势种，占比达到 50.3%；此后甲藻优势度逐年下降，2011 年优势种为硅藻，且赤潮藻种类数明显增多。浮游植物的变化可能与该海域围涂工程引起的水动力改变、营养盐含量持续增加和结构变化有关。赤潮藻类的增多提高了该海域赤潮爆发的概率，赤潮的发生不仅会带来海水缺氧和酸化的隐患，还会直接影响渔业资源的产量和质量。

3）鱼卵、仔稚鱼物种及数量在发生变化。鱼卵和仔稚鱼作为经济鱼类的早期阶段，对于渔业资源的补充至关重要。本次调查结果与 20 世纪 90 年代初“浙江省海岛海域生物资源调查”的相关结果相比，除洞头岛周围海域春季的鱼卵和仔稚鱼数量较历史略有升高，乐清湾口春、秋季鱼卵数量无明显变化外，洞头岛周围和南侧海域秋季的鱼卵与仔稚鱼数量及乐清湾口仔稚鱼数量均出现不同程度的下降，而且，鱼卵、仔稚鱼的种类也发生了较大变化，表明该海域的鱼卵、仔稚鱼组成可能已经受到自然环境变化和捕捞活动影响而正在发生变化。周永东等（2013）对 2011 年春、夏季浙江南部沿岸产卵场的分析指出，浙江沿岸鱼类产卵时间与 20 世纪 60 年代的研究结果基本一致，不过重要经济鱼类（如大黄鱼、小黄鱼、鲳鱼等）的数量比例减小，小型低值鱼类的鱼卵、仔稚鱼数量比例明显增加，与我国近几十年来的渔业资源衰退趋势一致。该海域鱼卵和仔稚鱼资源的变化可能与近岸大规模围填海等开发建设工程有关。这些工程改变了原有的水动力条件，破坏了众多渔业资源种的产卵场、育幼场、索饵场和洄游通道，影响其资源补充过程，导致渔业资源衰退；同时，海岸带的开发影响了营养物质的输散，从而影响了海洋初级生产过程和分布格局，改变了鱼类的栖息环境，也是鱼卵、仔稚鱼资源变化的重要原因。因此，在重要资源种的“三场一通道”划定海洋生态红线对保护渔业资源具有重要意义。

10.2.4 海洋生态红线区划技术在洞头示范区的应用

1. 数据来源与评价方法

洞头示范区评价单元依据 908 专项勘测的海域县界线和省界线，以及领海基线确定（图 10-57）。研究所用的数据包括洞头区基础地理信息数据、海岛海岸线数据、滩涂围垦数据、保护区相关数据、重要景区数据等；生态环境数据来源于示范区春秋两季生态环境调查，将 35 个站位的结果插值到整个洞头海陆范围内；社会经济数据来源于温州市和洞头区统计年鉴、海洋公报、渔业公报、生态环境公报，以及洞头区总体规划、岸线保护规划、风景名胜区总体规划等。

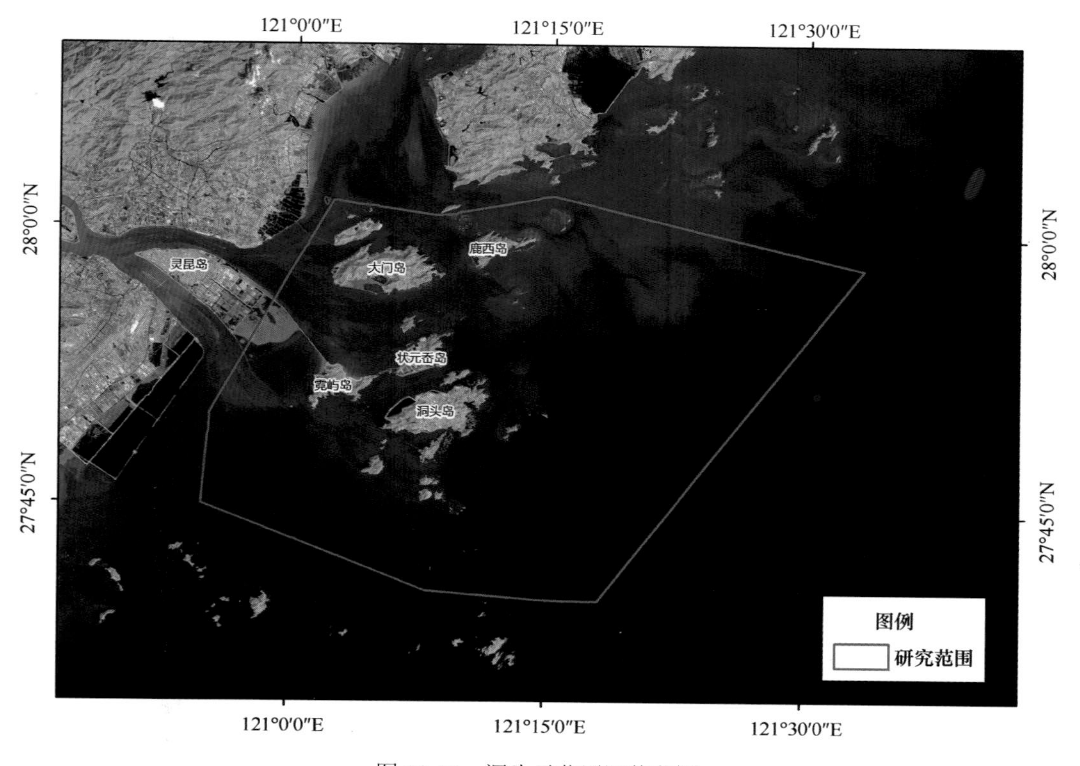

图 10-57　洞头示范区评价范围

（1）生态脆弱性评价

依据第 5 章海洋生态脆弱性评价方法，并结合洞头示范区实际情况对海洋生态脆弱性评价指标进行适当筛选，最后选取 14 个指标，评估指标体系如表 10-20 所示。在进行生态脆弱性综合评价时，从干扰脆弱度指数、状态敏感性指数和恢复力脆弱性指数三方面构建海洋生态脆弱性综合评估指标体系；采用模糊综合评价法，计算各指标的权重因子；最终利用干扰脆弱度指数模型、状态敏感性指数模型、恢复力脆弱性指数模型和海洋生态脆弱性综合指数模型分别对洞头示范区进行评价。

（2）生态功能重要性评价

依据第 6 章的生态功能重要性评价方法，并结合洞头示范区实际情况对海洋生态功能重要性评价指标进行适当筛选，最终选取 23 个指标，评估指标体系如表 10-21 所示。在进行海洋生态功能重要性评价时，从生物多样性保护、渔业生产、水质净化和滨海游憩四方面构建海洋生态功能重要性评价指标体系；采用模糊综合评价法，计算各指标的权重因子；最终利用生物多样性保护指数模型、渔业生产指数模型、水质净化指数模型、滨海游憩指数模型和海洋生态功能重要性综合指数模型分别对洞头示范区进行评价。

表 10-20 洞头示范区海洋生态脆弱性评估指标体系和权重

目标层	准则层	因素层	指标层
海洋生态脆弱性综合指数	干扰脆弱度指数 0.2	人为干扰	干扰度指数
			海水富营养化指数
			沉积物质量等级
		自然干扰	生物入侵
	状态敏感性指数 0.5	海洋生物多样性敏感性	浮游植物多样性
			浮游动物多样性
			大型底栖动物多样性
		重要生境状态敏感性	珍稀濒危物种栖息地、候鸟迁徙通道和三场一通道分布区
		特殊保护价值生态系统敏感性	砂质岸线、各级保护区、重要湿地、历史文化遗址遗存和名胜古迹
	恢复力脆弱性指数 0.3	海洋生物多样性恢复力	叶绿素 a 浓度
			浮游动物密度
			大型底栖动物生物量/密度
		渔业资源恢复力	鱼卵密度
			仔鱼密度

表 10-21 洞头示范区海洋生态功能重要性评价指标体系和权重

目标层	准则层	因素层	指标层
海洋生态功能重要性	生物多样性保护功能 0.4	物种层次 0.4	浮游植物种数
			浮游动物种数
			底栖动物种数
			浮游植物细胞数量
			浮游动物生物量
			底栖动物生物量
		生态系统层次 0.6	生态系统类型
			生境多样性
			空间位置重要性
	渔业生产功能 0.3	自然环境支撑 0.8	颗粒性有机碳浓度
			鱼卵密度
			仔鱼密度
			三场一通道距离
		基础设施 0.2	渔港距离
			城镇距离
	水质净化功能 0.2	物理环境 0.5	水深
			透明度
			溶解氧
			温度
		生物环境 0.5	叶绿素 a 浓度
			潮间带生境类型
	滨海游憩功能 0.1	游憩潜能 0.5	海水水质
		游憩需求 0.5	景区距离

（3）生态适宜性评价

依据第 7 章生态适宜性评价方法，并结合洞头示范区实际情况对海洋生态适宜性评价指标进行适当筛选，最终选取了 15 个指标，评价指标体系如表 10-22 所示。在进行海洋生态适宜性评价时，从海洋生态环境适宜性、海洋自然资源适宜性、海洋社会经济适宜性三方面构建海洋生态适宜性评价指标体系；采用模糊综合评价法，计算各指标的权重因子；最终利用海洋生态环境适宜性指数模型、海洋自然资源适宜性指数模型、海洋社会经济适宜性指数模型和海洋生态适宜性综合指数模型分别对洞头示范区进行评价。

表 10-22　洞头示范区海洋生态适宜性评价指标体系

目标层	准则层	一级指标	二级指标	要素层
海洋生态适宜性	海洋生态环境适宜性	生境结构	群落结构	生物多样性指数
			环境质量	富营养化指数
			自然岸线完整性	自然岸线保有率
		生境功能	重要保护价值	生态敏感区和重要保护对象
			景观类型	生态干扰度
			生产供给	净初级生产力
	海洋自然资源适宜性	空间资源	深水岸线资源	可利用岸线长度
			潮间带资源	可利用滩涂面积
		非生物资源	景观文化资源	景区级别系数
	海洋社会经济适宜性	社会经济条件	海洋经济	海洋经济产业增加值
			沿海人口状况	人口密度（或渔业人口比重、非农人口比重）
			区位条件	重要节点（城镇中心、交通枢纽、大型渔港）可达性
		海域利用现状	海域利用程度	海域利用面积比例
			海水养殖	鱼类、虾蟹类养殖产量
				海藻、贝类养殖产量

2. 区划技术示范应用结果

（1）生态脆弱性评价结果

根据生态脆弱性评价，洞头示范区干扰脆弱度指数、状态敏感性指数和恢复力脆弱性指数评价结果如图 10-58～图 10-60 所示。从图 10-58 干扰脆弱度指数可以发现，干扰脆弱度高值区域主要分布于大小门岛以西及灵昆岛至霓屿岛之间的围海造地区。这些区域地理位置较为优越，开发活动频繁，而且地处瓯江口和乐清湾口，受陆源污染较为严重，具有较高的干扰脆弱度。洞头国家级海洋公园所在海域具有严格的保护管理制度，较大程度限制了人类活动，干扰脆弱度较小。从图 10-59 状态敏感性指数可以看出，洞头国家级海洋公园、南北爿山鸟岛保护区、瓯江河口聚流苗种保护区及鱼类洄游路线区域具有较高的状态敏感性。洞头国家级海洋公园海洋景观独具特色、生态环境良好、海洋生物资源丰富，尤其是南北爿山鸟岛区域是浙江沿海重要的鸟类栖息、繁衍和迁徙地之一，具有独特的保护价值；瓯江口为台湾暖流、浙江沿岸流、大陆径流等水流交汇处，

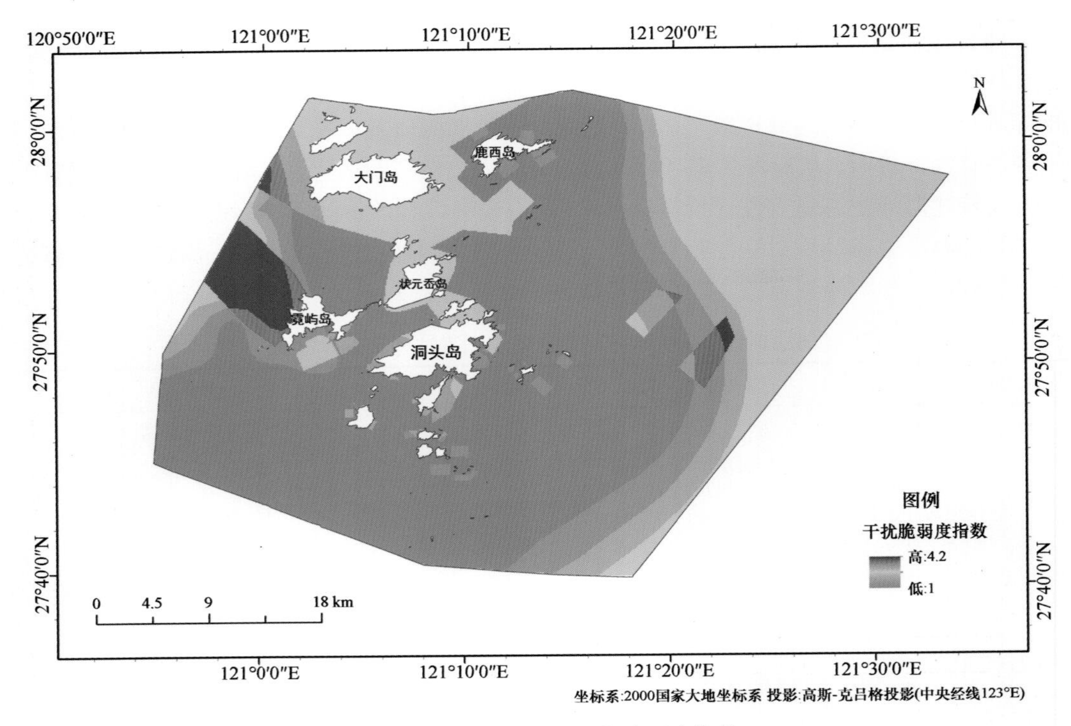

图 10-58 洞头示范区干扰脆弱度指数

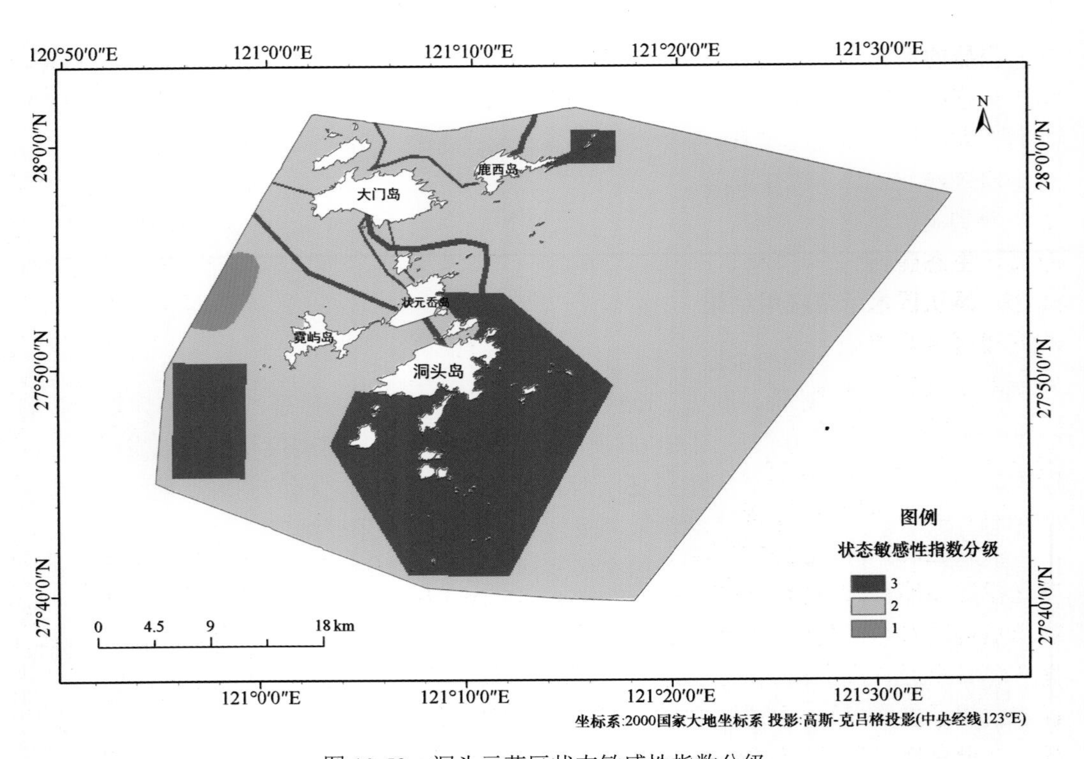

图 10-59 洞头示范区状态敏感性指数分级

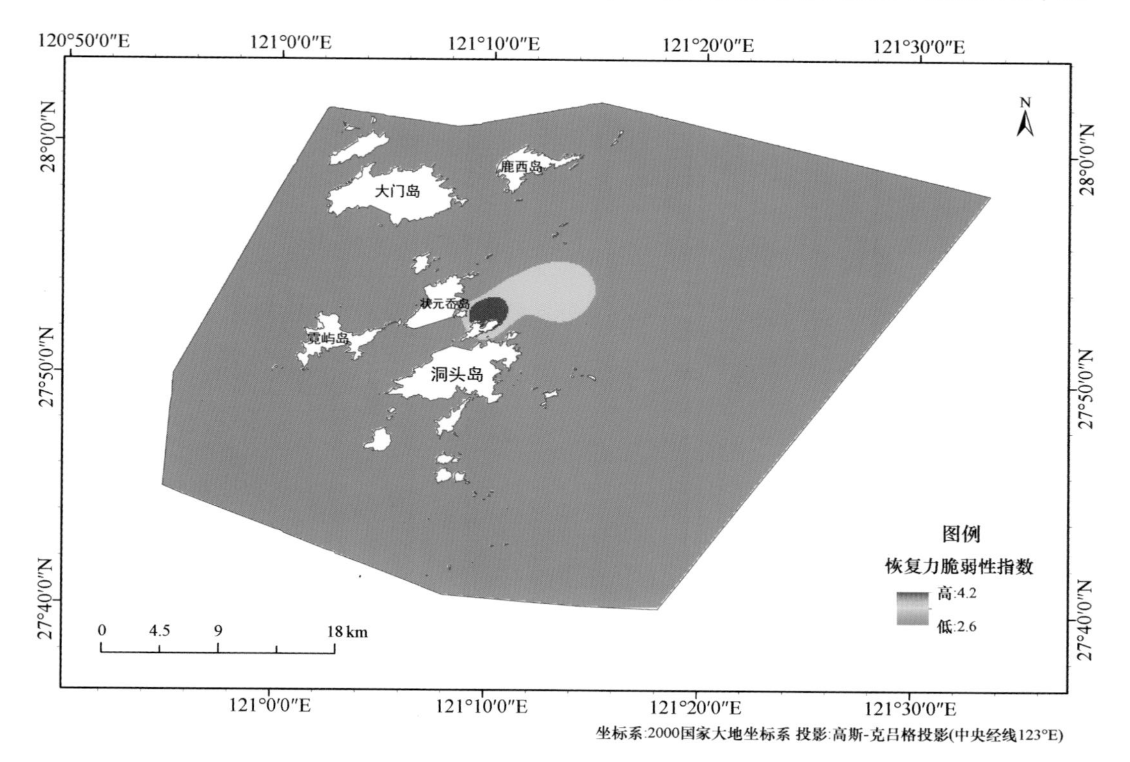

图 10-60　洞头示范区恢复力脆弱性指数

具有明显的汇聚特征，是瓯江口近岸河口性鱼类的重要觅食场所。因此这些区域具有较高的状态敏感性。从图 10-60 恢复力脆弱性指数可以发现，洞头海域恢复力脆弱性指数差别不大，仅花岗岛北侧有一片区域具有较高的恢复力脆弱性指数。

通过在 ArcGIS 中加权叠置干扰脆弱度指数、状态敏感性指数和恢复力脆弱性指数，得到洞头示范区生态脆弱性评价结果如图 10-61 所示。海洋生态脆弱性指数分值越高，生态脆弱性程度越高。从图 10-61 中可以看出，灵昆岛至霓屿岛之间的围海造地区、洞头国家级海洋公园、南北爿山鸟岛保护区、瓯江口聚流苗种保护区及鱼类洄游路线区域具有较高的海洋生态脆弱性指数。灵昆岛至霓屿之间的围海造地区因为人为活动干扰较为频繁、环境污染较为严重，所以海洋生态、脆弱性指数较高。而像洞头国家级海洋公园等区域因为其具有重要的生境和特殊保护价值，生态环境敏感而表现出较高的海洋生态脆弱性。

（2）生态功能重要性评价结果

根据生态功能重要性评价，洞头示范区生物多样性保护指数、渔业生产指数、水质净化指数和滨海游憩指数评价结果如图 10-62～图 10-65 所示。从图 10-62 生物多样性保护指数可以看出，洞头国家级海洋公园区域、南北爿山鸟岛保护区、瓯江河口聚流苗种保护区 3 个区域具有较高的生物多样性保护指数，表明保护区建设对海洋生物多样性的保护发挥了重要作用。海洋生物多样性的丧失主要有以下六方面的原因：①栖息地的消失；②栖息地（景观）破碎化；③外来种的入侵和疾病的扩散；④过度开发利用；⑤环

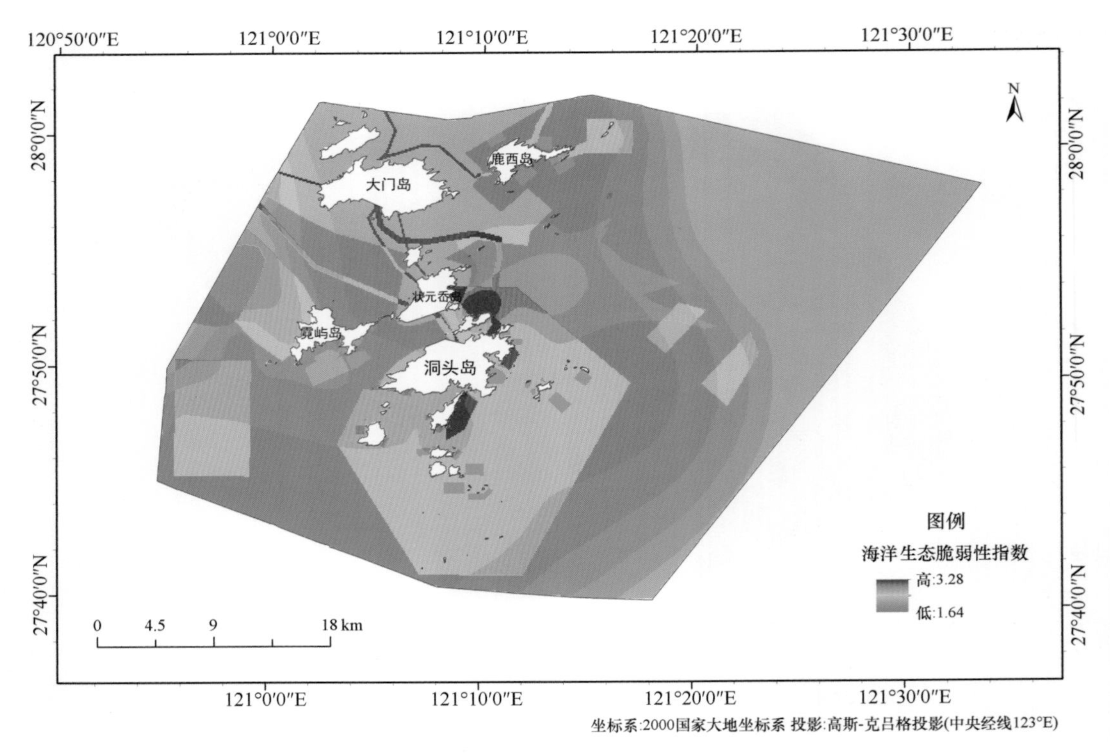

图 10-61 洞头示范区海洋生态脆弱性指数

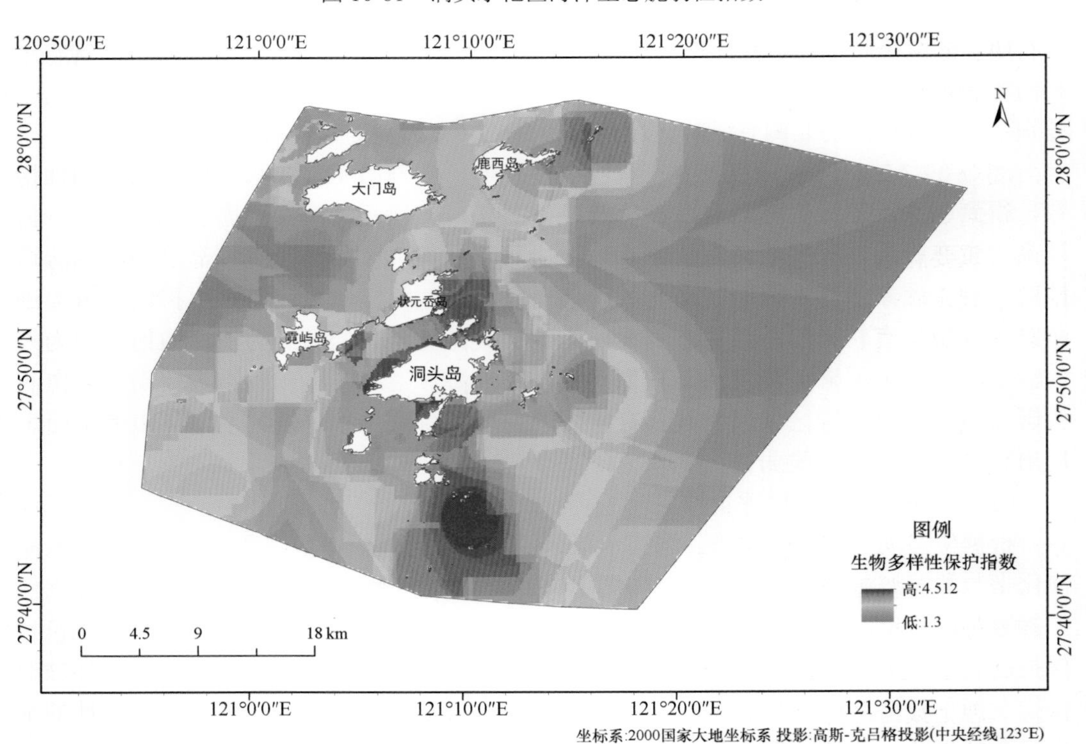

图 10-62 洞头示范区生物多样性保护指数

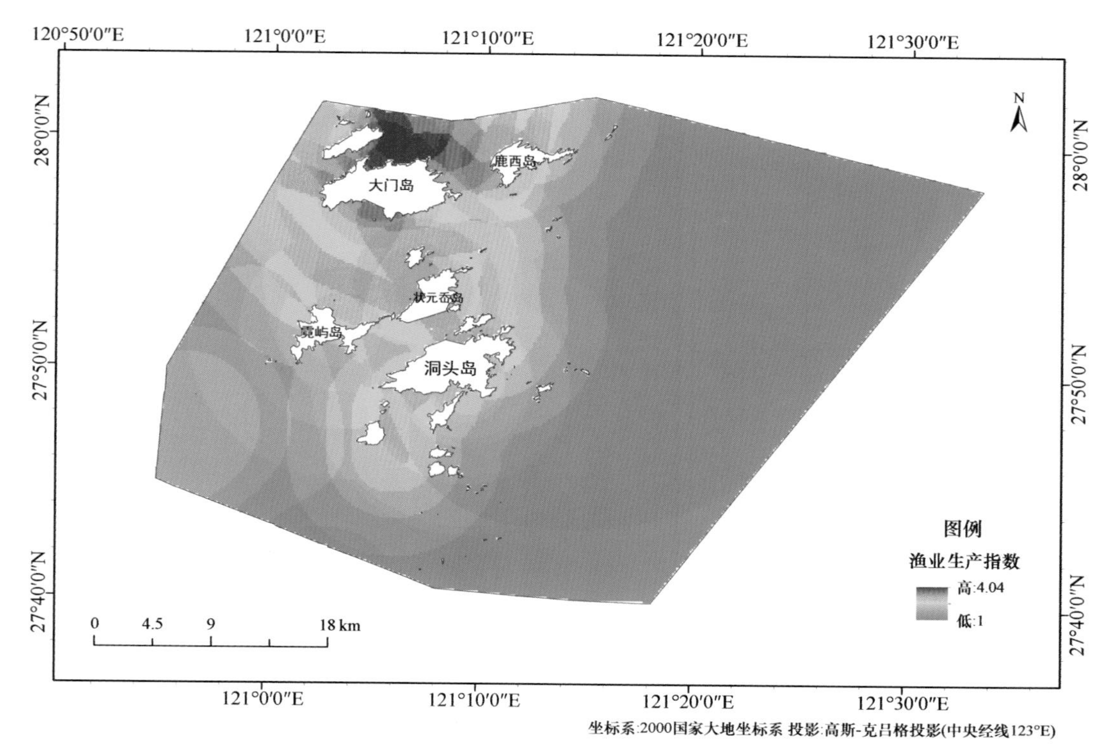

图 10-63　洞头示范区渔业生产指数

境污染；⑥气候的改变。保护区的建设限制了人类活动对海洋生态系统的干扰，保护了海洋生物的栖息环境，减少了环境污染发生的可能性，使这些区域生态系统相对稳定，表现出较高的生物多样性指数。从图 10-63 渔业生产指数中可以看出，渔业生产高值区域主要分布于大门岛和鹿西岛北侧区域，该区域分布有鱼类的洄游通道而且离海岛城镇较近。重要经济鱼类的“三场一通道”对于保证渔业生产功能及维持渔业生产的可持续性具有重要意义。渔业基础设施建设也与渔业生产有关，离海岛城镇及渔港越近，往往渔业基础设施条件越好，越有利于渔业生产。因此该区域表现出较高的渔业生产指数，各岛屿周边区域处于中等水平，其他区域则相对较低。从图 10-64 水质净化指数可以发现，水质净化高值区域主要分布于各岛屿周边区域，洞头国家级海洋公园区域水质净化指数表现为中等水平。岛屿周边区域潮间带生境类型较为丰富，同时在调查中发现 DO 数值也相对较高，从而表现出了较高的水质净化指数。从图 10-65 滨海游憩指数可以看出，滨海游憩高值区域主要分布于洞头本岛南侧和东侧、大门岛东侧及南北爿山岛等区域，这些区域水质环境相对较好，离岛屿较近，同时分布有特色旅游景点、沙滩，如半屏山景区、仙叠岩景区、大瞿岛景区、东沙景区、大门岛景区、大竹峙岛等，表现出较高的滨海游憩指数。

通过在 ArcGIS 中加权叠置生物多样性保护指数、渔业生产指数、水质净化指数和滨海游憩指数，得到示范区海洋生态功能重要性评价结果如图 10-66 所示。海洋生态功能重要性指数分值越高，生态重要性程度越高。洞头海洋生态功能重要性指数高值区域主要分布于洞头各岛屿周边、鱼类洄游通道、洞头国家级海洋公园及南北爿山鸟岛保护

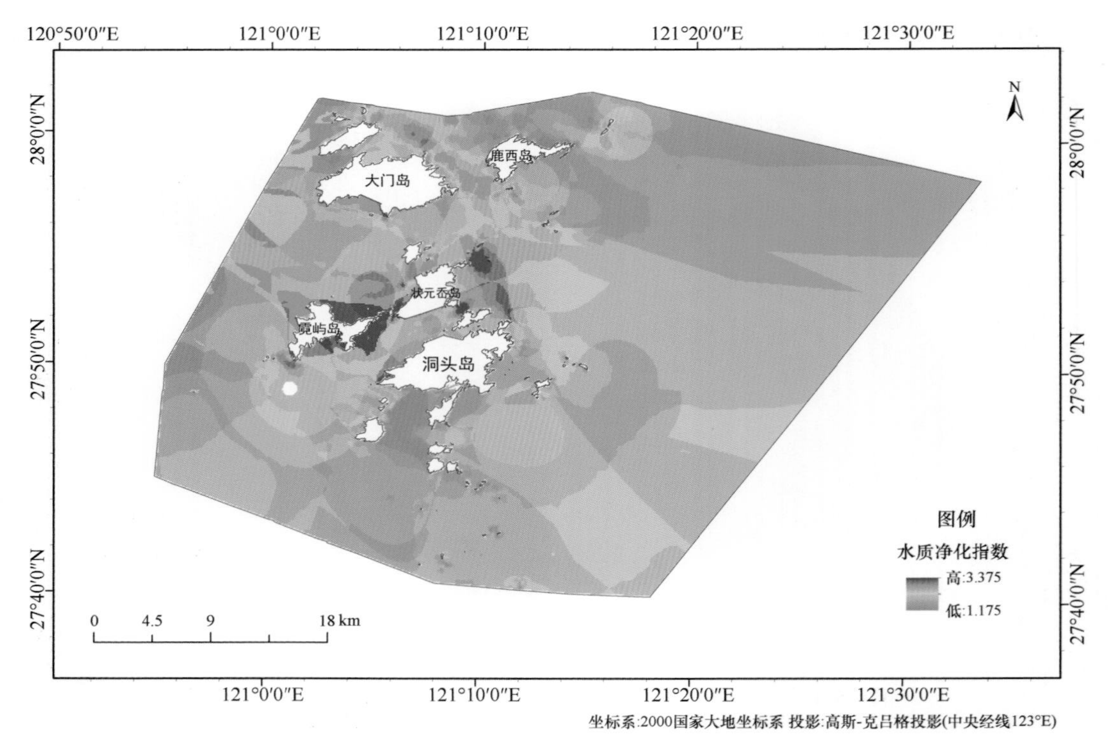

图 10-64 洞头示范区水质净化指数

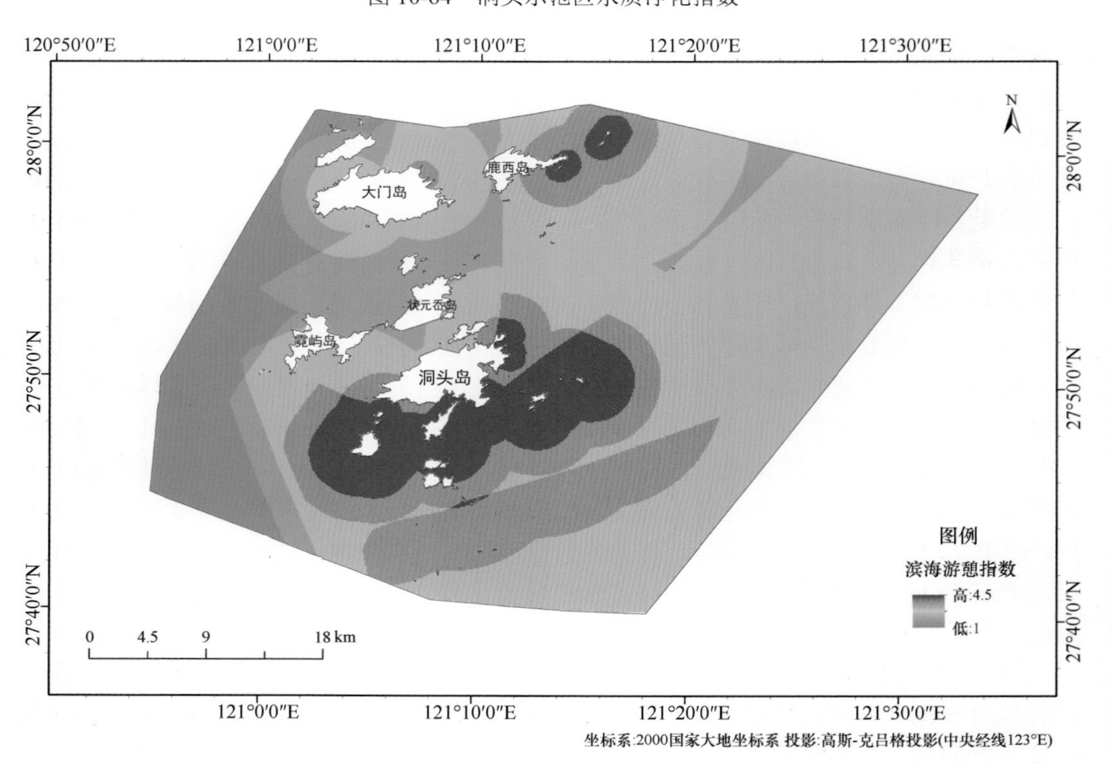

图 10-65 洞头示范区滨海游憩指数

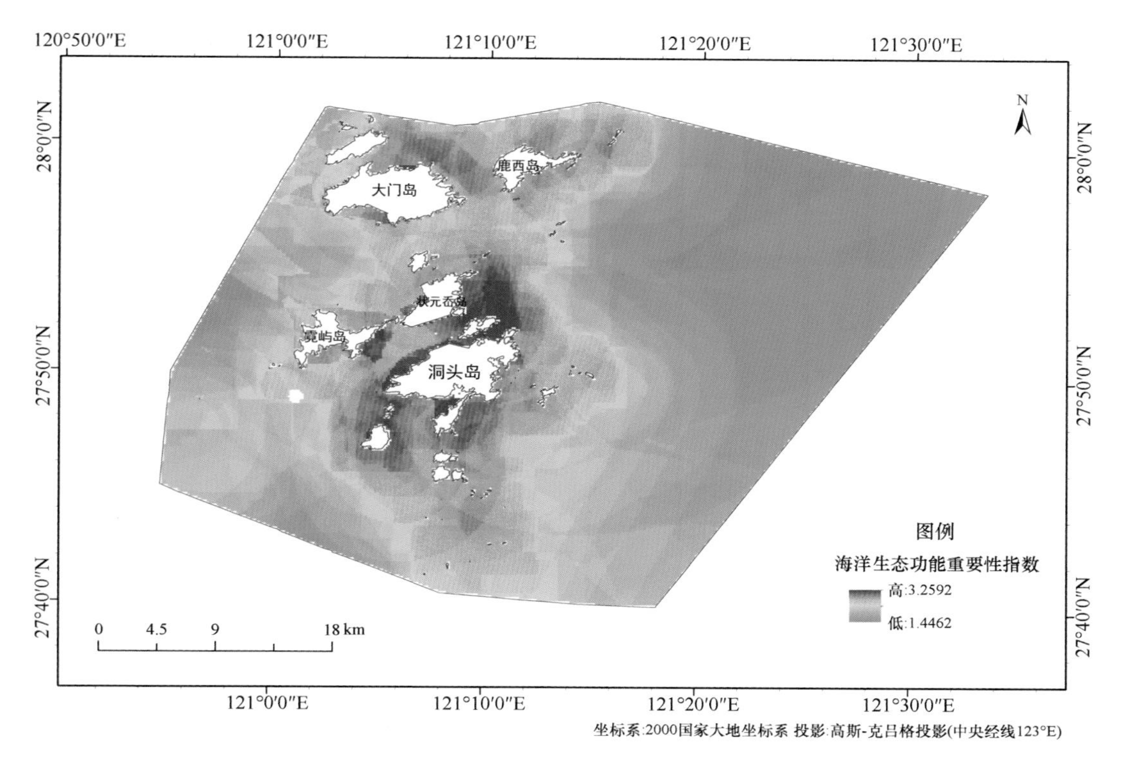

图 10-66　洞头示范区海洋生态功能重要性指数

区区域。洞头各岛屿周边水深较浅，滩涂资源丰富，生态系统繁杂、生物多样性较高，而且分布有特色海洋景观，对海洋生物多样性保护、渔业生产、水质净化、滨海游憩都具有较高的贡献，因此表现出较高的海洋生态功能重要性指数。而海洋公园及南北爿山鸟岛保护区是洞头区特殊海洋生态景观、独特地质地貌景观、珍稀濒危物种重要分布区及鸟类的重要栖息地，这些区域生态环境优良、生物种类繁多，发挥着重要的海洋生态功能。洞头海域其他海域离岛陆较远，没有重要的生态系统分布，生态环境相对一般，因而表现出较低的海洋生态功能重要性。

（3）生态适宜性评价结果

根据生态适宜性评价模型方法，洞头示范区生态环境适宜性、自然资源适宜性和社会经济适宜性评价结果如图 10-67～图 10-69 所示。从图 10-67 生态环境适宜性可以看出，其高值区域主要分布于大门岛以南区域，以及鹿西岛、南北爿山鸟岛区域。本次调查发现这些区域生物多样性指数和净初级生产力较高；同时分布有重要的生态敏感点，如瓯江河口聚流苗种保护区、鸟岛保护区等，适宜保护。洞头国家级海洋公园海域生态环境适宜性表现出中等水平。从图 10-68 可以发现，自然资源适宜性高值区域主要分布于鹿西岛、南北爿山鸟岛区域，其次为洞头本岛周边区域，这些区域分布有较多的景区文化资源和潮间带资源，因此表现出较高的自然资源适宜性。从图 10-69 中可以看出，社会经济适宜性高值区域主要分布于洞头本岛南侧，这些区域海洋经济基础较好，海域使用面积也相对较高，同时具有较高的渔业产出。洞头本岛至大门岛之间的区域因为空间资源限制，表现出较低的社会经济适宜性。

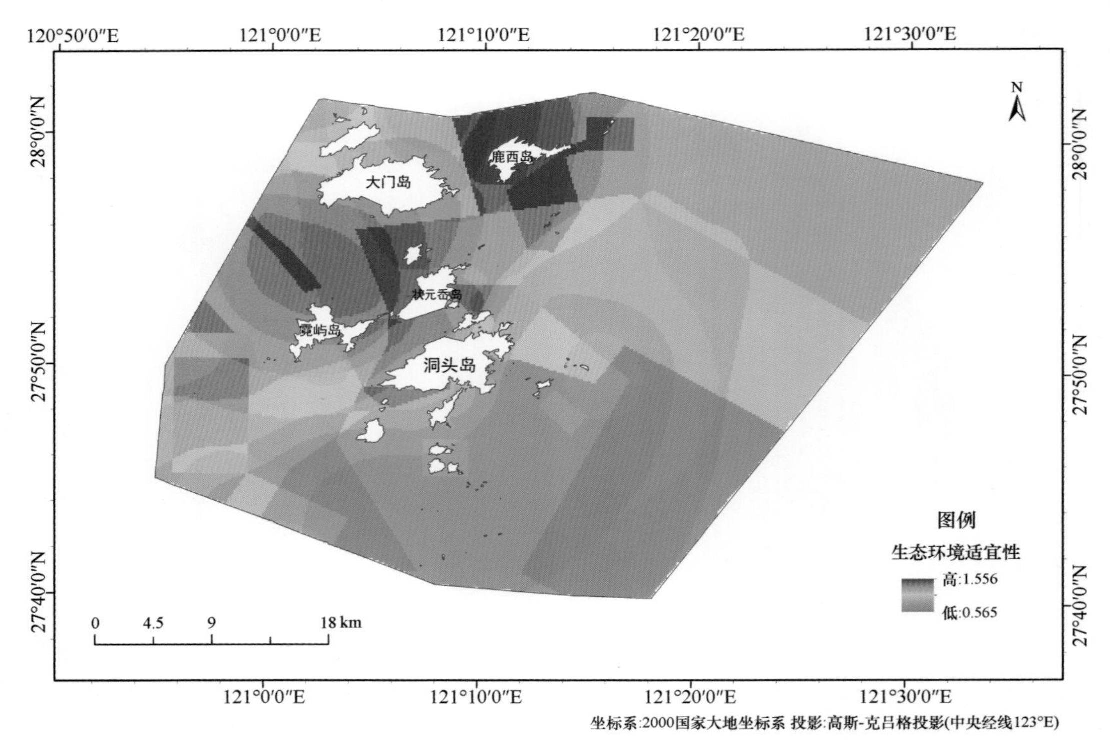

图 10-67 洞头示范区生态环境适宜性

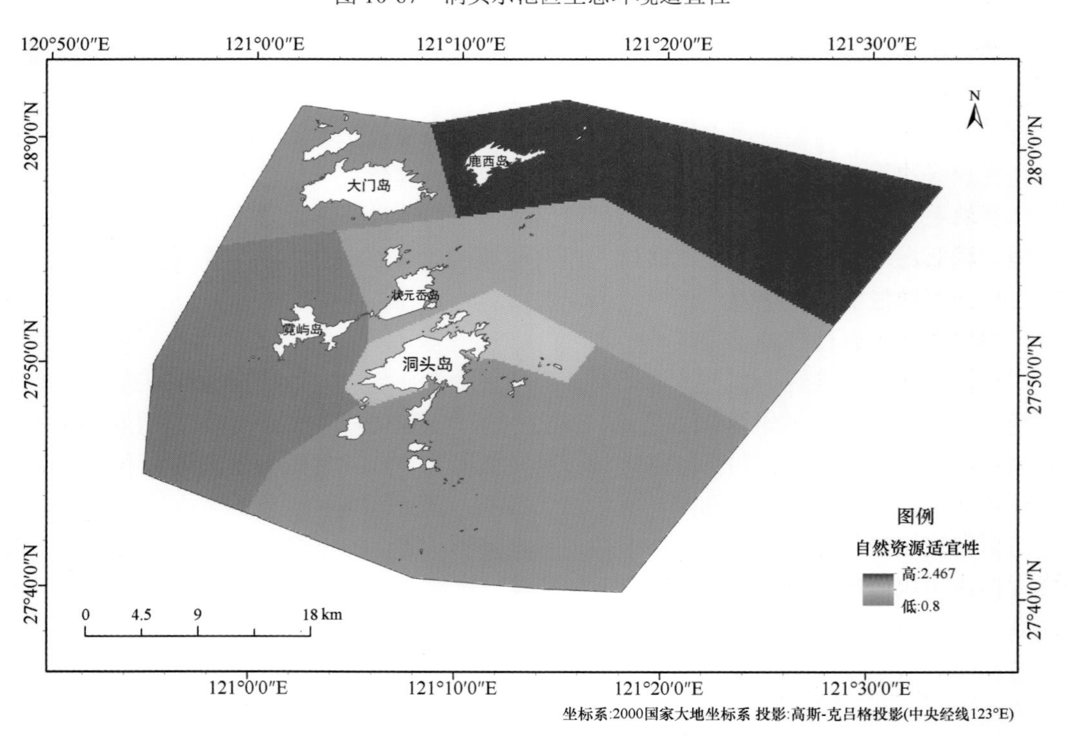

图 10-68 洞头示范区自然资源适宜性

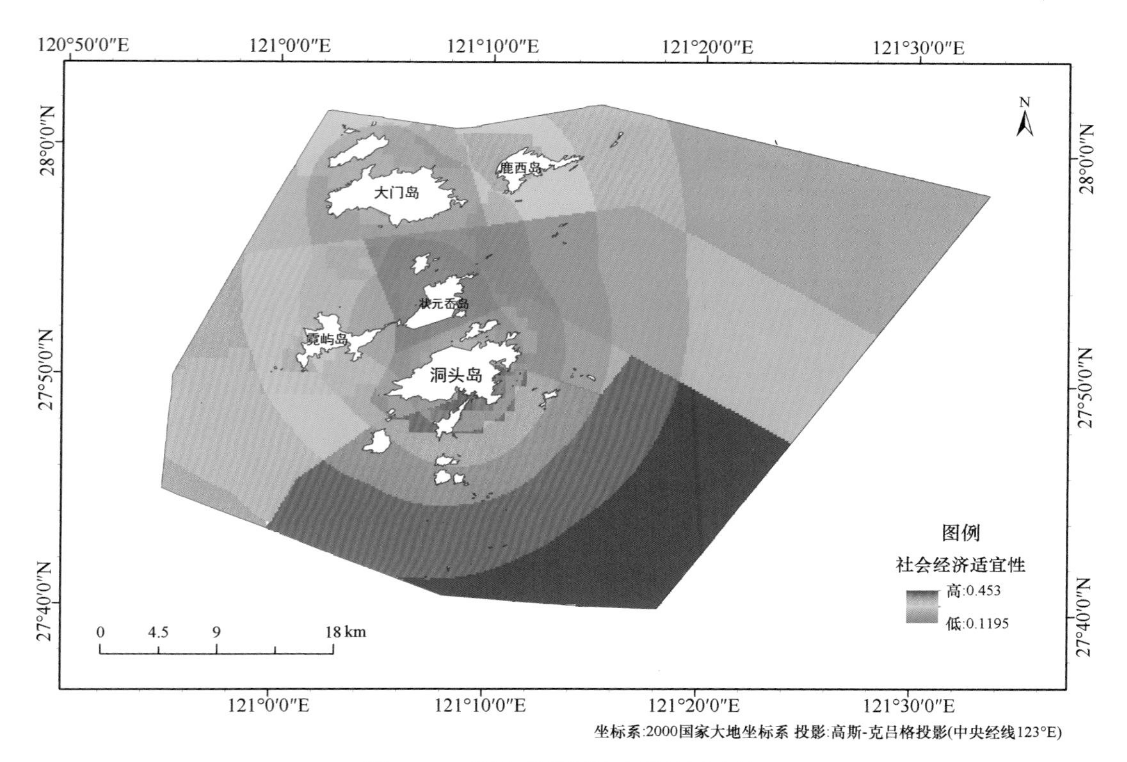

图 10-69　洞头示范区社会经济适宜性

通过在 ArcGIS 中加权叠置生态环境适宜性、自然资源适宜性和社会经济适宜性评价结果，并分定等级，得到示范区海洋生态适宜性评价结果如图 10-70 所示。可以看出，生态适宜性的高值区主要出现在洞头区各个生态敏感区，如南北爿山省级海洋特别保护区，东南部的竹屿海域生物资源保护区，以及南部的半屏、南策岛群。这些区域远离大陆，交通不便、区位条件较差，生活生产基础设施不甚完善，海洋资源开发利用经济效益相对较低，但往往具备较好的资源条件，海洋生态保护价值高。对于这些地区，应当重点加强海洋生物资源、典型海洋景观、海岛自然景观和原始地貌等的保护，严禁在海岛及海岸线从事破坏性的开发利用活动，进一步改善敏感区的生态环境，提高生物多样性，维持海洋生态系统的良性循环。

生态适宜性低值区分布于中部洞头本岛及周边有居民岛屿，如大小门岛、霓屿岛等。这些区域社会经济条件相对完善，交通运输条件比较优越，具备较好的养殖环境或工业建设条件，已具有一定的海洋资源开发基础。对于这些地区，应当在结合各有居民海岛的资源和发展特色优势的基础上，因地制宜，综合安排各岛近海海域的功能定位，重点协调养殖区域与港口发展、旅游发展、岸线利用的关系，实现海洋生态环境与社会经济的可持续发展。

3. 海洋生态红线区划定结果

根据海洋生态红线划定指数模型，通过在 ArcGIS 中等权重叠置海洋生态脆弱性评价指数和生态功能重要性评价指数，得到海洋生态红线综合评价指数如图 10-71 所示。

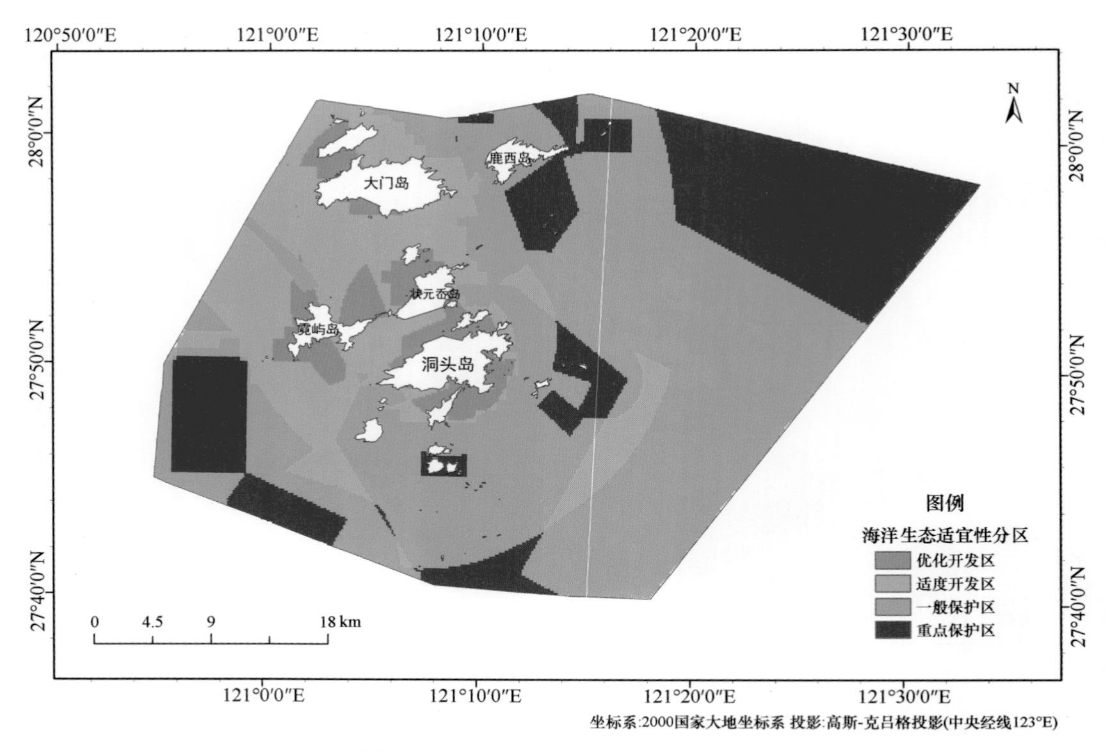

图 10-70 洞头示范区海洋生态适宜性

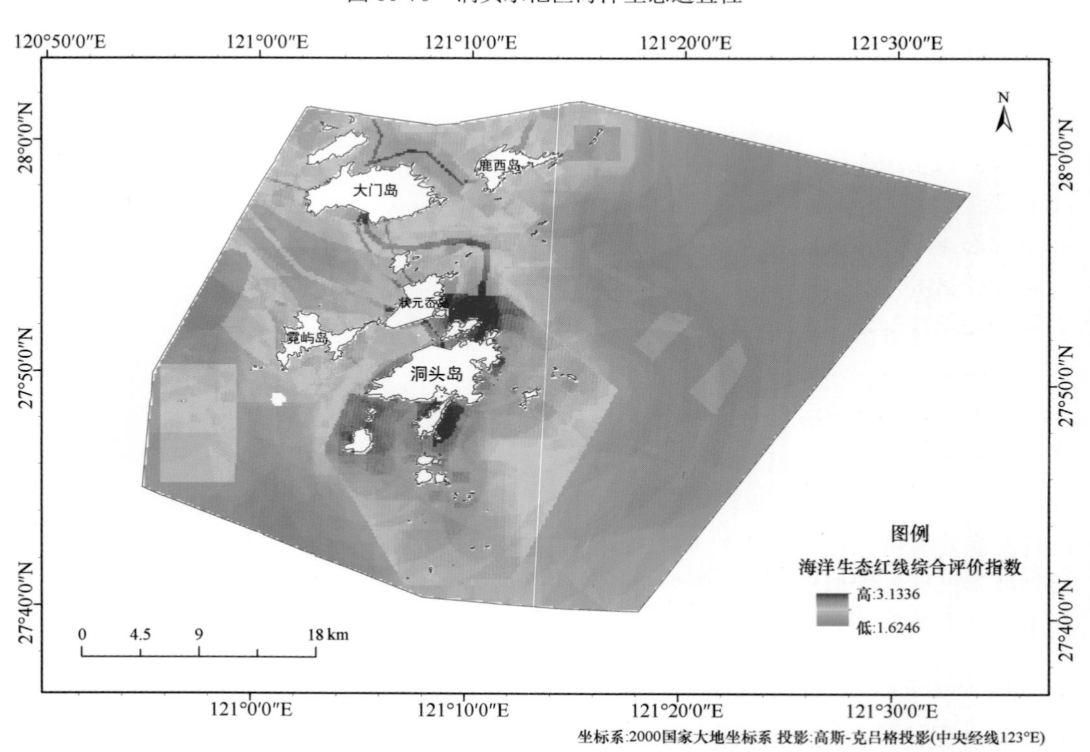

图 10-71 洞头示范区海洋生态红线综合评价指数

利用等间距法将洞头示范区的生态红线指数划分为 1、2、3、4 和 5 五个等级，等级越高，越倾向于划为海洋生态红线区（图 10-72）。

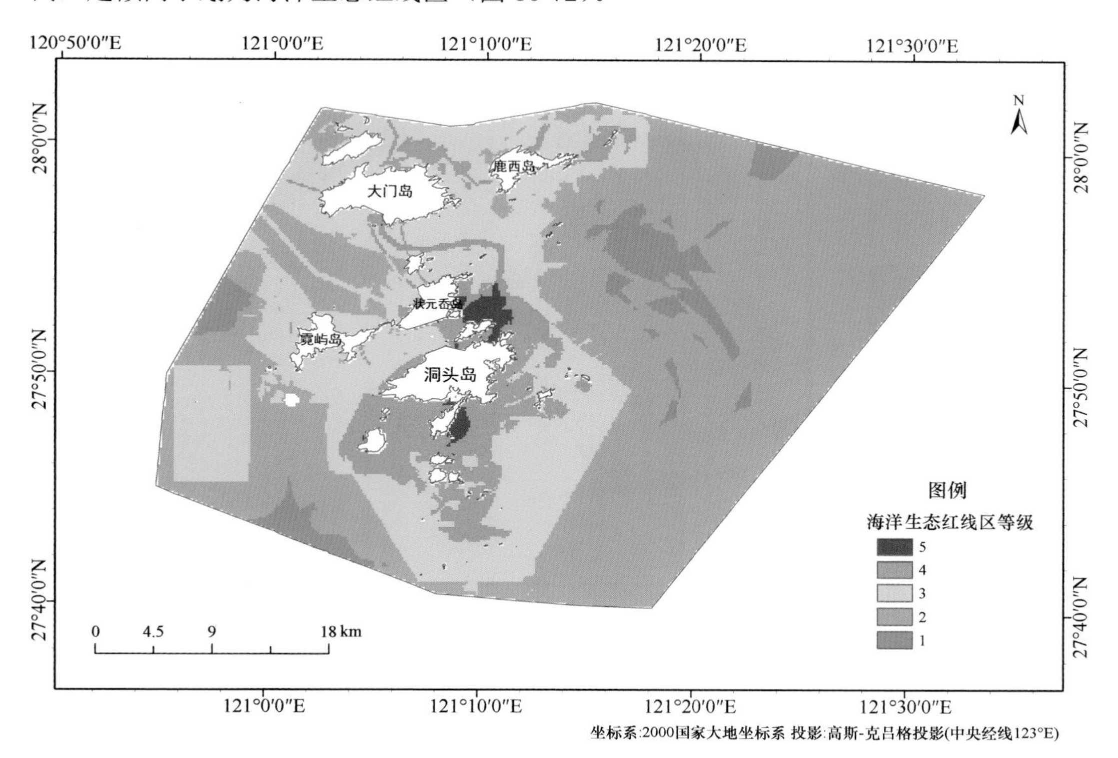

图 10-72　洞头示范区海洋生态红线区等级划分

海洋生态红线区是指为维护海洋生态健康与生态安全，以重要生态功能区、生态敏感区和生态脆弱区为保护重点而划定的实施严格管控、强制性保护的区域。针对不同区域的生态重要程度和管理需求，综合海洋的自然属性和社会属性，可将生态红线区分为一级管控区和二级管控区进行分级管理（黄伟等，2016）。结合洞头示范区实际情况，将得分在第 3 等级及以上的区域划为红线区，其中，得分在第 3 等级的区域定为限制开发类红线区，得分在第 4 等级和第 5 等级的区域定为禁止开发类红线区。为了使海洋生态红线划定更具有实际意义，利用适宜性评价对生态红线区划定结果进行修正，将洞头海洋生态适宜性评价中的重点保护区划入海洋生态红线禁止开发区，修正后的洞头示范区海洋生态红线区如图 10-73 所示。

根据修正后的洞头示范区海洋生态红线划定结果，洞头示范区海域面积为 1649.19km^2，红线区面积为 905.51km^2，占总海域面积的 54.90%；其中禁止开发区面积为 537.51km^2，占总海域面积的 32.59%；限制开发区面积为 368.00km^2，占总海域面积的 22.31%。洞头海洋生态红线区主要分布于洞头国家级海洋公园、瓯江河口聚流苗种保护区、南北爿山鸟岛保护区及鱼类“三产一通道”区域，其中禁止类红线区主要分布于各保护区之内，这些区域具有重要的生态功能，同时具有较高的生态系统脆弱性和敏感性，需要进行重点保护，实施严格的保护措施，禁止与保护无关的产业项目。

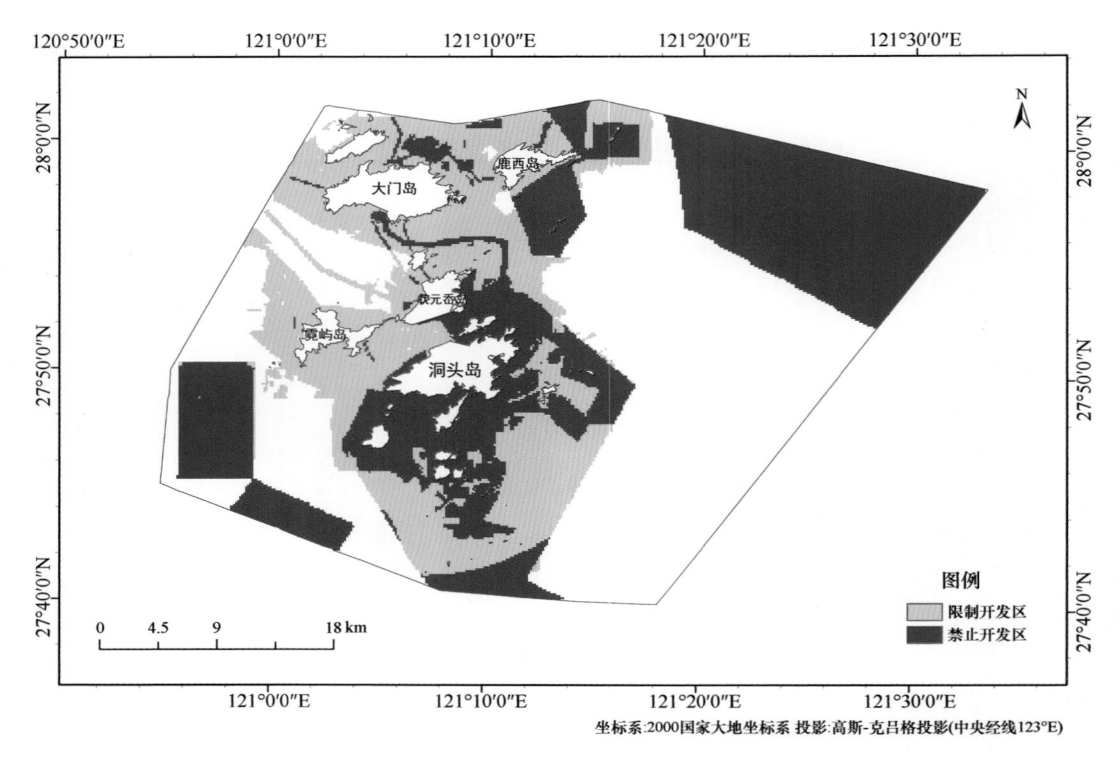

图 10-73 洞头示范区海洋生态红线区

10.2.5 海洋生态红线管控制度在示范区的应用

在全面掌握洞头海域不同区域海洋生态环境特点、存在的问题的基础上，依据重要生态功能区、敏感区和脆弱区的分布情况，划定生态红线区，得到洞头示范区禁止类红线区和限制类红线区。参考“海洋生态红线管控制度研究”的研究成果，针对洞头示范区实际情况制定科学、合理的管理实施要求，为洞头海域实行分类指导、分区管理提供依据，最终实现洞头海域海洋资源开发和海洋环境保护协调发展。

禁止类红线区的准入条件：原则上，禁止类红线区应实施最严格的保护措施，禁止与保护无关的产业项目。禁止类红线区的准入条件直接引用已有政策法规形成。

限制类红线区的准入条件：限制类红线区应实行较为严格的保护。在限制类红线区内，禁止开设对受保护对象生态功能影响较大的产业，限制开设生态功能影响较大但生态保护和生态经济发展所必需的产业，控制开设对受保护对象生态功能影响较小或无影响的产业。在实际操作过程中可根据实际情况，进一步明确准入产业。

10.3　南澳示范区

10.3.1　南澳示范区概况

（1）地理位置

南澳县是广东省唯一的海岛县，位于汕头市东南部海域，东至破涌礁，南至南大礁，西与汕头市澄海区相邻，北靠潮州市饶平县，地理坐标范围为东经 116°53′～117°19′、北纬 23°11′～23°32′。全县由 37 个岛屿及其海域组成，陆地总面积 113.8km^2，海域总面积 4600km^2，海岸线长 113.9km。

南澳岛为南澳县主岛，呈葫芦状，面积 108.69km^2，大小滩头 66 个，海岸线长 77km，北回归线从其穿过。南澳岛地处闽、粤、台三省海面的交叉点，西距香港 170.08 n mile，北距广东省饶平县海山岛 2.75 n mile，东距福建省厦门市 77.75 n mile，距台湾省高雄市 161.98 n mile，是香港、厦门、高雄三大港口的中心点，同时濒临西太平洋国际主航线，地理位置十分优越。南澳县区域位置见图 10-74。

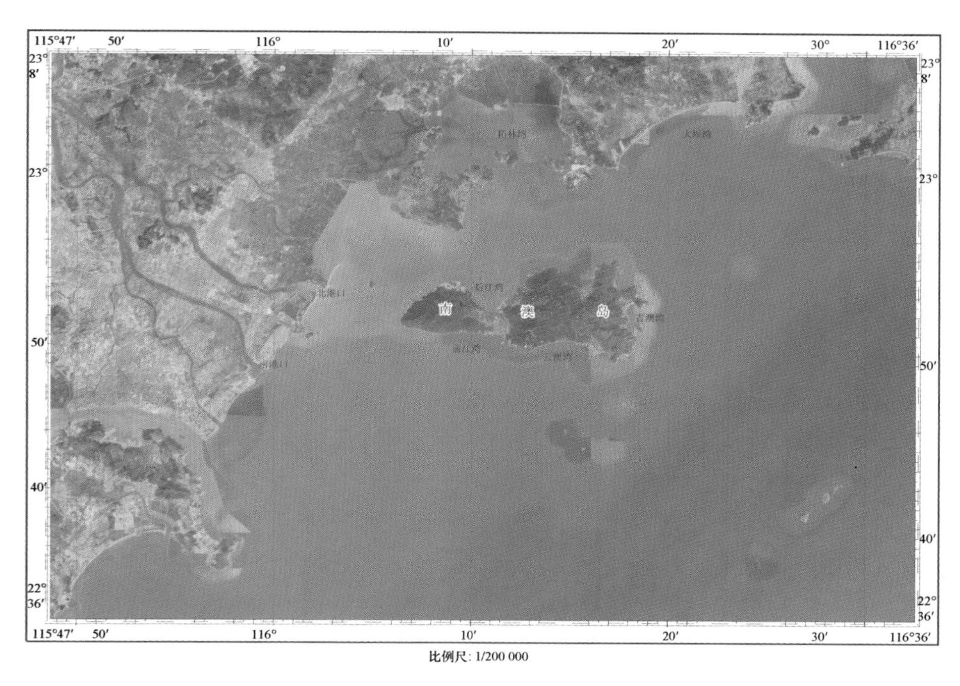

图 10-74　南澳县区域位置图

自古以来，南澳就是东南沿海一带通商的必经泊点和中转站，素有“潮汕屏障、闽粤咽喉”之称。南澳县以其优美的自然生态环境和悠久的人文历史，赢得“粤东海上明珠”的美誉。

（2）自然环境

气候：南澳县及其海域属亚热带海洋性气候，长夏无冬，气温的日较差、年较差都比沿海和内陆县市小，多年年平均气温为 21.5℃。南澳县降水充沛，累年平均降水量为

1285.3mm，年际变化较大。季节变化明显，有雨季和旱季之分。南澳岛年平均雾日为30.5天，春季和初夏常受雾的影响。南澳地处季风区，多年平均风速为4.4m/s，年主导风向为ENE向和EN向，出现频率分别为26%和23%，风向和风速随季节变化明显。秋、冬、春季盛行ENE向和EN向风，夏季盛行西南季风。

地质地貌：南澳岛位于新华夏系构造第三隆起带的东南侧与南岭东西向复杂构造带南部东段交接地段，区内构造以北东向构造为主，与北西向构造互为配套，其中北东向构造有圆山断裂、深澳断裂、东澳断裂，北西向构造有牛头岭断裂和九溪澳断裂。受构造的影响，南澳岛呈东北或西北向排列，主岛形似葫芦状，东西长21.5km，南北宽2.0～10.4km。

水温：南澳岛近岸海水年平均水温为21.4℃。历年最高水温均在29.1℃以上，历年最高水温出现在5～9月，尤以7月最多。历年最低水温均低至14.4℃以下，历年最低水温出现在12月至翌年3月，其中以2月出现机会最多。

盐度：南澳岛近岸海水年平均盐度为31.74。5月平均海水盐度最低，为30.69；10月平均海水盐度最高，为32.84。历年最高海水盐度均在33.62以上，历年最低海水盐度均低至31.26以下。

潮汐：属于不规则半日潮型，两次高潮和低潮，两相邻的高潮和低潮的高度不等，涨落潮历时不等。累年平均潮位为222cm，历年最高潮位均在345cm以上，历年最高潮位出现在1月和7～12月，其中以10月出现机会较多。历年最低潮位均低至75cm及以下，历年最低潮位出现在5～8月和1月、12月，其中以7月出现机会较多。累年平均潮差为176cm。历年最大潮差均在233cm以上，历年最大潮差出现在4～8月及11月至翌年1月，尤以12月较多。

海浪：累年最多浪向为ENE向和NE向，年频率分别为49%和20%，其中8月至翌年5月盛行ENE向浪，月频率在50%以上；而6～7月盛行SW向浪，月频率在24%以上。累年最多涌向为SE向和SSE向，年频率为35%和27%；其中10月至翌年5月盛行SE向涌，月频率在39%以上；而6～9月盛行SSE向及SSW向涌，月频率在29%以上。波高的季节变化为冬半年月平均波高大于夏半年，平均波高年平均值为0.8m，秋冬两季稍大，春夏两季略小。历年最大波高均在2.9m以上。历年最大波高主要出现在2月、5～6月及9～10月。冬半年的平均周期稍大于夏半年，最大周期和最大波高的产生均为热带气旋影响所致。

海流：南澳岛周围海域的潮流主要受巴士海峡及巴林塘海峡传入的太平洋潮波所控制，同时受由台湾海峡传入南海潮波的影响。受上述两支潮波的相互干扰，南澳岛周围海域的潮流状况复杂。表层实测流速最大可达101cm/s；底层为87cm/s。表、底层实测最大流速的最小值分别为88cm/s和59cm/s。表层实测流速均大于底层，且都发生在落潮时刻。

余流：汕头海区余流呈夏强、冬弱，表层余流的变化主要受季风控制，且流向较稳，底层余流受地形影响明显。夏季，南海北部在西南季风的作用下，形成了较稳定的EN向流，在它的影响下，南澳岛南部表层和西部表层余流分布均为EN向流。冬季，南海北部表层海水形成了更为稳定的WS向海流。

（3）海洋资源

南澳县作为广东省唯一的海岛县，海域广阔，海洋资源丰富，主要优势海洋资源为港湾岸线资源、风能资源、海洋渔业资源、滨海旅游资源等。

港湾岸线资源：南澳县岸线总长度为 113.9km（包括南澳主岛和其他岛屿），其中人工岸线 22.2km，基岩岸线 81.5km，砂质岸线 10.2km，自然岸线比重约 80%。南澳岛岸线曲折，长达 77km，有大小港湾 66 处，如青澳湾、赤石湾、云澳湾、钱澳湾、竹栖肚湾等。

海岛资源：南澳县共有海岛 37 个，其中有居民海岛 1 个，即南澳岛，无居民海岛 36 个。除主岛南澳岛外，其余岛屿均为禁止或限制开发的海岛，如表 10-23 所示。

表 10-23 南澳县无居民海岛分类表

主导功能	海岛名称	数量
领海基点所在海岛	南大礁、芹澎岛	2
海洋自然保护区内海岛	赤仔屿、顶澎岛、二屿、旗尾屿、中澎岛、南澎岛、东礁、乌屿、赤屿、二礁、三礁、白颈屿、平屿	13
保留类海岛	鸟礁、七星礁（一）、七星礁（二）、七星礁（三）、案仔屿、姑婆屿（一）、姑婆屿（二）、姑婆屿（三）、北三屿、虾尾屿、鸭仔屿、（无名屿）、红爪礁、桁头礁	14
旅游娱乐用岛	塔屿、猎屿、案屿、狮仔屿、圆屿、官屿、凤屿	7
总计		36

资料来源：《广东省海岛保护规划（2011～2020 年）》

滩涂资源：南澳县滩涂资源量较少，多属滨海轻度草甸盐渍沼泽土或中度和强度盐渍沼泽土，主要分布在主岛周围，以泥质为主，多已开垦为养殖区和盐田，如猎屿养殖区、白沙湾养殖区、西阁养殖区和官屿内养殖区，以及隆澳盐田、竹澳围盐田、羊屿盐田和深澳盐田。

风能资源：南澳素有“风县”之称。年平均风速达 8.44m/s，风速在 8.5～10.5m/s 的频率为 51.4%，年有效风速时数达 7215h，年平均有效风能密度为 678W/m^2，风况处于世界最佳之列。目前，南澳风电场装机容量为 146 330kW，2011 年发电量达 3.7 亿 kW·h，实现税收 4600 多万元。

海洋渔业资源：南澳县可供开发的渔场有 5 万 km^2，周围近海渔场和台湾浅滩渔场的各种鱼、虾、贝、藻类有 1300 多个品种。近海主要经济鱼类有兰园鲹、颌园鲹、金色小沙丁鱼、脂眼鲱、鲐鱼、羽鳃鲐、青带小公鱼、中华小公鱼等；主要软体动物包括中国枪乌贼、杜氏枪乌贼、剑尖枪乌贼、拟目乌贼、金乌贼、虎斑乌贼等；主要棘皮动物主要为紫海胆。主要的经济虾蟹类包括墨吉对虾、日本对虾、宽沟对虾、短沟对虾、长毛对虾、斑节对虾、中国对虾等；主要的经济贝类有杂色鲍、蝾螺、泥蚶、翡翠贻贝等；主要经济藻类有长紫菜、瓦氏马尾藻、真江蓠和细基江蓠等。

滨海旅游资源：南澳县拥有阳光、海水、沙滩、山峦、森林、动植物、海岸、岛屿岛礁、奇石、气候、海防文化、宗教和潮汕文化等多种类型的旅游资源，自然旅游资源和人文旅游资源组合优良，具有“海、山、史、庙”主体交叉特色。著名景点有北回归线广场、青澳湾沙滩、黄花山森林公园、总兵府、宋井等（图 10-75）。

A.北回归线标志塔“自然之门”

B.黄花山森林公园

C.总兵府

D.宋井

E.金银岛

F.青澳湾

图 10-75　南澳县旅游资源图

图片来源：南澳县人民政府门户网站

养殖资源：南澳岛岛岸曲折多湾，硬、软相海岸相间。岛北岸多数海湾屏蔽性较好，增养殖生产作业安全性较高，适合于网箱养殖、贝类筏式养殖等开发。岛南岸和东岸多礁盘，海水盐度较高，有利于礁盘种类的养殖开发。海岸线长，生长有 4 大门类的海藻近 100 个品种，具有发展藻类养殖业得天独厚的条件。

珍稀濒危生物资源：南澳海域初级生产力较高，海洋生物丰富，多样性高，常年栖息或季节性出现多种珍稀濒危的水生野生动物。其中，属于国家Ⅰ级保护动物的有 2 种，属于国家Ⅱ级保护动物的有 15 种，被濒危野生动植物种国际贸易公约（Convention on International Trade in Endangered Species of Wild Fauna and Flora，CITES）公约附录Ⅰ收录的有 8 种，被 CITES 公约附录Ⅱ收录的有 9 种；属于广东省重点保护动物有 8 种。

（4）社会经济

行政区划：南澳县隶属于广东省汕头市，截至 2015 年，南澳县下辖后宅镇、云澳镇、深澳镇等 3 个镇，以及青澳旅游度假区管委会（以下简称青澳管委）和黄花山海岛国家森林公园管委会（以下简称森林管委）等 2 个管委会，共 33 个村委会和 5 个居委会。南澳县政府驻地位于后宅镇。

人口：2015 年末，南澳县总人口为 75 640 人，“十二五”期间人口自然增长率年均为 5‰，持续保持较低水平。其中，后宅镇人口最多，为 43 413 人；其次是云澳镇，人口数量为 19 283 人；深澳镇、青澳管委、森林管委人口数量分别为 9538 人、3048 人、358 人，其余岛屿基本无常住人口。从事第一产业（农林牧渔业）的人口数量是 14 164 人，约占全县劳动力资源人口总数的 50.49%；从事第二产业、第三产业的人口分别占 11.44%和 38.07%。

经济状况：2015 年，南澳县实现地区生产总值 15.75 亿元，“十二五”期间年均增长 8.3%，人均生产总值达 2.55 万元。三次产业结构为 25.3∶35.4∶39.3。第一产业、第二产业和第三产业增加值分别为 39 440 万元、52 718 万元和 65 532 万元，对地区生产总值增长的拉动分别为 0.9%、3.5%和 3.4%。海洋经济已成为南澳县经济发展新的增长点和重要支柱。2011 年海洋产业增加值之和（7.79 亿元）占当年全区地区生产总值（11.825 亿元）的 65.9%。发展的海洋产业主要有海洋渔业、滨海风电、滨海旅游业、海洋交通运输业、海洋盐业、海洋工程建筑业等（图 10-76）。

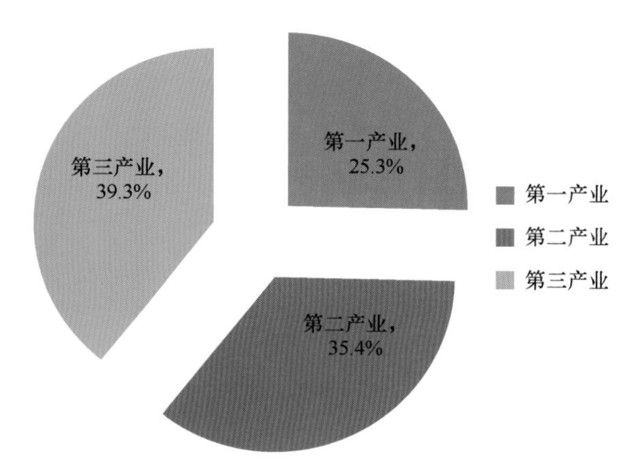

图 10-76　2015 年南澳县三次产业结构

社会发展：当前，南澳县各项事业均进入加速发展时期。南澳拥有“全国生态示范区”“国家 4A 级旅游景区”“全国造林绿化先进集体”“全国绿化模范县”“中国最美丽海岸线”和“广东省林业生态县”“广东省旅游强县”“广东省滨海旅游示范景区”“广东省最美丽的岛屿”等称号，被批准为全国首批 12 个“国家级海洋生态文明建设示范区”之一，广东省唯一一个“海洋综合开发试验县”、唯一一个“可持续发展试验区”，以及“广东省滨海旅游产业园区”，入选“广东十大美丽海岛”和广东省“旅游综合竞争力十强县市”。

城镇建设：南澳县城镇空间结构和功能布局形式基本延续了《汕头市南澳县总体规划（2008—2020）》的发展思路，构建了“三轴一带三中心”的海岛空间结构，形成了以后宅、云澳、深澳三镇作为服务中心，南澳主岛与外海岛屿作为产业发展空间的统一经济体。“十二五”期间基础设施建设共投入资金64.76亿元，比“十一五”期间投资累计增长164.1%，建成了一大批交通、能源、通信、供水等基础设施和市政设施。

港口建设：南澳岛港口码头濒临国际主航线，战略位置十分重要。南澳港为国家一类口岸，现有港口码头十多处。目前，南澳县积极推进后江渔港扩建项目，推进云澳中心渔港配套设施建设，该渔港现已升级为云澳国家中心渔港。2015年全县港口吞吐能力为96万t。

（5）海域使用现状

截至2013年，南澳县已利用的海域面积约71 879hm^2。用海类型主要包括：特殊用海、渔业用海、交通运输用海、旅游娱乐用海、海底工程用海、排污倾倒用海等。其中，特殊用海面积约56 868hm^2，约占总用海面积的79%；渔业用海总面积约10 071hm^2，以底播养殖、设施养殖为主；交通运输用海面积约3321hm^2，主要为航道和锚地用海。

10.3.2 南澳海洋生态环境质量及保护状况

1. 海洋生态环境本底调查

据《2016年广东省海洋环境状况公报》，南澳岛周边海域春季为清洁或较清洁海域，海水质量符合第一、二类海水水质标准，海洋沉积物质量总体达到第一类海洋沉积物标准，海洋生态状况优良。为更清晰地了解南澳县海域生态环境质量状况，国家海洋局南海规划与环境研究院委托国家海洋局南海环境监测中心、国家海洋局汕尾海洋环境监测中心站开展了南澳县示范区海洋生态环境本底调查。

（1）调查概况

调查区域分南澳县南部海域和北部海域，南部海域调查时间为2014年8月和2016年4月，共布设22个调查站位、6个潮间带断面和4条渔业资源断面；北部海域调查时间为2014年4月和2015年9月，共布设29个调查站位、6个潮间带断面和4条渔业资源断面；调查内容主要包括海域水质、沉积物质量和海洋生物。调查站位图见图10-77和图10-78。

海水水质环境调查内容包括水温、水深、水色、透明度、盐度、pH、悬浮物、溶解氧、化学需氧量、氨氮、亚硝酸盐氮、硝酸盐氮、活性磷酸盐、总汞、砷、铜、铅、锌、镉、石油类。海洋沉积物环境调查内容包括pH、有机碳、总汞、铜、锌、铅、镉、石油类、硫化物、砷。海洋生态调查内容包括叶绿素a及初级生产力、浮游植物、浮游动物、底栖生物、潮间带生物；渔业资源调查内容包括主要渔业资源种类、数量等，生物质量调查内容包括生物体总汞、镉、铜、铅、锌、石油烃浓度。

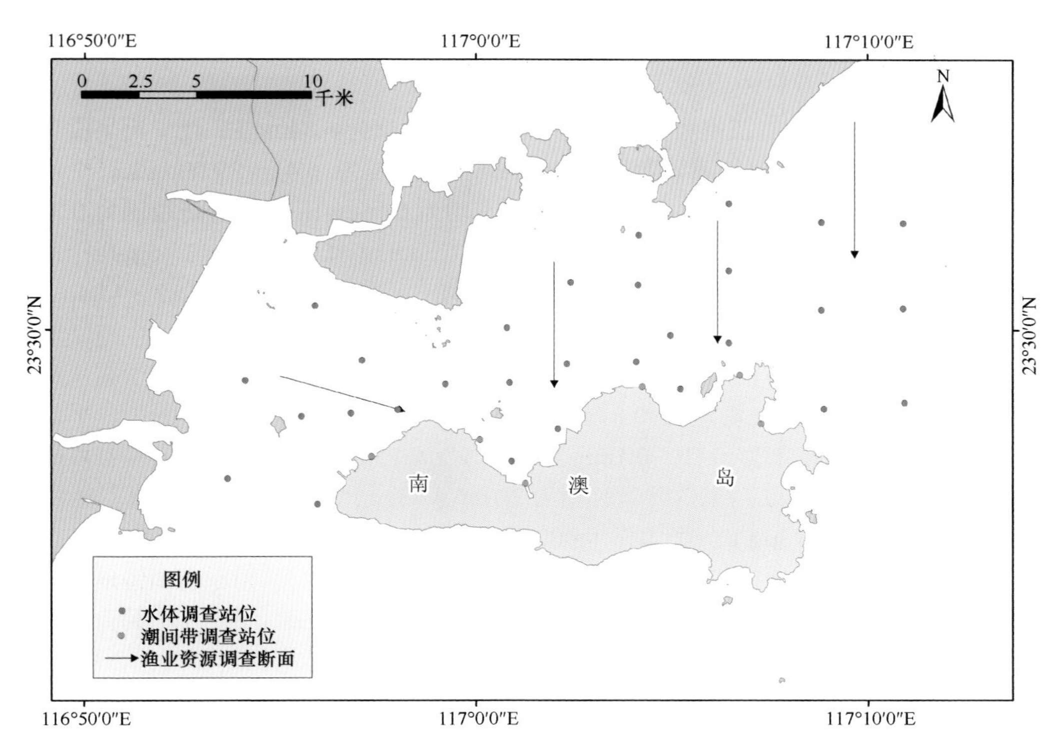

图 10-77 南澳北部海域 2014 年 4 月和 2015 年 9 月调查站位示意图

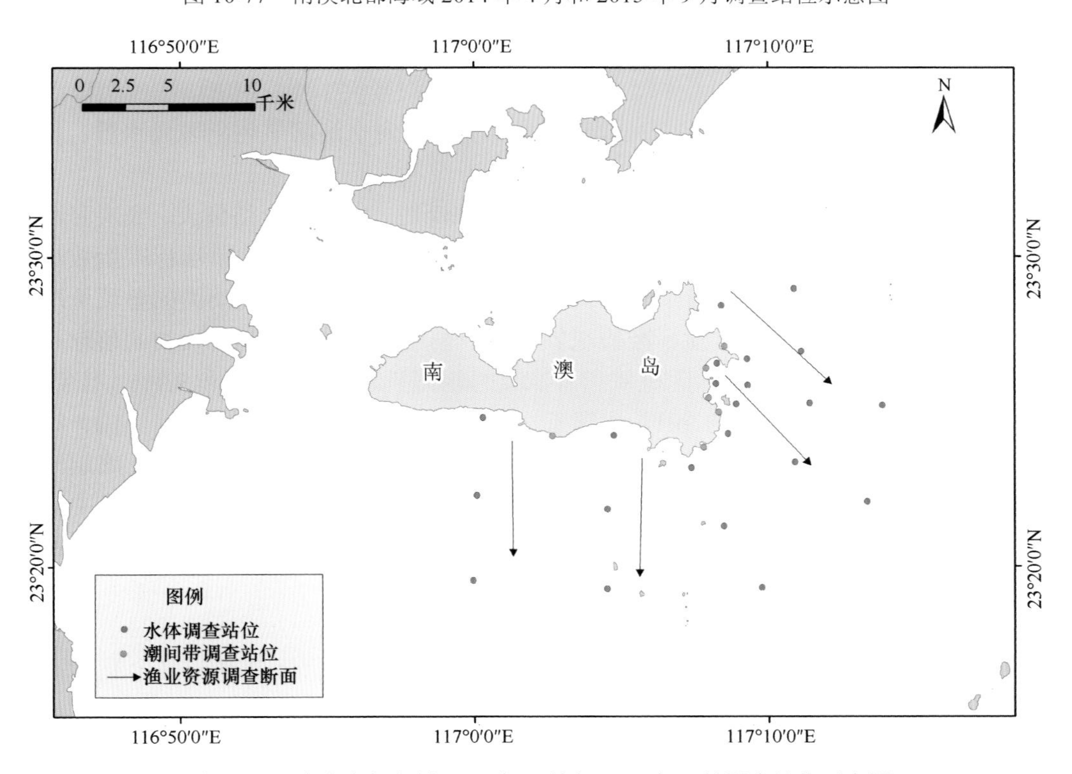

图 10-78 南澳南部海域 2014 年 8 月和 2016 年 4 月调查站位示意图

（2）海水水质环境质量

A. 南部海域

2014 年夏季，溶解氧范围为 6.65～7.11mg/L，平均值为 6.84mg/L；化学需氧量范围为 0.53～0.85mg/L，平均值为 0.70mg/L；锌的含量范围为 6.41～39.00μg/L，平均为 15.59μg/L；镉的含量范围为未检出～0.38μg/L，平均为 0.16μg/L；铅的含量范围为 0.32～1.01μg/L，平均为 0.55μg/L；铜的含量范围为 2.07～4.98μg/L，平均为 3.46μg/L；总汞的含量范围为未检出～0.019μg/L，平均为 0.016μg/L；砷的含量范围为 0.82～1.04μg/L，平均为 0.99μg/L。

2016 年春季，溶解氧范围为 7.27～8.45mg/L，平均值为 7.86mg/L；化学需氧量范围为 0.48～1.69mg/L，平均值为 0.87mg/L；锌的含量范围为 3.8～16.8μg/L，平均为 10.1μg/L；镉的含量范围为 0.10～0.18μg/L，平均为 0.15μg/L；铅的含量范围为 0.64～0.95μg/L，平均为 0.80g/L；铜的含量范围为 2.10～4.48μg/L，平均为 3.38μg/L；汞的含量范围为未检出～0.013μg/L，平均为 0.009μg/L；砷的含量范围为 0.81～1.05μg/L，平均为 0.94μg/L。

2014 年夏季南澳岛东南部海域的调查结果表明，Z1、Z4、Z7、Z10 4 个调查站位在涨、落潮时表、底层海水样品的 pH、溶解氧、化学需氧量、无机氮、石油类、锌、镉、铅、铜、总汞、砷的单项标准指数均小于 1，均符合国家二类海水水质标准。其余调查站位在涨、落潮时表、底层海水样品的 pH、溶解氧、化学需氧量、石油类、镉、总汞、砷的单项标准指数均小于 1，均符合国家一类海水水质标准；除涨潮时 Z13 站底层海水样品的无机氮单项标准指数为 1.03 外，其余站位无机氮单项标准指数均小于 1，符合国家一类海水水质标准；个别站位锌、铅、铜单项标准指数大于 1，超出国家一类海水水质标准，但均符合国家二类海水水质标准。大部分站位海水溶解氧超出现场水温、盐度条件下海水溶解氧的饱和值。

2016 年春季南澳岛东南部调查结果则显示，涨潮时，所有调查站位表、底层海水的 pH、溶解氧、化学需氧量、活性磷酸盐、锌、镉、铅、铜、汞、砷的单项标准指数均小于 1，符合第一类水质标准；有部分站位表、底层海水的无机氮、石油类的单项标准指数大于 1，出现超出第一类水质标准的现象，其中表层海水无机氮和石油类的超标率分别为 27.3%和 31.8%；底层海水无机氮和石油类的超标率分别为 31.8%和 9.1%。退潮时，所有调查站位表、底层海水的 pH、溶解氧、化学需氧量、活性磷酸盐、锌、镉、铅、铜、汞、砷的单项标准指数均小于 1，符合第一类水质标准；有部分站位表、底层海水的无机氮、石油类的单项标准指数大于 1，出现超出第一类水质标准的现象，其中表层海水无机氮和石油类的超标率分别为 18.2%和 31.8%；底层海水无机氮和石油类的超标率分别为 27.3%和 4.5%。

B. 北部海域

2014 年北部海域，溶解氧范围为 6.12～8.86mg/L，平均值为 7.35mg/L；化学需氧量范围为 0.2～1.55mg/L，平均值为 0.74；锌的含量介于 6.1～16.5μg/L，平均含量为 12.8μg/L；镉的含量普遍较低，含量介于未检出～0.22μg/L；总汞的含量介于 0.009～0.036μg/L；砷的含量介于 0.82～1.15μg/L，平均含量为 0.98μg/L；铅的含量介于 0.61～

1.02μg/L，平均含量为 0.82μg/L；铜的含量介于 1.33～5.46μg/L，平均含量为 3.50μg/L。

2015 年北部海域，溶解氧范围为 6.05～8.9mg/L，平均值为 7.44mg/L；化学需氧量范围为 0.36～1.54mg/L，平均值为 0.84mg/L；氨氮浓度范围为 61.2～129μg/L，平均值为 84.73μg/L；硝酸盐浓度范围为 31.4～104μg/L，平均值为 54.65μg/L；亚硝酸盐浓度范围为 1.81～25.7μg/L，平均值为 7.03μg/L；活性磷酸盐浓度范围为 1.57～22.4μg/L，平均值为 4.48μg/L；锌的含量范围为 2.39～23.7μg/L，平均为 9.12μg/L；镉的含量范围为 0.1～0.21μg/L，平均为 0.15μg/L；汞含量变化范围为 0.008～0.031μg/L，均值为 0.019μg/L；砷含量变化范围为 0.87～1.31μg/L，均值为 1.03μg/L；铅含量变化范围为 0.37～1.15μg/L，均值为 0.77μg/L；铜含量变化范围为 2.80～8.72μg/L，均值为 4.27μg/L。

2014 年春季南澳岛北部海域调查显示，溶解氧、化学需氧量、无机氮、汞、砷、铜、铅、镉、锌等 9 项评价因子符合各自调查站位对应的海水水质评价标准。涨潮和落潮时，pH、石油类和活性磷酸盐均出现不同程度的超标现象。涨潮和落潮时 pH 样品的超标率均为 5.7%。涨潮和落潮时 Z18 站的 pH 在 8.6 左右，均超第二类水质标准，符合第三（四）类水质标准。涨潮时，评价因子 PO_4-P 的超标率为 8.6%，有 3 个样品超标。其中 Z1 站表层样超第一类水质标准，符合第二（三）类水质标准；Z18 站表、底层均超第二（三）类水质标准，表层超第四类水质标准，底层符合第四类水质标准。落潮时，其超标率为 5.7%，有 2 个样品超标，为 Z1 站的表、底层样。该站表、底层样均超第一类水质标准，符合第二（三）类水质标准。涨潮时，评价因子石油类的超标率为 5.7%，有 2 个样品超标。其中 Z3 站和 Z18 站表层样均超第一（二）类水质标准，符合第三类水质标准。落潮时，其超标率为 2.9%，有 1 个样品超标，为 Z6 站的表层样。该站表层样超第一（二）类水质标准，符合第三类水质标准。从超标站位来看，Z1、Z3、Z6 和 Z18 站超各自站位的评价标准，分别符合二（三）类、三类、三类和劣四类标准。调查结果显示，影响海区海水水质的因素主要是海水中活性磷酸盐的含量。

2015 年夏季南澳岛北部海域的调查结果则显示，涨潮时，表、底层海水所有站位的 pH、溶解氧、化学需氧量、无机氮、汞、砷、锌、镉、铅、铜标准指数均小于 1，符合所在海洋功能区的海水水质标准。除涨潮时 Z3 站位的表、底层和 Z6 站位的表层海水石油类标准指数大于 1，超出所在功能区的二类海水水质标准外，其他站位的表、底层海水石油类标准指数均小于 1，符合所在功能区的海水水质标准。涨潮时表、底层海水石油类的超标率分别为 6.9%和 4.0%；除 Z16 站位的表层海水活性磷酸盐标准指数大于 1，超出所在功能区的二类海水水质标准外，其他站位的表、底层海水活性磷酸盐标准指数均小于 1，符合所在功能区的海水水质标准。涨潮时表层海水活性磷酸盐超标率为 3.4%。退潮时，表、底层海水所有站位的 pH、溶解氧、化学需氧量、无机氮、汞、砷、锌、镉、铅、铜标准指数均小于 1，符合所在海洋功能区的海水水质标准。除 Z6 站位的表层海水石油类标准指数大于 1，超出所在功能区的二类海水水质标准外，其他站位的表、底层海水石油类标准指数均小于 1，符合所在功能区的海水水质标准。退潮时表层海水石油类的超标率为 3.4%。除 Z1、Z6、Z16、Z17 站位的表层和 Z3 站位的表、底层海水活性磷酸盐标准指数大于 1，超出所在海区的二类海水水质标准外，其他站位的表、底层海水活性磷酸盐标准指数均小于 1，符合所在功能区的海水水质标准。退潮时表、底层海水活性磷酸盐超标率分别为 17.2%和 4.0%。

（3）海洋沉积物质量

A. 南部海域

2014 年夏季，南澳岛东南部海域表层沉积物的有机碳含量范围为 0.26%～1.18%，平均值为 0.78%；石油类含量范围为 30.6～402.0μg/g，平均值为 191.9μg/g；Cu 含量范围为未检出～20.3μg/g，平均值为 10.85μg/g；Pb 的含量范围为 15.9～23.6μg/g，平均值为 19.71μg/g；Zn 的含量范围为 37.0～107.8μg/g，平均值为 74.45μg/g；Hg 的含量范围为 0.048～0.090μg/g，平均值为 0.060μg/g；As 的含量范围为 0.7～18.7μg/g，平均值为 8.6μg/g；Cr 的含量范围为 41.3～69.3μg/g，平均值为 61.6μg/g，

2016 年春季，南澳岛东南部海域表层沉积物的有机碳含量范围为 0.09%～1.18%，平均值为 0.70%；硫化物含量范围为 5.6～727.9μg/g，平均值为 130.8μg/g；Cu 含量范围为 4.7～15.1μg/g，平均值为 11.6μg/g；Pb 含量范围为 9.4～22.5μg/g，平均值为 16.11μg/g；Zn 含量范围为 12.1～83.1μg/g，平均值为 56.3μg/g；Hg 含量范围为 0.017～0.078μg/g，平均值为 0.050μg/g；As 含量范围为 2.4～12.4μg/g，平均值为 6.5μg/g。

据 2014 年夏季和 2016 年春季对南澳东南部海域沉积物质量的调查结果，2014 年夏季表层沉积物中有机碳、硫化物、汞、铜、镉、锌、铬和石油类等评价因子的单项标准指数均小于 1，符合第一类沉积物质量评价标准，符合所在区域的沉积物质量评价标准。2016 年春季调查中，表层沉积物的有机碳、铜、锌、铅、镉、汞、砷均符合第一类沉积物质量评价标准。Z16、Z18 站位的有机碳和 Z16 站位的硫化物超第一类指标，超标率分别为 16.67%和 8.33%。

B. 北部海域

2014 年春季，南澳岛北部海域表层沉积物的有机碳含量为 0.59%～1.04%，平均值为 0.88%；石油类含量为 8.49～366μg/g，平均值为 204.72μg/g；硫化物含量（干重）为 66～144μg/g，平均为 106μg/g；Cu 的含量为 2.1～31.5μg/g，平均值为 21.64μg/g；Pb 的含量为 23.1～66.4μg/g，平均值为 49.4μg/g；Zn 的含量为 23.4～107.0μg/g，平均值为 84.2μg/g；Cd 含量为 0.21～0.32μg/g，平均值为 0.27μg/g；Hg 的含量为 0.012～0.077μg/g，平均值为 0.055μg/g；Cr 的含量为 4.5～21.8μg/g，平均值为 18.9μg/g。

2015 年夏季，南澳岛北部海域表层沉积物的有机碳含量为 0.04%～1.12%，平均值为 0.84%；石油类含量为 5.5～971.8μg/g，平均值为 348.2μg/g；硫化物含量为 2.8～230.1μg/g，平均值为 78.4μg/g；Cu 含量为 7.2～32.2μg/g，平均值为 22.9μg/g；Pb 含量为 10.7～28.0μg/g，平均值为 19.4μg/g；Zn 含量为 9.5～131.7μg/g，平均值为 90.4μg/g；Cd 含量为 0.05～0.21μg/g，平均值为 0.13μg/g；Hg 含量为 0.007～0.071μg/g，平均值为 0.047μg/g。

据 2014 年春季和 2015 年夏季对南澳北部海域沉积物质量的调查结果，2014 年春季表层沉积物中有机碳、硫化物、汞、铜、镉、锌、铬和石油类均符合海洋沉积物质量要求，无超标样品。海山岛南部的 Z8、Z9 和 Z11 站的铅含量超第一类海洋沉积物质量标准，超标率为 30.0%，最大超标倍数为 0.11，符合第二类海洋沉积物质量标准。2015 年夏季表层沉积物有机碳、硫化物、总汞、铜、铅、锌、镉标准指数均小于 1，符合所在海洋功能区的海洋沉积物质量标准。除 Z2、Z8、Z22、Z27 站的表层沉积物石油类标准

指数大于 1，超出第一类海洋沉积物质量标准外，其他站位表层沉积物石油类标准指数均小于 1，符合所在海洋功能区的海洋沉积物质量标准，石油类的超标率为 28.6%。

（4）海洋生态状况

A. 浮游植物

南澳周边海域浮游植物以沿岸暖温性种类为主。除在南澳东南部和北部海域可能爆发了夜光藻赤潮而以甲藻占优势外，浮游植物类群不管是种类还是数量均以硅藻为主，优势种为中肋骨条藻。从海域分布上来看，南澳北部海域的浮游植物种类最为丰富。从季节分布上来看，夏季南澳周边海域的浮游植物丰度要比春季高出 1 或 2 个数量级。浮游植物类群的多样性处于较高水平，群落结构较健康。

2014 年夏季，南部海域调查共鉴定浮游植物主要包括硅藻、蓝藻、甲藻、金藻共 4 大门类 21 科 89 种（含变种、变型及个别未定种的属）。其中硅藻门的种类最多，有 14 科 67 种，占总种类数的 75.28%，特别是角毛藻属；其次是甲藻门，有 5 科 20 种，占 22.48%。最大优势种为硅藻门的中肋骨条藻，其次为尖刺拟菱形藻。浮游植物丰度平均为 781.29×10^4 个/m^3。浮游植物种类多样性指数平均值为 2.59，均匀度平均值为 0.51，均属中等水平，显示 2014 年夏季南澳东南海域生态环境状况处于一般水平，生态环境受到一定损害。

2016 年春季，南部海域调查共鉴定浮游植物有硅藻和甲藻 2 大门类 19 科 84 种（含变种、变型及个别未定种的属）。其中硅藻门的种类最多，有 14 科 67 种，占总种类数的 79.76%，特别是角毛藻属；其次是甲藻门，有 5 科 17 种，占 20.24%。最大优势种为甲藻门的夜光藻，其次为硅藻门的密联角毛藻（*Chaetoceros densus*）。浮游植物丰度平均为 60.38×10^4 个/m^3。浮游植物多样性指数平均值为 2.98，均匀度平均值为 0.64，丰富度指数平均值为 1.29，均属较高水平，说明 2016 年春季南澳东南海域生态环境相对较好，仅个别站位受到了中等程度的污染破坏。

2014 年春季，北部海域调查共鉴定浮游植物 4 大门类 31 属 75 种（含变种、变型），其中硅藻种类数最多，然后依次为甲藻、绿藻和蓝藻。包含赤潮生物 3 大门类 16 属 31 种，其中有毒赤潮生物 1 种，为夜光藻。最大优势种为硅藻门的中肋骨条藻。浮游植物丰度平均值为 465×10^4 个/m^3，以硅藻占绝对优势，赤潮种数量占总数量的 80.1%。浮游植物多样性指数平均为 2.59，种类均匀度平均为 0.56，物种丰富度平均为 1.20，均属中等水平，说明 2014 年春季南澳北部海域生态环境质量属于一般水平。

2015 年夏季，北部海域调查共鉴定浮游植物包含蓝藻、硅藻、甲藻和金藻共 4 大门类 23 科 95 种（含变种、变型及个别未定种的属），其中硅藻最多，特别是角毛藻（*Chaetoceros sp.*），其次是甲藻。优势种均为硅藻，包括柔弱拟菱形藻（*Pseudo-nitzschia delicatissima*）、菱形海线藻（*Thalassionema nitzschioides*）等。浮游植物丰度平均值为 $10\,851.96\times10^4$ 个/m^3，以硅藻居首位，其次为蓝藻。浮游植物种类多样性指数平均为 3.07；种类均匀度平均为 0.61，均属较高水平，说明 2015 年夏季南澳北部海域生态环境较好，生态环境仅受到轻微的污染或无污染。

B. 浮游动物

南澳周边海域浮游动物类群主要为沿岸种，以桡足类和水母类种类最多，除个别年份发生夜光藻藻华而占优势外，水母类在浮游动物类群中占越来越大的比重，近岸海洋生态系统结构正在逐步发生质的改变。南澳东南海域的浮游动物类群栖息密度、生物量均高于南澳北部海域，生物多样性均处于较高水平。

2014 年夏季，南部海域调查共出现浮游动物 66 种（类），以桡足类和浮游幼虫为主，其中桡足类 31 种，其次为浮游幼虫（17 类）。优势种有 11 种，优势度以锥形宽水蚤（*Temora turbinata*）和肥胖三角溞（*Evadne tergestina*）较为显著。浮游动物栖息密度平均为 1068.48ind/m^3；生物量平均为 149.09mg/m^3，两者平面分布趋势大致相同。浮游动物多样性指数平均为 3.72；均匀度均值为 0.74；多样性均值为 2.83，总体而言，南澳东南海域浮游动物多样性较为丰富，浮游动物群落结构处于较好状态。

2016 年春季，南部海域调查共出现浮游生物 65 种（类），主要为沿岸种，主要为水母类（18 种）、桡足类（16 种）、浮游幼虫（9 类）等，优势种为夜光虫。南澳东南海域浮游动物栖息密度平均为 49 370.83ind/m^3，生物量平均为 2209.93mg/m^3，两者平面分布存在一定差异。浮游动物种类数平均为 36 种，多样性指数平均为 0.06，均匀度均值为 0.012，多样性阈值均值为 0.005，多样性差。

2014 年春季，北部海域调查共鉴定浮游动物 14 类 66 种，其中水母类和桡足类种类最多，各 13 种，以水母类占绝对优势。浮游动物栖息密度平均为 107.25ind/m^3；生物量平均为 66.49mg/m^3，生物量较低。浮游动物种类变化范围为 3.19～4.58，多样性指数平均为 4.04，所有站位多样性指数均大于 3；均匀度平均值为 0.90，显示北部海域浮游动物生物多样性处于高水平，群落结构处于稳定状态。

2015 年夏季，北部海域浮游动物种类相对较多（共 78 种/类），主要为沿岸种，如桡足类（19 种）、水母类（16 种）、浮游幼虫（11 类）等，以鸟喙尖头溞（*Penilia avirostris*）、长尾类幼体和球形侧腕水母（*Pleurobrachia globosa*）优势度较高。南澳北部海域浮游动物栖息密度平均为 128.40ind/m^3；浮游动物生物量平均为 20.20mg/m^3，各站位种类差别较大。浮游动物种类数平均为 31 种，多样性指数平均为 4.01，均匀度均值为 0.83，说明本次调查南澳北部海域浮游动物类群多样性水平高，群落结构健康。

C. 底栖生物

南澳周边海域底栖生物类群以软体动物、多毛类和甲壳类为主，其中又以软体动物占优势。南澳北部海域的底栖生物类群种类偏少，2015 年夏季调查显示仅 26 种，但平均生物量最高。除南澳北部海域因养殖造成底栖生物多样性水平低外，整体底栖生物类群的多样性处于中等水平。底栖生物的均匀度较高，底栖生物的分布较为均衡。整体上，南澳海域底栖生物群落处于亚健康状态。

D. 潮间带生物

南澳近岸海域潮间带生物均为典型亚热带岛礁群落，且暖水性区系特征明显，多属高盐性种。南澳岛东南部海域春季和夏季潮间带生物均以软体动物为主，其次是甲壳类动物。垂直分布上，春季和夏季潮间带生物量及生物栖息密度均是低潮区最高、中潮区次之、高潮区最低的分布格局。多样性和均匀度方面与南澳岛北部海域类似，属于较高水平。东南部海域与外海相接，生境整体上差别较小，春季和夏季生物量差别较小。南澳岛北部春季潮间带呈以软体动物为主，环节动物和节肢动物种类次之的食物网格局；

夏季软体动物依旧是优势物种，节肢动物次之。潮间带底质对生物量和物种多样性有较大的影响，基岩潮滩生物物种较为单一，但是生物量相对较大，这说明一些物种适应基岩的环节，导致了少数物种的大量繁殖，而另一些物种更适应沙滩环境，基岩环境中的生物量相对较少。垂直分布上，春季低潮带生物量较多，中潮带次之，高潮带最少；夏季则是中潮区生物密度最高，其次是低潮区，高潮区生物密度最低。对潮间带生物多样性的统计表明，南澳岛潮间带生物多样性和均匀度属较高水平，整体上生态环境良好。

E. 游泳生物

东南部海域鱼类、头足类、甲壳类无论是在种数、渔获率还是资源密度上，均高于北部海域，南澳岛东南部海域渔业资源相对北部海域为丰富。夏季渔业生物种类饵料丰富，渔业资源在南澳岛的季节性变化明显，夏季均高于春季。

东南部海域和北部海域鱼卵仔鱼的种数变化情况不大，均不到 10 种，可能与调查时间、调查站位的设置有关。南部和北部平均鱼卵密度相差不大，季节性变化明显，夏季北部高于东南部，春季东南部高于北部；仔鱼在南澳岛周边的分布较均匀，无论是种类上还是平均密度上，均变化不明显，且季节性变化较弱。

2. 重要海洋生态系

（1）海岛生态系统

南澳岛主要被木本植被所覆盖，拥有 102 科 1440 多种热带、亚热带植物，其中有植物活化石竹柏、国内外珍贵的细叶葡萄、黄杨等野生盆景植物，并栖息有黄嘴白鹭、蟒蛇、三线闭壳龟等 40 多种国家重点保护野生动物。离岸海岛 36 个，植被多为草本植物，植被群落主要有天人菊群落、鬣刺及盐地鼠尾粟-厚藤群落及草海桐-野香茅群落，隶属 26 科 38 属 46 种。

南澳诸岛为鸟类提供了优良的栖息环境，一年中在此停留的鸟类有 90 多种，隶属 32 科 14 目，包括候鸟、旅鸟、繁殖鸟、留鸟等各种鸟类，被称为“海鸟天堂”。南澳岛附近海域水质状况良好，海域生物群落丰富，主要包括游泳生物群落、浮游植物群落、浮游动物群落、礁栖性潮间带生物群落、底栖生物群落、海藻群落、岩礁栖性鱼类群落等。

（2）上升流生态系统

南澳县上升流生态系统位于南澎列岛及周边海域，主要以南澎列岛为中心，向周边延伸到福建漳浦礼士列岛至粤东甲子海域。该海域上升流主要出现在夏季，是底层水体受到西南方向离岸风的影响产生上涌补偿而形成的，因此属于风生上升流。主要特征表现为在夏季出现低温、高盐水团，海水营养盐浓度和浮游动植物密度非常高，形成水产资源密集区（李纯厚等，2009）。

（3）岩礁生态系统

南澳岛周边海域的底质主要为岩礁、砂和砂泥等，岩礁生态系统发育良好。岩礁类型包括基岩海岛和明礁、暗礁、干出礁等，主要包括南澎列岛的南澎岛、中澎岛、顶澎岛、芹澎岛、屿仔、旗尾岛 6 岛，勒门列岛的乌屿、平屿、白涵、赤屿 4 岛，以及其周围海域的明礁、暗礁和干出礁。独特的岩礁生境，是许多生物类群的栖息场所。仅南澎列岛及周边海域就发现潮间带生物 302 种、岩礁浅海生物 342 种、珊瑚 17 种，主要经济鱼类、虾蟹类、贝类和藻类 700 多种（李纯厚等，2009）。

（4）珊瑚礁生态系统

南澳县的珊瑚礁生态系统主要分布在南澎列岛及周边海域内，主要有非造礁石珊瑚 1 种、软珊瑚 5 种和柳珊瑚 15 种。非造礁石珊瑚主要为猩红筒星珊瑚（*Tubastrea coccinea*），主要分布在南澎海域各个岛礁（如顶澎岛、南澎岛、旗尾岛、中澎岛和芹澎岛）周边−10～−5m 的深水区域。软珊瑚群体规模较小，零星分布于顶澎岛、中澎岛、南澎岛和芹澎岛周边−6～−4m 的海域，群体平均小于 15cm，最高分布密度仅 5 个群体/m^2。柳珊瑚广泛分布在南澎海域各个岛礁周边−6～−3m 的海域，群体平均小于 30cm，部分海域（如中澎岛、南澎岛和芹澎岛）的分布密度较高，可达 10～15 个群体/m^2，以丛柳珊瑚和棘柳珊瑚为优势种类（李纯厚等，2009）。

3. 保护区建设状况

为保护重要的海洋生态系统，国家在南澳县海域内建立了众多保护区。目前南澳县海域范围内保护区有 5 个，国家级 2 个，省级 1 个，市县级 2 个，分别为南澎列岛海洋生态国家级自然保护区、广东南澳青澳湾国家级海洋公园、广东南澳候鸟省级自然保护区、汕头市南澳平屿西南侧海域南方鲎市级自然保护区、汕头市南澳赤屿东南海域中国龙虾和锦绣龙虾市级自然保护区。另外还建设有 1 个省级生态公益型人工鱼礁区——汕头市南澳岛乌屿人工鱼礁区。保护和生态修复区总面积达 6 万多公顷，对南澳县海洋生物资源、产卵场等重要的海洋生物栖息地生境进行了有效保护。主要保护区介绍如下。

（1）南澎列岛海洋生态国家级自然保护区

南澎列岛海洋生态国家级自然保护区最初为 1999 年南澳县人民政府批准设立的县级自然保护区，后经历次保护区升级，2012 年经国家海洋局批准晋升为国家级保护区。保护区范围为 117°6′26″E、23°15′34″N；117°16′20″E、23°10′47″N；117°23′44″E、23°18′36″N；117°13′44″E、23°23′25″N 四点连线的海域。保护区海域总面积为 35 679hm^2，划分为核心区、缓冲区和实验区三大功能区，其中核心区、缓冲区和实验区面积分别为 12 581hm^2、11 285hm^2 和 11 813hm^2，分别占保护区总面积的 35.3%、31.6%和 33.1%。主要保护对象为该海域独特的海底自然地貌和近海典型海洋生态系统；珍稀濒危野生动物及其栖息、产卵场所与洄游通道；重要经济水产种质资源的产卵、育肥与索饵场；近海海洋生物多样性及复杂的生物群落。

目前，保护区原有自然景观保持良好，生物多样性特征突出，水质达到国家规定的第一类海水水质标准。分布于该保护区海域的海洋生物达到 1308 种，隶属于 20 门 113 目 357 科。保护区海域不仅是龙虾、石斑鱼、大黄鱼、紫菜、头足类、鲷科鱼类等海珍品和重要经济鱼类的繁殖及育肥场所，而且是中华白海豚、江豚、鹦鹉螺、海龟、黄唇鱼、海马等多种珍稀保护水生野生动物的洄游和栖息海域。

南澎列岛海洋生态国家级自然保护区示意图见图 10-79。

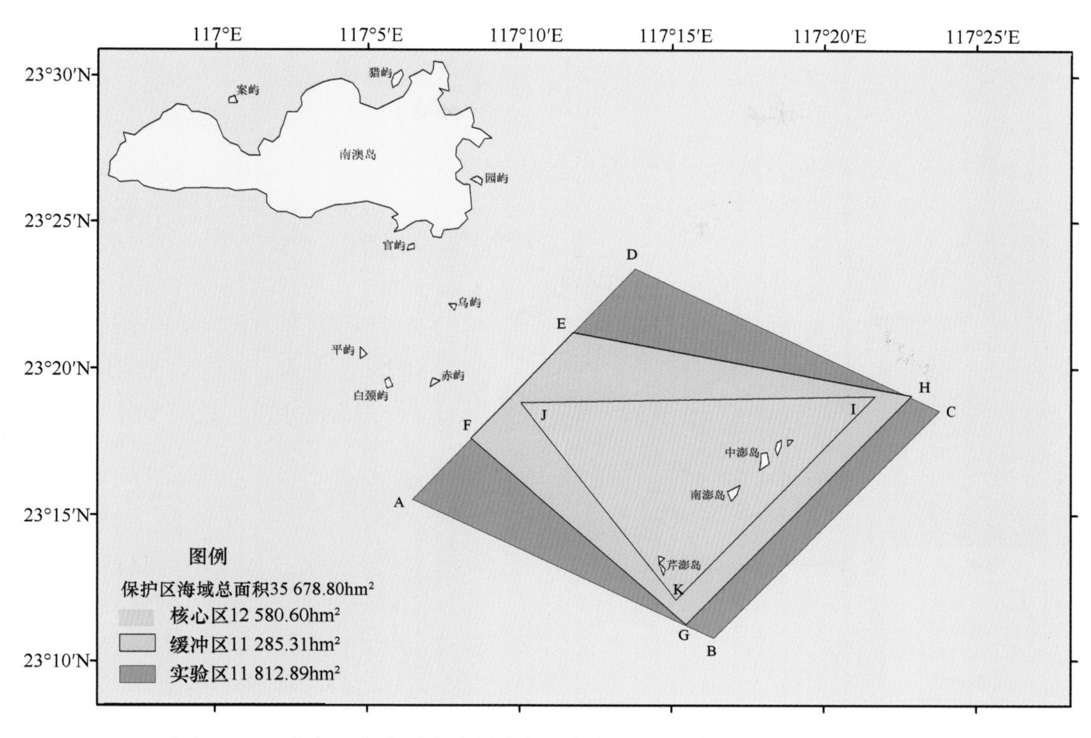

图 10-79　南澎列岛海洋生态国家级自然保护区示意图（李纯厚，2008）

（2）广东南澳青澳湾国家级海洋公园

青澳湾位于南澳岛东侧，由于太平洋、南海黑潮滞留穿过该区，同时受大陆径流的影响，这里成为高温、高盐水与沿岸上升流及大陆径流交汇混合的地方，海水中营养盐丰富，饵料众多，初级生产力高，生物种类多样。青澳湾海域底质主要为岩礁，海底起伏不平，并分布有砂、砂泥、沙砾及泥沙等，海底粗糙，起伏不平，礁石林立，生境相当多样。独特的海洋生境和海底特征，为许多生物类群，如附着性海藻、珊瑚类、附着性底栖生物、底埋性底栖生物和游泳生物等，提供了良好的栖息、索饵和繁衍场所。这里不仅是蓝圆鲹、二长棘鲷、赤点石斑鱼、真鲷、黄鳍鲷、黑鲷和头足类等的产卵场与索饵场，也是大黄鱼、石斑鱼、真鲷、黄鳍鲷、中国枪乌贼和龙虾等的索饵场及紫菜、龙须菜等海藻类的育肥场。

2014 年国家海洋局批复建立广东南澳青澳湾国家级海洋公园，其功能分区包括重点保护区、适度利用区、生态与资源恢复区和预留区，总面积 1246hm^2，岸线长约 6634m；保护对象为重点保护海洋生物多样性和珍稀濒危生物及其生境，鲸、豚、龟等珍稀野生海洋生物经常出没的海域划定为重点保护区。

广东南澳青澳湾国家级海洋公园示意图见图 10-80。

青澳湾三面环山，一面临海，口门外小岛屏蔽，陆域腹地适中，沿岸坡度平缓，沙滩岸线绵长（约 1800m），沙质细腻均质，海水清洁，被认为是国内顶级海滩和最好的海岸带资源组合、“中国最美丽海岸线”。目前，南澳青澳湾国家级海洋公园沿岸线旅游开发具有一定规模。

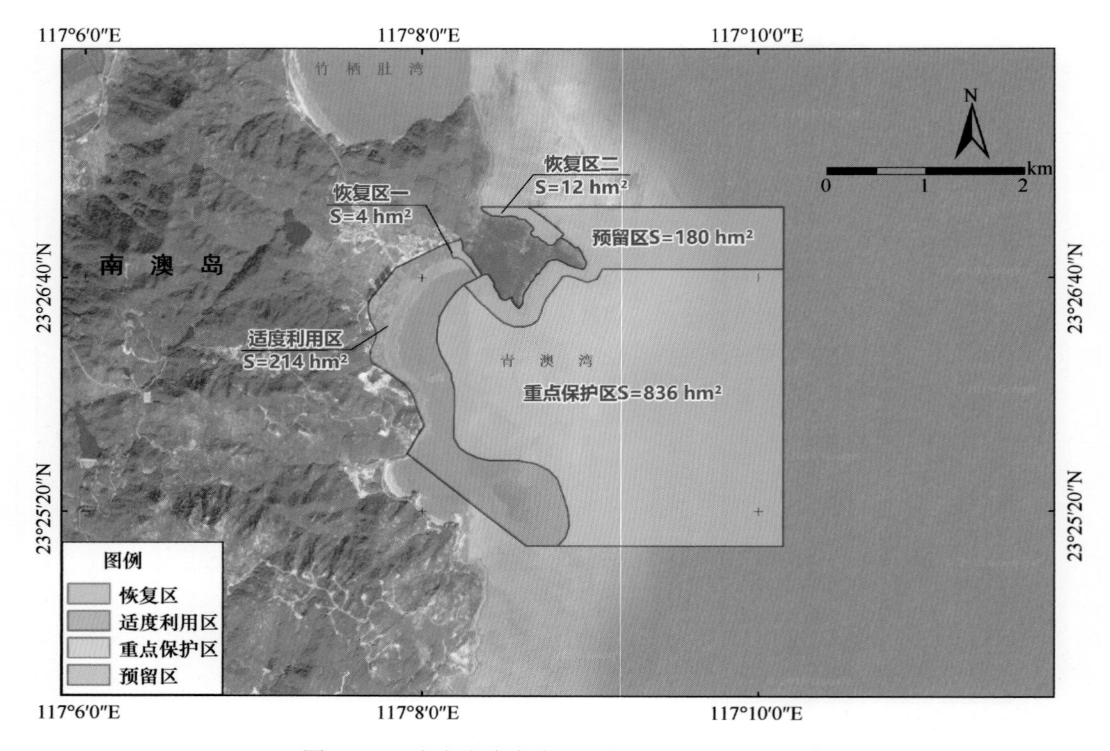

图 10-80 广东南澳青澳湾国家级海洋公园示意图

（3）广东南澳候鸟省级自然保护区

南澳候鸟省级自然保护区于 1990 年 1 月经广东省人民政府批准建立（粤办函[1990]13 号），属省级自然保护区，是广东省唯一的海候鸟自然保护区。保护区范围主要分布于南澳岛周围的 22 个岛屿。地处东经 116°55′～117°18′、北纬 23°13′～23°29′。保护区总面积为 $2.56km^2$，海岸线长度为 24km，以勒门列岛的乌屿、平屿、白涵、赤屿 4 个岛屿及其周围海域的明礁为核心区，缓冲区为南澳主岛周围（除主岛外）的 9 个岛屿，包括凤屿、案屿、案仔屿、猎屿、塔屿、狮仔屿、北官屿、鸭仔屿、官屿，实验区为南澎列岛（包括芹澎、顶澎、中澎、南澎等岛屿）。主要保护对象为海候鸟及其栖息环境。

（4）汕头市南澳平屿西南侧海域南方鲎市级自然保护区

汕头市南澳平屿西南侧海域南方鲎市级自然保护区成立于 2004 年。保护区位于汕头市南澳县南部平屿西南侧开阔海域，地理范围东至 117°04′30″E，西至 117°03′59″E，南至 23°18′59″N，北至 23°19′60″N。保护区面积为 $157.3hm^2$，主要保护对象为南方鲎（*Tachypleus gigas*）和中国鲎（*Tachypleus tridentatus*）及其生境。

（5）汕头市南澳赤屿东南海域中国龙虾和锦绣龙虾市级自然保护区

汕头市南澳赤屿东南海域中国龙虾和锦绣龙虾市级自然保护区保护区成立于 2004 年，位于汕头市南澳县南部赤屿东南部开阔海域，地理范围东至 117°07′24″E，西至 117°07′24″E，南至 23°07′24″，北至 23°07′24″。保护区面积为 $212.4hm^2$，重点保护对象为中国龙虾（*Panulirus stimpsoni*）和锦绣龙虾（*Panulirus ornatus*）及其生境。

（6）汕头市南澳岛乌屿人工鱼礁区

南澳岛乌屿人工鱼礁区属省级生态公益型人工鱼礁区，建设单位为南澳县海洋与渔业局，投入 1300 万元。礁区位于南澳岛南面 4 n mile 外的勒门列岛海域，乌屿西南面，礁区面积为 537.5hm^2，水深 17～28m，海底表层沉积物类型主要为黏土性粉砂。

10.3.3　南澳主要环境和生态问题

（1）主要环境问题

南澳县近岸海域的主要污染物以无机氮、磷酸盐为主。由于岛上居民保护环境的意识相对淡薄，城市环境基础设施薄弱，近海大面积养殖造成污染，居民生活污水直接排入沿海，加速了部分河溪及入海口水质的恶化。局部岸线过度开发、过度密集养殖和由此带来的海水污染使发生赤潮的机会增大。随着人口和经济不断发展，城市污水排放量继续增加，近岸海域无机氮污染将会继续发展。青澳湾污水处理工程和后江污水处理厂分别于 2009 年和 2010 年交付使用，有助于减缓陆源污水排放，然而对这些污水集中处理系统的监督管理力度还不够，集污管网和提升泵站缺少维护与完善。因此，未来南澳县陆源污染防控体系尚待健全，经济社会发展与资源环境承载力的矛盾依然突出，环境基础设施有待进一步完善，生态环境管理技术能力有待进一步提高，陆源污染依旧是近岸海域突出的环境问题。

（2）主要生态问题

近年来，南澳县以创建“海洋文明示范区”为载体，大力加强城市环境基础建设，在海洋环境保护方面加大了管理力度，在生态建设上取得显著成绩。但南澳县作为海岛山区县，其资源环境独特，经济社会发展战略和环境保护重点不同于城市地区。当前，又适逢南澳新一轮的大发展机遇，出现较多开发混乱的现象，全县生态环境保护规划不健全引起了一系列生态问题，主要表现为工业和养殖业排污引致局部水域生态恶化、过度养殖开发导致部分防护林带被毁、沙滩等自然资源被占用、生物多样性减退尤其是本土物种生存受到挤压等生态问题等。

虽然南澳县生态环境保护工作取得了较大进展，但当前的环境形势仍然相当严峻。由于经济快速发展、城市化进程的加快，环境污染尚未得到有效的控制，局部地区的环境质量仍在下降，环境污染、生态破坏加剧的趋势在一些地区尚未得到有效的遏制，环境污染和生态破坏已成为影响南澳县经济、社会可持续发展的重要因素之一。

10.3.4　海洋生态红线区划技术在示范区的应用

1. 划定范围

根据省界、市界、县界和领海基线的边界，确定了南澳示范区海洋生态红线区划的工作范围，如图 10-81 所示。工作范围总面积为 1543.7km^2，海岸线共长 113.9km。

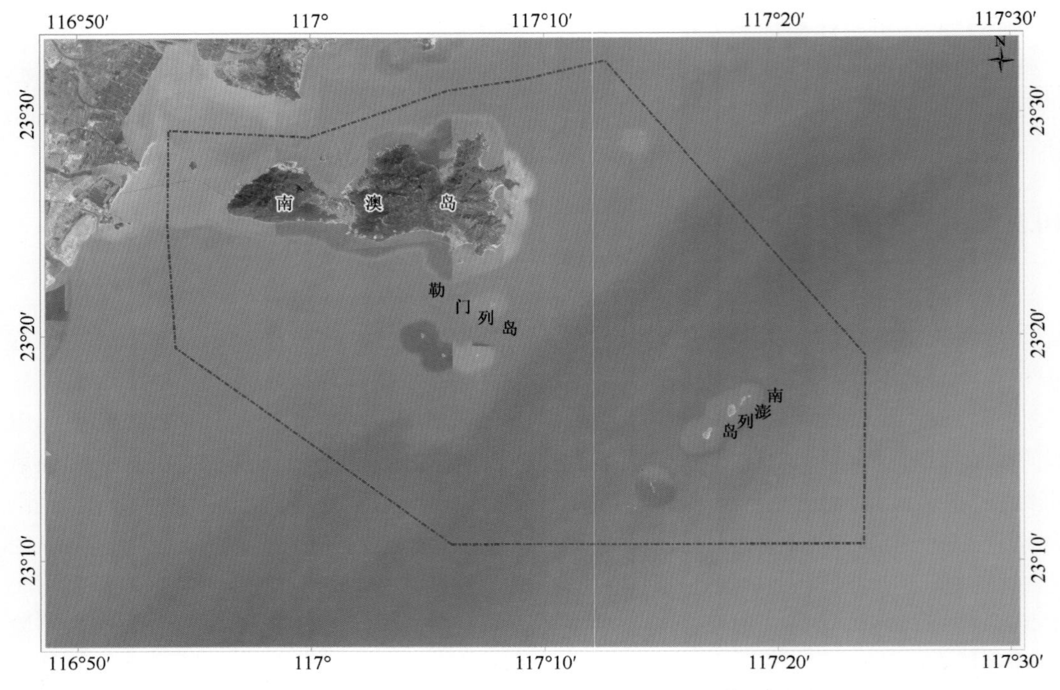

图 10-81 广东省南澳县海洋生态红线区划工作范围图

2. 区划技术示范应用的数据来源与评价方法

研究所用的数据包括南澳县基础地理信息数据、海岛海岸线数据、滩涂围垦数据、保护区相关数据、重要景区数据等；生态环境数据来源于示范区两季生态环境实测结果；社会经济数据来源于汕头市统计年鉴、海洋环境状况公报和南澳县统计数据和相关规划等。

（1）海洋生态脆弱性评价

本节主要依据第 5 章的海洋生态脆弱性评价指标体系，结合南澳示范区实际情况，对评价指标进行了适当删减，最后选取了 14 个指标，从干扰压力脆弱性、状态敏感性脆弱性和恢复力脆弱性三方面构建了南澳示范区的海洋生态脆弱性综合评估指标体系，如表 10-24 所示。

各评估指标数据来源如下：干扰度指数是根据卫星遥感影像判断用海类型进而进行赋值而得；海水富营养化指数、沉积物质量等级指数、浮游植物多样性指数、浮游动物多样性指数、大型底栖动物多样性指数、叶绿素 a 浓度、浮游动物密度、大型底栖动物生物量/密度等指标数据来源于 2016 年现状调查资料，将调查结果插值到整个示范区范围内，再根据第 5 章海洋生态脆弱性评价相关指标定义进行计算而得；风暴潮灾害（直接经济损失）指数根据南澳县提供的各镇灾害损失加和而计算。珊瑚礁生境以南澎列岛保护区范围为计算区域；海草床生境依据人工养殖紫菜的范围和海藻自然分布范围而划定；珍稀濒危物种栖息地、候鸟迁徙通道和三场一通道分布区以各级保护区范围为计算依据。

表 10-24　南澳示范区海洋生态脆弱性评价指标体系

目标层	准则层	因素层	指标层
海洋生态脆弱性综合指数	干扰脆弱度指数	人为干扰	干扰度指数
			海水富营养化指数
			沉积物质量等级
		自然干扰	风暴潮灾害（直接经济损失）
	状态敏感性指数	海洋生物多样性敏感性	浮游植物多样性
			浮游动物多样性
			大型底栖动物多样性
		重要生境状态敏感性	珊瑚礁生境
			海草床生境
			珍稀濒危物种栖息地、候鸟迁徙通道和三场一通道分布区
		特殊保护价值生态系统敏感性	砂质岸线、各级保护区、重要湿地、历史文化遗址遗存和名胜古迹
	恢复力脆弱性指数	海洋生物多样性恢复力	叶绿素 a 浓度
			浮游动物密度
			大型底栖动物生物量/密度

确定各评估指标标准后，采用模糊综合评价法计算各指标的权重因子，利用干扰脆弱度指数模型、状态敏感性指数模型、恢复力脆弱性指数模型分别进行南澳示范区干扰脆弱度指数、状态敏感性指数和恢复力脆弱性指数的空间运算，得到 3 个指标的评价结果，然后按照海洋生态脆弱性综合指数评价模型把以上 3 个指标的评价结果数据按 0.5、0.3 和 0.2 的权重比例在 ArcGIS 中进行空间叠加分析及栅格运算，最终得到海洋生态脆弱性综合指数评价分级结果。

（2）海洋生态功能重要性评价

本节主要依据第 6 章的海洋生态功能重要性评价指标体系，结合南澳示范区实际情况，对评价指标进行了适当删减，最后选取了 22 个指标，从生物多样性保护、渔业生产、水质净化和滨海游憩四方面构建了南澳示范区的海洋生态功能重要性评价指标体系，如表 10-25 所示。

各评估指标数据来源如下：生物多样性保护功能重要性中浮游植物种数、浮游动物种数、底栖动物种数、浮游植物细胞数量、浮游动物生物量、底栖动物生物量来源于 2016 年调查资料；生态系统类型来源于历史资料；生境多样性指标数据根据南澳海域各分区生境类型的个数计算；空间位置重要性是以南澎列岛保护区和汕头龙头湾白海豚保护区为重要位置，做欧氏距离分析而获得。渔业生产功能重要性中三场一通道距离是以保护区三场一通道分布范围，做欧氏距离分析而获得。渔港距离是根据调查和影像判读确定渔港位置，然后对渔港做欧氏距离分析而获得。城镇距离数据是以南澳岛为城镇，做距离分析而得。水质净化功能重要性中水深、透明度、溶解氧、温度、叶绿素浓度指标数据来源于 2016 年的调查资料，各个站位的叶绿素浓度通过进行反距离权重插值而得。潮间带生境类型数据根据南澳潮间带的生境类型和生物多样性保护功能重要性评价指标打分系统表（该表在第 6 章）进行赋值。滨海游憩功能重要性中海水水质、粪大肠杆菌数量来源于 2016 年的调查资料，岸线类型来源于影像判读，景区距离指标数据是以南澳岛和南澎列岛作为景区，做距离分析而获得。

表 10-25　南澳示范区海洋生态功能重要性评价指标体系和权重

目标层	准则层	因素层	指标层
海洋生态功能重要性	生物多样性保护功能	物种层次	浮游植物种数
			浮游动物种数
			底栖动物种数
			浮游植物细胞数量
			浮游动物生物量
			底栖动物生物量
		生态系统层次	生态系统类型
			生境多样性
			空间位置重要性
	渔业生产功能	自然环境支撑	三场一通道距离
		基础设施	渔港距离
			城镇距离
	水质净化功能	物理环境	水深
			透明度
			溶解氧
			温度
		生物环境	叶绿素浓度
			潮间带生境类型数据
	滨海游憩功能	游憩生态环境	海水水质
			粪大肠杆菌数量
			岸线类型
			景区距离

确定各评估指标标准后，采用模糊综合评价法计算各指标的权重因子，利用生物多样性保护指数模型、渔业生产指数模型、水质净化指数模型、滨海游憩指数模型分别进行南澳示范区生物多样性保护指数、渔业生产指数、水质净化指数、滨海游憩指数的空间运算，得到 4 个指标的评价结果，然后按照海洋生态功能重要性综合指数模型把以上 4 个指标评价结果数据按 0.4、0.3、0.2 和 0.1 的权重比例在 ArcGIS 中进行空间叠加分析及栅格运算，最终得到海洋生态功能重要性综合指数评价分级结果。

（3）海洋生态适宜性评价

本节主要依据第 7 章的海洋生态适宜性评价指标体系，结合南澳示范区实际情况，对评价指标进行了适当删减，最后选取了 11 个指标，从海洋生态环境适宜性和海洋社会经济适宜性两方面构建了南澳示范区的海洋生态适宜性评价指标体系，如表 10-26 所示。

表 10-26　南澳示范区海洋生态适宜性评价指标体系

目标层	准则层	一级指标	二级指标	要素层
海洋生态适宜性	海洋生态环境适宜性	生境结构	群落结构	生物多样性指数
			环境质量	富营养化指数
			自然岸线完整性	自然岸线保有率
			海洋灾害风险分布	海洋风险分布指数
		生境功能	重要保护价值	生态敏感区和重要保护对象
			景观类型	生态干扰度
			生产供给	净初级生产力
	海洋社会经济适宜性	社会经济条件	海洋经济	海洋经济产业增加值
			沿海人口状况	人口密度（或渔业人口比重、非农人口比重）
			区位条件	重要节点（城镇中心、交通枢纽、大型渔港）可达性
		海域利用现状	海域利用程度	海域利用面积比例

各评估指标数据来源如下：生物多样性指数、富营养化指数、净初级生产力指标来源于 2014～2016 年现状调查数据；自然岸线保有率数据来源于卫星遥感影像判读；海洋风险分布指数数据来源于南澳县人民政府的相关资料；生态敏感区和重要保护对象指标以南澳现有保护区为生态敏感区和重要保护对象，其他区域根据与到保护区的距离和受人类干扰的程度进行赋值，保护区赋值 5 分，大部分海域赋值 3 分；生态干扰度指标数据通过赋值法获得，首先根据卫星遥感影像，将南澳海洋生态红线区划分为开放海域、开放式养殖用海、滩涂养殖、港口用海、渔业基础设施用海等类型，然后进行干扰度划定；海洋经济产业增加值、人口密度指标来源于统计数据；重要节点可达性指标通过确定重要节点，进行欧氏距离分析；海域利用面积比例指标数据来源于海域使用动态管理系统和遥感影像判读。

确定各评估指标标准后，采用模糊综合评价法计算各指标的权重因子，利用海洋生态环境适宜性指数模型、海洋社会经济适宜性指数模型进行南澳示范区海洋生态环境适宜性指数、海洋社会经济适宜性指数的空间运算，然后按照海洋生态适宜性综合指数模型，把以上两个指标按 0.6 和 0.4 的权重比例在 ArcGIS 中进行空间叠加分析及栅格运算，最终得到海洋生态适宜性综合指数评价得分。

3. 区划技术示范应用的过程

（1）海洋生态脆弱性评价结果

根据海洋生态脆弱性评价模型方法，南澳示范区干扰压力脆弱性、状态敏感性脆弱性和恢复力脆弱性评价结果如图 10-82～图 10-84 所示。

通过图 10-82 干扰脆弱度指数分布图可以看出，南澳岛沿岸海域干扰脆弱度最高，处于第 4 等级和第 5 等级，这里是人类开发活动频繁地带，且受陆源污染影响较大，干扰脆弱度高；保护区所在海域包括南澳青澳湾国家级海洋公园、南澎列岛海洋生态国家级自然保护区和南澳候鸟省级自然保护区等均属干扰脆弱度最小的区域，由于保护区的管理，较大程度上限制了人类活动，所以干扰脆弱度较低。其他海域由于距离海岛较远，有一定的人类活动影响，因此干扰脆弱度处于中等水平。

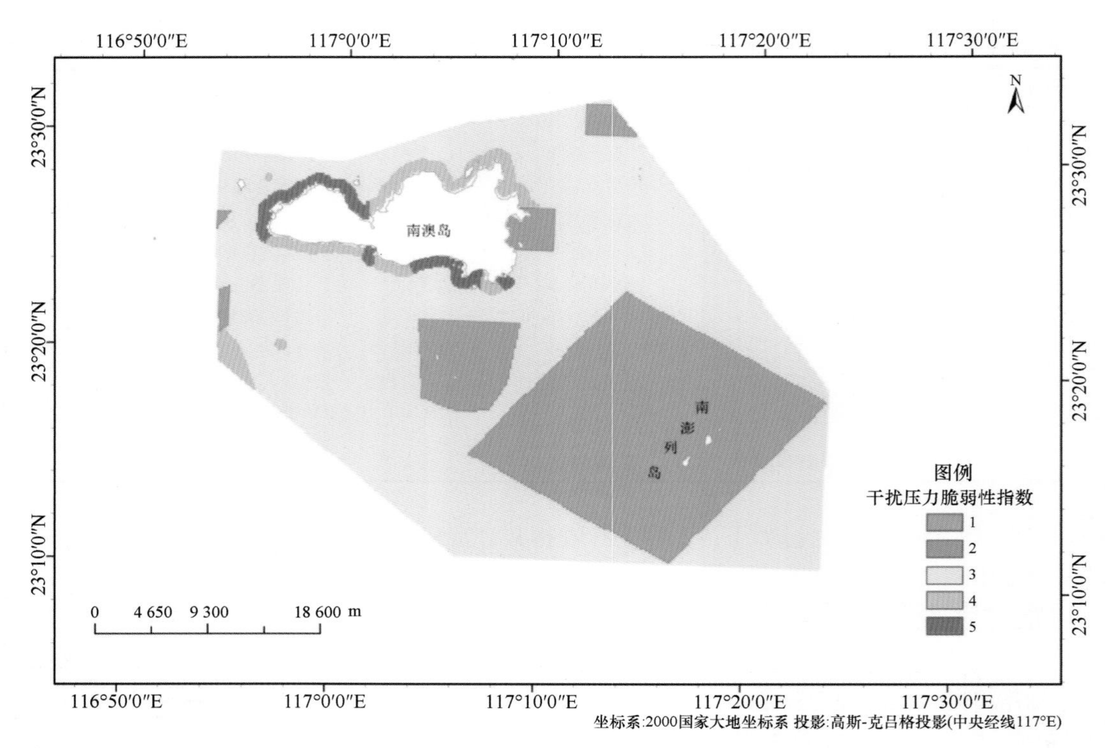

图 10-82 南澳示范区干扰压力脆弱性指数评价结果分级图

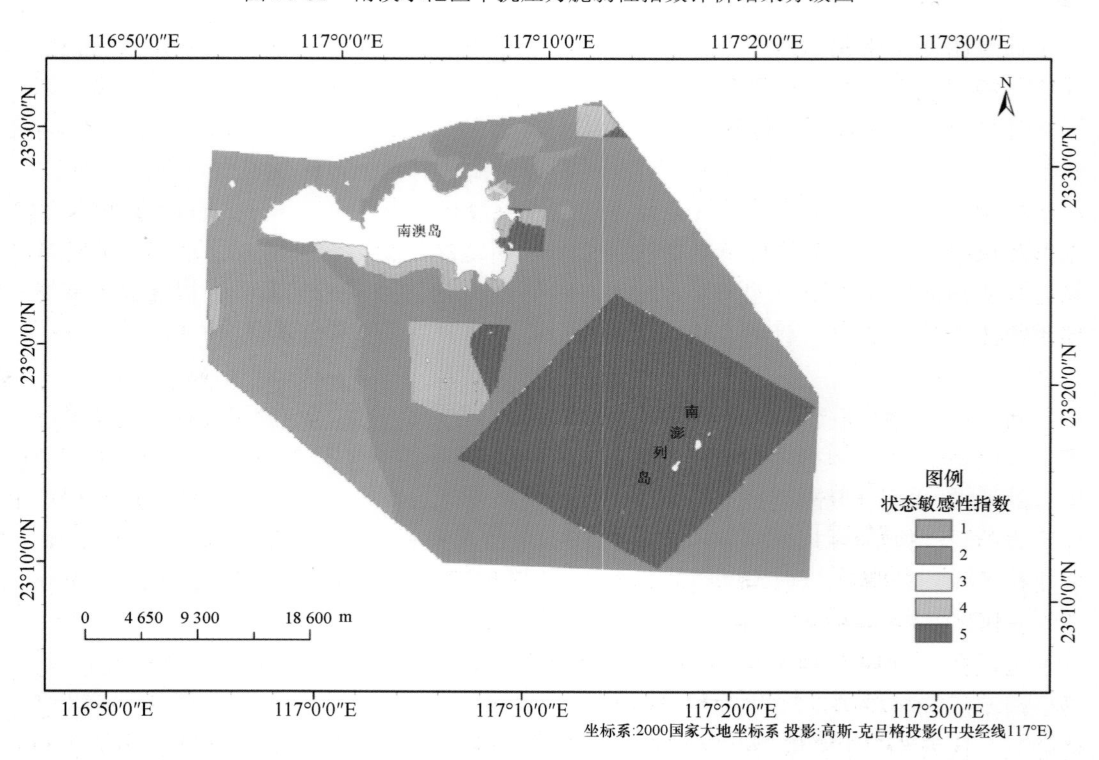

图 10-83 南澳示范区状态敏感性指数评价结果分级图

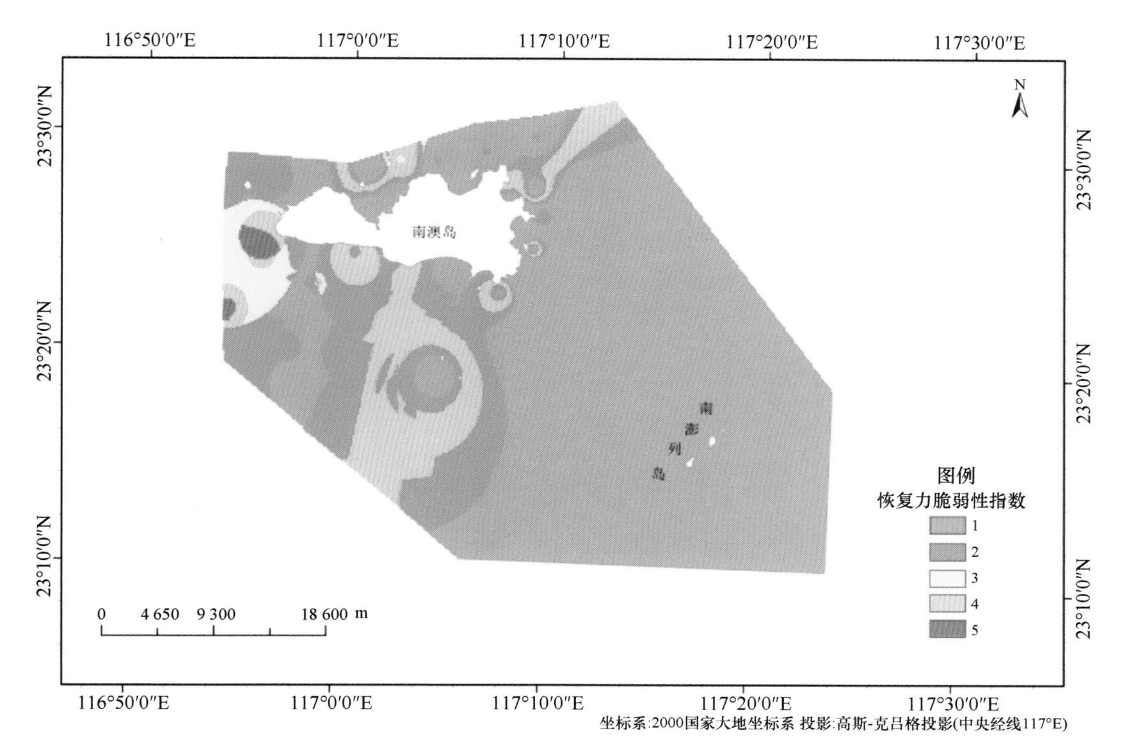

图 10-84　南澳示范区恢复力脆弱性指数评价结果分级图

通过图 10-83 状态敏感性指数分布图可以看出，最为敏感的区域是整个南澎列岛保护区和南澳青澳湾国家级海洋公园、勒门列岛候鸟保护区部分海域，这里是多种珍稀濒危生物的栖息地，是珊瑚礁等生态系统集中分布的场所，生态环境良好；南澳青澳湾国家级海洋公园和勒门列岛候鸟保护区还有部分海域属于较为敏感的区域，另外还包括南澳岛南部的小部分区域，这里是人类活动较多的区域，人类活动一方面输入入海污染物，另一方面改变了该区域的生境，因此属于较为敏感区域。西部部分海域靠近汕头白海豚保护区，也属于较为敏感的区域。南澳示范区大部分海域的敏感等级属于第 1 级或第 2 级，属于较不敏感区域，这些区域没有珍稀濒危物种、典型海洋生态系统的集中分布。

通过图 10-84 恢复力脆弱性指数分布图可以看出，恢复力脆弱性指数等级最高的是南澳岛西南部的一些区域，该区域占所在南澳研究区域的面积比例较小；其次是南澳岛南部的海域，恢复力脆弱性指数等级处于第 4 等级，南澳岛北部和东北部也有部分区域恢复力脆弱性指数等级处于第 4 等级；示范区的大部分范围都处于第 1 等级。究其原因主要在于南澳岛南部、北部海域受人类活动影响较大，生态环境水平相对南部、东南部等保护区所在海域较低，可恢复程度相对较高。

通过在 ArcGIS 中加权叠置干扰脆弱度指数、状态敏感性指数和恢复力脆弱性指数，得到南澳示范区海洋生态脆弱性指数评价结果如图 10-85 所示。海洋生态脆弱性指数分值越高，代表海洋生态脆弱性程度越高。从图 10-85 中可以看出，南澎列岛保护区、南澳本岛南部近岸海域及东部部分海域处于第 5 等级，为极度脆弱区；南澳青澳湾国家级

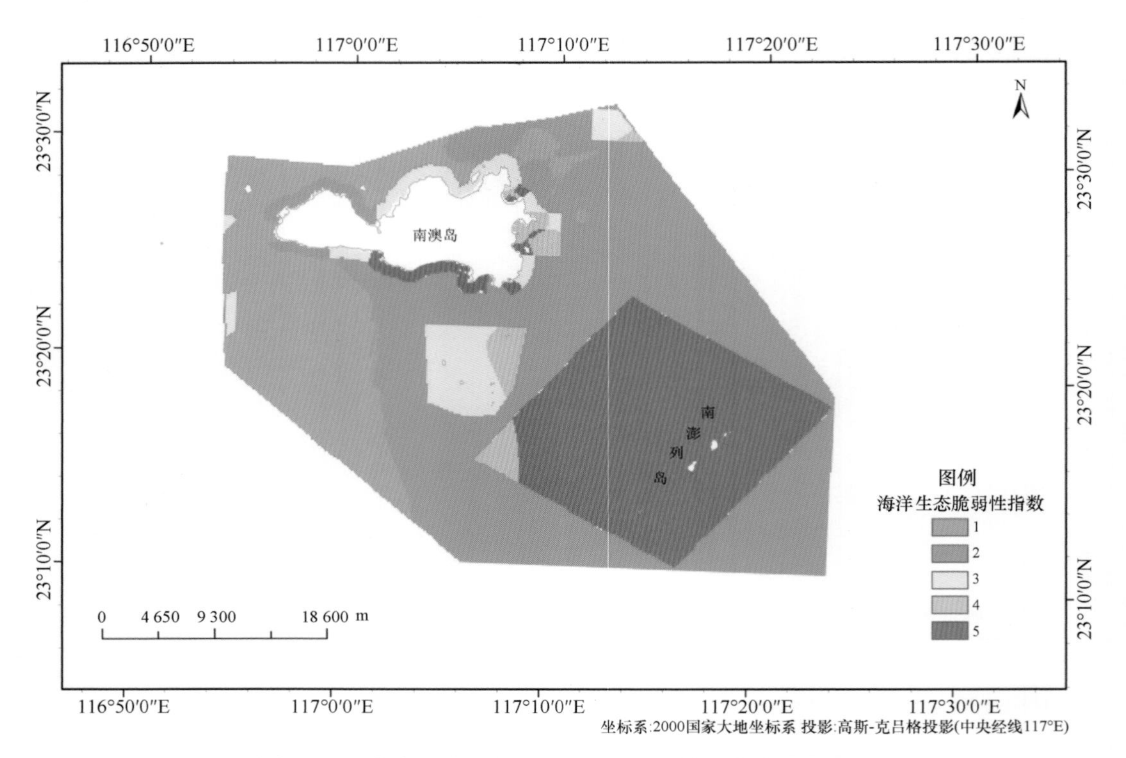

图 10-85　南澳示范区海洋生态脆弱性指数评价结果分级图

海洋公园和勒门列岛候鸟保护区处于第 3 等级与第 4 等级，为高脆弱和中脆弱区；南澳本岛北部和东部部分近岸海域处于第 3 等级，为中脆弱区；南澳岛以东、以南部分海域处于第 2 等级，为低脆弱区；南澳岛以西和以北部分海域处于第 1 等级，为相对不脆弱区。南澳示范区的海洋生态脆弱性指数高值区域主要分布于南澳示范区内的海洋公园、自然保护区和候鸟保护区等区域，这些区域是南澳示范区海域内典型的上升流生态系统、岩礁生态系统、海藻场生态系统和珊瑚礁生态系统集中分布区，同时海洋生物资源丰富，是珍稀濒危物种栖息地、候鸟栖息地和迁徙通道，以及南海区重要的物种产卵场、育幼场、索饵场和洄游通道分布区，另外在南澳岛南部及东部沿岸，具有砂质岸线、历史文化遗址遗存和名胜古迹，同时受人类活动影响较大，也具有较大的脆弱性。这些区域具有重要的生境和特殊保护价值，生态环境敏感而脆弱，如果受到人为干扰或自然干扰影响，则容易产生生态环境的破坏。

（2）海洋生态功能重要性评价结果

根据海洋生态功能重要性评价模型方法，南澳示范区生物多样性保护指数、渔业生产指数、水质净化指数和滨海游憩指数评价结果如图 10-86～图 10-89 所示。

通过图 10-86 生物多样性保护指数可以看出，保护区及周边海域的生物多样性保护指数最高，这是由于保护区限制了人类的活动，减少了人类的干扰，该区域生态环境较为稳定，适宜生物生存，所以生物多样性保护指数较高；示范区的其他区域生物多样性保护指数较低，与人类活动关联较大，拖网捕鱼能改变食物链和食物网的结构，减少高级捕食者的生物量，进而对整个生态系统产生影响。

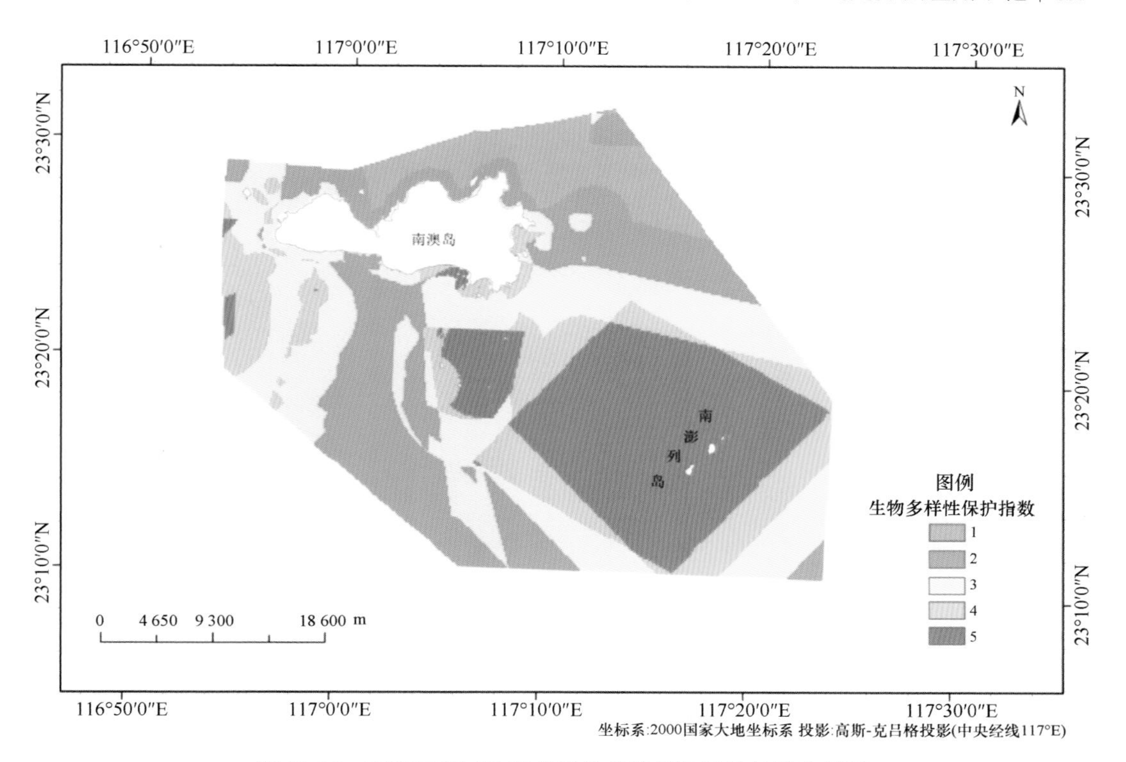

图 10-86　南澳示范区生物多样性保护指数评价结果分级图

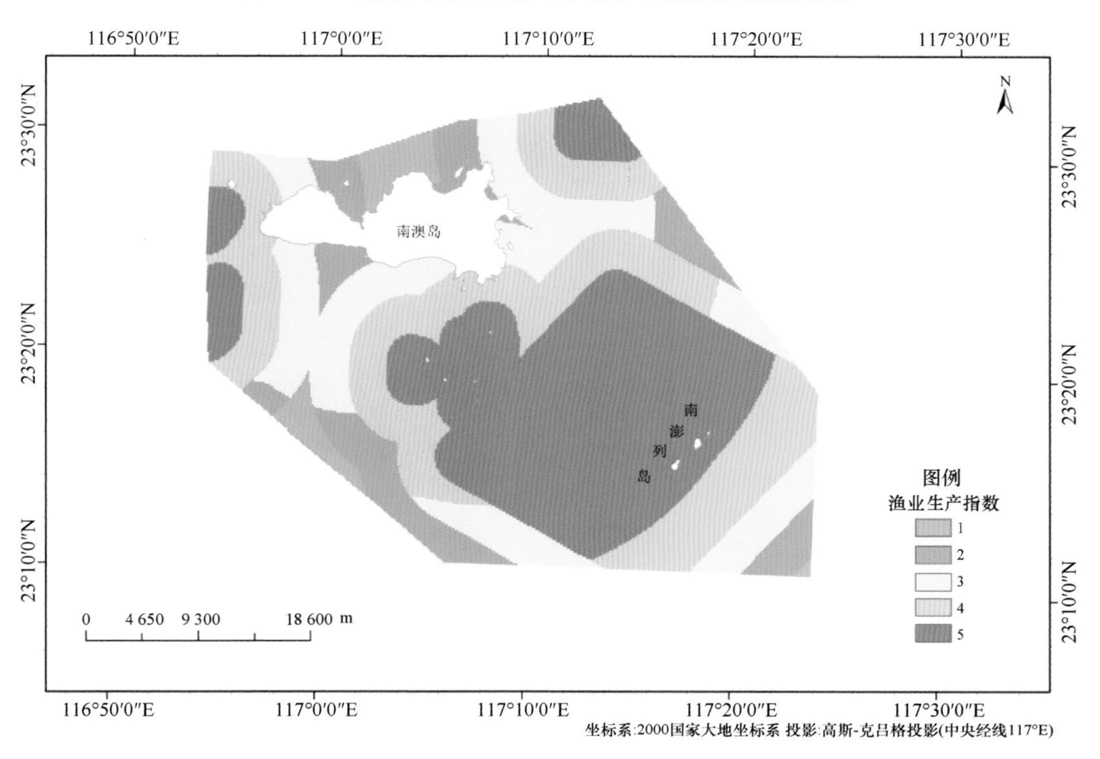

图 10-87　南澳示范区渔业生产指数评价结果分级图

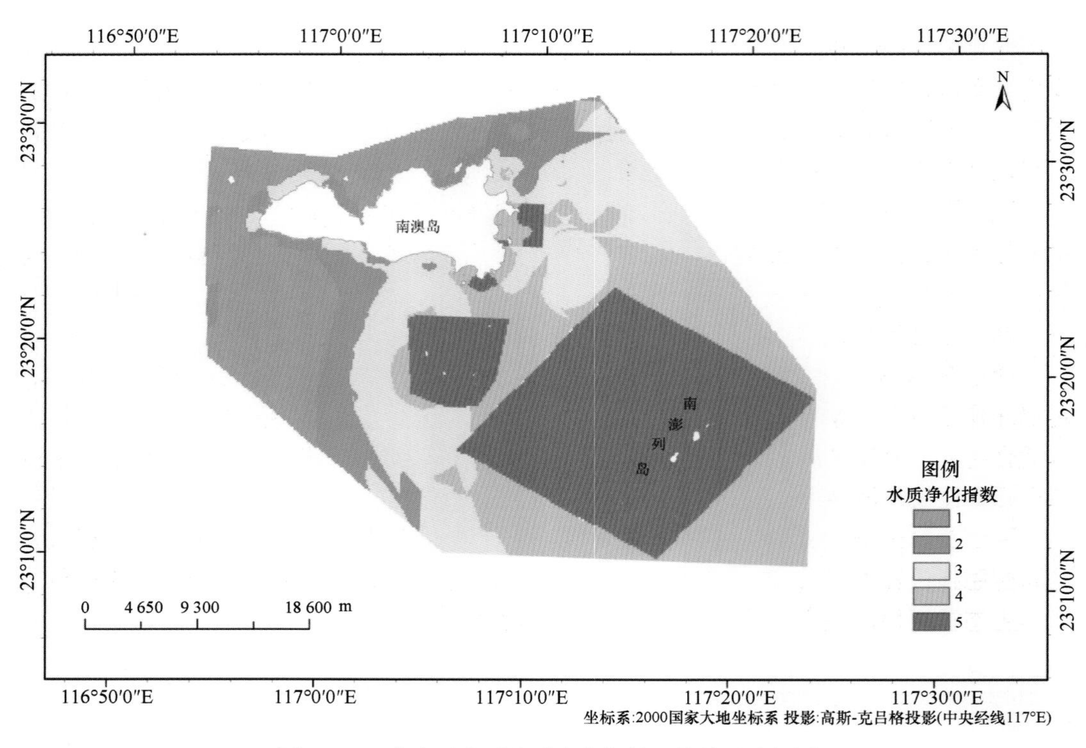

图 10-88　南澳示范区水质净化指数评价结果分级图

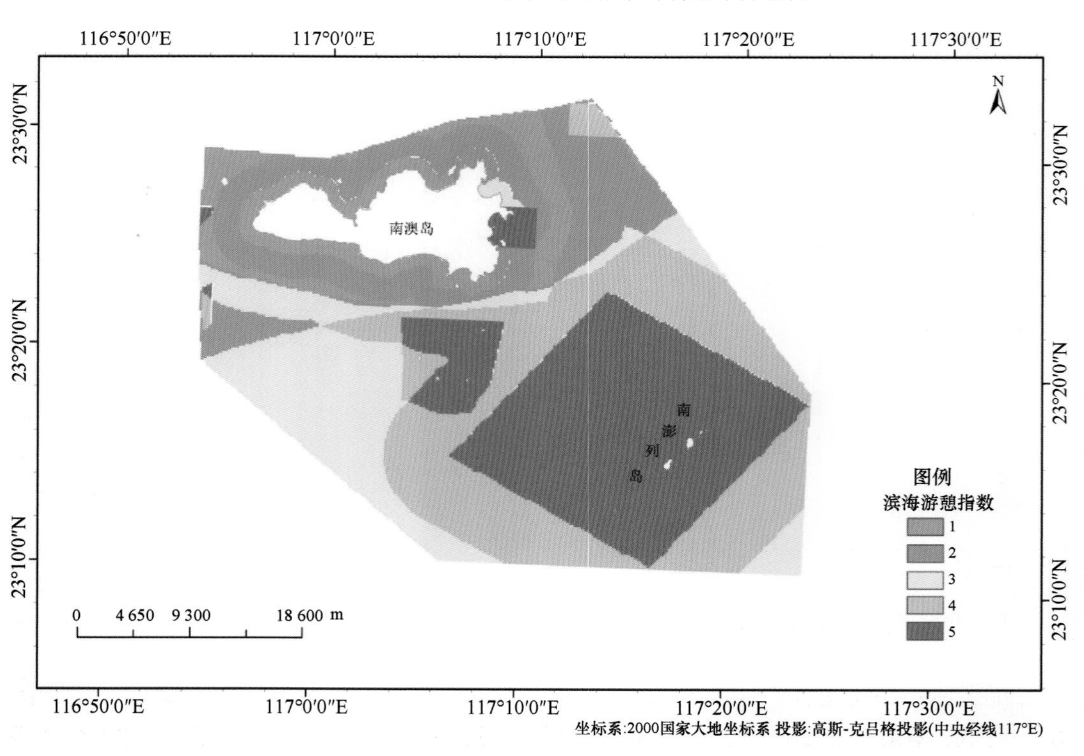

图 10-89　南澳示范区滨海游憩指数评价结果分级图

通过图 10-87 渔业生产指数可以看出，渔业生产指数高值区主要分布在各级保护区及周边海域，保护区内生存着多种珍稀濒危物种，同时受人类干扰较少，渔业生产指数较高，其他区域分值相对较低，主要由于其他区域有养殖活动，受人类干扰较大，而且近海拖网对渔业生产指数也有影响。

通过图 10-88 水质净化指数可以看出，南澳岛西部和北部海域水质净化指数较低，主要是由于该区靠近汕头大陆，人类活动频繁，北部养殖活动繁多，水质相对较差，同时净化污染物的能力有限；而其他海域，如开阔外海区域，水动力较强，本底浓度也较低，具有更强的净化能力，故水质净化指数较高。

通过图 10-89 滨海游憩指数可以看出，南澳岛周边范围内的海域滨海游憩指数较低，南澳岛建设有多处亲海平台，沙滩距离居民生活点较近，滨海旅游发展程度较高，该区域适合游憩；而保护区等海域则受到相关法律法规的管理，可以游憩的区域较少，所以各个保护区的滨海游憩指数较高，不适宜游憩。

通过在 ArcGIS 中加权叠置生物多样性保护指数、渔业生产指数、水质净化指数和滨海游憩指数评价结果，得到南澳示范区海洋生态功能重要性评价结果如图 10-90 所示。海洋生态重要性指数分值越高，代表生态重要性程度越高。

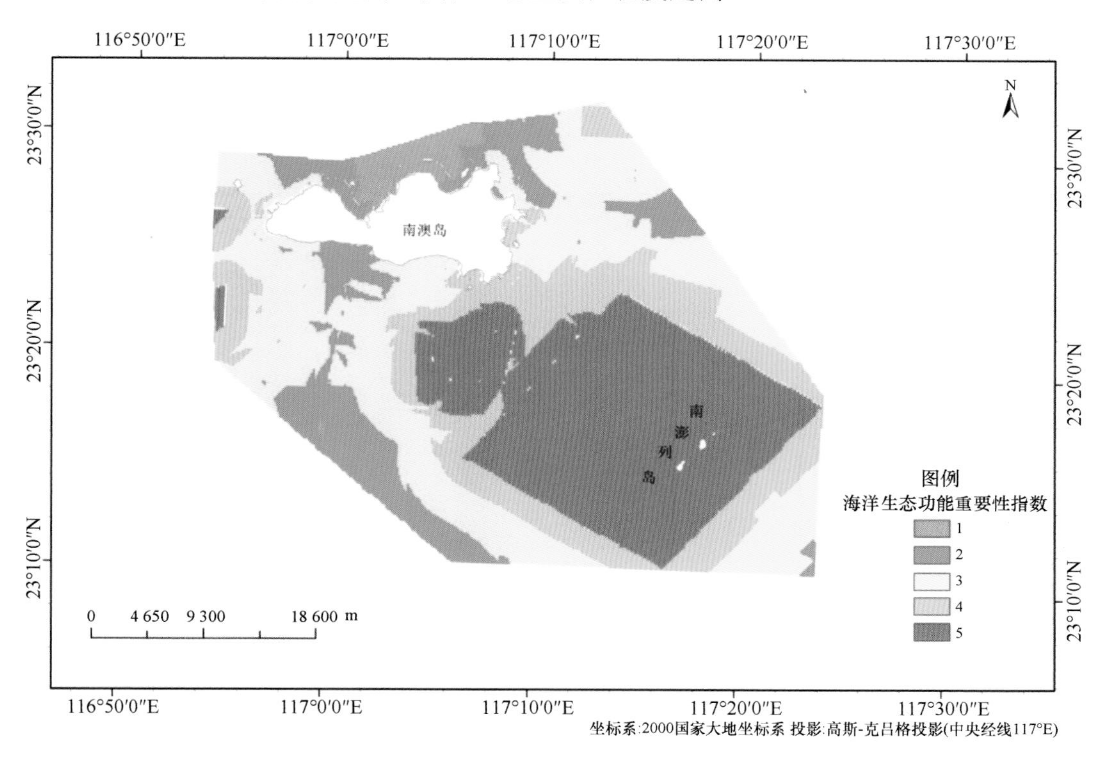

图 10-90　南澳示范区海洋生态功能重要性指数评价结果分级图

通过海洋生态重要性指数分布图可以看出，南澎列岛保护区和勒门列岛候鸟保护区所在海域、南澳岛西部的汕头市龙头湾中华白海豚市级自然保护区和人工鱼礁区所在海域处于第 5 等级，为海洋生态功能极重要区；第 5 等级区域的外围为第 4 等级所在区域，为海洋生态功能高度重要区；第4等级区域的外围为第3等级所在区域，为海洋生态功能重要区；在两处第3等级区域之间，位于南澳岛南部、西北部和东北部的区域，为海洋生态功能低度重要区；在南澳岛北部中间区域，为海洋生态功能不重要区。各类保护区为南澳示范区海洋生态功能重要性指数的高值区，是南澳县典型生态系统集中分布区，是渔业资源的三场一通道所在区域，是珍稀濒危生物和候鸟的栖息地，海洋生物种类繁多，生态环境优良，发挥着生物多样性保护、渔业生产和水质净化等重要的生态功能。南澳岛北部和南澳海域西南部部分海域为南澳示范区海洋生态功能重要性指数的低值区，北部养殖区养殖活动具有一定历史，生物多样性相对单一，养殖废水带来一定的水质污染，西南部海域远离大陆，与典型海洋生态系统分布区有一定距离，因此，海洋生态功能重要性指数均较低。

（3）海洋生态适宜性评价结果

根据海洋生态适宜性评价模型方法，南澳示范区生态环境适宜性和社会经济适宜性评价结果如图10-91和图10-92所示。

通过图10-91海洋生态环境适宜性指数可以看出，保护区海域包括南澎列岛保护区、勒门列岛保护区、南澳青澳湾国家级海洋公园等区域属于南澳县海洋生态环境适宜性最高的区域，这里海洋生态系统多样，生境结构复杂，生态功能高，适宜保护。南澳岛南部和北部部分区域属于环境适宜性较高的区域，其他海域的生态环境适宜性属于第2等级或第3等级。南澳岛西部地区靠近汕头大陆，开发活动的需求相对较高，保护级别相对较低。

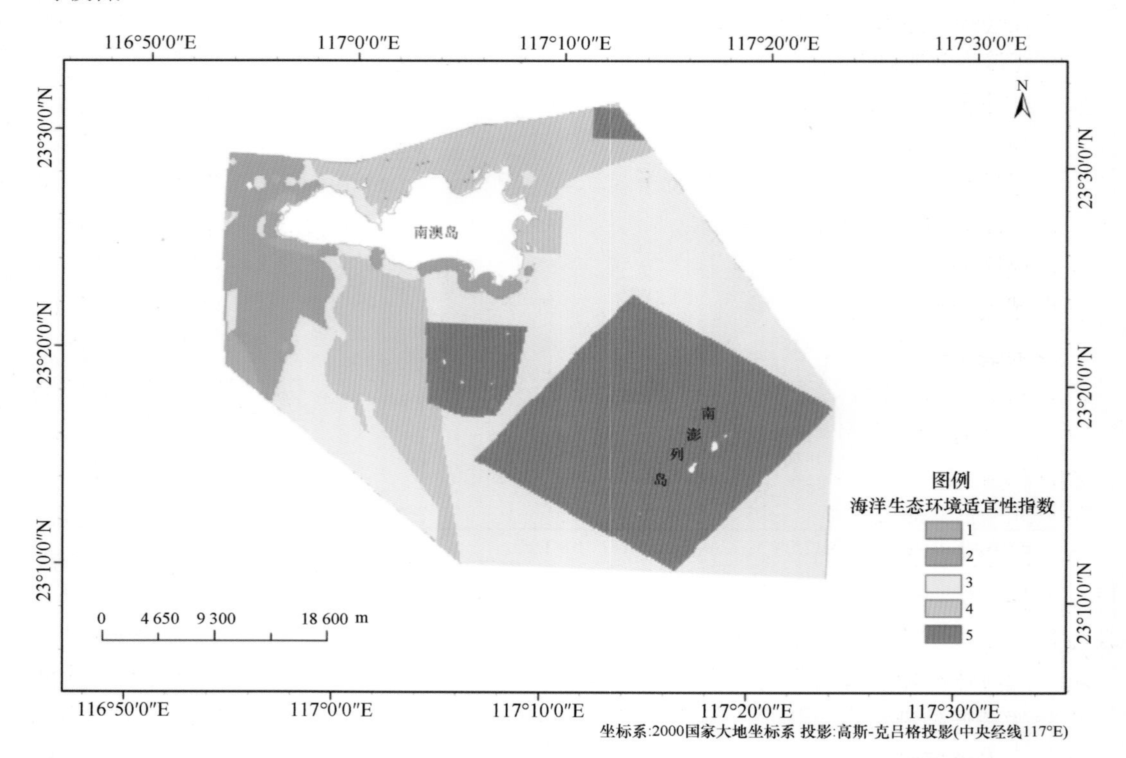

图10-91 南澳示范区海洋生态环境适宜性指数评价结果分级图

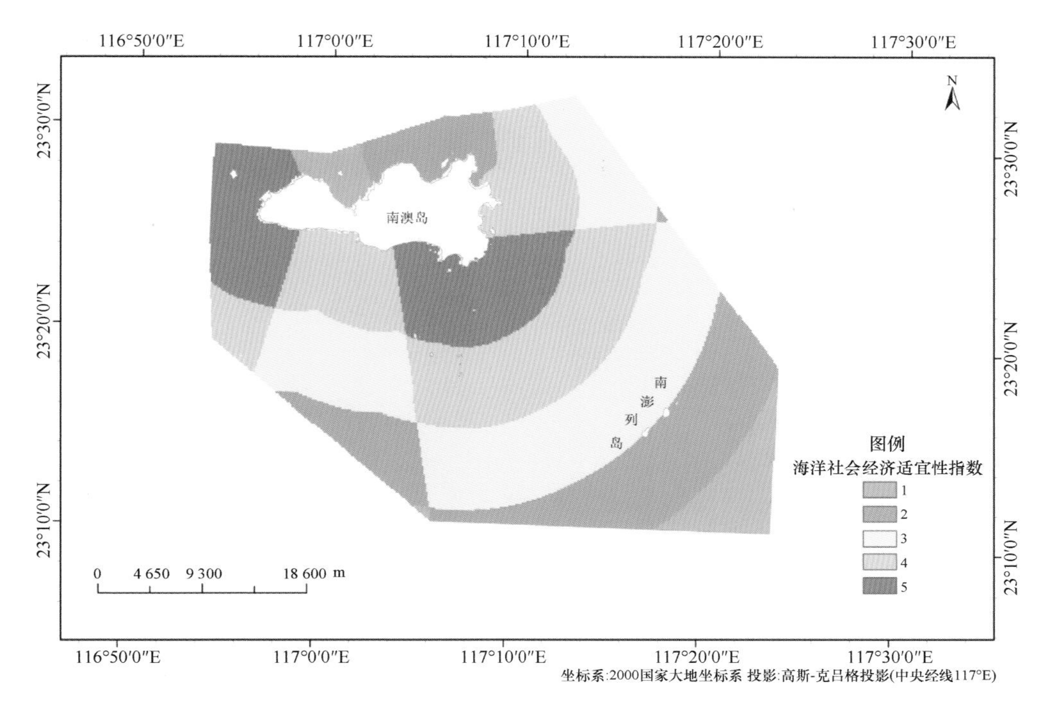

图 10-92　南澳示范区海洋社会经济适宜性指数评价结果分级图

通过图 10-92 海洋社会经济适宜性指数可以看出，除北部海域外，南澳岛周边海域的海洋社会经济适宜性指数较高，南澳岛东部有青澳旅游度假区，南部有云澳国家中心渔港和县城滨海景观休闲区，西部有南澳大桥、海底管线等与汕头社会经济联系紧密，属于适宜开发的区域。北部海域和南部远海海域为海洋社会经济适宜性指数较低区域，北部海域主要为历史养殖区，南部远海海域远离大陆海岛，开发条件较差，因此，均不适宜开发。

通过在 ArcGIS 中加权叠置生态环境适宜性和社会经济适宜性评价结果，得到南澳示范区海洋生态适宜性评价结果如图 10-93 所示。海洋生态适宜性指数分值越高的区域，代表该区域为越适宜保护的区域。可以看出，南澎列岛保护区、勒门列岛候鸟保护区所在海域处于海洋生态适宜性评价指数的第 5 等级，为重点保护区；南澳青澳湾国家级海洋公园及南澳岛东部、西部、北部小面积海域处于第 4 等级，仍为重点保护区；南澳本岛北部和南部大部分海域处于第 3 等级，为一般保护区；南澳岛西部海域及北部、南部部分近岸海域处于第 2 等级，为适度开发区；南澳岛南部沿岸近海海域处于第 1 等级，为优化开发区。海洋生态适宜性的高值区主要分布在各个生态敏感和生态功能重要区域，如南澎列岛保护区、勒门列岛候鸟保护区，这些区域远离大陆和南澳主岛，交通不便，区位条件差，再加上保护区的管理，社会经济开发活动很少，同时这块海域生态系统多样，生态环境优良，是珍稀濒危生物和候鸟栖息地，适宜进行保护。海洋生态适宜性的低值区主要分布在南澳岛沿岸及西部海域，南澳岛沿岸社会经济发展条件相对完善，滨海休闲旅游发展具有一定规模，西部海域是与汕头经济区联系的重要纽带，南澳大桥的开通使得交通运输条件更为优越，已具有一定的海洋资源开发基础，是未来南澳重点开发的区域。

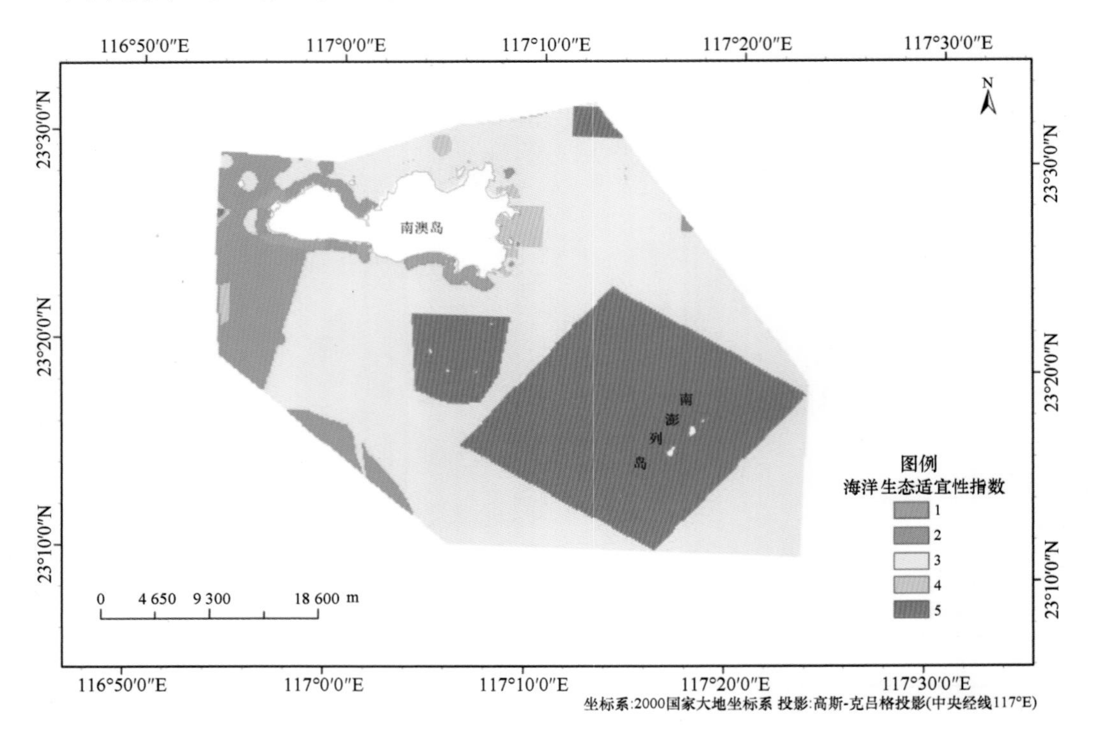

图 10-93 南澳示范区海洋生态适宜性指数评价结果分级图

4. 海洋生态红线划定的结果

根据海洋生态红线划定指数模型 RSM_1 和 RSM_2，将南澳示范区的 RSM 分为 1～5 五个等级，等级越高，越倾向于划为海洋生态红线区。南澳示范区海洋生态红线指数等级分布见图 10-94。海洋生态红线指数高值区位于各级保护区所在海域及周边外围海域，海洋生态红线指数低值区位于南澳岛北部历史养殖区及保护区之间的海域。

根据海洋生态红线的定义，海洋生态脆弱区/敏感区、重要生态功能区和生态适宜保护的区域需要划定为海洋生态红线区，限制（控制）人类开发活动，从而保证生态过程的连续性和生态系统完整性。结合南澳示范区实际情况，将海洋生态红线指数得分在第 3 级及以上的区域划为海洋生态红线区，其中得分在第 3 等级的区域定为限制开发类红线区，得分在第 4 等级和第 5 等级的区域定为禁止开发类红线区。划分结果见图 10-95。由此，南澳示范区划定红线区面积 892.3km^2，占红线划定范围内海域面积（1490km^2）的 59.89%；其中禁止开发类红线区面积为 455.90km^2，占总海域面积的 30.6%；限制开发类红线区面积为 436.40km^2，占总海域面积的 29.29%。

南澳示范区海洋生态红线区主要分布于南澎列岛海洋生态国家级自然保护区、南澳候鸟省级自然保护区、南澳平屿西南侧海域南方鲎市级自然保护区、南澳赤屿东南海域中国龙虾和锦绣龙虾市级保护区、南澳县乌屿人工鱼礁区、南澳青澳湾国家级海洋公园范围内、南澳岛西部及南澳岛沿岸附近海域，其中禁止开发类红线区为各级保护区所在海域及南澳岛东南端海洋生态相对脆弱区域，限制开发类红线区在禁止开发类红线区的外围，这些区域具有较高的生态脆弱性、敏感性及生态功能重要性，需要进行重点保护。

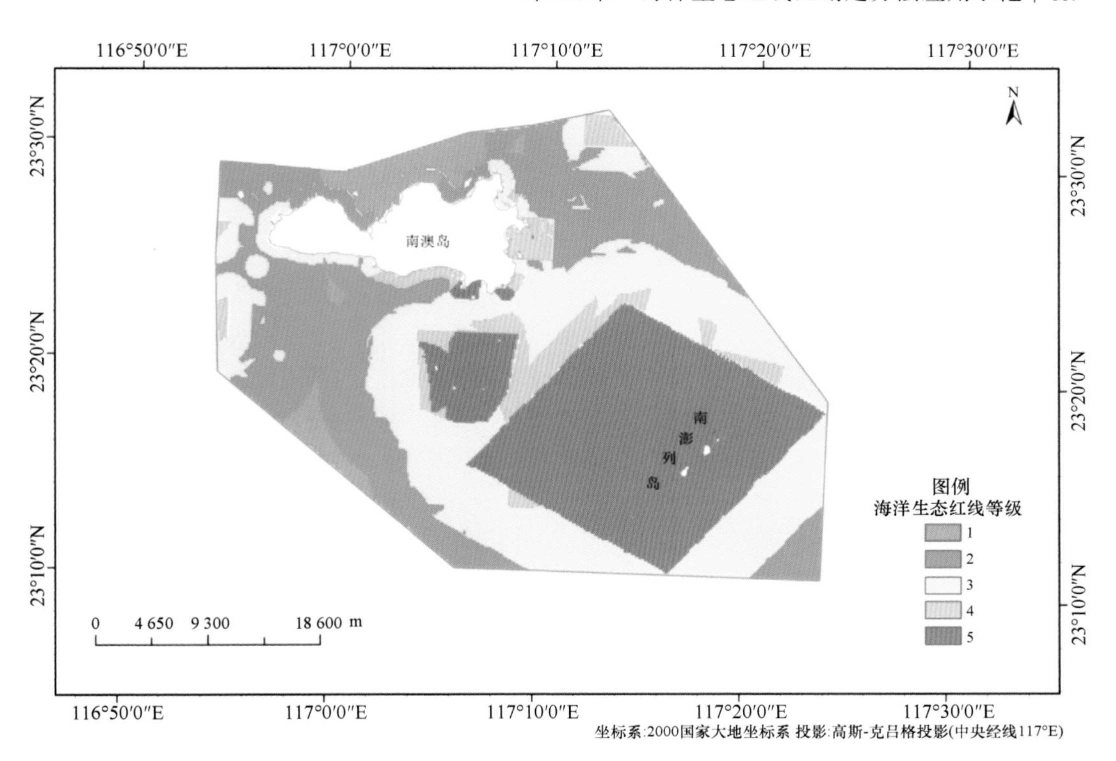

图 10-94　南澳示范区海洋生态红线等级分布图

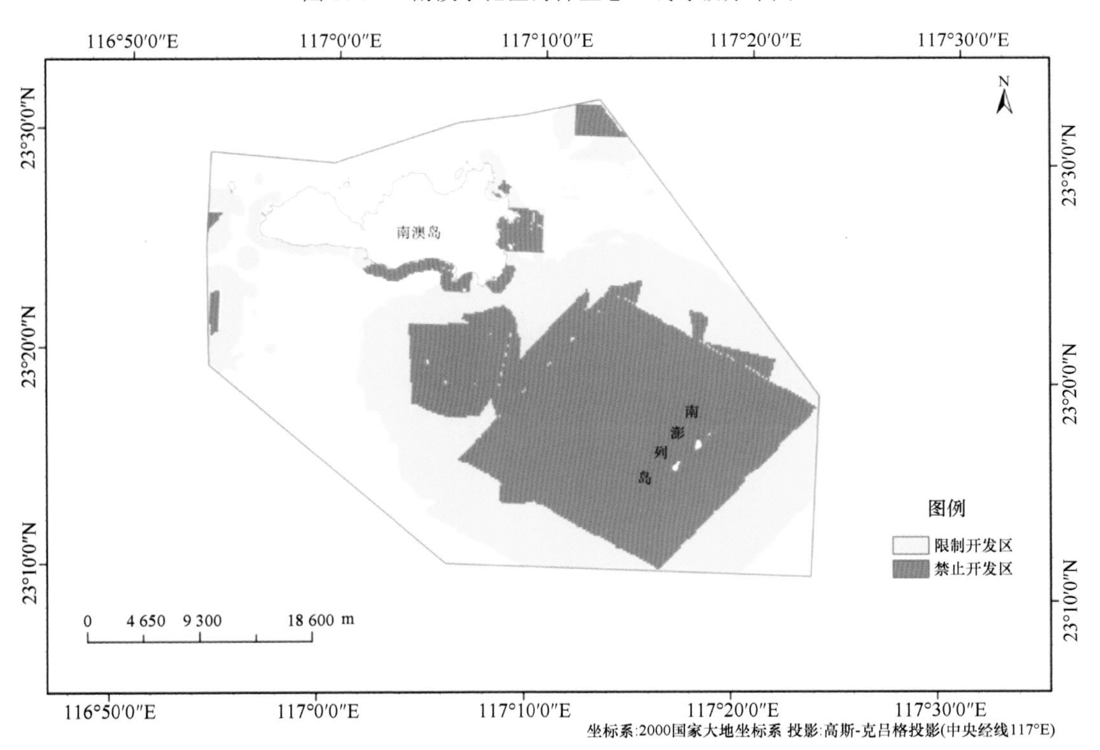

图 10-95　南澳县示范区海洋生态红线区划结果

10.3.5 海洋生态红线管控制度在示范区的应用

在全面掌握广东省南澳县海域不同区域海洋生态特点、存在问题及经济社会发展需求的基础上，在南澳海洋环境敏感区、重点生态功能区等区域科学划定海洋生态红线区，得到海域禁止类红线区和限制类红线区。并参考本书节章“海洋生态红线区管控制度”的研究成果，针对南澳示范区实际，制定科学、合理实施南澳海洋生态红线管理制度的管理实施要求，为南澳海域实行分级分区管理，保住生态红线，兼顾发展需求，最终实现南澳生态环境明显改善，生态系统健康和环境安全得到保障，并为促进区域海洋资源开发和环境保护协调、健康、持续发展提供技术依据。制定的《南澳县海洋生态红线区管理规定（建议稿）》，主要从总则、划定范围与调整、保护与监管、资金管理、法律责任等方面提出了相关要求和规定，并在南澳县开展了初步示范应用。

（1）总体管控措施

海洋生态红线区分为禁止类红线区和限制类红线区。根据海洋生态红线区的管控级别，制定差别化的管控措施。

禁止类红线区内，实施最严格的保护措施。禁止围填海，除必要的科学实验、教学研究及法律法规允许的民生工程外，禁止任何形式的开发建设活动，具体执行《中华人民共和国自然保护区条例》。

限制类红线区内，实行较为严格的保护措施。禁止实施围填海、采挖海砂、新增入海陆源工业直排口。实施海洋生态红线区产业准入制度。

（2）产业准入

禁止类红线区的准入条件：原则上，禁止与保护无关的产业项目。禁止类红线区的准入条件直接引用已有政策法规。

限制类红线区的准入条件：禁止开设对保护对象生态功能影响较大的产业，限制开设生态功能影响较大但生态保护和生态经济发展所必需的产业，控制开设对受保护对象生态功能影响较小或无影响的产业。

（3）项目管理

对海洋生态红线区划定前已投产、已开工的建设项目，应通知建设单位按规定期限开展环境影响后评价工作，并依据评价结论向地方人民政府建议予以保留、限期整改或关停迁出。已批复但尚未开工的建设项目，应补充环境影响评价文件，在补充的环境影响评价文件未重新审批前不得开工。新建项目应严格执行海洋生态红线区分级管控制度和产业准入指导目录，对不符合海洋生态红线管控制度的，一律不予审批。

（4）保护要求

海洋生态红线一旦划定，原则上不得调减红线区范围，不得将禁止开发区调整为限制开发区，不得减少海洋生态红线区内的海洋自然岸线长度。

南澳县人民政府及其涉海职能部门应加强海洋生态红线区的保护和修复，不得降低保护范围内的海洋环境质量，不得损害保护目标的生态功能。海洋生态红线区应设立保护标识。任何单位和个人不得移动、污损和破坏海洋生态红线区的标识。严格禁止向海洋生态红线区内排放污染物。规范海洋生态红线区内渔业养殖与捕捞行为，加强对船舶污染、海堤工程建设等活动的管理与监控。应加强海洋生态红线区内滨海湿地、砂质海岸、海岛等生态系统的保护与修复，开展自然岸线整治修复。海洋生态红线区严格实施区域限批制度，应切实维持海水水质不持续超出环境质量目标、完成海洋生态恢复任务、控制污染物排放总量不超过下达指标，遵守法律法规要求避免区域限批的其他情形，杜绝海洋生态破坏严重事件发生。

参 考 文 献

卜志国, 高晓慧, 李忠强. 2012. 基于 GIS 的海洋生态环境监测数据分析评价系统研究. 中国海洋大学学报, 42(1-2): 36-40.

付瑞全, 向先全, 杨翼, 等. 2014. 基于 WEB 服务的海洋污染面积计算方法研究. 海洋通报, 33(6): 712-716.

付瑞全, 杨翼, 路文海, 等. 2014. 基于 WebGIS 的海洋环境监测数据可视化管理. 海洋通报, 33(1): 60-64.

国家海洋局. 2012a. 渤海海洋生态红线划定技术指南. 北京: 国家海洋局: 1-18.

国家海洋局. 2012b. 全国海洋功能区划(2011～2020 年). 北京: 国家海洋局: 1-29.

国家海洋局. 2017a. 2016 年中国海洋环境状况公报. 北京: 国家海洋局: 1-50.

国家海洋局. 2017b. 海岸线保护与利用管理办法. 北京: 国家海洋局: 1-2.

国家林业局. 2000.《中国湿地保护行动计划》附录 1《中国重要湿地名录》. 北京: 中国林业出版社.

黄伟, 曾江宁, 陈全震, 等. 2016. 海洋生态红线区划——以海南省为例. 生态学报, 36(1): 268-276.

李纯厚, 贾晓平, 孙典荣, 等. 2009. 南澎列岛海洋生态及生物多样性. 北京: 海洋出版社: 68-74.

李清雪. 2000. 海湾浮游生物及氮营养盐生态水动力学模型. 天津: 天津大学博士学位论文.

梁健超, 袁倩敏, 张亮, 等. 2013. 广东南澳候鸟省级自然保护区动植物资源调查报告. 广州: 华南濒危动物研究所: 14-26.

刘二年, 丰江帆, 张宏. 2006. 基于 Flex 的环保 WebGIS 研究. 测绘与空间地理信息, 29(2): 26-28.

路文海. 2013. 海洋环境监测数据信息管理技术与实践. 北京: 海洋出版社.

南澳县人民政府. 2016. 南澳县国民经济和社会发展第十三个五年规划纲要. 汕头: 南澳县人民政府, 1-87. http: //www.nanao.gov.cn/info/index/3798.

农业部. 2011. 水产种质资源保护区管理暂行办法. 北京: 农业部: 1-2.

汪林林, 胡德华, 王佐成, 等. 2008. 基于 Flex 的 RIA WebGIS 研究与实现. 计算机应用, 28(12): 3257-3260.

吴涛, 戚铭尧, 黎勇, 等. 2006. WebGIS 开发中的 RIA 技术应用研究. 测绘通报, (6): 34-37.

易敏, 吴健平, 姚申君, 等. 2007. GIS 在环境监测数据管理分析中的应用. 环境科学与管理, 32(12): 148-153.

邹涛, 叶凤娟, 刘秀梅, 等. 2007. 天津近海赤潮发生的环境条件分析. 海洋预报, 24(4): 80-85.

第11章 展 望

本书在分析海洋生态红线制度来源、内涵的基础上，科学界定了海洋生态红线的定义，提出了海洋生态红线区划的原则和理论依据。基于对我国海洋生态环境基本状况和海洋开发利用现状的充分梳理，结合典型案例区实践，构建了海洋生态敏感性/脆弱性评价技术体系、海洋生态重要性评价技术体系、海洋生态适宜性评价技术体系、海洋生态红线划定技术体系，提出了海洋生态红线管控制度、海洋生态评价制度与政策建议，旨在引导我国海洋产业的合理布局，保障海洋生态安全与海洋经济可持续发展。未来，海洋生态红线领域研究重点包括以下方面。

（1）评价方法的普适性问题

海洋生态红线制度的核心在于划定对维护国家和区域生态安全及经济社会可持续发展具有关键作用的重要海洋生态功能区、海洋生态敏感区和脆弱区，并对上述区域实施严格保护，从而确保国家和区域的生态安全底线。海洋生态红线划定方法作为一种综合性评估和区划方法，集海洋生态敏感性/脆弱性、海洋生态功能重要性评价等为一体，通过科学评估筛选出具有重要保护价值的区域纳入生态红线区，解决的是海洋生态红线制度中的关键科学和技术问题。

值得注意的是，海洋生态红线划定方法既是一种科学方法，也为管理工作提供直接的科学依据，具有较强的应用性。因此，在管理决策过程中，管理者可能更倾向于采纳一种快速、简易而又相对客观的方法，用于筛选和判断哪些区域可纳入生态红线区，从而降低政府的决策成本，加速决策过程。本书中，我们努力尝试建立起一种具备通用准则和标准的快速评价方法。但是，第一，我国幅员辽阔，海洋生态系统具有高度复杂性，当进行全国范围内的海洋生态红线区划定时，不同的研究区域具有不同的生物多样性水平、自然地理特征及生态环境问题；第二，目前我国的海洋生态红线划定多以行政区为边界进行划定，当海洋生态红线在不同的行政区层面进行划定时面临着尺度变化的问题，这也带来了不同尺度上的生态特征差异。因此，虽然本书中已提出了大量具有普适性的指标和评价标准，但由于不同研究区域和不同尺度上差异性的客观存在，一些指标虽然可基于经验、数学统计或者已有的公开标准进行计算，但指标值的分布事实上仍存在区域和尺度的差异。所以，我们认为在因地制宜地选择评价指标体系和制定指标打分系统上仍具备改进空间，以提高海洋生态红线划定的科学性和客观性。下一步的工作重点之一是根据生态环境问题的区域变异性和生态服务需求状况制定更为灵活实用的生态红线划定技术，提高本方法的科学性、合理性和通用性。

（2）水平生态过程表征问题

海洋生态红线划定技术不仅由垂直生态要素（如地形、地质、土壤、水环境、生物等）决定，还表现为各生态要素在水平过程中的流动或相互作用，包括物质循环、能量流动、泥沙和营养盐的输运与累积、物种的空间迁徙、人类的空间活动、物理和生物干扰过程（如台风、藻华等）的空间扩散等。尤其对海洋生态系统而言，具有显著的流动性和连通性特征，在红线划定过程中需考虑水平流动和动态变化的问题。然而现阶段海洋生态红线区划研究大多忽视了评价过程的水平-垂直二象性：无论是地图叠置法中的数学叠加，还是逻辑规则组合法中的逻辑叠加，都只是将生态要素进行垂直叠加的过程，缺乏对自然景观单元间的水平生态过程的分析，因而无法保证对实际生态学演进过程的客观考量，赋权和规则设定过程又进一步增加了评价结果的主观性。在海洋生态红线划定技术研究中如何将水平过程和垂直过程更为有机地结合起来有待进一步研究。

（3）研究体系构建问题

海洋生态红线划定方法研究集评价、规划与决策管理于一体，是一个典型的半结构化多层次和多目标的群决策问题，需要构建科学完整的研究体系。如何从整体性出发，在机制上理解海洋生态系统内部的结构和功能，深入认识和理解海洋系统的自然及人文要素，在量化过程中实现二者的剥离；同时综合考虑海洋要素的复杂性、指标量化的模糊性、海水的水平流动性，以及陆海统筹等的交互关系，模拟海陆之间的相互作用和景观空间格局对过程的控制与影响，并最终将海洋生态红线区划与“海洋功能区划”“海洋主体功能区划”“海洋空间规划”“海陆资源配置”等具体实践应用相结合，统筹协调涉海管理活动，将海洋生态系统的保护和海洋资源的管理方式结合起来，使海洋管理从现阶段的以行政区域为单元走向广义的以生态系统为对象的区域大海洋可持续利用和管理模式，以适应日益增长的海洋资源开发利用需求，仍然是未来海洋科学研究的重点命题。

（4）生态红线区管控制度问题

目前，全国沿海各省、市已完成海洋生态红线的划定，并将陆续发布，急需一套完备和较为成熟的海洋生态管控制度体系保障红线的落地及顺利实施。下一步应积极推进本书中海洋生态红线区环境准入制度、区域限批制度、公众参与制度与管控评估和绩效考核制度等研究成果的实践及各项管理办法的出台，同时应补充研究以上 4 项制度以外的其他配套制度，包括“海洋生态红线区监视监测机制”“海洋生态红线区执法监督机制”，以及“海洋生态红线区生态修复技术规范”等，完善海洋生态红线制度体系。随着红线制度的全面实施，还应根据实施情况不断完善各项制度，提高管理效能。

（5）海洋生态红线区监测技术和数据库的构建问题

依据最新修订的《中华人民共和国海洋环境保护法》，海洋作为蓝色国土空间，是实施生态红线管理的重要领域，加强海洋生态红线区监测监控及信息收集是必然的趋势。未来应加强海洋生态红线区（涉及典型海洋生态系统、重要海洋生态功能区、海洋生态敏感区和脆弱区）全方位海洋生态环境监测网建设，动态监视海洋红线区的珍稀濒危海洋生物、重要海洋经济物种等海洋生物多样性情况，加大对海洋保护区生物变化情况预警。对海水及沉积物等的物理和化学环境数据进行高频度与高密度监测，充分掌握海洋生态红线区总体环境状况及变化趋势，实现对海洋生态红线区突发性环境风险事件（赤潮和绿潮、溢油及放射性）的快速预警。通过构建海洋生态红线区地理信息数据库，收集和绘制重要经济鱼类分布区、洄游路线、产卵场、索饵场、越冬场及各类保护动物的保护区等基础地理图件，掌握管辖海域海洋生物种类和数量及其分布、变化状况，典型生态监控区生态系统健康状况和重要滨海湿地水鸟与栖息地变化状况。数据库以标准的格式对多源、异构、海量的渔业、生物多样性、生态系统和污染生态环境数据进行收集与存储，并且能够实现有效快速地检索数据，将为全国海洋生态红线的划定提供基础信息，促进海洋研究、保护和开发等各项工作的发展。

附表 A　主要区域浮游动物密度评价标准

监控区	时间	B（$\times10^3$ 个/m^3）
辽河口	5 月	12
	8 月	40
锦州湾	5 月	20
	8 月	50
滦河口	5 月	20
	8 月	12
渤海湾	5 月	10
	8 月	6
莱州湾	5 月	20
	8 月	15
黄河口	5 月	30
	8 月	15
长江口	5 月	10
	8 月	5
杭州湾	5 月	10
	8 月	8
乐清湾	5 月	8
	8 月	10
闽东	5 月	6
	8 月	2
大亚湾	5 月	10
	8 月	40
珠江口	5 月	20
	8 月	20
粤西近岸	5 月	5
	8 月	50

注：浮游动物密度采用浅水Ⅱ型浮游生物网垂直拖网采样的密度，见《海洋监测规范　第 7 部分：近海污染生态调查和生物监测》（GB 17378.7—2007）